长江上游供水–发电–环境水资源互馈系统风险评估与适应性调控

周建中　张勇传　陈　璐等　著

国家自然科学基金重大研究计划"西南河流源区径流变化和适应性利用"重点支持项目"供水–发电–环境水资源互馈系统风险评估与适应性调控"（91547208）资助出版

U0287268

科学出版社

北　京

内 容 简 介

 长江上游供水–发电–环境水资源互馈系统风险评估与适应性调控是一类多随机变量耦合的复杂动力系统多维目标协同优化问题。本书以复杂系统科学理论为基础，研究变化环境下长江上游水资源耦合系统动态演化特性和变化格局，建立多重风险约束下水资源耦合互馈系统效益均衡的适应性调控模式，发展供水–发电–环境互馈的长江上游水资源耦合系统风险评估与适应性调控的理论与方法体系。

 本书可供水资源、水文、水利工程、环境、生态等领域的科研、管理和教学人员阅读，也可作为相关专业研究生和高校学生的专业读物。

图书在版编目(CIP)数据

 长江上游供水–发电–环境水资源互馈系统风险评估与适应性调控/周建中等著. —北京：科学出版社，2020.8

 ISBN 978-7-03-064034-5

 Ⅰ. ①长… Ⅱ. ①周… Ⅲ. ①长江流域-上游-水资源管理-系统风险-风险评价 ②长江流域-上游-水资源管理-系统风险-调控 Ⅳ. ①TV213.4

 中国版本图书馆 CIP 数据核字（2019）第 295842 号

责任编辑：孙寓明/责任校对：高 嵘
责任印制：彭 超/封面设计：苏 波

科 学 出 版 社 出版

北京东黄城根北街 16 号
邮政编码：100717
http://www.sciencep.com

武汉精一佳印刷有限公司印刷
科学出版社发行 各地新华书店经销

*

开本：787×1092 1/16
2020 年 8 月第 一 版 印张：29 3/4
2020 年 8 月第一次印刷 字数：762 000

定价：298.00 元
（如有印装质量问题，我社负责调换）

前言

　　长江上游水资源复杂系统的综合开发与利用是国际学术前沿和我国可持续发展的重要战略方向，关系经济、社会及生态环境可持续发展等诸多方面。长江上游不仅担负着生活、生产、生境等重要供水任务，而且在缓解局部地区生态环境退化中发挥着关键作用。同时，长江上游水电能源开发可优化我国能源结构，有效降低矿石能源比例，减少污染物排放，解决当前备受关注的环境问题，具有显著的经济、社会和环境效益。在长江上游水资源复杂系统中，影响最为深远和广泛的是供水子系统、发电子系统和生态环境子系统，三者联系最为紧密、耦合互馈，共同主导供水–发电–环境互馈水资源耦合系统。

　　供水–发电–环境互馈水资源耦合系统风险评估与适应性调控是水利科学与复杂性科学交叉发展的前沿问题之一。由于供水–发电–环境互馈水资源耦合系统是一个开放的复杂巨系统，其运行管理不是孤立的，而是处在一定的自然环境和社会经济环境之中，受气候变化、人类活动、水文过程、用水需求等随机因素影响，系统交织着各种物质流、能量流与信息流的映射关系，呈现多维耦合互馈特性，这些耦合互馈关系的演化过程不仅极为复杂，而且还具有高维、非线性、时变、不确定和强耦合等特性，使人们很难精确和有效地描述其动力学行为，建立在牛顿力学范式基础上的经典水资源优化调控理论与方法已经不能圆满地解释和解决大规模复杂非线性动力系统优化运行面临的复杂现象和科学问题。因此，在这一研究领域中，一个极富挑战性的问题：如何针对供水–发电–环境耦合互馈机制下的复杂水资源系统，对其动力学特性进行系统研究，从而实现系统最优运行。与这一目标相联系的关键问题之一在于探索和建立一种全新的，基于复杂系统科学理论、现代信息科学和技术手段的优化理论与方法，解决供水–发电–环境耦合互馈水资源系统径流适应性利用的关键科学问题和技术难题的理论与方法。

　　为此，本书围绕供水–发电–环境互馈水资源耦合系统的径流适应性利用问题，研究变化环境下长江上游水资源耦合系统演化格局、复杂水系统的供水–发电–环境互馈关系、供水–发电–环境互馈机制下多重风险识别与风险决策的理论与方法、水资源耦合互馈系统优化调控建模的多维目标效益动态均衡方法，突破相关理论障碍和技术瓶颈，形成一套能够统筹长江上游供水–发电–环境耦合系统互馈协变关系、动态特性变化、环境干扰和建模误差等因素的适应性利用调控理论与方法，不仅可为长江上游径流适应性利用提供科学指导，促进水资源系统优化配置，而且还能为其他复杂约束优化问题的模型描述开辟一条新途径。

　　全书的主要章节体系如下。

第 1 章以研究背景和科学意义为切入点，探讨供水–发电–环境互馈水资源耦合系统风险评估与适应性调控的研究框架和基本概念，综述复杂水资源耦合系统水文过程模拟、互馈演化、风险评估与适应性调控的国内外研究现状及其发展趋势，给出以水资源耦合系统动态演化特性分析——供水–发电–环境多维耦合系统互馈建模–水资源耦合系统风险评估–径流适应性利用为主线的研究内容、研究方法和技术路线，探讨研究的特色和理论创新点，阐明全书的主要章节体系。

第 2 章详细介绍长江上游流域的地理环境特点、河流水系及其气象水文特征、控制性水库规划和运行情况、社会经济发展情势及生态环境状况。

第 3 章围绕变化环境下长江上游水资源耦合系统气象水文过程动态演化特性分析问题，依据长江上游河流水系气象水文特点，将研究区域划分为长江源区、金沙江流域及长江干流等区域，并针对各区域水文循环的时空格局、演化趋势、周期规律、突变情势和混沌特性 5 个方面开展研究。

第 4 章介绍区域气象水文要素及全球气候遥相关因子，并基于此构建了遥相关因子驱动的长江上游中长期径流预报模型；此外，融合 CFS、FNL 和 ERA 再分析数据集，提出观测资料匮乏区域的流域中长期降雨预报方法；最后基于未来气候变化情境，研究分析长江上游径流响应、演化路径及演变趋势。

第 5 章围绕长江上游流域水资源耦合系统供需特性问题，分析长江上游水资源耦合系统的可供水量，开展长江上游的需水预测研究；并从供水能力和生境条件限制两方面开展供需矛盾分析，探讨缓解水资源供需矛盾的对策，揭示流域供需格局和供需矛盾演化规律；此外，引入水资源承载力的概念，基于模糊分析法评估水资源耦合系统水安全演变情势。

第 6 章介绍长江上游流域水电站规划建设情况，建立流域用电量多元线性回归分析预测模型，探讨长江上游未来用电量演变态势；此外，构建长江上游大规模串、并联水库群优化调度模型，并运用大系统分解协调–离散微分动态规划优化混合优化算法对模型进行求解，推演流域未来发电能力及其演化态势；最后，阐明长江上游未来水力发电格局，同时分析其对流域供水和环境的影响。

第 7 章概述水利工程对流域环境的影响，同时基于长江上游沿岸不同缓冲区植被指数逐年变化特性，探明长江上游干流沿岸生态环境对气候变化和人类活动的响应规律；构建基于极限学习机的植被指数预测模型，并以此探讨变化环境下流域植被覆盖的演变规律；结合流域控制性水库周边历史植被指数开展研究分析，探究长江上游周边环境对控制性水库蓄水的响应规律；全面分析三峡水库一定缓冲区内各气候要素年尺度及月尺度的演变特征，并解析其空间分布规律；采用偏相关方法辨识植被指数（NDVI）的气候驱动因子，并探明三峡水库蓄水前后该区域 NDVI 对气候变化的响应机制；引入因果推理生成式神经网络和相关性分析方法，探明不同时期水位变化对植被生长的驱动因子和影响程度，解析水库调蓄–气象水文要素–流域环境互馈耦合关系及其临界阈值。

第 8 章围绕长江上游供水–发电–环境耦合互馈系统的径流适应性利用问题，以供水、发电、环境的数据表征为依据，解析长江上游供水–发电–环境互馈系统的历史演变特性；构建供水–发电和发电–环境水库模拟调度模型，探究来水影响下供水–发电互馈关系及考虑生态需水条件下发电–环境互馈关系；建立长江上游梯级水库群多目标优化调度模型，并结合梯度分析方法解析供水–发电–环境互馈关系;应用系统动力学方法,构建供水–发电–环境互馈的水资源耦合系统协同演化模型,以探明水资源耦合系统的协同演化趋势和动力学机制,并辨识耦合互馈系统关键状态变量临界阈值,结合耗散结构理论有序度熵方法,对长江上游供水–发电–环境耦合互馈系统进行稳态分析。

第 9 章建立供水–发电–环境的多属性风险评估模型,推求水资源互馈系统的条件风险和各子系统的条件期望水平;辨识水资源互馈系统关键风险因子,建立水库群供水、发电、环境多时空尺度多重风险评估模型,评估供水–发电–环境水资源耦合互馈系统多重风险;采用客观赋权法对互馈系统多层次风险进行动态评价,揭示供水、发电、环境综合风险的时空动态演化特征;引入经济学均值–方差理论,构建考虑决策者风险偏好的水库发电效益–风险均衡优化模型,解析不确定来水下长江上游控制性水库效益–风险互馈均衡关系。

第 10 章采用耗散结构理论和系统动力学方法,讨论供水–发电–环境互馈水资源耦合系统内涵,并通过水资源耦合系统动力学统一建模,开展水资源耦合系统适应性调控示例研究;引入系统动力学方法,将水资源耦合互馈系统解析为发电、防洪、供水、航运和生态五大相互制约、动态博弈的子系统,建立水资源耦合互馈系统动力学适应性调控模型,以协调多个目标间的竞争关系;提出嵌套预报调度耦合实时来水系统动力学建模方法,实现响应随机来水的面临时段和余留期效益协同优化的水电站发电适应性调控;综合考虑区域生活生产用水需求及优化调控的生态学效应,建立兼顾供水、发电、环境的水库群多维优化调控模型,以协调供水、发电、生态目标间的对立统一关系。

本书相关研究工作得到了国家自然科学基金重大研究计划重点支持项目"供水–发电–环境互馈的水资源耦合系统风险评估及径流适应性"(91547208)、国家十三五重点研发计划项目"长江上游梯级水库群多目标联合调度技术"课题 5"水库群跨区发电调度协同优化调度技术"(2016YFC0402205)、国家自然科学基金重点项目"长江上游水库群复杂多维广义耦合系统调度理论与方法"(51239004)、国家重点基础研究发展计划课题"坝堤溃决风险分析理论与评估方法"(973 计划,2007CB714107)、国家科技支撑计划专题"梯级枢纽联合调度决策支持系统研究"(2008BAB29B0806)、国家自然科学基金面上项目"水库群运行优化随机动力系统全特性建模的效益–风险均衡调度研究"(51579107)、国家自然科学基金面上项目"水电能源及其在电力市场竞争中的混沌演化与双赢策略研究"(50579022)、国家自然科学基金面上项目"水力发电机组复杂非线性动力学建模与诊断方法"(51079057)、国家自然科学基金面上项目"基于知识管理的虚拟研究模式及其网络管理信息系统"(50679098)、教育部跨世纪优秀人才培养计划"基于'数字流域'的资源预定与服务质量控制策略研究"(2003714)、高等学校博士学科点专项科研基金"复杂水火电多维广义耦合系统运行优化与风险决策"(20100142110012)、高等学校博士学科点专项基金资助项目"电力市场环境下水电能源优化运行的先进理论与方法"(20050487062)、水利部公益性行业科研专项"面向生态调度的长江中上游复杂水库群多维调控策略研究"(200701008)等项目的支持资助。

周建中教授拟定全书大纲并负责统稿和定稿工作。孙娜博士、叶磊博士、彭甜博士、朱双博士、张东映博士、黄伟博士、袁柳博士、王学敏博士、许可博士、李纯龙博士、曾小凡博士、唐见博士、周倩硕士、何奇芳硕士、黄康迪硕士,博士研究生娄思静、何中政、贾本军、仇红亚、田梦琦、戴领、王权森、查港,硕士研究生钟文杰、武慧铃、白怡然、朱龙军、王彧蓉等协助周建中教授负责应用实例的计算编写、全书校正和插图绘制工作。书中内容是作者在相关研究领域工作成果的总结，在研究工作中得到了相关单位及有关专家、同仁的大力支持，同时本书也吸收了国内外专家学者在这一研究领域的最新研究成果，在此一并表示衷心的感谢。

　　由于供水–发电–环境互馈水资源耦合系统风险评估与适应性调控研究尚在摸索阶段，许多理论与方法仍在探索之中，有待进一步发展和完善，加之作者水平有限，书中不妥之处在所难免，敬请读者批评指正。

作　者

2020 年 5 月

目录

第 1 章

供水-发电-环境水资源互馈系统风险评估与适应性调控概述

　　长江是我国水资源和水能资源最富集的河流，长江上游目前已形成世界规模最大的巨型水库群，举世瞩目，其水资源系统涉及供水、发电、环境等多个子系统，且各子系统间相互协调、相互影响、相互反馈，却又彼此制约。探明并解析长江上游供水-发电-环境耦合系统的互馈协变及约束关系，揭示关键风险因子变化下多重风险的传递机理和响应规律，形成统筹水资源耦合互馈系统内在特性和外部响应的适应性利用调控模式，建立水资源复杂耦合互馈动力系统演化建模的认知体系，解决我国长江上游供水-发电-环境水资源多维耦合互馈系统优化调控存在的主要科学问题，具有重大的现实意义和科学价值。

　　本章将以研究的背景和科学意义为切入点，探讨供水-发电-环境水资源互馈系统风险评估与适应性调控的研究框架和基本概念，综述复杂水资源耦合系统水文过程模拟、互馈演化、风险评估与适应性调控的国内外研究现状及其发展趋势，给出以水资源耦合系统动态演化特性分析-供水-发电-环境多维耦合系统互馈建模-馈系统风险评估-径流适应性利用为主线的研究内容、研究方法和技术路线，探讨研究的特色和理论创新点，阐明全书的主要章节体系。

1.1 研究背景与科学意义

1.1.1 研究背景

水是支撑人类生存和发展的基础，是经济和社会可持续发展不可替代的自然资源，在 21 世纪已成为国际战略矛盾的焦点。随着人口增加、社会经济发展和全球气候变化的影响，水资源形势日趋严峻，水资源短缺、水环境污染、水生态恶化、水资源供需矛盾及水资源利用中的可持续发展问题已成为影响世界政治经济格局、主导国家关系、影响国家水资源安全和制约国民经济发展的重要问题，引起了世界各国的高度重视。作为全球水资源最贫乏的国家之一，我国水资源时空分布严重不均、人均占有率低等问题不仅已经成为 21 世纪比能源紧缺更为严峻的重大战略问题，而且是制约我国社会经济可持续发展的主要瓶颈。

长江是亚洲和中国的第一大河，世界第三大河，多年平均水资源总量 9 958 亿 m³，约为黄河的 20 倍。长江因其资源丰富，支流和湖泊众多，它横贯哺育着华夏的南国大地，形成了我国承东启西的现代重要经济纽带。长江干支流水能理论蕴藏量为 2.68 亿 kW，可能开发量为 1.97 亿 kW，年发电量 10 270 亿 kW·h，宜昌以上长江上游地区蕴藏量约占流域的 90%、约占全国的 42.7%。在《我国国民经济和社会发展十二五规划纲要》中，明确提出了 "实行最严格的水资源管理制度，加强用水总量控制与定额管理，严格水资源保护，加快制定江河流域水量分配方案，加强水权制度建设，建设节水型社会" 等重要内容。因此，开发和利用长江上游丰富的水和水能资源，是我国水资源安全和水电能源战略发展的重要保障。

长江上游复杂耦合系统的水资源综合开发与利用是国际学术前沿和我国可持续发展的重要战略方向，关系经济、社会及生态环境可持续发展等诸多方面。长江上游不仅担负着生活、生产、生境等重要供水任务，而且在缓解局部地区生态环境退化中发挥着关键作用，尤其是长江上游水电能源开发可优化我国能源结构，有效降低矿石能源比例，减少污染物排放，缓解当前备受关注的环境问题，具有显著的经济、社会和环境效益。

长江上游是我国水资源配置的战略水源地，是实施能源战略和改善生态环境的重要支撑。长江上游已形成了世界上规模最大的混联水库群，举世瞩目。然而，汛前增泄期、汛后蓄水期集中蓄放水矛盾突出，对长江中下游防洪、供水、生态环境影响累计效应逐渐显现，加速长江中下游江湖关系的演变，水安全形势日趋严峻，水资源供需矛盾日益凸显。特别是近年来在全球气候变暖和人类活动的强烈影响下，降雨时空分布愈加不均，极端洪涝灾害频发，洞庭湖和鄱阳湖相继出现 100 年来的最低水位。因此，开展长江上游水资源的科学配置与合理调控，是实现蓄洪补枯、水能资源适应性利用和保障上游流域生境和供水安全的关键所在。

作为《联合国气候变化框架公约》的签约国，我国已向国际社会承诺，到 2020 年将非化石能源占一次性能源消费比重提高到 15%。相比其他可再生能源，水电能源在供给量、技术成熟性、运营成本等方面具有极大优势，合理开发水能资源能有效减少化石能源消耗，优化资源配置，改善能源结构。随着长江上游大规模巨型水电站群的建设和投运，水火互济和全国互联大电网格局已逐步形成，科学地开展长江上游复杂水电能源系统调控、运行和管理的综合研究，实现水电能源及其互联电力系统的安全、稳定和经济运营，对于促进长江流域西南地区经济社会可持续发展，维护我国社会稳定都具有深远的战略意义。

2011 年，中央 1 号文件《中共中央国务院关于加快水利改革发展的决定》中明确提出了防洪安全、供水安全、粮食安全、经济安全、生态安全、国家安全六大水安全问题。由此可见，水环境、水生态安全是国家安全的重要组成部分，是国家、民族和社会安全的基石，已引起了专家学者、各国政府和国际组织的广泛关注。通过水资源优化调控，可为流域环境和生态系统恢复创造适宜的水文水力条件，充分发挥水库群的生态屏障作用，缓解长江流域生态系统完整性破坏、生物多样性退化等问题，符合我国社会、经济、环境、生态协调发展的重大水安全保障需求。

供水–发电–环境耦合互馈系统的水资源开发和利用是水利科学与复杂性科学交叉发展的前沿问题之一。由于供水–发电–环境耦合互馈系统是一个开放的复杂巨系统，其运行管理不是孤立的，而是处在一定的自然环境和社会经济环境之中，受气候变化、人类活动、水文过程、用水需求等随机因素影响，系统交织着各种物质流、能量流与信息流的映射关系，呈现多维耦合互馈特性，不仅这些耦合互馈关系的演化过程极为复杂，而且还具有高维、非线性、时变、不确定和强耦合等特性，使人们很难精确和有效地描述其动力学行为，建立在牛顿力学范式基础上的经典水资源优化调控理论与方法已经不能圆满地解释和解决大规模复杂非线性动力系统优化运行面临的复杂现象和科学问题。因此，在这一研究领域中，一个极富挑战性的问题：如何针对供水–发电–环境耦合互馈机制下的复杂水资源系统，对其动力学特性进行系统研究，从而实现系统最优运行。与这一目标相联系的关键问题之一在于探索和建立一种全新的、基于复杂系统科学理论、现代信息科学和技术手段的优化理论与方法，解决供水–发电–环境耦合互馈水资源系统径流适应性利用的关键科学问题和技术难题的理论与方法。

为此，围绕供水–发电–环境耦合互馈系统的径流适应性利用问题，研究变化环境下长江上游水资源耦合系统演化格局、复杂水系统的供水–发电–环境互馈关系、供水–发电–环境互馈机制下多重风险识别与风险决策的理论与方法、水资源耦合互馈系统优化调控建模的多维目标效益动态均衡方法，突破相关理论障碍和技术瓶颈，形成一套能够统筹长江上游供水–发电–环境耦合系统互馈协变关系、动态特性变化、环境干扰和建模误差等因素的适应性利用调控理论与方法，不仅可为长江上游径流适应性利用提供科学指导，促进水资源系统优化配置，而且还能为其他复杂约束优化问题的模型描述开辟一条新途径。

1.1.2　科学意义

长江上游大规模水库群相继建成投运，使河川径流破碎化，原有的自然水文情势发生了深刻变化。一方面，探明气候变化和人类活动强烈作用下水文循环过程的演化趋势和时空格局，是确保大规模水库群安全高效运行的前提和基础。另一方面，水利工程的主要任务是汛期防洪、枯期抗旱、提供清洁能源、保障航运通畅，因此防洪库群补偿调节、洪水资源化利用、水电站群协同调度和区域环境改善不仅潜力巨大，而且难度空前，引发了一系列亟待解决的国际学术前沿问题和工程技术难题。

本书研究工作的科学贡献和意义在于，以长江上游复合水资源系统结构功能的复杂性为研究对象，构建多维跨学科模型体系，建立解析长江上游供水–发电–环境互馈关系的系统动力学方法,积累对流域供水–发电–环境互馈关系的认识,通过建立定量评估水资源系统适应性利用能力的理论体系和科学方法,认识水资源系统结构和功能完整性的价值,为协调国家社会经济发展战略与水安全保障的关系提供理论依据。研究工作不仅可以填补该领域研究空白,而且对丰富、完善和发展现有复杂系统分析、多维目标效益均衡和适应性优化调控的理论与方法体系具有重大意义,研究成果可直接用于指导我国长江上游径流适应性利用优化调控与管理,对深化学科内涵,拓展学科外延,促进我国水利科学和系统科学交叉学科发展具有重要的科学意义和学科推动作用。

1.2　研究框架与基本概念

1.2.1　研究框架

针对供水–发电–环境互馈机制下长江上游径流适应性利用研究面临的科学问题和突出矛盾开展探索性研究,通过多学科综合交叉,特别是引入系统动力学、数据挖掘、动态博弈、优化运筹和协同学等理论与方法,以复杂系统分析和系统科学理论为基础,探索新的优化理论与方法,研究变化环境下长江上游水资源耦合系统动态演化特性分析方法,建立供水–发电–环境多维耦合互馈系统动力学模型,发展多维耦合互馈系统风险分析与多重风险决策理论与方法体系,突破水资源耦合互馈系统优化调控建模多维目标效益动态均衡研究的理论障碍,解决供水–发电–环境耦合互馈系统优化调控所面临的关键科学问题和技术难题,从而实现长江上游径流的适应性利用和经济、社会、环境综合效益最优。

因此,供水–发电–环境水资源互馈系统风险评估与适应性调控的研究框架可以归纳为4个方面的内容:①水资源耦合系统动态演化特性分析;②供水–发电–环境多维耦合互馈系统建模;③多维耦合互馈系统风险分析与多重风险决策;④供水–发电–环境耦合互馈系统优化调控。

1.2.2　基本概念

本小节从水资源耦合系统动态演化特性分析、供水–发电–环境耦合互馈系统建模、多维耦合互馈系统风险分析与多重风险决策及供水–发电–环境耦合互馈系统优化调控4个方面,阐述供水–发电–环境耦合互馈系统风险评估与适应性调控的基本概念。

1. 水资源耦合系统动态演化特性分析

长江上游径流丰沛、水能资源丰富,流域地处气候变化敏感区域,其区域降水分配受气候变化影响显著,导致长江上游极端事件增多、河川径流量变化和生态系统改变。同时,受大型水利工程、跨流域调水工程等人类活动的影响,水文循环、生态过程和水资源利用发生显著变化,使得长江上游水资源系统时空变异规律异常复杂,对其演化特性的探索极其困难。开展变化环境下长江上游水资源系统动态演化特性研究,探明长江上游水资源可利用量、水资源承载力及弹性尺度,揭示水资源供需矛盾形成和演化机理,评估长江上游水能利用现状并预估其未来的规模和格局,发展具有普适性和工程实用性的河流生境安全阈值演化特性分析方法,不仅是突破水资源耦合系统动态演化特性理论障碍需重点关注的问题,而且是开展长江上游径流适应性利用研究必须首先解决的基本科学问题。

2. 供水-发电-环境多维耦合互馈系统建模

长江上游水资源系统由供水、发电和环境子系统构成,耦合来水-蓄水-供水动力过程及物质-能量-信息转换和交换过程,各子系统间相互协调、彼此制约、互馈协变,是一类典型的多维耦合互馈动力系统。供水-发电-环境耦合互馈系统不仅具有高维、耦合、非线性等内在特性,而且与气候变化和人类活动等外在因素紧密相关。一方面,水资源耦合互馈系统受水文、气象等自然因素影响及供水、发电等人工因素干扰,呈现随机性和不稳定性;另一方面,耦合互馈系统的动态演化影响生境系统可塑性,并改变水环境容量和水资源承载力的约束边界与弹性尺度,进而可能影响长江上游生态环境。然而长江上游水资源系统集静态耦合与动态协变于一体,呈现典型的弱连接下强相关性,导致互馈系统的无损解耦和精确建模极其困难。到目前为止,尽管结合复杂系统科学理论描述水资源单向驱动和约束、静态时空尺度动力系统行为的研究已取得了相应的成果,但尚无切实可行的方法和技术手段来描述长江上游复杂水资源系统内部结构与外部功能间的动态适应性耦合互馈关系。因此,探明影响长江上游供水-发电-环境互馈关系的协变量及其演变规律的驱动力,解析互馈关系不合理机制导致的生态与环境问题及其潜在威胁,抓住维护生境系统合理反馈机制的脉络,全面认识水资源系统结构和功能关系,可为构建长江上游合理的供水-发电-环境互馈关系提供科学基础。

3. 多维耦合互馈系统风险分析与多重风险决策

水资源系统是一个复杂的开放巨系统,具有随机、模糊、混沌等不确定性,尤其受气候变化和人类活动双重影响,进一步加大了水资源系统的不确定性和风险,使得多重风险辨识和风险传递演化规律的刻画极为困难。长江上游供水、发电、环境子系统的结构和功能演变对水资源耦合互馈系统的风险有重要影响,现有的理论与方法在辨识和描述关键风险因子及揭示多重风险间耦合关系方面的能力存在局限,难以量化供水、发电、环境对耦合互馈系统总风险的影响,更不能从风险控制角度评价其效用,限制了已有风险辨识和评估理论在实际工程中的应用。因此,研究复杂风险胁迫下多维耦合互馈系统多重风险的数学描述与表征方法,解析水资源耦合互馈系统中多维风险的联合概率分布及其动态演变规律,将水资源系统风险分析和风险决策的研究范式从传统独立风险分析和决策理论发展到耦合互馈系统多维风险分析和多属性风险决策具有现实的科学意义。

4. 供水-发电-环境耦合互馈系统优化调控

长江上游水资源耦合互馈系统优化调控涉及供水、发电和生态需水等相互竞争、不可公度的调控目标,其多维目标域、决策变量域及约束域空间的离散化全特性空间曲面映射关系随系统状态转移而动态变化,呈现出显著的动态非线性和时变特性,是一类多层次、多阶段、多因素复杂多维目标动态均衡优化问题,使得水资源系统供水-发电-环境互馈关系模型优化目标的维度、边界、约束及其时空演化特性的描述及对多维目标效益动态均衡机制的解析成为水资源优化调控首先要突破的理论障碍。然而,传统基于运筹学的经典数学建模方法在解析不同调控目标对水资源耦合互馈系统综合效益影响机理上存在缺陷,难以将多维目标效益均衡的物理机制以数学解析的方式进行描述,无法充分反映多维目标效益间的耦合与制约关系。因此,研究水资源耦合互馈系统优化调控建模的目标效益动态均衡方法,将水资源系统优化问题研究范式从经典的多维广义耦合系统多目标优化问题推广到系统动力学演化分析的耦合互馈系统多维目标均衡优化问题,不仅可为解决水资源耦合互馈系统优化调控建模的目标效益动态均衡问题提供新的理论基础,而且还可为水资源系统多维目标均衡优化理论的发展与创新研究提供新的途径。

水资源系统普遍存在的循环和反馈现象是其自我调节能力的基础,也是其具有抗干扰能力、维持相对稳定的内在因素。作为一类结构复杂的自稳态系统,长江上游水资源系统互馈结构和自稳态形成的互补作用使其本身具有进化性与适应性特征,加之受社会经济发展、调控措施、互馈关系变化及水资源系统演变影响,系统间的复杂映射关系呈现明显的动力学形态,使得水资源适应性利用的条件及随机扰动下系统内部结构间的复杂响应关系难以被人类完全掌握。面对这一问题,传统基于多目标分析的水资源优化调控理论尚不能有效描述有界扰动下耦合互馈系统中供水、发电、环境子系统个体行为与系统整体之间的演化关系,在实现系统不确定因素与系统动力机制的有机结合方面显得无能为力,难以根据变化的长江上游径流情势和水资源供需变化对优化调控策略进行适应性调整,因此仍需通过系统科学理论和方法寻求答案。当前,复杂适应性系统理论已被证明在水资源系统脆弱性评估、水资源供需平衡分析等方面具有描述系统动态演化行为及适应性机理的能力,而且以其为理论基础的适应性调控方法还具有驱使系统根据动态特性变化、环境干扰、建模误差等各种复杂背景而不断修正自身调控结构和参数的潜在能力。因此,围绕基于供水–发电–环境互馈机制的长江上游径流适应性利用问题,发展多重风险约束下水资源耦合互馈系统效益均衡的径流适应性调控新理论,可为解释和解决长江上游径流适应性利用所面临的复杂现象和科学问题奠定理论基础。

1.3 研究概况与发展趋势

近年来,随着全球气候变化和人类活动加剧,水资源系统优化运行和管理日趋复杂,其研究正由单一时空尺度、单目标最优向着跨流域可变时空尺度下多目标一体化综合效益最优方向发展,同时面临着来自水文气象、人类活动、供需矛盾及流域生态等诸多方面的影响和风险,存在一系列亟待解决的复杂科学问题和技术难题。围绕复杂水资源系统中水文–社会系统耦合关系、水–能源–粮食耦合关系及供水–发电–环境耦合关系的研究问题,专家学者、各国政府和国际组织开展了广泛的研究工作。2013 年,国际水文科学协会在第九届国际水文科学大会上正式发布并启动了以"处于变化中的水文科学与社会系统"为主题的国际水文未来十年(2013～2022)科学计划——Panta-Rhei,用以研究水文、社会子系统间的耦合关系。2015 年,美国国家科学基金会(National Science Foundation,NSF)宣布启动一项包括 17 个研究内容的资助计划,用以支持水–能源–粮食交互作用的研究。

在水–能源–粮食三者关系链中,最核心的是水资源。水资源不仅担负着城市生活供水、农业引水、发电用水、生态环境需水等重要任务,而且在缓解局部地区生态环境退化中发挥着关键作用。然而,受变化环境下来水和用水的不确定性影响,以及受水安全、能源安全和生态安全的制约,围绕涵盖供水、发电及环境的长江上游耦合的水资源系统开展研究是我国社会经济可持续发展的重大战略问题。此外,供水、发电、环境相互关系十分密切,三者之间相互影响、相互作用、相互反馈,构成了复杂的水资源耦合互馈系统,给长江上游径流适应性利用带来了困难。目前,国内外在此方面的实质性研究成果鲜有报道,已有研究主要集中在单一人类活动对流域水文系统的影响,未进行全要素人类活动影响下的流域水文系统响应研究,同时仅考虑流域水文系统对社会系统的单一约束作用,未考虑社会系统对流域水文系统的反馈驱动。因此,围绕变化环境下长江上游水资源耦合系统动态演化特性、复杂水系统的供水–发电–环境耦合互馈关系建模、供水–发电–环境互馈机制的多重风险识别和评估,以及基于供水–发电–环境互馈机制的径流适应性利用和调控问题,必须突破供水、发电、环境子系统孤立研究的局限,着眼于三者的耦合互馈关系,统筹规划、合理利用,从而达到社会、经济和环境可持续发展的目的。

本节将依据研究框架,从水资源耦合系统动态演化特性分析、供水–发电–环境多维耦合互馈系统建模、多维耦合互馈系统风险分析与多重风险决策及供水–发电–环境耦合互馈系统优化调控 4 个方面,综述供水–发电–环境水资源互馈系统风险评估与适应性调控的研究概况与发展趋势。

1.3.1　水资源耦合系统动态演化特性分析

水资源耦合系统,涉及水文气象、供水、发电、生态环境等诸多方面,其动态演化特性分析的研究可归纳为 5 个方面:①气候变化下径流响应;②水资源承载力;③水资源供需平衡关系;④发电能力;⑤河流生境。下面将从以上 5 个方面分别阐述其国内外研究概况与发展趋势。

1. 气候变化下径流响应

长江上游是我国气候变化的敏感区域,气候变化对生态过程、水文循环和水资源利用影响显著,预估气候变化和人类活动影响下长江上游径流的变化,对径流适应性利用研究具有重要意义和价值。目前,在径流对气候变化和人类活动响应评估中,广泛采用流域水文模拟法和气候弹性系数法。水文模拟法主要采用集总式、分布式或统计方法的水文模型来量化气候变化对径流的影响[1-2],该方法虽具有较好的物理基础,但由于缺乏对水文模型结构和参数不确定性的深入研究,尚不能有效描述变化环境下水文过程的动力响应,在采用水文模拟分析法时还需对模型进行结构辨识和参数优化,并进行合理性验证。弹性系数法最初由美国学者 Schaake 引入水文气象研究领域评价径流对气候变化响应的敏感性[3],气候弹性系数定义为径流的变化率与气候变量变化率的比值,已有的研究结果表明该方法是一种简单有效的方法[4]。然而,长时间数据序列中的噪声对气候变化和人类活动响应评估结果造成干扰,其评估结果的有效性需要进一步验证。

2. 水资源承载力

水资源承载力指某一地区的水资源,在一定社会和科学技术发展阶段,在不破坏社会和生态系统时,最大可承载的农业、工业、城市规模和人口水平,是一个随社会经济和科学技术水平发展变化的综合目标,而水资源承载力系统是一个庞大复杂的自然–经济–社会复合大系统。学术界关于中国区域水资源承载力定性与定量研究取得了较大进展,王浩等[5]针对生态环境脆弱的内陆干旱区特点,提出了水资源承载力的指标体系、计算流程和边界条件,分析计算了西北内陆干旱区水资源生产能力。然而,影响水资源承载力系统的内部和外部因素众多,且系统中不同层次影响因素间存在着复杂的相互作用、影响和制约,系统呈现高维、强非线性,传统方法忽略了以水资源为载体的社会、经济及环境发展指标的动态变化过程,不能全面地反映一个区域的水资源承载力,尤其是这些特性导致水资源承载力系统的许多变量无法用常规的分析方法获得其数学最优解或解析解,使得人们开始探索和尝试采用系统动力学演化分析方法模拟其数值解[6],并通过基于系统动力学的水资源承载力建模,成功模拟预测了社会经济、生态、环境和水资源系统多变量、非线性、多反馈与复杂反馈等过程[7]。

3. 水资源供需平衡关系

水资源供需矛盾是水资源耦合系统动态特性分析的主要问题,水资源供需特性演化分析也成为学术界研究的重点和热点。气候变化和人类活动加剧了水资源供需特性演化的复杂性,针对此问题,国内外学者开展了大量的研究,并取得了丰富的成果。针对供需水问题,汤奇成等[8]对我国西部地区水资源的供需平衡分时段进行预测,借助可供水量、需水量、缺水量和缺水率的变化,系统分析了西部地区水资源供需关系变化的空间差异及其原因,得出我国西南地区水资源供需矛盾将在 2030 年达到高峰的结论。王政祥等[9]通过对西南诸河近 10 年的水资源利用状况进行分析,发现随经济社会发展,西南地区人均水资源占有量、用水效率逐年提高,但水资源总体开发利用率水平较低。以上研究局限于对西南地区水资源供需状况的分析和预测,缺乏关于长江上游水资源外送及大规模供水和发电用水影响的相关研究。此外,长江上游水资源供需关系受气候变化和人类活动的强烈影响,其系统演化模型的结构、状态等特性在不同时空维度存在变异。为此,一些学者尝试引入系统动力学方法对流域水资源系统供需特性进行了研究。李静芝等[10]运用系统分析的理论和方法建立湖南省水资源供需系统模型,仿真模拟传统发展型、发展经济型、节水型、协调型 4 种不同方案条件下,2010~2030 年湖南省水资源供需变化趋势。李献士等[11]针对某流域采用动态博弈演化的方法研究该流域系统演变情况,发现随着经济社会发展和该流域的水资源供需系统在 2000 年之后的系统协调性开始下降,进入了无序及混乱的状态,并以这种状态进行着持续的演进。由此可见,开展复杂系统演化理论对区域水资源系统供需特性进行研究是近年来的研究趋势。关于复杂系统演化的普遍理论还处于发展阶段,且复杂系统的数学机理尚不清楚,在定量关系研究方面有待深入。

4. 发电能力

"十二五"期间,随着金沙江、雅砻江、大渡河、澜沧江等流域大型水电站陆续投产和运营,西南地区水电能源建设得到迅猛发展,截至 2018 年其水电机组装机容量已增至 12 529 万 kW,

占全国水电装机总量的 35.8%。同时，受气候变化和人类活动的影响，长江上游水文情势发生显著改变，洪涝灾害并发，径流过程不确定性明显增强，直接影响梯级水库群发电出力过程，在承受巨大防洪压力的同时弃水现象频现。此外，受受端电网消纳能力和输电网络结构的影响导致水能资源利用率较低。因此，在保证防洪和生境安全的前提下，以提高水能资源利用率、增加发电效益为目标，开展变化环境下径流及径流预报误差不确定性对发电系统影响的研究，逐步成为分析发电演变态势所关注的重点。对此，国内外学者开展了相关研究，赵铜铁钢[12]通过建立统计模型分析水文预报的不确定性，对逐时滚动水文预报中预报不确定性的演进过程进行量化分析和数值模拟，并评估预报不确定性对水库发电调度的影响。李克飞等[13]构建了基于预报来水发电调度的模糊风险分析模型框架，研究了径流不确定性对发电的影响。上述研究主要集中在径流预报不确定性对发电的影响，尚未考虑径流可利用量在环境约束及洪峰、基流、径流变化率突增因素下的动态变化特征。此外，受社会经济发展、生境系统演变及调控措施的影响，长江上游水力发电系统极易呈现出复杂的动力学行为。因此，迫切需要针对水电开发规模增长和径流可利用量变化，明确水能开发规模的格局，协调供水、发电、环境互馈效益，揭示长江上游复杂水力发电系统演变态势。

5. 河流生境

气候变化和人类活动不仅影响长江上游水资源承载力、水资源供需关系及水力发电能力演化态势，而且对长江上游生境产生深远影响，甚至威胁长江上游生境安全。为保障生境安全，Holling[14]于 1973 年最早提出了生境安全阈值的概念，主要定义为保证生态系统结构和功能不受破坏所能承受的最大容量值，反映了长江上游生态环境承载力的生态安全底线及安全边际，其准确描述对保证生态系统持续健康发展具有重要意义。在此基础上，May[15]根据对生态系统多个稳定状态的实验观测，提出了阈值理论模型，促进了生境安全阈值研究的发展。随后，陈俊贤等[16]研究了河流生态系统对水库梯级开发的响应，有效评价典型区水库梯级开发的生态系统健康程度及生态水文过程调控实施效果；许可等[17]针对宜昌断面基于流域生物资源保护的流量要求，研究了流域水利工程对生态资源影响的途径，建立了水库生态优化调度模型，提出了采取人造洪峰、提高下泄水温等生态修复方式保护流域生物资源的措施；左其亭等[18]在对淮河中上游 10 个断面水体理化指标、浮游动植物、底栖动物及其栖息地状况等实地调查和监测的基础上，结合提出的河流水生态健康定义，构建了水生态健康评价指标体系和健康评价标准体系。以上研究从流域生物群落和生态径流等方面选取评价指标进行流域水资源健康状况评价，尚未建立流域水资源生境安全阈值指标体系。为此，潘扎荣和阮晓红[19]以淮河流域为研究对象，采用生态需水年内展布计算法计算流域主要干支流的生态需水阈值。于鲁冀等[20]提出河流水生态修复阈值概念，初步构建了河流水生态修复阈值界定指标体系及阈值计算方法体系。到目前为止，尽管对长江上游生境安全阈值界定指标体系及阈值计算方法的研究已取得了初步的成果，但尚无切实可行的方法和技术手段描述生境安全阈值的时空演化特性。由于受气候变化、人类活动、社会经济发展及生态系统演变的影响，长江上游生境安全阈值变化过程极易呈现出复杂的动力学现象，现有的理论和技术研究积累尚不足以为有效遏制生境恶化的趋势提供支撑，亟待发展具有工程实用性和普适性的河流生境安全阈值演化特性分析方法，为进一步研究长江上游复杂水系统的供水–发电–环境互馈关系提供域边界条件。

1.3.2　供水–发电–环境多维耦合互馈系统建模

变化环境下长江上游径流适应性利用的关键是确定水资源耦合互馈系统中供水、发电、环境子系统间相互作用、依赖和协调关系，需要定量解析供水–发电–环境耦合及互馈调节机制，确定系统和环境的边界条件，并识别影响系统功能的关键因素、变量和参数。

目前，关于供水、发电、环境耦合互馈关系方面的相关研究，主要集中在各子系统的独立边界约束下的优化调控研究。相关学者从子系统边界约束条件的角度，深入研究了供水、发电、环境间耦合制约关系。纪昌明等[21]提取了蓄水量、下泄流量及水量平衡等边界条件和其他非等式约束，建立了基于机会约束规划的水库发电量最大决策模型；梅亚东等[22]采用流量约束形式来表达生态需水的要求，比较分析了生态需水约束对发电量的影响；韩宇平等[23]考虑区域工农业需水量约束和生态环境需水约束，建立了最大年可供水量的优化调配数学模型。以上工作对供水、发电、生态各子系统的独立边界进行了研究，未充分考虑子系统间的关联及其联合约束边界。为此，尹正杰等[24]从生态–发电制约关系、生态流量–水文变化关系等方面出发对约束设置进行了分析讨论。然而，该研究也仅局限于供水、发电、生态子系统两两间耦合边界，未能从供水–发电–环境耦合互馈协变关系的角度整体上辨识并构建约束集。因此，有必要探寻长江上游径流–供水、径流–发电、径流–环境、供水–发电、供水–环境、发电–环境关系中的关键协变量，围绕水资源耦合系统供水–发电–环境互馈协变机制开展深入研究。

系统科学理论从 20 世纪 30 年代开始兴起，人们逐渐认识到系统具有层次结构和功能结构，系统处于不断地发展变化之中，系统经常与其环境（外界）有着物质、能量和信息的交换，系统在远离平衡的状态下也可以稳定（自组织），确定性的系统有其内在的随机性（混沌），而随机性的系统却又有其内在的确定性（涌现），这些新的发现不断地冲击着经典科学的传统观念，一般系统论、信息论、控制论、相变论、耗散结构论、突变论、协同论、混沌论、超循环论、人工生命学科等新科学理论也相继诞生，这种趋势使许多科学家感到困惑，也促使一些有远见的科学家开始思考并探索新的研究思路。在此背景下，20 世纪 80 年代，有学者提出了复杂系统和系统的复杂性这两个科学概念，并得到了迅速的发展。

流域水资源系统由供水、发电、环境等多个子系统组成，且各子系统间相互作用、协调与制约，是一类典型的复杂多维耦合互馈动力系统。近年来，基于系统科学理论的流域水资源系统建模方法引起了国内外学者的广泛关注和重视。周建中等[25]、胡和平等[26]、郭旭宁等[27]和许可等[28]从水资源系统供水、发电和生态两两关系入手，建立了发电–生态、发电–供水、供水–生态的水资源系统耦合模型，阐明了供水、发电、生态子系统间的统一对立关系；而王宗志等[29]和黄草等[30]则同时考虑了供水、发电、生态三者间的协同制约关系，建立了供水–发电–生态的水资源系统耦合多目标优化模型，探究了供水–发电–生态协同竞争关系。上述研究以水资源系统耦合模型的数值解为基础，一定程度上定量解析了供水–发电–生态互馈关系。然而此类互馈关系的解析依托于抽象且概化的数学模型，尚不能客观准确地反映供水、发电和生态间物质、能量和信息的交换过程。因此，有必要引入系统动力学的方法，以供水–发电–环境互馈系统的物理模型为基础，建立互馈结构过程链中各子系统间的全映射关系。此外，现有水资源系统建模研究仅以断面流量为纽带，将水资源耦合系统分解为供水、发电、生态子系统，不能反映水资源系统的整体性和子系统间的内在耦合特性，难以准确描述水资源耦合系统供水–发电–环境互馈关系。为此,综合考虑供水–发电–生态系统协同竞争关系的系统动力学研究方法逐渐发展起来。譬如,李平[31]将子系统间的协变量作为优化模型的决策变量,推求了描述人工采补量、地下水位和潜水蒸发量等协变量间互馈协变关系的表达式,初步建立了地下水耦合互馈系统的动力学模型。许多学者尝试采用大系统分解协调方法[32]将水资源互馈系统解耦为多个子系统,保持水资源系统中子系统间协变约束关系的完整性,实现供水–发电–环境多维耦合系统的无损解耦合精确建模。与此同时,人们在探索新的研究范式,系统动力学和系统控制的相关理论也在这一时期被引入复杂水资源耦合系统的模拟研究中来。迄今为止,系统的整体论和还原论体系还没有完全形成,尚未出现具有普适性和工程实用价值的耦合互馈系统建模与决策方法,亟须开展进一步的研究,发展基于复杂系统理论的水资源系统建模理论与方法体系。

近几十年来,强烈的人类活动和气候变化使长江上游水资源系统发生了深刻的变化。大规模水电开发加剧了自然径流破碎化,下垫面条件改变导致产汇流时空演变规律异常化,尤其是跨流域供水造成河道水位下降,使得水资源系统的动力学条件发生变化,影响了流域水资源互馈系统的动态平衡。因此,在不同时间和空间尺度上研究供水–发电–环境互馈系统对环境的响应和影响规律,结合水资源调控所引起的环境变化探讨生境要素动态变化的原因和多维调控对策,是合理开发和利用流域水资源、实现人与自然协调发展的基础。为探究变化环境对水资源互馈系统的影响和响应机理,国内外学者进行了探索和研究。夏军等[33]从水资源可利用量、水资源需求量和区域经济发展状况的角度,论述了环境变化下水资源系统脆弱性和适应性的演化规律;周祖昊等[34]采用水资源二元演化模型,揭示了渭河流域的水资源演变规律,定量描述了气候变化和人类活动对流域水资源系统的影响程度。上述研究以实际观测结果为基础,力图从宏观角度阐述水质、水量等水资源系统外在指标对变化环境的响应趋势。但是,要从物理机制上获得反映水资源互馈系统与环境变化间的响应关系,还需对水资源承载力、水能转换率等互馈系统协变量与环境变化的可能关联进行深入研究,从系统动力学视点揭示水资源互馈系统对环境变化的响应机理。流域水资源系统在供水、发电、环境等方面发挥巨大作用的同时,也对河流生境系统造成了严重的胁迫效应,不同程度地影响了流域的生态健康。围绕水资源互馈系统对水环境的影响问题,Hughes 和 Hannart[35]论证了建坝后水资源系统失稳导致的水生生物生长繁殖环境胁迫和库区水体富营养化的问题;许可等[17]阐述了流域水电开发对流域生物资源的影响途径,探讨了流域水电开发对河流连续性、河道洪枯过程、库区生境等生态功能的影响方式;贾海峰等[36]分析了河流营养物质对水资源系统调控的响应机制,提出了抑制库区水华的水资源调控新模式;李若男等[37]在耦合水动力学过程和生态学过程的基础上,建立了全河流一维和局部河段二维水资源耦合模型,定量评价由水资源调控造成的河道水流条件改变对下游生态系统的影响;赵越等[38]针对生态监测资料的稀缺,引入了一种应用模糊逻辑的物理栖息地方法,对葛洲坝坝下中华鲟产卵栖息地进行模拟,确定了中华鲟产卵期的适宜生态需水量。然而,在现有水资源耦合互馈系统调控对环境影响机理的研究中,生境系统可塑性、水环境容量和水环境承载力的约束边界与弹性尺度对互馈系统动力过程的复杂响应机理尚未得到充分认识,亟待围绕水资源耦合互馈系统中供水效益、发电效益、环境效益均衡问题开展基础研究,阐明水资源互馈系统对环境变化的影响机理。

1.3.3 多维耦合互馈系统风险分析与多重风险决策

随着风险概念被引入水资源领域,其研究范围从水文风险已拓宽到社会、经济、防洪、发电、环境等一系列风险问题,给水资源的开发和综合利用带来了挑战。在风险管理过程中,关键风险因子的识别与表征对于探究风险的传递机理和响应规律及风险的评估和决策具有十分重要的意义。由于水资源需求量的不断增加,水资源短缺风险日益严峻,成为制约水资源系统安全的首要问题。国内外学者在水资源系统面临的水资源短缺风险方面的相关研究取得了一系列的重要成果。Hashimot 等[39]提出了可靠性、可恢复性、脆弱性等反映水资源系统稳定性的指标,并从数学上加以定义;韩宇平等[23]采用随机模拟技术对串联水库联合供水风险进行了定量描述;马黎和汪党献[40]探讨了水资源短缺风险主导因子的辨识方法,提出了采用缺水率、人均缺水量和缺水边际损失等指标的缺水风险评价指标体系,采用模糊层次分析评价方法对全国二级水资源分区的缺水风险进行了综合评价。多数情况下,水资源系统供水风险分析与水库发电调度密切相关,因此分析发电调度风险及供水–发电互馈关系势在必行。针对水库调度中的多空间尺度风险辨识问题,谢崇宝和袁宏源[41]利用蒙特卡罗方法综合考虑水文、水力等不确定性因素,通过实例分析证明仅考虑单一因素的发电调度的片面性。在此基础上,刁艳芳和王本德[42]分析了水文、水力、水位–库容和调度滞时 4 种不确定性因素及其分布特性,建立了水库防洪预报调度方式的综合风险分析模型,并采用基于拉丁超立方体抽样的蒙特卡罗模拟方法对模型进行求解。近年来,随着我国水电开发规模逐步扩大,水资源系统结构日益复杂,现代水资源优化调控问题正朝着多尺度、多层次、多目标方向发展,所考虑的风险因子进一步拓展到生境要素、环境变化等因素,Symphorian 等[43]提出水库既要满足人类对水资源的需求又要尽量满足生境系统的需水要求。随着气候变化和人类活动对供水–发电–环境耦合系统的影响加剧,耦合系统互馈关系变得愈加复杂,亟须从不同层次结构和时空尺度辨识影响耦合互馈系统演化稳定和动态平衡的关键风险因子,提出复杂风险胁迫下供水–发电–环境耦合互馈系统多重风险的数学描述与表征方法。

供水–发电–环境耦合互馈系统受水文、水力、工程状态、管理行为等诸多不确定性因素影响,其系统风险及其传递规律研究已受到众多学者的关注。现有研究多通过识别影响径流因素的不确定性来评估系统风险,尚未涉及关键因子变化下复杂系统多重风险传播机制的研究,致使难以系统、全面地评估水资源系统总体风险。风险传播理论能够精确描述复杂耦合系统内部多重风险的转移过程,在众多研究领域得到广泛应用。Thomas 等[44]利用随机过程理论建立利率模型,并以马尔可夫链理论描述债券信用评级变化,建立了关于期间结构和债券价格信用风险传播的马尔可夫链模型。马尔可夫链缺乏从全系统的角度考虑风险传播问题,因此杨康和张仲义[45]利用复杂网络理论研究了供应链网络风险传播机理,建立了供应链网络风险传播模型;陆仁强等[46]根据城市供水系统不同子系统结构功能关系的高度关联性及水流流向的单向性特征,将系统风险传播理论用于供水系统风险分析研究。在此基础上,张永铮等[47]在充分阐明风险传播研究意义的基础上,给出了网络系统风险传播问题的定义,并提出了基于邻近传播和最小入度的近似算法进行求解。然而,系统风险传播理论在水资源系统风险管理中的应用尚不多见,运用风险传播理论探究关键风险因子与预报风险、防洪风险、供水风险、发电风险、环境流量溢缺,以及水库群欠蓄、欠发、发电出力不足、电网灾变等多重风险间的传递与反馈关系,将对水资源系统风险评估与决策具有十分积极的科学指导意义。

　　针对水资源系统的风险评估问题,极值统计学方法[48]、蒙特卡罗法[49]、一次两阶矩法[50]、JC 法[51]等基于统计学原理的方法,被广泛应用于供水、发电和环境子系统的风险评估中并取得了一定的成果。上述方法多针对水资源系统中的某一特定风险,缺乏从系统整体的角度考虑。为此,Schmucke[52]提出了用合并子系统的方法来计算整个系统的模糊风险,并对水资源管理中的不确定性来源进行了分类。阮本清等[53]和王红瑞等[54]以此为基础实现了区域水资源短缺风险的综合评价。随后,针对水资源系统存在缺失或未知风险信息量的问题,胡国华和夏军[55]建立了水资源系统风险分析的灰色–随机风险率方法。刘涛等[56]则从水资源系统的复杂层次结构分析入手,利用层次分析法确定各风险指标的相对权重并建立了综合各种风险指标值的供水风险评估模型。此外,邹强等[57]和李继清等[58]还通过最大熵原理得到风险变量的概率特性,建立了基于最大熵原理的水资源系统风险模型并成功应用于供水、发电和防洪等系统风险分析中。这些研究对风险分析这一科学领域的发展起到了推动作用,为我国风险分析理论在水资源系统风险管理中的应用奠定了理论基础。但也应该看到,已有的研究方式多局限于子系统的特性分析,较少关注多重风险指标间的竞争与冲突关系,还需要从水资源系统供水、发电和环境间的耦合互馈机制分析入手,开展耦合系统间互馈机制作用下水资源系统的多重风险评估理论与方法研究。水资源系统风险决策是水资源系统风险管理的另一关键研究领域,水资源系统风险决策的研究发展大致分为三个阶段,即单目标风险决策、多目标风险决策及信息不完备情况下的风险决策问题。已有研究[59]将风险和不确定性集结考虑的多目标规划方法,并提出分段多目标风险分析方法和多目标多阶段影响分析法,并在此基础上构建了代用风险函数,该方法适用于多阶段和多个目标不可公度的问题。虽然现有水资源系统风险决策研究取得了较为丰富的研究成果,但水资源系统风险分析的理论和方法体系还有待完善,亟须综合考虑水资源系统中各类风险的遭遇累积效应、不同风险的概率分布及其动态演变规律,进一步深入研究均衡供水、发电和环境等多重风险决策指标的多属性对策决策方法,发展和完善多维耦合互馈系统风险分析与多重风险决策的理论体系。

1.3.4　供水–发电–环境耦合互馈系统优化调控

　　水库是水利工程体系的重要组成部分,作为供水–发电–环境复杂水资源系统中的可调控对象及水资源开发利用的主要载体,其优化调度已成为水资源优化调控领域的基本问题和关键问题。传统水库调度主要基于历史水文序列和特定调度目标,如防洪、发电、供水、生态等目标,通过优化[60-61]或者模拟[62]方法得到水库调度图和调度规则,这类水库调度决策方案拘泥于历史径流样本及确定性径流预报结果,难以指导变化环境下的调度决策。鉴于传统确定性优化调度的局限性,变化环境下水库群优化调度问题逐步受到国内外学者的关注,并成为研究的热点和重点。变化环境对传统水库调度方法的挑战主要来自水文稳态性假定丧失和人类需求动态变化两个方面[12]。前者主要着眼于未来水文情势的不确定性,重点围绕基于水文预报的水库群动态调度问题展开研究,相关学者在这一研究方向取得了大量研究成果,如Little[63]率先提出了水电站优化调度的随机动态规划方法,并在美国大古力电站工程调度中得到验证;而 Karamouz 和 Vasiliadis[64]、徐炜等[65]则结合贝叶斯理论灵活处理电站入库径流的概率信息，建立了贝叶斯随机动态规划模型和聚合分解贝叶斯随机动态规划模型；周惠成等[66]进一步耦合降雨预报与径流模型以描述流域径流特性，建立了基于随机动态规划和贝叶斯随机动态规划结合的混合随机动态规划模型。而对于后者，主要着眼于水资源需求目标动态性和多样性，关注点从以水资源的供需平衡、水量平衡的单一调控目标，转向以区域水资源社会、经济、生态、环境协调的可持续发展目标，针对此类问题，Changchit 和 Terrell[67]根据水库供水、防洪、发电等不同运行目标建立了水库群多目标综合调度模型，卢有麟等[68]通过分析发电效益与生态效益之间的制约和竞争关系，构建了梯级水库多目标生态优化调度模型，对三峡梯级枢纽多目标生态优化调度进行了有价值的研究；随后，其他学者构建了不同水库群多目标优化调度数学模型[69]，通过设置模糊隶属度[70]、权重向量[71]等方式对模型进行了一定简化，将其转化为单目标优化问题，并运用数学规划[30]、智能优化[72]等方法对模型进行求解，获得了可在一定程度上满足水库群实际运行需求的多目标非劣调度方案集。以上研究将不确定性理论及多目标均衡理论引入水资源优化调控中，使得原来假定水资源量稳定、水来源确定的水资源调控问题转向不确定性和模糊优化的水资源优化调控问题，并使单目标模型逐步向多目标模型发展，推动了水资源优化调控理论研究的快速发展。但也应该看到，受气候循环、水文过程、发电控制、用水需求、环境需求等随机因素影响，长江上游水资源系统具有高度非线性、时变、随机、模糊和强耦合等特性，上述建立在不确定性及多目标均衡基础上的优化理论与方法仍不能圆满地解释和解决供水–发电–环境互馈机制下的长江上游复杂水资源系统优化调控面临的复杂科学问题。

当前，在气候变化和人类活动双重作用下，流域水文特性和水资源时空分布规律变异，影响并改变人类供用水模式[73]，水资源系统自身所具有的典型"自然–人工"耦合属性，使得变化环境下水资源优化调控研究核心向着人类需求与水文过程自适应协调匹配的方向发展[74]。2011 年 9 月，在国际水资源协会主办的第十四届世界水大会上，提出了"面向未来全球变化的水资源适应性调度管理"概念，使得水资源适应性调度管理成为国际水资源管理研究的新动向，并受到广泛的关注。在 2013 年政府间气候变化专门委员会（Intergovernmental Panel on Climate Change，IPCC）第 5 次评估报告中，第二工作组报告从科学、技术、环境、经济和社会等各方面对气候变化脆弱性、敏感性和适应性进行了全面评估，形成了《气候变化——影响、适应和脆弱性》研究报告，强调了气候变化导致灾害、社会经济发展联系的暴露度的综合风险与脆弱性和适应性的联系。在我国，适应性管理在水资源系统、社会–生态系统及人–自然适应研究中得到初步应用和发展。佟金萍和王慧敏[75]在分析流域水资源系统不确定性的基础上，构建了流域水资源适应性管理的体系结构；随后，张建云和王国庆[76]提出了全球变暖背景下科学管理水资源、应对及适应气候变化的水资源管理对策，推进了水资源系统适应性管理的研究和发展进程；龙爱华等[77]也对气候变化背景下新疆水资源开发利用的适应性对策进行了讨论，并提出强化水资源开发利用管理、提高水资源利用效率和效益、加快关键水源工程建设和完善水资源配置网络体系的建设等适应性对策。随着长江上游水资源开发规模逐步扩大及环境问题日益突出，水资源供水、发电、环境子系统间的互馈特性凸显，基于供水–发电–环境耦合互馈系统的径流的适应性利用调控研究显得尤为重要。近年来，国内外学者试图研究供水–发电–环境耦合系统中部分子系统间互馈关系，并初步尝试运用系统动力学方法研究流域径流适应性利用问题。Schlüter 等[78]比较了基于多目标遗传算法和系统动力学方法的水资源配置方案,结果表明利用系统动力学方法的闭环反馈水资源优化配置模型能显著减少区域缺水量。王滨[79]深入分析了黑龙港地区水资源和土地资源的类型、分布特征和利用现状,利用熵值赋权法和系统耦合协同理论,评价了区域水土资源综合质量,研究了区内水土资源供需平衡关系。上述研究虽取得了可喜进展,但研究内容仅局限于供水、发电、环境子系统间的弱连接作用,缺乏对水资源耦合互馈系统在不同协变量强作用下径流适应性利用的调控模式开展深入研究。为此,亟须针对供水-发电-环境互馈系统的多阶段、多维度复杂性特征及系统中多个互相制约的目标和多种约束的耦合协同关系,研究系统调控演化特征和相互作用机理,探究供水-发电-环境互馈关系模型优化目标的维度、边界、约束及其时空演化描述方法,提出一类水资源优化调控建模的目标效益动态均衡方法,从而为实现基于供水-发电-环境互馈机制的长江上游径流适应性利用提供理论依据和技术支撑。

1.4　研究目标与研究内容

通过开展相关研究,力求提高对水资源优化调控科学问题的认知水平,解决我国长江上游水资源适应性利用中面临的若干核心科学问题和关键技术难题,为长江上游水资源综合开发和径流适应性利用提供科学依据和技术支持。本书具体研究目标和研究内容如下。

1.4.1　研究目标

通过模拟长江上游供水、发电和环境子系统的动力学过程,分析长江上游外送水文动力特性、发电现状及其演变态势,阐明自然气候和人类活动双重驱动下长江上游水资源供需演化特性,研究保障长江上游河流生境安全的阈值描述方法及其演变特征,力求在揭示变化环境下长江上游水资源耦合互馈系统的动态演化机理上有新进展;探明并解析长江上游供水-发电-环境耦合系统的互馈协变及约束关系,建立供水-发电-环境耦合互馈系统协变演化动力过程数学模型,揭示供水-发电-环境耦合互馈系统的环境响应与影响规律;辨识并描述影响耦合互馈系统演化稳定和动态平衡的关键风险因子及多重风险间耦合关系,阐明关键风险因子变化下多重风险的传递机理和响应规律,建立多维耦合互馈系统多重风险评估指标体系和优化决策理论;解释面向供水-发电-环境互馈机制的流域调控目标间的同一和对立关系,建立复杂水资源耦合系统的流域调控目标多维时空转移矩阵,制定满足效益均衡的多维调控目标自适应匹配准则,提出水资源耦合互馈系统优化调控建模的多维目标效益动态均衡方法,确定水资源优化调控模型目标效益均衡和耦合互馈系统多重风险作用下的适应性调控阈值,发展和完善变化环境下长江上游水资源风险决策的理论与方法,形成统筹水资源耦合互馈系统内在特性和外部响应的适应性利用调控模式,建立水资源复杂耦合互馈动力系统演化建模的认知体系,解决我国长江上游供水-发电-环境水资源多维耦合互馈系统优化调控存在的主要科学问题,为实现长江上游径流适应性利用提供理论依据。

1.4.2 研 究 内 容

针对长江上游供水–发电–环境耦合互馈系统径流适应性利用所面临的关键科学问题和技术难题,以复杂系统分析和系统科学理论为基础,研究变化环境下长江上游水资源耦合系统动态演化特性,探明反映供水–发电–环境互馈关系的协变因子和驱动机制,建立供水–发电–环境多维耦合互馈系统协变演化动力学模型,揭示水资源耦合互馈系统关键风险因子及多重风险传播演化规律,提出供水–发电–环境互馈机制作用下多重风险评估与决策方法,建立统筹水资源耦合系统互馈协变关系、动态特性变化、环境干扰等因素的多维适应性调控理论,突破水资源耦合互馈系统优化调控建模的多维目标效益–风险动态均衡的理论瓶颈,发展长江上游供水–发电–环境耦合互馈系统的径流适应性利用的理论与方法体系。

1. 变化环境下长江上游水资源耦合系统动态演化特性分析

面向未来区域气候变化情景及系统可能存在的各种不确定性扰动因素,综合考虑水安全、能源安全和生态环境脆弱性,模拟涵盖供水、发电及环境的长江上游复合水资源系统动力学过程,探明水循环过程的演化路径和时空格局,解析水资源系统供需关系,分析长江上游发电现状,推演未来发电规模需求及其演化态势,推求保障河流生境安全的合理阈值,阐明变化环境下长江上游水资源系统的动态演化机理。

2. 长江上游复杂水系统的供水–发电–环境互馈关系解析

以变化环境下长江上游水资源耦合系统动态演化特性研究为基础,探究供水–发电–环境多维耦合系统的互馈协变及约束关系,建立描述供水–发电–环境互馈协变关系的数学模型,定量解析供水–发电–环境多维耦合子系统的自组织互馈网络结构,揭示供水–发电–环境互馈动力过程与环境要素的耦合规律,阐明供水–发电–环境互馈系统协变量对变化环境的动态影响和响应机理。

3. 供水–发电–环境互馈机制的多重风险识别和评估

针对长江上游径流适应性利用面临的水资源系统多重运行风险问题,探究复杂风险胁迫下多维耦合互馈系统多重风险的数学描述与表征方法,建立可精确描述长江上游供水–发电–环境耦合互馈系统风险因子与多重风险间的随机动力学风险传递网络,阐明关键风险因子变化下多重风险的响应规律,实现长江上游多维耦合互馈系统的风险评估与风险决策。

4. 供水–发电–环境互馈机制的长江上游径流适应性利用与调控

围绕变化环境下长江上游径流适应性利用问题,分析供水–发电–环境互馈关系模型优化目标维度、边界和约束的时空演化特性,提出水资源耦合互馈系统优化调控建模的多维目标效益动态均衡方法,推求多重约束条件下多维目标均衡调控的系统动力学演化过程,建立统筹水资源耦合系统互馈协变关系、动态特性变化、环境干扰、建模误差等因素的适应性利用调控理论。

1.5　研究方法与研究思路

研究工作针对长江上游复杂水资源系统优化调控中水资源科学与复杂性科学交叉的前沿问题,以供水–发电–环境互馈的水资源耦合系统风险评估及径流适应性利用研究为主线,以变化环境下长江上游耦合系统动态演化特性分析、水资源系统供水–发电–环境互馈关系解析、供水–发电–环境互馈机制多重风险识别和评估、长江上游径流适应性利用与调控等基础理论问题为核心,重点关注不同时空尺度上水资源耦合系统动力过程演化的耦合与互馈现象,以及这些过程在变化条件下模型状态转移机理,突破研究范式的壁垒,建立并发展水资源复杂耦合互馈动力系统演化建模的认知体系。

1.5.1　研究方法

研究工作采取水电能源科学与系统论、信息论、对策论、控制论、协同论等多学科综合交叉的研究方法,以复杂系统科学理论为基础,以长江上游水资源系统优化调控问题的物质、能量和信息转换关系为切入点,以多维时空尺度上供水–发电–环境耦合系统的互馈协变及约束关系,以及耦合系统互馈动力过程对变化环境的动态响应机理为核心开展研究工作,建立并发展面向供水–发电–环境耦合互馈机制的长江上游径流适应性利用的理论与方法。项目研究将对实际工程问题进行归纳和总结,从中凝练出关键科学问题,采用理论研究与数值仿真分析相结合的研究方法,研究这些规律在长江上游复杂水资源系统优化调控中的适应性和普适性。

研究方法强化研究范式的转换,注重理论研究上的突破和创新。为此,制定一个允许在水资源复杂耦合互馈动力系统中集成一种刻画约束边界和弹性尺度下系统自趋稳动态演化过程的建模方法,并对此首先阐明供水–发电–环境多维耦合系统互馈动力过程及相互作用和影响规律,然后构思必要的使模型结构和参数自适应辨识成为可能的水资源耦合互馈系统多维目标效益均衡适应性调控建模方法。为实现这一目标,必须将随机动力系统风险分析及复杂适应系统理论的思想应用到研究工作中。最终,作者团队将理论研究结果应用于长江上游复杂水资源实际系统中进行检验,研究其性能。具体来说,研究工作将从理论和技术两个层面进行分析研究。

(1)理论层面。针对气候变化与人类活动影响下长江上游水资源系统的动力学特性,探索长江上游水文循环微观过程机理与宏观水文规律之间的联系,加深对变化环境下水资源耦合互馈系统水文情势、供需特性、发电现状和生境安全态势的认识,揭示变化环境下长江上游供水、发电和环境耦合互馈系统的动态演化机理,解析供水–发电–环境多维耦合系统的互馈协变及约束关系,建立供水–发电–环境多维耦合互馈系统协变演化数学模型,研究耦合互馈系统多重风险识别与评估、长江上游径流适应性利用等核心理论问题,分析供水–发电–环境互馈机制下多维调控目标的竞争与冲突关系,揭示供水、发电、环境子系统间动态博弈的期望收益和综合效益演化规律,提出水资源耦合互馈系统优化调控建模的多维目标效益动态均衡方法,构建统筹水资源耦合系统互馈协变关系、动态特性变化、环境干扰、建模误差等因素的适应性利用调控模式,发展长江上游径流适应性利用的理论与方法体系。

(2)技术层面。围绕供水–发电–环境互馈机制作用下长江上游径流适应性利用普遍关注的共性支撑技术,研究长江上游水资源可利用量及其弹性区间、供需特性演化规律、发电现状及其演变态势、生境安全态势及其演化机理,分析变化环境下长江上游水资源耦合系统动态演化特性;以水资源多维耦合系统中供水、发电、环境子系统间循环、耦合和反馈关系为切入点,着重研究供水–发电–环境多维协变演化过程数学建模方法,重点突破长江上游复杂水系统的供水–发电–环境互馈关系解析的关键技术;从耦合互馈系统的层次结构和时空尺度辨识多变量联合概率分布下影响耦合互馈系统运行的关键风险因子,研究多维耦合互馈系统多重风险决策方法;着重寻求耦合水资源耦合互馈系统适应性约束边界、调控阈值,深入研究协变因子、约束边界对水资源耦合互馈系统优化调控模型的影响机理,重点突破供水–发电–环境互馈关系下径流适应性利用调控理论与方法。

1.5.2 研究思路

供水–发电–环境互馈的水资源耦合系统风险评估及径流适应性利用研究在国内外均是一个全新的研究命题,研究难度较大,因此必须首先强化科学问题和工程问题的凝练,采用多学科综合和跨学科交叉的研究方法,深化对气候变化和人类活动影响下长江上游水资源系统径流、供水、发电、环境现状、格局及其演化规律的认识;以复杂系统分析和系统科学理论为基础,探明耦合互馈系统的协变因子和驱动机制,从而有望揭示供水–发电–环境多维耦合互馈系统互馈动力过程及其动态演化机理,并阐明耦合互馈动力效应对环境的响应及影响机理,为实现水资源耦合互馈系统优化调控建模排除首要障碍;在辨识影响耦合互馈系统演化稳定和动态平衡关键风险因子的基础上,研究供水–发电–环境耦合互馈系统多重风险的传递与时空演化规律,发展多维耦合互馈系统风险评估与风险决策理论;引入系统分析理论、经济学理论和适应性调控理论,突破多重风险约束下水资源系统多维目标效益动态均衡优化、长江上游径流适应性利用优化调控研究的理论障碍,攻克制约多维目标效益均衡优化理论解决多重风险约束下水资源耦合互馈系统适应性调控的难题,最终形成一整套适合长江上游水资源径流适应性利用的核心理论与方法体系。本书通过以下技术路线进行系统、深入的研究,研究方法与研究思路如图1.1和图1.2所示。

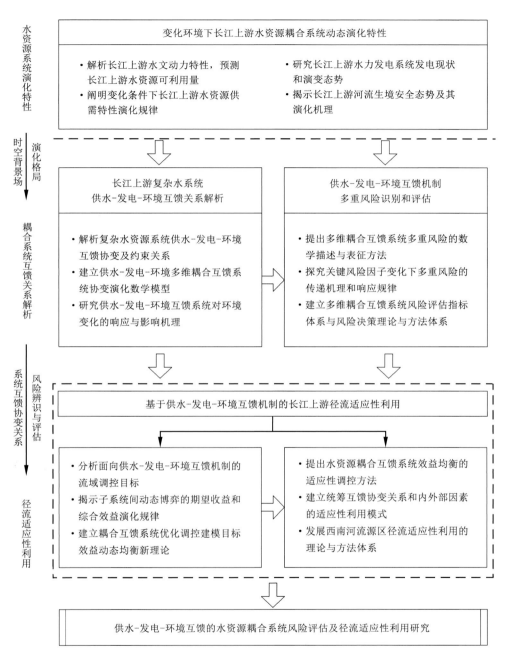

图 1.1　供水–发电–环境互馈的水资源耦合系统风险评估及径流适应性利用研究方法框图

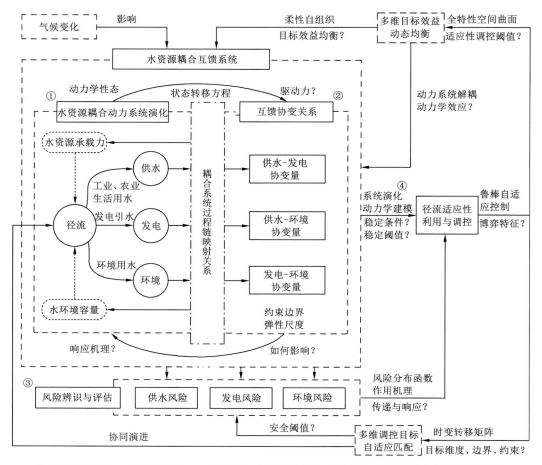

图 1.2 供水–发电–环境互馈的水资源耦合系统风险评估及径流适应性利用与调控研究思路

1.6 研究特色与理论创新

1.6.1 研究特色

（1）研究规模和难度大、系统复杂。项目无论是研究的时空尺度，还是研究对象的多属性、研究问题的多维目标和多重风险约束条件，就其研究规模、难度和复杂程度，在国内外同类研究和应用中尚无先例。

（2）前瞻性与探索性。长江上游供水–发电–环境水资源互馈系统运行、优化、调控及其效益响应的综合研究是国民经济中的重要内容，是水利科学和系统科学的前瞻性研究方向，具有很强的多学科交叉特征，复杂供水–发电–环境耦合互馈动力机制及多重风险约束下的径流适应性利用是跨学科研究的前沿领域。

（3）系统性、综合性和交叉性。针对长江上游供水–发电–环境耦合互馈系统多维度、多约束、多阶段的复杂优化调控难题，将水利科学、系统科学、控制科学和信息科学等交叉学科综合运用于水资源耦合互馈系统径流适应性利用调控模式的理论与方法研究,实现集成创新,可以形成一套长江上游径流适应性利用的理论与方法体系。

1.6.2　研究方法的理论创新

研究工作的创新意义在于,针对国家需求与基础理论之间存在的突出矛盾开展探索性前沿研究,明晰供水–发电–环境多维耦合系统互馈动力过程和互馈协变关系,阐明变化环境下长江上游水资源耦合互馈系统动态演化机理;围绕供水–发电–环境互馈机制下水资源系统优化调控中的动力学问题,引入复杂系统科学理论和系统动力学演化分析方法,通过多学科综合交叉,从多维时空尺度明晰供水–发电–环境多维耦合互馈系统协同演化过程与模型拓扑结构之间的关系。研究水资源耦合互馈系统优化调控建模的目标效益动态均衡方法,将水资源系统优化问题研究范式从经典多目标优化推广至系统动力学演化分析的耦合互馈多维目标均衡优化,建立供水–发电–环境互馈机制和系统多重风险作用下长江上游径流适应性利用调控的理论与方法体系。研究工作不仅可以填补该领域研究空白,对丰富、完善和发展现有复杂系统分析的理论与应用具有重要意义,而且研究成果可以直接应用于指导我国长江上游径流适应性利用,具有显著的社会、经济和环境效益。

参 考 文 献

[1] MONTENEGRO A, RAGAB R. Hydrological response of a Brazilian semi-arid catchment to different land use and climate change scenarios: a modelling study[J]. Hydrological processes, 2010, 24(19): 2705-2723.

[2] 李道峰, 田英, 刘昌明. 黄河河源区变化环境下分布式水文模拟[J]. 地理学报, 2004, 59(4): 565-573.

[3] SCHAAKE J C. From Climate to Flow: Climate Change and US Water Resources[M]. New Jersey: John Wiley Press, 1990.

[4] FU G B, CHARLES S P, CHIEW F H S. A two-parameter climate elasticity of streamflow index to assess climate change effects on annual streamflow[J]. Water resources research, 2007, 43(11): W11419.

[5] 王浩, 秦大庸, 王建华, 等. 西北内陆干旱区水资源承载能力研究[J]. 自然资源学报, 2004, 19(2): 151-159.

[6] MIRCHI A, MADANI K, WATKINS J R D, et al. Synthesis of system dynamics tools for holistic conceptualization of water resources problems[J]. Water resources management, 2012, 26(9): 2421-2442.

[7] 段春青, 刘昌明, 陈晓楠, 等. 区域水资源承载力概念及研究方法的探讨[J]. 地理学报, 2010, 65(1): 82-90.

[8] 汤奇成, 张捷斌, 程维明. 中国西部地区水资源供需平衡预测[J]. 自然资源学报, 2002, 17(3): 327-332.

[9] 王政祥, 郭海晋, 丁志立. 长江和西南诸河近 10 年水资源及利用状况分析[J]. 人民长江, 2008, 39(17): 85-87.

[10] 李静芝, 朱翔, 李景保, 等. 基于系统动力学的湖南省水资源供需系统模拟研究[J]. 长江流域资源与环境, 2013, 22(1): 46-52.

[11] 李献士, 李健, 涂雯. 基于演化博弈分析的流域水资源治理研究[J]. 生态经济, 2015, 31(6): 147-149, 154.

[12] 赵铜铁钢. 考虑水文预报不确定性的水库优化调度研究[D]. 北京: 清华大学, 2013.

[13] 李克飞, 纪昌明, 张验科, 等. 水电站水库预报发电调度的模糊风险分析[J]. 水电能源科学, 2012,

30(12): 44-47.

[14] HOLLING C S. Resilience and stability of ecological systems[J]. Annual review of ecology and systematics, 1973,4: 1-23.

[15] MAY R M. Stability and Complexity in Model Ecosystem[M]. New Jersey: Princeton University Press, 1973.

[16] 陈俊贤, 蒋任飞, 陈艳. 水库梯级开发的河流生态系统健康评价研究[J]. 水利学报, 2015, 46(3): 334-340.

[17] 许可, 周建中, 顾然, 等. 基于流域生物资源保护的水库生态调度[J]. 水生态学杂志, 2009, 2(2): 134-138.

[18] 左其亭, 陈豪, 张永勇. 淮河中上游水生态健康影响因子及其健康评价[J]. 水利学报, 2015, 46(9): 1019-1027.

[19] 潘扎荣, 阮晓红. 淮河流域河道内生态需水保障程度时空特征解析[J]. 水利学报, 2015, 46(3): 280-290.

[20] 于鲁冀, 吕晓燕, 宋思远, 等. 河流水生态修复阈值界定指标体系初步构建[J]. 生态环境学报, 2013, 22(1): 170-175.

[21] 纪昌明, 李克飞, 张验科, 等. 基于机会约束的水库调度随机多目标决策模型[J]. 电力系统保护与控制, 2012, 40(19): 36-40.

[22] 梅亚东, 杨娜, 翟丽妮. 雅砻江下游梯级水库生态友好型优化调度[J]. 水科学进展, 2009, 20(5): 721-725.

[23] 韩宇平, 阮本清, 解建仓, 等. 串联水库联合供水的风险分析[J]. 水利学报, 2003, 34(6): 14-21.

[24] 尹正杰, 杨春花, 许继军. 考虑不同生态流量约束的梯级水库生态调度初步研究[J]. 水力发电学报, 2013, 32(3): 66-70,81.

[25] 周建中, 张睿, 王超, 等. 分区优化控制在水库群优化调度中的应用[J]. 华中科技大学学报(自然科学版), 2014, 42(8): 79-84.

[26] 胡和平, 刘登峰, 田富强. 基于生态流量过程线的水库生态调度方法研究[J]. 水科学进展, 2008, 19(3): 325-332.

[27] 郭旭宁, 胡铁松, 吕一兵, 等. 跨流域供水水库群联合调度规则研究[J]. 水利学报, 2012, 43(7): 757-766.

[28] 许可, 周建中, 顾然, 等. 面向生态的流域梯级电站调度研究[J]. 华中科技大学学报(自然科学版), 2010, 38(10): 119-123.

[29] 王宗志, 程亮, 王银堂, 等. 基于库容分区运用的水库群生态调度模型[J]. 水科学进展, 2014, 25(3): 435-443.

[30] 黄草, 王忠静, 李书飞, 等. 长江上游水库群多目标优化调度模型及应用研究 I: 模型原理及求解[J]. 水利学报, 2014, 45(9): 1009-1018.

[31] 李平. 地下水管理模型中互馈协变关系理论和方法研究[D]. 长春: 吉林大学, 2008.

[32] 李爱玲. 水电站水库群系统优化调度的大系统分解协调方法研究[J]. 水电能源科学, 1997, 15(4): 58-63.

[33] 夏军, 刘春蓁, 任国玉. 气候变化对我国水资源影响研究面临的机遇与挑战[J]. 地球科学进展, 2011, 26(1): 1-12.

[34] 周祖昊, 仇亚琴, 贾仰文, 等. 变化环境下渭河流域水资源演变规律分析[J]. 水文, 2009, 29(1): 21-25.

[35] HUGHES D A, HANNART P. A desktop model used to provide an initial estimate of the ecological instream flow requirements of rivers in South Africa[J]. Journal of hydrology, 2003, 270(3): 167-181.

[36] 贾海峰, 程声通, 丁建华, 等. 水库调度和营养物消减关系的探讨[J]. 环境科学, 2001, 22(4): 104-107.

[37] 李若男, 陈求稳, 蔡德所, 等. 水库运行对下游河道水环境影响的一维–二维耦合水环境模型[J]. 水利学报, 2009, 40(7): 769-775.

[38] 赵越, 周建中, 常剑波, 等. 模糊逻辑在物理栖息模拟中的应用[J]. 水科学进展, 2013, 24(3): 427-435.

[39] HASHIMOT T, STEDINGER J R, LOUCKS D P. Reliability, resiliency, and vulnerability criteria for water resources system performance evaluation[J]. Water resources research, 1982, 18(1): 14-20.

[40] 马黎, 汪党献. 我国缺水风险分布状况及其对策[J]. 中国水利水电科学研究院学报, 2008, 6(2): 131-135.

[41] 谢崇宝, 袁宏源. 水库防洪全面风险率模型研究[J]. 武汉水利电力大学学报, 1997, 30(2): 71-74.

[42] 刁艳芳, 王本德. 基于不同风险源组合的水库防洪预报调度方式风险分析[J]. 中国科学(技术科学), 2010, 40(10): 1140-1147.

[43] SYMPHORIAN G R, MADAMOMBE E, ZAAG P V D. Dam operation for environmental water releases: the case of Osborne Dam, Save Catchment, Zimbabwe[J]. Physics and chemistry of the earth, Parts A/B/C, 2003, 28(20): 985-993.

[44] THOMAS L C, ALLEN D E, MORKEL-KINGSBURY N. A hidden Markov chain model for the term structure of bond credit risk spreads[J]. International review of financial analysis, 2002, 11(3): 311-329.

[45] 杨康, 张仲义. 基于复杂网络理论的供应链网络风险传播机理研究[J]. 系统科学与数学, 2013, 33(10): 1224-1232.

[46] 陆仁强, 牛志广, 张宏伟, 等. 城市供水系统风险传播机理模型研究[J]. 自然灾害学报, 2010, 19(6): 119-123.

[47] 张永铮, 田志宏, 方滨兴, 等. 求解网络风险传播问题的近似算法及其性能分析[J]. 中国科学信息科学(中文版), 2008, 38(8): 1157-1168.

[48] 傅湘, 王丽萍, 纪昌明. 极值统计学在洪灾风险评价中的应用[J]. 水利学报, 2001, 32(7): 8-12.

[49] 阮本清, 梁瑞驹. 一种供用水系统的风险分析与评价方法[J]. 水利学报, 2000, 31(9): 1-7.

[50] 德克斯坦. 水资源工程可靠性与风险[M]. 北京: 水利电力出版社, 1993.

[51] 王丽萍. 洪灾风险及经济分析[M]. 武汉: 武汉水利电力大学出版社, 1999.

[52] SCHMUCKE K J. Fuzzy Sets: Natural Language Computations, and Risk Analysis[M]. Rockville, MD: Computer Science Press, Incorporated, 1984.

[53] 阮本清, 韩宇平, 王浩, 等. 水资源短缺风险的模糊综合评价[J]. 水利学报, 2005, 36(8): 906-912.

[54] 王红瑞, 钱龙霞, 许新宜, 等. 基于模糊概率的水资源短缺风险评价模型及其应用[J]. 水利学报, 2009, 40(7): 813-821.

[55] 胡国华, 夏军. 风险分析的灰色: 随机风险率方法研究[J]. 水利学报, 2001, 32(4): 1-6.

[56] 刘涛, 邵东国, 顾文权. 基于层次分析法的供水风险综合评价模型[J]. 武汉大学学报(工学版), 2006, 39(4): 25-28.

[57] 邹强, 周建中, 周超, 等. 基于最大熵原理和属性区间识别理论的洪水灾害风险分析[J]. 水科学进展, 2012, 23(3): 323-333.

[58] 李继清, 张玉山, 王丽萍, 等. 应用最大熵原理分析水利工程经济效益的风险[J]. 水科学进展, 2003, 14(5): 626-630.

[59] GOICOECHEA A, DUCKSTEIN L, FOGEL M M. Multiple objectives under uncertainty: an illustrative application of protrade[J]. Water resources research, 1979, 15(2): 203-210.

[60] 欧阳硕, 周建中, 周超, 等. 金沙江下游梯级与三峡梯级枢纽联合蓄放水调度研究[J]. 水利学报, 2013, 44(4): 435-443.

[61] 张睿, 周建中, 袁柳, 等. 金沙江梯级水库消落运用方式研究[J]. 水利学报, 2013, 44(12): 1399-1408.

[62] 刘攀, 郭生练, 郭富强, 等. 清江梯级水库群联合优化调度图研究[J]. 华中科技大学学报(自然科学版), 2008, 36(7): 63-66.

[63] LITTLE J D C. The use of storage water in a hydroelectric system[J]. Journal of the operations research society of America, 1955, 3(2): 187-197.

[64] KARAMOUZ M, VASILIADIS H V. Bayesian stochastic optimization of reservoir operation using uncertain forecasts[J]. Water resources research, 1992, 28(5): 1221-1232.

[65] 徐炜, 张弛, 彭勇, 等. 基于降雨预报信息的梯级水电站不确定优化调度研究 Ⅰ: 聚合分解降维[J]. 水利学报, 2013, 44(8): 42-51.

[66] 周惠成, 王峰, 唐国磊, 等. 二滩水电站水库径流描述与优化调度模型研究[J]. 水力发电学报, 2009, 28(1): 18-23.

[67] CHANGCHIT C, TERRELL M P. A multiobjective reservoir operation model with stochastic inflows[J]. Computers and industrial engineering, 1993, 24(2): 303-313.

[68] 卢有麟, 周建中, 王浩, 等. 三峡梯级枢纽多目标生态优化调度模型及其求解方法[J]. 水科学进展, 2011, 22(6): 780-788.

[69] 陈洋波, 王先甲, 冯尚友. 考虑发电量与保证出力的水库调度多目标优化方法[J]. 系统工程理论与实践, 1998, 18(4): 96-102.

[70] 邹进, 张勇传. 一种多目标决策问题的模糊解法及在洪水调度中的应用[J]. 水利学报, 2003 (1): 119-122.

[71] 彭杨, 纪昌明, 刘方. 梯级水库水沙联合优化调度多目标决策模型及应用[J]. 水利学报, 2013, 44(11): 1272-1277.

[72] 覃晖, 周建中, 王光谦, 等. 基于多目标差分进化算法的水库多目标防洪调度研究[J]. 水利学报, 2009, 39(5): 513-519.

[73] ALLEY R, BERNTSEN T, NATHANIEL L B, et al. Climate change 2007: the physical science basis[J]. Intergovernmental panel on climate change, 2007, 6(7): 333-350.

[74] 王浩, 王建华, 秦大庸, 等. 基于二元水循环模式的水资源评价理论方法[J]. 水利学报, 2007, 37(12): 1496-1502.

[75] 佟金萍, 王慧敏. 流域水资源适应性管理研究[J]. 软科学, 2006, 20(2): 59-61.

[76] 张建云, 王国庆. 气候变化与中国水资源可持续利用[J]. 水利水运工程学报, 2009, (4): 17-21.

[77] 龙爱华, 邓铭江, 谢蕾, 等. 气候变化下新疆及咸海流域河川径流演变及适应性对策分析[J]. 干旱区地理, 2012, 35(3): 377-387.

[78] SCHLÜTER M, SAVITSKY A G, MCKINNEY D C, et al. Optimizing long-term water allocation in the Amudarya River delta: a water management model for ecological impact assessment[J]. Environmental modelling and software, 2005, 20(5): 529-545.

[79] 王滨. 黑龙港地区水土资源综合质量评价与耦合协调关系研究[D]. 北京: 中国地质科学院, 2011.

第 2 章

长江上游流域概况

长江流域是中华文明的发源地之一，是中华文明的重要组成部分。生活在长江流域距今 170 万年的元谋人是迄今中国发现的最早人类化石。长江上游气候宜人，物产丰富，形成了四川川江平原；长江出三峡之后，与其最大的支流汉江汇合，冲积成江汉平原。长江中下游又与我国四大淡水湖泊中的洞庭湖、鄱阳湖和太湖形成了复杂的江湖关系。

长江是我国的最长河流，贯穿我国西部、中部和东部，干流流经 11 个省、直辖市、自治区，其流域控制面积约为 180 万 km²，占我国陆地总面积的 19%，流域内人口密集，占全国总人口的 1/3 左右，全流域工农业总产值占全国的 40%。此外，流域气候温和、土壤肥沃、矿藏丰富、水利水能资源丰沛。多年平均入海径流量约为 9 600 亿 m³，占全国的 36%；水能储量约为 2.68 亿 kW，约占全国水能储量的 40%。尤其是长江上游径流充沛，落差巨大，水能资源富集，约占流域 90%以上。

本章简要介绍长江上游流域的地理环境特点、河流水系及其气象水文特征、控制性水库规划和运行情况、社会经济发展情势及生态环境状况。

2.1　长江上游流域地理环境

长江流域,是指长江干流和支流流经的广大区域,横跨中国东部、中部和西部三大经济区,共计 19 个省、市、自治区,是世界第三大流域。流域自然资源丰富、气候温暖、雨水充足、水资源丰富,多年平均径流量约 9 600 亿 m³,占我国河川径流总量的 36%。长江全长约 6 300 km。长江干流宜昌以上为上游,长 4 504 km,流域面积 100 万 km²,其中直门达至宜宾称为金沙江,长 3 464 km;宜宾至宜昌河段均称川江,长 1 040 km。宜昌至湖口为中游,长 955 km,流域面积 68 万 km²。湖口至长江入海口为下游,长 938 km,流域面积 12 万 km²。

本书的研究区域主要为长江上游流域。长江上游位于 90°E～112°E、24°N～36°N,如图 2.1.1 所示,海拔差异大。河段西起青藏高原各拉丹东,东至湖北宜昌。该段干支流流域覆盖面积广阔,源起青藏高原,东至湖北宜昌,北到陕西南部,南至云南及贵州北部的广大地区,涉及青海、四川、云南、重庆、贵州、甘肃、陕西、湖北等多个省区市。长江上游地形复杂多变,自西向东包含我国地势一、二级阶梯,也是青藏高原重要组成部分,拥有源头地区、昆仑–横断山区、喀斯特等特殊地形地貌,山地、丘陵比重大[1-2]。

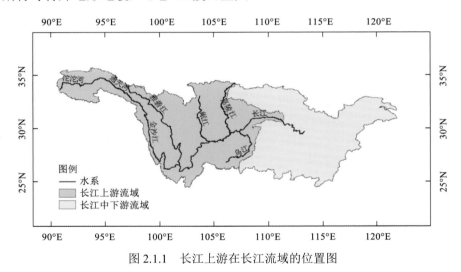

图 2.1.1　长江上游在长江流域的位置图

2.2　长江上游河流水系及其气象水文特征

长江流域水系众多,星罗棋布,据统计,长江干流拥有 700 多条一级支流,其中流域面积 1 万 km² 以上的支流有 40 多条,5 万 km² 以上的支流有 9 条,10 万 km² 以上的支流有 4 条。水量大是长江支流的一大特点,汉江、雅砻江、岷江、嘉陵江、乌江、沅江、湘江和赣江 8 条支流的多年平均流量都在 1 000 m³/s 以上,构成了长江八大支流。本书主要研究区域为长江上游,长江上游主要的支流有雅砻江、岷江、嘉陵江和乌江,雅砻江于攀枝花市三堆子汇入金沙江,长江上游流域水系如图 2.2.1 所示。

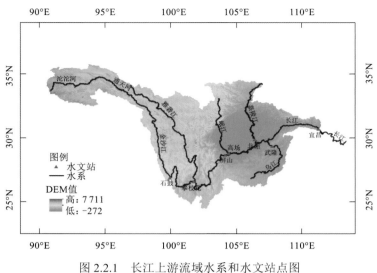

图 2.2.1　长江上游流域水系和水文站点图

长江上游地区气候属于青藏高寒区和亚热带季风区,汛期时段集中在 5~10 月,洪水主要由暴雨形成,降水约占全年降水量 70%以上,流域全年降水量在 800~1 200 mm,具有时空分布不均的特点。流域境内水源主要来自高原融雪和降雨。流域多年平均气温在 17℃左右,夏季气温在 25℃左右[3]。长江上游气候分界明显,江源至宜宾段的金沙江属于高原气候区,气温和降水量由上游至下游、由西北向东南递增。宜宾至宜昌段的川江,属于亚热带季风气候区,湿润多雨,是长江中下游洪水的主要来源之一。川江流域根据水系特征还可细分为岷沱江区、嘉陵江区、乌江区和上游干流区[4]。本节将主要介绍长江上游流域水系及其气象水文特征。长江上游的流域水系和主要水文站点如图 2.2.1 和表 2.2.1 所示。

表 2.2.1　长江上游主要水文站点及其位置

河流	水文站点	东经	北纬
金沙江	石鼓	99.96°	26.87°
金沙江	攀枝花	101.72°	26.58°
金沙江	屏山	104.17°	28.64°
岷江	高场	104.41°	28.80°
嘉陵江	北碚	106.43°	29.84°
乌江	武隆	107.75°	29.33°
长江干流（三峡）	宜昌	111.28°	30.69°

2.2.1　金沙江水系

长江上游直门达至宜宾河段称为金沙江。金沙江干流流经中国西部的青海、西藏、四川和云南四省（自治区）。全长 3 464 km,占长江上游总河长的 77%,流域控制面积约 50 万 km²,控制流域面积占长江上游流域总面积的 50%。金沙江干流以石鼓和攀枝花为界,分为上、中、下三段。金沙江上游流域从青海省玉树巴塘河口至石鼓，地势较高，降雨量少，日照时间较长，该子流域主要是高山峡谷地形，拥有灌木、草地和森林地貌，以畜牧业为主；金沙江穿过石鼓（玉龙纳西族自治县石鼓镇）后，流向由原始的东南向，急转成东北向，形成一个奇特的"U"型大弯道，被称为"万里长江第一弯"；石鼓至攀枝花段为中游流域，有金沙江最大的支流雅砻江汇入，拥有着丰富的水资源，金沙江中游流域主要植被类型为森林、草地和农田。金沙江下游流域人口密集、经济发达、水资源丰富，以森林、草地和农田为主[5]。该流域位居我国"十三大水电能源战略基地"之首，其具有稳定且丰沛的径流、丰富的水能资源及良好的水能开发条件[6]。

雅砻江是金沙江最大的支流，位于青藏高原东南部，东西宽约 100～200 km、南北长约 900 km。雅砻江源于青海巴颜喀拉山南麓，自西北流向东南，其中在理塘河口河道转向北再折回南流，绕锦屏山形成著名的雅砻江大河湾，于攀枝花汇入长江，是典型的峡谷河流。干流全长 1 670 km，总落差 4 420 m，流域面积 128 444 km^2，河口多年平均流量 1 914 m^3/s，年均径流量 604 亿 m^3。

2.2.2　岷江水系

岷江是长江上游支流，发源于四川省西部的岷山山脉，所谓"岷山导江"，在明代以前被视为长江正源，明代徐霞客确定金沙江为长江正源，遂岷江杠岭和郎架岭以后变为长江支流，同时也是整个长江流域径流量最大的支流。岷江发源于岷山弓，全长 735 km，流域面积为 14 万 km^2，多年平均流量 16.7 m^3/s，最枯流量 2.15 m^3/s，最大流量 258 m^3/s，平均纵坡 7.33%，为国民经济发展提供了丰富的水资源和水能资源[7]。岷江是长江上游水量最大的一条支流，都江堰以上为上游，以漂木、水力发电为主；都江堰市至乐山段为中游，流经成都平原地区，与沱江水系及众多人工河网一起组成都江堰灌区；乐山以下为下游，以航运为主。岷江有大小支流 90 余条，上游有黑水河、杂谷脑河；中游有都江堰灌区的黑石河、金马河、江安河、走马河、柏条河、蒲阳河等；下游有青衣江、大渡河、马边河、越溪河等。岷江在四川盆地南部宜宾市与金沙江汇合，此后的江段正式称为长江。

2.2.3　嘉陵江水系

嘉陵江是长江水系中流域面积最大的支流，发源于秦岭北麓的陕西省凤县代王山，流经甘肃、四川，在重庆汇入长江，流域面积 16 万 km^2，占长江流域面积的 9%，干流全长 1 345 km，流域地势西北高东南低，总落差 4 800 m。流域径流量夏季为 299 亿 m^3、秋季较多为 217 亿 m^3，而春季为 87.8 亿 m^3、冬季最少为 38.1 亿 m^3。嘉陵江因其水质清澈及河道蜿蜒而闻名，其中南充段和武胜段最蜿蜒曲折。嘉陵江流域水系发达，其中，渠江和涪江是其最大的两个支流。渠江是嘉陵江左岸最大的支流，全长 665 km，流域面积 3.91 万 km^2，占嘉陵江流域面积的 24.44%。涪江是嘉陵江右岸的支流，全长 697 km，流域面积 3.61 万 km^2，占嘉陵江流域面积的 22.6%。嘉陵江主流域分支众多，使其看起来像分汊型河道。其上游蜿蜒曲折使河谷形态以深切峡谷为主，故常常发生泥石流、滑坡和骤发性洪水事件。中游河段较为平缓，地势从高山丘陵向浅丘陵缓慢过渡。下游流域地势低矮与四川省东边地势相近。

2.2.4 乌江水系

乌江，又称黔江，位于贵州省北部。乌江北源六冲河出赫章县北，南源三岔河出威宁彝族回族苗族自治县东，最后在重庆市涪陵入长江，干流全长 1 037 km，流域面积 8.79 万 km²。乌江水系呈羽状分布，流域地势西南高，东北低，由于地势高差大，切割强，自然景观垂直变化明显。以流急、滩多、谷狭而闻名于世，号称"天险"。乌江流域内多年平均降水量 1 163 mm，年均径流量 1 650 m³/s，径流主要由降水形成，流域内径流深分布特征与降雨分布特征一致，呈现上游和下游大、中游鸭池河至江界河区间较小的马鞍形变化特征。乌江年最大暴雨洪峰流量出现在汛期 5～10 月，大洪水一般发生在主汛期 6 月、7 月这两个月（特别是 6 月中下旬）。

2.3 长江上游控制性水库

长江上游干支流是我国水电能源集中地区，加快开发利用长江上游干支流水力资源势在必行。改革开放以来，我国的经济建设取得了巨大成就，国家综合国力不断增强，社会经济可持续发展对长江流域水资源开发利用的要求迫切。随着我国"西电东送"能源开发战略格局的形成，国家加快了对长江上游干支流水电的开发和建设。一些建设条件好、勘测设计工作有一定深度的电站相继立项或开工建设。包括三峡工程在内的一批具有防洪、发电、供水功能的大型水库已陆续投入运行。长江上游控制性水库总调节库容 575 亿 m³、防洪库容 415 亿 m³。长江上游水库群承担着防洪、发电、供水等综合利用任务，其调度过程受多种因素影响，既要考虑上下游、左右岸等不同区域供水、用电需求，又要考虑水利、交通、电力、环保、国土等多部门和多行业的需要，同时还要考虑汛期、非汛期等不同时段的不同要求。为此，本节简要介绍长江上游水库群的基本情况。

2.3.1 长江上游水库群概况

1. 长江上游流域水库群的功能和作用

长江流域水系发达，支流众多，且河道天然落差大，其水能资源丰富，理论蕴藏量达到 2.68 亿 kW，可开发量达 1.97 亿 kW。其中，长江上游水能资源尤其丰富，其理论蕴藏量和可开发量分别占全流域总量的 90% 和 87%，在长江流域乃至我国经济社会发展中，占据重要的战略地位。按照《长江流域综合利用规划》，长江上游规划建设的装机容量 300 MW 以上的大型水电站有 80 余座，总装机容量超过 17 万 MW；1 000 MW 以上的水电站有 48 座，总装机容量超过 15 万 MW。在我国规划建设的"十三大水电基地"中，长江上游独占五席，分别是雅砻江、金沙江、大渡河、乌江和长江干流水电基地。随着近些年来一大批大型水电站开工建设和建成投运，尤其是 2009 年底三峡工程建成发电，2013 年和 2014 年金沙江下游溪洛渡电站、向家坝电站相继建成投运，以三峡工程为骨干的长江上游梯级水电站群已初具规模。

在防洪减灾方面，长江流域综合规划在上游规划布局了长江三峡、金沙江溪洛渡、向家坝等一批库容大、调节能力好的综合利用水利水电枢纽工程。现阶段长江上游 21 座水库划分为

1 个核心（三峡水库）、2 个骨干（溪洛渡水库和向家坝水库）、5 个群组（金沙江中游群、雅砻江群、岷江群、嘉陵江群和乌江群），其中三峡水库主要承担长江中下游地区的防洪，溪洛渡水库和向家坝水库主要承担川渝河段的防洪；大渡河下游河段的防洪主要以瀑布沟水库为主；嘉陵江中下游河段的防洪主要以亭子口水库为主。相较于水库各自进行防洪调度，水库群的联合调度不仅减轻了长江中下游的防汛压力，还减少了下游地区超额洪量，有效减免了蓄滞洪区的运用，极大程度地减少了洪灾损失。长江上游流域水库群的建成将为流域防洪工作带来巨大效益[8]。

在生态保护方面，水电属于绿色清洁能源；水力发电基本不消耗水量，对水质也基本没有影响，水库还可以通过调度对其进行综合利用，提高了水资源的利用效率。而长江上游流域水库群的建立在充分利用流域水能资源的同时，间接减少了火力发电带来的大量有害气体及温室气体排放，一定程度上改善了空气质量，减少了酸雨等有害天气，如三峡集团下辖金沙江下游和三峡梯级电站建成至今发出绿色电能超过 2.46 万亿 kW·h，减少二氧化碳排放量超过 20 亿 t。此外，水库的建成对库区周围的植被及气候有一定的改善作用，对局部生态环境有一定改善作用。

在泥沙防治方面，水库淤积对大型水库的长久使用非常不利，随着以三峡水库为核心的控制性水库群的逐步形成，上游水库群的拦沙效应巨大。如金沙江中游干流梨园、阿海、金安桥、龙开口、鲁地拉、观音岩水电站陆续建成运用后，年均拦沙量约 0.50 亿 t，其下游攀枝花站年均输沙量由蓄水前的 0.597 亿 t 减小至 2013～2016 年的 0.052 亿 t，减幅 91%；金沙江下游溪洛渡水库、向家坝水库基本上将三峡入库泥沙的主要来源金沙江的泥沙全部拦截在库内，使三峡入库泥沙减少，2013～2016 年三峡年均入库沙量为 0.650 亿 t，较 2003～2012 年均值减少了66%，水库年均淤积量也减少至 0.501 亿 t。今后随着上游金沙江等梯级水库陆续建成，三峡水库入库沙量在相当长时期内将维持在较低水平，三峡水库淤积会进一步减缓，有利于三峡水库长期使用[9]。

在航运保障方面，长江素有"黄金水道"之称。长江上游干线航道从宜宾至宜昌 1 044 km，是典型的山区河流航道。其中重庆朝天门至宜昌（简称渝宜段）航道长 660 km，天然情况下的渝宜段航道复杂，有滩险 139 处及礁石数处，水上交通事故多发，限制了大型船只的通航能力。葛洲坝电站及三峡电站兴建以后，三峡库区水位范围上升，支流航道数量明显增加，库区港口快速发展。高水位淹没了大量浅滩，尤其在枯水期，航运条件改善明显，减少了事故发生率。三峡通航建筑物中的双线五级船闸及升船机也为船只通航提供了良好条件。2017 年三峡船闸过闸货运量达到 12 972 万 t，相比 2002 年增加了 6.10 倍。三峡工程蓄水后，三峡库区航道成为世界上通航条件最好、通过能力最大的山区航道[10]。

2. 长江上游流域水库群规划和建设现状

现阶段，金沙江中游的"一库八级"已完成梨园至观音岩 6 梯级的开发；金沙江下游 4 梯级中的溪洛渡水库和向家坝水库已建成投运，乌东德水库和白鹤滩水库正在建设；雅砻江下游5 梯级均已建成投运，雅砻江中游梯级水库正在建设；大渡河干流已有黄金坪水库、大岗山水库、瀑布沟水库和深溪沟水库等 8 个水库建成投运，干流双江口以下的其他水库均在建设；乌江干流除白马航电枢纽正在建设以外，其他梯级水库均已建成投运；长江干流的三峡水库和葛洲坝水库已经建成投运,长江上游混联水电系统的格局基本形成。

在长江上游大规模混联水电系统中,金沙江、雅砻江、大渡河、乌江和长江干流 5 大水电基地的装机容量比重大,各流域水电开发的建设运营主体相对单一,且大部分水库均已建成或正在建设。

根据各子流域规划和实际水库建设情况,长江上游混联水库群拓扑结构如图 2.3.1 所示,相应参数如表 2.3.1~表 2.3.4 所示。

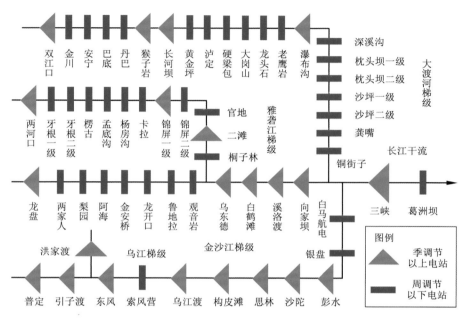

图 2.3.1　长江上游大规模混联水库群拓扑结构

表 2.3.1　金沙江梯级和三峡梯级水库群基本参数

水库名称	水库业主	调节性能	正常蓄水位/m	装机容量/(万 kW)
龙盘	金中公司	多年调节	2 010	420
两家人	金中公司	无调节	1 774	300
梨园	金中公司	日调节	1 618	240
阿海	金中公司	日调节	1 504	200
金安桥	汉能集团	周调节	1 418	240
龙开口	华能集团	日调节	1 298	180
鲁地拉	华电集团	周调节	1 223	216
观音岩	大唐集团	周调节	1 134	300
乌东德	三峡集团	季调节	975	1 020
白鹤滩	三峡集团	年调节	825	1 600
溪洛渡	三峡集团	年调节	600	1 386

续表

水库名称	水库业主	调节性能	正常蓄水位/m	装机容量/（万 kW）
向家坝	三峡集团	季调节	380	640
三峡	三峡集团	年调节	175	2 240
葛洲坝	三峡集团	日调节	66.5	271.5

注：金中公司指云南华电金沙江中游水电开发有限公司，三峡集团指中国长江三峡集团有限公司

表 2.3.2 雅砻江干流梯级水库群基本参数

水库名称	水库业主	调节性能	正常蓄水位/m	装机容量/（万 kW）
两河口	雅砻江公司	多年调节	2 865	300
牙根一级	雅砻江公司	日调节	2 604	26
牙根二级	雅砻江公司	日调节	2 560	99
楞古	雅砻江公司	日调节	2 475	260
孟底沟	雅砻江公司	日调节	2 254	240
杨房沟	雅砻江公司	日调节	2 094	150
卡拉	雅砻江公司	日调节	1 987	102
锦屏一级	雅砻江公司	年调节	1 880	360
锦屏二级	雅砻江公司	日调节	1 646	480
官地	雅砻江公司	日调节	1 330	240
二滩	雅砻江公司	年调节	1 200	330
桐子林	雅砻江公司	日调节	1 015	60

注：雅砻江公司指雅砻江流域水电开发有限公司

表 2.3.3 乌江干流梯级水库群基本参数

水库名称	水库业主	调节性能	正常蓄水位/m	装机容量/（万 kW）
普定	黔源电力	季调节	11 45	7.5
引子渡	黔源电力	季调节	1 086	36.0
洪家渡	乌江公司	多年调节	114 0	60.0
东风	乌江公司	季调节	970	69.5
索风营	乌江公司	日调节	837	60.0
乌江渡	乌江公司	季调节	760	125.0
构皮滩	乌江公司	年调节	630	300.0
思林	乌江公司	季调节	440	104.0
沙沱	乌江公司	季调节	365	112.0
彭水	大唐国际	季调节	293	175.0
银盘	大唐国际	日调节	215	60.0
白马航电	大唐国际	日调节	183	40.5

注：黔源电力指贵州黔源电力股份有限公司，乌江公司指贵州乌江水电开发有限责任公司，大唐国际指大唐国际发电股份有限公司

表 2.3.4 大渡河双江口以下梯级水库群基本参数

水库名称	水库业主	调节性能	正常蓄水位/m	装机容量/（万 kW）
双江口	大渡河公司	年调节	2 500	200.0
金川	大渡河公司	日调节	2 253	86.0
安宁	大渡河公司	日调节	2 130	38.0
巴底	大渡河公司	日调节	2 078	72.0
丹巴	大渡河公司	日调节	1 997	120.0
猴子岩	大渡河公司	季调节	1 842	170.0
长河坝	大唐国际	季调节	1 690	260.0
黄金坪	大唐国际	日调节	1 476	85.0
泸定	华电国际	日调节	1 378	92.0
硬梁包	华能四川	日调节	1 246	111.6
大岗山	大渡河公司	日调节	1 130	260.0
龙头石	中旭投资	日调节	955	70.0
老鹰岩	大渡河公司	日调节	905	57.0
瀑布沟	大渡河公司	年调节	850	360.0
深溪沟	大渡河公司	日调节	660	66.0
枕头坝一级	大渡河公司	日调节	624	72.0
枕头坝二级	大渡河公司	日调节	590	23.0
沙坪一级	大渡河公司	日调节	578	28.0
沙坪二级	大渡河公司	日调节	554	34.5
龚嘴	大渡河公司	日调节	528	77.0
铜街子	大渡河公司	日调节	474	65.0

注：大渡河公司指国电大大渡河流域水电开发有限公司，华能四川指华能四川水电有限公司，华电国际指华电国际电力股份有限公司，中旭投资指中旭投资有限公司

2.3.2 长江上游关键控制性水库概况

截至 2009 年底，长江上游已建成大型水电站总装机容量 3.8 万 MW，年均发电量超过 1 700 亿 kW·h。且近期该地区正处于水电大规模开发建设阶段，在建的预计 2020 年前能完成的大型水电站总装机容量更是高达 8.8 万 MW，主要集中在金沙江中下游、雅砻江和大渡河，相应年均发电总量将增加 3 800 亿 kW·h。另外，预计在 2021～2030 年，在金沙江上游、雅砻江和大渡河上，还将有装机容量达到 3 万 MW 的大型水电站群建成。届时长江上游地区大型梯级水电站总装机容量将达到 15.6 万 MW，年均发电总量将超过 7 200 亿 kW·h。从长江中上游 100 多个大小水库中，选取了图 2.3.2 所示较为关键的控制性水库进行详细介绍，主要包括两河口水库、锦屏一级水库、二滩水库、乌东德水库、白鹤滩水库、溪洛渡水库、向家坝水库、双江口水库、瀑布沟水库、洪家渡水库和三峡水库。

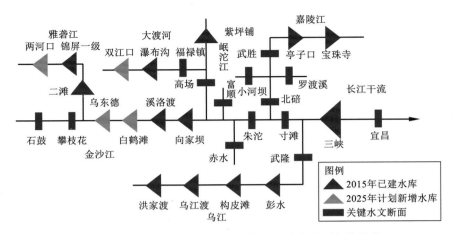

图 2.3.2　长江上游关键控制性水库群和水文断面拓扑结构

1. 两河口水库

两河口水库为雅砻江中游的龙头梯级水库电站，电站位于四川省甘孜州雅江县境内，是雅砻江干流中游规划建设的 7 座梯级电站中装机规模最大的水电站，两河口水库正常蓄水位 2 865 m，具有多年调节能力。枢纽建筑物由土质心墙堆石坝、溢洪道、泄洪洞、放空洞、发电厂房、引水及尾水建筑物等组成。土心墙堆石坝最大坝高 295 m，发电厂房采用地下式，电站采用"一洞一机"布置，安装 6 台单机容量为 50 万 kW 水轮发电机组，总装机容量 300 万 kW，设计多年平均年发电量为 110.0 亿 kW·h。工程于 2014 年 9 月获得国家核准，2015 年 11 月 29 日实现大江截流并开始围堰填筑。目前电站正全面开展主体工程建设，计划 2021 年底首台机组发电，2023 年底工程竣工。

2. 锦屏一级水库

锦屏一级水库位于四川省凉山彝族自治州盐源县和木里县境内，是雅砻江干流下游河段（卡拉至江口河段）的控制性水库工程。锦屏一级水电站坝址以上流域面积 10.3 万 km²，占雅砻江流域面积的 75.4%；坝址处多年平均流量为 1 220 m³/s，多年平均年径流量 385 亿 m³。电站总装机容量 360 万 kW（6×60 万 kW），枯水期平均出力 180.6 万 kW，多年平均年发电量 166.2 亿 kW·h。水库正常蓄水位 1 880 m，死水位 1 800 m，属年调节水库。枢纽建筑由挡水、泄水及消能、引水发电等永久建筑物组成，其中混凝土双曲拱坝坝高 305 m，为世界第一高坝。锦屏一级水电站建设总工期 9 年 3 个月。

3. 二滩水库

二滩水库地处四川省西南边陲攀枝花市盐边与米易两县交界处，处于雅砻江下游，系雅砻江水电基地梯级开发的第一个水库，上游为官地水库，下游为桐子林水库。水电站最大坝高 240 m，水库正常蓄水位海拔 1 200 m，装机总容量 330 万 kW，保证出力 100 万 kW，多年平均发电量 170 亿 kW·h，投资 286 亿元。工程以发电为主，兼有其他等综合利用效益。1991 年 9 月开工，1998 年 7 月第一台机组发电，2000 年完工，是中国在当时建成投产最大的电站。

4. 乌东德水库

乌东德水库位于四川省会东县和云南省禄劝县交界处金沙江河道上，是金沙江下游干流河段梯级开发的第一个梯级水库。乌东德水库是流域开发的重要梯级工程，有一定的防洪、航运和拦沙作用；建设乌东德水电站有利于改善和发挥下游梯级的效益，增加下游梯级电站的保证出力和发电量。枢纽工程主体建筑物由挡水建筑物、泄水建筑物、引水发电建筑物等组成。挡水建筑物为混凝土双曲拱坝，坝顶高程 988 m，最大坝高 270 m；泄洪采用坝身泄洪为主、岸边泄洪洞为辅的方式。电站厂房布置于左右两岸山体中，均靠河床侧布置，各安装 6 台单机容量为 850 MW 的混流式水轮发电机组，安装 12 台单机容量 85 万 kW 的水轮发电机组，装机总容量 1 020 万 kW，年发电量 389.1 亿 kW·h。电站计划于 2020 年 7 月下闸蓄水、8 月首台机组发电，2021 年 12 月全部机组投产发电。

5. 白鹤滩水库

白鹤滩水库位于四川省宁南县和云南省巧家县境内，是金沙江下游干流河段梯级开发的第二个梯级水库，具有以发电为主，兼有防洪、拦沙、改善下游航运条件和发展库区通航等综合效益。水库正常蓄水位 825 m，地下厂房装有 16 台机组，初拟装机容量 1 600 万 kW，多年平均发电量 602.4 亿 kW·h。电站计划 2013 年主体工程正式开工，2021 年首批机组发电，2022 年工程完工。

6. 溪洛渡水库

溪洛渡水库是国家"西电东送"骨干工程，位于四川省和云南省交界的金沙江上。工程以发电为主，兼有防洪、拦沙和改善上游航运条件等综合效益，并可为下游电站进行梯级补偿。电站主要供电华东、华中地区，兼顾川、滇两省用电需要，是金沙江"西电东送"距离最近的骨干电源之一，也是金沙江上最大的一座水电站。水库正常蓄水位 600 m，汛期限制水位 560 m，死水位 540 m，具有不完全年调节能力。电站装机容量 13 860 MW，多年平均发电量 649.83 亿 kW·h，与原来世界第二大水电站——伊泰普水电站（1 400 万 kW）相当，是中国第二、世界第三大水电站。

7. 向家坝水库

向家坝水库位于云南省水富市与四川省宜宾市叙州区交界的金沙江下游河段上，是金沙江水电基地最后一级水库。水库拦河大坝为混凝土重力坝，坝顶高程 384 m，最大坝高 162 m，坝顶长度 909.26 m。坝址控制流域面积 45.88 万 km²，占金沙江流域控制面积的 92%。电站装机容量 775 万 kW（8 台 80 万 kW 巨型水轮机和 3 台 45 万 kW 大型水轮机），保证出力 2 009 MW，多年平均发电量 307.47 亿 kW·h，是世界第五大水电站，也是西电东送骨干电源点。向家坝水电站是金沙江水电基地 25 座水电站中唯一兼顾灌溉功能的超级大坝，也是金沙江水电基地中唯一修建升船机的大坝，其升船机规模与三峡相当属世界最大单体升船机。

8. 双江口水库

双江口水库是大渡河流域水电梯级开发的上游控制性水库工程,坝址位于大渡河上源足木足河与绰斯甲河汇口处,地跨马尔康、金川两县。枢纽工程由土心墙堆石坝、洞式溢洪道、泄洪洞、放空洞、地下发电厂房、引水及尾水建筑物等组成。土心墙堆石坝坝高 314 m,居世界同类坝型的第一位。可研阶段推荐水库正常蓄水位 2 500 m,死水位 2 330 m,最大坝高 312 m,为年调节水库。电站装机容量 200 万 kW,年发电量 83.41 亿 kW·h。2019 年 3 月 25 日,双江口水电站砾石土心墙堆石坝首仓混凝土浇筑启动,标志着该电站大坝工程由基础开挖全面进入主体混凝土浇筑阶段,预计于 2024 年实现首台机组发电目标。

9. 瀑布沟水库

瀑布沟水库位于四川省雅安市汉源县和凉山州甘洛县交界处,是国家"十五"重点工程和西部大开发标志性工程。水库正常蓄水位 850 m,具有季调节能力。装设 6 台混流式机组,单机容量 600 MW,多年平均发电量 147.9 亿 kW·h。

10. 洪家渡水库

洪家渡水库位于贵州省西北部黔西、织金两县交界处的乌江干流上,是乌江水电基地 11 个梯级水库中唯一对水量具有多年调节能力的"龙头"水库,水库大坝高 179.5 m。水库安装 3 台立轴混流式水轮发电机组,装机总容量 60 万 kW。

11. 三峡水库

三峡水库,即长江三峡水利枢纽工程,又称三峡工程。位于湖北省宜昌市境内的长江西陵峡段与下游的葛洲坝水库构成梯级水库。三峡水库是世界上规模最大的水库,也是中国有史以来建设的最大型工程项目。三峡大坝为混凝土重力坝,大坝长 2 335 m,底部宽 115 m,顶部宽 40 m,高程 185 m,正常蓄水位 175 m。大坝坝体可抵御千年一遇的特大洪水,最大下泄流量可达每秒钟 10 万 m³。整个工程的土石方挖填量约 1.34 亿 m³,混凝土浇筑量约 2 800 万 m³,耗用钢材 59.3 万 t。水库全长 600 余 km,水面平均宽度 1.1 km,总面积 1 084 km²,调节能力为季调节型。三峡水库 1992 年获得全国人民代表大会批准建设,1994 年正式动工兴建,2003 年 6 月 1 日下午开始蓄水发电,于 2009 年全部完工。安装 32 台单机容量为 70 万 kW 的水电机组,总装机容量 2 240 万 kW,位居世界第一,年设计发电量 882 亿 kW·h,是我国"西电东送"和"南北互供"的骨干电源点。

2.4　长江上游社会经济概况

长江上游位于我国西南部至中部地区,全流域包含的行政区划以四川省和重庆市为主,边缘涉及青海、贵州、云南、甘肃、湖北 5 个省份的 16 个地级市。本节将从人口规模、经济发展、农业格局、用水结构方面阐述长江上游的社会经济情势。

2.4.1　人　口　规　模

长江上游人口稠密，城市众多。2011～2015 年长江上游人口保持持续上升趋势，2015年达到 1.55 亿人，相比 2014 年自然增长率约为 7‰，增长幅度比全国平均值 5‰高出 2 个千分点。农村人口不断向城镇人口转化，至 2015 年长江上游城镇人口 7 768.4 万人、农村人口 7 778.2 万人，城镇化率达到 50.0%，但仍比当年全国平均城镇化率 56.1%低 6 个百分点。

2.4.2　经　济　发　展

2015 年上游全流域国民生产总值（GDP）达到 61 398 亿元，人均 GDP 为 3.96 万元。从空间分布来看，重庆及湖北人均 GDP 达 5 万元以上，属于全流域经济发展较好的地区，而四川、云南、甘肃和贵州等地人均 GDP 在 3 万元左右，经济发展程度低，发展潜力高。但与国内人均 GDP 4.99 万元相比，长江上游地区经济发展水平较全国平均水平稍显落后。2011～2015年长江上游 GDP 保持持续增长趋势，但增长速率有所减缓，从 2011 年 GDP 增长率 18%降至2015 年 6%，与全国 GDP 变化趋势保持一致。从产业结构来看，2015 年长江上游农业产值（第一产业）6 646 亿元，第二产业产值 26 920 亿元，第三产业产值 27 832 亿元，三次产业构成比为 10.8:43.8:45.3。其中云南、四川、甘肃、贵州和湖北地区第一产业占比分别为 15%、12%、14%、15%和 11%，高于流域平均值，地区经济结构偏重于农业；而青海、重庆和湖北地区第二产业发展较高，甘肃和重庆地区第三产业发展较高。与同年全国三次产业构成 8.4:41.11:50.46相比，长江上游产业偏重于农业和第二产业，第三产业发展滞后。

长江上游产业特色是以水电、煤炭、天然气为主的能源转化产业；以钢铁冶炼为主的重化工业；以电子、生物制药、新材料为主的高新技术产业。长江源头区是在保护生态环境的前提下，重点发展畜牧等特色产业。攀西经济区重点培育壮大钢铁、能源、钒钛、化工等支柱产业，开发金沙江、雅砻江、大渡河的水能资源，建成国家重要的水电能源基地，以此带动和促进相关产业发展和城镇建设。成渝经济区致力于发展为全国重要的高新技术产业、先进制造业和现代服务业基地[11]。

2.4.3　农　业　格　局

长江上游地区拥有我国著名的农业生产基地——四川盆地农业生产基地，是我国粮食主产地区之一。地区主要作物以粮食作物为主、经济作物为辅，其中水稻、小麦、玉米、甘薯在粮食作物中占有主导地位。水稻占粮食总产量的 47.1%；小麦占 15.3%；玉米占 18.0%；甘薯占 10.7%。经济作物有棉花、油料、甘蔗、水果、茶叶、烟叶、麻类、药材等，种类繁多。2015 年长江上游总耕地面积 20 234 万亩①，其中有效灌溉面积仅 6 920 万亩，有效灌溉比仅34.2%，其中四川与湖北地区有效灌溉面积比例较高，其他地区均不足 40%，远低于全国平均水平 48.8%。

---

① 1 亩≈666.67 m²

2.4.4 用 水 结 构

2015 年长江上游综合人均用水量为 452 m³，比全国平均水平 445 m³ 稍高。从分类用水来看，长江上游 2015 年人均日生活用水量为城镇 160 L/d、农村 89 L/d，万元工业增加值用水量 74 m³，灌溉水有效利用系数为 0.458。与全国平均值相比，长江上游生活用水水平偏低，工业与农业用水效率低，节水潜力高。2015 年长江上游用水结构（不考虑少量湿地及河湖补水类河道外环境用水量）生活用水、农业用水、工业用水比为 19:55:26，相比全国平均水平农业用水比例较低，如图 2.4.1 所示。

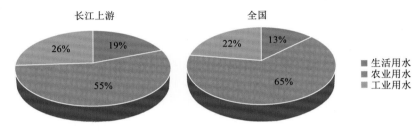

图 2.4.1　2015 年长江上游用水结构与全国用水结构对比

2.5　长江上游生态环境状况

本节首先介绍长江上游生态环境的基本情况，包括植被、物种等。考虑长江上游生态环境总体情势较难用一种综合指标表示，但流域植被覆盖程度是反映生态环境优劣的天然指示器，采用学术界应用较为广泛、并得到一致认可的植被覆盖指数（normalized difference vegetation index，NDVI）作为宏观尺度衡量地区生态环境的具体指标，并在接下来的章节中将 NDVI 作为评估环境演变规律的重要工具。

2.5.1　长江上游生态环境概况

长江上游几乎拥有陆地上所有生态系统类型，包括森林、灌丛、草原和稀树草原、草甸、湿地、荒漠、高山冻原及各种农田生态系统等，且每种生态系统又包含多种气候型和土壤型。长江上游 301 类生态系统中有优先保护生态系统类型 83 类，其中森林生态系统 40 类，灌丛生态系统 16 类，草原生态系统 7 类，草甸生态系统 6 类，湿地生态系统 10 类，荒漠生态系统 4 类[12]。长江上游地区分布着中国三大林区和五大草场之一，林地面积占全流域面积的 43.7%，草场面积占全国草场总面积的 6%，草山、草坡约占全国的 20%。该区生物资源种类繁多，共有高等植物 1 万多种，其中药用植物 4 100 余种；野生脊椎动物 1 100 余种，占全国总种数的 40% 以上。长江上游生态环境整体上处于中度、高度敏感的状态，其中土壤侵蚀敏感性最为突出，生态系统服务功能总体上呈现较重要、极重要的态势，其中水源涵养和生物多样性保护的贡献较大[13]。

2.5.2　长江上游生态环境的表征

生态环境与植被、生物等多种因素有关,涉及范围较为广泛,很难用统一的指标全面反映。针对某一特定地区而言,植被生长的好坏,可间接地反映该地区的生态环境状况。因此,采用与植被覆盖相关的植被覆盖指数 NDVI 间接表征地区的生态环境情势。目前,基于 SPOT/VEGETATION 及 MODIS 等卫星遥感影像得到的 NDVI 时序数据已经在各尺度区域的植被动态变化监测、土地利用/覆被变化检测、宏观植被覆盖分类和净初级生产力估算等研究中得到了广泛的应用。

遥感数据是提取植被覆盖信息的有效工具。遥感图像上的植被信息主要通过植物叶子和植被冠层的光谱特性及其差异、变化反映。在植被遥感中,归一化植被指数的应用最为广泛,它是利用植被的红光反射很小、近红外反射大的特点,经过非线性归一化处理所得,计算公式为

$$\mathrm{NDVI} = \frac{\mathrm{CH}_2 - \mathrm{CH}_1}{\mathrm{CH}_2 + \mathrm{CH}_1} \tag{2.5.1}$$

式中:CH_1、CH_2 分别代表红外波段、红光波段的反射率。NDVI 的值域为[-1,1]。无植被的裸地值近似于 0,值越大植被覆盖度越高。

表 2.4.1 统计了长江上游(宜昌站以上)年平均 NDVI 的具体值。

表 2.5.1　1998～2015 年长江上游年度 NDVI

年份	NDVI	年份	NDVI	年份	NDVI
1998	0.66	2004	0.68	2010	0.70
1999	0.64	2005	0.69	2011	0.69
2000	0.64	2006	0.66	2012	0.70
2001	0.65	2007	0.68	2013	0.72
2002	0.65	2008	0.68	2014	0.71
2003	0.67	2009	0.68	2015	0.72

参 考 文 献

[1] 黄胜. 长江上游干流区径流变化规律及预测研究[D]. 成都: 四川大学, 2006.
[2] 王文鹏, 陈元芳, 刘波. 长江上游时空相关气候要素的区域趋势诊断[J]. 河海大学学报, 2016, 45(1): 14-21.
[3] 关颖慧. 长江流域极端气候变化及其未来趋势预测[D]. 杨凌: 西北农林科技大学, 2015.
[4] 周倩. 长江上游干流区陆气耦合降雨径流预报研究[D]. 武汉: 华中科技大学, 2019.
[5] 孙娜. 机器学习理论在径流智能预报中的应用研究[D]. 武汉: 华中科技大学, 2019.
[6] 彭甜. 流域水文气象特性分析及径流非线性综合预报研究[D]. 武汉: 华中科技大学, 2018.
[7] 宕昌县县志编纂委员会. 宕昌县志 1985[M]. 兰州: 甘肃文化出版社, 1995.
[8] 金兴平. 长江上游水库群 2016 年洪水联合防洪调度研究[J]. 人民长江, 2017, 48(4): 22-27.

[9] 金兴平, 许全喜. 长江上游水库群联合调度中的泥沙问题[J]. 人民长江, 2018, 49(3): 1-8.

[10] 姚育胜.世界四条通航大河梯级开发航运发展比较研究[J]. 武汉交通职业学院学报, 2019, 21(1): 1-7.

[11] 齐天乐. 流域经济视角下长江航运发展战略研究[D]. 成都: 四川省社会科学院, 2014.

[12] 朱万泽, 王玉宽, 范建容, 等. 长江上游优先保护生态系统类型及分布[J]. 山地学报. 2011, 29(5): 520-528.

[13] 洪步庭, 任平, 苑全治, 等. 长江上游生态功能区划研究[J]. 生态与农村环境学报, 2019, 35(8) : 1009-1019.

第 3 章

长江上游水资源耦合系统气象水文过程
动态演化特性分析

　　深入理解和解析水资源耦合系统水文气象过程的动态演化特性和变化规律具有十分重要的现实意义。特别是步入 21 世纪后，变化环境下流域水循环系统水文气象因子的演化特性及归因分析已成为水利学科研究的热点和难点之一。全球及区域气候变化和人类活动是变化环境的重要驱动因素，也是影响流域水循环的主要原因。

政府间气候变化专门委员会（Intergovernmental Panel on Climate Change，IPCC）第五次气候变化评估报告中明确指出，1980~2012 年属于工业革命以来最暖的一段时期，近 50 年来全球地表温度以每年 0.012℃ 的速率上升，地表平均气温升高了约 0.85℃，且在未来相当长的一段时间内仍会持续增长[1-2]。针对中国区域气温与降水的变化，IPCC 委员会在其第五次评估报告中也给出了相应研究结论：中国地区地表气温变化趋势与全球气温变化趋势一致，自 1913年以来，中国地区地表气温上升了 0.91℃；近百年来，中国地区降水量总体趋势变化不显著，但时空分布格局变化显著，20 世纪 50~70 年代，华北地区降水量丰沛，之后逐渐向华南地区和长江流域转移，21 世纪以来，降雨带重新向北移动。气温和降水时空分布格局的剧烈变化，必然会导致流域水循环系统运行机制的改变，从而使流域径流变化加剧[3]。

此外，流域水循环除受气候变化的影响外，还受土地覆被、人类活动等多种因素的综合作用，呈现出强烈非平稳、非线性特征。为此，本章就变化环境下长江上游水资源耦合系统气象水文过程动态演化特性开展深入研究，依据长江上游河流水系水文气象特点，将研究区域分为长江源区、金沙江流域及长江干流等区域，通过分析各研究区域水文循环的时空格局、演化趋势、周期规律、突变情势和混沌特性等，分别揭示各子流域水文气象过程的动态变化规律。

3.1　长江源区气象水文过程动态演化特性分析

本节采用长江源区出口控制断面直门达水文站 1957~2012 年流量资料、长江源区所有国家级气象站点的同期气象资料、大气环流指标及 NCEP 再分析数据，开展长江源区流量和气象要素多时间尺度变化研究。具体分析了长江源区 1957~2012 年 5 个国家级气象站点的气温、降水量和蒸散发量的年内年际变化特征，以及长江源区出口断面直门达水文站的流量年际年内变化特征。通过趋势波动分析方法和小波分析方法分析了长江源区 1957~2012 年气象水文时间序列的波动及周期性变化规律。

3.1.1　长江源区气象水文循环时空格局解析

1. 气温年内年际变化

首先，利用 Mann-Kendall 方法对长江源区 1957~2012 年的年、月尺度的气温数据进行变化趋势分析，研究结果如表 3.1.1 所示。在年尺度上，95% 置信水平下，长江源区区域平均气温和 5 个国家级气象站点的气温都呈现增加趋势。

表 3.1.1　气温年内变化趋势

气象站		1 月	2 月	3 月	4 月	5 月	6 月	7 月	8 月	9 月	10 月	11 月	12 月	年际
沱沱河	变化趋势	−1.21	−2.93	−4.26	−3.35	−4.21	−4.25	4.68	5.43	5.67	6.24	5.34	3.65	5.29
	显著性	—	√	√	√	√	√	√	√	√	√	√	√	√
五道梁	变化趋势	2.73	3.78	3.52	1.49	2.82	3.32	1.67	2.46	2.94	1.52	3.49	3.29	5.39
	显著性	√	√	√	—	√	√	—	√	√	—	√	√	√

续表

气象站		1 月	2 月	3 月	4 月	5 月	6 月	7 月	8 月	9 月	10 月	11 月	12 月	年际
曲麻莱	变化趋势	2.12	3.82	3.88	2.28	2.78	4.98	2.93	3.53	4.57	2.49	3.53	3.32	6.21
	显著性	√	√	√	√	√	√	√	√	√	√	√	√	√
清水河	变化趋势	1.42	2.85	2.44	1.66	2.17	3.92	2.38	2.57	2.78	0.95	1.63	2.27	4.67
	显著性	—	√	√	—	√	√	√	√	—	—	√	√	√
玉树	变化趋势	2.78	3.57	3.47	1.58	2.45	3.96	3.46	4.54	3.68	2.39	3.36	2.71	5.26
	显著性	√	√	√	—	√	√	√	√	√	√	√	√	√
长江源区均值	变化趋势	1.41	2.43	0.45	−0.73	−0.19	1.96	3.29	5.59	5.57	5.11	4.25	2.87	5.68
	显著性	—	√	—	—	—	√	√	√	√	√	√	√	√

注：正值表示上升趋势，负值表示下降趋势，√表示在 95%置信水平下统计显著

在月尺度上，沱沱河站 1～6 月的气温存在下降趋势，1 月的气温下降趋势不显著，2～6 月的气温呈显著下降趋势，7～12 月沱沱河站的气温呈显著增加趋势。五道梁站所有月份的气温除 4 月、7 月和 10 月的气温增加趋势不显著，其他月份的气温呈显著增加趋势。曲麻莱站所有月份的气温增加趋势显著。清水河站 1 月、4 月、10 月和 11 月的气温增加趋势不显著，其他月份气温显著增加。玉树站除 4 月气温呈不显著增加趋势，其余月份气温都呈现明显增加趋势变化。长江源区区域平均气温在 4 月和 5 月呈现下降的变化趋势，下降趋势不显著，其他月份的气温增加，其中 1 月、3 月和 6 月的气温增加趋势不显著。

随着全球变暖趋势加强，长江源区对全球气候变化高度敏感，大量研究表明，从 20 世纪 60 年代以来，长江源区升温趋势明显，升温幅度高于青藏高原平均升幅，是整个青藏高原增温幅度较大的地区之一[4-6]。

从年代际尺度的长江源区气温均值变化来看（表 3.1.2），长江源区气温在 20 世纪 80 年代前维持在一个相对稳定的状态，变化幅度较小，80 年代仍然处在一个低温期，气温急剧升高始于 90 年代，且升温趋势延续到了 21 世纪初期，与长江源区冰心气温记录结果基本一致[4]。长江源区 90 年代后春季、夏季、秋季、冬季和年平均气温比 60 年代的气温分别高 1.2℃、0.8℃、1.0℃、1.2℃和 1.0℃。长江源区春季和冬季的气温升高幅度较大，呈现出暖冬现象[7]。

表 3.1.2 年代际平均气温 （单位：℃）

时间	20 世纪 60 年代前	20 世纪 70 年代	20 世纪 80 年代	20 世纪 90 年代	2000 年代后
春季	−6.8	−6.3	−6.4	−6.0	−5.3
夏季	5.7	5.6	5.9	6.3	6.7
秋季	3.4	3.7	3.7	3.9	4.7
冬季	−12.1	−12.1	−12.3	−11.9	−10.2
全年	−2.4	−2.3	−2.3	−1.9	−1.0

2. 降水量年内年际变化

长江源区 1957～2012 年 5 个国家级气象站点和区域平均降雨的年内分布状况如表 3.1.3 所示。沱沱河站的雨季稍微提前，降水量主要集中发生在 5～8 月，占全年降水量的 82.4%。最大降水量发生在 6 月，占全年降水量的 26.8%。最小降水量发生在 11 月，仅占全年降水量的 0.4%。五道梁站的降水量主要集中发生在雨季的 6～9 月，占全年降水量的 83.9%；其中，7 月是最大降水量发生时段，占全年降水量的 27.0%，12 月是最小降水量发生月份，仅占全年降水量的 0.3%。曲麻莱站的降水量也主要集中发生在 6～9 月，占全年降水量的 78.6%；7 月是最大降水量发生时段，占全年降水量的 23.0%，12 月是最小降水量发生月份，仅占全年降水量的 0.5%。清水河站的降水量集中发生在 6～9 月，占全年降水量的 73.9%；其中，7 月是最大降水量发生时段，占全年降水量的 21.6%，12 月是最小降水量发生月份，仅占全年降水量的 0.7%。下游的玉树站的降水量集中发生在 5～9 月，占全年降水量的 86.5%，其中，6 月是最大降水量发生时段，占全年降水量的 21.1%，12 月仅占全年降水量的 0.3%，是最小降水量发生月份。长江源区区域平均降水量主要发生在 6～9 月，占全年降水量的 77.5%，12 月仅占全年降水量的 0.5%，是最小降水量发生月份。

表 3.1.3　降水量年内分布状况　　　　　　　（单位：%）

月份	沱沱河站	五道梁站	曲麻莱站	清水河站	玉树站	长江源区均值
1 月	0.6	0.4	0.8	1.2	0.8	0.8
2 月	0.6	0.7	0.9	1.4	1.0	1.0
3 月	1.3	1.2	1.6	2.2	1.8	1.7
4 月	3.7	2.2	3.0	3.9	3.1	3.3
5 月	12.7	8.2	9.1	9.8	11.0	10.1
6 月	26.8	17.7	20.1	19.3	21.1	20.8
7 月	24.8	27.0	23.0	21.6	20.5	23.0
8 月	18.1	23.8	18.8	18.3	18.3	19.2
9 月	9.0	15.4	16.7	14.7	15.6	14.5
10 月	1.4	2.7	4.9	6.0	5.9	4.5
11 月	0.4	0.4	0.6	1.0	0.7	0.7
12 月	0.5	0.3	0.5	0.7	0.3	0.5

利用 Mann-Kendall 方法对长江源区 1957～2012 年的年、月尺度的降水量进行趋势分析，研究结果如表 3.1.4 所示。在年尺度上，长江源区区域平均降水量和 5 个国家级气象站点的降水量都呈现增加趋势，其中，曲麻莱站、五道梁站和长江源区平均降水量增加趋势显著，清水河站、沱沱河站和玉树站增加趋势不显著。

在月尺度上，沱沱河站 1 月、3 月、4 月、5 月、6 月和 12 月的降水量存在下降趋势；其中，3～5 月降水量下降趋势显著，其他 6 个月的降水量呈现增加趋势，其中，8～11 月的降水量增加趋势显著。五道梁站所有月份的降水量都呈现增加趋势，5 月和 6 月的降水量增加趋势显著，

表 3.1.4　降水量年际变化趋势

气象站		1 月	2 月	3 月	4 月	5 月	6 月	7 月	8 月	9 月	10 月	11 月	12 月	年际
沱沱河	变化趋势	−0.45	1.77	−2.21	−2.59	−3.29	−1.31	1.37	4.20	4.53	5.32	2.42	−0.55	1.93
	显著性	—	—	√	√	√	—	—	—	—	√	√	—	—
五道梁	变化趋势	0.82	1.25	0.41	0.66	3.24	2.87	0.76	1.56	0.88	0.86	1.65	0.59	3.38
	显著性	—	—	—	—	√	√	—	—	—	—	—	—	√
曲麻莱	变化趋势	0.53	−0.77	0.35	0.54	1.31	2.23	0.11	1.49	0.38	1.23	0.25	−0.39	2.25
	显著性	—	—	—	—	—	√	—	—	—	—	—	—	√
清水河	变化趋势	0.48	0.59	1.38	0.69	2.19	0.67	−1.32	−0.47	−0.21	1.29	−0.23	0.25	0.66
	显著性	—	—	—	—	√	—	—	—	—	—	—	—	—
玉树	变化趋势	−0.23	1.58	0.77	1.95	1.66	−1.21	−0.74	−0.62	−1.29	1.13	0.68	0.76	0.12
	显著性	—	—	—	—	—	—	—	—	—	—	—	—	—
长江源区均值	变化趋势	0.46	1.22	1.03	0.43	0.76	0.91	−0.57	1.69	1.28	2.17	0.68	0.39	2.13
	显著性	—	—	—	—	—	—	—	—	—	√	—	—	√

注：正值表示上升趋势，负值表示下降趋势，√表示在 95%置信水平下显著

其他月份的降水量增加趋势不显著。曲麻莱站 2 月和 12 月的降水量呈现不显著下降趋势，6 月降水量呈显著增加趋势，其他月份降水量增加趋势不显著。清水河站 7 月、8 月、9 月和 11 月的降水量呈现下降趋势，但下降趋势不显著，其他月份为增加趋势，只有 5 月增加趋势显著。玉树站有 5 个月（1 月、6 月、7 月、8 月和 9 月）的降水量呈现下降趋势，但下降趋势不显著，其他 7 个月的降水量呈现不显著增加趋势。长江源区域平均降水量在 7 月呈现不显著下降趋势，其他 11 个月的降水量呈现增加趋势，其中 10 月的降水量增加趋势显著，其他月份趋势不显著。

气候变暖影响下，青藏高原江河源区的季风和水汽输送受到影响，使青藏高原江河源区的降水量增多[8]。尽管选择的气象站点和使用的时间序列长短不同，但长江源区近年来降水量增加的观点基本一致[9-10]。

年代际尺度的长江源区降水量变化如表 3.1.5 所示，长江源区降水量大多集中于夏季和秋季。春季和冬季降水量持续增加，夏季和秋季降水量在进入 20 世纪 90 年代后出现减少趋势，研究发现，90 年代青藏高原江河源区大部分地区降水量呈减少趋势，长江源区减少最显著[7,11]。长江源区的降水量在 2000 年代都有明显的上升趋势，与 90 年代降水量比较，长江源区 2000 年代后的春季、夏季、秋季、冬季和年平均降水量分别增加了 74.9 mm、731.7 mm、570.9 mm、23.2 mm 和 350.1 mm。

表 3.1.5　年代际平均降水量　（单位：mm）

时间	20 世纪 60 年代前	20 世纪 70 年代	20 世纪 80 年代	20 世纪 90 年代	2000 年代后
春季	18.3	24.0	24.5	26.3	101.2
夏季	204.5	211.9	237.2	207.8	939.5
秋季	165.3	165.5	172.4	149.0	719.9
冬季	7.5	7.9	9.1	10.7	33.9
全年	98.9	102.3	110.8	98.5	448.6

3. 蒸散发量年内年际变化

长江源区 1957～2012 年 5 个国家级气象站点和区域平均蒸散发量的年内分布状况如表 3.1.6 所示。沱沱河站的月蒸发量差异不大，5 月蒸发量稍大，占全年蒸发量的 10.6%；11 月蒸发量最小，占全年蒸发量的 5.5%。五道梁站和玉树站的蒸发年内分布状况和清水河站类似，4～9 月的蒸发量占全年蒸发量比例较大，其中，7 月蒸发量最大。4～9 月清水河站和曲麻莱站的蒸发量较大，分别占全年蒸发量的 71.4% 和 70.6%，其中，7 月蒸发量最大，分别占两站全年蒸发量的 13.8% 和 13.6%。4～8 月的长江源区域平均蒸发量占的比例较大，占全年蒸发量的 58.1%，12 月占全年蒸发量的 3.9%，蒸发量最小。

表 3.1.6　蒸发量年内分布状况　（单位：%）

月份	沱沱河站	五道梁站	曲麻莱站	清水河站	玉树站	长江源区均值
1 月	7.2	3.4	3.3	3.2	3.7	4.4
2 月	8.7	4.6	4.8	4.5	5.4	5.8
3 月	9.8	7.0	7.4	7.0	8.1	8.0
4 月	10.3	9.9	10.3	10.2	10.5	10.3
5 月	10.6	12.0	12.1	12.2	12.1	11.7
6 月	10.4	12.7	12.7	12.9	12.4	12.1
7 月	10.0	13.4	13.6	13.8	12.9	12.6
8 月	8.6	12.4	12.5	12.6	11.7	11.4
9 月	7.1	9.4	9.4	9.7	9.1	8.8
10 月	5.9	6.7	6.6	6.6	6.4	6.4
11 月	5.5	4.7	4.2	4.1	4.4	4.6
12 月	5.8	3.7	3.1	3.1	3.4	3.9

长江源区 1957～2012 年的年、月尺度的蒸发量变化趋势分析结果如表 3.1.7 所示。在年尺度上，长江源区区域平均蒸发量和 5 个国家级气象站点的蒸发量都呈现增加趋势，其中，清水河站、五道梁站、玉树站和长江源区区域平均蒸发量的增加趋势显著，曲麻莱站和沱沱河站的趋势不显著。

表 3.1.7　蒸发量年际变化趋势

气象站		1 月	2 月	3 月	4 月	5 月	6 月	7 月	8 月	9 月	10 月	11 月	12 月	年际
沱沱河	变化趋势	1.12	−0.33	−0.17	1.55	1.44	2.37	4.66	4.81	4.35	2.64	2.29	1.94	0.57
	显著性	—	—	—	—	—	√	√	√	√	√	√	—	—
五道梁	变化趋势	2.73	3.12	2.27	1.72	2.25	−0.47	1.12	1.35	2.37	0.05	0.81	2.21	3.51
	显著性	√	√	√	—	√	—	—	—	√	—	—	√	√
曲麻莱	变化趋势	0.95	2.27	1.62	1.68	0.19	−0.77	0.71	0.34	2.04	0.25	−0.71	−0.25	0.67
	显著性	—	√	—	—	—	—	—	—	√	—	—	—	—
清水河	变化趋势	1.45	2.49	0.77	1.24	0.86	1.88	1.54	1.71	1.68	0.16	0.75	1.57	3.17
	显著性	—	√	—	—	—	—	—	—	—	—	—	—	√
玉树	变化趋势	1.96	2.48	2.21	0.95	1.73	2.55	2.47	2.35	2.82	0.66	1.28	0.68	3.24
	显著性	—	√	—	—	—	√	√	√	√	—	—	—	√
长江源区均值	变化趋势	1.69	1.61	1.25	2.06	1.78	0.97	2.51	3.42	4.44	1.92	1.75	1.66	2.69
	显著性	—	—	—	√	—	—	√	√	√	—	—	—	√

注：正值表示上升趋势，负值表示下降趋势，√表示在 95%置信水平下统计显著

在月尺度上，沱沱河站 2 月和 3 月的蒸发量存在下降趋势，但下降趋势不显著，其他 9 个月的蒸发量呈现增加趋势，其中，6~11 月的蒸发量增加趋势显著。五道梁站 6 月的蒸发量呈现不显著下降趋势，其他月份的蒸发量呈现增加趋势，4 月、7 月、8 月、10 月和 11 月蒸发量增加趋势不显著。曲麻莱站 6 月、11 月和 12 月的蒸发量呈不显著下降趋势，其他月份蒸发量呈增加趋势，其中，2 月和 9 月蒸发量增加趋势显著。清水河站所有月份的蒸发量呈现增加趋势，仅 2 月份增加趋势显著。玉树站所有月份的蒸发量呈现增加趋势，1 月、4 月、5 月、10~12 月的蒸发量增加趋势不显著。所有月份的长江源区区域平均蒸发量呈现增加趋势，4 月、7~9 月的蒸发量增加趋势显著。

年代际尺度的长江源区蒸散发量变化如表 3.1.8 所示，长江源区蒸散发量 20 世纪 70 年代相对较高，春季、秋季、冬季和年蒸散发量呈现增加–减少–增加的变化趋势，进入 20 世纪 90 年代以后，春季、秋季、冬季和年蒸散发量都呈现出增加的趋势，气温的升高是导致源区蒸散量增加的主要原因[12]。夏季蒸散发量呈现增加–减少–增加–减少的变化趋势。

表 3.1.8　年代际平均蒸散发量变化　　　　　　　　　　（单位：mm）

时间	20 世纪 60 年代前	20 世纪 70 年代	20 世纪 80 年代	20 世纪 90 年代	2000 年代后
春季	178.4	202.2	195.8	191.1	195.2
夏季	289.4	297.9	296.4	304.5	299.9
秋季	200.3	219.2	216.7	223.7	225.4
冬季	91.3	115.3	108.0	98.9	110.4
全年	758.1	833.6	815.8	816.8	829.6

4. 流量年内年际变化

长江源区出口断面直门达水文站 1957～2014 年的径流量年内分布状况如图 3.1.1 所示，径流量年内分布不均匀，主要集中在 7～9 月，占全年径流量的 60%，其他 9 个月的径流量只有全年径流量的 40%。其中，7 月径流量所占的比例最高，达到 21.7%，2 月径流量所占的比例最低，只有 1.3%。

长江源区出口断面直门达水文站的雨季和枯季径流量分布状况如图 3.1.2 所示，长江源区雨季（6～9 月）径流量占全年径流量的比例较大，达到 84.1%，枯季径流量占全年径流量的比例较小，只有 15.9%。

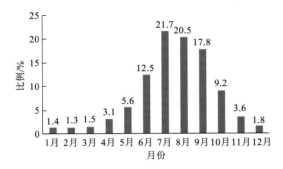

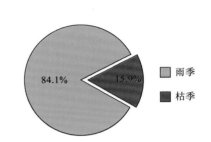

图 3.1.1　直门达水文站流量年内分布　　　　图 3.1.2　直门达水文站雨季、枯季流量分布

长江源区出口断面直门达 1957～2014 年的年、季和月尺度的径流量变化趋势分析结果如图 3.1.3 所示。在年尺度上，直门达的径流量呈现增加趋势，且趋势显著。

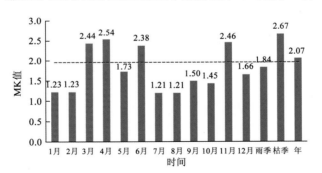

图 3.1.3　直门达水文站流量年际变化

图中虚线代表 95% 的置信水平统计值

在季节尺度上，雨季和枯季直门达站径流量都呈现增加趋势，其中，雨季径流量增加趋势不显著，枯季径流量显著增加。

在月尺度上，直门达站所有月份的径流量呈现增加趋势，其中，3 月、4 月、6 月和 11 月径流量增加趋势显著，其他月份的径流量增加趋势不显著。

冬季和春季气温升高，有助于冰川和积雪融化，尤其是冬季气温显著上升，使冰川活动层升温时间增加，延长了冰川的消融期，导致冰川表面消融，冰川融水的补给比率约占长江源区干流平均径流量的 25% 以上[13]，冰雪融水导致春季河流水量呈增加态势[14]。

从年代际尺度的长江源区径流量均值变化来看（表 3.1.9），春季径流量呈现增加–下降–增加的变化趋势，夏季、秋季、冬季和年径流量都呈现出下降–增加–下降–增加的复杂变化趋势。进入 20 世纪 90 年代，可能受到同期青藏高原江河源区降水量下降的影响，长江源区径流量也呈现下降趋势，进入一个相对较强的枯水期[7]。同降水量变化趋势类似，长江源区的径流量在 2000 年代都有明显的上升趋势，与 20 世纪 90 年代径流量比较，长江源区 2000 年代后的春季、夏季、秋季、冬季和年径流量分别增加了 16.6 m³/s、184.6 m³/s、329.8 m³/s、33.1 m³/s 和 141.1 m³/s。降水量和径流量年代际尺度上变化的协同性，进一步印证了长江源区径流受降雨的影响[15]。

表 3.1.9　年代际直门达水文站平均流量　　　　　　　　　　（单位：m³/s）

时间	20 世纪 60 年代前	20 世纪 70 年代	20 世纪 80 年代	20 世纪 90 年代	2000 年代后
春季	94.9	94.9	95.8	94.0	110.6
夏季	604.4	544.0	797.9	561.0	745.6
秋季	732.4	715.4	797.0	626.4	956.2
冬季	102.4	99.8	113.9	96.0	129.1
全年	383.5	363.5	451.1	344.3	485.4

3.1.2　长江源区气象水文过程趋势检验

1. 气温波动变化

采用累积离差和消除趋势波动分析方法（detrended fluctuation analysis，DFA）分析长江源区气象水文过程的趋势。长江源区气温的累积离差和 DFA 对数关系如图 3.1.4 所示，从年和季节尺度的气温累积离差曲线来看，长江源区年和季节气温在 20 世纪 80 年代中期前呈现下降的变化态势，90 年代中期后年和季节气温有明显的增加。长江源区年和季节尺度气温的 DFA 标度指数 α 值均满足 $0.5 < \alpha < 1$，其中，长江源区年气温的 DFA 标度指数值最大。表明长江源区年和季节尺度的气温序列具有正长程相关性，年气温序列长程相关性最强。长江源区将来年和季节尺度气温序列的变化趋势与过去临近年份变化状态保持一致，未来长江源区气温尤其是年气温仍会呈现增加变化趋势。波动分析结果显示，未来 21 世纪 20 年代长江源区气温较 1981～2010 年将会增加 1.1℃，与气候模式对气温的预测结果[16]一致。

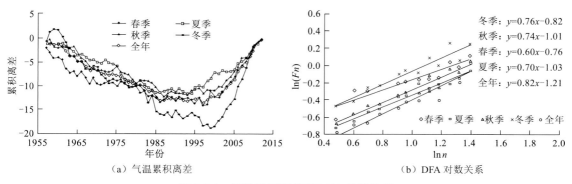

（a）气温累积离差　　　　　　　　　（b）DFA 对数关系

图 3.1.4　气温累积离差和 DFA 对数关系

2. 降水量波动变化

长江源区降水量的累积离差和 DFA 对数关系如图 3.1.5 所示,春季和冬季降水量近 60 年一直保持一个稳定的波动状态。夏季、秋季和年降水量在 2005 年后呈现增加的变化态势。长江源区秋季降水量的 DFA 标度指数 α 值满足 $0< \alpha <0.5$,表明长江源区秋季降水量序列具有反长程相关性,长江源区将来秋季降水量变化趋势与过去临近年份变化状态相反,未来长江源区秋季降水量将会呈现下降变化趋势。其中,长江源区年气温的 DFA 标度指数值最大。其他研究尺度上降水量的 DFA 标度指数值均满足 $0.5< \alpha <1$,表明长江源区秋季降水量序列具有正长程相关性,年和夏季降水量将显著增加,春季和冬季降水量还会维持一个稳定的状态。年降水量的波动分析结果显示,未来 2020 年代长江源区降水量较 1981～2010 年将会增加 7%,与气候模式对年降水量的预测结果[16]一致。

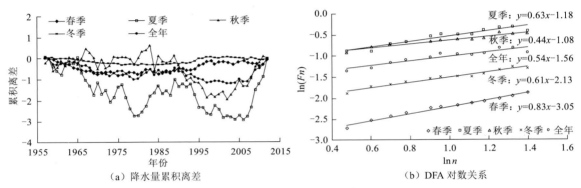

（a）降水量累积离差 （b）DFA 对数关系

图 3.1.5   降水量累积离差和 DFA 对数关系

3. 蒸散发量波动变化

长江源区蒸散发量的累积离差和 DFA 对数关系如图 3.1.6 所示,年和季节尺度的蒸散发量在 1975 年后呈现增加的变化态势。长江源区年和季节尺度蒸散发量的 DFA 标度指数 α 值均满足 $0.5< \alpha <1$,长江源区蒸散发量具有正长程相关性,冬季蒸散发量的 DFA 标度指数值最大,长江源区将来年和季节尺度蒸散发量变化趋势与过去临近年份变化状态相同,未来长江源区蒸散发量将会呈现增加的变化趋势。蒸散发量的波动分析结果显示,未来 2020 年代长江源区蒸散发量较 1981～2010 年将会增加 2%,与气候模式对蒸散发量的预测结果[16]一致。

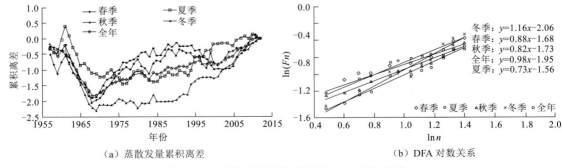

（a）蒸散发量累积离差 （b）DFA 对数关系

图 3.1.6   蒸散发量累积离差和 DFA 对数关系

4. 流量波动变化

从年和季节尺度的流量累积离差曲线来看,长江源区春季和冬季流量在近 60 年来起伏变化较小,近 10 年稍有增加。而夏季和秋季流量起伏变化较大,近 10 年有明显的增加(图 3.1.7)。长江源区年和季节尺度流量的 DFA 标度指数 α 值均满足 $0.5 < \alpha < 1$,其中,长江源区夏季流量的 DFA 标度指数值最大。长江源区年和季节尺度的流量序列具有正长程相关性,夏季流量序列长程相关性最强。即长江源区将来年和季节尺度流量序列的变化趋势与过去临近年份变化状态保持一致,未来长江源区流量尤其是夏季流量仍会呈现增加变化趋势。

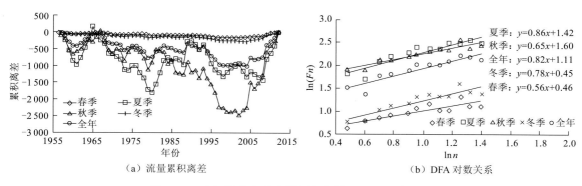

（a）流量累积离差　　　　　　（b）DFA 对数关系

图 3.1.7　直门达水文站流量累积离差和 DFA 对数关系

长江源区径流对气候因子变化的响应敏感,基于预测模型和气候情景的分析结果认为长江源区径流量尤其是在汛期(夏季)的流量将呈增加趋势[16-17]。DFA 的研究结果进一步验证了长江源区未来径流将会呈现增加的变化趋势。

3.1.3　长江源区气象水文过程周期识别

1. 气温周期变化

对长江源区近 60 年的年和季节尺度的气温时间序列进行 Morlet 小波变换,气温的变化规律通过小波系数实部等值线图中颜色的深浅来表示,颜色深,代表气温偏低,颜色浅,代表气温偏高。由图 3.1.8 可以看出:长江源区年和季节尺度的气温都存在着 10~24 年和 25~45 年的两种时间尺度的周期变化规律。在 10~24 年时间尺度上,春季、冬季和年的气温经历了升高-降低-升高的演变过程,而夏季和秋季的气温为降低-升高-降低的变化过程。25~45 年时间尺度上,春季、冬季和年的气温为降低-升高-降低的变化过程,夏季和秋季的气温为升高-降低-升高的变化过程。在较短时间尺度上,气温的周期性变化比较复杂,春季气温存在 2~5 年的变化周期,夏季气温在 1970~2005 年存在 3~9 年的变化周期,秋季气温在 1975~2000 年存在 3~9 年的变化周期,冬季在 1970~2005 年存在 5~10 年的变化周期,年尺度上,气温存在 3~9 年的变化周期。

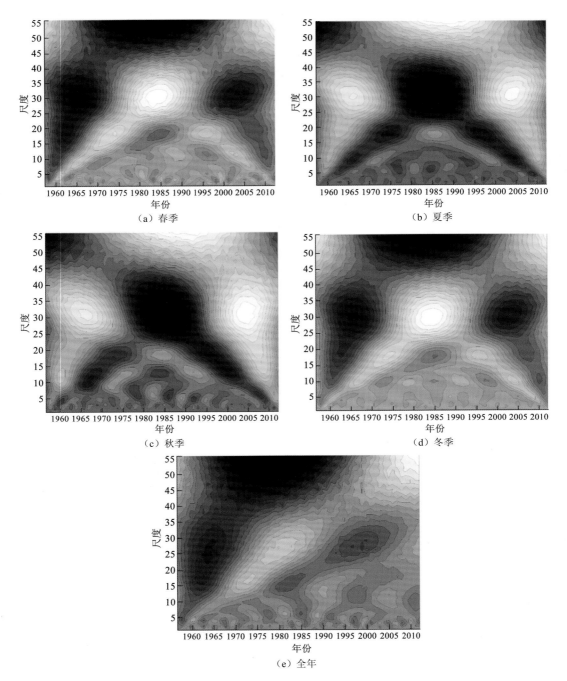

图 3.1.8　气温小波变换系数实部等值线图

长江源区气温变化的主周期分析结果如图 3.1.9 所示,季节气温小波方差的最大峰值均对应着 30 年的时间尺度,30 年左右的周期震荡最强,为长江源区气温变化的第一主周期。季节尺度的气温还存在 10 年和 50 年左右的第二、第三周期。年气温小波方差的最大峰值为 25 年左右,年气温变化存在 25 年左右的主周期。

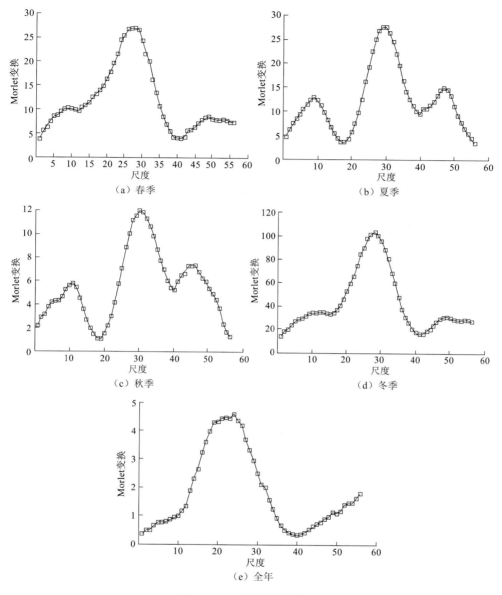

图 3.1.9　气温小波方差图

2. 降水量周期变化

长江源区降水量的小波变化系数等值线图如图 3.1.10 所示,图中颜色深,代表降水量偏少,颜色浅,代表降水量偏多。长江源区年和季节尺度的降水量都存在着 10～20 年和 25～45 年的两种时间尺度的周期变化规律。在 10～20 年时间尺度上,春季和冬季的降水量经历了丰–枯–丰–枯–丰–枯–丰的演变过程,夏季、秋季的年降水量经历了丰–枯–丰–枯–丰的变化。25～45 年时间尺度上,年和季节降水量均为丰–枯–丰的变化。在较短时间尺度上,年和季节尺度的降水量存在 2～5 年的变化周期。

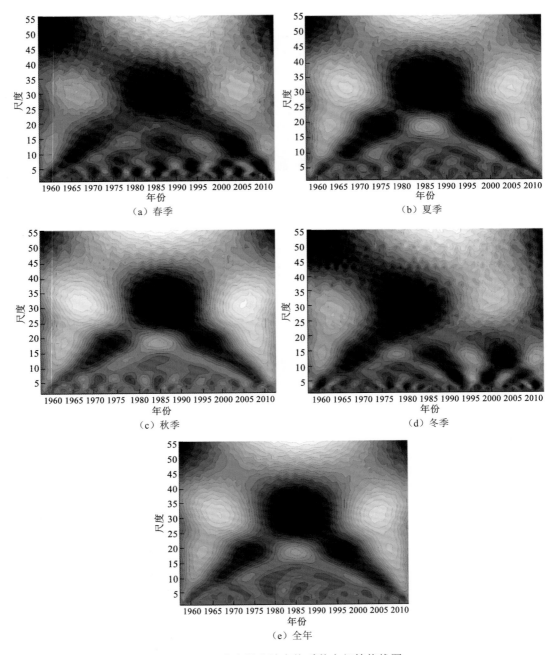

图 3.1.10　降水量小波变换系数实部等值线图

　　长江源区降水量变化的主周期分析结果如图 3.1.11 所示，年和季节降水量小波方差的最大峰值均对应着 30 年的时间尺度，30 年左右的周期震荡最强，为长江源区降水量变化的第一主周期。

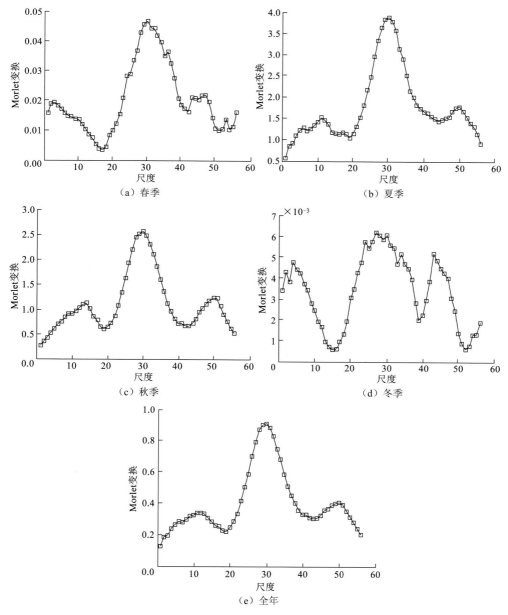

图 3.1.11　降水量小波方差图

3. 蒸散发量周期变化

长江源区蒸散发量的小波变化系数等值线图如图 3.1.12 所示,图中颜色深,代表蒸散发量偏少,颜色浅,代表蒸散发量偏多。长江源区年和季节尺度的降水量都存在着 10~20 年和 25~45 年的两种时间尺度的周期变化规律。在 10~20 年时间尺度上,蒸散发量经历了高-低-高-低-高的演变过程。25~45 年时间尺度上,蒸散发量经历了高-低-高的变化过程。在较短时间尺度上,年和季节尺度的降水量存在 2~5 年的变化周期。

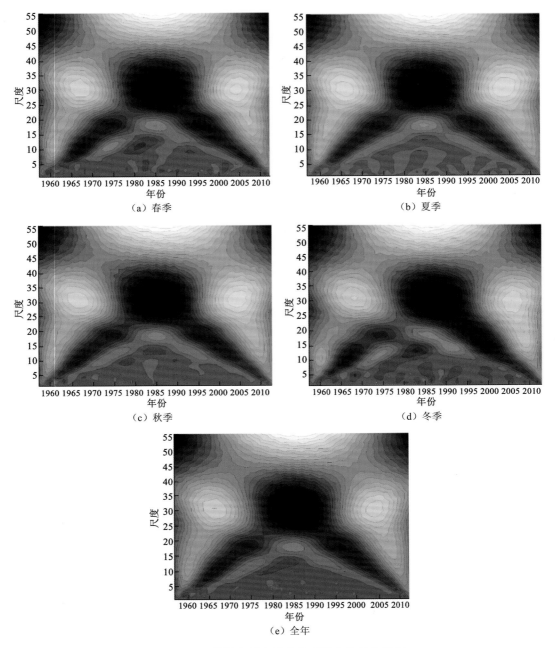

（a）春季　　　　　　　　　　　　　　（b）夏季

（c）秋季　　　　　　　　　　　　　　（d）冬季

（e）全年

图 3.1.12　蒸散发量小波变换系数实部等值线图

　　长江源区降水量变化的主周期分析结果如图 3.1.13 所示，年和季节蒸散发量小波方差的最大峰值均对应着 30 年的时间尺度，30 年左右的周期震荡最强，为长江源区蒸散发量变化的第一主周期。

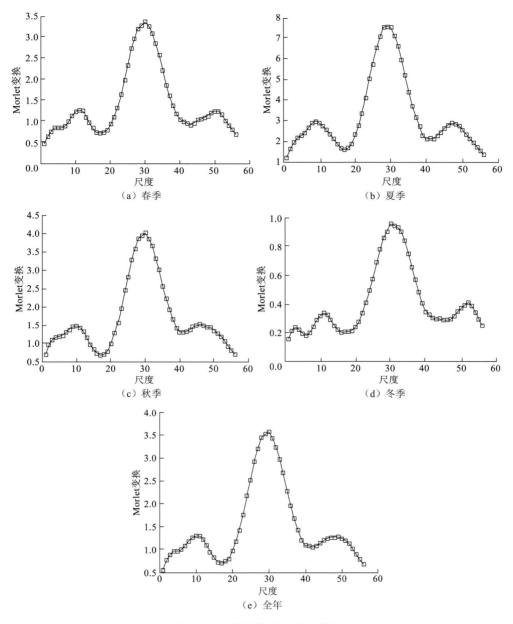

图 3.1.13　蒸散发量小波方差图

4. 流量周期变化

长江源区流量的小波变化系数等值线图如图 3.1.14 所示,图中颜色深,代表流量偏少,颜色浅,代表流量偏多。长江源区年和季节尺度的流量都存在着 10～24 年和 25～45 年的两种时间尺度的周期变化规律。在 10～24 年时间尺度上,春季流量经历了丰–枯–丰–枯–丰的演变过程;25～45 年时间尺度上表现为丰–枯–丰的变化特征。其中,夏季、冬季和年尺度流量还存在着 3～9 年周期变化规律,在 3～9 年时间尺度上,流量经历了丰–枯 6 次震荡过程。尽管研究使用的时间序列长短不同、使计算的周期大小上有一定的差别,但青藏高原的江河源区河流流量基本具有 10～40 年左右的较长周期,5～9 年左右的较短周期和 2～4 年的短周期[15]。

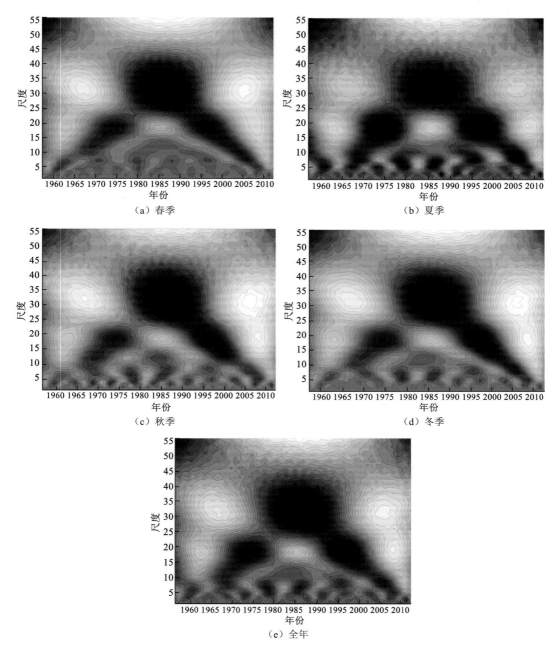

（a）春季　　　　　　　　　　　（b）夏季

（c）秋季　　　　　　　　　　　（d）冬季

（e）全年

图 3.1.14　直门达流量小波变换系数实部等值线图

进一步利用小波方差对长江源区流量变化的主周期进行分析,结果如图 3.1.15 所示,年和季节流量小波方差的最大峰值均对应着 30 年的时间尺度,30 年左右的周期震荡最强,为长江源区流量变化的第一主周期。春季、秋季、冬季和年尺度流量均存在 50 年左右的第二周期。

夏季流量的第二主周期为 40 年。长江源区流量第一主周期研究结果与[15]的 20 年的第一主周期研究结果不一致，可能是时间序列长度和尺度因子长度选择上的差异导致的。

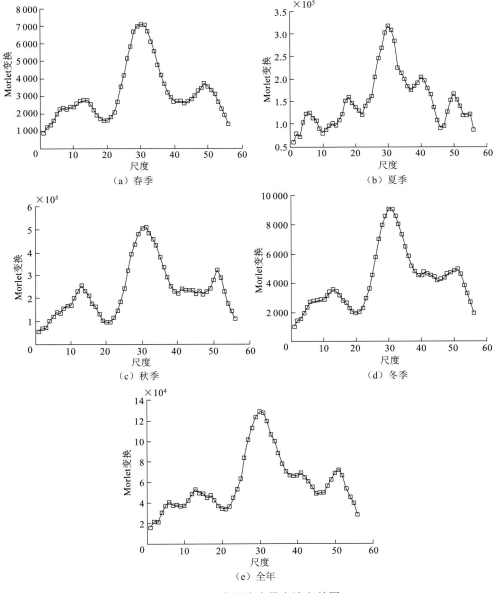

图 3.1.15　直门达流量小波方差图

3.2　金沙江流域气象水文过程动态演化特性解析

本节研究数据包括金沙江流域及周边地区 32 个气象站的降水、气温数据和上、中、下游控制水文站石鼓、攀枝花、屏山站、二滩站、乌东德、白鹤滩、溪洛渡、向家坝水文站的径流数据。其中,降水、气温数据从中国气象数据网获得;径流数据由长江水利委员会水文局提供;土地利用和土地覆被变化(land-use and land-cover change,LUCC)采用中国科学院资源环境数据云平台(http://www.resdc.cn/)提供的中国土地利用现状遥感监测资料(1990 年、1995 年、2000 年、2005 年和 2010 年共五期),该数据分辨率为 1 000 m×1 000 m;厄尔尼诺–南方涛动(El Niño-southern oscillation,ENSO)数据采用美国国家海洋和大气管理局(National Oceanic and Atmospheric Administration,NOAA)提供的多变量 ENSO 指数。

考虑气候特征及人类活动影响,本节将金沙江流域划分为 5 个子区域:直门达以上(I 区,长江源区)、直门达–石鼓区间(II 区)、石鼓–攀枝花(III 区)、雅砻江流域(IV 区)及攀枝花–屏山(V 区),以避免"均化效应"掩盖水文动力特性的真实演变规律,各子区域面平均降水量采用泰森多边形加权平均法计算。按照气象划分规则对季节进行划分,具体为 3~5 月为春季,6~8 月为夏季,9~11 月为秋季,12~次年 2 月为冬季。金沙江流域水系、分区、气象观测站及水文控制站分布如图 3.2.1 所示。

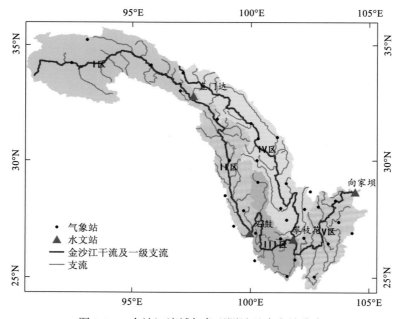

图 3.2.1　金沙江流域气象观测站及水文站分布

3.2.1　金沙江流域降水径流过程动态演化特性分析

1. 降水年际年内统计分析

表 3.2.1 给出了流域内 32 个气象站降雨和直门达以上(I 区,长江源区)、直门达–石鼓区间(II 区)、石鼓–攀枝花(III 区)、雅砻江流域(IV 区)及攀枝花–屏山(V 区)5 个区间多年面平均月降水及全流域面平均月降水的统计特性。由表 3.2.1 可知,32 个气象站月均降水的变化范围为 23.4~95.8 mm,月最大值变化范围为 171.2~539 mm,I 区面平均月降水为 30.6 mm,II 区面平均月降水为 55.6 mm,III 区面平均月降水为 73.0 mm,IV 区面平均月降水为 64.6 mm,

V 区面平均月降水为 76.1 mm，表明金沙江流域内降水具有明显的空间异质性，由上游至下游呈现渐增加趋势；从上游至下游气象站点月降水的变差系数、偏度、峰度值逐渐增加，说明上游降水比下游降水平稳，下游降水不均匀性和偏态特性较强。

表 3.2.1　金沙江流域内气象站点及上、中、下游区域面平均降水统计特性

站点	河段	均值/mm	最大值/mm	标准差	变差系数	偏度	峰度	方差
伍道梁	上游	23.4	171.2	31	1.32	1.61	5.47	956
托托河	上游	23.7	174.0	32	1.35	1.46	4.45	1 024
曲麻莱	上游	33.8	173.4	39	1.14	1.11	3.27	1 487
玉树	上游	40.2	196.8	43	1.08	0.94	2.83	1 883
德格	上游	51.5	263.3	58	1.12	1.08	3.23	3 317
巴塘	上游	39.8	336.8	53	1.34	1.69	6.11	2 845
稻城	上游	53.8	374.2	73	1.35	1.45	4.40	5 298
德钦	上游	53.4	234.9	49	0.93	1.08	3.51	2 445
迪庆（中甸）	上游	53.3	315.8	60	1.13	1.51	5.10	3 611
维西	上游	80.0	366.2	69	0.87	1.06	3.81	4 802
清水河	中游	42.4	194.0	44	1.03	1.02	3.10	1 900
甘孜	中游	53.4	198.8	51	0.96	0.75	2.39	2 643
道孚	中游	49.9	223.6	54	1.08	0.90	2.66	2 919
新龙	中游	51.6	261.0	59	1.14	1.07	3.22	3 433
理塘	中游	59.7	356.7	74	1.25	1.30	3.82	5 534
木里	中游	69.5	386.9	84	1.22	1.19	3.49	7 126
九龙	中游	76.0	347.2	80	1.06	0.89	2.67	6 463
越西	中游	92.8	386.8	90	0.97	0.85	2.81	8 031
盐源	中游	68.2	419.0	81	1.18	1.17	3.64	6 487
凉山（西昌）	中游	83.7	539.0	93	1.11	1.25	4.48	8 627
丽江	中游	81.3	483.8	97	1.19	1.21	3.73	9 404
华坪	中游	88.9	514.3	116	1.31	1.34	3.89	13 482
大理	中游	89.9	360.7	90	1.00	1.01	3.10	8 086
昭觉	下游	86.3	377.0	81	0.94	0.87	2.93	6 617
雷波	下游	70.2	351.6	68	0.97	1.33	4.56	4 600
昭通	下游	58.4	341.3	61	1.04	1.25	4.27	3 692
会理	下游	95.8	500.6	112	1.17	1.21	3.71	12 581
会泽	下游	66.9	307.0	69	1.03	1.14	3.48	4 755
威宁	下游	74.6	391.9	75	1.01	1.17	3.77	5 632

续表

站点	河段	均值/mm	最大值/mm	标准差	变差系数	偏度	峰度	方差
元谋	下游	53.4	387.6	63	1.18	1.44	5.37	3 931
楚雄	下游	72.8	413.4	80	1.10	1.33	4.35	6 444
昆明	下游	84.5	474.9	89	1.06	1.30	4.33	7 945
全流域面均月降水		52.6	198.1	52.50	1.00	0.78	2.26	2 757
I 区		30.6	149.0	34.61	1.13	0.99	2.88	1 198
II 区		55.6	245.2	50.44	0.91	0.95	3.18	2 545
III 区		73.0	362.8	79.47	1.09	0.99	2.89	6 316
IV 区		64.6	278.7	65.56	1.02	0.74	2.20	4 298
V 区		76.1	315.8	72.25	0.95	0.83	2.59	5 220

　　图 3.2.2 给出了流域及周边 32 个气象站点 1961 年 1 月～2010 年 12 月降水均值、降水最大值、降水年内方差及降水年际方差。由图 3.2.2 可知，流域内降水呈现出自上游至下游随着高程降低而增加趋势，具体表现为石鼓以上区域降水较少，主要是因为长江源区广布沼泽、湖泊与冰川，属于独特而典型的高寒水循环系统，且石鼓以上地处青藏高原边缘，地势较高，距离水汽活跃区较远，水汽形成条件差，因此降水量较少，基本上不会出现暴雨；攀枝花以南区域和以西区域地属云南高原北部降水也较少，该区域具有明显的立体气候特征且气候比较干燥；攀枝花以北地区是金沙江流域降水最多的地区，该地区处于成都平原到高原的过渡地带，属于亚热带季风性湿润气候，因此降水十分充沛[18]。此外，降水年内方差明显大于年际方差，年内秩方差也明显大于年际秩方差，表明降水年内变化比年际变化明显；从空间角度分析，石鼓以下地区降水年内年际变化均比上游显著。

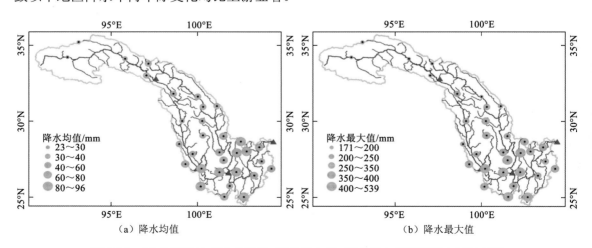

（a）降水均值　　　　　　　　　　　　　　　　　（b）降水最大值

图 3.2.2　32 个气象站点降水均值、降水最大值、降水年内方差和降水年际方差

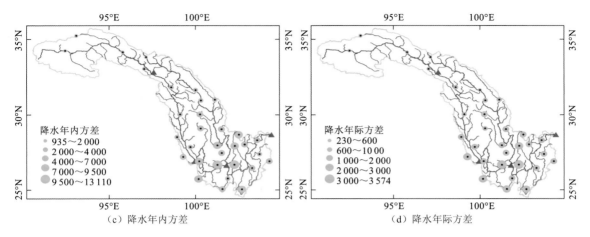

（c）降水年内方差   （d）降水年际方差

图 3.2.2   32 个气象站点降水均值、降水最大值、降水年内方差和降水年际方差（续）

为定量分析全流域及各分区内降水年内分配情况，图 3.2.3 给出了金沙江全流域及 5 个分区多年平均各月份径流的均值、标准差及汛期径流占全年径流的比例。从时间尺度可看出，各分区及全流域年内降水主要集中在汛期 6～10 月，汛期降水占比超过 80%；从空间尺度分析，降水沿流域上游至下游逐渐增加，攀枝花-屏山（Ⅴ 区）区间降水最为丰沛，主要原因是该地区受亚热带季风性湿润气候的影响。

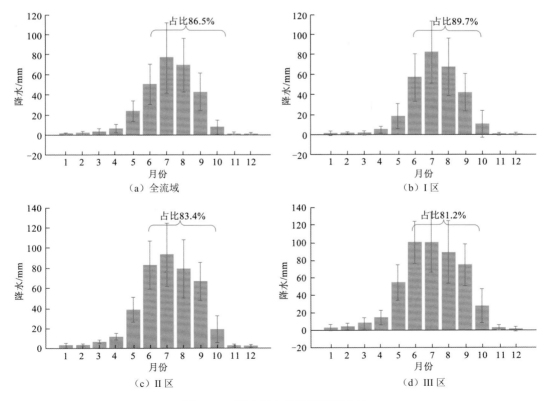

（a）全流域   （b）Ⅰ区

（c）Ⅱ区   （d）Ⅲ区

图 3.2.3   降水年内分配及汛期占比

200
150
100
50
0
降水/mm
占比82.9%
1 2 3 4 5 6 7 8 9 10 11 12
月份
占比87.3%
月份

（e）IV 区　　　　（f）V 区

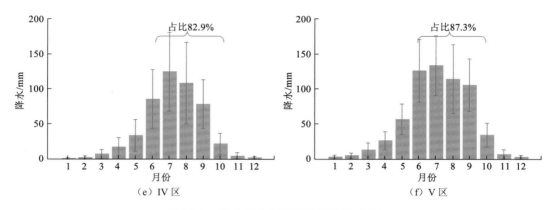

图 3.2.3　降水年内分配及汛期占比（续）

为进一步了解该流域内降水年内、年际时空演变规律，定量解析金沙江流域内上、中、下游面平均月降水的相关性与协同变化情况，将金沙江流域 32 个气象站 1961 年 1 月～2010 年 12 月共 50 年月降水数据整理为 50×12 的矩阵形式，利用二维相关分析方法分别计算全流域与 5 个分区面平均月降水两两组合共 15 种方案的 Pearson 相关系数（r）、Spearman 相关系数（ρ）、年内 Pearson 相关系数（r_{row}）、年际 Pearson 相关系数（r_{col}）、年内 Spearman 秩相关系数（ρ_{row}）及年际 Spearman 秩相关系数（ρ_{col}），计算结果列于图 3.2.4。对比全流域面与不同分区面平均月降水的整体、年内及年际相关性可知，5 种对比方案的 Pearson 相关系数（r）、Spearman 相关系数（ρ）、年际 Pearson 相关系数（r_{col}）和年际 Spearman 秩相关系数（ρ_{col}）均超过 0.9，其中 r 与 r_{col} 值基本接近，r 与 r_{row} 差异明显，类似的 ρ 和 ρ_{col} 值基本接近，而 ρ 和 ρ_{row} 差异明显，例如全流域面平均月降水和直门达以上（I 区，长江源区）的 r 与 r_{col}、ρ 和 ρ_{col} 值均在 0.93 左右，而 r 和 ρ_{row} 值最低不足 0.4，结果表明全流域降水与不同区域降水具有较强的整体相关性和年际相关性，而两者间的年内相关性较弱；整体（秩）相关系数和年内（秩）

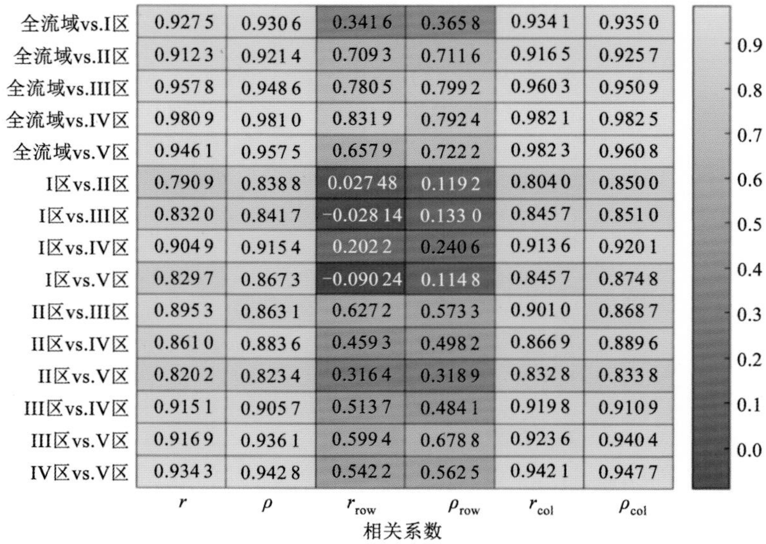

全流域vs.I区 0.927 5 0.930 6 0.341 6 0.365 8 0.934 1 0.935 0
全流域vs.II区 0.912 3 0.921 4 0.709 3 0.711 6 0.916 5 0.925 7
全流域vs.III区 0.957 8 0.948 6 0.780 5 0.799 2 0.960 3 0.950 9
全流域vs.IV区 0.980 9 0.981 0 0.831 9 0.792 4 0.982 1 0.982 5
全流域vs.V区 0.946 1 0.957 5 0.657 9 0.722 2 0.982 3 0.960 8
I区vs.II区 0.790 9 0.838 8 0.027 48 0.119 2 0.804 0 0.850 0
I区vs.III区 0.832 0 0.841 7 −0.028 14 0.133 0 0.845 7 0.851 0
I区vs.IV区 0.904 9 0.915 4 0.202 2 0.240 6 0.913 6 0.920 1
I区vs.V区 0.829 7 0.867 3 −0.090 24 0.114 8 0.845 7 0.874 8
II区vs.III区 0.895 3 0.863 1 0.627 2 0.573 3 0.901 0 0.868 7
II区vs.IV区 0.861 0 0.883 6 0.459 3 0.498 2 0.866 9 0.889 6
II区vs.V区 0.820 2 0.823 4 0.316 4 0.318 9 0.832 8 0.833 8
III区vs.IV区 0.915 1 0.905 7 0.513 7 0.484 1 0.919 8 0.910 9
III区vs.V区 0.916 9 0.936 1 0.599 4 0.678 8 0.923 6 0.940 4
IV区vs.V区 0.934 3 0.942 8 0.542 2 0.562 5 0.942 1 0.947 7
r ρ r_row ρ_row r_col ρ_col
相关系数
0.9
0.8
0.7
0.6
0.5
0.4
0.3
0.2
0.1
0.0

图 3.2.4　不同面平均月降水组合的 6 种相关系数

相关系数的明显差异说明：传统的 Pearson 相关系数（r）和 Spearman 秩相关系数（ρ）无法反映月尺度降水序列年内的季节性差异，这种将时间序列作为整体进行分析时，年际相关性掩盖了年内季节性演变规律。其他对比方案也证明了该结论的有效性。对比不同分区之间面平均月降水的相关性，结果表明，面平均月降水具有明显的空间异质性，同时也具有地理相似性。例如，相邻区域直门达以上（Ⅰ区，长江源区）和直门达–石鼓区间（Ⅱ区）、Ⅱ区和石鼓–攀枝花（Ⅲ区）、Ⅲ区和雅砻江流域（Ⅳ区）、Ⅳ区和攀枝花–屏山（Ⅴ区）的整体及年际相关系数均较高，且上游相邻区域相关性低于下游相邻区域的相关性。

总体而言，从时间尺度分析，流域面平均月降水年内分布不均，具有明显的季节变化特征，且多年同期月降水相关性紧密；从空间尺度分析，相邻区域面平均降水相关性自上游至下游逐渐增强。

2. 径流年际年内统计分析

金沙江干流上、中、下游控制站点石鼓、攀枝花、向家坝 1961 年 1 月～2010 年 12 月径流年内年际统计特性如表 3.2.2～表 3.2.4 所示。由表可知，从时间尺度分析，春冬两季径流较小，夏秋两季径流较大；从空间尺度分析：径流从上游至下游逐渐增加，这与流域内降雨的统计特性一致。进一步由径流年内分布规律图 3.2.5 可知，该流域最大径流发生于汛期 6～10 月，占全年径流 75% 左右，主汛期 7～9 月径流通常最大。

表 3.2.2　石鼓站径流年内年际统计指标

时期	均值/mm	最大值/mm	最小值/mm	标准差	变异系数	偏度	峰度	方差
全年	1 340	1 725	931	213	0.16	0.11	1.97	45 438
春季	630	813	454	80	0.13	0.21	2.62	6 474
夏季	2 493	3 631	1 519	535	0.21	0.20	2.38	286 610
秋季	1 765	2 386	1 017	371	0.21	−0.10	1.92	137 940
冬季	466	599	344	59	0.13	0.34	2.46	3 485
汛期	2 378	3 279	1 404	470	0.20	0.08	2.12	220 517

表 3.2.3　攀枝花站径流年内年际统计指标

时期	均值/mm	最大值/mm	最小值/mm	标准差	变异系数	偏度	峰度	方差
全年	1 832	2 423	1 210	299	0.16	0.08	2.03	89 146
春季	759	971	517	93	0.12	0.11	3.13	8 562
夏季	3 326	4 948	1 985	720	0.22	0.20	2.36	518 915
秋季	2 569	3 593	1 451	539	0.21	−0.04	1.89	291 031
冬季	666	807	499	81	0.12	−0.05	1.86	6 591
汛期	3 280	4 537	1 903	646	0.20	0.06	2.14	416 992

表 3.2.4　向家坝站径流年内年际统计指标

时期	均值/mm	最大值/mm	最小值/mm	标准差	变异系数	偏度	峰度	方差
全年	4 642	6 286	3 461	728	0.16	0.42	2.31	529 906
春季	1 780	2 398	1 343	229	0.13	0.65	3.28	52 658
夏季	8 272	13 512	5 572	1742	0.21	0.65	3.39	3 035 540
秋季	6 714	9 757	4 407	1 444	0.22	0.16	1.89	2 086 082
冬季	1 788	2 435	1 390	249	0.14	0.73	3.13	61 960
汛期	8 293	12 137	5 666	1563	0.19	0.46	2.59	2 441 429

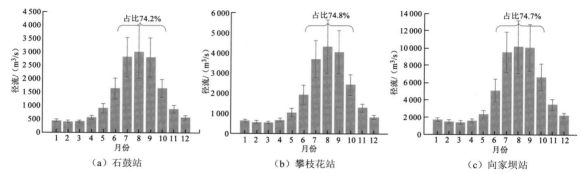

图 3.2.5　各个站点径流年内分布

3. 径流年际和年内变化

研究数据采用了雅砻江下游二滩站及金沙江干流从上到下 6 个控制站的月径流资料，即二滩站（1959～2008 年）、石鼓站（1953～2009 年）、攀枝花站（1953～2009 年）、乌东德站（1958～2008 年）、白鹤滩站（1959～2008 年）、溪洛渡站（1959～2008 年）和向家坝站（1959～2008 年），以此研究金沙江流域径流变化特性。

1）年内分配特性分析

采用径流年内分配不均匀系数 C_y 描述径流年内变化特性。C_y 计算公式如下：

$$C_y = \sqrt{\sum_{i=1}^{12} \frac{(K_i / \bar{K} - 1)^2}{12}} \qquad (3.2.1)$$

式中：K_i 为每月径流量；$\bar{K}$ 为年平均径流量，C_y 越大，表明各月平均流量相差越悬殊，即径流年内分配越不均匀。

将流域内二滩站、石鼓站、攀枝花站、乌东德站、白鹤滩站、溪洛渡站、向家坝站 7 个站历年和不同年代的 C_y 值进行计算，成果见表 3.2.5。从表 3.2.5 知，7 个站点 C_y 值在 0.71～0.81变化，C_y 值偏大，表明金沙江流域径流年内分配整体上存在一定的不均匀性，最小值 0.71 为石鼓站径流 20 世纪 90 年代的年内分配不均匀系数，最大值 0.81 为攀枝花站和乌东德站径流20 世纪 60 年代年内分配不均匀系数。比较各年代的 C_y 值变化可知，1960～2008 年金沙江流域径流年内分配不均匀特性随时间变化不大。与金沙江干流石鼓站、攀枝花站、乌东德站、白鹤滩站、溪洛渡站、向家坝站径流不均匀特性相比，二滩站在 20 世纪 70 年代径流年内分配不均匀性较小，在其他年代 C_y 都大，表明二滩站径流年内分配不均匀性较其余各站要大，由此表明雅砻江径流年内分配不均匀性较金沙江干流大。

表 3.2.5 不同年代年内分配的不均匀性 C_y 值计算成果

时间	二滩站	石鼓站	攀枝花站	乌东德站	白鹤滩站	溪洛渡站	向家坝站
历年	0.79	0.75	0.77	0.77	0.77	0.74	0.74
1960～1969 年	0.81	0.79	0.81	0.81	0.80	0.78	0.78
1970～1979 年	0.73	0.73	0.76	0.74	0.74	0.73	0.73
1980～1989 年	0.81	0.75	0.76	0.80	0.79	0.77	0.77
1990～1999 年	0.81	0.71	0.75	0.77	0.77	0.77	0.77
2000～2008 年	0.79	0.77	0.79	0.76	0.74	0.73	0.73

图 3.2.6 为金沙江最大支流雅砻江二滩站及金沙江流域上、中、下游控制站石鼓站、攀枝花站和向家坝站的逐月平均径流变化情况，图中表示了各月径流最小值、第一四分位数值、中

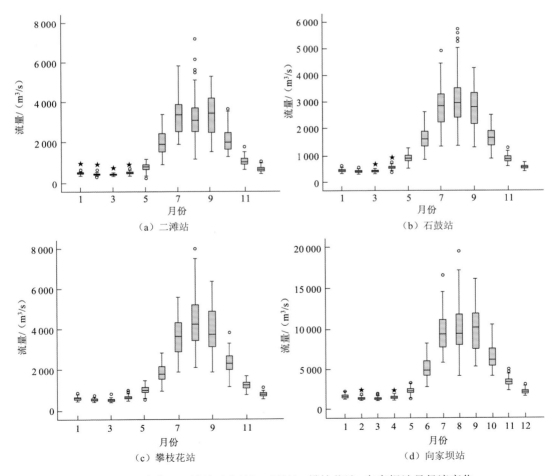

（a）二滩站   （b）石鼓站

（c）攀枝花站   （d）向家坝站

图 3.2.6 雅砻江二滩站及金沙江石鼓站、攀枝花站、向家坝站月径流变化

位数值、第三四分位数值和最大值,反映了各月径流数据分布的中心位置和散布范围。径流多集中在6~10月,其中二滩站和向家坝站月平均径流较大月份为9月,石鼓站、攀枝花站月平均径流较大月份为8月。金沙江的枯水期从11月~次年5月,枯季径流量约占年径流总量的25%,最枯的2~4月仅占年径流总量的7%左右。枯季径流变化平缓,较为稳定。

2)径流年际变化特性分析

采用各站径流的极值比K_m和变差系数C_v描述径流的年际变化。极值比K_m定义为历年最大年平均流量与最小年平均流量之比。K_m和C_v越大表明径流年际变化越大。利用二滩站、石鼓站、攀枝花站、乌东德站、白鹤滩站、溪洛渡站、向家坝站径流资料,计算极值比K_m和变差系数C_v,结果见表3.2.6。由表可知,流域年径流K_m值在1.36~2.20,1960~2008年金沙江干流乌东德站K_m最小为1.76,攀枝花站K_m最大为2.00;C_v值在0.10~0.19,1960~2008年金沙江干流溪洛渡站和向家坝站C_v值最小为0.15,攀枝花站C_v值最大为0.17。C_v和K_m值都偏小,说明各站点年径流的年际变化较小,且金沙江上游地区径流年际变化比下游地区剧烈。与金沙江干流石鼓站、攀枝花站、乌东德站、白鹤滩站、溪洛渡站、向家坝站径流C_v和K_m相比,雅砻江二滩站历年径流年际变化较大,由此表明雅砻江站径流年际分配不均匀性较金沙江干流大。

表 3.2.6 年际径流的 K_m 和 C_v 计算成果

时间	参数	二滩站	石鼓站	攀枝花站	乌东德站	白鹤滩站	溪洛渡站	向家坝站
历年	K_m	2.20	1.86	2.00	1.76	1.80	1.83	1.84
	C_v	0.17	0.16	0.17	0.16	0.16	0.15	0.15
1960~1969 年	K_m	1.91	1.61	1.64	1.68	1.71	1.60	1.60
	C_v	0.18	0.16	0.16	0.16	0.17	0.15	0.15
1970~1979 年	K_m	1.62	1.62	1.52	1.61	1.60	1.36	1.37
	C_v	0.14	0.14	0.13	0.14	0.14	0.10	0.10
1980~1989 年	K_m	1.51	1.57	1.44	1.45	1.41	1.38	1.36
	C_v	0.13	0.14	0.12	0.12	0.12	0.12	0.12
1990~1999 年	K_m	1.71	1.81	2.00	1.76	1.72	1.63	1.62
	C_v	0.17	0.18	0.19	0.18	0.17	0.14	0.14
2000~2008 年	K_m	1.82	1.64	1.62	1.61	1.67	1.83	1.84
	C_v	0.17	0.14	0.12	0.14	0.14	0.17	0.17

3.2.2 金沙江流域气温降水径流过程趋势分析

1. 气温趋势分析

研究选取金沙江流域全流域1974~2010年的逐日平均气温数据为研究对象,分析金沙江流域气温的季节分布特征及变化趋势。其中金沙江流域逐日平均气温由金沙江流域32个气象站点的逐日平均气温根据泰森多边形法加权平均得到。

金沙江流域 1974～2010 年气温的 MK 趋势检验结果如表 3.2.7 所示（表中" √ "表示变化趋势显著，"—"表示变化趋势不显著）。其中年平均气温通过对每年的逐日气温求取平均值所得，月平均气温通过对每月的逐日气温求取平均值所得。为了进一步地验证 MK 趋势检验的结果，本小节同时给出了金沙江流域 1974～2010 年平均气温的最小二乘线性拟合斜率及 F 检验的显著性概率 p-值。选取显著性水平 $\alpha=0.05$，MK 趋势检验假设变化趋势不显著，当 $|Z|>1.96$ 时，拒绝原假设，变化趋势显著；线性回归 F 检验假设回归模型不成立（即变化趋势不显著），当 $p<0.05$ 时，拒绝原假设，回归模型成立，变化趋势显著。

表 3.2.7 1974～2010 年气温过程统计趋势检验结果（ $\alpha=0.05$ ）

时间	MK 检验					线性回归检验		
	统计量 S	统计量 Z	p-值	斜率	显著性	p-值	斜率	显著性
全年	338	4.408	0.000	0.035	√	0.000	0.036	√
1 月	246	3.204	0.001	0.063	√	0.000	0.064	√
2 月	134	1.739	0.082	0.044	—	0.054	0.045	—
3 月	218	2.838	0.005	0.040	√	0.002	0.041	√
4 月	248	3.230	0.001	0.033	√	0.003	0.038	√
5 月	174	2.263	0.024	0.024	√	0.061	0.021	—
6 月	160	2.080	0.038	0.022	√	0.046	0.022	√
7 月	282	3.675	0.000	0.039	√	0.000	0.041	√
8 月	228	2.969	0.003	0.030	√	0.001	0.031	√
9 月	236	3.074	0.002	0.043	√	0.001	0.042	√
10 月	134	1.739	0.082	0.027	—	0.115	0.023	—
11 月	166	2.158	0.031	0.026	√	0.070	0.028	—
12 月	218	2.838	0.005	0.041	√	0.006	0.041	√

由表 3.2.7 的 MK 趋势检验结果可知，金沙江流域 1974～2010 年年平均气温呈显著的上升趋势，各月月平均气温都呈上升趋势，其中，1 月、3～9 月及 11～12 月上升趋势显著，2 月和 10 月上升趋势不显著。

对比表 3.2.7 中 MK 检验和线性回归检验的结果可知，MK 检验和线性回归检验除月平均气温过程 5 月和 11 月的趋势检验结果有差别外，检验结果基本一致。其中，5 月月平均气温过程 MK 检验检测到显著的上升趋势，而线性回归检验检测到的上升趋势不显著，同理，11 月 MK 检验检测到显著的上升趋势，而线性回归检验不显著。

2. 降水趋势分析

采用 MK、线性回归检验定性定量估计 1961～2010 年金沙江流域不同分区年降水、春季、夏季、秋季、冬季及汛期不同时期降水趋势变化，结果如表 3.2.8 所示。其中，全流域年和春季降水量、I 区的冬季、III 区的春季、IV 区的春季降水呈显著上升趋势，但线性回归方法检测到全流域年降水上升趋势不显著，V 区的秋季降水呈显著下降趋势。

表 3.2.8   1961～2010 年金沙江流域降水趋势

区域	时期	MK		线性回归			趋势
		Z 值	显著性	斜率	p 值	显著性	
全流域	年	2.00	√	0.85	0.10	—	↑
	春	2.72	√	0.52	0.01	√	↑
	夏	1.05	—	0.26	0.56	—	↑
	秋	−0.14	—	−0.004	0.98	—	↓
	冬	1.19	—	0.06	0.24	—	↑
	汛期	0.69	—	0.23	0.63	—	↑
I 区	年	1.34	—	0.79	0.12	—	↑
	春	1.85	—	0.22	0.06	—	↑
	夏	0.91	—	0.35	0.35	—	↑
	秋	0.29	—	0.16	0.39	—	↑
	冬	1.97	√	0.06	0.03	√	↑
	汛期	0.71	—	0.50	0.27	—	↑
II 区	年	0.52	—	0.63	0.41	—	↑
	春	1.62	—	0.62	0.13	—	↑
	夏	−0.16	—	−0.50	0.40	—	↓
	秋	1.22	—	0.38	0.29	—	↑
	冬	0.52	—	0.10	0.53	—	↑
	汛期	0.10	—	−0.21	0.76	—	↑
III 区	年	1.28	—	1.55	0.18	—	↑
	春	2.79	√	1.24	0.00	√	↑
	夏	0.00	—	0.02	0.98	—	↑
	秋	0.05	—	0.18	0.74	—	↑
	冬	0.47	—	0.09	0.49	—	↑
	汛期	0.24	—	0.21	0.84	—	↑
IV 区	年	1.69	—	1.16	0.14	—	↑
	春	2.36	√	0.69	0.01	√	↑
	夏	1.14	—	0.68	0.30	—	↑
	秋	−0.74	—	−0.23	0.46	—	↓
	冬	−0.01	—	0.00	0.99	—	↓
	汛期	0.67	—	0.42	0.57	—	↑
V 区	年	−0.74	—	−1.00	0.38	—	↓
	春	0.12	—	0.16	0.73	—	↑
	夏	−0.26	—	−0.17	0.85	—	↓
	秋	−1.98	√	−1.10	0.02	√	↓
	冬	0.55	—	0.07	0.58	—	↑
	汛期	−1.34	—	−1.19	0.26	—	↓

3. 径流趋势分析

采用 MK、线性回归检验分析三个站点年、汛期、四季径流的变化趋势,结果如表 3.2.9 所示。由表可知,三个站点的年径流呈不显著增加趋势。线性回归分析表明石鼓站、攀枝花站及向家坝站年总径流量增加量分别为 7.25×10^6 m³($\beta=0.23$ m³/s)、7.66×10^7 m³($\beta=2.43$ m³/s)和 1.14×10^8 m³($\beta=3.62$ m³/s)。此外,除石鼓站夏季径流、石鼓站汛期径流、向家坝站秋季径流呈不显著下降趋势,三个站点的其余时期均呈现上升趋势,其中攀枝花站、向家坝站春季径流上升趋势明显,但 MK 趋势检验结果表明攀枝花站春季径流上升趋势不显著。与降水趋势分析类似,不同趋势分析方法均可得到径流变化趋势,但是不同方法的检验能力不同,不同方法定量计算的趋势变化幅度同样存在差异。

表 3.2.9　1961～2010 年金沙江流域上、中、下游控制站点径流趋势

站点	时期	MK		线性回归			趋势
		Z 值	显著性	斜率	p 值	显著性	
石鼓站	年	0.07	—	0.23	0.92	—	↑
	春	1.67	—	1.49	0.07	—	↑
	夏	−0.33	—	−3.09	0.58	—	↓
	秋	0.71	—	2.026	0.60	—	↑
	冬	1.09	—	0.52	0.40	—	↑
	汛期	−0.02	—	−0.93	0.85	—	↓
攀枝花站	年	0.66	—	2.43	0.43	—	↑
	春	1.91	—	1.92	0.04	√	↑
	夏	0.34	—	1.99	0.79	—	↑
	秋	0.90	—	4.77	0.39	—	↑
	冬	1.09	—	1.05	0.21	—	↑
	汛期	0.52	—	3.43	0.61	—	↑
向家坝站	年	0.93	—	3.62	0.63	—	↑
	春	2.12	√	6.44	0.00	√	↑
	夏	0.41	—	4.26	0.81	—	↑
	秋	−0.19	—	−0.18	0.99	—	↓
	冬	1.34	—	3.45	0.18	—	↑
	汛期	0.62	—	2.30	0.89	—	↑

整体而言,1961～2010 年金沙江流域径流整体呈不显著上升趋势,且年内不同时期径流情势变化较为复杂,这可能是流域内降水、蒸发及相关人类活动综合作用的结果。Piao 等[19]的研究结果表明,自 1960 年以来,长江流域年径流呈不显著增加趋势,本小节结论与该结论一致。

3.2.3 金沙江流域降水径流过程突变分析

1. 降水突变分析

采用 MK 突变检验法对各个分区及全流域面平均年降水进行突变分析，分别绘制各个区间的 UF 曲线和 UB 曲线，如图 3.2.7 所示。为保证结果的可靠性，采用滑动 t 检验与累积距平检验共同进行突变年份的确定，结果如表 3.2.10 和图 3.2.8 所示。由图 3.2.7 可知：①全流域面平均年降水 1970 年前波动下降，1970 年后波动上升，2000 年后 UF 值超过 0.05 显著水平，表明 2000 年后全流域面平均年降水显著上升；UF 曲线和 UB 曲线相交于 1988 年，结合滑动 t 与累积距平检验结果可得，全流域面平均年降水 1988 年和 1997 年存在突变；②直门达站以上区间面平均年降水 20 世纪末呈不显著上升趋势，UF 曲线和 UB 曲线相交于 2005～2006 年，结合滑动 t 与累积距平检验结果，未找到显著突变点；③直门达站-石鼓站区间面平均年降水 20 世纪 60 年代波动下降，随后基本平稳，80 年代后呈不明显上升趋势；UF 和 UB 曲线相交于 1962 年、1983 年和 1987 年，结合滑动 t 检验结果，1983 年和 1987 年为突变年份；④石鼓站-攀枝花站区间面平均年降水 20 世纪 80 年代中期前呈波动下降趋势，中期后呈不明显上升趋势；UF 和 UB 曲线相交多处，结合滑动 t 检验与累积距平检验结果，无明显突变年份；⑤雅砻江流域面平均年降水 20 世纪 60 年代呈波动上升趋势，70 年代波动下降，70 年代后期呈上升趋势，且 21 世纪初期显著增长；UF 和 UB 曲线相交多处，结合滑动 t 与累积距平检验结果，该区间无明显突变年份；⑥攀枝花站-向家坝站区间面平均年降水呈微弱波动下降趋势，UF 和 UB 曲线相交多处，结合滑动 t 与累积距平检验结果，该区间突变年份为 1986 年、1996 年。

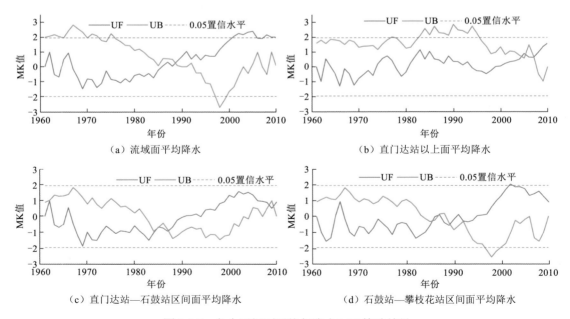

（a）流域面平均降水

（b）直门达站以上面平均降水

（c）直门达站—石鼓站区间面平均降水

（d）石鼓站—攀枝花站区间面平均降水

图 3.2.7 各个区间面平均年降水 MK 检验结果

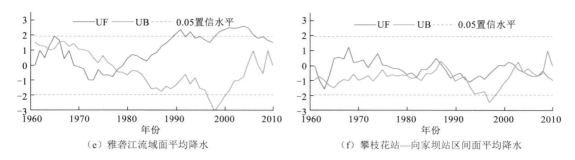

（e）雅砻江流域面平均降水　　　　　（f）攀枝花站—向家坝站区间面平均降水

图 3.2.7　各个区间面平均年降水 MK 检验结果（续）

表 3.2.10　各个区间面平均年降水滑动 t 检验结果

区间	突变年份	区间	突变年份
直门达站以上	—	雅砻江站	1984 年
直门达站–石鼓站	1983 年、1987 年	攀枝花站–向家坝站	—
石鼓站–攀枝花站	—	全流域	1997 年

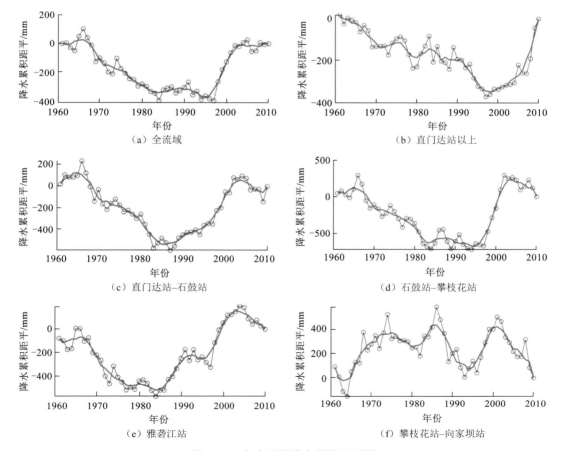

（a）全流域　　　　　　　　　　　　（b）直门达站以上

（c）直门达站–石鼓站　　　　　　　　（d）石鼓站–攀枝花站

（e）雅砻江站　　　　　　　　　　　　（f）攀枝花站–向家坝站

图 3.2.8　各个区间降水累积距平图

红线为平滑曲线

2. 径流突变分析

对石鼓站、攀枝花站和向家坝站年径流进行突变检验，绘制各自的 UF 和 UB 曲线，如图 3.2.9 所示。根据 UF 和 UB 曲线交点确定各个站点径流突变年份，由此可得石鼓站和攀枝花站的突变年份为 1997 年，向家坝站的突变年份为 1988 年。突变年份之前径流呈下降趋势，突变年份之后径流呈不显著上升趋势。考虑单一突变点辨识方法的不足，采用滑动 t 检验与累积距平检验辅助进行径流突变年份识别。由滑动 t 检验结果（表 3.2.11）和累积距平图（图 3.2.10）可得，三个站点的径流突变年份均为 1997 年。综合三种方法检验结果，可确定石鼓站与攀枝花站径流突变年份为 1997 年，流域出口断面向家坝站径流突变年份为 1988 年与 1997 年。经调研，金沙江下游区域 1989 年启动了以小流域为整治单位的水土保持"长治工程"，因此，突变年份 1988 年可能是由"长治工程"[20]与气候变化综合引起的。

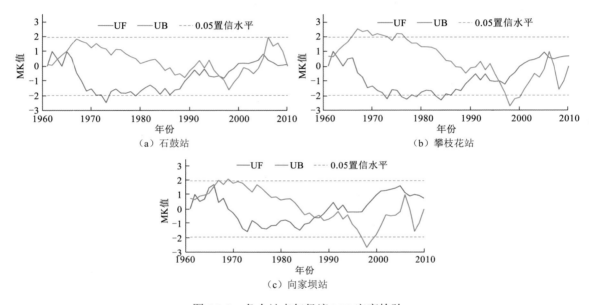

图 3.2.9　各个站点年径流 MK 突变检验

表 3.2.11　各个站点年径流滑动 t 检验结果

站点	石鼓站	攀枝花站	向家坝站
年份	—	1997 年	1997 年

图 3.2.10　各个站点径流累积距平图

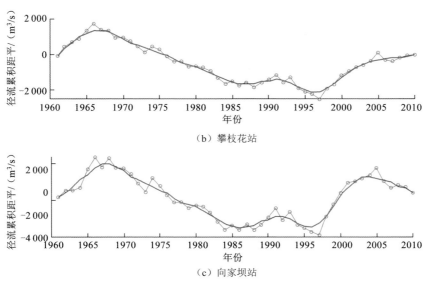

（b）攀枝花站

（c）向家坝站

图 3.2.10　各个站点径流累积距平图（续）

红线为平滑曲线

3.2.4　金沙江流域降水径流过程周期分析

1. 降水周期性分析

采用 Morlet 小波函数对 1961～2010 年全流域及 5 个分区的面平均年降水分别进行小波变换，得到各自的连续小波谱，如图 3.2.11 所示。图中粗黑线为 95% 置信区间边界，虚线为小波影响锥（cone of influence，COI）。由金沙江流域降水连续小波谱可知，在 95% 置信水平下，全流域与不同分区年降水周期特点为：①全流域年降水只存在 1 个显著周期，为 2～4.5 左右（1965～1973 年）；②直门达站以上（I 区，长江源区）面降水存在两个显著周期，分别为：1～2 年（1984～1986 年）和 7 年左右（1978～1983 年）；③直门达站–石鼓站区间（II 区）面降水存在一个 4 年左右的显著周期（1964～1972 年）；④石鼓站–攀枝花站（III 区）区间面平均降水存在 1 个显著周期，为 4 年左右周期（1962～1975 年和 1987～1993 年）；⑤雅砻江流域（IV 区）存在 3 个显著性周期，分别为：1 年左右（1992～1995 年）、2.5 年左右（1965～1969 年和 1970～1973 年）和 12 年左右（1992～1996 年）的周期；⑥攀枝花站–屏山站（V 区）区间面平均年降水同样具有 3 个显著周期，分别为 1～3 年（1965～1973 年）、4 年左右（1989～1992 年）和 15 年左右（1985～1996 年）的周期。

上述分析表明，金沙江流域全流域及各个分区年降水在时域和频域均存在多尺度显著周期，且时频结构具有一定的相似性。1～4 年的小周期振荡均出现在 1965～1972 年，尽管直门达站以上（I 区，长江源区）面降水未落于 95% 置信区间，但在该尺度上仍表现出较高能量，时频关系较为一致。此外，除 I 区外，其余均具有接近 16 年左右的大周期振荡，且时域上主要集中在 1990～2000 年。

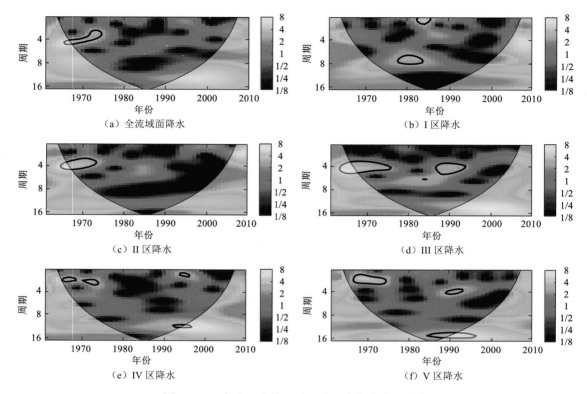

图 3.2.11　金沙江流域及不同分区降水连续小波谱

进一步采用交叉小波分析法解析全流域面平均降水及 ENSO 指数不同时间尺度的响应关系，结果如图 3.2.12 所示。图中交叉小波变换（cross wavelet transform，XWT）谱强调两个变量在时域和频域高能区的关联关系，小波凝聚（wavelet coherence，WTC）谱则侧重于刻画两者在时域和频域低能区的关联关系；→表示两个变量同相位（正相关），←表示反相位（负相关），↓（↑）表示全流域面平均降雨小波变换提前（落后）ENSO 指数四分之一周期，两者呈非线性关系。图 3.2.12（a）能量谱显示春季面平均降水与 ENSO 具有 2 个共振周期，分别为：①3 年左右（1965～1975 年）的周期，位相差表明面平均年降水与 ENSO 具有明显的负相关关系；②3～6 年（1980～1995 年）的周期，且春季面平均降水与 ENSO 呈近似负相关，1990 年后负相关关系有减弱趋势。春季面平均降水与 ENSO 的凝聚谱［图 3.2.12（b）］显示两者在 1978～1982 年的 3 年左右周期上呈负相关，在 1980～2005 年的 3～6 年共振周期上呈近似负相关关系，且 1990 年之后负相关关系减弱，这与能量谱结论一致。由其他三个季节能量谱与凝聚谱可得：夏季降水与 ENSO 在 3～5 年（1965～1975 年和 1998～2000 年）共振周期上呈显著非线性关系；秋季降水与 ENSO 在 2～5 年（1980～1990 年）共振周期上呈近似正相关，而在 14 年左右（1978～2000 年）共振周期上呈负相关；冬季降水在 2～4 年周期上与 ENSO 呈显著正相关关系，在 14 年左右周期上与 ENSO 的正相关关系减弱。说明降水对 ENSO 在不同时频尺度上的响应存在明显差异，夏季降水对 ENSO 的响应最为复杂，秋季降水次之；春季和冬季降水与 ENSO 在 4 年左右周期上具有显著的负相关和正相关。

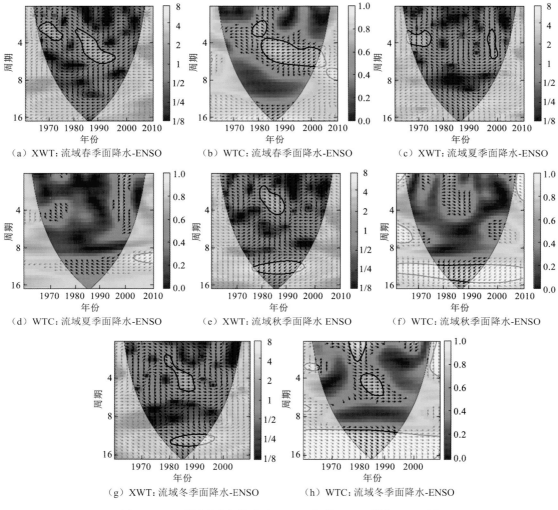

图 3.2.12　不同季节年降水和 ENSO 间的 XWT 谱和 WTC 谱

细实线为小波影响锥,粗实线为 5%显著水平区间,→表示同相位,←表示反相位

2. 径流周期性分析

采用 Morlet 小波函数对 1961～2010 年金沙江流域上、中、下游控制水文站石鼓站、攀枝花站、向家坝站年径流分别进行小波变换,得到各自的连续小波谱,采用同样的方式计算同期 ENSO 指数的连续小波谱,如图 3.2.13 所示。图中粗黑线为 90%置信区间边界,虚线为小波影响锥。由金沙江流域径流连续小波谱可知,在 90%置信水平下,自上游向下游径流周期特点为:①石鼓站年径流只存在 2 个显著周期,分别为 1～2 年左右(1992～1996 年)、8～14 年(1987～2000 年)的显著周期;②攀枝花站年径流也只存在 2 个显著周期,为 1～2 年左右(1992～1996 年)和 9～14 年(1987～2000 年)的显著周期;③向家坝站年径流存在 3 个显著周期,分别为 1 年左右(1994～1995 年)、2 年左右(1965～1966 年)和 10～14 年左右(1991～2001 年)的周期。而 ENSO 指数的连续小波谱图表明其具有 2～4 年(1965～1975 年)和 3～

6 年（1984～2000 年）的显著周期，还有一个 12～14 年的高能量区。径流、降水及 ENSO 指数的高能量区基本一致。

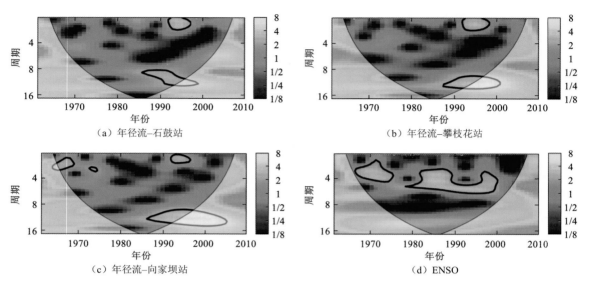

（a）年径流–石鼓站 （b）年径流–攀枝花站

（c）年径流–向家坝站 （d）ENSO

图 3.2.13　金沙江流域径流连续小波谱

为分析气候变化对金沙江出口断面径流变化的影响及其在时频域中的响应关系，对径流与区域降水和大尺度 ENSO 指数进行了交叉小波分析。图 3.2.14 显示了流域出口断面向家坝年径流与 ENSO 指数和攀枝花–向家坝站区间面平均降水的交叉小波分析的 XWT 谱和 WTC 谱。其中，XWT 谱强调两个变量在时域和频域高能区的相关关系，WTC 谱强调两者在时域和频域低能区的相关关系；→表示两个变量同相位（正相关），←表示反相位（负相关），↓（↑）分别表示径流小波变换提前（落后）ENSO 指数/区域降水四分之一个周期，两者呈非线性关系。由图 3.2.14（a）、图 3.2.14（b）可知，径流与 ENSO 指数有 2～4 年（1965～1975 年）和 13～15 年（1988～2000 年）的共振周期，XWT 谱高能区与 WTC 谱低能区基本吻合，位相差

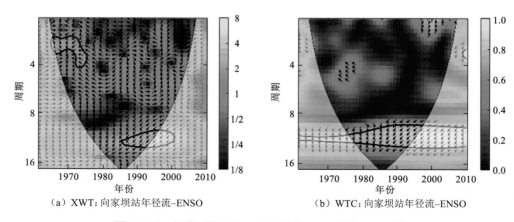

（a）XWT：向家坝站年径流–ENSO （b）WTC：向家坝站年径流–ENSO

图 3.2.14　径流、降水和 ENSO 间的 XWT 谱和 WTC 谱

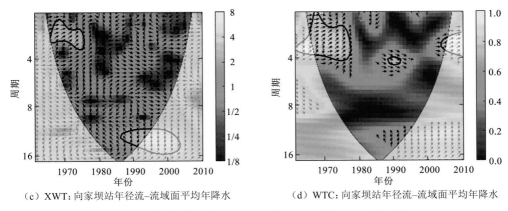

（c）XWT：向家坝站年径流–流域面平均年降水　　　（d）WTC：向家坝站年径流–流域面平均年降水

图 3.2.14　径流、降水和 ENSO 间的 XWT 谱和 WTC 谱（续）

细实线为小波影响锥，粗实线为 5% 显著水平区间，→表示同相位，←表示反相位

表明 ENSO 与径流呈负相关且存在滞后效应。由图 3.2.14（c）、图 3.2.14（d）可知径流与降水有 2~4 年（1965~1975 年）和 13~15 年（1988~2000 年）共振周期，且 XWT 谱高能区与 WTC 谱低能区基本吻合，位相差表明在 1965~1975 年的 2~4 年共振周期上降水与径流呈显著正相关，表明降水是径流重要的补给源对径流变化起主导作用，而在 1988~2005 年两者呈显著非线性关系，这可能是由于下游筑坝拦水、水土保持等人类剧烈活动引起径流变化进而导致降水–径流关系复杂化。综上所述，径流、降水及 ENSO 在不同时间尺度存在显著交互作用，径流对降水变化积极响应，而对 ENSO 事件消极响应且存在滞后效应。

3.2.5　金沙江流域气象水文要素相关性分析

研究选取金沙江流域干流出口控制站屏山水文站 1974~2010 年（37 年）的逐日平均径流数据，以及金沙江流域全流域 1974~2010 年的逐日平均气温和逐日累积降水量数据为研究对象，分析金沙江流域水文气象要素的季节分布特征及变化趋势。其中金沙江流域逐日平均气温和降水量由金沙江流域 32 个气象站点的逐日平均气温和降水根据泰森多边形法加权平均计算所得。

表 3.2.12~表 3.2.13 分别给出了经移动平均线（moving average over shifting horizon，MASH）平滑后的水文气象变量间的 Spearman 相关系数及原始水文气象变量间的 Spearman 相关系数，以深入分析水文气象要素间的相关性及 MASH 滑动平均对数据间相关关系的影响。

由表 3.2.12 可知，MASH 平滑径流量与降水量的 Spearman 相关系数的取值范围为[−0.82，0.98]，4 月、9 月及 12 月的 Spearman 相关系数为负，说明这 3 个月内径流量与降水量的变化趋势不一致，表明有其他原因在一定程度上抵消了降水量对径流补给量的影响，其余月的相关系数为正，且经 MASH 平滑后的全年平均径流量与降水量的相关关系比较大，为 0.98；MASH 平滑径流量与气温的 Spearman 相关系数的取值范围为[−0.52，0.95]，5 月和 10 月的 Spearman 相关系数为负，说明这 2 个月内径流量与降水量的变化趋势不一致，表明有其他原因在一定程度上抵消了气温升高对径流量上升的影响，其余月的相关系数为正，且经 MASH 平滑后的全年平均径流量与气温的相关关系比较大，为 0.85。

表 3.2.12   1974～2010 年 MASH 平滑径流量与降水量、径流量与气温相关系数

项目	全年	1 月	2 月	3 月	4 月	5 月	6 月	7 月	8 月	9 月	10 月	11 月	12 月
降水	0.98	0.65	0.42	0.16	−0.15	0.89	0.93	0.92	0.90	−0.30	0.79	0.19	−0.82
气温	0.85	0.90	0.95	0.93	0.92	−0.08	−0.08	0.55	0.69	0.51	−0.52	0.34	0.86

表 3.2.13   1974～2010 年原始径流量与降水量、径流量与气温相关系数

项目	全年	1 月	2 月	3 月	4 月	5 月	6 月	7 月	8 月	9 月	10 月	11 月	12 月
降水	0.87	0.11	−0.03	0.15	0.21	0.47	0.72	0.56	0.72	0.38	0.33	−0.03	0.07
气温	0.14	0.49	0.41	0.14	0.30	−0.21	−0.29	−0.19	−0.25	−0.14	−0.28	0.09	0.04

　　进一步对比表 3.2.12 和表 3.2.13 可知，经 MASH 平滑后的数据间（全年和大部分月）相关性明显大于原始水文气象数据间的相关系数，说明 MASH 滑动平均能够对数据进行平滑，从而消除原始时间序列的周期变动和随机波动，提取出能够展示数据规律性和变化趋势的有用信息。

　　图 3.2.15 和图 3.2.16 分别给出了 1974～2010 年 MASH 平滑径流量与降水量和气温年际和年内变化关系图。从图 3.2.15（a）可以看出，1974～2010 年平滑径流量和降水量 28 个滑动水平的变化趋势线是闭合的，对比任意两个水平的趋势线，存在一定的接近平行或重合的区域，体现了其变化趋势的周期特性，然而任意两个水平的趋势线不完全平行，其中 7～9 月三个月的径流量在 2000 年以后可以明显地看出增大趋势，从图 3.2.15（b）可以看出，1974～2010 年 12 月的平滑降水量最小，7 月的平滑降水量最大，1 月的平滑径流量最小，9 月的平滑径流量最大。同理，从图 3.2.16（a）可以看出，1974～2010 年平滑径流量和气温的变化趋势存在一定的周期特性，从图 3.2.16（b）可以看出，1974～2010 年 1 月和 12 月的平滑气温最低，7月和 8 月的平滑气温最高。

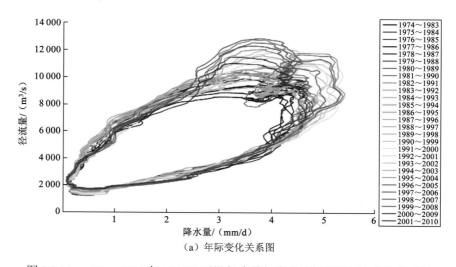

（a）年际变化关系图

图 3.2.15   1974～2010 年 MASH 平滑径流量与降水量年际和年内变化关系图

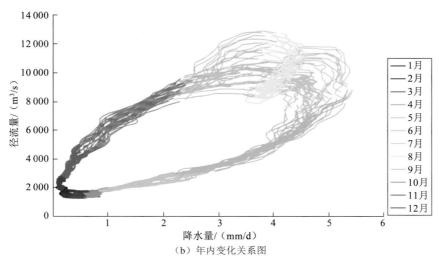

（b）年内变化关系图

图 3.2.15　1974～2010 年 MASH 平滑径流量与降水量年际和年内变化关系图（续）

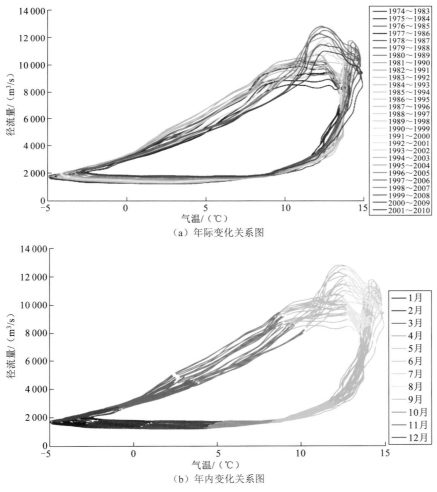

（a）年际变化关系图

（b）年内变化关系图

图 3.2.16　1974～2010 年 MASH 平滑径流量与气温年际和年内变化关系图

3.2.6 金沙江流域径流过程对变化环境的响应分析

流域内径流量变化是气候因素变化（如降水、蒸发气候要素变化）与人类活动（如取用水、水利工程建设、跨流域调水及地下水开采等）共同作用的结果[21]。定量评估气候变化与人类活动对流域径流改变的影响有助于流域水资源的科学管理。本小节从气候变化与人类活动两个方面定量评估各自对径流变化的贡献，并采用土地利用表征不同类型人类活动以进一步验证人类活动对径流改变的影响。

1. 气候变化与人类活动对径流改变的影响分析

气候变化是影响径流变化的主导因素之一，影响径流变化的主要气候要素为降水和气温，降水增加或减少直接导致水循环系统的输入增加或减少，随后降水经过水循环系统的填洼、截留、下渗等一系列过程后，对流域最终地表径流产生影响；而气温变化则通过影响蒸发量或者河源冰川覆盖量从而影响径流。根据金沙江流域的一些研究成果[22]，近60年来年均气温与年径流间相关性较弱，因此，本小节忽略气候要素气温对径流的影响，以降水表征气候变化对径流改变的影响。人类活动是影响径流变化的另一因素，其主要通过改变流域土地利用和土地覆被变化对径流产生影响，如退耕还林还草有助于涵养水源进而减少径流的产生；而建筑用地大规模增加则可能会导致下垫面透水性减弱，产流量增加。显然，人类活动对径流的影响比较复杂，既可能抑制又可能促进径流的产生，为此，本小节不对人类活动进行分类处理，仅考虑其整体影响。

由3.2.1小节分析可知，1960~2010年，金沙江流域呈增湿趋势，全流域年降水增加明显，而径流呈微弱增加趋势。全流域年降水存在两个突变点，分别为1988年与1997年，全流域年径流突变年份与年降水一致。由这两个突变年份可将金沙江流域径流变化分为三个时期，P1（1961~1988年）、P2（1989~1997年）和P3（1998~2010年）。这三个时期的累积径流量与年份关系图和累积降水与年份关系图如图3.2.17所示。20世纪80年代前，金沙江流域人类活动相对较弱，可作为基准期，此时段径流量变化主要受气候因素尤其是降水量变化的影响。P2和P3时期即1988年后，流域内人类活动逐渐加强，径流量变化受气候因素降水量及人类活动的综合作用。

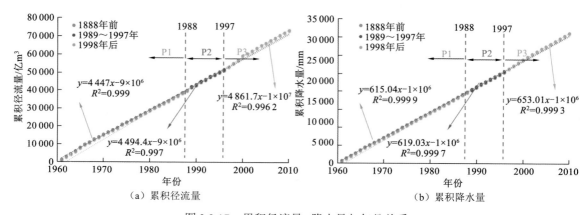

(a) 累积径流量　　　　　　　　　　　(b) 累积降水量

图 3.2.17　累积径流量、降水量与年份关系

采用累积量斜率变化比较法计算累积径流量与累积降水斜率变化,列于表 3.2.14 中。由表 3.2.14 可知,P2 时期与基准期 P1 时期相比,累积径流量斜率增加 47.4 亿 m³/年,增加率为 1.07%;累积降水斜率增加 3.99 mm/年,增加率为 0.65%,则降水量增加对径流量增加的贡献率 C_p 为 60.86%,忽略气温对径流的影响,则人类活动对径流量增加的贡献率 C_H 为 39.14%。P3 时期与基准期 P1 时期相比,累积径流量斜率增加 414.7 亿 m³/年,增加率为 9.33%;累积降水斜率增加 37.97 mm/年,增加率为 6.17%,则降水量增加对径流量增加的贡献率 C_p 为 66.20%,忽略气温对径流的影响,则人类活动对径流量增加的贡献率 C_H 为 33.80%。显然,气候因子降水变化是金沙江流域径流变化的主导因素,人类活动对径流变化影响相对较弱,后面还将从土地利用变化的角度进一步验证人类活动对径流的影响。

表 3.2.14　累积量斜率及其变化

时期	SR/（亿 m³/年）	SP/（mm/年）	RSR/%	RSP/%	C_p/%	C_H/%
P1（1961～1988 年）	4 447.0	615.04	—	—	—	—
P2（1989～1997 年）	4 494.4	619.03	1.07	0.65	60.86	39.14
P3（1998～2010 年）	4 861.7	653.01	9.33	6.17	66.20	33.80

表中 SR 为累积径流量斜率；RSR 为累积径流量斜率增加率；SP 为累积降水斜率；RSP 为累积降水斜率增加率

2. 土地利用变化对径流的影响分析

前文根据突变年份 1988 年和 1997 年将 1961～2010 年划分为三个时期,P1（1961～1988 年）为基准期、P2（1989～1997 年）和 P3（1998～2010 年）为气候变化与人类活动影响期,采用累积量斜率变化比较法量化了 P2 和 P3 时期气候变化与人类活动对流域径流变化的影响,计算结果如表 3.2.14 所示。由表 3.2.14 可知,与基准期 P1 相比,P2 和 P3 时期以降水表征的气候变化对径流改变的贡献率 C_p 均超过 60%,忽略气温的影响,则这两个时期人类活动综合作用对流域径流变化贡献 C_H 相对较弱,分别为 39.14% 和 33.80%。人类活动主要通过改变流域土地利用和土地覆被变化来对径流产生影响,如流域内水利工程建设、大规模建筑用地等可能会导致下垫面透水性减弱,产流量增加;而受国家政策影响的水土保持工程则有利于涵养水源,减少径流的产生。为此,以土地利用和土地覆被变化表示不同人类活动的强烈程度,通过分析流域内 LUCC 的变化情况进一步探究 P3 时期人类活动对径流变化的影响。

以 1980 年土地利用为基准,1990～2010 年金沙江流域各类土地利用类型面积的变化由表 3.2.15 可知,金沙江流域的主要土地类型为林地和草地,11 年间,农田面积呈持续减少趋势,且 P2 时期（1989～1997 年）减小幅度小于 P3 时期（1998～2010 年）,说明“退耕还林还草”工程的力度逐渐加大;林地、草地、未利用土地这些土地利用类型的面积基本保持不变;受流域内水利工程修建投运、上游居民拦水灌溉的影响,水域面积持续增长,且涨幅有上升趋势;其间,流域内建设用地增加显著,特别是 20 世纪以来,建设用地面积相比 1980 年增加了近 6 倍,这主要与金沙江流域水资源开发利用及社会经济发展迅速有关。从不同土地利用类型的变化情况可得,“退耕还林还草”工程的开展促使流域内草地增加,可促进涵养水源、截留降水、减少径流,而流域内建筑用地增加则会导致流域径流增加。但流域内林地占比基本不变、草地占比明显增加,2010 年相比 1980 年草地占比增加 0.91%,近 0.21 万 km²,表明流域涵养水源的能力增强;会导致径流增加的建筑用地在整个流域内占比较小,多年平均面积为 0.1 万 km²,

占流域总面积 0.22%（不足 1%），2010 年相比 1980 年建筑用地占比增加 40.05%，近 0.04 万 km²，尽管建筑用地面积增幅明显且增幅不断上升，但其自身占整个流域的比例较小，对流域径流的改变基本可忽略。P3 阶段人类活动贡献率下降，可能是生态环境治理初见成效引起的。因此，可合理推断该时期人类活动综合作用对流域径流的影响并不显著。综上可得，过去 10 多年，金沙江流域土地利用变化较小，因此人类活动对该时期流域内径流情势变化的影响并不突出，与前述结论一致即人类活动综合作用对研究时段径流变化的贡献相对较小，相对而言气候变化是影响径流变化的主导因素。

表 3.2.15 1990～2010 年金沙江流域各类土地利用变化率（1980 年为基准）

类别	年均面积/(万 km²)	占比/%	1990 年	1995 年	2000 年	2005 年	2010 年
农田	3.26	7.01	−0.53	−1.12	−1.25	−1.52	−2.08
林地	13.98	30.11	0.01	0.16	−0.15	−0.13	0.01
草地	23.59	50.81	0.86	0.88	0.92	0.97	0.91
水域	0.29	0.62	2.42	1.66	5.86	6.08	6.80
建设用地	0.10	0.22	7.23	17.06	22.04	29.50	40.05
未利用土地	5.21	11.23	2.92	2.98	3.29	3.15	3.10

3.3 长江上游流域气象水文过程动态演化特性解析

作为水文循环过程中的基本要素，降水、气温及径流一直是水文学者和专家的研究热点。以长江上游作为研究对象，引入 Mann-Kendall 趋势分析方法、累积距平法、小波分析法和混沌动力分析流域水文气象因子的年内年际变化特性、周期变化规律，探究长江上游水文气象要素突变时间，研究成果将有助于准确认识变化环境下长江上游水文气象要素变化趋势及演变规律，对实现流域水资源可持续利用及生态文明社会建设具有重要意义。

本节研究数据包括 1970～2012 年长江上游地区寸滩断面以上 47 个实测气象站点的日降水数据，长江上游干流区宜宾站、昭通站和奉节站等 20 个气象站的逐日降雨、最高气温、平均气温和最低气温数据，以及屏山站、李庄站、朱沱站、寸滩站、宜昌站、高场站、李家湾站、北碚站、武隆站、攀枝花站、向家坝站的径流数据。其中，气象站及气象数据来源于中国气象数据网，并利用泰森多边形法计算得到面雨量、面最高气温、面平均气温和面最低气温。

3.3.1 长江上游流域降水时空演化特性

为比较系统地分析长江上游地区寸滩断面以上地区历史期降水变化特征，本小节采用研究区域内 47 个地面实测站点 1970～2012 年的逐日降水数据参与计算。

1. 长江上游降水时间尺度变化分析

根据研究区域实测期降水数据计算可知，1970～2012 年多年平均降水量是 850 mm，春季多年平均降水量是 153 mm,夏季多年平均降水量是 473 mm,秋季多年平均降水量是 197 mm,冬季多年平均降水量是 27 mm。流域面平均尺度上的最大一天降水量（以下简称 RX1）多年平均降水量是 21 mm,95%分位数的强降水量（以下简称 R95P）多年平均降水量是 225 mm。

不同时间尺度降水趋势变化见图 3.3.1,由图可知,年降水量的年际倾向率是−5.5 mm/10 年,春季降水量的年际倾向率是−0.3 mm/10 年,夏季降水量的年际倾向率是−1.7 mm/10 年,秋季降水量的年际倾向率是−6.8 mm/10 年,冬季降水量的年际倾向率是−0.02 mm/10 年,RX1 年际倾向率是−0.11 mm/10 年,R95P 的年际倾向率是−0.2 mm/10 年,降水要素的年际变化率整体较小,但降水波动变化趋势明显。

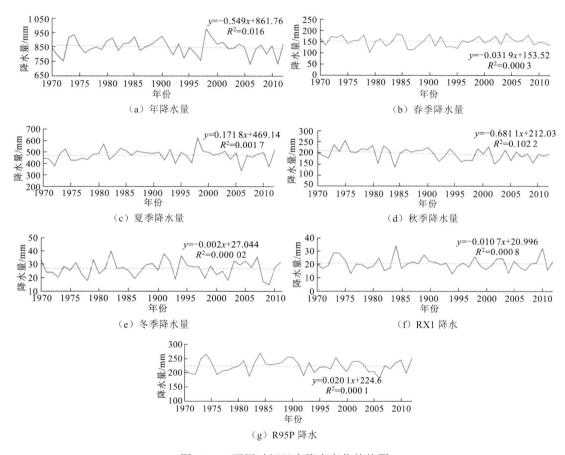

图 3.3.1　不同时间尺度降水变化趋势图

进一步为检验各时间尺度降水过程变化的显著性特征,给定 0.05 的显著性水平（MK 临界值 1.96）,仅秋季降水 MK 值为 2.18,通过显著性趋势检验,其余 6 项指标变化趋势都未通过 MK 检验,变化趋势不显著。计算 47 个站点不同时间尺度降水要素变化趋势的 MK 值,具体结果见表 3.3.1（加粗表示该站点降水指标通过显著性检验）。

由 47 个地面实测气象站点降水序列 MK 计算结果可知,年降水量序列通过 MK 显著性检验的站点共 7 个（五道梁站、理塘站、峨眉山站、宜宾站、昭通站、叙永站、习水站）,具有显

表 3.3.1　47 个地面实测气象站点降水序列 MK 计算结果

站点	年	春季	夏季	秋季	冬季	RX1	R95P
五道梁	**3.65**	1.84	**2.78**	1.52	1.48	1.07	**2.74**
沱沱河	1.80	**2.21**	1.57	0.15	0.59	−0.53	0.77
曲麻莱	1.42	0.93	1.03	0.40	0.02	0.33	0.96
玉树	0.00	1.18	−0.45	0.48	−0.08	0.21	−0.88
清水河	1.00	1.43	0.57	0.47	0.21	0.77	0.44
武都	−0.23	−0.40	−0.58	0.69	−0.41	0.16	−0.33
德格	0.80	1.75	0.31	−0.69	−0.13	0.73	−0.21
甘孜	−0.19	0.68	0.10	−1.76	−0.72	**−2.02**	−1.70
道孚	0.19	0.64	1.15	−1.75	0.04	−0.84	−1.26
马尔康	1.23	1.51	0.96	−0.77	**2.23**	0.35	0.13
小金	0.73	0.67	1.57	−1.43	1.17	0.38	0.85
松潘	−0.02	0.82	−0.98	−0.44	0.87	−0.91	0.27
都江堰	−1.40	0.00	−1.72	0.27	0.33	0.17	−1.03
绵阳	−1.21	0.41	−1.61	−0.08	−0.01	−0.27	−1.11
巴塘	0.86	1.28	0.90	−0.28	1.17	0.39	1.13
新龙	1.84	1.38	**2.18**	−0.75	−0.34	0.85	0.88
理塘	**2.26**	1.80	**2.05**	−0.69	0.09	1.05	**2.13**
雅安	−1.09	0.13	−0.65	−1.49	0.25	1.28	−0.17
稻城	1.90	1.72	1.70	0.88	0.05	1.57	1.51
康定	1.94	**2.09**	**2.20**	−0.39	1.28	1.21	**2.07**
峨眉山	**−2.37**	−0.18	**−1.97**	−1.72	−1.80	−0.21	−1.19
乐山	−0.40	0.71	−0.54	−1.74	−0.38	0.24	−0.23
木里	−1.15	**1.98**	−0.82	−1.41	−0.88	**2.31**	1.19
九龙	1.00	0.28	**2.11**	−1.07	0.04	0.76	1.23
越西	−0.86	−0.06	0.29	−2.51	−2.17	0.22	0.13
昭觉	−0.73	−0.88	0.63	−1.51	0.51	1.83	0.62
雷波	−0.04	−1.58	0.63	−1.61	−0.31	0.24	0.77
宜宾	**−2.13**	**−2.42**	−0.91	−1.57	−1.15	−1.13	−1.34
迪庆	−0.06	0.80	−0.44	0.20	1.60	0.21	−0.21
盐源	−0.54	0.31	0.19	−1.54	−0.41	0.62	−0.19
凉山	1.08	0.10	1.05	0.17	−1.16	0.75	0.90
昭通	**−2.66**	−1.28	**−2.23**	−1.15	0.34	−1.12	−1.66
丽江	0.27	0.57	−0.12	−0.04	−0.17	0.53	0.90

站点	年	春季	夏季	秋季	冬季	RX1	R95P
华坪	-0.63	1.15	-0.80	-0.28	-0.07	0.88	-0.46
会理	-0.42	0.10	-0.54	0.48	-0.50	-0.77	0.90
会泽	0.46	-0.95	1.34	-0.73	0.22	**3.36**	**2.39**
元谋	-0.35	1.82	-0.81	-0.22	-0.14	-0.40	0.59
略阳	-0.50	**-2.18**	-0.17	0.62	0.23	-0.78	0.08
广元	0.00	0.00	0.13	0.33	-0.43	0.36	0.67
阆中	0.88	0.27	1.52	0.00	0.88	**1.99**	1.23
巴中	0.61	-0.04	0.73	-0.69	1.18	-0.20	1.21
遂宁	-0.15	-1.64	1.38	-1.36	0.52	1.11	0.65
南充	0.36	-0.19	1.74	-0.99	0.24	1.80	1.07
沙坪坝	-0.51	-0.52	0.59	**-2.20**	0.96	1.56	-0.21
桐梓	-1.90	-1.65	-0.41	-1.86	0.29	-1.09	-1.28
叙永	**-2.07**	**-2.45**	-0.04	-1.54	-1.16	0.74	-0.40
习水	**-2.57**	-1.44	-0.84	**-2.74**	-1.79	-0.97	-1.67

著变化趋势的站点占比为 14.9%。春季降水量序列通过 MK 显著性检验的站点共 6 个（沱沱河站、康定站、木里站、宜宾站、略阳站、叙永站），具有显著变化趋势的站点占比为 12.8%。夏季降水量序列通过 MK 显著性检验的站点共 7 个（五道梁站、新龙站、理塘站、康定站、峨眉山站、九龙站、昭通站），具有显著变化趋势的站点占比为 14.9%。秋季降水量序列通过 MK 显著性检验的站点共 3 个（越西站、沙坪坝站、习水站），具有显著变化趋势的站点占比为 6.4%。冬季降水量序列通过 MK 显著性检验的站点共 2 个（马尔康站、越西站），具有显著变化趋势的站点占比为 4.3%，RX1 降水量序列通过 MK 显著性检验的站点共 4 个（甘孜站、木里站、会泽站、阆中站），具有显著变化趋势的站点占比为 8.5%，R95P 降水量序列通过 MK 显著性检验的站点共 4 个（五道梁站、理塘站、会泽站），具有显著变化趋势的站点占比为 8.5%。

2. 长江上游降水空间尺度变化分析

利用 STRM 90 m×90 m 分辨率的 DEM 数据，绘制流域海拔高程图，见图 3.3.2。流域整体走势呈西北高、东南低，海拔最高点与海拔最低点相差近 7 000 m。以下将结合流域海拔高程综合分析不同时间降水序列的空间变化规律。

整理长江上游寸滩断面以上 47 个地面实测站点 1970～2012 年不同时间尺度降水序列，计算站点降水倾向率。

图 3.3.3 是年降水序列倾向率空间分布图。由图可知，大致以丽江站、马尔康站为界，流域西北部各站点的降水倾向率为正，降水量涨幅范围 0～35 mm/10 年，年降水量整体呈上升趋势，流域东南部 80%站点的降水倾向率为负，年降水量呈 0～84 mm/10 年减少的变化趋势。

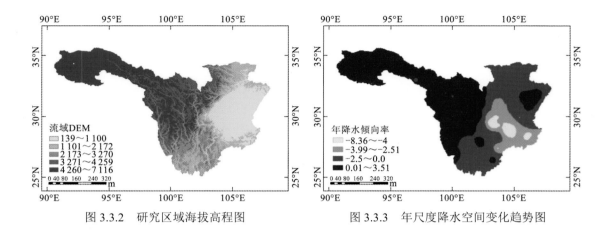

图 3.3.2　研究区域海拔高程图　　　　图 3.3.3　年尺度降水空间变化趋势图

　　结合流域海拔高程来看,站点年降水量倾向率空间分布呈辐射状变化,流域内海拔较低的站点降水倾向率为负,年降水量整体呈现逐渐下降趋势,其中习水站、宜宾站、乐山站这三个站点的降水减幅最明显,流域内海拔高的站点降水倾向率为正,年降水量整体呈逐渐上升趋势。

　　图 3.3.4 是流域内站点春季降水倾向率变化空间分布图。从图中可看出,流域东南到西北降水倾向率空间分布整体呈四级变化趋势,即西北到东南降水倾向率从正到负逐级变化。西北部大致以阆中站、元谋站为界,分界以上各站点降水倾向率为正,降水量整体呈 0~10 mm/10 年增加的变化趋势,分界向东南推移,降水倾向率由正转为负,东南部桐梓站、叙永站、习水站、宜宾站、遂宁站 5 个站点减幅最大,整体呈 10~20 mm/10 年减少的变化趋势。与年降水量倾向率空间分布相比,各站点春季降水量年际变化幅度较小,降水整体变化较平稳。结合流域海拔高程图,流域内海拔较低的站点降水倾向率为负,年降水量整体呈现逐渐下降趋势,流域内海拔高的站点降水倾向率为正,年降水量整体呈逐渐上升趋势,且海拔低点的降水减幅范围要大于海拔高点的降水增幅范围。

　　图 3.3.5 是流域站点夏季降水倾向率变化空间分布图。流域左部大致以马尔康站、会泽站为界,降水倾向率整体为正(迪庆站、木里站、华坪站、会理站、元谋站点除外),夏季降水量整体呈上升趋势,增幅范围 0~28 mm/10 年,流域中部至略阳站、桐梓站为界,站点降水倾向率为负,并且呈辐射状向内递减趋势,外圈站点夏季降水量减幅范围在 0~12 mm/10 年,内圈

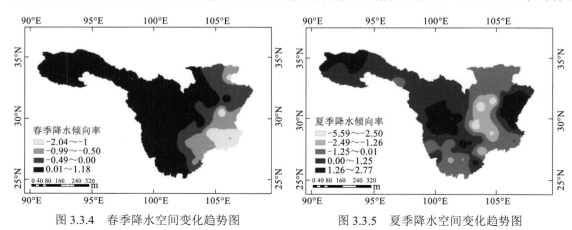

图 3.3.4　春季降水空间变化趋势图　　　　图 3.3.5　夏季降水空间变化趋势图

各站点夏季降水量减幅范围在 12～60 mm/10 年，流域东部站点夏季降水倾向率又转为正，降水增幅范围在 0～27 mm/10 年。结合海拔高程图，夏季站点降水变化空间分布规律一致性程度没有年降水、春季降水高，站点降水变化与高程之间没有明显规律。

　　图 3.3.6 是流域站点秋季降水倾向率变化空间分布图。从图中可看出，流域东南到西北降水倾向率空间分布整体呈三级变化趋势，即西北到东南降水倾向率从正到负逐级变化。西北源头地区（沱沱河站、五道梁站、曲麻莱站、清水河站、玉树站）降水倾向率为正，降水量呈上升趋势，涨幅范围 0～5 mm/10 年，分界向东南推移，以广元站、康定站、昭通站为界，界限以左降水倾向率转为负，降水量随时间整体下降，减幅范围 0～10 mm/10 年，界限以右减幅继续增大，减幅范围 10～25 mm/10 年，其中雅安站、峨眉山站、乐山站、习水站四站减幅最大。结合流域海拔高程，域内海拔较低的站点降水倾向率为负，年降水量整体呈现逐渐下降趋势，流域内海拔高的站点以玉树为界，界限以左降水倾向率为正，年降水量整体呈逐渐上升趋势，界限右侧站点降水倾向率为负，年降水量整体呈现逐渐下降趋势，且海拔低点的降水减幅范围要大于海拔高点的降水增幅范围。

　　图 3.3.7 是流域站点冬季降水倾向率变化空间分布图。从图中可看出，流域东南到西北降水倾向率空间分布整体呈两级变化趋势。以沙坪坝站、康定站、华坪站为界，界限以左站点降水倾向率为正，涨幅范围 0～2 mm/10 年，降水量呈微弱上升趋势，界限以右各站点降水倾向率为负，减幅范围 0～2 mm/10 年，降水量呈微弱下降趋势，个别站点增幅稍大，但是整体走势明显。结合流域海拔高程图，流域内海拔较低的站点降水倾向率为负，年降水量整体呈现逐渐下降趋势，流域内海拔高的站点降水倾向率为正，年降水量整体呈逐渐上升趋势。

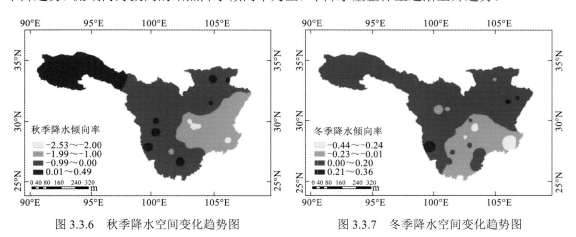

图 3.3.6　秋季降水空间变化趋势图　　　　　图 3.3.7　冬季降水空间变化趋势图

　　图 3.3.8 是流域 RX1 倾向率变化空间分布图。从图中可看出，西北部以阆中站、小金站、巴塘站为界，以左站点降水倾向率为负，减幅范围 0～2 mm/10 年，流域东南部以习水站、雷波站、宜宾站为界，界限右侧站点降水倾向率为负，减幅范围 0～6 mm/10 年，两条界限以内区域站点降水倾向率为正，增幅范围 0～10 mm/10 年，降水整体呈上升趋势。结合流域海拔高程图，流域内海拔较高的站点降水倾向率为负，年降水量整体呈现逐渐微弱下降趋势，流域内海拔低的站点降水倾向率有正有负，降水变化趋势与海拔无明显规律。

　　图 3.3.9 是流域 R95P 倾向率变化空间分布图。从图 3.3.9 中可以看出，流域西北以玉树

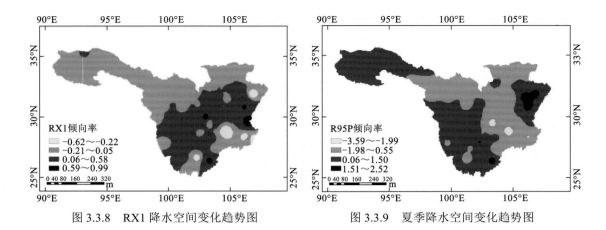

图 3.3.8 RX1 降水空间变化趋势图　　　　图 3.3.9 夏季降水空间变化趋势图

站为界，源头地区降水倾向率为正，增幅范围 0～15 mm/10 年，强降水量随时间呈逐级上升趋势，流域西南部以德格站、小金站、会泽站为界，降水倾向率为正，增幅范围 0～15 mm/10 年，强降水量随时间呈逐级上升趋势，流域东北部广元站、阆中站等 5 个站点降水倾向率为正，增幅范围 0～25 mm/10 年，除此以外的站点降水倾向率为负（集中在流域中部），减幅范围 0～20 mm/10 年，结合流域海拔高程图，高海拔与低海拔地区站点降水随时间变化有正有负，强降水变化趋势与海拔无明显规律。

此外，根据不同时间尺度降水通过 MK 显著性检验的站点结果，绘制图 3.3.10。由图可知，不同时间尺度降水序列随时间变化趋势显著的站点大多集中在流域中部，高海拔地区和低海拔地区均有分布，且无明显规律可循。

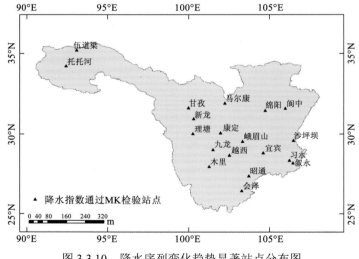

图 3.3.10 降水序列变化趋势显著站点分布图

3.3.2　长江上游主要干支流径流过程动态演化规律

本小节选取的研究对象为金沙江屏山站、岷江高场站、沱江李家湾站、嘉陵江北碚站、乌江武隆站和长江干流宜昌站，分析各水文站 1953～2007 年洪水过程和低径流过程的变化趋势。

1. 长江上游洪水过程及演化趋势

1) 单变量 Mann-Kendal 趋势分析

1953～2007 年 6 个水文控制站的年最大洪峰、年最大 7 d 洪量时间序列如图 3.3.11 所示，图中同时给出各时间序列的线性趋势线。从图 3.3.11 可以看出，不同水文站的洪水过程变化趋势表现出一定差异，少部分水文站线性趋势线的斜率为正，但过于平缓，呈现出非常微弱的增大趋势，其他水文站则呈现出不同程度的减小趋势，尤其是李家湾站的年最大洪峰和年最大 7 d 洪量线性趋势线的斜率都为负且十分陡峭，表现出明显的减小趋势。此外，各水文站的年最大洪峰、年最大 7 d 洪量变化趋势较为一致，除武隆站的变化趋势不同外，其他水文站的变化趋势均为同时增大或减小。

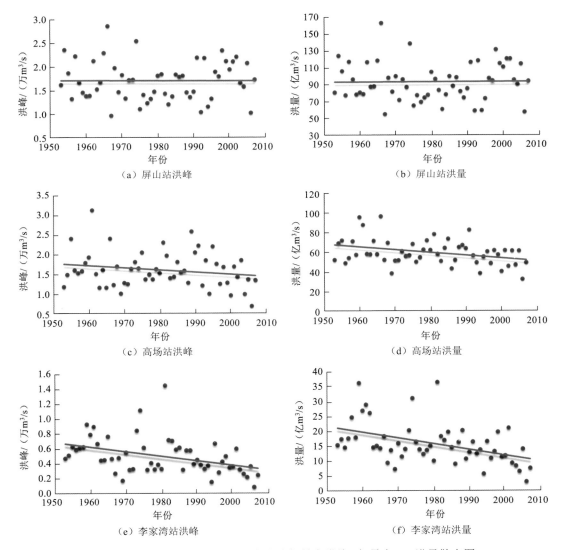

图 3.3.11　1953～2007 年各站水文站年最大洪峰、年最大 7 d 洪量散点图

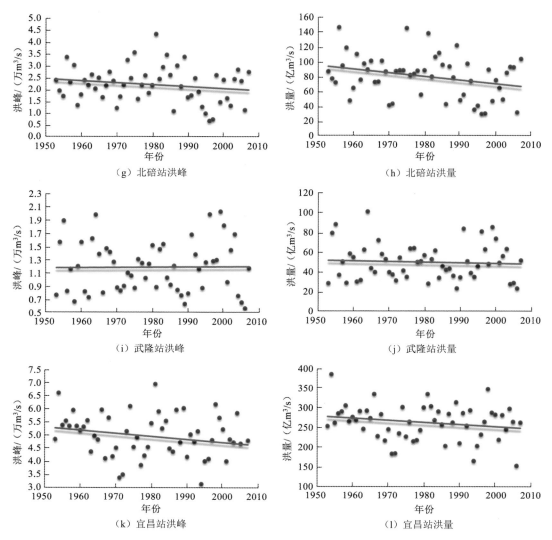

图 3.3.11　1953～2007 年各站水文站年最大洪峰、年最大 7 d 洪量散点图（续）

采用单变量 MK 检验方法分析 6 个水文控制站的年最大洪峰和年最大 7 d 洪量的变化趋势。给定显著性水平 $\alpha=0.05$，趋势检验的阈值为 ±1.96。检验结果如表 3.3.2 所示。

表 3.3.2　洪水过程单变量 MK 检验结果

所属水系	水文站	水文变量	Z 值	显著性
金沙江	屏山	年最大洪峰	0.20	——
		年最大 7 d 洪量	0.30	——
岷江	高场	年最大洪峰	−0.92	——
		年最大 7 d 洪量	−2.16	√
沱江	李家湾	年最大洪峰	−3.59	√
		年最大 7 d 洪量	−3.55	√

续表

所属水系	水文站	水文变量	Z 值	显著性
嘉陵江	北碚	年最大洪峰	−1.03	—
		年最大 7 d 洪量	−1.64	—
乌江	武隆	年最大洪峰	0.07	—
		年最大 7 d 洪量	−0.26	—
长江干流	宜昌	年最大洪峰	−1.66	—
		年最大 7d 洪量	−1.13	—

由表 3.3.2 可知,对于年最大洪峰,仅有屏山站和武隆站 Z 值大于 0,且远小于阈值,表明这两个水文站的年最大洪峰呈现非常微弱的增大趋势;其他水文站的 Z 值均小于 0,表明年最大洪峰呈现减小趋势,其中李家湾站的 Z 值超过阈值,表明其减小趋势显著。对于年最大 7 d 洪量,仅有屏山站的 Z 值大于 0,但仍远小于阈值,表明屏山站年最大 7 d 洪量呈现非常微弱的增大趋势;其他水文站 Z 值均小于 0,表明呈现减小趋势,其中高场站和李家湾站的 Z 值超过阈值,表明其减小趋势显著。

对于各水文站,屏山站的年最大洪峰和年最大 7 d 洪量的 Z 值大于 0,但均远小于阈值,表明该站洪水过程呈微弱的增大趋势;高场站、李家湾站、北碚站和宜昌站的年最大洪峰和年最大 7 d 洪量的 Z 值都小于 0,表明洪水过程呈减小趋势;武隆站的年最大洪峰 Z 值大于 0,表明呈增大趋势,年最大 7 d 洪量的 Z 值小于 0,表明呈减小趋势,因此单变量趋势检验无法判断该水文站的洪水过程呈增大或减小趋势。

2)多变量 Mann-Kendal 趋势分析

协方差逆检验(covariance inversion test,CIT)是由 Dietz 和 Killeen 于 1981 年首次提出的多变量 MK 检验的扩展形式。协方差逆检验通过对联合变量的协方差矩阵 $\boldsymbol{C}_{\mathrm{M}}$ 取逆矩阵构造统计量 D,定义为

$$D = \boldsymbol{S}\boldsymbol{C}_{\mathrm{M}}^{-1}\boldsymbol{S}^{\mathrm{T}} \tag{3.3.1}$$

式中:$\boldsymbol{C}_{\mathrm{M}}^{-1}$ 代表协方差矩阵 $\boldsymbol{C}_{\mathrm{M}}$ 的逆矩阵,当 $\boldsymbol{C}_{\mathrm{M}}$ 不是满秩矩阵时,$\boldsymbol{C}_{\mathrm{M}}^{-1}$ 则代表广义逆矩阵。统计量 D 服从渐进 $\chi^2(q)$ 分布,其中 q 是矩阵 $\boldsymbol{C}_{\mathrm{M}}$ 的秩,取值范围 $[1,d]$。

Hirsch 和 Slack 提出了和式(3.3.1)相似的多变量 MK 检验扩展形式,适用于检验多个相互关联变量的变化趋势,Lettenmaier 将其称为协方差和检验(covariance sum test,CST)。协方差和检验通过对向量 $\boldsymbol{S}$ 求和构造统计量 H,定义为

$$H = S_1 + S_2 + \cdots S_d \tag{3.3.2}$$

统计量 H 服从渐进正态分布,其期望为 0,方差为

$$\mathrm{Var}(H) = \sum_{u=1}^{d} S_u + 2\sum_{v=1,u=1}^{d,v-1} c_{u,v} \tag{3.3.3}$$

式中:$c_{u,v} = \mathrm{cov}(S_u, S_v)$。与单变量 MK 检验相同,对统计量 H 标准化处理后,再给定显著性水平 α,计算值为正表示变量具有上升趋势,为负则为下降趋势,若超过对应阈值,则认为联合变量的变化趋势较为显著。

给定显著性水平 α，如果 $D \geqslant \chi(q)_{1-a}$，表明联合变量的变化趋势显著。

采用 CIT 检验和 CST 检验方法，分析 6 个水文站洪水过程联合变量的变化趋势。给定显著性水平 $\alpha = 0.05$，CIT 检验和 CST 检验的阈值分别为 5.99 和 ±1.96。洪水过程多变量 MK 检验结果如表 3.3.3 所示。

表 3.3.3 洪水过程多变量 MK 检验结果

水文站	CIT 检验	显著性	CST 检验	显著性
屏山	0.27	—	0.24	—
高场	5.07	—	−1.70	—
李家湾	13.55	√	−3.68	√
北碚	4.17	—	−1.36	—
武隆	0.60	—	−0.09	—
宜昌	3.91	—	−1.42	—

从表 3.3.3 可知，仅有屏山站的洪水过程 CST 检验大于 0，且远小于阈值，表明该水文站洪水过程呈现出非常微弱的增大趋势；高场站、李家湾站、北碚站、武隆站和宜昌站洪水过程的协方差和检验都小于 0，表明呈现出减小趋势，其中仅有李家湾站洪水过程的 CIT 检验和 CST 检验超过阈值，表明呈现出显著减小趋势。对于所有水文站的洪水过程，CIT 检验与 CST 检验的结果均一致。值得一提的是，根据定义可知 CIT 检验的值一定大于 0，使用 CIT 检验仅能判断变化趋势是否显著，无法判断变化趋势是增大或减小，因此，需要结合 CST 检验或单变量趋势分析来判断变化趋势。

2. 长江上游低径流过程及演化规律

1）单变量 Mann-Kendal 趋势分析

1953～2007 年 6 个水文控制站的年最小月平均径流、年最小 3 个月平均径流时间序列如图 3.3.12 所示。从图 3.3.12 可看出，不同水文站的低径流过程变化趋势表现出一定差异，李家湾站最小 3 个月平均径流斜率为负，但过于平缓，呈现出非常微弱的减小趋势，其他水文站呈

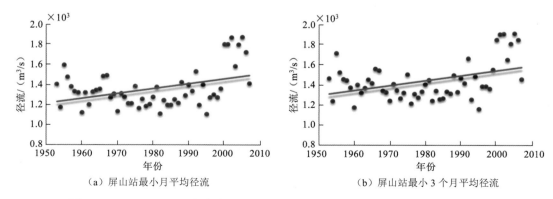

（a）屏山站最小月平均径流　　　　　　　　（b）屏山站最小 3 个月平均径流

图 3.3.12　1953～2007 年各水文站最小月平均径流、最小 3 个月平均径流散点图

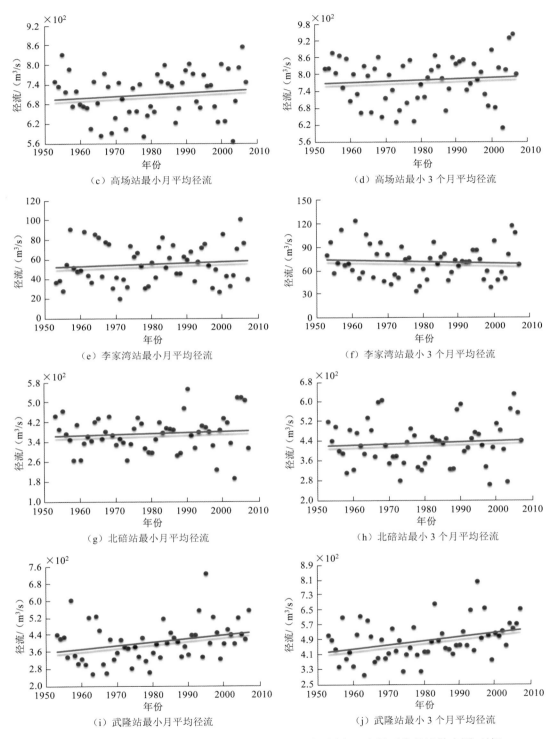

图 3.3.12　1953～2007 年各水文站最小月平均径流、最小 3 个月平均径流散点图（续）

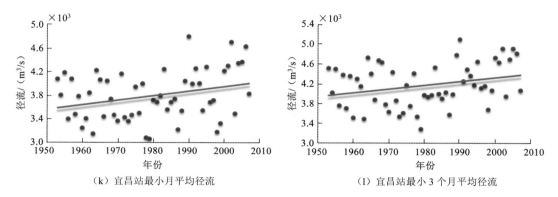

（k）宜昌站最小月平均径流   （l）宜昌站最小 3 个月平均径流

图 3.3.12   1953～2007 年各水文站最小月平均径流、最小 3 个月平均径流散点图（续）

现出不同程度增大趋势，尤其是屏山站、武隆站和宜昌站最小月平均径流、年最小 3 个月平均径流线性趋势线的斜率为正且十分陡峭，表现出比较明显的增大趋势。

最小月平均径流、最小 3 个月平均径流 MK 检验结果如表 3.3.4 所示。

表 3.3.4   低径流过程单变量 MK 检验结果

所属水系	水文站	水文变量	Z 值	显著性
金沙江	屏山	年最小月平均径流	1.70	—
		年最小 3 个月平均径流	1.87	—
岷江	高场	年最小月平均径流	1.01	—
		年最小 3 个月平均径流	0.46	—
沱江	李家湾	年最小月平均径流	0.49	—
		年最小 3 个月平均径流	−0.48	—
嘉陵江	北碚	年最小月平均径流	0.35	—
		年最小 3 个月平均径流	0.41	—
乌江	武隆	年最小月平均径流	2.42	√
		年最小 3 个月平均径流	2.88	√
长江干流	宜昌	年最小月平均径流	1.95	—
		年最小 3 个月平均径流	2.07	√

从表 3.3.4 可知，对于年最小月平均径流，所有水文站的 Z 值都大于 0，表明所有水文站的年最小月平均径流都呈现增大趋势，其中武隆站的 Z 值超过了阈值，表明增大趋势显著。对于年最小 3 个月平均径流，仅有李家湾站的 Z 值小于 0，且远小于阈值，表明李家湾站的年最小 3 个月平均径流呈现出非常微弱的减小趋势；其他水文站 Z 值都大于 0，呈现出增大趋势，其中武隆站和宜昌站的 Z 值超过了阈值，表明增大趋势显著。

对于各水文站，屏山站、高场站、北碚站、武隆站和宜昌站的年最小月平均径流和年最小 3 个月平均径流的 Z 值都大于 0，表明低径流过程呈增大趋势；李家湾站的年最小月平均径流的 Z 值大于 0，表明呈增大趋势，年最小 3 个月平均径流的 Z 值小于 0，表明呈减小趋势，因此单变量趋势分析无法判断李家湾站的低径流过程呈增大或减小趋势。

2）多变量 Mann-Kendal 趋势分析

采用 CIT 检验和 CST 检验方法，低径流过程检验结果如表 3.3.5 所示。

表 3.3.5　低径流过程多变量 MK 检验结果

水文站	CIT 检验	显著性	CST 检验	显著性
屏山	3.77	—	1.79	—
高场	2.01	—	0.75	—
李家湾	2.69	—	0.003	—
北碚	0.17	—	0.38	—
武隆	8.31	√	2.75	√
宜昌	4.31	—	2.05	√

从表 3.3.5 可知，屏山站、高场站、李家湾站和北碚站低径流过程的 CST 检验和 CIT 检验都为正且没有超过阈值，表明呈现出微弱的增大趋势；武隆站低径流过程的 CST 检验和 CIT 检验都为正且均超过阈值，表明呈现出显著的增大趋势；宜昌站低径流过程的 CST 检验超过阈值，而 CIT 检验并未超过阈值，两种方法检验的结果不同，因此需要结合单变量检验结果以综合判断变化趋势。宜昌站的年最小 3 个月平均径流存在显著的增大趋势，年最小月平均径流 Z 值为 1.95，虽然未超过阈值但非常接近。此外，CIT 检验对于小容量样本序列的检验效果较差[23]，因此，可以采纳 CST 检验结果，认为宜昌站的低径流过程呈显著的增大趋势。

3.3.3　长江上游干流主要控制断面气象水文过程

1. 长江上游干流主要控制断面气象水文过程演化趋势

为探究长江上游干流区水文气象因子月变化规律，对研究区域 1970～2012 年月尺度降水、最高气温、平均气温和最低气温，1970～2010 年屏山站、李庄站、朱沱站、寸滩站和宜昌站径流量进行 MK 趋势检验。选取显著性水平 $\alpha=0.05$，假设时间序列变化趋势不显著，当 $|Z|>1.96$ 时，表示通过显著性检验，样本序列变化趋势显著，表中"√"表示通过显著性检验，变化趋势显著，"—"表示不通过显著性检验，变化趋势不显著。

由表 3.3.6～表 3.3.7 可知，长江上游干流区 1970～2012 年年平均降水量呈下降趋势，1 月、3 月、6～8 月月平均降水量呈上升趋势，其余月呈下降趋势，且 5 月、9 月下降趋势显著；1970～2012 年年平均最高气温呈显著性上升趋势，1 月、8 月和 12 月月平均最高气温呈下降趋势，其余月呈上升趋势，其中 10 月上升趋势显著；1970～2012 年年平均气温呈显著性上升趋势，8 月月平均气温呈不显著下降趋势，其余月呈上升趋势，其中 9 月上升趋势显著；1970～2012 年年平均最低气温呈显著性上升趋势，其中 9 月月平均最低气温上升趋势显著，其余月份上升趋势不显著。

表 3.3.6 1970～2012 年长江上游干流区气象因子 MK 检验结果

时间	降水量	显著性	最高气温	显著性	平均气温	显著性	最低气温	显著性
1 月	0.60	—	−0.45	—	0.37	—	0.45	—
2 月	−0.45	—	1.68	—	1.54	—	1.68	—
3 月	0.11	—	1.49	—	1.04	—	1.49	—
4 月	−0.28	—	1.64	—	1.56	—	1.64	—
5 月	−2.46	√	1.35	—	1.52	—	1.35	—
6 月	0.94	—	1.52	—	0.97	—	1.52	—
7 月	0.41	—	1.01	—	0.82	—	1.01	—
8 月	0.75	—	−1.01	—	−0.80	—	0.68	—
9 月	−2.02	√	0.68	—	3.09	√	3.32	√
10 月	−0.18	—	3.32	√	1.10	—	0.18	—
11 月	−0.47	—	0.18	—	1.81	—	1.42	—
12 月	−1.27	—	−0.51	—	0.49	—	0.51	—
全年	−0.70	—	2.88	√	2.73	√	3.63	√

表 3.3.7 1970～2012 年长江上游干流区气象因子统计趋势检验结果

时间	降水量	最高气温	平均气温	最低气温
1 月	↑	↓	↑	↑
2 月	↓	↑	↑	↑
3 月	↑	↑	↑	↑
4 月	↓	↑	↑	↑
5 月	↓	↑	↑	↑
6 月	↑	↑	↑	↑
7 月	↑	↑	↑	↑
8 月	↑	↓	↓	↑
9 月	↓	↑	↑	↑
10 月	↓	↑	↑	↑
11 月	↓	↑	↑	↑
12 月	↓	↓	↑	↑
全年	↓	↑	↑	↑

由表 3.3.8～表 3.3.9 可知，长江上游干流区屏山站 1970～2010 年年平均径流量呈显著性上升趋势，6 月、10 月月平均径流量呈不显著下降趋势，其余月呈上升趋势，1～4 月上升趋势显著；李庄站 1970～2010 年年平均径流量呈显著性上升趋势，10 月、12 月月平均径流量呈不显著下降趋势，其余月呈上升趋势，3 月上升趋势显著；朱沱站 1970～2010 年年平均径流量呈不显著性上升趋势，5 月、10 月月平均径流量呈不显著下降趋势，其余月呈上升趋势，1～3 月

上升趋势显著；寸滩站 1970～2010 年年平均径流量呈不显著性下降趋势，1～4 月、8 月和 12 月月平均径流量呈上升趋势，1～3 月上升趋势显著，其余月呈不显著性下降趋势；宜昌站 1970～2010 年年平均径流量呈不显著性上升趋势，1～4、7～8 和 12 月月平均径流量呈上升趋势，1～3 月上升趋势显著，其余月呈下降趋势，10 月下降趋势显著。

表 3.3.8 1970～2012 年长江上游干流区径流量 MK 检验结果

时间	屏山站	显著性	李庄站	显著性	朱沱站	显著性	寸滩站	显著性	宜昌站	显著性
1 月	4.06	√	0.27	—	3.98	√	3.33	√	3.73	√
2 月	4.04	√	0.99	—	3.10	√	2.70	√	3.50	√
3 月	4.40	√	2.72	√	2.87	√	2.56	√	3.03	√
4 月	2.40	√	1.14	—	0.83	—	0.54	—	0.58	—
5 月	0.56	—	1.64	—	−1.22	—	−1.17	—	−1.37	—
6 月	−0.20	—	1.42	—	0.09	—	−0.50	—	−1.33	—
7 月	0.67	—	1.42	—	0.09	—	−0.09	—	0.31	—
8 月	0.63	—	1.30	—	0.58	—	0.78	—	0.47	—
9 月	1.62	—	1.30	—	0.90	—	−0.25	—	−0.76	—
10 月	−0.16	—	−1.44	—	−0.88	—	−1.84	—	−3.06	√
11 月	0.76	—	0.16	—	0.47	—	−0.83	—	−0.94	—
12 月	0.97	—	−0.83	—	0.81	—	1.48	—	0.56	—
全年	1.99	√	2.63	√	1.03	—	−0.14	—	0.76	—

表 3.3.9 1970～2012 年长江上游干流区径流量统计趋势检验结果

时间	屏山站	李庄站	朱沱站	寸滩站	宜昌站
1 月	↑	↑	↑	↑	↑
2 月	↑	↑	↑	↑	↑
3 月	↑	↑	↑	↑	↑
4 月	↑	↑	↑	↑	↑
5 月	↑	↑	↓	↓	↓
6 月	↓	↑	↑	↓	↓
7 月	↑	↑	↑	↓	↑
8 月	↑	↑	↑	↑	↑
9 月	↑	↑	↑	↓	↓
10 月	↓	↓	↓	↓	↓
11 月	↑	↑	↑	↓	↓
12 月	↑	↓	↑	↑	↑
全年	↑	↑	↑	↓	↑

2. 长江上游干流主要控制断面气象水文过程突变特性

采用累积距平法对长江上游干流区气象要素面平均年降水、年最高气温、年平均气温、最低气温和水文要素（屏山站、李庄站、朱沱站、寸滩站、宜昌站）年平均径流量进行趋势分析和突变检验，给定的显著性水平 $\alpha=0.05$，$|Z|\geq 1.96$ 时对应年份均值发生显著性跳跃，长江上游干流区降水、气温、径流趋势分析和突变检验曲线图如图 3.3.13 所示。长江上游干流区年平均降水波动强度较大，1970～1990 年呈上升趋势，1990～1998 呈下降趋势，1998～2001 年呈上升趋势，2001～2010 年无明显变化趋势，从 2010 年后呈下降趋势，推测未来流域降水呈下降变化趋势，无明显突变点；长江上游干流区年平均最高温度、年平均气温、年平均最低气温演变规律一致，变化趋势为先下降后升高，推测未来流域温度呈上升变化趋势，其突变点分别为 1997 年、1996 年、1998 年，突变年份相近；屏山站、李庄站年平均径流量演变特征和变化趋势相似，1970～1998 年呈下降趋势，从 1998 年后呈显著上升趋势，1998 年为突变年，推测屏山站和李庄站未来径流量呈上升趋势；朱沱站、寸滩站、宜昌站年平均径流量波动强度较大、演变规律一致，朱沱站 1970～1992 年呈上升变化趋势，1992～1999 年呈下降趋势，1999～2006 年呈上升趋势，从 2006 年后呈下降变化趋势，无明显突变点，推测朱沱站未来径流呈下降变化趋势；寸滩站 1970～1994 年呈上升趋势，1994～1998 呈下降趋势，1998～2006 年呈上升趋

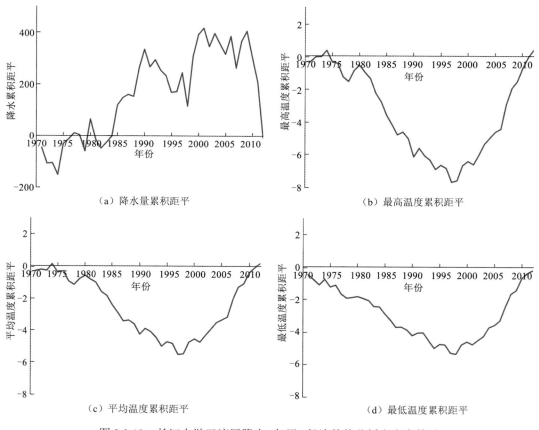

（a）降水量累积距平　　　　　　　　　　　（b）最高温度累积距平

（c）平均温度累积距平　　　　　　　　　　　（d）最低温度累积距平

图 3.3.13　长江上游干流区降水、气温、径流趋势分析和突变检验

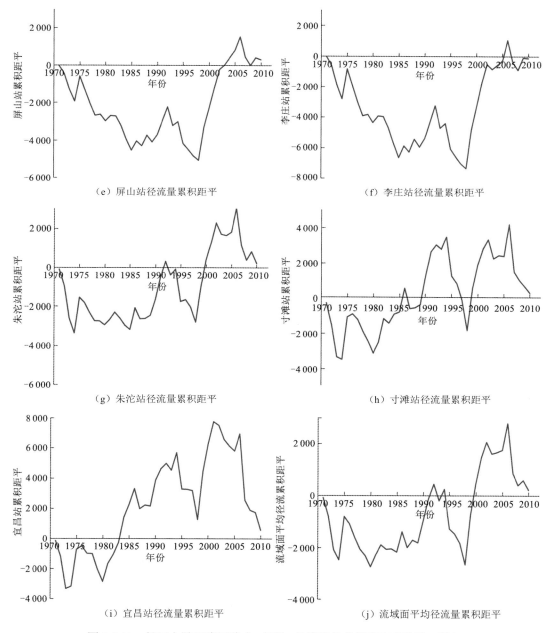

图 3.3.13 长江上游干流区降水、气温、径流趋势分析和突变检验（续）

势，从 2006 年呈下降变化趋势，无明显突变点，推测寸滩站未来径流呈下降变化趋势；宜昌站 1970～1994 年呈上升趋势，1994～1998 呈下降趋势，1998～2001 年呈上升趋势，从 2001 年呈 下降变化趋势，其突变点为 2001 年，推测宜昌站未来径流呈下降变化趋势；流域面平均年径 流量 1970～1993 呈上升趋势，1993～1998 呈下降趋势，1998～2006 呈上升趋势，从 2006 年后呈下降变化趋势，无明显突变点，推测长江上游干流区未来径流呈下降变化趋势。

3. 长江上游干流主要控制断面气象水文过程周期特性

利用 Morlet 小波分析法分析了长江上游干流区径流、降水、最高气温和最低气温的多时间尺度变化特征。小波分析可以提取时间序列局部信息和识别主要频率成分，符合水资源系统演变过程中的波动性、复杂性和随机性。图 3.3.14 展示了 1970～2012 年长江上游干流区降雨序列小波分析图。从小波方差图可知，流域降水演变过程存在三类时间尺度周期变化规律，分别为 22 年、7 年及 36 年。22 年尺度上出现"丰—枯—丰"3 个变化期，1970～1983 年、2000～2010 年为丰水年，1983～2000 年为枯水年，22 年时间尺度对应的峰值最大，说明 22 年前后的周期变化最明显，是流域年降水演变过程的第一主周期。而 7 年时间尺度对应方差值为第二峰值，为降水演变过程的第二周期。而 36 年时间尺度上出现"枯—丰—枯"3 个变化周期，方差值为第三峰值，为降水演变过程的第三周期。

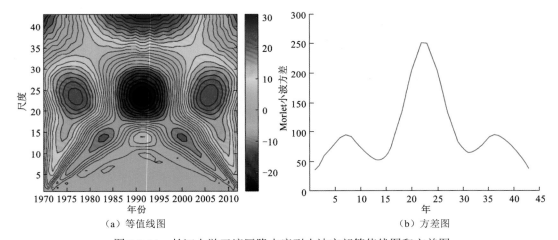

（a）等值线图 （b）方差图

图 3.3.14 长江上游干流区降水序列小波实部等值线图和方差图

图 3.3.15 和图 3.3.16 给出了 1970～2012 年长江上游干流区最高气温和最低气温小波分析结果。由图可知，流域最高气温、最低气温具有 22 年和 7 年的周期变化规律，最高温度

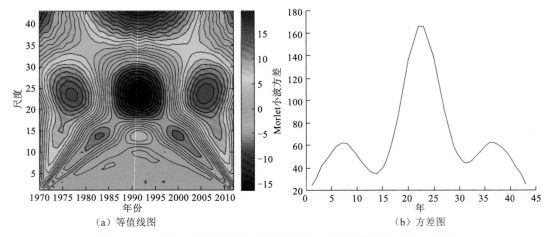

（a）等值线图 （b）方差图

图 3.3.15 长江上游干流区最高温度序列小波实部等值线图和方差图

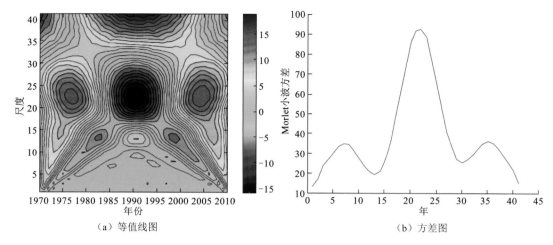

（a）等值线图　　　　　　　　　　　　　（b）方差图

图 3.3.16　长江上游干流区最低温度序列小波实部等值线图和方差图

还存在 36 年的周期变化规律，最低温度存在 35 年的周期变化规律。22 年尺度上出现"高—低—高"3 个变化期，1970~1983 年、2000~2010 年温度较高，1983~2000 年温度较低，22 年时间尺度方差图峰值最大，说明 22 年前后的周期变化最明显，是流域年气温演变过程的第一主周期。在 7 年时间尺度对应方差值为第二峰值，周期变化较弱，是气温变化的第二周期。36 年尺度和 35 年尺度分为最高温度和最低温度变化的第三周期。

　　图 3.3.17~图 3.3.21 显示了 1961~2010 年长江上游干流区径流序列小波分析结果。由图 3.3.17 和图 3.3.18 可知，屏山站、李庄站径流演变过程存在着 22 年、35 年、7 年和 4 年 4 种尺度的周期变化规律。22 年尺度上的"丰—枯—丰"3 个变化时期，1970~1983 年、1998~2010 年为丰水年；1983~1998 年为枯水年，22 年时间尺度所对应的峰值最大，说明 22 年前后周期变化最明显，是屏山站和李庄站径流变化过程的第一主周期。在 35 年尺度下经历了丰—枯两次正负相位交替，其对应方差值为第二峰值，为屏山站和李庄站径流变化过程第二周期。在 35 年尺度下经历了丰—枯两次正负相位交替，其对应方差值为第二峰值，是屏山站和李庄

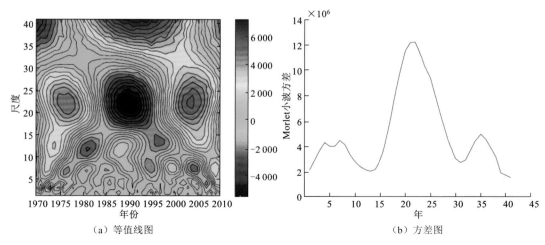

（a）等值线图　　　　　　　　　　　　　（b）方差图

图 3.3.17　屏山站径流量序列小波实部等值线图和方差图

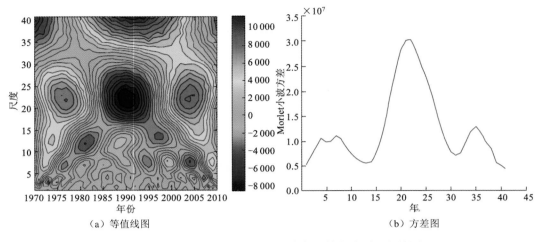

图 3.3.18　李庄站径流量序列小波实部等值线图和方差图

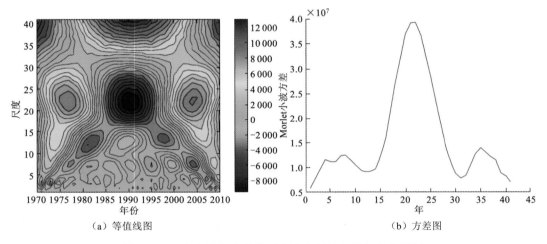

图 3.3.19　朱沱站径流量序列小波实部等值线图和方差图

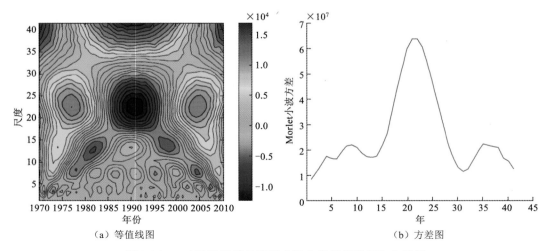

图 3.3.20　寸滩站径流量序列小波实部等值线图和方差图

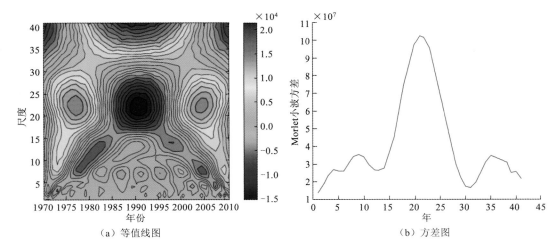

（a）等值线图　　　　　　　　　　　（b）方差图

图 3.3.21　宜昌站径流量序列小波实部等值线图和方差图

站径流变化过程第二周期。在 7 年尺度下经历了丰—枯 4 次正负相位交替，其对应方差值为第三峰值，是屏山站和李庄站径流变化的第三周期。4 年时间尺度下的方差值小，周期波动较弱，是屏山和李庄站径流变化过程的第四周期。

由图 3.3.19 可知，长江上游干流区朱沱站径流演变过程存在着 22 年、35 年、8 年和 4 年 4 种尺度的周期变化规律。22 年尺度上的"丰—枯—丰" 3 个变化期，1970~1983 年、1998~2010 年为丰水年，1983~1998 年为枯水年，22 年时间尺度所对应的峰值最大，说明 22 年前后周期变化最明显，是朱沱站径流变化过程的第一主周期。在 35 年尺度下经历了丰—枯两次正负相位交替，其对应方差值为第二峰值，是朱沱站径流变化过程的第二周期。在 8 年尺度下经历了丰—枯 4 次正负相位交替，其对应方差值为第三峰值，是朱沱站径流变化过程的第三周期。4 年时间尺度方差值小，周期波动较弱，是朱沱站径流变化过程第四周期。

由图 3.3.20~和图 3.3.21 可知，长江上游干流区寸滩站和宜昌站径流演变过程存在着 21 年、35 年、9 年和 4 年 4 种尺度的周期变化规律。21 年尺度上经历了"丰—枯—丰" 3 个变化期，1970~1983 年、1998~2010 年为丰水年，1983~1998 年为枯水年，21 年时间尺度所对应的峰值最大，说明 21 年左右的周期变化最明显，是寸滩站和宜昌站径流变化过程的第一主周期。在 35 年尺度下经历了丰—枯两次正负相位交替，其对应方差值为第二峰值，是寸滩站和宜昌站站径流变化过程第二周期。在 9 年尺度下经历了丰—枯 4 次正负相位交替，其对应方差值为第三峰值，是寸滩站和宜昌站站径流变化的第三周期。4 年时间尺度的方差值小，周期波动较弱，是寸滩站和宜昌站径流变化过程的第四周期。

4. 长江上游径流混沌动力特性

选取长江上游干流攀枝花站、向家坝站和宜昌站 3 个水文站点 1959 年 1 月~2008 年 12 月的月径流作为样本数据（600 个样本数据点）。采用序列相关法中的自相关函数来确定径流时间序列相空间重构系数 τ，采用 G-P 法来确定径流时间序列相空间重构的系数 m。以攀枝花站为例，月径流时间序列的自相关函数变化曲线图、不同嵌入维下 $\ln r_0 \sim \ln C(r_0)$ 曲线图、关联维数 $D(m)$ 与不同嵌入维 m 之间的关系图如图 3.3.22 所示。

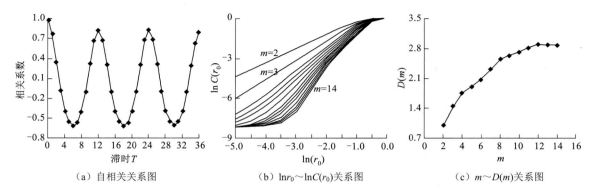

（a）自相关关系图　　　　　（b）$\ln r_0 \sim \ln C(r_0)$关系图　　　　　（c）$m \sim D(m)$关系图

图 3.3.22　攀枝花站月径流时间序列相关系数、$\ln r_0 \sim \ln C(r_0)$ 及 $m \sim D(m)$ 图

由图 3.3.22（a）可知，攀枝花站月径流时间序列自相关系数随 τ 的增大而减小，且当 $\tau=3$ 时，自相关系数图第一次过 0 点，因此攀枝花站径流混沌分析相空间重构系数 τ 值取值为 3。同理，分析长江干流向家坝站和宜昌站的自相关系数图可得，长江干流上向家坝站和宜昌站自相关系数图首次过 0 点的时间延迟均在 3 附近，由此，长江上游 3 个主要站点相空间重构系数 τ 的取值均为 3。在时间延迟确定的基础上，用 G-P 法确定月径流时间序列相空间重构的最佳嵌入维数。从图 3.3.22（b）可以看出，$\ln r_0 \sim \ln C(r_0)$ 曲线图的直线部分随着嵌入维数 m 的增大逐渐趋于平行，图中每条曲线中直线部分的斜率为不同嵌入维数 m 下的关联维数 $D(m)$，由此可以获得如图 3.3.22（c）所示的 $m \sim D(m)$ 关系曲线。从图 3.3.22（c）可以看出，当嵌入维数 $m=12$ 时，$m \sim D(m)$ 曲线平稳，所以攀枝花站月径流时间序列相空间重构的系数 m 取值为 12。同理，如图 3.3.23 所示，当嵌入维数 $m=12$ 时，向家坝站和宜昌站的 $m \sim D(m)$ 趋于平稳，因此，长江上游 3 个主要站点的相空间重构系数 m 取值都为 12。

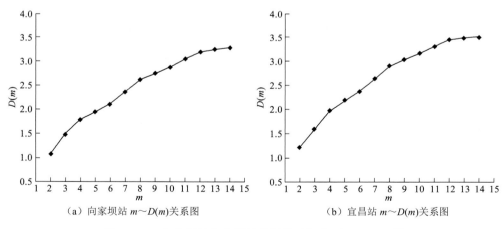

（a）向家坝站 $m \sim D(m)$ 关系图　　　　　（b）宜昌站 $m \sim D(m)$ 关系图

图 3.3.23　向家坝站和宜昌站月径流时间序列 $m \sim D(m)$ 图

进一步，由图 3.3.22（c）和图 3.3.23 可知，当长江干流攀枝花站、向家坝站和宜昌站径流时间序列的 $m \sim D(m)$ 曲线趋于平稳时，饱和关联维 $D(m)$ 取值分别为 2.89、3.19 和 3.46。由此可见，长江上游三站点月径流时间序列系统的关联维数均为正的分数，具有分维特征，表示 3 个月径流时间序列系统均具有混沌特性。从上游攀枝花站点到下游宜昌站点，关联维数从 2.89

增加到 3.46,表明在整个长江上游径流系统中,攀枝花站月径流混沌系统相对简单,向家坝站月径流混沌系统次之,宜昌站月径流混沌系统最为复杂,说明长江干流下游站点径流时间序列在形成的过程中受到的影响因素比上游站点多,混沌特性更复杂,复合实际情况。从定量的角度进一步分析,可以得出,攀枝花站月径流时间序列在形成的过程中受 3 个主要状态变量的影响,而向家坝站和宜昌站受 4 个主要状态变量的影响。

　　长江上游攀枝花站、向家坝站和宜昌站径流时间序列的最大 Lyapunov 指数分别为 0.214、0.300 和 0.335,进一步说明了长江干流三站点水文序列存在混沌特性,且由于上游水库调蓄作用的影响,下游站点混沌特性比上游站点混沌特性稍强。计算三个站点最大 Lyapunov 指数的倒数可得,攀枝花站、向家坝站和宜昌站径流时间序列的可预报时间尺度分别为 5、3 和 3 个月。

参 考 文 献

[1] ALEXANDER L, ALLEN S, BINDOFF N L. Climate change 2013: the physical science basis – summary for policymakers[J]. Intergovernmental panel on climate change, 2013,(9): 1-31.

[2] 秦大河. 气候变化科学与人类可持续发展[J]. 地理科学进展, 2014, 33(7): 874-883.

[3] VÖRÖSMARTY C J. Global change, the water cycle, and our search for Mauna Loa[J]. Hydrological processes, 2010, 16(1): 135-139.

[4] 康世昌, 张拥军, 秦大河, 等. 近期青藏高原长江源区急剧升温的冰芯证据[J]. 科学通报, 2007, 52(4): 457-462.

[5] YI X S, LI G S, YIN Y Y. Temperature variation and abrupt change analysis in the Three-River Headwaters Region during 1961~2010[J]. Journal of geographical sciences, 2012, 22(3): 451-469.

[6] 齐冬梅, 张顺谦, 李跃清. 长江源区气候及水资源变化特征研究进展[J]. 高原山地气象研究, 2013, 33(4): 89-96.

[7] 谢昌卫, 丁永建, 刘时银. 近 50 年来长江黄河源区气候及水文环境变化趋势分析[J]. 生态环境, 2004, 13(4): 520-523.

[8] 王可丽, 程国栋, 丁永建, 等. 黄河、 长江源区降水变化的水汽输送和环流特征[J]. 冰川冻土, 2006, 28(1): 8-14.

[9] 郝振纯, 江微娟, 鞠琴, 等. 青藏高原河源区气候变化特征分析[J]. 冰川冻土, 2010, 6: 1130-1135.

[10] 王冰冰, 荣艳淑, 白路遥. 长江源区和黄河源区降水量变化分析[J]. 水资源保护, 2013(6): 6-12.

[11] 王根绪, 李琪, 程国栋, 等. 40a 来江河源区的气候变化特征及其生态环境效应[J]. 冰川冻土, 2001, 23(4): 346-352.

[12] 裴超重, 钱开铸, 吕京京, 等. 长江源区蒸散量变化规律及其影响因素[J]. 现代地质, 2010, 24(2): 362-368.

[13] 姚檀栋, 姚治君. 青藏高原冰川退缩对河水径流的影响[J]. 2010, 32(1): 4-8.

[14] 曹建廷, 秦大河, 罗勇, 等. 长江源区 1956—2000 年径流量变化分析[J]. 水科学进展, 2007, 18(1): 29-33.

[15] QIAN K Z, WANG X S, LV J J, et al. The wavelet correlative analysis of climatic impacts on runoff in the source region of Yangtze River, in China [J]. International journal of climatology, 2014, 34(6): 2019-2032.

[16] 李林, 戴升, 申红艳, 等. 长江源区地表水资源对气候变化的响应及趋势预测[J]. 地理学报, 2012, 67(7): 941-950.

[17] ZHANG X L, WANG S J, ZHANG J M, et al. Temporal and spatial variability in precipitation trends in the Southeast Tibetan Plateau during 1961~2012 [J]. Climate of the past discussions, 2015, 11(1): 447-487.

[18] 张方伟, 李春龙, 訾丽. 金沙江流域降水特征分析[J]. 人民长江, 2011, 42(6): 94-97.

[19] SHILONG P, PHILIPPE C, YAO H, et al. The impacts of climate change on water resources and agriculture in China[J]. Nature, 2010, 467(7311): 43-51.

[20] 张小峰, 闫昊晨, 岳遥, 等. 近 50 年金沙江各区段年径流量变化及分析[J]. 长江流域资源与环境, 2018, 27: 2283-2292.

[21] 王金凤. 气候变化和人类活动影响下的北大河流域径流变化分析[J]. 干旱区资源与环境, 2019, 33(3): 86-91.

[22] 卢璐, 王琼, 王国庆, 等. 金沙江流域近 60 年气候变化趋势及径流响应关系[J]. 华北水利水电大学学报(自然科学版), 2016, 37: 16-21.

[23] LETTENMAIER D P. Multivariate nonparametric tests for trend in water quality[J]. Journal of the American water resources association, 1988, 24(3): 505-512.

第 4 章

遥相关因子驱动和变化环境下气–海–陆界面过程及径流响应与演化

　　我国降水、径流在时间、空间分配上严重不均，南北差异明显，并且同一地区的不同季节降雨也相差悬殊，水资源分布极度不平衡，形成"南涝北旱"现象，加之气候变化的影响，加剧了水资源时空不均匀性，导致极端旱涝事件频发。因此，深入解析降雨径流的时空格局和演变趋势，研发高精度、长预见期的水文预报模型，探明未来气象水文要素对气候变化的响应规律，对径流的适应性利用和水资源的安全高效配置具有十分重要的现实意义。

　　为此，研究引入全球物理遥相关因子，建立数据驱动的中长期径流预报模型；引入美国气候预报系统（Climate Forecast System，CFS）、FNL 全球分析资料（Final Operational Global Analysis，FNL）、全球再分析资料 ERA 模式全球尺度再分析数据集，开展了流域水文气象要素演化趋势分析，为水文资料短缺地区开展流域气象水文过程的时空分布及演变研究提供新的思路；引入全球气候模式，并考虑未来不同典型浓度路径排放情景，建立流域集总式降雨径流模型以及考虑下垫面空间变化的分布式降雨径流模型，预估了长江上游流域多种气候变化情景下的未来降雨和径流演化情势。

4.1 全球物理遥相关因子辨识

水文情势长期变化受大气环流、太阳活动、下垫面情况、其他物理因素及人类活动的共同影响，径流与大气循环及其他遥相关因子具有滞后相关性。流域径流由降水、融雪和冰川融水补给，降水、气温、蒸发和径流之间存在着高度复杂的非线性关系。同时，研究发现大气环流形势与流域或地区旱涝现象有紧密联系。因此，分析和辨识水文要素时空变化规律和气候之间的关系对气象水文工作具有重大意义。

4.1.1 全球大尺度气、海遥相关因子

遥相关现象是指相距数千千米以外的两地气候要素间存在较高程度的相关性。水文–气象遥相关是指相隔一定距离的气候因子与水文要素之间有较强的相关性。观测事实表明，全球大气环流的变化和异常存在相关性，一个区域的环流异常可以引起距离遥远的另一个区域的环流异常。遥相关因子主要分为以下 4 类。

1. 气象因子

降水、气温、蒸发和径流之间存在着高度复杂的非线性关系。张兰影等[1]选取上月平均降水量、当月平均降水量、当月平均最低气温、当月平均最高气温和当月平均相对湿度 5 个预报因子，建立基于支持向量机的月径流预报模型，并将其应用于石羊河流域八个子流域，获得较好的模拟效果。因此，本小节选取流域平均降水量、平均相对湿度、平均气温和平均气压等作为气象类预报因子。气象数据均来自国家气象中心。

2. 74 项环流因子

河川径流的主要补给来源是大气降水，降水成因主要受大气环流影响。分析研究大气环流对降雨及径流等水文要素的影响机制一直以来都是水文领域的重要研究方向。杨龙等[2]研究了 74 项大气环流因子（如北半球副高面积指数、太平洋副高脊线等）与汉江流域径流相关性，并挑选出太平洋副高北界、太平洋区极涡面积指数等因子作为月径流预报的输入因子，以这 74 个水文–气象特征量和前期径流作为预报因子，采用随机森林模型分别对长江屏山站和寸滩站枯水期逐月径流和总径流进行了预报研究[3]。本节选取与长江上游径流相关性较高的亚洲区极涡面积指数、大西洋东部欧洲环流型、大西洋区极涡强度指数、大西洋欧洲区极涡面积指数、大西洋副高北界、东亚槽强度、南海副高北界、东太平洋副高脊线、太平洋副高脊线、北半球极涡强度指数、北半球极涡面积指数、北半球极涡中心位置、北美区极涡面积指数、太平洋副高北界、西太平洋副高脊线、北半球副高北界、北半球副高脊线、太平洋区极涡面积指数等作为环流预报因子。

3. 东海黑潮海温

黑潮（kuroshio current）是世界海洋中的第二大暖流，起源于菲律宾以东的北赤道流北向

分支，由中国台湾东部进入东海，再沿日本列岛沿岸流向东北，具有高温、高盐和流速高、流量大等特点。研究发现冬季黑潮海温异常增暖有可能导致华南夏季干旱的产生[4]，长江中下游地区的夏季降水与 1 月黑潮通过阻塞高压影响副热带高压和东亚夏季风有关[5]。海温的异常分布是大气环流异常的先兆，具有持续时间长、厚度大、范围广等特点，它往往能影响相关区域未来一段时间的水文情势。我国长江流域的降水受太平洋海温异常影响[6]。黑潮与气候关系密切，对邻近区域尤其是中国大陆有重要影响。研究表明，前期黑潮海面温度对我国夏季降水具有一定影响，有必要选取黑潮海温作为长江上游径流预报的影响因子。

4. 其他遥相关指数

气候遥相关因子对各种气象水文现象的影响具有显著的重复性和滞后性，且影响范围广、时间长。对于中长期径流预报而言，遥相关因子的影响不容忽视，本节引入以下 4 种气候遥相关因子，东亚夏季风指数（East Asia summer monsoon indexes，EASMI）、准两年振荡（quasi-biennial oscillation，QBO）、太平洋十年涛动（Pacific decadal oscillation，PDO）、北大西洋振荡（North Atlantic oscillation，NAO）。

4.1.2　遥相关变量对流域气象水文要素的驱动机制

由于中长期预报预见期较长，可靠的降水、气温等气象资料获取困难，难以形成概化降水到径流形成过程的计算体系，利用基于蒸散发、产汇流过程和水量平衡的流域水文模型进行中长期径流预报存在一定难度，目前普遍采用的方法是根据径流形成的客观规律，分析水文要素自身演变规律或挖掘与径流相关的前期水文气象资料，采用合适的数学方法，构建径流时间序列模型或前期水文气象要素与预报月径流的映射关系，从而对未来较长时期内径流过程进行科学预测[7]。研究发现，我国不同地区降水与赤道印度洋海区以及太平洋不同海区（如黑潮区、赤道东太平洋、西太平洋暖池区）的海温异常存在着年代际相关现象，因而分析相关区域海温是提高中长期水文预报精度的有效途径。

由于气候变化、大气环流、太阳活动等宏观因子资料难以获得并且分析复杂，物理成因分析方法的研究虽然可信度较高，但实施难度较大。因此研究人员转而开始分析记载以来的大量降水、径流等水文资料，试图从前期的径流演变规律推断未来径流变化，为了使此种方法径流预报满足一定精度，除研究径流自演变序列外，前期降水、气温、气压等因素与径流的多元关系也被学者们引入中长期径流预报研究中。此后，通过寻找前期水文要素与径流之间统计规律进行预报，成为了中长期水文预报的重要方法，即为数理统计方法。

此外，伴随流体力学、动力气象学等传统学科以及遥感技术和计算机技术的发展，数值天气预报逐渐成为研究的热点。20 世纪 50 年代美国率先进行数值天气预报研究，欧洲中期数值天气预报中心（European Centre for Medium-Range Weather Forecasts，ECMWF）于 1975 年 11 月 4 日正式成立，1979 年 8 月 1 日开始正式发布中期数值天气预报。自此以后，ECMWF 的数值天气预报水平在世界范围内处于领先位置。与先进国家相比，我国数值天气预报起步较晚，分别于 1990 年、1992 和 1997 年在引进 ECMWF 全球谱模式基础上建立了 T42 半球、T63 全球和 T106 全球预报模式，在 2002 年 3 月实现了并行算法的 T213 模式业务运行。

我国长江流域受亚热带季风气候区及复杂地形影响，降水成因十分复杂，降水时空变异特性很强，洪旱灾害十分频繁。特别是对于长期径流预报，由于缺乏相应预见期的可靠气象预报资料，基于预报降水的中长期径流预报模型构建存在困难，考虑水文情势长期间变化受太阳活动、大气环流、土壤属性、人类活动以及其他天文地球物理因素的共同影响，未来径流与前期径流自相关、径流与大气环流指数、海平面气压、气温等大尺度水文–气象指标间遥相关预报方法，已逐步替代单纯以前期径流序列推测未来径流的传统方法，成为中长期水文预报的发展趋势。

4.1.3 遥相关因子对长江上游流域气象水文要素的气象学效应及辨识

如何从诸多气–海–陆因子中为特定研究区域选取合适的预报因子集，是中长期径流预报的难点之一。水文、气象、气候变量不仅存在线性相关也存在非线性相关。目前常用的输入因子遴选方法分为两大类：一类是基于预报模型的遴选方法，称为包装器法（wrapper）；另一类是不需要借助预报模型的遴选方法，称为过滤器法（filter）[8]。以下主要介绍偏互信息和随机森林两种过滤器方法。

1. 偏互信息方法

互信息（mutual information，MI）表示一个随机变量中包含另一个随机变量的信息量，可用于度量随机变量间的相关关系，包括线性相关关系和非线性相关关系。令 X 和 Y 为两个随机变量，其互信息可定义为

$$\text{MI} = \iint f_{X,Y}(x,y) \ln\left[\frac{f_{X,Y}(x,y)}{f_X(x)f_Y(y)}\right]\mathrm{d}x\mathrm{d}y \tag{4.1.1}$$

式中：$f_X(x)$ 和 $f_Y(y)$ 分别为随机变量 X 和 Y 的边缘概率密度函数；$f_{X,Y}(x,y)$ 为 X、Y 的联合概率密度函数。若 X、Y 相互独立，联合概率密度函数 $f_{X,Y}(x,y)$ 等于边缘概率密度函数 $f_X(x)$ 和 $f_Y(y)$ 的乘积，式（4.1.1）中对数函数内的值恒为 1，MI 值等于 0；相反，随机变量 X 和 Y 的相关性越强，MI 值越大。

MI 方法能够挑选出相关性强的输入变量，但无法处理信息冗余问题。例如，输入变量 X 和预报对象 Y 有很强相关性，那么另一输入变量 Z（等于 $2X$）和预报对象 Y 的相关性同样很强，MI 值很大。若仅根据 MI 值判断，新的变量 Z 也会被选作输入因子，实际上 Z 是冗余变量，Z 所包含的全部信息都存在于已被选作输入变量 X 中。为此，Sharma[9]在 MI 方法的基础上，引入偏互信息（partial mutual information，PMI）的概念。针对输入因子选择而言，偏互信息度量了在剔除已选输入变量相关性的情况下，新备选输入变量与预报对象之间的附加相关性。PMI 的定义为

$$\text{PMI} = \iint f_{X',Y'}(x',y') \ln\left[\frac{f_{X',Y'}(x',y')}{f_{X'}(x')f_{Y'}(y')}\right]\mathrm{d}x'\mathrm{d}y' \tag{4.1.2}$$

$$x' = x - E[x|z], \quad y' = y - E[y|z] \tag{4.1.3}$$

式中：E 为期望值；x 为备选输入变量；y 为预报对象；z 为已选入的预报变量集合；x' 为排除 z

影响 x 的残差；y' 为排除 z 影响 y 的残差。条件期望可采用广义回归神经网络（general regression neural network，GRNN）模型进行计算。

给定 N 个离散样本，偏互信息可采用如下离散形式计算

$$\text{PMI} = \frac{1}{N} \sum_{j=1}^{N} \ln \frac{f_{x',y'}(x_i', y_i')}{f_{x'}(x_i') f_{y'}(y_i')} \tag{4.1.4}$$

从式（4.1.4）可得，偏互信息的计算关键在于估计样本边缘概率密度函数及联合概率密度函数。核密度法是一种精度高的非参数概率密度估计方法，已在互信息计算中广泛应用。常采用高斯函数作为核函数估计样本概率密度函数为

$$\hat{f}_X(x_i) = \frac{1}{N} \sum_{j=1}^{N} \frac{1}{(2\pi)^{d/2} \lambda^d \det(\boldsymbol{S})^{1/2}} \exp\left[-\frac{(x_i - x_j)^{\mathrm{T}} S^{-1} (x_i - x_j)}{2\lambda^2} \right] \tag{4.1.5}$$

式中：$\hat{f}_X(x_i)$ 为变量 X 在 x_i 处的密度函数函数估计值；d 为变量 X 的维数；$\boldsymbol{S}$ 为变量 X 的协方差矩阵；$\det(\boldsymbol{S})$ 为 $\boldsymbol{S}$ 的行列式；λ 为核密度估计的窗口宽度（bandwidth），λ 可取为

$$\lambda = \left(\frac{4}{d+2} \right)^{1/(d+4)} N^{[-1/(d+4)]} \tag{4.1.6}$$

2. 基于随机森林的降维算法

随机森林（random forests，RF）算法最早由 Brieman 等学者于 2001 年提出，是一种强大的高维数据特征挖掘和机器学习工具，适用于解决小样本、高维度特征数据分类和回归问题。RF 具有分析复杂相互作用分类特征的能力，对于存在噪声和缺失值的观测数据具有很好鲁棒性，并且学习速度快。此外，它可给出各个输入特征变量的重要性评分，因此可作为高维特征数据的降维工具。近年来，RF 已广泛用于解决各种特征分类、时间序列预测、特征提取及异常点检测问题[10-11]。

RF 利用随机重采样自助（Bootstrap）法有放回地从原始训练样本中随机抽取构建多个新的训练样本集，利用节点随机分裂技术从每个样本集中随机选取部分输入变量，并通过分支优度准则确定最佳分裂点，由各回归树构建鲁棒性强的集成模型[12-13]。

设待预报径流序列的训练集为含有 n 个观测样本，m 维输入因子，第 i 个子集未包含的观测样本构成袋外数据（out of bag，OOB）记为 OOB^i；基于随机森林的高维特征变量降维算法的流程如下。

利用 Bootstrap 法有放回地从原始训练数据集中随机重复抽取 b 个子样本集，每个子样本集中包含与原始训练样本相同的样本数即 n 个样本，由此可构建 b 棵回归树；每次随机抽样时，未被抽中的观测样本构成袋外数据记第 i 次抽样得到的袋外数据为 OOB^i；在建立第 b_i 棵回归树时，利用节点随机分裂技术从 m 维输入特征变量中随机选取 mtry 个输入变量组成该棵回归树的特征空间。对于回归问题，分支优度准则通常可采用方差最小准则，即

$$V = \min_{j} \frac{\sum (X_j - \bar{X}_j)^2}{n} \tag{4.1.7}$$

式中：V 为本次最优分裂变量；X_j 为第 j 个输入变量的样本值；$\bar{X}_j$ 为第 j 个输入变量的样本均值。

每棵回归树均采用无剪枝策略从根节点自上而下递归分支，设置叶节点最小尺寸为回归树停止生长的判别条件。当 b 棵回归树均完成生长后，即可构建完整的 RF 回归模型。最后通过袋外数据预测准确度评价模型的预测性能。

RF 模型以特征变量重要性评分衡量各个输入特征变量对径流的影响程度，常用的两种特征变量重要性度量方式为基尼（Gini）指数和袋外数据误差率[14-15]。本节采用基于袋外数据误差率的变量重要性度量。首先利用袋外数据作为测试集对所有回归树性能进行测试，得到对应的均方差，记为 $\{MSE_i, i=1,2,\cdots,b\}$；其次，对袋外数据集每个特征变量 X_i 加入噪声扰动，生成新的袋外数据，随后利用新的数据集重新对所有回归树进行测试，得到随机扰动后的均方差矩阵

$$\begin{bmatrix} MSE_{11} & MSE_{12} & \cdots & MSE_{1b} \\ MSE_{21} & MSE_{22} & \cdots & MSE_{2b} \\ \vdots & \vdots & & \vdots \\ MSE_{m1} & MSE_{m2} & \cdots & MSE_{mb} \end{bmatrix} \tag{4.1.8}$$

由此可得第 k 个输入特征变量重要性评分（variable importance measure，VIM）计算公式为

$$VIM_k = \frac{\dfrac{1}{b}\sum_{i=1}^{b}(MSE_j - MSE_{kj})}{SE} \tag{4.1.9}$$

式中：SE 为 b 棵回归树标准误差。

RF 模型包含两个重要参数，分别为回归树节点划分待选变量数 mtry 和子预报模型数量 b。其中 mtry 越大，表示子预测模型越相似；b 越大表示 RF 模型过拟合效应越不明显。研究表明通常 mtry 取值应较大，mtry 取值应该接近解释变量总数的 1/3[16]。

4.2 遥相关气候因子驱动的长江上游中长期径流预报

准确可靠的径流预报是流域水资源合理分配及可持续利用的重要依据，可为流域水旱自然灾害防治提供关键决策依据。但流域水文情势演变规律受天气系统、下垫面系统与海洋系统综合作用，成因异常复杂，导致径流过程呈现出高维非线性、非平稳、丰枯交替、时空分布不均等动力学特性。相关研究发现流域降水、径流与大气环流形势[17]、季风指数[18]和不同区域海温异常[19]等遥相关气候因子有着密切联系。近年来流域中长期径流预报的输入因子已从仅考虑前期降水和径流，发展到现在包括海面温度、大气环流因子等多种遥相关气候因子。相比传统基于径流自相关关系的中长期径流预报，遥相关气候因子的引入为中长期径流预报提供了一定气象学基础，能够有效提高预报精度。然而，如何从诸多气–海–陆因子中选取合适的预报因子集，仍然是中长期径流预报的难点之一。此外，在已有的中长期径流预报方法中，大尺度气候因子驱动的中长期径流预报模型大部分只关注了预报结果精度的高低，而忽略了其不确定性。为此，本节引入遥相关因子，从预报因子筛选、径流点预报、径流区间预报和径流概率预报等方面展开数据驱动的中长期径流预报模型研究，以为长江上游流域水资源可持续利用、长江经济带绿色发展乃至我国社会经济可持续发展提供理论以及数据支撑。

4.2.1　长江上游遥相关气候因子偏互信息驱动的中长期径流预报

输入因子的选择是中长期径流预报的重要研究内容之一,极大地影响着径流预报的精度。若能准确找到与径流变化相关的影响因子,并依据这些影响因子进行水文建模和预报,则能够得到较精准的预报结果。互信息以信息熵理论为基础,能够度量输入变量与预报对象间的线性和非线性相关关系。水文、气象变量中广泛存在的非线性相关关系,使得互信息方法相较于传统线性相关系数法在径流预报输入因子选择中,有着较强的理论优势。在互信息方法的基础上,近年来有学者提出了偏互信息方法[8],它能够剔除已选入输入因子对预报对象相关性的影响,计算当一个新的变量加入时,输入集合对预报对象相关性的增量,与互信息方法相比,偏互信息方法的优势在于有效避免了冗余变量的入选。已有研究表明,偏互信息方法是一种高效的输入变量选择方法[20]。

为此,本小节研究偏互信息输入因子选择方法,从前期实测降水、径流和遥相关气候因子中选择合适的输入,建立金沙江流域数据驱动的中长期径流预报模型,实现流域中长期径流高精度预报。

1. 遥相关气候因子初选

受海陆水循环影响,流域径流过程与大气环流指数、海面温度等气候因子存在遥相关关系[3]。通过合适的数学方法筛选出与流域径流相关性高的遥相关气候因子,并利用选取出的气候因子建立流域径流与遥相关气候因子之间的数据驱动模型,是提高流域中长期径流预报精度的有效方法。

研究首先挑选常用且可能适用于金沙江流域的遥相关气候因子,作为中长期径流预报模型的备选输入变量,进而通过偏互信息方法从中选择最适合的输入因子集合。备选的遥相关气候因子如表 4.2.1 所示。

表 4.2.1　遥相关气候因子的名称及定义

序号	名称	定义与解释
1	AMO	北大西洋多年代际振荡
2	AO	北极涛动
3	EA	东大西洋模式
4	EA/WR	东大西洋/西俄罗斯模式
5	MEI	厄尔尼诺–南方涛动指数
6	NAO	北大西洋振荡
7	NINO1+2	太平洋[90°W～80°W, 0°～10°S]区域平均海平面温度
8	NINO3	太平洋[150°W～90°W, 5°N～5°S]区域平均海平面温度
9	NINO4	太平洋[160°W～150°W, 5°N～5°S]区域平均海平面温度
10	PDO	太平洋环流十年振荡
11	PNA	极地/欧亚大陆模式

序号	名称	定义与解释
12	QBO	热带平流层的风和温度的准两年周期振荡
13	TSA	热带南大西洋指数
14	WP	西太平洋指数

2. 数据驱动模型

本小节以人工神经网络、支持向量机等多种常用数据驱动模型用于建立金沙江流域中长期径流预报模型,以验证加入遥相关气候因子对中长期径流预报精度提升的效果。

1)人工神经网络模型

到目前为止,已有大量人工神经网络模型相继提出,其中包括反向传播(back propagation,BP)神经网络[21]、自组织映射(self-organizing map,SOM)神经网络[22]、Hopfield 神经网络[23]、径向基函数(radial basis function,RBF)神经网络[24]、广义回归神经网络(general regression neural network,GRNN)[25]和 Elman 神经网络[26]等神经网络模型。Lekkas 等[27]指出每次应用神经网络模型时,都应选取多种不同神经网络模型以实现最优的效果,而不仅仅是任意选取一种预先设定的神经网络模型。BP 神经网络模型是在水文预报研究领域应用最为广泛且被认为是预报效果较好的神经网络模型。同时,由于 GRNN 神经网络模型在输入输出变量之间较强的非线性拟合能力、固定的神经网络结构以及较快的训练速度,Bowden 等[28]也推荐 GRNN 神经网络模型用于水文预报研究。因此,研究选择 BP 神经网络模型和 GRNN 神经网络模型用于中长期径流预报。

(1)BP 神经网络模型。

BP 神经网络模型是由 Rumelhart 和 McCelland 于 1986 年提出的基于误差逆传播算法训练的多层前馈网络。网络模型拓扑结构包括输入层、隐含层和输出层,每层由一个至多个并行运算的神经元组成,网络的层与层之间的神经元采用全连接方式互连,同层神经元之间无相互连接。在实际应用中,BP 神经网络常采用三层结构,如图 4.2.1 所示。

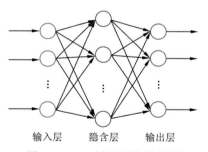

图 4.2.1 BP 神经网络结构图

假定 BP 神经网络输入层有 n 个神经元,隐含层有 q 个神经元,输出层有 m 个神经元,训练样本个数为 P,输入向量为 $\boldsymbol{X}=(x_1,x_2,\cdots,x_n)$,隐含层输出向量为 $\boldsymbol{H}=(h_1,h_2,\cdots,h_q)$,输出层输出向量为 $\boldsymbol{Y}=(y_1,y_2,\cdots,y_m)$,期望输出向量为 $\boldsymbol{D}=(d_1,d_2,\cdots,d_m)$,输入层与隐含层的连接权重 w_{ik},隐含层与输出层的连接权重为 w_{kj},BP 神经网络选择常用的 Sigmoid 函数作为传递函数。可定义神经网络的全局总误差函数 E 为

$$E=\sum_{p=1}^{P}E_p=\frac{1}{2}\sum_{p=1}^{P}\sum_{j=1}^{m}(d_{pj}-y_{pj})^2 \tag{4.2.1}$$

BP 神经网络计算步骤如下。

步骤 1:计算隐含层各神经元的输出为

$$h_{pk} = f(\mathrm{net}_{pk}) = f\left(\sum_{i=1}^{n} w_{ik} x_{pi}\right), \quad k = 1, \cdots, q \tag{4.2.2}$$

步骤 2：计算输出层各神经元的输出为

$$y_{pj} = f(\mathrm{net}_{pj}) = f\left(\sum_{k=1}^{q} w_{kj} h_{pk}\right), \quad j = 1, \cdots, m \tag{4.2.3}$$

步骤 3：调整隐含层与输出层的连接权重 w_{kj}

$$\Delta w_{kj} = -\eta \frac{\partial E}{\partial w_{kj}} = \eta \sum_{p=1}^{P} \left(-\frac{\partial E_p}{\partial w_{kj}}\right) = \eta \sum_{p=1}^{P} \left(-\frac{\partial E_p}{\partial \mathrm{net}_{pj}} \frac{\partial \mathrm{net}_{pj}}{\partial w_{kj}}\right) \tag{4.2.4}$$

若定义

$$
\begin{aligned}
\delta_{pj} &= -\frac{\partial E_p}{\partial \mathrm{net}_{pj}} = -\frac{\partial E_p}{\partial y_{pj}} \frac{\partial y_{pj}}{\partial \mathrm{net}_{pj}} \\
&= \frac{\partial}{\partial y_{pj}} \left[\frac{1}{2} \sum_{j=1}^{m} (d_{pj} - y_{pj})^2\right] \frac{\partial y_{pj}}{\partial \mathrm{net}_{pj}} \\
&= (d_{pj} - y_{pj}) \frac{\partial y_{pj}}{\partial \mathrm{net}_{pj}} \\
&= (d_{pj} - y_{pj}) f'(\mathrm{net}_{pj})
\end{aligned}
\tag{4.2.5}
$$

那么隐含层与输出层的权值按照下式进行调整

$$\Delta w_{kj} = \eta \sum_{p=1}^{P} \left(-\frac{\partial E_p}{\partial \mathrm{net}_{pj}} \frac{\partial \mathrm{net}_{pj}}{\partial w_{kj}}\right) = \eta \sum_{p=1}^{P} \left(\delta_{pj} \frac{\partial \mathrm{net}_{pj}}{\partial w_{kj}}\right) = \eta \sum_{p=1}^{P} \left(\delta_{pj} \cdot h_{pk}\right) \tag{4.2.6}$$

步骤 4：调整输入层与隐含层的连接权重 w_{ik}

$$\Delta w_{kj} = -\eta \frac{\partial E_p}{\partial w_{ik}} = \eta \sum_{p=1}^{P} \left(-\frac{\partial E_p}{\partial w_{ik}}\right) = \eta \sum_{p=1}^{P} \left(-\frac{\partial E_p}{\partial \mathrm{net}_{pk}} \frac{\partial \mathrm{net}_{pk}}{\partial w_{ik}}\right) \tag{4.2.7}$$

若记

$$
\begin{aligned}
\delta_{pk} &= -\frac{\partial E_p}{\partial \mathrm{net}_{pk}} = -\frac{\partial E_p}{\partial z_{pk}} \frac{\partial z_{pk}}{\partial \mathrm{net}_{pk}} \\
&= -\frac{\partial E_p}{\partial y_{pj}} \frac{\partial y_{pj}}{\partial \mathrm{net}_{pj}} \frac{\partial \mathrm{net}_{pk}}{\partial z_{pk}} \frac{\partial z_{pk}}{\partial \mathrm{net}_{pk}} \\
&= \left(\sum_{j=1}^{m} \delta_{pk} w_{kj}\right) f'(\mathrm{net}_{pk})
\end{aligned}
\tag{4.2.8}
$$

那么输入层与隐含层的权值调整公式为则为

$$\Delta w_{ik} = \eta \sum_{p=1}^{P} \left(-\frac{\partial E_p}{\partial \mathrm{net}_{pk}} \frac{\partial \mathrm{net}_{pk}}{\partial w_{ik}}\right) = \eta \sum_{p=1}^{P} \left(\delta_{pk} \cdot x_{pi}\right) = \eta \sum_{p=1}^{P} \left(\sum_{j=1}^{m} \delta_{pk} w_{kj}\right) f'(\mathrm{net}_{pk}) x_{pi} \tag{4.2.9}$$

步骤 5：按式（4.2.1）计算全局总误差，当误差达到计算停止条件时计算结束。否则，返回步骤 1。

（2）GRNN 神经网络模型。

GRNN 神经网络模型是 The Lockheed Palo Alto 研究实验室的 Donald F. Specht 博士在 1991 年提出的一种基于非线性回归理论的神经网络模型，属于 RBF 神经网络的一种变形形式。GRNN 神经网络模型具有很强的柔性网络结构和非线性映射能力,同时还具有高度的鲁棒性和容错性,使得 GRNN 神经网络模型非常适用于解决非线性问题。

假定随机变量 x 和 y 的联合概率密度函数为 $f(x,y)$,当 x 的观测值为 x_0 时,y 对 x 的条件期望为

$$E(y|x_0) = \frac{\int_{-\infty}^{+\infty} y f(x_0, y)\mathrm{d}y}{\int_{-\infty}^{+\infty} f(x_0, y)\mathrm{d}y} \tag{4.2.10}$$

应用 Parzen 非参数估计,由 n 个样本数据集 $\{x_i, y_i\}_{i=1}^n$ 按照下式对 (x_0, y) 进行非参数估计

$$\hat{f}(x_0, y) = \frac{1}{n(2\pi)^{(p+1)/2}\sigma^{p+1}} \sum_{i=1}^{n} \exp\left[-\sum_{j=1}^{p}(x_{0j}-x_{ij})^2/2\sigma^2\right]\exp\left[-\sum_{j=1}^{p}(y-y_i)^2/2\sigma^2\right] \tag{4.2.11}$$

式中:n 为样本容量;p 为随机变量 x 的维数;σ 为高斯函数的宽度系数,此处称为光滑因子。

将式(4.2.11)代入式(4.2.10),并交换积分与求和顺序,得

$$\hat{y}(x_0) = \frac{\sum_{i=1}^{n}\left\{\exp\left[-\sum_{j=1}^{p}(x_{0j}-x_{ij})^2/2\sigma^2\right]\int_{-\infty}^{+\infty} y\exp\left[-(y-y_i)^2/2\sigma^2\right]\mathrm{d}y\right\}}{\sum_{i=1}^{n}\left\{\exp\left[-\sum_{j=1}^{p}(x_{0j}-x_{ij})^2/2\sigma^2\right]\int_{-\infty}^{+\infty}\exp\left[-(y-y_i)^2/2\sigma^2\right]\mathrm{d}y\right\}} \tag{4.2.12}$$

由于 $\int_{-\infty}^{+\infty} x\,\mathrm{e}^{-x^2}\mathrm{d}x = 0$,化简上式可得

$$\hat{y}(x_0) = \frac{\sum_{i=1}^{n} y_i \exp\left[-\sum_{j=1}^{p}(x_{0j}-x_{ij})^2/2\sigma^2\right]}{\sum_{i=1}^{n} \exp\left[-\sum_{j=1}^{p}(x_{0j}-x_{ij})^2/2\sigma^2\right]} \tag{4.2.13}$$

显然,条件期望的估计值 $\hat{y}(x_0)$ 为所有观测值 y_i 的加权平均,各观测值的权重因子为 $\exp\left[-\sum_{j=1}^{p}(x_{0j}-x_{ij})^2/2\sigma^2\right]$。

GRNN 神经网络模型拓扑结构包括输入层、模式层、求和层和输出层,如图 4.2.2 所示。

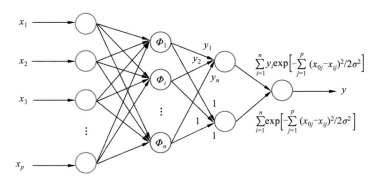

图 4.2.2　GRNN 神经网络结构图

输入层:神经元个数等于输入向量的维数,传递函数是简单的线性函数,直接将输入变量

传递到隐含层中。

模式层：神经元个数等于训练样本的个数，每个神经元都对应一个不同的训练样本，传递函数采用高斯函数。

求和层：使用两类神经元加和，第一种神经元对模式层的神经元输出进行算术求和，模式层神经元与该神经元连接权重为 1，称为分母神经元；第二种神经元则计算模式层神经元的加权和，权重为各训练样本的期望输出值 y_i，称为分子神经元。

输出层：将求和层的分子神经元与分母神经元的输出相除，即得到了 y 的估算值。

2）支持向量机模型

20 世纪 90 年代 Vapnik 在统计学习理论的基础上，采用结构风险最小化评价准则建立了支持向量机（support vector machine，SVM）模型，其以最小结构风险替代了最小经验风险，避免了过份依赖样本的质量和数量，提高了模型的泛化推广能力。支持向量机模型实质上是一个二次型寻优问题求解模型，较好地解决了神经网络方法中可能出现的局部极值问题[29]。

给定训练样本数据集 $\{X_i, y_i\}_{i=1}^n$，其中 $X_i \in R^n$ 是输入向量，$y_i \in R$ 是相应输出。支持向量机的目标是估计出这样一个回归函数：

$$y_i = W^T \cdot X_i + b \qquad (4.2.14)$$

式中：W 为空间超平面；b 为预报偏置量。

不敏感损失函数 L_ε 定义的容忍误差为

$$L_\varepsilon = \begin{cases} 0, & \left| y_i - (W^T \cdot X_i + b) \right| \leqslant \varepsilon \\ \left| y_i - (W^T \cdot X_i + b) \right| - \varepsilon, & \left| y_i - (W^T \cdot X_i + b) \right| > \varepsilon \end{cases} \qquad (4.2.15)$$

式中：ε 为不灵敏参数，用来反映模型对误差的容忍度。支持向量机回归原理如图 4.2.3 所示，当误差小于等于 ε 时，误差损失为 0，否则误差损失为 $\left| y_i - (W^T \cdot X_i + b) \right| - \varepsilon$。

根据结构化风险最小化评价准则，支持向量机的目标可以描述成如下的优化问题：

$$\begin{cases} \min & \dfrac{1}{2}\|W\| + C\sum_{i=1}^{N}(\xi + \xi^*) \\ \text{s.t.} & \xi_i \geqslant 0, \quad \xi_i^* \geqslant 0 \\ & y_i - (W^T \cdot X_i + b) \leqslant \varepsilon + \xi_i \\ & (W^T \cdot X_i + b) - y_i \leqslant \varepsilon + \xi_i^* \\ & i = 1, 2, \cdots, n \end{cases} \qquad (4.2.16)$$

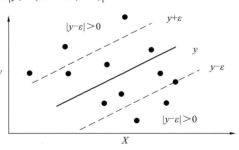

图 4.2.3　支持向量机回归原理示意

式中：ξ_i 和 ξ_i^* 为用来度量误差偏离 ε 距离的松弛变量；$\dfrac{1}{2}\|W\|^2$ 和 $C\sum_{i=1}^{N}(\xi_i + \xi_i^*)$ 分别为泛化能力和经验风险[30]。

为有效求解上述优化问题，通过引入一对拉格朗日乘子 α_i 和 α_i^*，将优化问题表述为如下对偶问题：

$$\max \quad L_d = \sum_{i=1}^{N}(\alpha_i^* - \alpha_i)y_i - \varepsilon\sum_{i=1}^{N}(\alpha_i^* + \alpha_i) - \frac{1}{2}\sum_{i,j=1}^{N}(\alpha_i^* - \alpha_i)(\alpha_j^* - \alpha_j)X_i^T \cdot X_j \qquad (4.2.17)$$

$$\text{s.t.} \quad \sum_{i=1}^{N}(\alpha_i^* - \alpha_i) = 0$$
$$0 \leqslant \alpha_i \leqslant C$$
$$0 \leqslant \alpha_i^* \leqslant C$$
$$i = 1, 2, \cdots, n$$

通过求解上述对偶问题，即可得到回归函数。然而这种方法不适合非线性问题，特别是高度复杂、非线性的径流序列，因此有必要考虑通过适当的非线性映射使低维空间的非线性关系在高维空间中呈线性关系。但是，在向特征空间映射时，可能会使维数急剧增长，导致无法直接在特征空间中进行回归计算。在支持向量回归建模中，通过将核函数取代点乘，利用核函数将低维数据投影到高维线性空间，能够解决复杂、非线性问题，同时不增加原优化问题的计算复杂度。引入核函数后，最终的回归函数为

$$f(x) = \sum_{i=1}^{N}(\alpha_i^* - \alpha_i)K(\boldsymbol{X}, \boldsymbol{X}_i) + b \tag{4.2.18}$$

式中：$K(\boldsymbol{X}, \boldsymbol{X}_i)$ 为核函数。

由式（4.2.18）可知，支持向量机的回归函数中仅仅包含了支持向量的求和运算与内积运算，因此回归函数的计算复杂程度完全取决于支持向量的个数。

3. 金沙江流域中长期径流预报

1）研究区域及数据

研究数据包括金沙江流域及周边地区 32 个气象站 1962 年 1 月~2013 年 12 月的实测月降水；向家坝电站 1962 年 1 月~2013 年 12 月的实测月平均径流；表 4.2.1 挑选了 14 种遥相关气候因子。金沙江流域及气象观测站分布如图 4.2.4 所示。

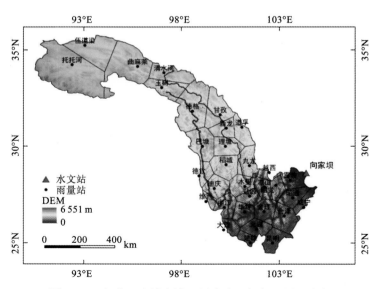

图 4.2.4　金沙江流域流域及周边地区气象观测站分布

将向家坝入库月平均径流、金沙江流域面平均降水、14 个遥相关气候因子等 16 个变量前期 12 个月的实测值，即 $x_{t-12}, x_{t-11}, \cdots, x_{t-1}$，作为备选输入变量，向家坝入库月平均时刻的径流作为预报对象。金沙江流域面平均降水量采用泰森多边形加权平均法计算，权重如表 4.2.2 所示。

表 4.2.2　金沙江流域各气象站雨量权重系数

雨量站	权重	雨量站	权重	雨量站	权重
伍道梁	0.06	稻城	0.03	昭通	0.02
托托河	0.15	德钦	0.02	丽江	0.02
曲麻莱	0.08	木里	0.03	华坪	
玉树	0.03	九龙	0.03	会理	0.03
清水河	0.03	越西	0.01	会泽	0.03
德格	0.08	昭觉	0.02	威宁	0.01
甘孜	0.04	雷波	0.02	大理	
道孚	0.02	迪庆	0.03	元谋	
巴塘	0.04	维西	0.01	楚雄	0.01
新龙	0.02	盐源		昆明	0.02
理塘	0.03	凉山	0.02		

2）中长期径流预报输入变量选择

研究采用两阶段法[31]选择预报输入变量。第一阶段，对每个备选输入变量，采用偏互信息法从前期 12 个滞时中选择与向家坝入库月平均径流相关性显著的输入变量，此阶段用来确定备选输入变量的显著相关滞时，称为两变量阶段。由于输入变量个数较多，不展示每个变量选择过程，仅列出第一阶段挑选结果，如表 4.2.3 所示。

表 4.2.3　偏互信息方法第一阶段输入变量挑选结果

输入因子	滞时	输入因子	滞时
月平均径流	$t-12$, $t-1$, $t-11$	NINO3	$t-4$
面平均降水	$t-12$, $t-1$	NINO4	$t-4$
QBO	$t-6$	MEI	$t-1$
NAO	$t-1$	EA	$t-6$
PDO	$t-10$	WP	$t-11$
AMO	$t-9$	PNA	$t-5$
AO	$t-7$	EA/WR	$t-4$
NINO1+2	$t-5$	TSA	$t-2$

在此阶段，原有的 192 个待选输入变量（16×12）减少到 19 个。前期月平均径流和面平均降雨对向家坝电站入库月平均径流的影响较大，分别有 3 个和 2 个输入变量入选，且入选的变量包括时间上邻近的 $t-1$ 滞时和时间上相隔 1 年左右的 $t-11$、$t-12$ 等滞时，这两类不同滞时

被选取是由于水文序列所固有的连续性以及周期性。气候因子对向家坝电站入库月平均径流的影响较小，所有气候因子都只选出了一个输入变量，且不同气候因子间，挑选出的滞时差别很大，从 1 个滞时到 11 个滞时不等。

第二阶段称为多变量阶段，运用偏互信息方法，从第一阶段选择的输入变量集合中筛选最终输入变量，具体计算结果如表 4.2.4 和表 4.2.5 所示。在这个阶段，19 个输入变量最终减少到 8 个。在第一阶段选出前期面平均降水和月平均径流的 5 个输入变量全部保留到最终输入变量，包括向家坝入库月平均径流的 $t-12$、$t-1$、$t-11$，面平均降水的 $t-12$、$t-1$；而气候因子由原来的 14 个输入变量减少到 3 个，分别是 AO 的 $t-7$，QBO 的 $t-4$，NINO1+2 的 $t-5$。

表 4.2.4　偏互信息方法第二阶段输入变量挑选结果

输入因子	滞时	输入因子	滞时
月平均径流	$t-12$, $t-1$, $t-11$	AO	$t-7$
面平均降水	$t-12$, $t-1$	NINO1+2	$t-5$
QBO	$t-6$		

表 4.2.5　偏互信息方法第二阶段输入变量挑选过程

潜在输入变量	第一次迭代		第二次迭代		第三次迭代		第四次迭代		第五次迭代	
	MI	Z 值	PMI	Z 值	PMI	Z 值	PMI	Z 值	PMI	Z 值
径流 $t-12$	0.96	19.25	**0.26**	**9.32**	—	—	—	—	—	—
径流 $t-1$	0.58	11.27	0.18	5.90	**0.21**	**12.46**	—	—	—	—
径流 $t-11$	0.49	9.21	0.16	4.63	0.12	5.74	**0.17**	**11.55**	—	—
降雨 $t-12$	0.48	9.04	0.14	3.94	0.11	4.53	0.12	6.56	0.08	3.43
降雨 $t-1$	**1.18**	**24.00**	—	—	—	—	—	—	—	—
QBO $t-6$	0.06	0.20	0.06	0.15	0.06	0.50	0.06	0.93	0.06	0.83
NAO $t-1$	0.05	0.00	0.07	0.54	0.06	0.78	0.06	0.70	0.06	0.80
PDO $t-10$	0.05	0.10	0.05	0.36	0.05	0.09	0.05	0.28	0.05	0.14
AMO $t-9$	0.02	0.71	0.05	0.59	0.05	0.50	0.04	0.74	0.05	0.67
AO $t-7$	0.13	1.68	0.11	2.18	0.09	3.22	0.10	4.62	**0.09**	**4.45**
NINO1+2 $t-5$	0.55	10.57	0.07	0.36	0.05	0.03	0.05	0.00	0.07	1.68
NINO3 $t-4$	0.34	6.12	0.07	0.72	0.07	1.44	0.06	0.57	0.06	1.27
NINO4 $t-4$	0.03	0.59	0.04	1.00	0.04	0.76	0.05	0.30	0.05	0.41
MEI $t-1$	0.03	0.52	0.04	0.73	0.04	0.67	0.04	1.12	0.05	0.69
EA $t-6$	0.04	0.30	0.06	0.17	0.05	0.11	0.05	0.18	0.05	0.18
WP $t-11$	0.03	0.58	0.05	0.63	0.04	0.44	0.05	0.75	0.05	0.49
PNA $t-5$	0.04	0.29	0.06	0.15	0.04	0.77	0.05	0.00	0.05	0.21
EA/WR $t-4$	0.02	0.67	0.05	0.97	0.05	0.67	0.05	0.65	0.05	0.10
TSA $t-2$	0.02	0.65	0.05	0.61	0.05	0.00	0.05	0.12	0.05	0.00

潜在输入变量	第六次迭代		第七次迭代		第八次迭代		第九次迭代	
	PMI	Z 值	PMI	Z 值	PMI	Z 值	PMI	Z 值
径流 $t-12$	—	—	—	—	—	—	—	—
径流 $t-1$	—	—	—	—	—	—	—	—
径流 $t-11$	—	—	—	—	—	—	—	—
降雨 $t-12$	**0.08**	**3.92**	—	—	—	—	—	—
降雨 $t-1$	—	—	—	—	—	—	—	—
QBO $t-6$	0.06	1.88	0.07	3.16	—	—	—	—
NAO $t-1$	0.06	1.25	0.06	2.19	0.05	0.16	0.07	0.67
PDO $t-10$	0.05	0.02	0.05	0.27	0.06	2.74	0.05	0.00
AMO $t-9$	0.04	0.41	0.05	0.29	0.05	0.99	0.04	0.71
AO $t-7$	—	—	—	—	—	—	—	—
NINO1+2 $t-5$	0.06	1.30	0.05	0.33	**0.07**	**4.13**	—	—
NINO3 $t-4$	0.06	1.99	0.07	3.13	0.05	0.16	0.09	1.98
NINO4 $t-4$	0.05	0.24	0.04	0.99	0.05	2.12	0.06	0.35
MEI $t-1$	0.04	1.54	0.04	0.65	0.05	0.31	0.07	0.69
EA $t-6$	0.04	0.70	0.04	0.87	0.05	0.25	0.05	0.05
WP $t-11$	0.04	0.43	0.04	0.67	0.05	2.05	0.04	0.62
PNA $t-5$	0.05	0.65	0.06	1.37	0.05	0.19	0.06	0.30
EA/WR $t-4$	0.05	0.27	0.05	0.00	0.05	1.27	0.04	0.76
TSA $t-2$	0.05	0.02	0.04	0.39	0.05	0.36	0.04	0.80

3）中长期径流预报结果

为验证偏互信息方法的应用效果，对比线性相关系数法与偏互信息法的选择结果。线性相关系数挑选步骤如下：第一步，计算输出变量与预报对象间的线性相关系数，第二步，选取相关系数最大的滞时作为输入因子，结果见表 4.2.6。可见，两种输入因子选择方法得到的结果明显不同，偏互信息方法在月平均径流和面平均降水等相关性较强的变量中选择了多个输入因子，部分遥相关因子在第二阶段没有被选择作为输入因子。对于选入的遥相关因子，两种方法所选入的滞时不尽相同，表明遥相关因子与预报变量之间除存在线性相关关系外，还存在非线性相关关系。

表 4.2.6　线性相关系数方法输入变量挑选结果

输入因子	滞时	输入因子	滞时
径流	$t-12$	NINO3	$t-4$
降水	$t-1$	NINO4	$t-1$
QBO	$t-5$	MEI	$t-2$
NAO	$t-12$	EA	$t-4$

输入因子	滞时	输入因子	滞时
PDO	$t-4$	WP	$t-2$
AMO	$t-1$	PNA	$t-11$
AO	$t-3$	EA/WR	$t-12$
NINO1+2	$t-5$	TSA	$t-4$

采用 1962～2013 年共 52 年的数据进行 3 种数据驱动模型建模,1962～1991 年(共 30 年)为模型参数率定期,1992～2013 年(共 22 年)为模型参数校验期。将用两种方法得到的输入集合用于向家坝入库径流预报,并根据式（4.2.19）和式（4.2.20）计算预报结果的均方根误差（root mean square error，RMSE）和 KGE（Kling-Gupta efficiency）系数。

$$RMSE = \sqrt{\frac{1}{N}\sum_{i=1}^{N}(y_i - \hat{y}_i)^2} \qquad (4.2.19)$$

$$KGE = 1 - \sqrt{(1-\gamma)^2 + (1-\alpha)^2 + (1-\beta)^2} \qquad (4.2.20)$$

式中：N 为样本数；y_i 为实测径流；$\hat{y}_i$ 为模型预测径流；γ 为模拟流量与实测流量的线性相关系数；α 为预测径流的标准差与实测径流标准差的比值；β 为预测径流的均指与实测径流均指的比值。结果如表 4.2.7 所示

表 4.2.7　不同预报因子对预报结果影响的比较分析

输入因子选择方法	数据驱动模型	RMSE		KGE	
		率定期	校验期	率定期	校验期
相关系数	BP 神经网络	1 600.4	2 058.1	0.86	0.81
	GRNN 神经网络	1 272.1	1 709.6	0.81	0.76
	支持向量机	1 398.1	1 564.3	0.85	0.81
偏互信息	BP 神经网络	1 601.4	2 023.7	0.88	0.84
	GRNN 神经网络	1 178.6	1 577.2	0.89	0.85
	支持向量机	1 315.8	1 555.4	0.89	0.85

由表 4.2.7 可知,相关系数方法和互信息方法预报结果效果都较好,除线性相关系数方法建立的 GRNN 神经网络模型在校验期预报结果的 KGE 系数小于 0.8,其他的预报结果的 KGE 系数全部大于 0.8,部分模型在率定期甚至达到 0.89,表明加入遥相关因子作为中长期径流的输入因子能够得到较好的径流预报效果。

同时,从基于两种不同输入因子选择方法的预报结果对比可得,采用偏互信息方法预报结果相较于线性相关系数法存在一定优势,表明偏互信息方法可更好地考虑输入变量与预报对象之间的非线性相关关系。

图 4.2.5 给出了利用偏互信息方法选择的输入因子建立的三种数据驱动模型检验期向家坝入库径流预报结果。由图 4.2.5 可知,三种模型的径流预报效果均较好,除个别汛期高流量

预报偏低外，预报径流和实测径流整体拟合整体效果较好。三种模型中，GRNN 神经网络和支持向量机的预报效果要略微优于 BP 神经网络。

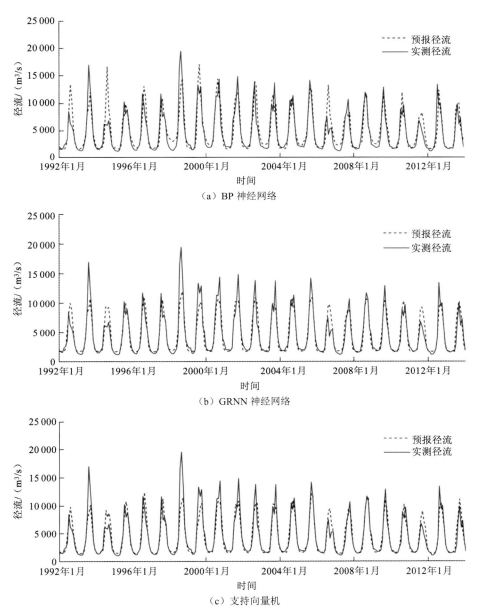

（a）BP 神经网络

（b）GRNN 神经网络

（c）支持向量机

图 4.2.5　校验期三种数据驱动模型预报效果

　　本小节采用偏互信息方法从前期流域面平均降水、月平均径流、遥相关气候因子中选取向家坝入库月平均径流预报的输入因子，建立金沙江流域 BP 神经网络、GRNN 神经网络、支持向量机等中长期径流预报模型，并对比分析不同输入因子下径流预报效果，主要结论有：

　　（1）通过引入与流域径流相关性高的遥相关气候因子作为数据驱动模型的输入，实现了金沙江流域中长期径流高精度预报。

（2）互信息可用于度量输入变量与预报对象间的线性非线性相关关系，而偏互信息则可剔除已选入输入变量对预报对象相关性影响。其遴选的相关变量可用于模型的输入因子。

（3）与线性相关系数方法相比，应用偏互信息方法的中长期径流预报模型具有更高的预报精度。

4.2.2　长江上游气候变量遥相关高斯过程回归中长期径流预报

高斯过程回归（gaussian process regression，GPR）[32]是近年发展起来的新型机器学习回归算法，GPR 在贝叶斯线性回归的基础上，采用核函数替代贝叶斯回归的基函数，同时具有贝叶斯网络推理能力以及人工神经网络和支持向量机等模型对高维数、小样本、非线性等复杂问题的自适应处理能力。与传统机器学习方法相比，GPR 以严格的统计学习理论为基础，具有可解释强、容易实现的特点，且能给出拟合值的概率区间，并能对不确定性进行定量分析。因此本节将 GPR 引入到中长期径流预报领域，探讨基于气候变量的 GPR 径流预报效果。

为了较全面的探究对金沙江流域径流长期变化有显著影响的因子，首先构建气象、大气环流、黑潮海温及东亚夏季风指数等其他遥相关气候因子特征集合，在考虑因子间相互作用的基础上挑选出合适的预报因子子集。同时，考虑气候变量建立的径流预报模型大多只考察了预报精度的大小，而没有分析各预报因子对预报结果敏感性程度，因此，还需要对预报因子进行敏感性研究。

研究以金沙江流域径流具有滞后相关性的大气环流因子与遥相关气候因子作为预报因子，建立 GPR 金沙江月径流预报模型，探讨 GPR 水文预报模型的模拟效果。同时，采用 Sobol 方法，对建立的预报模型框架下预报因子的敏感性进行评价，通过比较全局灵敏度值，分析对预报结果产生影响的主导因素。

1. GPR 模型

1）GPR 原理

GPR 是基于统计学习理论和贝叶斯理论发展起来的新兴机器学习方法，结合了统计学对数据和模型关系的可解释性以及机器学习对预测和自学习能力。GPR 预测的一般思路为，假设学习样本里任意有限个随机变量的联合分布服从高斯分布，此随机过程服从高斯过程的先验概率，采用贝叶斯理论框架计算随机过程相应的后验概率，通过最大似然法获得最优超参数，最后用得到的模型去预测测试样本。

若随机变量 x 服从正态分布，则其概率密度函数为

$$N(x|\mu,\sigma^2)=\frac{1}{\sqrt{2\pi\sigma^2}}\exp\left[-\frac{1}{2\sigma^2}(x-\mu)^2\right] \tag{4.2.21}$$

式中：μ 为数学期望；σ^2 为方差，$\mu=E(x)$，$\sigma^2=D(x)$。

若随机变量 $x_1\sim N(\mu_1,\sigma_1)$，$x_2\sim N(\mu_2,\sigma_2)$，$x_1$ 和 x_2 的联合高斯密度函数为

$$f(x_1,x_2)=\frac{1}{2\pi\sigma_1\sigma_2\sqrt{1-r^2}}\exp\left\{-\frac{1}{2(1-r^2)}\left[\frac{(x_1-\mu_1)^2}{\sigma_1^2}-2r\frac{(x_1-\mu_1)}{\sigma_1}\frac{(x_2-\mu_2)}{\sigma_2}+\frac{(x_2-\mu_2)^2}{\sigma_2^2}\right]\right\} \tag{4.2.22}$$

x_1 和 x_2 协方差函数为 $k(x_1, x_2) = r\sigma_1\sigma_2$。

若 $\boldsymbol{X} = [x_1, x_2, \cdots, x_n]$ 为 n 维随机变量，且 $x_i \sim N(\mu_i, \sigma_i)$，$i = 1, 2, \cdots, n$，则 n 维高斯联合分布由它的均值向量和协方差矩阵所决定，其中协方差矩阵是一个正定对称矩阵，协方差矩阵为

$$\boldsymbol{K} = \begin{bmatrix} k_{11} & k_{12} & \cdots & k_{1n} \\ k_{21} & k_{22} & \cdots & k_{2n} \\ \vdots & \vdots & & \vdots \\ k_{n1} & k_{n2} & \cdots & k_{nn} \end{bmatrix} \tag{4.2.23}$$

式中：$k_{ij} = \mathrm{cov}(x_i, x_j) = r_{ij}\sigma_i\sigma_j$，$n$ 维高斯分布概率密度函数为

$$f(X) = \frac{1}{(2\pi)^{\frac{n}{2}} |\boldsymbol{K}|^{\frac{1}{2}}} \exp\left[-\frac{1}{2}(\boldsymbol{X} - \boldsymbol{\mu})^{\mathrm{T}} \boldsymbol{K}^{-1}(\boldsymbol{X} - \boldsymbol{\mu}) \right] \tag{4.2.24}$$

如果一个随机过程里任意有限个随机变量的联合分布服从高斯分布，则此随机过程为高斯过程。假设样本数据集为 $\{x_i, y_i\}$，$i = 1, 2, \cdots, n$，$y_i \in R$，n 为样本个数。x_i 为输入向量，y_i 为目标值。预报因子与目标变量的回归问题为

$$y = f(x) + \varepsilon \tag{4.2.25}$$

式中：f 为未知函数；y 为受随机加噪声污染的目标值。

若随机过程 X 是一个均值向量为 0 高斯过程，噪声 ε 服从均值为 0 的高斯分布 $\varepsilon \sim N(0, \sigma_n^2)$，则目标值 y 的先验分布为

$$y \sim N\left[0, \boldsymbol{K}(X, X) + \sigma_n^2 \boldsymbol{I}_n \right] \tag{4.2.26}$$

式中：$\boldsymbol{K}(X, X)$ 为 $n \times n$ 阶对称正定的协方差矩阵；$\boldsymbol{I}_n$ 为 n 维单位矩阵。

目标值 Y 和预测值 y^* 的联合先验分布为

$$\begin{bmatrix} Y \\ y^* \end{bmatrix} \sim N\left(0, \begin{bmatrix} \boldsymbol{K}(X, X) + \sigma_n^2 \boldsymbol{I}_n & \boldsymbol{K}(X, x_*) \\ \boldsymbol{K}(x_*, X) & k(x_*, x_*) \end{bmatrix} \right) \tag{4.2.27}$$

式中：$\boldsymbol{K}(X, x_*) = \boldsymbol{K}(x_*, X)^{\mathrm{T}}$ 为测试点输入向量 x_* 与训练输入集 X 的 $n \times 1$ 阶协方差矩阵；$k(x_*, x_*)$ 为测试点 x_* 自身协方差。

高斯过程模型基于贝叶斯学习原理，在训练集输入 X 和输出 Y 的基础上，给定新的输入向量 x_*，推断出预测值 y^* 的后验分布为

$$p(y^* | X, Y, x_*) \sim N\left[\hat{y}_*, \mathrm{cov}(y_*) \right] \tag{4.2.28}$$

$$\hat{y}_* = \boldsymbol{K}(x_*, X) \left[\boldsymbol{K}(X, X) + \sigma_n^2 \boldsymbol{I}_n \right]^{-1} y \tag{4.2.29}$$

$$\mathrm{cov}(y_*) = k(x_*, x_*) - \boldsymbol{K}(x_*, X) \left[\boldsymbol{K}(X, X) + \sigma_n^2 \boldsymbol{I}_n \right]^{-1} \boldsymbol{K}(X, x_*) \tag{4.2.30}$$

2）高斯过程核函数与超参数求解

由高斯过程原理可知，均值和协方差矩阵可以确定唯一的高斯过程。一般在常用的高斯过程模型中，假设随机过程的训练样本服从均值为 0 的先验正态分布，因此协方差矩阵成为了求解高斯过程模型的关键。协方差是一个正定对称矩阵，故协方差函数等同于核函数。因此选择合适的核函数并对核函数参数进行优化求解对高斯过程性能至关重要。

核函数将输入空间的数据映射到高维特征空间，以此将低维输入空间的非线性问题转化

为高维特征空间的线性问题。核函数需满足条件

$$\begin{cases} \iint g^2(x)\mathrm{d}x < \infty \\ \iint k(u,v)g(u)g(v)\mathrm{d}u\mathrm{d}c \geqslant 0 \end{cases}$$ （4.2.31）

使其能在特征空间以系数 $\alpha_k > 0$ 展开

$$k(u,v) = \sum_{k=1}^{\infty} \alpha_k \varphi_k(u) \varphi_k(v)$$ （4.2.32）

高斯过程核函数包括自动相关性测定（auto matic relevance determination，ARD）型核函数和各项同性（isotropic，ISO）型核函数，本小节选取常用的 ISO 型平方指数协方差核函数，一般描述为

$$k(x_1,x_2) = \sigma_f^2 \exp\left[-\frac{1}{2}(x_1-x_2)^{\mathrm{T}} M^{-1}(x_1-x_2)\right]$$ （4.2.33）

式中：$M = \mathrm{diag}(l^2)$；l 为方差尺度；l 越小表明函数值在输入空间内变化迅速，l 越大表明函数值在输入空间内趋于平稳；σ_f^2 为信号方差。

参数集合 $\theta = \{l, \sigma_f^2, \sigma_n^2\}$ 即为平方指数协方差核函数高斯过程的超参数，高斯过程回归学习和预测结果受核函数的超参数取值影响较大。极大似然法求解过程如下。

训练样本高斯过程条件概率的负对数似然函数为

$$L(\theta) = \frac{1}{2} y^{\mathrm{T}} C^{-1} y + \frac{1}{2}\ln|C| + \frac{n}{2}\ln 2\pi$$ （4.2.34）

对超参数求偏导

$$\frac{\partial L(\theta)}{\partial \theta_i} = \frac{1}{2}\mathrm{tr}\left\{\left[(C^{-1}y)(C^{-1}y)^{\mathrm{T}} - C^{-1}\right]\frac{\partial C}{\partial \theta_i}\right\}$$ （4.2.35）

式中：$C = K_n + \sigma_n^2 I_n$。

通过上式获得最优化超参数后即可获得在测试点 x_* 处对应的预测均值 $\hat{y}_*$ 以及预测均方误差 $\sigma = \mathrm{cov}(y_*)$。

预测值在置信水平 $1-\alpha$ 的置信区间为

$$\left(\hat{y}_* - \frac{\sigma}{\sqrt{n}} z_{\alpha/2}, \hat{y}_* + \frac{\sigma}{\sqrt{n}} z_{\alpha/2}\right)$$ （4.2.36）

2. 预报因子选择方法

在机器学习的实际应用中，输入因子个数越多，相互间的依赖越复杂，分析特征、训练模型所需的时间就越长，易导致泛化能力下降。因此有必要采取适当方法从众多输入因子集合中剔除冗余特征，建立合适的输入子集，从而达到减少运行时间、提高模型预报精度的效果。

1）预报因子选择算法

特征选择算法包括完全搜索、启发式搜索、随机搜索等。广度优先搜索是典型的全局搜索算法，算法遍历特征子空间，枚举了所有可能的特征组合，时间复杂度很高。启发式搜索中的序列前向选择（sequential forward selection，SFS）及序列后向选择（sequential backward selection，SBS）容易陷入局部最优，序列浮动前向选择（sequential floating forward selection，

SFFS）是在 SFS 和 SBS 的基础上改进而来，在加入特征集合的同时剔除部分冗余特征，具有全局最优能力。

2）评价准则

通过预报因子选择算法产生特征子集后，需进一步采用评价准则对该特征子集进行评价，若评价结果符合停止准则，则预报因子优选过程结束，否则继续使用预报因子选择算法产生下一组特征集，并继续进行特征子集评价，直到选出最优特征子集为止。与相关系数相比，互信息能够有效度量随机变量间的相关关系，包括线性和非线性相关关系，因此能够更加有效地挑选出相关性强的输入变量，故本小节采用基于互信息的评价准则对特征子集进行评价。关于互信息的计算，见 4.1.3 小节。

3. 基于方差分析的 Sobol 敏感性分析

敏感性分析（sensitivity analysis，SA）主要研究输入随机变量对输出响应量的影响程度，分为局部敏感性和全局敏感性。局部敏感性分析针对单一因素变化，采用有限差分法或直接求导法计算参数的局部灵敏度，反映的是单个参数的局部梯度信息。为了分析各因素之间的相互作用，近些年已经提出了许多全局敏感性分析方法。包括非参数方法[33-34]、基于矩独立的方法[35-36]、基于失效概率的方法[37]、基于方差的全局敏感性指标[38-39]。

Sobol 法是一种基于方差分析的全局敏感性分析方法，它将模型输出的总方差分解为由各参数及其相互作用贡献的子方差之和。在分析高度非线性水文过程多个变量之间相互作用的敏感性时，Sobol 是一个非常简单有效的方法。

假设预报模型为 $y=f(\boldsymbol{x})$，$\boldsymbol{x}$ 是 d 维输入向量，$\boldsymbol{x}=(x_1,x_2,\cdots,x_d)$，$x_i\in[0,1]$，$y$ 为输出。将函数 $f(\boldsymbol{x})$ 分解为递增项之和

$$f(x_1,x_2,\cdots,x_d)=f_0+\sum_{i=1}^{d}f_i(x_i)+\sum_{1\leqslant j\leqslant d}f_{i,j}(x_i,x_j)+\cdots+f_{1,2,\cdots,d}(x_1,x_2,\cdots,x_d) \tag{4.2.37}$$

式中：f_0 为常量，其余子项对其所包含的变量的积分一定为零。

$$\int_0^1 f_{i_1,i_2,\cdots,i_s}(x_{i_1},x_{i_2},\cdots x_{i_s})\mathrm{d}x_k=0,\quad k=i_1,i_2,\cdots,i_s \tag{4.2.38}$$

式（4.2.37）中各子项之间是正交的，则各子项能通过 $f(x)$ 的多重积分求得。

$$\int f(x)\mathrm{d}x=f_0 \tag{4.2.39}$$

$$\int f(x)\prod_{k\neq i}\mathrm{d}x_k=f_0+f_i(x_i) \tag{4.2.40}$$

$$\int f(x)\prod_{k\neq i,j}\mathrm{d}x_k=f_0+f_i(x_i)+f_j(x_j)+f_{ij}(x_i,x_j) \tag{4.2.41}$$

通过类似方法可求出高阶项。

$f(\boldsymbol{x})$ 的总方差为

$$D=\int f^2\mathrm{d}x-f_0^2 \tag{4.2.42}$$

偏方差为：

$$D_{i_1,i_2,\cdots,i_s}=\int f_{i_1,i_2,\cdots,i_s}^2\mathrm{d}x_{i_1}\mathrm{d}x_{i_1}\cdots\mathrm{d}x_{i_s} \tag{4.2.43}$$

式中：$1\leqslant i_1<\cdots<i_s\leqslant d$。

将式（4.2.37）在整个 I^d 域内先平方再积分，可得

$$\int f^2 \mathrm{d}x - f_0^2 = \sum_{s=1}^{d} \sum_{i_1 < \cdots < i_s}^{d} \int f_{i_1,i_2,\cdots,i_s}^2 \mathrm{d}x_{i_1} \mathrm{d}x_{i_1} \cdots \mathrm{d}x_{i_s} \tag{4.2.44}$$

因此，由式（4.2.42）～式（4.2.44）得

$$D = \sum_{s=1}^{d} \sum_{i_1 < \cdots < i_s}^{d} D_{i_1 \cdots i_s} \tag{4.2.45}$$

$S_{i_1 \cdots i_s} = \dfrac{D_{i_1 \cdots i_s}}{D}$ 为全局敏感性指标，由式（4.2.45）得

$$l = \sum_{s=1}^{d} \sum_{i_1 < \cdots < i_s}^{d} S_{i_1 \cdots i_s} \tag{4.2.46}$$

式中：S_i 为一阶敏感度；$S_{1,2,\cdots,d}$ 为 d 阶敏感度，表示 d 个参数交互作用对输出的影响。某因素的总灵敏度系数由该因素各阶灵敏度系数之和表示。

4. 金沙江流域中长期径流预报

1）研究区域及数据

选取金沙江上游石鼓站和下游屏山站月径流作为预报对象，1961～1996 年数据划分为训练期，1997～2008 年数据划分为检验期。首先从影响径流形成的众多因子中选取初步预报因子，再根据序列浮动前向选择算法筛选最终预报因子，评价准则为信息增益。采用高斯回归过程对预报因子和预报变量进行建模，参数率定方法为共轭梯度法，核函数为 ISO 型平方指数核函数。将率定好的 GPR 模型用于检验期径流预报，分析模型预报效果。最后采用 Sobol 法对预报模型输入因子的全局敏感性进行分析。

2）筛选预报因子

采用序列浮动前向选择算法筛选屏山站和石鼓站各月径流预报因子，筛选的 8 个重要预报因子分别如表 4.2.8 和表 4.2.9 所示。综合来看，枯期径流预报更多与环流因子有关，而汛期径流预报更多与降水、湿度等气象因子有关。各月径流预报中环流因子、遥相关因子、降水、湿度等预报因子的具体敏感度大小，主导预报因子和次要预报因子有待进一步研究。

表 4.2.8　屏山站径流各月筛选预报因子

月份	因子 1	因子 2	因子 3	因子 4
1 月	上年 12 月屏山站径流	上年 10 月北美区极涡面积指数	上年 2 月大西洋区极涡强度指数	上年 9 月金沙江流域气压
2 月	当年 1 月屏山站径流	上年 10 月大西洋东部欧洲环流型	上年 3 月北美区极涡面积指数	上年 3 月太平洋 10 年涛动 PDO
3 月	当年 2 月屏山站径流	当年 1 月金沙江流域气温	上年 6 月太平洋副高北界	上年 6 月大西洋东部欧洲环流型
4 月	当年 3 月金沙江流域降雨	上年 9 月太平洋区极涡面积指数	当年 3 月屏山站径流	上年 6 月东太平洋副高脊线
5 月	当年 4 月屏山站径流	当年 3 月金沙江流域降雨	当年 1 月大西洋副高北界	当年 1 月北半球副高北界
6 月	当年 5 月屏山站径流	当年 5 月金沙江流域湿度	当年 5 月金沙江流域降雨	当年 5 月金沙江流域气压

续表

月份	因子 1	因子 2	因子 3	因子 4
7 月	当年 6 月屏山站径流	当年 5 月金沙江流域降雨	当年 6 月金沙江流域湿度	当年 6 月金沙江流域降雨
8 月	当年 7 月屏山站径流	当年 6 月金沙江流域降雨	当年 6 月金沙江流域湿度	当年 6 月屏山站径流
9 月	当年 8 月屏山站径流	当年 8 月金沙江流域降雨	当年 8 月金沙江流域湿度	当年 2 月金沙江流域气压
10 月	当年 9 月屏山站径流	当年 8 月金沙江流域降雨	当年 8 月金沙江流域湿度	当年 8 月屏山站径流
11 月	当年 10 月屏山站径流	当年 9 月屏山站径流	当年 8 月金沙江流域降雨	当年 8 月金沙江流域湿度
12 月	当年 11 月屏山站径流	当年 10 月屏山站径流	当年 9 月屏山站径流	当年 8 月金沙江流域降雨

月份	因子 5	因子 6	因子 7	因子 8
1 月	上年 3 月金沙江流域气压	上年 11 月大西洋欧洲区极涡面积指数	上年 6 月北半球极涡面积指数	上年 3 月北半球极涡面积指数
2 月	上年 5 月屏山站径流	上年 4 月太平洋区极涡面积指数	上年 5 月北大西洋振荡 NAO	上年 6 月亚洲区极涡面积指数
3 月	上年 3 月金沙江流域湿度	当年 1 月北美区极涡面积指数	上年 7 月北大西洋振荡 NAO	上年 11 月大西洋副高北界
4 月	上年 5 月大西洋副高北界	当年 1 月东太平洋副高脊线	上年 12 月东太平洋副高脊线	当年 2 月东太平洋副高脊线
5 月	当年 1 月北半球副高脊线	当年 1 月东太平洋副高脊线	上年 12 月大西洋副高北界	上年 10 月大西洋东部欧洲环流型
6 月	上年 10 月金沙江流域湿度	上年 10 月金沙江流域降雨	当年 1 月金沙江流域湿度	上年 8 月大西洋副高北界
7 月	当年 6 月大西洋区极涡强度指数	当年 6 月东亚夏季风指数 EASMI	上年 10 月北半球副高北界	上年 11 月大西洋副高北界
8 月	当年 6 月大西洋区极涡强度指数	当年 7 月东亚夏季风指数 EASMI	上年 11 月大西洋副高北界	上年 10 月北半球副高北界
9 月	上年 11 月大西洋副高北界	当年 1 月东太平洋副高脊线	当年 8 月大西洋区极涡强度指数	上年 10 月北半球副高北界
10 月	当年 9 月金沙江流域湿度	当年 9 月金沙江流域降雨	当年 2 月金沙江流域气压	上年 11 月金沙江流域降雨
11 月	当年 9 月金沙江流域湿度	当年 9 月金沙江流域降雨	当年 9 月大西洋区极涡强度指数	上年 10 月北半球副高北界
12 月	当年 9 月金沙江流域降雨	当年 9 月金沙江流域湿度	当年 8 月金沙江流域湿度	当年 4 月大西洋欧洲区极涡面积指数

表 4.2.9　石鼓站径流各月筛选预报因子

月份	因子 1	因子 2	因子 3	因子 4
1 月	上年 12 月石鼓站径流	上年 9 月大西洋副高北界	上年 3 月金沙江上游气压	上年 12 月金沙江上游气压
2 月	当年 1 月石鼓站径流	上年 10 月金沙江上游气压	上年 9 月大西洋区极涡强度指数	当年 1 月太平洋副高北界

续表

月份	因子1	因子2	因子3	因子4
3月	当年2月石鼓站径流	上年6月东太平洋副高脊线	上年3月金沙江上游气温	上年8月北美区极涡面积指数
4月	当年3月金沙江上游降雨	上年6月东太平洋副高脊线	当年3月大西洋区极涡强度指数	上年11月金沙江上游湿度
5月	上年5月黑潮区海温	当年2月金沙江上游降雨	当年3月金沙江上游降雨	当年1月太平洋区极涡面积指数
6月	当年5月石鼓站径流	当年1月金沙江上游湿度	当年5月金沙江上游湿度	上年10月金沙江上游湿度
7月	当年6月石鼓站径流	当年5月金沙江上游降雨	当年5月金沙江上游湿度	当年6月金沙江上游湿度
8月	当年7月石鼓站径流	当年7月金沙江上游降雨	当年7月金沙江上游湿度	上年8月黑潮区海温
9月	当年8月石鼓站径流	当年8月金沙江上游降雨	当年8月金沙江上游湿度	当年2月金沙江上游气压
10月	当年8月降雨	当年9月北半球副高北界	当年9月北半球副高脊线	当年9月金沙江上游降雨
11月	当年10月石鼓站径流	当年9月金沙江上游湿度	当年9月金沙江上游降雨	当年9月大西洋区极涡强度指数
12月	当年7月石鼓站径流	当年8月金沙江上游降雨	当年8月金沙江上游湿度	当年9月金沙江上游湿度

月份	因子5	因子6	因子7	因子8
1月	上年10月北美区极涡面积指数	上年5月大西洋东部欧洲环流型	上年8月西太平洋副高脊线	上年12月金沙江上游湿度
2月	上年4月准2年振荡QBO	上年5月南海副高北界	上年6月大西洋区极涡强度指数	上年8月北半球极涡中心位置
3月	上年9月西太平洋副高脊线	上年7月北半球极涡面积指数	上年6月亚洲区极涡面积指数	上年8月东太平洋副高脊线
4月	当年3月亚洲区极涡面积指数	上年7月东太平洋副高脊线	当年1月大西洋东部欧洲环流型	上年10月北美区极涡面积指数
5月	当年2月金沙江上游湿度	当年1月金沙江上游湿度	当年1月北大西洋振荡NAO	当年3月金沙江上游湿度
6月	上年8月大西洋副高北界	当年2月金沙江上游气压	上年10月金沙江上游降雨	上年8月大西洋区极涡强度指数
7月	当年6月金沙江上游降雨	当年6月大西洋区极涡强度指数	上年10月北半球副高北界	上年10月北半球副高脊线
8月	当年7月太平洋副高北界	上年11月大西洋副高北界	上年10月北半球副高北界	上年8月东太平洋副高脊线
9月	上年11月大西洋副高北界	当年1月东太平洋副高脊线	上年10月北半球副高北界	当年8月大西洋区极涡强度指数
10月	当年8月金沙江上游湿度	当年8月金沙江上游径流	当年9月金沙江上游湿度	当年9月石鼓站径流
11月	当年8月金沙江上游降雨	当年8月金沙江上游湿度	当年9月石鼓站径流	当年10月北半球副高北界
12月	当年8月石鼓站径流	当年9月石鼓站径流	当年10月石鼓站径流	当年11月石鼓站径流

3）GPR 径流预报

以表中各月的 8 个预报因子作为模型输入，以各月径流作为模型输出。将全部数据集划分训练期和检验期，训练期样本用于各月预报模型的构建，对检验期样本进行模型精度评价。评价指标为相关系数 R、纳什效率系数（Nash-sutcliffe efficiency coefficient，NSE），均方根误差（root mean square error，RMSE）和平均相对误差（mean relative error，MRE）。其中，RMSE 的计算公式如式（4.2.21）所示。而相关系数、纳什效率系数及平均相对误差的计算公式为

$$R = \sqrt{\frac{\left[\sum_{t=1}^{T}(Q_{obs}^{t} - \bar{Q}_{obs})(Q_{sim}^{t} - \bar{Q}_{sim})\right]^2}{\sum_{t=1}^{T}(Q_{obs}^{t} - \bar{Q}_{obs})^2 \cdot \sum_{t=1}^{T}(Q_{sim}^{t} - \bar{Q}_{sim})^2}} \tag{4.2.47}$$

$$NSE = 1 - \frac{\sum_{t=1}^{T}(Q_{obs}^{t} - Q_{sim}^{t})^2}{\sum_{t=1}^{T}(Q_{obs}^{t} - \bar{Q}_{obs})^2} \tag{4.2.48}$$

$$MRE = \frac{1}{T}\sum_{t=1}^{T}\frac{\left|Q_{obs}^{t} - Q_{sim}^{t}\right|}{Q_{obs}^{t}} \tag{4.2.49}$$

（1）屏山站径流预报。

屏山站检验期全年预报结果如图 4.2.6 所示，6 月预报结果如图 4.2.7 所示。表 4.2.10 是屏山站检验期各月预报结果误差统计结果，表 4.2.11 是屏山站训练期和检验期预报结果误差统计。从图 4.2.6 与图 4.2.7 看出，检验期 GPR 模型预报效果较好，预报结果 90%的置信区间范围较大，50%的置信区间基本能覆盖径流波动区域。从表 4.2.10 与表 4.2.11 可知，各月预报误差枯期 NSE 效率系数为 0.3 左右，相关性系数为 0.7 左右，平均相对误差为 10%；汛期 NSE 效率系数为 0.2 左右，相关性系数为 0.4 左右，平均相对误差为 18%；预报效果最好的为 2 月，最差的为 8 月。从全年数据来看，检验期的 NSE、R、MRE 和 RMSE 为 0.85、0.93、0.19 和 1 548，略差于训练期误差。

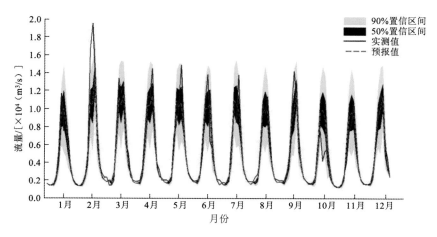

图 4.2.6　屏山站检验期全年径流预报结果

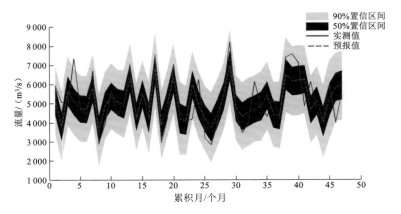

图 4.2.7   屏山站多年训练期和检验期 6 月径流预报结果

表 4.2.10   屏山站检验期各月预报结果误差统计

评价指标	1 月	2 月	3 月	4 月	5 月	6 月	7 月	8 月	9 月	10 月	11 月	12 月
NSE	0.19	0.52	0.29	0.20	0.09	0.31	0.13	−0.02	0.26	0.19	0.27	0.50
R	0.74	0.90	0.58	0.59	0.42	0.58	0.43	0.21	0.55	0.60	0.52	0.72
MRE	0.11	0.10	0.11	0.11	0.14	0.16	0.17	0.30	0.22	0.10	0.12	0.07
RMSE	247	205	231	260	395	1 038	2 324	3 761	2 592	771	602	268

表 4.2.11   屏山站训练期和检验期预报结果误差统计

评价指标	训练期	检验期	评价指标	训练期	检验期
NSE	0.90	0.85	MRE	0.16	0.19
R	0.95	0.93	RMSE	1 139	1 548

（2）石鼓站径流预报。

石鼓站检验期全年预报结果如图 4.2.8 所示，以 1 月预报结果为例预报结果如图 4.2.9 所示。表 4.2.12 为石鼓站检验期各月预报结果误差统计结果，表 4.2.13 是石鼓站训练期和检验期预报结果误差统计。从图 4.2.8 与图 4.2.9 看出，检验期 GPR 模型预报效果较好，预报结果

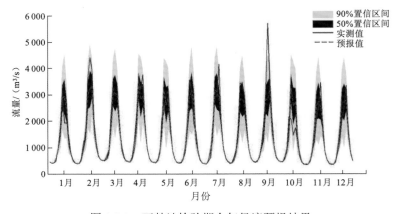

图 4.2.8   石鼓站检验期全年径流预报结果

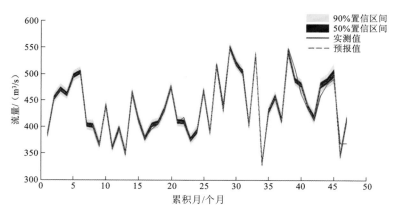

图 4.2.9　屏山站多年检验期 1 月径流预报结果

表 4.2.12　石鼓站检验期各月预报结果误差统计

评价指标	1 月	2 月	3 月	4 月	5 月	6 月	7 月	8 月	9 月	10 月	11 月	12 月
NSE	0.88	0.87	0.83	0.16	0.24	0.09	0.01	0.07	0.16	0.18	0.78	0.91
R	0.94	0.98	0.93	0.56	0.51	0.48	0.23	0.36	0.53	0.63	0.90	0.96
MRE	0.03	0.03	0.04	0.09	0.14	0.17	0.16	0.25	0.19	0.11	0.05	0.03
RMSE	18	18	20	59	163	339	601	1 025	710	210	59	21

表 4.2.13　石鼓站训练期和检验期预报结果误差统计

评价指标	训练期	检验期	评价指标	训练期	检验期
NSE	0.88	0.86	MRE	0.16	0.18
R	0.94	0.93	RMSE	361	419

90%的置信区间范围较大，50%的置信区间基本能覆盖径流波动区域。从表 4.2.12 与表 4.2.13 可知，从各月数据来看，枯期 NSE 效率系数为 0.74 左右，相关性系数在 0.87 左右，平均相对误差为 4.5%；汛期 NSE 效率系数为 0.12 左右，相关性系数为 0.5 左右，平均相对误差为 17%；预报效果较好的月份为 1 月、2 月、3 月、4 月、10 月、11 月和 12 月，预报结果最差的为 8 月。从全年数据来看，检验期的 NSE、R、MRE 和 RMSE 为 0.86、0.93、0.18 和 419，达到了较高的预报精度。

4）预报变量敏感性分析

为研究预报径流对气候及气象因子的敏感性，采用 Sobol 法，对屏山站和石鼓站汛期径流预报进行 10 000 次计算分析，敏感性计算成果分别如图 4.2.10 和图 4.2.11 所示。由图 4.2.10 可知，各因子的全局灵敏度值差别较大。屏山站汛期 5～10 月各月高敏感因子分别为上年 10 月大西洋东部欧洲环流型、当年 5 月降水、当年 6 月降水、当年 7 月径流、当年 8 月降水以及当年 9 月空气湿度。石鼓站汛期 5～10 月各月高敏感因子分别为当年 1 月北大西洋振荡、当年 5 月湿度、当年 6 月径流、当年 7 月湿度、当年 8 月径流以及当年 9 月径流。可以看出在汛期对径流预报有较大影响的因子为前期径流、降水、湿度以及大西洋东部欧洲环流型、北大西洋振荡遥相关因子。

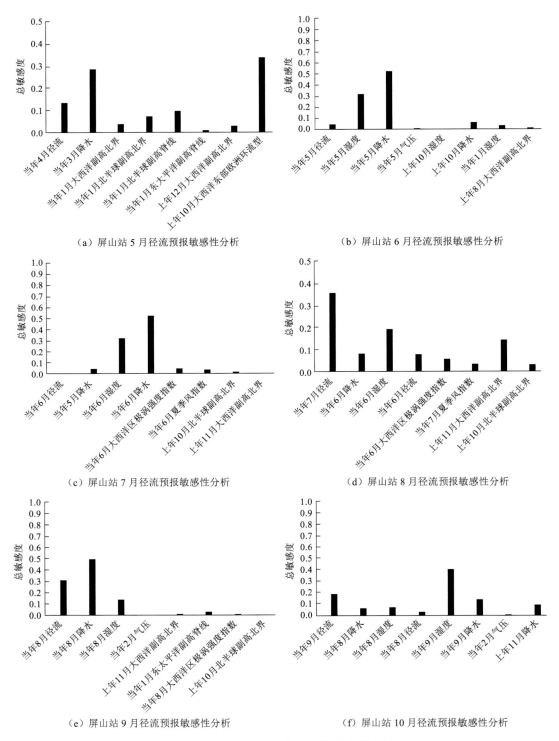

（a）屏山站 5 月径流预报敏感性分析　　　　（b）屏山站 6 月径流预报敏感性分析

（c）屏山站 7 月径流预报敏感性分析　　　　（d）屏山站 8 月径流预报敏感性分析

（e）屏山站 9 月径流预报敏感性分析　　　　（f）屏山站 10 月径流预报敏感性分析

图 4.2.10　屏山站汛期径流预报敏感性分析

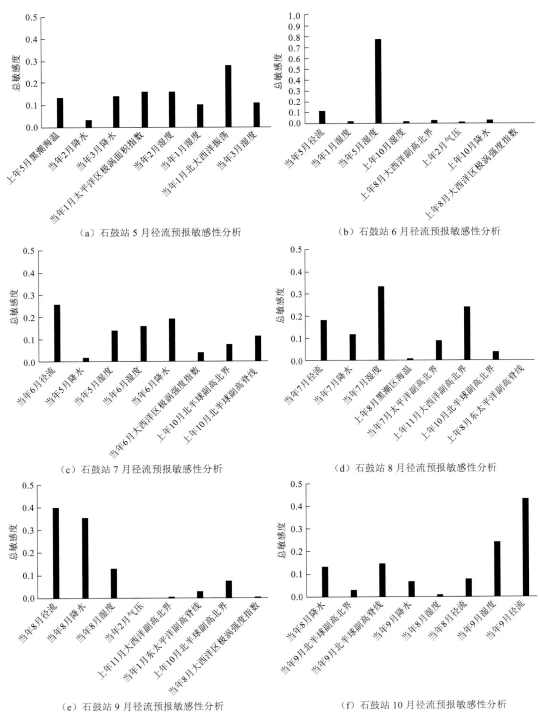

图 4.2.11　石鼓站汛期径流预报敏感性分析

将 GPR 模型用于金沙江流域的月径流预报，探讨高斯过程回归在水文预报领域的应用效果，辨识与金沙江流域径流具有滞后相关性的大气环流因子与遥相关气候因子，并采用 Sobol

方法，分别对构建的各月 GPR 预报模型预报因子全局敏感性进行了评价。

（1）与屏山站和石鼓站月径流相关性较高的气象类预报因子有气压、湿度、降水，大气环流因子有大西洋副高北界、北美区极涡面积指数、大西洋东部欧洲环流型等，遥相关气候因子有北大西洋振荡、太平洋十年涛动、准两年振荡，其中上年黑潮区海温对石鼓夏季径流有影响，屏山站夏季径流预报与上月东亚夏季风指数有关。整体上可以看出枯期径流预报更多与环流因子有关，而汛期径流预报更多与降水、湿度等气象因子有关。

（2）屏山站和石鼓站基于气候变量的高斯过程回归径流预报效果较好，屏山站检验期的 NSE、R、MRE 和 RMSE 分别为 0.85、0.93、0.19 和 1548；石鼓站检验期的 NSE、R、MRE 和 RMSE 为 0.86、0.93、0.18 和 419。高斯过程的不确定性预报报结果 50%的置信区间基本能覆盖径流波动区域。

（3）屏山站和石鼓站各因子的全局灵敏度差别较大，屏山站汛期 5～10 月各月高敏感因子分别为上年 10 月大西洋东部欧洲环流型、当年 5 月降水、当年 6 月降水、当年 7 月径流、当年 8 月降水以及当年 9 月空气湿度。石鼓站汛期 5～10 月各月高敏感因子分别为当年 1 月北大西洋振荡、当年 5 月湿度、当年 6 月径流、当年 7 月湿度、当年 8 月径流以及当年 9 月径流。可以看出在汛期对径流预报有较大影响的因子为前期径流、降水、湿度以及大西洋东部欧洲环流型、北大西洋振荡遥相关气候因子。

4.2.3　气–海–陆因子 RF 辨识的长江上游中长期径流区间预报

在已有的中长期径流预报文献中，大尺度气候因子驱动的中长期径流预报模型大部分只关注了预报结果精度的高低而忽略了其不确定性。尽管现有概率区间预报方法较多，但在操作复杂程度、计算成本等方面优势各异，且多为后处理方法，容易增加模型计算成本且可能引入其他不确定性。为此，将 GPR 模型作为基预报器进行预报。GPR 是一种基于贝叶斯框架的核回归方法，不仅拥有贝叶斯灵活的归纳推理能力，同时具有人工神经网络（artificial neural network，ANN）、SVM 等机器学习方法的自组织、自适应、自学习以及强非线性拟合能力，可同时给出期望预报值和其不确定性区间。

为此，将 GPR 引入到中长期径流预报领域，研究了基于 RF、GPR 理论的不确定性径流预报方法，采用随机森林算法从降雨、气温、气压等区域气象因子和大气环流因子、海平面温度等多种全球尺度气候因子中辨识与预报月径流密切相关的一组预报因子集，进而建立气–海–陆因子驱动的 GPR 径流预报模型，以获得高精度的径流预报结果及其不确定性演化特征。以金沙江流域为例，验证了该方法的有效性，为长江流域水资源可持续利用、金沙江经济带绿色发展乃至我国社会经济可持续发展提供理论以及数据支撑。

1. 气–海–陆因子驱动的径流区间预报方法

本小节在基于 RF 遴选输入因子的基础上，建立 GPR 径流预报模型，即 RF-GPR。具体过程如下。

步骤 1：搜集预报变量径流及备选输入因子的历史观测数据，以径流过程形成机理为切入点，从驱动气–海–陆水循环系统运行的水文、气象、气候等众多变量中选取并构建备选因子集。

步骤 2：归一化预处理观测数据，为消除物理量纲的影响，对原始数据进行归一化。

步骤 3：将归一化后的样本数据划分为训练数据集和检验数据集。

步骤 4：初始化 RF 算法参数，回归树节点划分待选变量数 mtry 和子预报模型数量 b。

步骤 5：生长回归树，构建随机森林模型，进而计算训练样本中各个备选输入因子的重要性评分 VIM_k，并对其从高到低排序。

步骤 6：设置最优输入变量为 NULL，基于 SFS 策略将 VIM 值较高的输入因子逐次添加到最优输入变量集中。

步骤 7：利用检验数据集对率定后的 GPR 模型进行测试，得到此时输入变量集合的预测误差并保存，遍历所有输入变量后，预测误差最低的变量集合即为最优输入变量集合，其对应的模型即为最优模型。

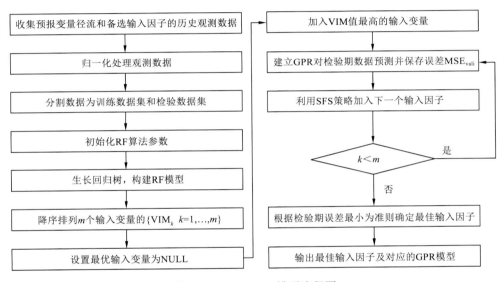

图 4.2.12　RF-GPR 模型流程图

2. 金沙江流域中长期径流预报

研究选取金沙江流域上、中、下游控制站点石鼓站、攀枝花站和屏山站月径流为预报对象，搜集各站 1961～2010 年月径流数据，其中 1961～1997 年为训练期数据用于构建模型，1998～2010 年为检验期数据用于对模型性能进行验证。径流预报分为两大步进行，首先确定预报因子，其次构建预报模型，下面将逐一讨论。

1）预报变量初选

受复杂地形地理特征和典型立体气候的综合影响，金沙江流域降水、气温等气象要素形成原因复杂，具有明显的时间空间异质性。此外，受气候变化影响，增加了高精度气象要素预报的难度，尤其是较长预见期的气象要素预报结果可靠性难以保证，采用预报降水驱动的中长期径流预报模型建模实施困难。目前，以水文情势形成物理机制为切入点，考虑其长期演变受天气系统、下垫面系统与海洋系统综合作用影响，中长期径流预报研究范式逐渐从径流自相关的单因子建模，发展为径流与气温、降水等区域气象因子偏相关的单尺度多因子建模，进而拓展为综合考虑径流与太阳黑子、大气环流指数、海平面气压等大尺度气候因子间遥相关关系的多尺度多变量建模。为此，除考虑流域尺度气象因子如降水、气温等，还考虑了与径流有遥相关关系的气候因子作为备选变量。根据长江上游水文气象机理分析[40-41]，同时借鉴西南地区和长江流域相关研究成果[3,42]，确定了与长江上游径流相关的大尺度遥相关气候因子。所有备选因子如表 4.2.14 所示。

表 4.2.14   备选因子定义及来源

序号	名称	定义与解释	来源
1	P	降水	NMIC
2	Ap	平均气压	NMIC
3	Tas	平均温度	NMIC
4	Hurs	平均相对湿度	NMIC
5	CF28	28.东太平洋副高脊线（175～115°W）	NCC
6	CF33	33.太平洋副高脊线（110～115°W）	NCC
7	CF41	41.大西洋副高北界（55～25°W）	NCC
8	CF42	42.南海副高北界（100～120°E）	NCC
9	CF46	46.亚洲区极涡面积指数（1 区，60～150°E）	NCC
10	CF48	48.北美区极涡面积指数（3 区，120～30°W）	NCC
11	CF49	49.大西洋欧洲区极涡面积指数（4 区，30～60°E）	NCC
12	CF50	50.北半球极涡面积指数（5 区，0°～360°）	NCC
13	CF53	53.北美区极涡强度指数（3 区，120～30°W）	NCC
14	CF54	54.大西洋欧洲区极涡强度指数（4 区，30～60°E）	NCC
15	CF55	55.北半球极涡强度指数（5 区，0°～360°）	NCC
16	CF56	56.北半球极涡中心位置（JW）	NCC
17	CF60	60.大西洋欧洲环流型 E	NCC
18	CF66	66.东亚槽强度（CQ）	NCC
19	CF68	68.西藏高原（30～40°N，75～105°E）	NCC
20	CF73	73.太阳黑子	NCC
21	CF74	74.南方涛动指数	NCC
22	PDO	太平洋环流十年振荡	NOAA
23	NAO	北大西洋振荡	NOAA
24	AMO	北大西洋多年代际振荡	NOAA
25	NINO1+2	太平洋[90～80°W，0°～10°S]区域平均海平面温度	NOAA
26	NINO3	太平洋[150～90°W，5°N～5°S]区域平均海平面温度	NOAA
27	NINO4	太平洋[160～150°W，5°N～5°S]区域平均海平面温度	NOAA
28	NINO3.4	太平洋[170～120°W，5°N～5°S]区域平均海平面温度	NOAA
29	MEI	厄尔尼诺–南方涛动指数	NOAA
30	PNA	太平洋北美模式	NOAA

序号	名称	定义与解释	来源
31	AO	北极涛动	NOAA
32	QBO	热带平流层的风和温度的准两年周期振荡	NOAA
33	EA/WR	东大西洋/西俄罗斯模式	NOAA
34	EASMI	东亚夏季风指数	CGCESS
35	SASMI	南亚季风指数	CGCESS

注：NMIC 为中国国家气象信息中心（National Meteorological Information Center）；NCC 为中国国家气候中心（National Climate Center）；NOAA 为美国国家海洋和大气管理局气候预测中心（National Oceanic and Atmospheric Administration）；CGCESS 为北京师范大学全球变化与地球系统科学研究院（College of Global Change and Earth System Science）

2）输入因子重要性排序及建模

以石鼓站为例，简述构建预报因子集的流程。以次年 1 月石鼓站月径流作为预报变量，其备选输入因子集包括：①当前年 1～12 月的石鼓站逐月径流；②表 4.2.14 中列出的前 33 个气象气候因子当前年 1～12 月逐月观测值；③6～8 月东亚夏季风和南亚夏季风，总共 414 个水文气象气候特征量作为备选输入因子。其余两个站输入因子构建方式类似。利用 RF 模型在训练集上对上述 414 个备选输入因子进行重要性排序。其中，RF 的参数设置参考相关研究[43]，将回归树数目设置为 500，mtry 设置为 138。

在 RF 模型获得的预报因子 VIM 基础上，采用 SFS 策略将变量重要性评分值较高的输入因子逐次添加到最优输入变量集中；利用最优输入变量集构建 GPR 模型并训练模型，随后利用率定后的 GPR 模型对检验数据集进行预报，得到此时输入变量集合对应的预报误差并保存，遍历所有输入变量后，预测误差最低的变量集合即为最优输入变量集合，其对应的模型即为最优模型。

石鼓站、攀枝花站和向家坝站各月径流预报因子变量重要性评分由高到低排序前 10 的如表 4.2.15～表 4.2.17 所示。由表可知，石鼓站当年 1～3 月径流与前一年 10～12 月径流密切相关；攀枝花站当年 1～3 月径流与其前一年 9～12 月径流也呈现很强的相关性；类似的向家坝站当年 1～3 月径流与其前一年 9～12 月径流呈强相关，且当年 1 月径流与前一年同期径流也关系密切。说明了金沙江流域枯水期 1～3 月径流自相关性比较强。对于这三个站，4 月之后的径流与前一年环流因子及气候因子的关系强于径流自身的相关性，其中当年 8～12 月的径流与前一年不同区域太平洋海平面温度即厄尔尼诺关联密切，且随着预见期的增强，厄尔尼诺的影响越强。这种明显的差异性一方面说明枯水期的径流影响因子相对较为简单，因而枯水期径流通常相对较为平稳；而汛期径流的影响因子既包括区域性的降水也包括大尺度的气候及环流因子，成因复杂，通常波动明显，预报难度大；另一方面说明随着预见期的增加，径流序列的自相关关系逐渐减弱，而水文–气候遥相关关系逐渐增强。

表 4.2.15 石鼓站重要性前 10 的输入因子

月份	因子
1 月	Q(t-12), Q(t-11), CF55(t-5), NINO4(t-11), CF66(t-4), CF53(t-3), Q(t-10), QBO(t-3), CF48(t-5), NINO4(t-4)
2 月	Q(t-11), Q(t-12), Q(t-10), CF66(t-4), Q(t-9), Q(t-7), CF48(t-5), NINO3(t-9), CF48(t-1), Q(t-8)

续表

月份	因子
3 月	Q(t−1l), Q(t−12), NINO4(t−1), NAO(t−6), NINO3(t−8), CF66(t-4), CF49(t−3), P(t−1l), CF74(t−4), Q(t−10)
4 月	EA/WR(t−5), MEI(t−5), Q(t−1l), CF66(t−1), QBO(t−12), QBO(t−4), Q(t−10), NINO4(t−5), NINO3(t−9), Q(t−12)
5 月	NINO4(t−10), NAO(t−9), T(t−3), EA/WR(t−5), MEI(t−10), SASMI(t−7), CF49(t−5), CF46(t−11), CF74(t−11), CF28(t−1l)
6 月	P(t−2), Q(t−4), AO(t−9), CF48(t−2), NAO(t−11), PDO(t−1), NAO(t−2), CF49(t−2), CF74(t−10), P(t−8)
7 月	QBO(t−10), CF56(t−1l), AO(t−7), CF49(t−3), CF66(t−9), CF48(t−3), EA/WR(t−11), CF54(t−10), QBO(t−11), EA/WR(t−8)
8 月	AMO(t−10), CF66(t−12), CF60(t−5), PDO(t−10), PNA(t−10), NINO3(t−12), CF68(t−12), CF66(t−11), EA/WR(t−1l), NAO(t−9)
9 月	EA/WR(t−5), CF28(t−6), NINO3(t−4), Hurs(t−6), AMO(t−9), NINO4(t−11), MEI(t−1l), T(t−1l), NAO(t−2), CF49(t−1)
10 月	P(t−6), NINO4(t−11), P(t−10), NINO3(t−9), NINO3(t−2), NINO3.4(t−3), CF68(t−12), NAO(t−1l), NINO3(t−3), EA/WR(t−10)
11 月	NINO4(t−1l), NINO3(t−9), CF66(t−12), NINO3(t−3), P(t−6), EA/WR(t−1), AMO(t−1), AMO(t−10), MEI(t−3), NINO3(t−10)
12 月	NINO4(t−11), NAO(t−11), NINO3(t−9), CF55(t−1), NINO3(t−3), CF60(t−5), MEI(t−3), NINO3(t−10), NIN01+2(t−1l), EA/WR(t−1)

表 4.2.16　攀枝花站重要性前 10 的输入因子

月份	因子
1 月	Q(t−12), Q(t−11), Q(t−9), Ap(t−9), Q(t−10), CF49(t−5), Hurs(t−4), NAO(t−5), CF73(t−12), AMO(t−6)
2 月	Q(t−12), Q(t−11), Q(t−9), Q(t−8), Ap(t−9), Q(t−10), CF49(t−5), NINO3(t−9), CF66(t−3), CF54(t−6)
3 月	Q(t−11), Q(t−9), Q(t−12), Q(t−10), CF49(t−5), PNA(t−10), NNO1+2(t−6), NINO3(t−9), Ap(t−1), CF48(t−12)
4 月	NINO3(t−9), CF48(t−9), Q(t−11), NINO4(t−5), EA/WR(t−5), AMO(t−1), NAO(t−9), CF42(t−6), NINO3(t−2), Q(t−9)
5 月	NAO(t−9), NINO4(t−10), NINO3.4(t−10), AO(t−9), MEI(t−10), CF28(t−11), CF46(t−1), CF48(t−9), P(t−1), NAO(t−3)
6 月	AO(t−9), CF56(t−6), AMO(t−2), PDO(t−1), CF28(t−7), CF48(t−7), QBO(t−8), CF33(t−9), PNA(t−2), CF49(t−2)
7 月	Ap(t−2), T(t−9), QBO(t−10), Hurs(t−8), CF54(t−9), CF60(t−8), T(t−4), T(t−10), NAO(t−7), EA/WR(t−11)
8 月	Ap(t−2), CF60(t−5), AMO(t−10), Q(t−4), NINO3(t−9), Hurs(t−9), Hurs(t−2), CF54(t−4), NINO3.4(t−9), NAO(t−9)
9 月	CF68(t−1), NNO3(t−7), EA/WR(t−5), NNO4(t−11), AMO(t−9), NNO3.4(t−3), NAO(t−2), CF60(t−5), CF28(t−6), MEI(t−11)
10 月	NNO4(t−11), NINO3(t−3), NAO(t−5), NINO3(t−2), NINO4(t−8), NAO(t−11), NINO3(t−9), NINO3.4(t−3), Hurs(t−5), SASMI(t−7)
11 月	CF68(t−4, t−8), EA/WR(t−6), NINO3(t−9), NINO4(t−11), NINO3(t−3), QBO(t−5), CF68(t−12), NNO3(t−2), NNO3.4(t−3)
12 月	CF68(t−8), NINO3(t−9, t−3), CF68(t−12), NINO3(t−2). NINO4(t−11), Hurs(t−2), QBO(t−8), CF46(t−12), NNO3.4(t−3)

表 4.2.17　向家坝站重要性前 10 的输入因子

月份	因子
1 月	Q(t−12), Q(t−9), Q(t−11), Q(t−2), Hurs(t−9), Q(t−8), Q(t−10), NAO(t−12), Q(t−1), Q(t−3)
2 月	Q(t−9), Q(t−2), Q(t−12), Q(t−11), NAO(t−12), CF41(t−2), Hurs(t−9), Q(t−1), Q(t−10), Q(t−3)
3 月	Q(t−2, t−3, t−9, t−1, t−11, t−10, t−8, t−12), CF46(t−8), T(t−3)
4 月	CF42(t−6), NNO3(t−3), CF46(t−5), CF28(t−5), Q(t−9), T(t−4), NINO3(t−9), QBO(t−6), EA/WR(t−7), QBO(t−12)
5 月	Ap(t−8), NNO3.4(t−10), EA/WR(t−10), NNO4(t−10), PNA(t−4), AO(t−9), PNA(t−8), CF46(t−11), CF56(t−10), MEI(t−10)

月份	因子
6 月	CF66($t-3$), AMO($t-2$), AMO($t-9$), PDO($t-1$), CF33($t-9$), CF53($t-9$), P($t-6$), ENA($t-7$), CF49($t-2$), CF73($t-6$)
7 月	AMO($t-6$), QBO($t-10$), Hms($t-2$), CF56($t-7$), CF66($t-9$), CF54($t-9$), AMO($t-9$), EA/WR($t-11$), NINO4($t-5$), NINO3($t-3$)
8 月	CF60($t-5$), NAO($t-10$), CF54($t-4$), AMO($t-10$), CF55($t-2$), NNO4($t-12$), CF66($t-1$), QBO($t-8, t-9$), CF66($t-12$)
9 月	MEI($t-3$), CF68($t-1$), NAO($t-2$), AMO($t-9$), MEI($t-11$), CF54($t-2$), CF28($t-6$), CF60($t-4$), NAO($t-11$), CF66($t-12$)
10 月	NINO4($t-8$), NNO1+2($t-11$), CF49($t-2$), NAO($t-11$), Q($t-10, t-6$), NINO4($t-11$), MEI($t-3$), NAO($t-10$), QB0($t-1$)
11 月	NINO4($t-11$), PNA($t-7$), CF 33($t-9$), NINO3.4($t-3$), Hurs($t-9$), CF68($t-4$), MEI($t-3$), CF68($t-5$), CF28($t-11$), PDO($t-9$)
12 月	CF33($t-9$), CF68($t-8$), CF33($t-5$), CF28($t-9$), Q($t-6$), NNO4($t-11$), CF68($t-4$), Ap($t-7$), MEI($t-3$), CF60($t-4$)

3）预报结果分析

（1）石鼓站径流预报结果。

以 1961～1997 年为样本数据训练 RF-GPR 模型对 1998～2010 年金沙江上游控制断面石鼓站径流进行预报,不同输入因子对预报结果的贡献不同,选择检验期预报误差最小的模型作为最佳预报模型。RF 输入因子重要性排名前 10 的因子如表 4.2.15 所示。以预报变量为当年 1 月石鼓径流为例说明输入因子个数对预报结果的影响,其前 10 个输入因子的 VIM 及对应的模型预报误差如图 4.2.13 所示。由图 4.2.13 可知,当取前一年 12 月径流、11 月径流、5 月北半球极涡强度指数（CF55）和 11 月太平洋［160°W～150°W,5°N～5°S］区域平均海平面温度（NINO4）时,1 月径流的预报模型误差最小。然而再增加预报因子,模型的预报效果会降低,这说明增加输入因子,可丰富输入信息,预报精度会随之提高。但是当输入变量增加到一定程度,过多的信息一方面会导致模型结构复杂,增加拟合的难度,另一方面也会引入冗余信息,降低模型预报精度。由此可知,大尺度遥相关变量的加入有利于降低预报误差,此外,输入因子选择对于提升模型预报精度也很有必要。

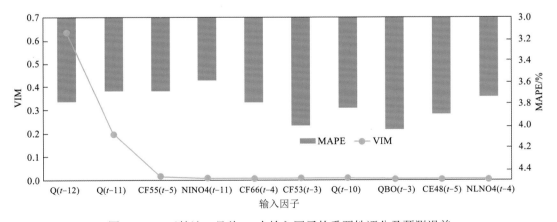

图 4.2.13　石鼓站 1 月前 10 个输入因子的重要性评分及预测误差

石鼓站各月最佳模型获得的逐月径流预报精度评价结果如表 4.2.18 所示。从确定性系数（deterministic coefficient,DC）看,除 8 月外其余月份的确定性系数超过 0.5,8 月预报效果最差,DC 为 0.29。从各月相关系数 R 指标看,预报径流均与实测径流呈较强的相关关系,其中

1 月、2 月的预报径流与实测径流相关性最高，可达 0.94。对比平均绝对百分比误差（mean absolute percentage error，MAPE）指标可得，逐月径流 MAPE 均在 16%以内；其中 1 月误差最小，其 MAPE 低至 4%。整体而言，随着预见期的增加，预报精度逐渐降低。

表 4.2.18　石鼓站检验期各月预报结果

月份	DC	QR	KGE	R	RMSE	MAE	MAPE
1 月	0.87	100	0.81	0.94	19	16	0.04
2 月	0.78	100	0.66	0.94	23	20	0.05
3 月	0.72	100	0.68	0.87	26	21	0.05
4 月	0.54	100	0.59	0.74	47	39	0.07
5 月	0.59	92	0.67	0.77	108	83	0.10
6 月	0.55	83	0.46	0.86	234	179	0.12
7 月	0.67	83	0.81	0.83	338	244	0.09
8 月	0.29	75	0.25	0.58	797	471	0.16
9 月	0.52	83	0.53	0.74	452	365	0.14
10 月	0.78	100	0.78	0.89	107	99	0.06
11 月	0.59	100	0.47	0.86	63	55	0.06
12 月	0.54	100	0.88	0.90	37	30	0.05

注：表中 QR 为合格率

图 4.2.14 绘制了枯水期 1 月和汛期 7 月预报径流过程。从图 4.2.14 看出，模型预报效果较好，预报结果 50%的置信区间基本能覆盖径流波动区域，且枯水期不确定性较小；汛期预报不确定性较大，这一方面是预见期延长导致的，另一方面是由于汛期径流受到环流因子及其他遥相关因子的综合作用，影响因素复杂，随机性较强，预报难度较大。

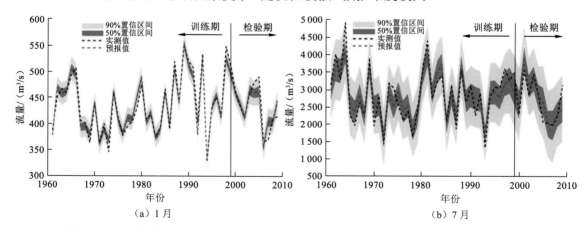

（a）1 月　　　　　　　　　　　　　　　　（b）7 月

图 4.2.14　石鼓站 1 月和 7 月预报结果（1961～1998 年训练期，1999～2010 年检验期）

（2）攀枝花站径流预报结果。

以 1961～1998 年为样本数据训练 RF-GPR 模型对 1999～2010 年金沙江上游控制断面攀枝花站径流进行预报，不同输入因子对预报结果的贡献不同，选择检验期预报误差最小的模型作为最佳预报模型。RF 模型输入因子重要性排名前 10 的因子如表 4.2.16 所示。以预报变量为当年 8 月攀枝花站径流为例说明输入因子个数对预报结果的影响，其前 10 个输入因子的 VIM 及对应的模型预报误差如图 4.2.15 所示。由图 4.2.15 可知，当取前一年 2 月气压、5 月大西洋欧洲环流、10 月北大西洋多年代际振荡、4 月径流、9 月 NINO3 以及 9 月湿度时，攀枝花站 8 月径流的预报模型误差最小，然而再增加预报因子，模型的预报效果会降低，这说明大尺度遥相关变量的加入可以有效提高预报精度，且恰当的输入因子个数对于提升模型预报精度很有必要。

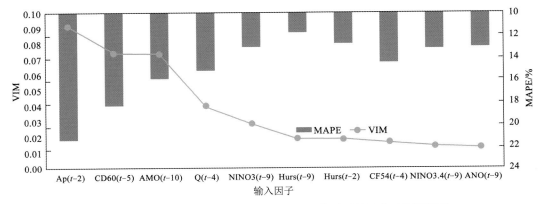

图 4.2.15 攀枝花站 8 月前 10 个输入因子的重要性评分及预测误差

逐月径流预报精度评价结果表 4.2.19 所示。从 DC 看，除 5 月 DC 不超过 0.5，其余月 DC 均大于 0.5 且 1 月、2 月、3 月、11 月、12 月的 DC 超过 0.7。从各月 R 指标看，预报径流均与实测径流呈较强的相关关系，其中 1 月预报径流与实测径流相关性最高，可达 0.99。对比 MAPE 指标可得，逐月径流 MAPE 均控制在 14% 以内；其中 1 月、2 月误差最小，其 MAPE 低至 2%。总而言之，随着预见期的增加，预报精度逐渐降低，且临近枯水期转丰水期的过渡月（4 月、5 月）预报效果比较差。图 4.2.16 绘制了 1 月和 7 月攀枝花站径流预报结果。从图 4.2.16 看出，所提模型具有较好的预报效果，预报与实测结果均能落在 50% 置信水平对应的置信区间内；90% 置信水平下的不确定区间在流量峰值与谷值处明显宽于 50% 置信水平下的不确定区间。

表 4.2.19 攀枝花站检验期各月预报结果

月份	DC	QR	KGE	R	RMSE	MAE	MAPE
1 月	0.94	100	0.87	0.99	13	11	0.02
2 月	0.87	100	0.86	0.96	15	11	0.02
3 月	0.76	100	0.84	0.87	22	17	0.03
4 月	0.56	100	0.66	0.80	48	36	0.05
5 月	0.45	83	0.81	0.86	151	114	0.10
6 月	0.57	83	0.56	0.78	251	170	0.09
7 月	0.80	100	0.82	0.90	329	263	0.07
8 月	0.57	75	0.54	0.79	825	531	0.12
9 月	0.59	83	0.63	0.84	697	493	0.14

续表

月份	DC	QR	KGE	R	RMSE	MAE	MAPE
10 月	0.51	100	0.69	0.81	204	158	0.06
11 月	0.74	100	0.70	0.89	85	69	0.05
12 月	0.71	100	0.70	0.88	48	30	0.04

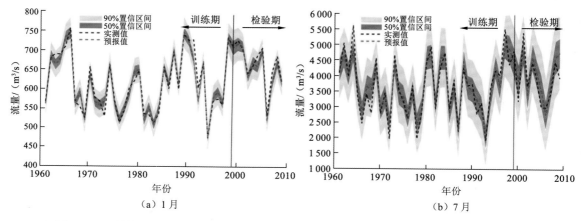

图 4.2.16   攀枝花站 1 月和 7 月预报结果（1961～1998 年训练期, 1999～2010 年检验期）

（3）向家坝站径流预报结果。

考虑向家坝上游雅砻江二滩电站于 1999 年全面投产运行,以 1999 年为界限,设计两种预报方案。方案一:1961～1988 年作为训练期,1989～1998 为检验期,预报结果如表 4.2.20 所示。方案二:1961～1998 年为训练期,1999～2010 年为检验期,预报结果如表 4.2.21 所示。由方案一的预报结果可知,从 DC 看,除 4 月、5 月、9 月 DC 不超过 0.5,其余月确定性系数均大于 0.5,且 1 月、2 月、3 月、6 月、7 月、8 月的 DC 超过 0.6。从各月 R 指标看,除 4 月、5 月外,其余月预报径流均与实测径流呈较强的相关关系,其中 1 月、2 月预报径流与实测径流相关性最高,可达 0.96 以上。对比 MAPE 指标可得,除 8 月、9 月外,其余月径流预报 MAPE 值均可控制在 16% 以内;其中 1～3 月误差最小,其 MAPE 低至 2%。总而言之,随着预见期的增加,预报精度逐渐降低,且临近枯水期转丰水期的过渡月（4 月、5 月）预报效果比较差。图 4.2.17 给出了 1 月和 8 月向家坝站径流预报结果。从图 4.2.17 看出,模型预报效果较好,预报结果 50% 置信水平下的不确定区间基本能覆盖所有径流,少数时段实测径流超出 50% 置信水平下的不确定区间,但仍在 90% 对应的不确定区间内。向家坝方案一的预报结果劣于石鼓和攀枝花站,可能是由于下游人类居住密集,活动频繁引起。

表 4.2.20   向家坝站检验期各月预报结果（二滩运行前）

月份	DC	QR	KGE	R	RMSE	MAE	MAPE
1 月	0.92	100	0.92	0.96	47	41	0.03
2 月	0.94	100	0.95	0.97	29	22	0.02
3 月	0.79	100	0.67	0.92	56	44	0.03

续表

月份	DC	QR	KGE	R	RMSE	MAE	MAPE
4 月	0.10	90	0.12	0.65	299	195	0.11
5 月	0.37	100	0.38	0.65	270	231	0.09
6 月	0.67	80	0.61	0.85	739	518	0.11
7 月	0.68	90	0.62	0.86	1 491	1 023	0.09
8 月	0.60	50	0.56	0.80	2 811	2 549	0.27
9 月	0.45	60	0.50	0.80	2 068	1 887	0.23
10 月	0.50	70	0.39	0.83	1 341	1 092	0.16
11 月	0.55	90	0.49	0.80	392	290	0.09
12 月	0.50	90	0.59	0.71	224	189	0.09

表 4.2.21 向家坝站检验期各月预报结果（不考虑二滩运行）

月份	DC	QR	KGE	R	RMSE	MAE	MAPE
1 月	−0.34	83	0.29	0.71	314	261	0.13
2 月	−0.82	58	0.09	0.60	393	325	0.17
3 月	−1.15	42	0.08	0.63	401	339	0.19
4 月	0.14	83	0.33	0.55	265	187	0.10
5 月	0.45	83	0.49	0.70	323	268	0.11
6 月	0.08	50	0.08	0.33	1 265	1 092	0.20
7 月	0.20	75	0.61	0.61	1 437	1 172	0.12
8 月	0.07	67	0.31	0.44	2 684	2 250	0.27
9 月	0.66	58	0.76	0.82	1 728	1 569	0.16
10 月	−0.95	75	0.09	0.09	1 250	989	0.16
11 月	0.37	83	0.29	0.72	562	484	0.14
12 月	−0.08	83	−0.03	0.18	392	269	0.11

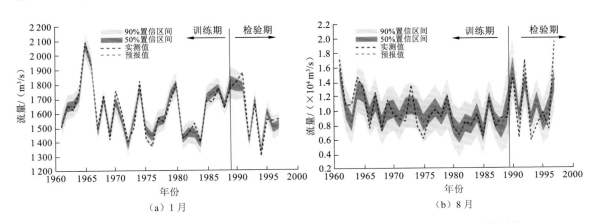

图 4.2.17 向家坝站 1 月和 8 月预报径流（1961～1988 年训练期, 1989～1998 年检验期）

由方案二的预报结果表 4.2.21 和图 4.2.18 可知，二滩水电站的蓄丰补枯调节作用，使得下游向家坝枯水期径流变大，汛期的流量峰值降低，因此以二滩运行年份 1998 年之前数据建模时得到的枯水期预报径流偏低,而汛期径流由于其本身影响因素比较复杂,因此尽管受到上游二滩电站的影响，但汛期向家坝预报精度降低程度没有枯水期明显。

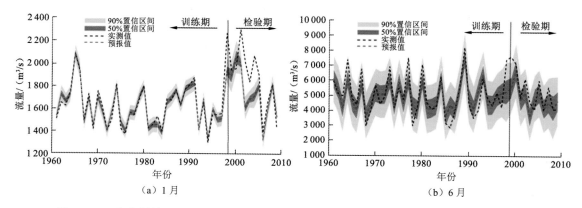

图 4.2.18　向家坝站 1 月和 6 月预报径流（1961～1998 年训练期，1999～2010 年检验期）

提高径流预报精度并延长径流预报预见期对流域水资源科学合理开发及库群安全经济运行管理具有重要意义。为此，将 RF 与 GPR 相结合，提出了气–海–陆因子驱动的不确定性径流预报方法，并将该方法应用于金沙江流域干流关键控制断面月径流预报。首先根据金沙江流域的气候特点，构建了包含前期流域面平均降水、月平均径流、气压、湿度等区域水文气象因子和大气环流因子、季风指数、厄尔尼诺指数等遥相关气候因子在内的因子集，其次通过 RF 算法对输入变量重要性进行排序，并基于 SFS 策略选取了最优输入因子集及对应的模型。发现并获得如下主要结论如下。

（1）流域径流过程不仅与区域性降水、湿度等气象因素有关，还与大气环流、季风指数、厄尔尼诺指数等气候因子存在一定的遥相关关系，通过添加与流域径流关联性强的遥相关气候因子为输入因子构建预报模型，实现了金沙江流域干流关键断面高精度中长期径流预报。

（2）输入因子过少或过多均会影响预报模型的预报效果。当选取输入变量过少时，存在输入有效信息缺失，模型精度不高的现象；而过多输入因子会增加模型复杂度，一方面造成计算资源浪费，另一方面增加拟合难度。利用 RF 对于输入因子进行重要性辨识与筛选，可较好避免上述问题的发生。

（3）输入因子遴选结果表明枯水期输入因子大多为前期径流，汛期输入因子相对较为复杂包括环流因子、不同区域太平洋海平面温度等。这种明显差异性说明随着预见期的延长，径流序列自相关关系逐渐减弱，水文–气象气候遥相关关系逐渐增强。

（4）石鼓站和攀枝花站径流预报效果较好，平均相对百分比误差可控制在 14% 以内，其中枯水期的 MAPE 可保证在 5% 以内，不确定性预报区间覆盖了大部分的实测径流过程且基本落在 50% 置信区间内，部分超出 50% 置信区间但仍能落在 90% 置信区间内；向家坝站预报效果稍差，汛期 8 月误差最大，高达 27%，其余月误差可控制在 20% 以内，汛期 90% 不确定性预报区间基本覆盖了所有实测径流过程。

（5）本小节提出的气–海–陆因子驱动的不确定性预报方法既能量化径流预测过程中的不确定性，又能给出期望径流过程，具有一定的工程应用价值。

4.3　基于全球气候模式的流域中长期降雨预报方法

我国土地广袤，因海拔、人口分布、环境等问题，过去建立的水文气象站点分布不均匀现象十分严重，南方地区水文气象站点相对较多，气象水文资料序列相对完整，可靠性程度高，而高海拔地区、人迹罕至地区水文气象站点相对较少，水文资料匮乏甚至完全无记录，资料不完整现象比较严重。因此，实际观测数据的获取极为困难，制约了流域气象水文过程的时空分布及演变规律的研究。随着全球气候模式的发展，降水资料中的分析和再分析数据可弥补台站观测数据不足，对缺乏地面观测手段地区的降雨预报研究具有重要的应用价值[44]。

4.3.1　ERA、FNL、CFS 模式全球尺度再分析数据集

降水是气象水文研究领域中最重要变量之一，受到大气环流运动与人类活动等多重影响，具有高度时空变异性，因此成为最难观测变量之一。长期以来，传统水文气象要素数据都是通过地面实测站点观测获取。近年来，随着专业领域相关技术的不断发展，借助卫星反演、数据同化以及模式运算等方法，大量的降水产品应运而生。再分析数据集结合了地面、探空、卫星等观测资料，并且经过模式的同化，可提供具有时空连续性的水文气象要素，能在一定程度上弥补传统降水观测的不足。随着再分析数据集的不断完善，发展了 ERA、FNL、CFS 等再分析数据集。

ERA-interim 再分析数据是 ECMWF 机构全球尺度再分析数据集，资料时间尺度从 1979 年开始，并且实时更新。ERA-interim 数据同化系统是基于 2006 年发布的预报集成系统（Integrated Forecast System，IFS），该系统包括 12 h 分析窗口的四维变分分析（4D-Var），数据集的空间分辨率从表面到 60 hpa 的垂直层面上约为 80 km。ERA-interim 再分析数据通常每月更新一次，保证数据质量，并纠正数据在同化技术中的技术问题。

FNL 全球再分析数据是精度为 $1° \times 1°$ 的每 6 h 运行准备的网格数据，该产品来自全球数据同化系统（Global Data Assimilation System，GDAS），FNL 采用 NCEP 在全球预报系统中（Global Forecast System，GFS）使用的相同模型制作，其在 GFS 初始化后约需 1 h 数据准备，以便可以使用更多的观测数据。

CFS 数据来源于美国国家环境预报中心再分析气候预测系统（Climate Forecast System Reanalysis，CFSR），包含了 1979～2011 年这 33 年的再分析数据，NCEP 气候预测系统 CFSV2 的第二个版本于 2011 年 3 月在 NCEP 上运行，该版本几乎升级了该系统在同化和预报模型组件的所有方面，CFS 每天初始化运行四次，可提供水平分辨率为 $2.5° \times 2.5°$ 的 6 h 间隔数据。

表 4.3.1 为 ERA、FNL、CFS 三个模式的数据说明。当实测降水数据时间长度较短时，为延长降水数据，可利用实测降水和三个模式降水同期资料进行对比分析，评定模拟精度，若满足精度要求，可用模式降水数据延长实测降水资料，解决研究区域资料时间长度不足问题；当

研究区域缺少实测降水数据时,可以模式降水数据作为备选资料,输入水文模型,比较实测径流和模拟径流精度,解决无资料地区的径流模拟问题。

表 4.3.1　ERA、FNL、CFS 三个模式的数据说明

模式名称	起始时间	分辨率	时间尺度	数据格式	更新时间
ERA	1979~2019 年	0.25°×0.25°	12 h	nc	延迟 3 个月
FNL	1999~2019 年	1°×1°	6 h	grb	延迟一天
CFS	1979~2019 年	2.5°×2.5°	6 h	grb	延迟一天

4.3.2　插值方法及面降水量推求

气候模式输出降水为网格格点降水,而实测降水多为气象站点实测降水,两者之间存在尺度不匹配的问题,可用插值方法将网格降水与气象站实测降水进行匹配,四种插值方法如下。

(1)直接法:从气候模式输入网格中找到与每个气象站最近的网格,用最近网格的降水直接作为气象站模拟降水。

(2)平均法:对每个气象站点,找到与该站点距离最近的三个气候模式网格点,用这三个气候模式网格点的降水平均值作为该气象站模拟降水。

(3)反距离权重插值法(inverse distance weighted,IDW):最常见的空间插值方式之一,属于确定性插值方法,可通过权重调整空间等值线的结构,基于相似相近原理,即距离较近的事物要比距离较远的事物相似度更高。其认为每个已知点对估算点都存在一种局部影响,且距离越大,影响越小。由于该方法中距离预测位置越近的点,分配的权重越大,权重作为距离的函数随距离的增大而减小,因此被称为反距离权重法。

(4)克里金方法:考虑了已知样本点的形状、大小、方位等,以及与未知样点的空间关系,在变异函数提供结构信息之后,对未知样点进行线性无偏最优估计的插值方法[45]。

ERA、FNL、CFS 模式数据来源于开源网站,文件格式一般为 grb 格式或 nc 格式,通过编程可以将有关降水信息提取并转换成单位为 mm 的格式。一般 ERA、FNL、CFS 模式降水信息时间尺度为小时。

采用插值方法将气候模式网格点数据插值为站点数据后,即可用算术平均法或泰森多边形法推求流域面均降雨量。

4.3.3　ERA 在长江上游应用研究

为有效弥补长江上游地区水文气象资料短缺问题,采用资料同化手段分析过去几十年的水文气象观测数据,重新建立具有高质量、长序列高分辨率的格点资料。虽然再分析资料不能完全的取代实际观测资料,但在一定程度上能够反映地区气候的变化趋势。因此在使用前,需进行 ERA 再分析资料在长江上游地区的适用性研究。

通过计算两套降水数据(实测数据与 ERA 再分析数据)面平均的年、季降水量及其在年、季尺度变化趋势,研究 ERA 再分析资料在长江上游寸滩以上地区的应用效果。流域降水变化趋势见图 4.3.1。从图 4.3.1(a)~(e)中可知,年尺度、季节尺度 ERA 再分析降水数据较实

测数据降水量均偏高,年降水偏高幅度达 50%,春季高达 81%,夏季较小为 27%,秋季降水高达 55%,冬季降水由于绝对值较小,偏高幅度达到 187%。虽然在数值上降水数据差异较大,但是图中曲线可明显看出,两套数据不同时间尺度上的历年降水变化趋势比较一致,因此年、季时间尺度上可直接采用折算系数法整体折算格点降水。

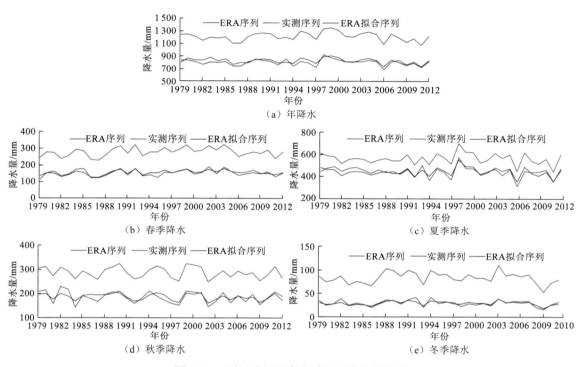

图 4.3.1　不同时间尺度上游地区降水趋势图

通过计算优化,确定年尺度降水序列折算系数是 1.49,春季降水序列折算系数是 1.81,夏季降水序列折算系数是 1.27,秋季降水序列折算系数是 1.55,冬季降水序列折算系数是 2.87。

4.4　变化环境下长江上游径流响应、演化路径与演变趋势

　　流域的径流情景及演化和多方面因素存在关联,其中最直接的包括流域的气候环境及流域的下垫面情况等。作为水文循环过程中的基本要素和影响径流的关键因素,降水、气温一直是研究的热点。在水文过程的建模分析中,通常假定流域的历史时期降水、径流变化特征与未来时期降水来水情景变化特征基本一致,选用历史时期气象数据作为水文模型的输入,预测流域未来一段时间内的径流量。然而,受全球及区域气候变暖和高强度人类活动的影响,流域水资源系统在自然条件下的水文循环过程受到破坏,引起水资源的时空分布不均,加剧干旱和洪涝等自然灾害发生的强度与范围。在变化环境下,亟需研究流域水文气象要素时空分布规律和演变趋势,为流域水文预报、水资源开发管理提供参考。与此同时,利用全球气候模式分析、预估流域未来气候变化的科学手段也日益成熟。世界气候研究计划(World Climate Research

Programme，WCRP）自 20 世纪 70 年代就开始耦合模式比较计划，在模拟和预估未来气候演变趋势、探求气候变化机理等方面都有广泛应用[46]。新一代耦合模式比较计划第五阶段（CMIP5）全球气候模式与 CMIP3 模式相比在参数化方案选择、通量方案处理、耦合器技术应用等方面都有较大改善，大幅度提高了气候模式的模拟和预估能力[47]。因此，本节引入全球气候模式 CMIP5，并考虑未来不同典型浓度路径排放情景，建立流域陆气耦合模型及考虑下垫面时空变化的分布式模型，对长江上游流域在多种气候变化情景下的未来径流响应及其演变趋势进行预测。

4.4.1　气候模式和气候变化情景概述

1. 气候模式

20 世纪 80 年代国际水文界广泛关注环境变化对水文水资源的影响，起初研究者普遍使用无参数统计及相关检验法进行分析[48]，除通过分析历史观测水文气象资料，研究者还建立了多种气候模式（general circulation models，GCMs）模拟多情景下人类活动造成气候变化的试验方案，并将多情景水文气象数据输入水文模型中获取流域未来水文循环过程。GCMs 是典型的动力学模式，它基于气候系统的热力学、流体运动学建立了能够表达大气或者海洋环流机制的大尺度模型，是一种用于探索地球表面大气系统物理过程的有效工具，可提供较为可靠的历史、当前及未来气候数据用于探究气候变化机制及水循环对气候变化的响应[49]。WCRP 为推动大气模式、气候系统模式和地区系统模式，提出了耦合模式比较计划（Coupled Model Intercomparison Project，CMIP）。CMIP 从 1995 年实施，已经发展到第 5 个模式（CMIP5），包括多个气候系统模式和地球系统模式。这些数据可用于年代际气候变化预测试验和分析，分析陆地碳循环过程和海洋气候循环研究等。由于 GCMs 的空间分布较为粗糙，一般难以匹配子网格或者子流域尺度下的水文过程模拟，可通过降尺度方法将 GCMs 数据降尺度到水文模型中，以用于流域的气候变化分析以及预测。各种全球气候模式适用范围不同，其中一些在东亚地区模拟效果良好，它们的来源、名称以及分辨率分别为：美国的 GFDL-ESM2M（2.5°×2.02°），英国的 HadGEM2-ES（1.87°×1.25°），法国的 IPSL-5 CM5A-LR（3.75°×1.89°），日本的 MIROC-ESM-CHEM（2.81°×2.79°），挪威的 NorESM1-M（2.5°×1.89°）以及加拿大的 CanESM2（2.81°×2.79°）。

2. 气候变化情景

CMIP5 确定了新的气候变化情景即典型浓度路径（representative concentration pathways，RCPs）[50-52]，模拟了未来可能的多种气候情景。RCP 数据库[53]提供了 RCPs 各个情景的排放浓度以及植被覆盖改变下的投影规范。CMIP5 在 RCP2.6（低排放），RCP4.5（中等稳定排放）和 RCP8.5（高排放）三种不同温室气体排放情景下的数据用于分析未来气候情景。其中 RCP2.6 情景反映了非常低的温室气体排放标准，辐射强迫水平在 21 世纪中期达到 3.1 W/m²，21 世纪末达到 2.6 W/m²，实现 21 世纪末全球气温增长低于 2℃的目标，为达到该目标下辐射强迫水平，温室气体的排放需随着时间推移而逐步减少；而 RCP4.5 情景是一个稳定的排放情景,在该情景下可通过一系列措施减少 CO_2 排放，使总辐射强迫到 2100 年时趋于稳定;RCP8.5

情景表示未来温室气体排放浓度将增加最终导致高浓度的温室气体排放。各情景驱动模型可参见文献[54-55]。RCP 情景在未来气候变化预测与评估、排放增加或减缓对水循环影响的分析上展现了很大潜力。

4.4.2　统计降尺度方法

1. 降尺度方法简介

降尺度方法分为动力降尺度方法和统计降尺度方法。其中,动力降尺度方法物理意义明确、不受观测资料影响且面向覆盖区域的所有格点,但由于其巨大的计算量,不便模拟和配置[56]。相对而言,统计降尺度没有非常明确的物理意义,而是通过区域的实测气候资料以及统计方法完成降尺度,但其建模难度远小于动力降尺度,且其建模周期短,降尺度效果佳,被广泛使用。统计降尺度模型(statistical down scaling model,SDSM)就是一种可通过统计降尺度方法评估局部气候变化的有效工具[57-58]。该方法由 Wilby 等[59]提出,可利用模糊气象发生器和多元回归方法构建大尺度预报因子与局部区域气候变量的相关关系确定局部气象变量[60]。相比于动力降尺度方法,SDSM 可更快地建立单站点当前和未来每日局部气候多种变化情景。

2. SDSM 建立步骤

1）预报因子优选

全球气候模式中包括多种预报因子,需要从其中挑选与流域预报量相匹配的因子。优选预报因子的原则包括:预报值与预报因子在物理意义上有明确的联系;预报因子与预报值之间有较强的相关性;预报因子是 GCMs 模拟出的较为准确的序列。其中 GCMs 数据中待选的预报因子如表 4.4.1 所示。

表 4.4.1　26 个预报因子及其含义

预报因子	含义	预报因子	含义
mslp	平均海平面气压	p5zh	500 hpa 散度
p1_f	近地表风速	p8_f	850 hpa 风速
p1_u	近地表经向温度	p8_u	850 hpa 经向温度
p1_v	近地表纬向温度	p8_v	850 hpa 纬向温度
p1_z	近地表涡度	p8_z	850 hpa 涡度
p1th	近地表风向	p850	850 hpa 位势高度
p1zh	近地表散度	p8th	850 hpa 风向
p5_f	500 hpa 风速	p8zh	850 hpa 散度
p5_u	500 hpa 经向温度	prcp	降水
p5_v	500 hpa 纬向温度	s500	500 hpa 相对湿度
p5_z	500 hpa 涡度	s850	850 hpa 相对湿度
p500	500 hpa 位势高度	shum	近地表湿度
p5th	500 hpa 风向	temp	近地表气温

2）建立统计关系模型

将优选的预报因子和相应的预报值历史序列输入 SDSM，建立预报值与预报因子间的统计降尺度模型，从而获得站点预报气象数据与大气环流因子之间的统计关系。预报值与预报因子的关系可表示为

$$P_d = F(P_r) \tag{4.4.1}$$

式中：F 为随机数或回归函数；预报值 P_d 根据研究需要决定；P_r 为输入预报因子。

通过计算判定系数 R^2 评价率定效果，其计算公式为

$$R^2 = \frac{\sum_{i=1}^{T}(X_{sim,i} - \overline{X}_{obs})^2}{\sum_{i=1}^{T}(X_{obs,i} - \overline{X}_{obs})^2} \tag{4.4.2}$$

式中：$X_{obs,i}$ 和 $X_{sim,i}$ 为实测序列及模拟序列的第 i 时期的预报量值，包括日降水、日最高气温、最低气温值；时期总长度为 T；时期内预报量的实测值的均值为 $\overline{X}_{obs}$。

3）未来气候情景生成

将 GCMs 的未来气候情景数据输入上述建立的统计关系模型，通过 SDSM 的天气发生器模块生成流域未来气象数据序列。

4.4.3　长江上游流域降水径流模型

1. 新安江水文模型

1）新安江水文模型简介

根据对流域空间的离散程度，水文模型可分为集总式水文模型和分布式水文模型。集总式水文模型将流域概化为一个均一化的整体，操作简单便于应用，其核心一般为描述流域降水、蒸发及产汇流机制的公式，但是不考虑降水时空分布和下垫面差异的影响。新安江水文模型属于概念性集总式水文模型，模型的输入为流域面平均降水量和蒸发量，输出为流域出口断面流量。新安江水文模型被广泛应用于我国湿润和半湿润地区，而长江上游干流区属于湿润地区，降水产流满足蓄满产流机制，符合新安江水文模型的使用条件。

2）新安江水文模型原理

新安江水文模型参数具有明确的物理意义，模型运行主要分 4 个模块：蒸发模块、产流模块、水源划分模块和汇流模块。其有三个重要特性：一是分单元计算产流，根据流域观测水文站分布位置把流域划分为多个单元，对每个单元进行产流计算；二是分水源，将径流过程分为地表径流、壤中流和地下径流；三是分阶段汇流，包括坡面汇流和河网汇流，最终得到流域出口断面流量过程。

3）新安江水文模型的参数率定

针对单目标优化算法难以全面描述流域水文循环过程特性问题，提出了一种多目标参数率定（multi-objective shuffled complex differential evolution，MOSCDE）算法，该算法在原复合进化重组（shuffled complex evolution-University of Arizona，SCE-UA）算法基础上，对搜索

部分做了改进，用全局搜索能力强的差分进化（differential evolution，DE）算法替代原有的单纯形法，提高了算法搜索能力，同时为避免算法陷入局部最优引入柯西变异算子，增强寻优种群的多样性。

参考《水文情报预报规范》（GB/T 22482—2008），为判断和评价模型模拟的径流与实测的径流拟合程度，选择洪量相对误差、确定性系数以及洪峰相对误差作为目标函数。

洪量相对误差用于评价模拟洪量与实测洪量的接近效果，目的是保证模拟流量过程与实测流量过程水量平衡。其定义为

$$\mathrm{RE} = \left| \sum_{i=1}^{n} (Q_{观测,i} - Q_{模拟,i}) \right| \bigg/ \left(\sum_{i=1}^{n} Q_{观测,i} \right) \tag{4.4.3}$$

式中：$Q_{观测,i}$ 为 i 时刻径流观测值；$Q_{模拟,i}$ 为 i 时刻径流模拟值；n 为径流时段长度。

DC 侧重于洪水过程线形状尽可能一致，且 DC 越接近于 1，则模拟洪水过程线越符合实况洪水过程线。其定义为

$$\mathrm{DC} = 1 - \left\{ \left[\sum_{i=1}^{n} (Q_{观测,i} - Q_{模拟,i})^2 \right] \bigg/ \left[\sum_{i=1}^{n} (Q_{观测,i} - \overline{Q}_{观测})^2 \right] \right\} \tag{4.4.4}$$

$$\mathrm{Obj}_2 = 1 - \mathrm{DC} \tag{4.4.5}$$

式中：DC 为确定性系数；$\overline{Q}_{观测}$ 为径流观测平均值。

洪峰相对误差（peak relative error，PRE）用于评价洪峰流量的拟合程度，与 PRE、DC 呈现反比关系。其定义为

$$\mathrm{PRE} = \frac{1}{N} \left| \sum_{i=1}^{n} \left(\frac{Q'_{观测,i} - Q'_{模拟,i}}{Q'_{观测,i}} \right) \right| \tag{4.4.6}$$

式中：$Q'_{观测,i}$ 为场次洪水洪峰观测值；$Q'_{模拟,i}$ 为场次洪水洪峰模拟值；N 为洪水总次数。

2. VIC 水文模型

1）VIC 水文模型简介

相比于集总式水文模型，分布式水文模型考虑流域水文、气象和下垫面时空分布，并精确地模拟流域复杂的水循环动态过程。它将流域分成若干个水文单元，每个计算单元可反映气候、下垫面的时空特性并进行水量平衡计算，计算单元之间可进行水量交换。分布式模型可根据选取单元的大小精细化模拟流域时空分布特性和水循环特性，为深入刻画和分析水文系统时空演化规律提供了有力的技术支撑。1994 年美国华盛顿大学、加利福尼亚大学伯克利分校及普林斯顿大学三所大学共同开发了一种大尺度的分布式水文模型可变下渗容量（variable infiltration capacity，VIC）水文模型[61]。VIC 水文模型可较为真实地刻画流域内降水、蒸发、土壤下渗、植被覆盖、地形等水文气象与下垫面时空变化特性，能探索变化环境下复杂水文现象的机理，可较好的解决流域水文、水环境及水生态问题。随着人类活动影响及全球气候变化加剧，VIC 水文模型凭借其特点在环境变化对水资源影响的研究上被越来越广泛地利用。

2）VIC 水文模型原理

VIC 水文模型是一种模拟大气–植被–土壤之间水量与热量交换的大尺度地表水文模型，它可对流域陆–气间能量平衡和水量平衡进行模拟，考虑植被冠层蒸发、植被蒸腾以及土壤蒸

发、土壤冻融、水库湿地等过程并模拟计算，能较全面地考虑了流域下垫面的降水、下渗、出流、蒸发、土壤及覆被的时空差异。

模型将流域划分为多个网格，每个网格内有多种植被类型，每种植被覆盖类型的特性参数都已制定。蒸发通过 Penman-Monteith 方程计算网格净辐射和水汽压差获取。流域土壤划分为三层，最上两层用于模拟土壤对降雨入渗的快速响应过程，且当中间层更湿润，中间层水量可扩散至顶层土壤。底层土壤的水由中间层的水在自然重力作用下汇入，可用 Brooks-Corey 方程模拟不饱和水传导过程[62]，主要刻画季节性土壤含水过程且仅对上层土壤饱和时的短期降雨做出响应。而底层出流过程根据 Arno Model 表达[63]。土壤水也可通过蒸发作用由根系向上传输。每个网格内土壤特性参数（如土壤质地、水力传导度等）都为常数。模型中，每个时间步长每种植被类型的土壤水分布、下渗、土壤层间水量转换、表面出流及地下出流都将进行计算。而对于每个网格，总的热通量（潜热、显热及地热），有效表面温度以及总的表面与地下出流将根据每种植被类型比例加权获得。

VIC 水文模型中每个网格不考虑水平方向的对流而独立计算，每个网格的出流序列分布并不一致，故采用一个独立的汇流模型用于将网格的表面出流和地下出流汇入河网[64-65]。汇流模型中，利用内部脉冲函数表达的线性转换函数计算网格内的汇流，且假设所有水量从网格单一的方向流出，河道汇流基于线性圣维南方程计算流域出口流量。

（1）DEM 数据处理。从中国科学院计算机网络信息中心地理空间数据云平台下载流域数字高程模型（digital elevation model，DEM）数据，利用 ArcGIS 软件进行相关处理，包括填洼、流向计算、流量计算、栅格计算器、栅格河网矢量化以及捕捉倾斜点和分水岭等，获取流域河网图以及流域 shp 图；以流域 shp 图为基准，将流域划分为若干个特定大小的网格。长江上游流域干流各断面在流域中的位置以及子流域的划分如图 4.4.1 所示。

图 4.4.1　流域各断面方位图

（2）河网流向获取。根据 D8 算法确定河网流向，即将流向从正北开始，按照顺时针 45° 转动 7 次，划为 8 个方向，并分别编号为 1～8。通过 ArcGIS 自动生成河网，考虑 DEM 原始数据误差，最终的河网与实际河网可能有出入，故在生成流域网格流向时需根据实际河网 shp 图手动调整，最终获取流域河网流向图。

（3）土壤数据获取。流域土壤数据分为上、下层，上层对应 VIC 水文模型的顶层，下层数据对应 VIC 模型的第二、第三层。利用 ArcGIS 软件中的地图代数工具统计流域内土壤类型以及分布，并确定各个网格中土壤占比情况。全球土壤数据库（harmonized world soil database，

HWSD）是基于土壤类型、土壤含砂量及土壤黏土含量信息形成的土壤数据库。VIC 水文模型中考虑的有明确物理意义的土壤参数取值可根据 HWSD 中的土壤特性分类表获取，土壤分类及对应取值见表 4.4.2。

表 4.4.2　HWSD 土壤分类及取值

USDA 序号	土壤质地	体积密度/（kg/m³）	田间持水量	凋萎含水量	土壤孔隙度	土壤饱和传导度/（mm/day）	2b+3
1	砂土	1 490	0.08	0.03	0.43	1 721.6	4.10
2	壤质砂土	1 520	0.15	0.06	0.42	1 257.6	3.99
3	砂壤土	1 570	0.21	0.09	0.40	957.6	4.84
4	粉质壤土	1 420	0.32	0.12	0.46	472.8	3.79
5	粉土	1 280	0.28	0.08	0.52	472.8	3.05
6	壤土	1 490	0.29	0.14	0.43	472.8	5.30
7	砂质黏壤土	1 600	0.27	0.17	0.39	576.0	8.66
8	粉质黏壤土	1 380	0.36	0.21	0.48	396.8	7.48
9	黏壤土	1 430	0.34	0.21	0.46	424.8	8.02
10	砂质黏土	1 570	0.31	0.23	0.41	285.6	13.00
11	粉质黏土	1 350	0.37	0.25	0.49	228.0	9.76
12	黏土	1 390	0.36	0.27	0.47	124.3	12.28

注：表中 2b+3 是由体积含水量推求土壤水分传导系数时的曲线系数，其中 b 为 Clapp & Hornberger 系数

（4）植被覆盖数据获取。获取全球植被覆盖数据，提取流域范围内网格植被覆盖，并计算出每个网格内各种植被所占的比例，再结合土壤数据同化系统（land data assimilation system，LDAS）给出的植被库文件，获取每种植被对应的 VIC 水文模型所需的参数，VIC 水文模型各类植被对应参数取值见表 4.4.3。

表 4.4.3　植被参数表

序号	植被类型	反照率	最小气孔阻抗/（s/m）	叶面积指数	糙率/m	零平面位移/m
1	常绿针叶林	0.12	250	3.40～4.40	1.476	8.04
2	常绿阔叶林	0.12	250	3.40～4.40	1.476	8.04
3	落叶针叶林	0.18	150	1.52～5.00	1.230	6.70
4	落叶阔叶林	0.18	150	1.52～5.00	1.230	6.70
5	混合林	0.18	200	1.52～5.00	1.230	6.70
6	林地	0.18	200	1.52～5.00	1.230	6.70
7	林地草原	0.19	125	2.20～3.85	0.495	1.00
8	密灌丛	0.19	135	2.20～3.86	0.495	1.00
9	灌丛	0.19	135	2.20～3.87	0.495	1.00
10	草原	0.20	120	2.20～3.88	0.074	0.40
11	耕地	0.10	120	0.02～5.00	0.006	1.04

（5）气象驱动数据获取。对于气象驱动数据，下载整理流域内气象驱动数据（即日降水、日最高气温、日最低气温），并对数据空缺时段进行插补，插补完成后利用 IDW 法或泰森多边形插值法，获取流域所有网格各自的气象驱动数据序列，整理导出 VIC 水文模型产流模块的气象驱动输入文件。

（6）其他输入数据。输入数据还包括流域边界网格产流比例数据、断面位置文件以及全局文件。由于流域边界的网格中，包含两个或者以上流域，目标流域的面积只占其中一部分，对流域区域图进行计算几何操作，获取流域边界网格中流域面积占比数据；断面位置文件存储了流域内各断面的经纬度数据；全局文件用于存储程序运行入口、模型输入数据的路径及一些模型运行所需的必要数据，如模型运行起止时间、运行时长等。

准备各项输入数据并整理导入 VIC 水文模型后，即可驱动 VIC 水文模型。

3）VIC 水文模型的参数率定

由于土壤参数中与水文相关的参数无法直接获取准确值，一般取某一初始值来运行模型，这时水文模型运行结果不能反映流域土壤真实性质，需通过参数率定来确定这些土壤参数的准确值，以使水文模型能够尽量反映流域真实情况，VIC 水文模型需要率定的参数主要有 7 个，如表 4.4.4 所示。

表 4.4.4　VIC 水文模型需要率定的参数

参数	含义	取值范围
B	蓄水容量曲线指数	0～10.0
D_s	非线性基流发生时流速占 D_m 的比例	0～1.0
D_m	基流最大流速	0～30.0
W_s	非线性基流发生时土壤含水率占饱和含水率的比例	0～1.0
d_1	第 1 层土壤厚度（m）	0～0.5
d_2	第 2 层土壤厚度（m）	0～2.0
d_3	第 3 层土壤厚度（m）	0～4.0

参数率定的评价指标选择 NSE、径流 RE。参数率定的方法有多种，其中比较常用的有 SCE-UA 算法和坐标轮换法等。

3. SWAT 模型

1）SWAT 模型简介

SWAT（soil and water assessment tool）创建于 20 世纪 90 年代初，是由美国农业部农业研究中心 Jeff Amold 博士开发的流域水文模型。模型具有物理机制鲜明、输入变量易获取、计算效率高、可对流域进行长期模拟等优点。可预测土地管理措施对产水、产沙及农业化学污染物负荷的影响[66]。

2）SWAT 模型原理

SWAT 模型是一种具有强大物理机制的分布式水文模型，其模拟并分析参与、影响水文循环的各要素变化过程包括：将研究流域划分成多个子流域和水文响应单元，分别计算各水文响应单元的水文变化进程，得到的所有水文响应单元的产出随后在子流域的出口处统一进行叠加计算，最后得到各子流域的输出。模型不通过直接使用回归方程式来阐述输入与输出变量二者之间的代数关系，而是把流域的地形信息、土壤类型信息、气象信息等作为输入，直接模拟径流、作物生长、泥沙运移等物理过程。

3）模型建立流程

SWAT 水文模型的建立流程主要如下。

（1）划分子流域及河网提取，关键点包括：DEM 的加载及预处理、指定最小子流域的面积、绘制河网、计算子流域参数等。

（2）添加土地利用和土壤类型数据，在水文响应单元分析选项卡中，将重分类好的土地利用和土壤类型空间数据导入。

（3）划分水文响应单元，水文响应单元（hydrological response unit，HRU）定义的方式主要可归为两种：主导因子方法和多个水文响应单元法。

（4）加载气象数据，主要包括流域逐日的降水、气温、相对湿度、风速和太阳辐射。

（5）创建 SWAT 输入文件并运行模型，输入文件主要包括气象输入文件、主河道输入数据文件、子流域输入数据文件等。

4.4.4　长江上游陆气耦合模型

为有效延长径流预报预见期，在洪水预报中引入数值天气预报模式，搭建耦合数值天气预报模式的径流预报系统，实现陆气耦合洪水预报。根据数值天气预报模式与水文模型通量间的相互作用情况，陆气耦合模型分为单向耦合和双向耦合。单向耦合通过数值天气预报模式对大气环流形式进行预报及对降水、气温等气象要素进行预报，把预报的气象要素作为水文模型的输入，从而预报未来一段时间内的径流过程。双向耦合则要同时考虑陆面通量降水、气温、风速、潜热通量等对数值天气预报模式和水文模型的互馈作用，从而形成一个完整的互馈系统。单向耦合因其灵活性高、易调试等优点，并且无需考虑气象与水文的相互作用过程而在中短期径流预报中得到广泛应用[67]。而双向耦合虽然充分考虑水文气象要素的互馈作用，但在实际应用中存在较多困难。随着天气预报技术的飞速发展，出现了包括 WRF、ECMWF、T639 等众多物理意义明确、性能优越的数值天气预报模式，如何有效利用数值天气预报降水信息，指导流域水文预报过程，在保证径流预报精度的同时，延长有效预见期是当前的研究热点。

针对径流预报中如何有效提高预报精度和延长预见期等问题，本小节研究耦合数值模式预报降雨信息的流域短期径流预报，建立长江上游干流区陆气耦合模型。本小节选取洪水预报中常用的评价指标包括 DC、RE、PRE 对洪水预报结果进行检验，同时结合不同预见期预测径流与实测径流散点图，对径流的相关性进行分析。

1. 模型数据处理

数值模式预报降雨产品时间尺度为日，符合水文模型输入要求。而空间上，ECMWF、T639 模式降水预报产品为 0.25°×0.25°网格点数据，而新安江水文模型输入信息为子流域面降水过程，因此采用算术平均法将网格点数据转化为各个子流域面平均降雨驱动新安江水文模型，实测径流数据来源于流域水文站控制。

2. 长江上游干流区陆气耦合模型构建

基于流域水文控制站 2016 年 6～9 月实测径流数据,将 ECMWF、T639 模式预报降水产品驱动率定好的新安江水文模型,采用单向耦合方式对长江上游干流区的径流过程进行预报试验,建立长江上游干流区陆气耦合模型,对比不同预见期预测径流过程和实测径流过程的拟合程度。实例研究了溪洛渡—向家坝、朱沱—寸滩、寸滩—宜昌区间的陆气耦合模型。陆气耦合模型流程图见图 4.4.2。

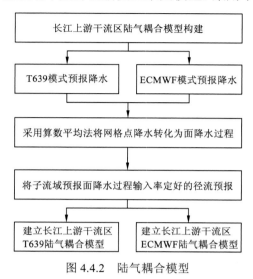

图 4.4.2　陆气耦合模型

3. 陆气耦合模型径流预报结果对比分析

利用上文处理的 ECMWF、T639 模式降水预报产品驱动水文预报模型,得到流域不同预见期预报径流,采用 DC、RE 和 PRE 评价指标对比分析两个陆气耦合模型不同预见期预报的径流精度,同时结合相关性分析法分析预报径流与实测径流的相关性小大,确定流域陆气耦合模型径流预报有效预见期。

1) 径流预报精度分析

(1) 向家坝断面。

把溪洛渡—向家坝区间面降水预报过程作为向家坝断面径流预报模型的输入信息,探究向家坝断面陆气耦合模型在不同预见期的预报精度,表 4.4.5 为基于陆气耦合模型的向家坝断面径流预报 24～168 h 各预见期的评价结果。T639 陆气耦合模型预报径流评价指标 DC 值高于 ECMWF,说明 T639 耦合模式预报降水的预测流量过程和实测流量过程更加吻合。ECMWF 陆气耦合模型预测径流的 DC 分布范围为 0.47～0.82,RE 分布范围为 12.09%～23.94%,PRE 分布范围为 0.54%～9.59%;T639 陆气耦合模型预测径流的 DC 分布范围为 0.69～0.80,RE 分布范围为 13.70%～16.29%,PRE 分布范围为 0.93%～2.98%。DC 指标值较低且随着预见期的延长有减小的趋势,预报效果有待提高,T639 前 4 天的预报精度达到乙级,可用于作业预报,超过 4 天预见期的径流预报结果具有一定参考性,可能原因在于向家坝断面建模精度偏低,随着预见期的延长预报精度有所下降。

表 4.4.5　基于陆气耦合模型的向家坝断面径流预报结果评价

预见期	ECMWF 陆气耦合模型			T639 陆气耦合模型		
	DC	PRE/%	RE/%	DC	PRE/%	RE/%
24 h	0.82	0.54	12.09	0.79	1.56	14.01
48 h	0.76	3.63	15.30	0.79	0.93	14.04
72 h	0.61	8.05	20.54	0.80	1.31	13.70
96 h	0.51	9.59	22.93	0.77	2.04	15.00

预见期	ECMWF 陆气耦合模型			T639 陆气耦合模型		
	DC	PRE/%	RE/%	DC	PRE/%	RE/%
120 h	0.56	8.20	21.61	0.69	2.98	16.28
144 h	0.53	8.17	22.43	0.69	2.98	16.28
168 h	0.47	8.96	23.94	0.69	2.98	16.29

为更直观地展示向家坝断面 2016 年 6～9 月预报洪水过程和实测洪水过程的拟合程度，图4.4.3 给出了基于陆气耦合的向家坝断面24～168 h 各个预见期的径流预报过程和实测流量过程，预报洪水与实测洪水变化过程较为贴近，能够预报出洪水上涨及波动过程，但预报洪水径流总量高于实测径流总量。随着预见期的增长，预报洪水过程线较实测洪水过程线偏离增大，由此可知，随着预见期的延长预报精度有所下降。

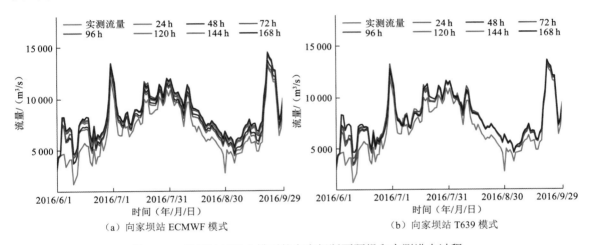

（a）向家坝站 ECMWF 模式　　　　　（b）向家坝站 T639 模式

图 4.4.3　基于陆气耦合模型的向家坝断面预报和实测洪水过程

（2）寸滩断面。

将朱沱—寸滩区间面降水预报过程作为寸滩断面径流预报模型的输入，探究寸滩断面陆气耦合模型在不同预见期的预报精度，表4.4.6为基于陆气耦合的寸滩断面径流预报24～168 h 各个预见期评价结果。T639 陆气耦合模型预测径流评价指标 DC 值总体上高于 ECMWF，说明耦合 T639 模式预报降雨的预测流量过程和实测流量过程更加吻合。ECMWF 陆气耦合模型预测径流的 DC 分布范围为 0.87～0.95，RE 分布范围为 2.26%～8.36%，PRE 分布范围为 1.46%～6.63%；T639 陆气耦合模型预测径流的 DC 分布范围为 0.92～0.96，RE 分布范围为 2.30%～5.16%，PRE 分布范围为 2.09%～7.18%。ECMWF 陆气耦合模型 DC 指标值随着预见期的延长有减小的趋势，24～48h 预见期的 DC 指标值超过了 0.9，达到甲级精度，预报精度高，72～168 h 预见期的 DC 指标值最小值为 0.87，达到乙级精度，而 T639 陆气耦合模型 7 个预见期内 DC 指标最小值为 0.92，达到甲级精度，预报效果好。整体而言，寸滩断面基于陆气耦合的洪水预报效果较好，能有效延长寸滩断面径流预报预见期。

表 4.4.6　基于陆气耦合模型的寸滩断面径流预报结果评价

预见期	ECMWF 陆气耦合模型			T639 陆气耦合模型		
	DC	PRE/%	RE/%	DC	PRE/%	RE/%
24 h	0.95	6.63	2.26	0.92	2.44	4.25
48 h	0.92	4.63	5.15	0.94	7.18	2.79
72 h	0.88	2.40	7.52	0.94	7.18	2.79
96 h	0.87	1.46	8.36	0.94	7.18	2.80
120 h	0.89	2.47	7.30	0.95	2.13	3.14
144 h	0.89	2.91	7.62	0.96	7.20	2.30
168 h	0.87	3.18	8.27	0.93	2.09	5.16

　　为了更直观地展示寸滩断面 2016 年 6～9 月预测洪水过程和实测洪水过程的拟合程度，图 4.4.4 给出了基于陆气耦合的寸滩断面 24～168 h 各个预见期的径流预报过程和实测流量过程，预报径流和实测流量过程的洪量、洪峰及洪水起涨跌落过程拟合效果均较好，模拟精度较高。ECMWF 陆气耦合模型预测径流随着预见期的延长，预报洪水过程线较实测洪水过程线偏离增大，而 T639 陆气耦合模型预测径流量在 24～168 h 预见期内预报精度较高。由此可知，寸滩断面 T639 陆气耦合模型预测径流效果更优。

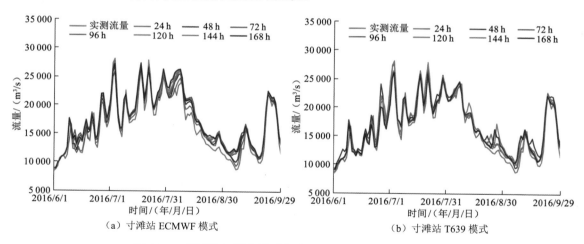

（a）寸滩站 ECMWF 模式　　　　　　　　（b）寸滩站 T639 模式

图 4.4.4　基于陆气耦合模型的寸滩断面预报和实测洪水过程

（3）宜昌断面。

　　将寸滩—宜昌区间面降水预报过程作为宜昌断面径流预报模型的输入，探究宜昌断面陆气耦合模型在不同预见期的预报精度，表 4.4.7 为基于陆气耦合的宜昌断面径流预报 24～168 h 各个预见期评价结果。T639 陆气耦合模型预报径流评价指标 DC 值高于 ECMWF，说明耦合 T639 模式预报降水的预测流量过程和实测流量过程更加吻合。ECMWF 陆气耦合模型预测径流的 DC 分布范围为 0.74～0.89，RE 分布范围为 3.61%～13.12%，PRE 分布范围为 9.03%～18.41%，随着预见期的延长 DC 指标值有减小趋势；T639 陆气耦合模型预测径流的 DC 分布范围为 0.83～0.90，RE 分布范围为 4.32%～8.32%，PRE 分布范围为 13.43%～18.97%。ECMWF

陆气耦合模型 DC 指标值较低且随着预见期的延长有减小趋势, 24～168 h 预见期 DC 指标值超过了 0.74, 达到乙级精度; 而 T639 陆气耦合模型 24 h 预见期 DC 指标值为 0.9, 达到甲级精度, 预报效果好, 48～168 h 预见期 DC 指标最小值为 0.83, 达到乙级精度。整体而言, 宜昌断面基于陆气耦合的洪水预报效果较好, 能有效延长宜昌断面径流预报预见期。

表 4.4.7　基于陆气耦合模型的宜昌断面径流预报结果评价

预见期	ECMWF 陆气耦合模型			T639 陆气耦合模型		
	DC	PRE/%	RE/%	DC	PRE/%	RE/%
24 h	0.89	18.41	3.61	0.90	16.34	4.55
48 h	0.86	16.74	6.45	0.86	18.97	4.32
72 h	0.80	13.04	10.47	0.86	18.97	4.32
96 h	0.76	11.83	12.26	0.86	18.97	4.39
120 h	0.79	12.25	11.19	0.87	16.20	5.84
144 h	0.77	10.39	11.94	0.86	16.22	6.38
168 h	0.74	9.03	13.12	0.83	13.43	8.32

为了更直观地展示宜昌断面 2016 年 6～9 月预报洪水过程和实测洪水过程的拟合程度, 图 4.4.5 给出了基于陆气耦合的宜昌断面 24～168 h 各个预见期的径流预报过程和实测流量过程, 预报径流和实测流量过程的洪量、洪峰及洪水起涨跌落过程拟合效果均较好, 模拟精度较高, 但预报洪峰流量略小于实际洪峰流量。基于 ECMWF 的预测径流随着预见期的延长, 预报洪水过程线较实测洪水过程线偏离增大, 而基于 T639 的预测径流量在 24～168 h 预见期内预报精度较高。由此可知, 宜昌断面 T639 陆气耦合模型预报效果更优。

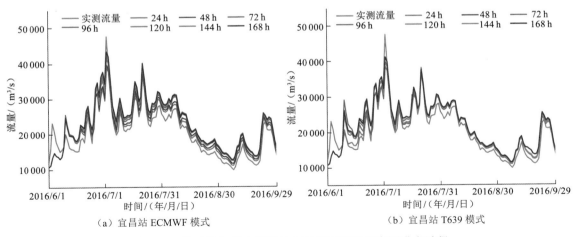

（a）宜昌站 ECMWF 模式　　　　　　　　（b）宜昌站 T639 模式

图 4.4.5　基于陆气耦合模型的宜昌断面预报和实测洪水过程

2）预报–实测径流 Q-Q 图分析

为进一步分析耦合数值模式预报降水的断面径流预报结果与实测降水的相关性, 对向家坝、寸滩和宜昌断面进行预报–实测径流 Q-Q 图分析。图 4.4.6 给出了寸滩断面 24～168 h 预见

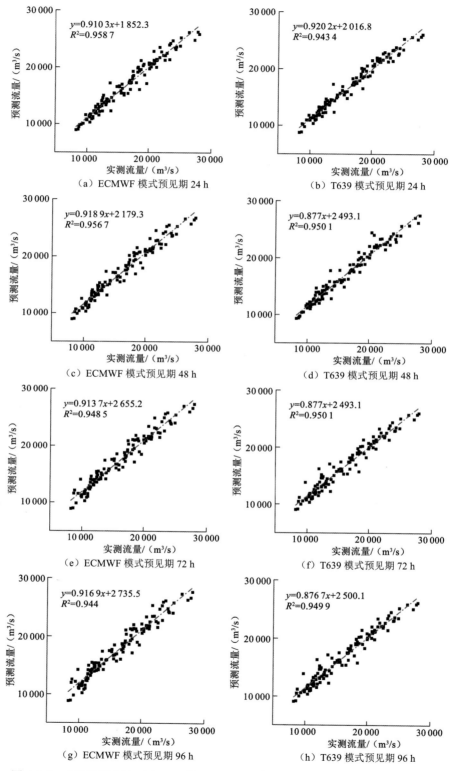

图 4.4.6 寸滩断面 2016 年 6～9 月 24～168 h 预见期实测径流与预测径流相关性

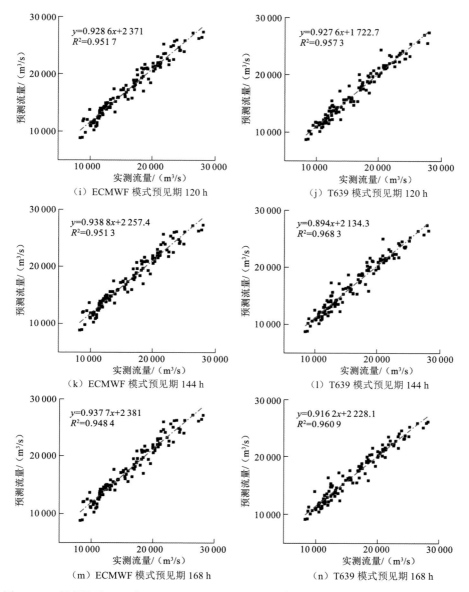

图 4.4.6　寸滩断面 2016 年 6～9 月 24～168 h 预见期实测径流与预测径流相关性（续）

期的预测径流与实测径流散点图。从图 4.4.6 中可得，陆气耦合模型预测径流与实测径流相关性高，分布范围为 0.94～0.97。对比不同预见期的径流预测效果，不同预见期的判定系数都较高，均在 0.94 以上，预测精度高，验证了耦合数值模式降水的寸滩断面径流预报模型的有效性。

综上所述，在建立的流域短期径流预报模型基础上，耦合数值天气预报模式降水数据，建立向家坝断面、寸滩断面和宜昌断面基于陆气耦合模型的流域短期径流预报系统。向家坝断面预报洪水过程与实测洪水过程较为接近，但预报洪量略高于实测洪量，前三天径流预报精度较好。寸滩断面预报洪水过程与实测洪水过程一致性较高，对洪峰、洪量和洪水起涨消落点拟合效果好，尤其是 T639 陆气耦合模型预报精度达到甲级。宜昌断面预报洪水过程变化趋势贴近于实测洪水过程,但洪水峰值、洪量存在一定误差,随着预见期的延长,径流预报精度有所下降,径流预报的不确定性逐渐增大。

4.4.5 不同 RCPs 排放情景下历史及未来径流响应的反演和模拟

为了探明不同 RCPs 排放情景下历史及未来径流响应规律,研究选取了多种大气环流模式,结合 VIC 水文模型,对长江上游流域不同排放情景下的未来径流情景进行了反演和模拟。

1. CanESM2 模式下长江上游流域未来气候情景预测以及流域径流响应

首先使用加拿大的 CanESM2 全球气候模式,结合 SDSM 统计降尺度模型预测了流域未来 RCP2.6、RCP4.5 及 RCP8.5 三种排放情景下的气候情景,并将预测结果作为 VIC 水文模型的输入,对流域未来径流进行了模拟。

1)长江上游流域未来气候情景预测

(1)大气环流模式选取。

研究选取的 GCMs 模式为 CanESM2 模式,从加拿大气象官网下载 CanESM2 模式 1970~2005 年历史数据及在 RCP2.6、RCP4.5、RCP8.5 三种气候排放情景下 2018~2100 年的气候数据,同时从中国气象数据网下载研究区域气象观测站点历史气象资料,包括最高气温、最低气温及降水量,数据为日尺度,时间序列为 1970~2005 年,历史气候模式数据及历史流域气象站点资料用于预报因子优选及模型参数率定,未来气候模式数据则用于不同排放情景下未来气候变化的响应。

(2)预报因子的优选。

CanESM2 数据中包括 26 个大气预报因子,运用 SDSM 模型中变量筛选模块进行迭代筛选,选择具有物理机制且相关性高的预报因子参与计算。优选出的日最高气温、日最低气温、日降水量相对应的预报因子如表 4.4.8 所示。

表 4.4.8 预报因子优选结果

因子	站点	预报因子
日降水量预报因子	石鼓	mslp、p1_u、p5_z、p500、p8_u、s500、temp
	攀枝花	mslp、p1zh、p5_f、p5_u、p500、p850、p8zh、s500、s850、shum、temp
	溪洛渡	p1_f、p1_z、p1zh、p5_z、p8_z、prcp、s500
	李庄	mslp、p1_f、p1_v、p5_z、p8_f、p8_v、p850、p8zh、s850、shum
	朱沱	mslp、p1_f、p1_u、p1_v、p5_u、p8_v、p8_z、p850、s500、shum
	寸滩	mslp、p1_u、p1_v、p5_u、p8_v、p8_z、p850、s500、shum
	宜昌	p1_u、p1_z、p5_z、p8_v、p850、p8th、prcp
日最高气温预报因子	石鼓	mslp、p5_u、p500、p850、s500、s850、shum、temp
	攀枝花	mslp、p1th、p5_f、p500、p850、s850、shum、temp
	溪洛渡	mslp、p5_u、p5_z、p500、s500、s850、shum、temp
	李庄	mslp、p5_u、p500、p850、s500、s850、shum、temp

因子	站点	预报因子
日最高气温预报因子	朱沱	mslp、p5_u、p500、p850、s500、s850、shum、temp
	寸滩	mslp、p5_u、p500、p8_u、p850、s500、s850、shum、temp
	宜昌	mslp、p5_f、p5_u、p500、p850、s500、s850、shum、temp
日最低气温预报因子	石鼓	mslp、p1_u、p5_u、p8_u、p850、s500、s850、temp
	攀枝花	p5_f、p5_u、p500、p8_v、s500、s850、shum、temp
	溪洛渡	p1_u、p5_f、p500、p8_f、s850、shum、temp
	李庄	mslp、p5_u、p500、p850、s500、s850、shum、temp
	朱沱	mslp、p5_u、p5_z、p500、p850、s500、s850、shum、temp
	寸滩	mslp、p5_u、p500、p5th、p850、s500、s850、shum、temp
	宜昌	mslp、p5_u、p500、p850、s850、shum、temp

（3）SDSM 模型率定与检验。

以 1970～1999 年作为模型率定期, 2000～2006 年作为模型检验期, 根据优选的预报因子序列以及历史气象数据（日降水量、日最高气温、日最低气温）, 采用 SDSM 模型的率定模块, 进行模型率定与检验, 得到如表 4.4.9 所示的各断面及整个长江上游流域各预报量的判定系数以及拟合曲线斜率。

表 4.4.9　各断面判定系数及拟合曲线斜率

时期	站点	日降水月平均值判定系数	斜率	日最高气温月平均值判定系数	斜率	日最低气温月平均值判定系数	斜率
率定期	石鼓	0.899	0.941	0.957	0.952	0.983	0.981
	攀枝花	0.806	1.038	0.912	0.901	0.982	0.979
	溪洛渡	0.902	0.962	0.940	0.930	0.985	0.984
	李庄	0.863	0.878	0.967	0.967	0.985	0.986
	朱沱	0.652	0.827	0.963	0.964	0.977	0.974
	寸滩	0.764	0.784	0.969	0.967	0.976	0.969
	宜昌	0.710	0.803	0.964	0.964	0.979	0.977
	全流域	0.920	0.986	0.976	0.971	0.990	0.988
检验期	石鼓	0.933	0.909	0.962	1.013	0.987	1.001
	攀枝花	0.870	1.090	0.927	0.978	0.983	1.004
	溪洛渡	0.929	0.917	0.951	1.003	0.986	1.001
	李庄	0.877	0.932	0.976	0.984	0.989	0.995
	朱沱	0.578	0.835	0.970	0.974	0.983	1.004
	寸滩	0.778	0.746	0.969	0.986	0.982	1.008
	宜昌	0.744	0.877	0.972	0.984	0.983	1.007
	全流域	0.929	0.991	0.981	1.008	0.993	1.008

对于所有站点，日最高气温以及日最低气温模拟效果较日降水量更为优异，率定期与检验期的判定系数大部分在 0.95 以上，曲线斜率为 0.901～1.013；日降水量模拟效果略差，但除朱沱断面系数较低，其他断面判定系数基本在 0.75 以上，曲线斜率为 0.746～1.090；从整个流域的模拟效果来看，总体效果优于各站点单独模拟效果，日降水量在率定期和检验期的判定系数均在 0.90 以上，并且日最高气温以及日最低气温在率定期和检验期的判定系数基本在 0.98 以上。总体而言，模拟效果良好，模型可用于后续流域未来气候模拟。图 4.4.7 与图 4.4.8 给出了长江上游流域率定期与检验期的模拟与实测气象数据月平均值对比图。

图 4.4.7（a）、（b）为长江上游流域率定期降水量的 Q-Q 图与年内降水量分布柱状图，从 Q-Q 图可得降水量的模拟值与实测值的判定系数为 0.920，趋势线斜率为 0.986，从柱状图可得总体上实测值与模拟值大小差别较小，5～8 月由于包含汛期，降水量的模拟值与实测值稍有偏差，模拟流量相比实测流量值偏大，且在 7 月最为明显；1～3 月、9～12 月基本处于枯水期，降水量的模拟值与实测值基本一致，模拟流量值略小。图 4.4.7（c）、（e）是月平均最高气温与月平均最低气温的模拟结果对比图，两者的斜率分别为 0.971 和 0.988，判定系数也均在 0.97

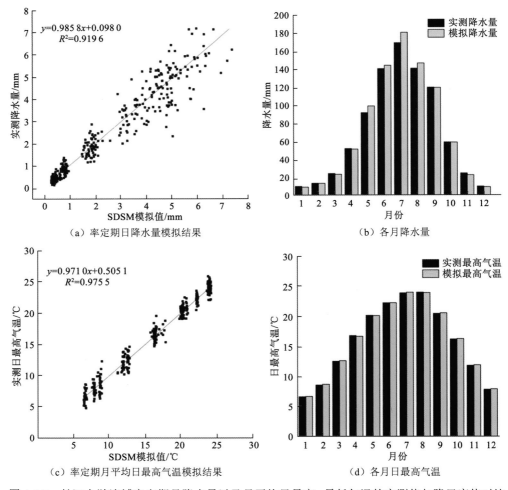

（a）率定期日降水量模拟结果   （b）各月降水量

（c）率定期月平均日最高气温模拟结果   （d）各月日最高气温

图 4.4.7 长江上游流域率定期月降水量以及月平均日最高、最低气温的实测值与降尺度值对比

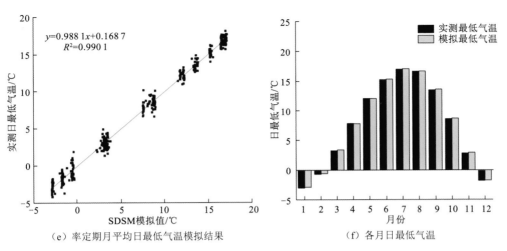

（e）率定期月平均日最低气温模拟结果　　　（f）各月日最低气温

图 4.4.7　长江上游流域率定期月降水量以及月平均日最高、最低气温的实测值与降尺度值对比（续）

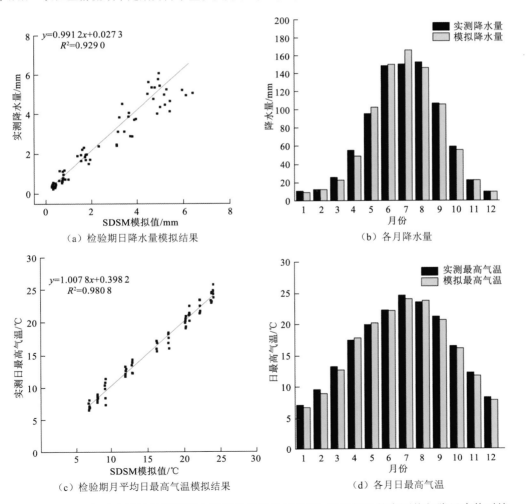

（a）检验期日降水量模拟结果　　　　　　（b）各月降水量

（c）检验期月平均日最高气温模拟结果　　　（d）各月日最高气温

图 4.4.8　长江上游流域检验期月降水量以及月平均日最高、最低气温的实测值与降尺度值对比

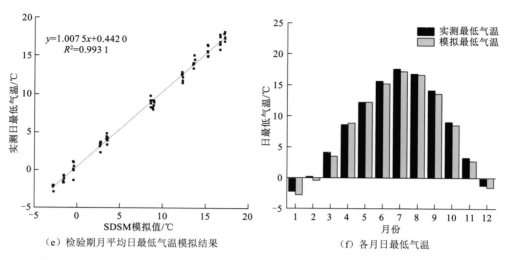

（e）检验期月平均日最低气温模拟结果　　　（f）各月日最低气温

图 4.4.8　长江上游流域检验期月降水量以及月平均日最高、最低气温的实测值与降尺度值对比（续）

以上，其中月平均最低气温的判定系数为 0.990，趋近于 1，年内 12 个月的实测值与模拟值柱状图基本一致，模拟值略微大于实测值，表明降尺度对气温的模拟效果较降水更加优良。总体来说，SDSM 模型在率定期对长江上游流域日最高气温、日最低气温的模拟效果优良，对流域日降水量的模拟效果也较好。

图 4.4.8（a）为长江上游流域检验期降水量的 Q-Q 图与年内降水量分布柱状图，由 Q-Q 图可得降水量的模拟值与实测值的判定系数为 0.929，趋势线斜率为 0.991，5 月、6 月、7 月的降水量模拟值较高，2 月、9 月、11 月、12 月基本持平，其他月月降水量的降尺度模拟值均不同程度的小于观测值，其中 4 月、8 月的幅度较大。图 4.4.8（c）、（e）是月平均最高气温与月平均最低气温的的模拟结果对比图，模拟效果与率定期相似，判定系数均达到了 0.98 以上，斜率也基本趋近于 1；相比率定期，检验期的月平均最高气温和最低气温模拟情况稍差，在 4 月、5 月、8 月，日最高气温的模拟值要高于实测值，6 月基本一致，而在其余月，模拟值相比实测值小。对于日最低气温，在 4 月模拟值高于实测值，5 月模拟值基本和实测值一致，其余月则为模拟值较大，但差别均较小；日最高气温和最低气温的检验期模拟效果良好，稍差于率定期。由于降水事件和多种因素有关，具有较高的不确定性，因此在率定期和检验期的模拟结果均较气温稍差。综上，SDSM 在长江上游流域的模拟效果良好，可将该模型用于流域未来气候预测。

（4）流域未来气候变化预测。

将 2018～2100 年 CanESM2 预报因子序列输入率定的 SDSM，利用模型的天气发生器模块预测流域未来不同 RCP 排放情景下的降水和气温序列。将未来划分为 2020s（2018～2044 年）、2050s（2045～2071 年）、2080s（2072～2100 年）三个阶段，以 1970～2005 年为基准期，分析不同排放情景下各时期降水、最高气温及最低气温的变化趋势（图 4.4.9）。

由图 4.4.9 可知，各排放情景下未来降水量变化均较剧烈，相比基准年变化幅度最大值接近 35%，出现在 RCP8.5 排放情景下的 2099 年；RCP2.6 以及 RCP4.5 两种排放情景下的降水量最大变幅也分别达到 17.7% 及 24.1%。而最小变幅方面，各情景基本没有年平均降水量小于

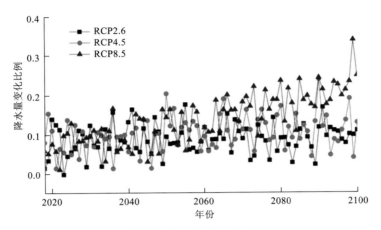

图 4.4.9　未来不同排放情景下年降水量相对基准期变化比例

基准年的情况，RCP2.6、RCP4.5 及 RCP8.5 情景下的最小变幅分别为-0.17%、1.36%及 1.09%。RCP2.6 排放情景下变化率的离差系数为 0.43，而 RCP8.5 最大，为 0.46，RCP4.5 情景则为 0.42。可得 RCP2.6 及 RCP4.5 排放情景下变化率波动较稳定，而 RCP8.5 排放情景下降水量总体呈增长趋势且增幅较大，相应的其变化波动相对较大。宜昌断面各时期降水数据变化趋势如表 4.4.10 所示。

表 4.4.10　宜昌断面各时期降水数据变化趋势

排放情景	基准期降水量均值/（mm/年）	各时期降水量/（mm/年）			各时期降水变化比例/%		
		2020s	2050s	2080s	2020s	2050s	2080s
RCP2.6	853.64	923.84	932.65	930.06	8.22	9.25	8.95
RCP4.5	853.64	927.25	947.83	952.58	8.62	11.03	11.59
RCP8.5	853.64	929.27	963.12	1 023.54	8.86	12.82	19.90

由表 4.4.10 可知，各排放情景下各时期降水量相比基准期都呈现增加态势，最小变化幅度为 RCP2.6 情景下 2020s 时期，增幅为 8.22%，最大增幅出现在 RCP8.5 情景下，为 2080s 时期的 19.90%；三种 RCP 排放情景中，对于 RCP2.6 情景，其降水的变化态势为历史时期至 2050s 递增，而到 2080s 后出现下降趋势，变化幅度均较小；RCP4.5 情景下的降水则在历史时期至 2080s 均呈现增加态势，在 2080s 增幅下降，总体比较稳定；RCP8.5 情景下，降水量一直呈递增态势，虽在 2020s 增幅最小，但是相比其他情景，RCP8.5 情景下 2080s 时期的降水量增幅最大。因此，在 RCP2.6 以及 RCP4.5 排放情景下，降水量虽较历史时期有明显增加，但发展较稳定，而在 RCP8.5 排放情景下，降水量增幅不断增大，增加了未来流域极端天气出现的概率。

由图 4.4.10 结果表明，相较基准期，各排放情景下的月降水量在 1 月、2 月、3 月、4 月及 11 月和 12 月变化幅度很小，其中 4 月的基准期日降水量月平均值与各情景相比稍大，总体基本与基准期持平。而 5~10 月，各排放情景均出现了降水量大幅度增加的情况，其中 8 月、9 月及 10 月增幅相比较为明显，特别在 RCP8.5 排放情景下 2050s 时期在 8 月、9 月、10 月增幅分别达到 22.3%、29.7%及 60.0%，均为各排放情景下的最大值。总体来说，未来降水在年内的分配呈现不均匀态势，主要体现在汛期降水量增加，且随着时间推移，这种情况也更加明显，尤其在 RCP4.5 以及 RCP8.5 排放情景下，其 2080s 年内降水量分配最不均匀，汛期降水更为集中，容易出现强降水。

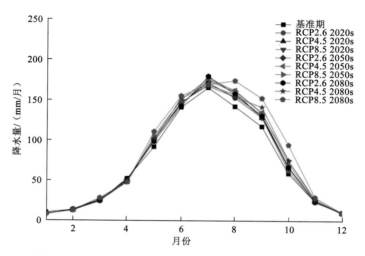

图 4.4.10　未来年内月降水量以及基准期月降水量对比图

而由图 4.4.11 可知，各排放情景下不同时期年内月降水量波动较大的月基本集中在汛期，对于 2020s，各排放情景下的月降水量波动差异明显，其中 RCP4.5 排放情景下的月降水量波动相对较小，相对基准期，最大、最小变幅分别为 9 月的 50.9 mm 及 7 月的 –19.7 mm，年内各月最大值和最小值之差平均值为 30.5 mm，小于 RCP2.6 及 RCP8.5 的 36.6mm 和 33.9 mm，年内降水波动较小；在 2050s，RCP4.5 情景下的月降水量波动发生较大变化，最大、最小变幅分别达到 78.4 mm 以及 –29.8 mm，且 9 月最大值和最小值之差达到 93.5 mm，年内各月最值之差平均值为 39.9 mm，另外两种情景在 2050s 时期的年内降水变化相对更稳定，分别为 32.7 mm 和 33.9 mm；在 2080s，各排放情景下降水波动情况类似，年内各月最值之差平均值分别为 33.0 mm、36.0 mm 及 35.9 mm。

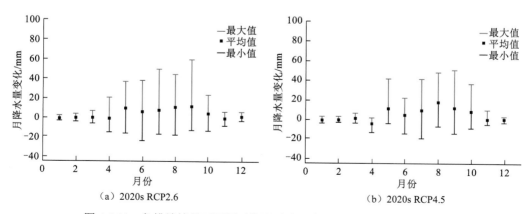

图 4.4.11　各排放情景下不同时期月降水量变化最大值、最小值、均值

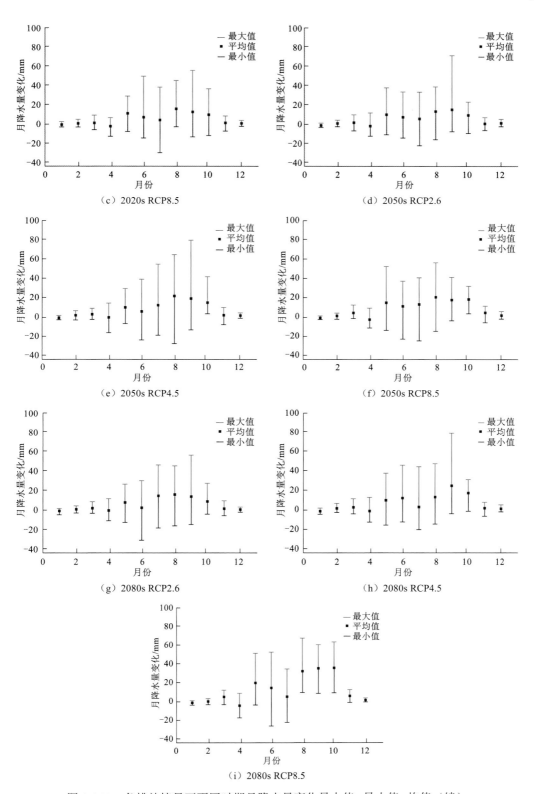

图 4.4.11   各排放情景下不同时期月降水量变化最大值、最小值、均值（续）

图 4.4.12 为未来不同排放情景下年平均最高气温相对基准期变化比例。从图 4.4.12 可以看出，相对于降水量的变化，最高气温的变化幅度总体较小，比较稳定，基本在 0～10%。并且在 2050s 之前，不同排放情景下的最高气温变化均较稳定，呈现微小的上升趋势，而在 2050s 之后，RCP2.6 排放情景下的最高气温开始显现稍有降低的趋势，而 RCP4.5 排放情景下则依然比较稳定，依然呈现小幅度上升趋势，RCP8.5 排放情景下的最高气温和 RCP2.6 排放情景相反，出现了明显的增加趋势。各排放情景下的未来最高气温变化比例的离差系数与降水相比数值较小，更加稳定，其中 RCP2.6 最小，为 0.24，RCP4.5 为 0.32，而 RCP8.5 则为 0.43，为三者中最大，这与日降水量的预测情形类似。总体而言，RCP2.6 排放情景是三种情景下气温变化最稳定的一种，RCP4.5 情景基本保持微小的上涨趋势，而 RCP8.5 情景下涨幅最大。长江上游流域各时期最高气温数据变化趋势如表 4.4.11 所示。

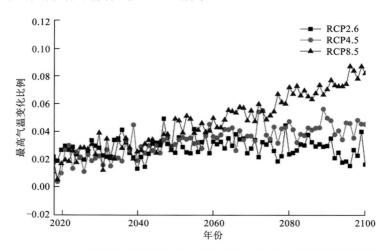

图 4.4.12 未来不同排放情景下年平均最高气温相对基准期变化比例

表 4.4.11 长江上游流域各时期最高气温数据变化趋势

排放情景	基准期最高气温均值/℃	各时期最高气温/℃			各时期气温变化比例/%		
		2020s	2050s	2080s	2020s	2050s	2080s
RCP2.6	16.90	17.33	17.43	17.36	2.55	3.14	2.72
RCP4.5	16.90	17.27	17.48	17.62	2.19	3.46	4.25
RCP8.5	16.90	17.32	17.66	18.06	2.52	4.48	6.87

由表 4.4.11 可以发现，未来各情景下各时期的日最高气温年平均值在 17.27℃～18.06℃，与基准期相比，增长了 0.37℃～1.16℃。其中在 RCP2.6 排放情景下，未来最高气温呈现基本稳定的态势，2050s 时期稍有上升，而在 2080s 有所回落；在 RCP4.5 排放情景下，最高气温呈现递增的趋势，但是涨幅不断减小，气温上升趋于缓慢；而在 RCP8.5 排放情景下，最高气温同样呈现递增的趋势，但是涨幅相比 RCP4.5 情景下更大，且在 2080s 频繁出现变化比例大于 6% 的年份，其中最高气温年平均的最大值达到了 18.37℃，对比基准期均值上升了 8.7%。

图 4.4.13 为未来年内日最高气温月平均值与基准期对比。由图 4.4.13 可知，最高气温变化从年内分配来说，未来各情景下的最高气温与基准期相差较小。各种排放情景下的日最高气温月平均值在 1 月、5 月、6 月、7 月及 9 月相比基准年基本没有变化；而在 2 月、3 月、4 月及 10 月、11 月，各种排放情景在各时期均不同程度大于基准期，其中 4 月及 10 月、11 月的差别最为明显，相较基准期，增长了 5.6%～28.0%不等；三种排放情景中，RCP8.5 排放情景下 2080s 的日最高气温月平均值增长最多，其 4 月、10 月、11 月的数值相比基准期分别上升 14.7%、16.1%及 28.0%；而在 8 月，未来日最高气温月平均值均低于基准期，其中最低时期为 RCP8.5 排放情景下的 2080s，相较基准期减少 3.8%；总体而言，年内日最高气温月平均值的变化主要发生在春季、秋季、冬季，各情景下的日最高气温均有所上升，而夏季日最高气温相比基准期基本无变化，在 8 月反而有所下降，可以看出，流域未来的气温在年内的变化趋近于平稳，不同月之间的差别减小。

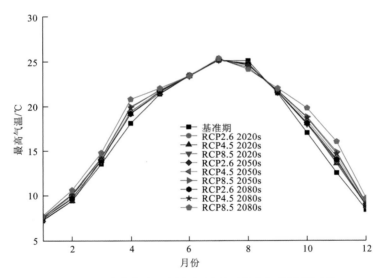

图 4.4.13　未来年内日最高气温月平均值与基准期对比

图 4.4.14 为未来不同排放情景下日最低气温年平均值相对基准期变化比例。图 4.4.14 结果表明，最低气温的变化和最高气温的变化比例相似。各年变幅总体较最高气温的变幅更大，而较日降水量更小，在 0%～25%。在 2050s 之前，不同排放情景下的最低气温变化均以微小幅度上涨，在 2050s 之后，RCP2.6 排放情景下的最低气温变化趋势依然很小，而 RCP4.5 排放情景下的变幅开始呈现一定的上升趋势，而在 RCP8.5 排放情景下，日最低气温年平均值出现了较大幅度的增长趋势，最大变化比例达到了 24.6%。RCP2.6 以及 RCP4.5 排放情景下的未来最低气温变化比例的离差系数相比最高气温更小，变化更加稳定，其中 RCP2.6 仅为 0.20，RCP4.5 为 0.25，而 RCP8.5 则与日最高气温类似，达到了 0.42。总体而言，RCP2.6 排放情景下的日最低气温是三种排放情景中最稳定的，RCP4.5 次之，RCP8.5 涨势明显，且波动较大。长江上游流域各时期最低气温数据变化趋势如表 4.4.12 所示。

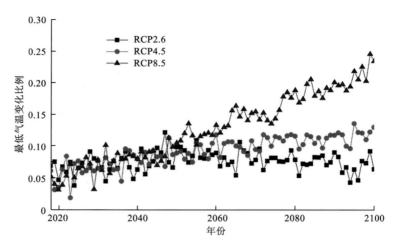

图 4.4.14　未来不同排放情景下日最低气温年平均值相对基准期变化比例

表 4.4.12　宜昌断面各时期最低气温数据变化趋势

排放情景	基准期最低气温均值/℃	各时期最低气温/℃			各时期气温变化比例/%		
		2020s	2050s	2080s	2020s	2050s	2080s
RCP2.6	6.83	7.30	7.42	7.33	6.82	8.61	7.32
RCP4.5	6.83	7.29	7.47	7.60	6.75	9.35	11.32
RCP8.5	6.83	7.31	7.67	8.11	6.99	12.34	18.73

　　由表 4.4.12 可得，未来各情景下各时期日最低气温年平均值在 7.29℃～8.11℃，与基准期相比，增长了 0.46℃～1.28℃。其中在 RCP2.6 排放情景下，与未来最高气温类似，呈现基本稳定的态势，同样在 2050s 时期之前呈现上升趋势，而在 2080s 有所回落；在 RCP4.5 排放情景下，最低气温呈现递增趋势；而在 RCP8.5 排放情景下，最低气温同样呈现递增趋势，且涨幅更大，2080s 的变化比例达到了 18.73%，且在 2085～2100 年多次突破 20%，其中 2099 年，出现了日最低气温年平均最大值，为 24.6℃，总体来说，RCP2.6 排放情景下，各时期的最低气温变化比例基本均为三者中最小，且变化态势稳定，RCP4.5 排放情景下最低气温变化也较稳定，而 RCP8.5 情景的未来日最低气温年平均值的上升不断加快。

　　图 4.4.15 为宜昌断面未来年内日最低气温月平均值与基准期对比结果。由图 4.4.15 可知，日最低气温月平均值在未来各情景下与基准期相差在 7 月之前都较小，其中 4 月、5 月时，各排放情景下日最低气温月平均值略大于基准期；与日最高气温类似，在 8 月出现了基准期日最低气温月平均值大于各排放情景的情况；而在 1 月之后，各情景下的日最低气温月平均值较基准年有明显的增加，其中 10 月、11 月的变化相比最为明显，在 RCP8.5 排放情景下 2080s 的日最低气温月平均值在 10 月、11 月的数值相比基准期分别上升了 3.84℃以及 3.30℃；总体而言，年内日最低气温月平均值相比基准期的变化主要在下半年，汛期之后 10 月、11 月的日最低气温月平均值上升幅度较大，加之上半年各情景下日最低气温月平均值也较基准期有所提升，且汛期基本持平，和日最高气温类似，年内不同月之间的气温变化幅度减小，总体而言全年日最低气温有所上升。

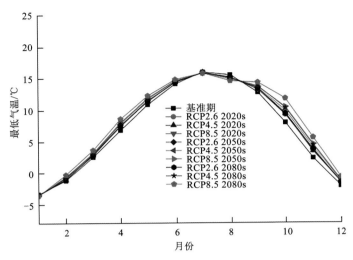

图 4.4.15　宜昌断面未来年内日最低气温月平均值与基准期对比

2）VIC 水文模型径流预报结果

（1）长江上游流域 VIC 水文模型建模。

以宜昌断面为流域控制断面，获取流域河网图以及流域边界图，并分别以干流自上往下的石鼓、攀枝花、溪洛渡、向家坝、朱沱、寸滩 6 个断面作为控制断面，提取了 6 个子流域；将流域 DEM 数据以 0.5°×0.5°水平分辨率进行重采样，获取代表流域范围的 451 个网格，并按照自西向东、自北向南进行编号，所得流域 DEM 高程图以及流域网格图如图 4.4.16 及图 4.4.17所示。

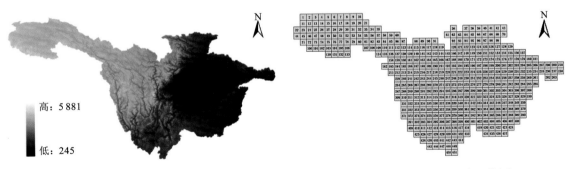

图 4.4.16　长江上游流域 DEM 高程图　　　　图 4.4.17　长江上游流域网格图

通过 DEM 数据处理获取的反映流域河网分布情况的流域河网图为基准，划分流域河网在每个网格中的流向，流域实际河网图及手动划分所得的流域河网流向图如图 4.4.18 与图 4.4.19所示。

处理所得长江上游流域内的上下层土壤分布情况如图 4.4.20 及图 4.4.21 所示。

上下层土壤中各种类型土壤的分布情况、占比如表 4.4.13 所示，而长江上游流域各类植被覆盖分布情况如图 4.4.22 所示。

图 4.4.18　长江上游流域实际河网图

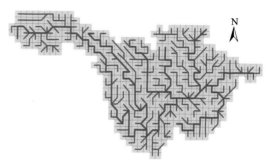

图 4.4.19　长江上游流域河网流向图

图 4.4.20　长江上游流域上层土壤分布情况

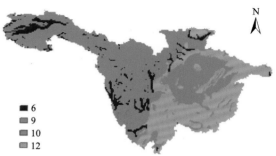

图 4.4.21　长江上游流域下层土壤分布情况

表 4.4.13　上层土壤与下层土壤分布、类型与占比

编号	名称	上层土壤/%	下层土壤/%
6	壤土	54.32	7.98
7	砂质黏壤土	1.33	0.00
9	黏壤土	39.47	60.09
10	砂质黏土	0.00	1.33
12	黏土	4.88	30.60

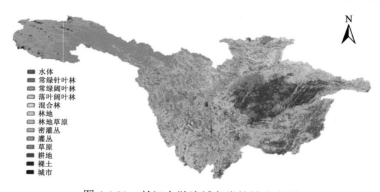

图 4.4.22　长江上游流域各类植被分布图

　　计算得到长江上游流域内各网格内不同类型植被所占面积比例，所得长江上游流域内各类植被所占面积比例如表 4.4.14 所示。

表 4.4.14　长江上游流域各类植被占面积比例

覆盖类型	占比/%	覆盖类型	占比/%
常绿针叶林	11.98	密灌丛	0.61
常绿阔叶林	0.08	灌丛	7.51
落叶阔叶林	1.48	草原	27.08
混合林	3.28	耕地	14.05
林地	14.57	其他	2.68
林地草原	16.68		

从中国气象数据网下载整理流域内 86 个气象站点 2014 年 7 月 1 日～2018 年 6 月 30 日的气象驱动数据，并采用 IDW 法插值获取流域所有网格的气象驱动数据序列，整理导出 VIC 水文模型产流模块的气象驱动输入文件，流域内气象站点分布如图 4.4.23 所示。此外，长江上游流域边界网格产流比例如图 4.4.24 所示

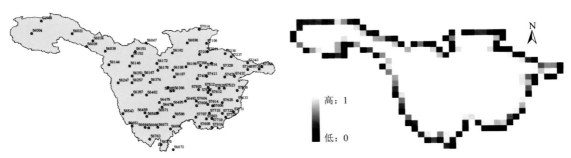

图 4.4.23　流域气象站点分布图　　　图 4.4.24　长江上游流域边界网格产流比例图

（2）长江上游流域 VIC 水文模型参数率定。

VIC 水文模型参数率定所需数据包括长江上游流域 7 个断面历史日尺度径流序列及准备文件中的气象驱动输入文件。

将 2014 年 7 月 1 日～2018 年 6 月 30 日共 4 年的历史数据序列前 3 年作为模型率定期，最后 1 年作为模型检验期，对长江上游流域各断面进行参数率定和检验，率定的各个断面对应的最佳参数值如表 4.4.15 所示。

表 4.4.15　率定的各个断面最佳参数值

断面	B	D_s	D_m	W_s	d_1	d_2	d_3
石鼓	0.37	0.26	12.50	0.30	0.037	0.276	0.50
攀枝花	0.48	0.10	15.25	0.30	0.045	0.210	1.17
溪洛渡	0.47	0.83	12.10	0.99	0.043	0.285	2.40
向家坝	0.47	0.74	112.6	0.90	0.075	0.301	2.40
朱沱	0.62	0.89	15.00	0.90	0.012	0.304	3.20
寸滩	0.62	0.81	13.24	0.93	0.053	0.282	2.72
宜昌	0.54	0.33	13.20	0.99	0.078	0.300	3.00

所得的各断面日尺度纳什效率系数以及总流量相对误差结果如表 4.4.16 所示。

表 4.4.16　率定期及检验期日纳什效率系数及总流量相对误差

时期	误差	石鼓	攀枝花	溪洛渡	向家坝	朱沱	寸滩	宜昌
率定期	NSE	0.832	0.812	0.857	0.851	0.878	0.871	0.720
	RE	0.146	0.042	0.037	0.010	0.021	0.020	0.004
检验期	NSE	0.833	0.835	0.876	0.872	0.883	0.865	0.759
	RE	0.061	0.025	0.040	0.056	0.065	0.056	0.037

　　由表 4.4.16 可知，各断面在模型率定期和模型检验期的结果均良好，7 个断面的 NSE 均在 0.70 以上，除宜昌断面较低，在率定期为 0.720，检验期为 0.759，其余断面率定期和检验期均达到 0.800 以上。总流量相对误差方面，除石鼓断面的率定期 RE 达到 0.146，检验期为 0.061外，其余断面的总流量 RE 基本均在 0.06 以下。可以看出，各断面模拟的径流序列与实测径流序列具有良好的相关性，从表中也可看出模拟径流与实测径流的变化趋势也基本一致，但是少部分时期出现了断面径流模拟效果不佳的情况，实测流量与模拟流量有一定误差。一方面可能是区域内气象站点分布较稀疏，导致降水数据不能准确反映各个网格的真实降水情况，如石鼓断面以上的气象站点相对其他断面较为稀少，在石鼓断面的径流模拟中出现了枯水期模拟径流量偏小的情况；另一方面，由于 VIC 水文模型只考虑自然条件，而未考虑人类活动对河川径流的影响，会造成模拟径流相比实测径流有所差异的情况，如在溪洛渡断面的枯水期模拟径流相对实测径流序列更为平滑，实测径流由于是反映了流域真实径流情景，可能会受到人为因素的影响，如灌溉取水或者工业、生活用水，相对而言日径流量时段前后相差较大，波动较为剧烈；对于宜昌断面，由于其位置处于流域出口位置，上游干支流水库众多，对天然径流的影响较大，加上汛期来水量大，洪水较频繁，模型对洪峰出现的时间以及流量的模拟有一定偏差。此外，其余断面各个时期的模拟流量和实测流量的趋势变化均十分相近，总体而言，VIC 水文模型在长江上游流域各个断面的日径流模拟效果良好。7 个断面在率定期和检验期的实测流量以及模拟流量日尺度过程如图 4.4.25 所示。

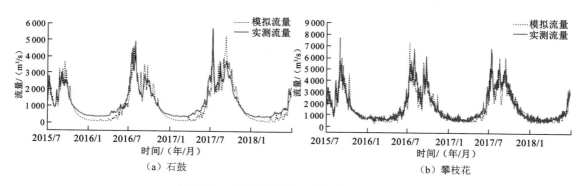

图 4.4.25　各断面模拟及实测流量日度过程

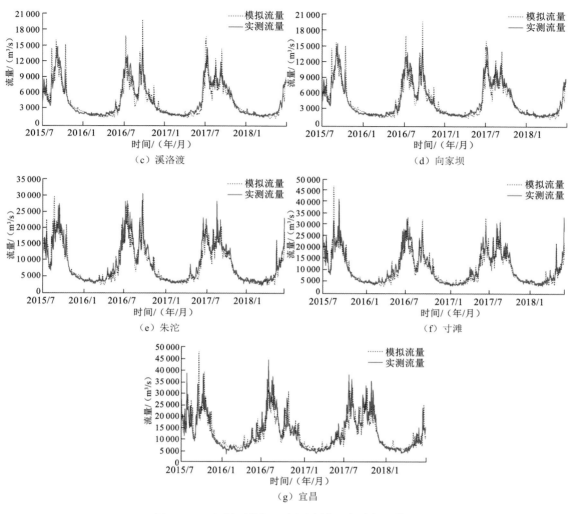

图 4.4.25　各断面模拟及实测流量日度过程（续）

以月为尺度对模拟结果进行分析，率定期及检验期月纳什效率系数以 NSE_{mon} 表示，结果如表 4.4.17 所示。

表 4.4.17　率定期及检验期月 NSE

站点	石鼓	攀枝花	溪洛渡	向家坝	朱沱	寸滩	宜昌
率定期	0.905	0.946	0.950	0.950	0.948	0.945	0.936
检验期	0.875	0.962	0.987	0.981	0.979	0.976	0.947

由表 4.4.17 可得，除石鼓检验期外，其余断面基本所有断面的 NSE_{mon} 在率定期和检验期均在 0.90 以上，并且部分断面的系数达到 0.95 以上，溪洛渡断面的检验期系数最高，达到了 0.987，此外其余断面 NSE_{mon} 结果均良好。各断面在率定期和检验期的实测流量以及模拟流量月尺度过程如图 4.4.26 所示。

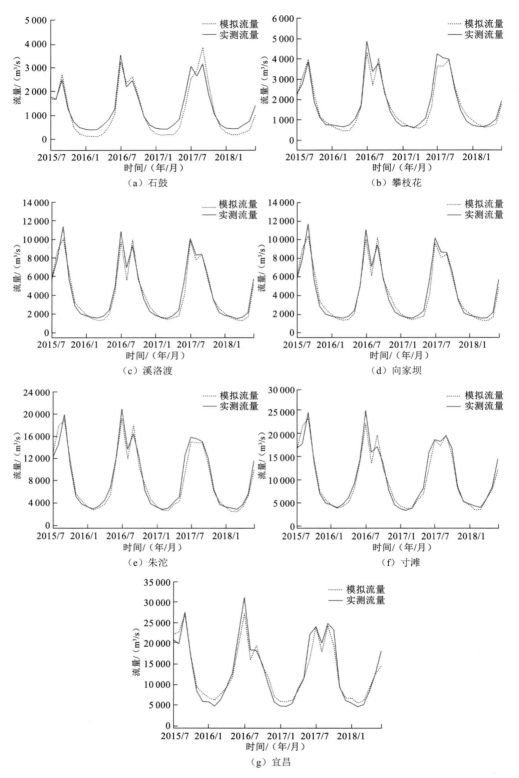

图 4.4.26　各断面模拟及实测流量月度过程

由图 4.4.26 可知,月尺度下的石鼓断面枯水期仍然存在模拟流量相比实测流量偏枯的情况出现,宜昌断面则相反,出现了模拟流量在枯水期较丰的情况,其余断面的月尺度径流在丰水期和枯水期的模拟效果均良好。总体而言,VIC 水文模型对长江上游流域内的 7 个断面的月径流模拟效果良好。

3) 气候变化下长江上游径流演变规律

将各排放情景下未来降水、气温数据分别输入率定的 VIC 水文模型,获得各断面的日径流序列,以历史径流数据为基准期数据,计算流域出口断面不同排放情景下的径流预测情况,其中宜昌断面未来径流相对基准期变化比例如图 4.4.27 所示。

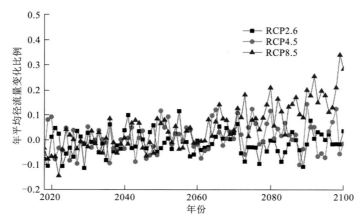

图 4.4.27　宜昌断面未来不同排放情景下年平均径流量相对基准期变化比例

从图 4.4.27 可知,相比于基准期的径流量,总体而言各排放情景下的未来各时期径流量,除 RCP8.5 排放情景下的 2080s 外,基本没有明显的增长或者减少趋势,而是在基准期均值周围波动,呈现较稳定的状态。在 RCP8.5 排放情景下的 2080s,流域径流量出现了一定的涨幅,并在 2099 年达到 34.1%。表 4.4.18 给出了流域的出口断面,即宜昌断面未来年平均流量以及其相对基准期的变化比例。

表 4.4.18　宜昌断面未来径流预测及其变化

时期	基准期均值 /（m³/s）	预测值/（m³/s）			预测值变化率/%		
		RCP2.6	RCP4.5	RCP8.5	RCP2.6	RCP4.5	RCP8.5
2020s	12 625.24	12 345.89	12 423.31	12 466.71	−2.2	−1.6	−1.3
2050s	12 625.24	12 593.83	12 751.73	12 956.62	−0.2	1.0	2.6
2080s	12 625.24	12 330.87	12 856.60	14 397.87	−2.3	1.8	14.0

通过表 4.4.18 可得,相比于基准期,模拟流量在各排放情景下的 2020s 均有不同程度的减少,但幅度不大,均在 2.5%以内;对于 RCP2.6 排放情景,径流量在 2020s～2050s 呈现增长趋势,至 2080s 下降,各时期年径流量的均值都比基准期略小,在 RCP4.5 排放情景下,2050s 时期流域年径流量均值开始高于基准期均值,并且在 2080s 继续增长,但是增长幅度较小,RCP8.5

排放情景同样是在 2050s 及 2080s 出现年径流量均值高于基准期的情况,且在 2080s 的涨幅达到了 14.0%。图 4.4.28 展示宜昌断面不同时期不同排放情景下的月平均径流数据,图 4.4.29 为各排放情景下不同时期月平均流量变化最大值、最小值、均值。

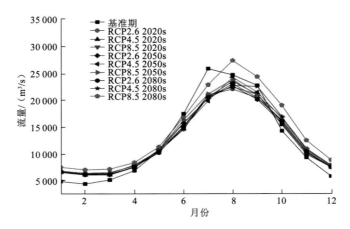

图 4.4.28 宜昌断面未来年内月平均流量与基准期对比

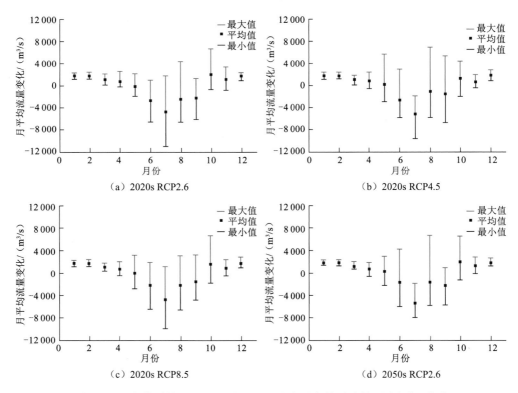

图 4.4.29 各排放情景下不同时期月平均流量变化最大值、最小值、均值

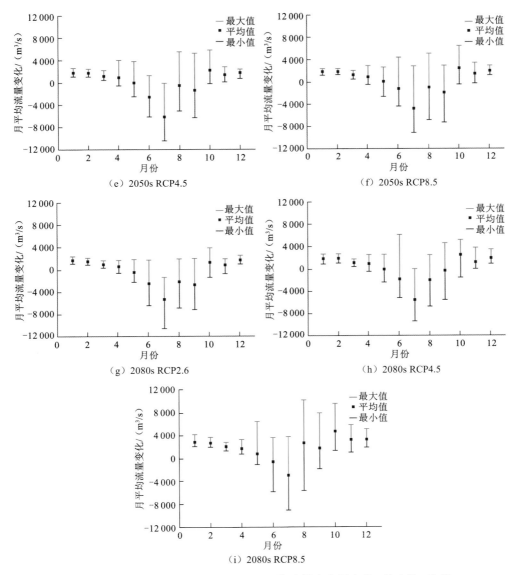

图 4.4.29　各排放情景下不同时期月平均流量变化最大值、最小值、均值

由图 4.4.28 可知，相对于基准期流量，未来径流的年内分配有一定变化，主要体现在未来枯水期月平均径流量的提高及月平均径流量最大月的改变上。在 1~4 月及 10~12 月，未来各情景下的月平均径流量均大于基准期，在 5 月二者基本持平，而在其余月中，除 RCP8.5 排放情景下的 2080s 时期 8 月、9 月的月平均径流量大于基准期外，其余排放情景下的各月月平均径流量基本都小于基准期对应的月；且在基准期径流量最大月出现在 7 月，而在未来径流情景的模拟中各时期平均最大月径流量基本出现在 8 月。且在降水预测结果中，8 月、9 月月平均降水量同样相比基准期有所提升，而在 7 月相比基准期有所下降，说明流域未来径流预测结果与降水预测结果相吻合。且各排放情景下的径流年内分配相比基准期更加均匀，枯水期来水增加，而在汛期来水减少，除 RCP8.5 排放情景下的 2080s 汛期月平均径流量出现较大提升，

容易出现大洪水事件外，其余情景下的流域径流情景均较稳定。

由图 4.4.29 可以看出，三种排放情景下的不同年份年内月平均流量的变化波动较大的月基本集中在汛期。从平均值来看，年内月径流量基本呈现从 1 月开始递减，至 7 月到达最小，然后开始递增至年末的趋势。其中，在 2020s，RCP2.6 排放情景下的月平均流量变化最小值出现在 7 月，为 –11 092.5 m^3/s，变化最大值为 10 月的 6 670.9 m^3/s，年内各月的月平均流量变化量最大值与最小值只差的平均值为 2 639.6 m^3/s；对于 RCP4.5 排放情景，其中 7 月的月平均流量较基准期都呈现减小的趋势，范围为 –1 918.3 m^3/s~–9 803.7 m^3/s，其年内月平均径流变化量最值之差的均值为 3 079.4 m^3/s，年内变化相比 RCP2.6 更为剧烈；而对于 RCP8.5 排放情景，年内月平均径流变化量最值之差的均值为 2 751.8 m^3/s，变化幅度与 RCP2.6 类似，三者的各年年内月平均径流均值都小于 0。在 2050s，三种排放情景的年内各月的月平均流量变化量最大值与最小值之差的平均值分别为 2 810.7 m^3/s、3 292.1 m^3/s、3 483.5 m^3/s，不同于 2020s，RCP4.5 及 RCP8.5 情景的变化幅度较大，且它们的各年年内月平均径流均值大于 0，分别为 126.6 m^3/s 及 331.6 m^3/s；而 RCP2.6 变化幅度最小，且其 7 月最值之差最小，为 6 248.6 m^3/s，类似 2020s 情景下的 RCP4.5 情景。在 2080s，各排放情景的年内各月的月平均流量变化量最值之差的平均值分别为 1 937.1 m^3/s、3 260.1 m^3/s 和 5 494.6 m^3/s，可以看出 RCP2.6 排放情景在各时期的年内各月径流的变化最稳定，而 RCP4.5 排放情景变幅较之稍大，RCP8.5 排放情景的变幅随呈现增加态势，且各年年内月平均径流均值达到 1 772.9 m^3/s，年内来水情况更加复杂。

2. 多种气候模式下长江上游流域未来来水总量演变分析

为探究气候变化对长江上游流域来水量的影响，揭示不同气候模式在未来不同气候变化情景下流域内来水总量随年际的动态变化趋势，为长江上游流域水资源开发利用及对策分析提供决策依据。研究工作以 GFDL-ESM2M（GFDL）、HadGEM2-ES（HAD）、IPSL-5 CM5ALR（IPSL）、MIROC-ESM-CHEM（MIROC）和 NorESM1-M（Nor）5 种全球气候模式在 RCP2.6（低排放）、RCP4.5（中等稳定排放）两种不同温室气体排放情景下，分析未来气候变化情景下的流域径流变化趋势。

1）数据研究

长江上游流域 85 个地面气象站点 1976~2015 年的逐日降水、最低温度和最高温度气象数据、关键水文站点逐日径流量数据、世界粮农组织（Food and Agricultural Organization of the United Nations，FAO）提供的 10 km 分辨率的土壤数据库，以及 DEM 高程数据。此外，还包括政府间气候变化专门委员会第 5 次评估报告（IPCC AR5）耦合模式相互比较计划第 5 阶段（CMIP5）中 GFDL、HAD、IPSL、MIROC 和 Nor 全球气候在 RCP4.5、RCP2.6 代表性浓度路径下预估 2006~2099 年降水、最低、最高温度试验资料。

2）流域 VIC 水文模型建立

利用长江上游流域 1976~2015 年的逐日降水、最低温度和最高温度资料、径流量资料、DEM 高程数据、土壤资料率定和检验 VIC 水文模型。

3）流域未来径流分析

在 RCP2.6 排放情景下，将 GFDL、HAD、IPSL、MIROC 和 Nor 气候模式预估 2006~2099

年降水、最低气温和最高气温驱动已率定好的 VIC 水文模型，1976～2005 年作为基准期，2020s（2010～2039 年）、2050s（2040～2069 年）、2080s（2070～2099 年）长江上游流域总来水量结果如图 4.4.30 所示。

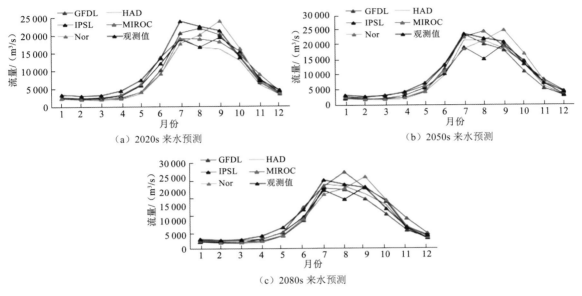

（a）2020s 来水预测　　　　　（b）2050s 来水预测

（c）2080s 来水预测

图 4.4.30　RCP2.6 排放情景下 2020s、2050s、2080s 来水预测

由图 4.4.30 可知，在 RCP2.6 情景下长江上游流域五种模式枯水期月平均径流量变化趋势与基准期一致，整体偏低于基准期。以径流年内分配过程来看，未来不同时期径流量变化情况存在一定的差异。从图 4.4.30 中可知，径流最大月出现在 MIR 模式 2080s 时段 8 月，为 26 681.42 m³/s；基准期径流最大值出现在 7 月，为 23 994.38 m³/s，较基准期增加 11.2%；ISPL 模式径流量 8 月呈急剧下跌趋势，2050s 时段出现最小值为 15 521.12 m³/s，GFDL、HAD 模式径流量整体偏低于基准期观测值，其中 4 月月径流变化率最大，NOR 模式径流 8～9 月显著大于基准期观测值，且峰值出现在 9 月晚于基准期观测值两个月。

在 RCP4.5 排放情景下，以 GFDL、HAD、IPSL、MIROC 和 Nor 模式预估 2006～2099 年降水、最低气温和最高气温驱动已率定好的 VIC 水文模型，1976～2005 年作为基准期，2020s（2010～2039 年）、2050s（2040～2069 年）、2080s（2070～2099 年）长江上游流域总来水量结果如图 4.4.31 所示。

由图 4.4.31 可知，在 RCP4.5 情景下长江上游流域 5 种模式枯水期月平均径流量变化趋势与基准期一致，整体偏低于基准期。以径流年内分配过程来看，未来不同时期径流量变化情况存在一定差异。从图 4.4.31 中可得，径流最大月份出现在 MIR 模式 2050s 时段 8 月，为 26 478.40 m³/s，基准期径流最大值出现在 7 月，为 23 994.38 m³/s，较基准期增加 10.35%；ISPL 模式径流量 8 月呈急剧下跌趋势，2050s 时段出现最小值为 16 605.85 m³/s，GFDL、HAD 模式径流量整体偏低于基准期观测值，其中 4 月月径流变化率最大，且随着年际的增加而增大，Nor 模式径流量峰值出现在 9 月晚于基准年观测值两个月。

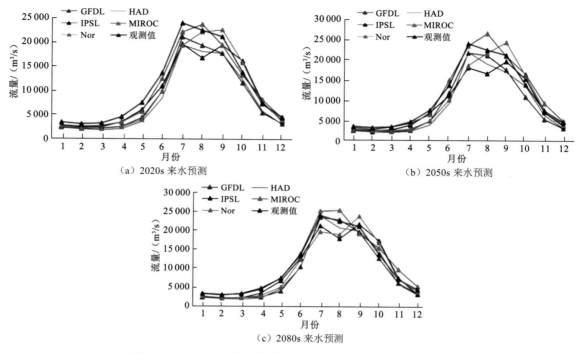

（a）2020s 来水预测 　　　　（b）2050s 来水预测

（c）2080s 来水预测

图 4.4.31　RCP4.5 排放情景下 2020s、2050s、2080s 来水预测

综上分析，未来径流量整体偏低于基准期，MIR 模式径流量峰值都出现在 8 月，且伴随着年际的增大而增大，ISPL 模式径流量 8 月呈急剧下跌趋势，2050s 时段出现最小值，GFDL、HAD 模式径流量整体偏低于基准期观测值，其中 4 月月径流变化率最大，Nor 模式径流量峰值出现在 9 月晚于基准年观测值两个月。

集合平均可在一定程度上减小模式系统误差，使结果更具有参考价值。根据集合平均未来 90 年长江上游年径流量预估结果如图 4.4.32 所示。

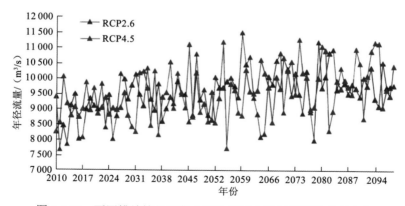

图 4.4.32　不同排放情景下集合平均长江上游年径流量系列变化

由图 4.4.32 可知，RCP2.6 排放情景下年径流量呈不显著增加趋势，年增加率为 12.52 m³/s，年平均径流量预估值为 9 501.02 m³/s，较 1976～2005 年观测值减少 11.31%；RCP4.5 排放情景

下,年径流量呈不显著增加趋势,年增加率为 13.37 m³/s,年平均径流量预估值为 9 561.32 m³/s,较 1976~2005 年观测均值减少 11.87%。

由表 4.4.19 可知,GFDL、HAD、IPSL、MIROC 和 Nor 全球气候模式在 RCP4.5、RCP2.6 排放情景下 2020s、2050s、2080s 时段长江上游年平均径流量与基准年观测值均存在不同程度的减小,且具有明显的年际特征,总来水量减少程度随年际增大而减小,并随着排放浓度的增大其减少量也随之增大。其年径流量变化范围为–25.9%~5.96%,减幅最大值和增幅最大值分别出现在 HAD 模式 RCP2.6 排放情景下 2020s 时段和 MIR 模式 RCP4.5 排放情景下 2080s 时段,因此控制温室气体排放是控制长江上游年径流量减小趋势发展的有效措施之一。

表 4.4.19　长江上游未来年径流变化表

未来情景	时段	年平均径流量变化/%					
		GFDL	HAD	IPSL	MIROC	Nor	集合平均
RCP4.5	2020s	−20.82	−24.85	−13.50	−6.10	−11.09	−15.27
	2050s	−18.55	−20.41	−15.12	5.62	−9.20	−11.53
	2080s	−12.70	−12.84	−7.68	5.94	−8.31	−7.12
RCP2.6	2020s	−14.21	−25.90	−14.25	−10.56	−13.17	−15.62
	2050s	−15.33	−15.42	−16.61	−0.55	−5.63	−10.70
	2080s	−18.55	−12.68	−12.01	4.46	−7.60	−9.28

4.4.6　气候变化下流域水文过程的响应

1. SWAT 模型的实例构建

研究对长江上游的金沙江流域进行了 SWAT 建模,具体步骤如下。

(1)子流域划分及河网提取:第一步包括 DEM 的加载及预处理、指定最小子流域的面积、绘制河网、计算子流域参数等。整个研究区被划分为 27 个子流域,193 个水文响应单元。子流域和河网分布如图 4.4.33 所示,子流域信息见表 4.4.20。

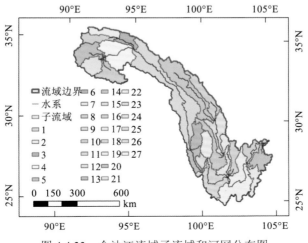

图 4.4.33　金沙江流域子流域和河网分布图

表 4.4.20　子流域信息统计特征值

子流域	面积/km²	高程/m	子流域	面积/km²	高程/m
1	11 018.58	4 839.20	15	19 416.90	3 967.75
2	9 827.50	4 724.10	16	19 097.23	3 468.86
3	9 378.43	4 601.03	17	12 645.37	3 979.20
4	34 764.54	4 673.72	18	11 079.98	1 827.79
5	19 453.06	4 916.64	19	10 904.50	2 134.50
6	450.18	4 553.30	20	10 189.35	3 329.10
7	13 916.95	5 012.14	21	7 231.02	3 250.14
8	16 684.49	4 882.47	22	14 833.25	2 844.82
9	19 062.85	4 185.86	23	11 006.00	2 320.53
10	44 137.75	4 392.39	24	248.75	1 517.31
11	778.60	433.27	25	82.88	1 347.61
12	85 745.35	4 387.17	26	24 545.48	2 246.32
13	12 220.15	4 108.47	27	41 890.41	2 133.31
14	14 474.69	1 727.35			

（2）土地利用和土壤类型数据添加：在 SWAT 模型水文响应单元分析选项卡中，将重分类好的土地利用和土壤类型空间数据导入。在导入这两项空间数据之前，需建立好各自的索引表，这两个索引表分别起到连接研究流域这两类数据各自值与 SWAT 数据库中已有的土地利用和土壤分类的桥梁作用。

（3）水文响应单元划分：水文响应单元 HRU 定义为主导因子方法和多个水文响应单元法，以下采用多个水文响应单元划分方法，将土地利用类型、土壤类型和坡度等级这三个值分别设定为 20%、10%、20%。

（4）气象数据加载：气象数据主要包括流域逐日的降水、气温、相对湿度、风速和太阳辐射这五项。

（5）SWAT 输入文件创建：完成上述工作后，创建气象输入文件、主河道输入数据文件、子流域输入数据文件等 SWAT 的输入文件。

2. 模型率定及检验

根据实测气象数据和水文站径流数据获取的完整性情况，沿金沙江流域上游至出口处依次选用石鼓水文站、攀枝花水文站和屏山水文站 1973～1997 年的日、月尺度径流数据分别进行模拟，其中日时间尺度下，1973～1978 年径流数据用于模型率定，1979～1982 年径流数据用于模型检验；月时间尺度下，1973～1987 年径流数据用于模型率定，1988～1997 年径流数据用于模型检验。模型预热期为 1970～1972 年，设置预热期的目的是规避模型运行前期参数值为 0 的影响。图 4.4.34～图 4.4.35 展示了模型日尺度和月尺度下模拟值与实测值在率定期和检验期的对比结果，日、月尺度径流的模拟结果如表 4.4.21 所示。

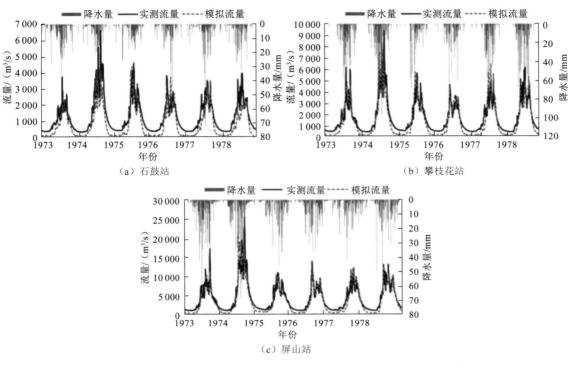

图 4.4.34　石鼓站、攀枝花站和屏山站日平均流量模拟值与实测值比较（率定期）

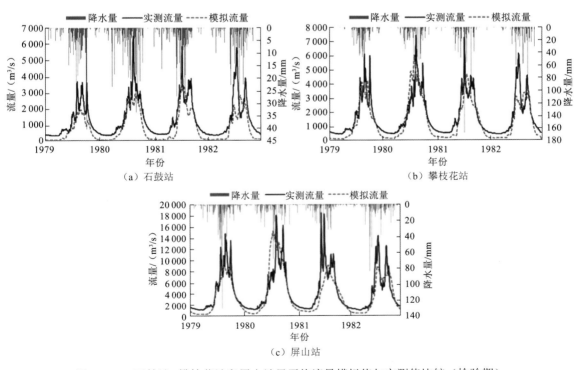

图 4.4.35　石鼓站、攀枝花站和屏山站日平均流量模拟值与实测值比较（检验期）

表 4.4.21　日、月尺度平均径流模拟结果评价表

尺度	水文站	模拟期	实测值/（m³/s）	模拟值/（m³/s）	R^2	NSE
日尺度	石鼓	率定期	1 236.18	794.33	0.82	0.63
		检验期	1 338.94	808.75	0.74	0.52
	攀枝花	率定期	1 684.82	1 412.08	0.88	0.81
		检验期	1 698.55	1 379.21	0.76	0.69
	屏山	率定期	4 294.74	3 744.95	0.90	0.87
		检验期	4 372.97	3 761.69	0.69	0.64
月尺度	石鼓	率定期	1 259.92	830.77	0.84	0.65
		检验期	1 329.12	860.22	0.85	0.64
	攀枝花	率定期	1 685.90	1 485.78	0.89	0.85
		检验期	1 731.46	1 453.05	0.86	0.82
	屏山	率定期	4 339.70	3 935.63	0.93	0.92
		检验期	4 369.80	3 959.29	0.92	0.90

　　图 4.4.34～图 4.4.35 给出了模型率定期（1973～1978 年）和检验期（1979～1982 年）石鼓水文站、攀枝花水文站和屏山水文站模拟的日平均流量和实测流量的比较结果。总体来看，率定期和检验期三个水文站日平均径流模拟值变化趋势与实测值变化趋势基本吻合，率定期时出口处屏山水文站拟合度最好，上游石鼓水文站模拟基流与实测基流拟合度一般；检验期三个水文站的模拟基流与实测基流拟合度一般。具体来看，率定期上游石鼓水文站除 1973 年、1974 年和 1978 年这样的少数年份模拟流量稍低外，其余年份模拟的每年最高日流量与实测最高日流量接近，检验期该站模型模拟洪峰流量和基流均比实测值偏低；率定期中游攀枝花水文站模拟的每年最高日流量比较好，除少数模拟流量偏低的年份如 1973 年、1978 年和模拟值偏高的年份如 1977 年，检验期 1980 年模拟洪峰流量与实测值接近，各年模拟基流偏低；率定期出口处屏山水文站除少数年份如 1973 年和 1974 年的模拟流量偏低外，其余模拟的每年最高日流量比较好，与实测最高日流量接近，检验期模拟的洪峰峰量较实测值要低，但基流模拟拟合度比其他两个站要好。率定期和检验期的评价结果如表 4.4.21 所示，率定期：石鼓水文站 R^2=0.82，NSE=0.63；攀枝花水文站 R^2=0.88，NSE=0.81；屏山水文站 R^2=0.90，NSE=0.87；检验期：石鼓水文站 R^2=0.74，NSE=0.52；攀枝花水文站 R^2=0.76，NSE=0.69；屏山水文站 R^2=0.69，NSE=0.64。

　　图 4.4.36～4.4.37 显示了模型率定期（1973～1987 年）和检验期（1988～1998 年）石鼓水文站、攀枝花水文站和屏山水文站模拟的月平均流量和实测流量的比较结果。总体来看，率定期和检验期三个水文站月平均径流模拟值变化趋势与实测值变化趋势基本吻合，率定期时中游攀枝花水文站和出口处屏山水文站拟合度最好；检验期三个水文站的模拟基流与实测基流拟合度也较好。具体来看，率定期上游石鼓水文站除少数年份如 1979 年和 1980 年的模拟流量偏低外，其余模拟的每年最高月流量与实测最高月流量接近，检验期该站除模拟的基流均比实测值偏低外，模拟值与实测值变化趋势保持一致；率定期中游攀枝花水文站模拟的每年最高月流量较好，与实测最高月流量相差不多，除 1980 年和 1982 年这样模拟流量偏低和 1986

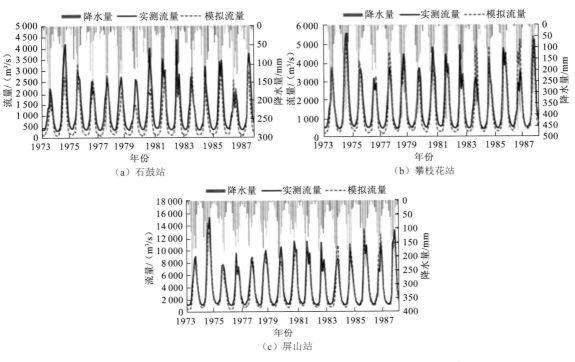

图 4.4.36　石鼓站、攀枝花站和屏山站月平均流量模拟值与实测值比较（率定期）

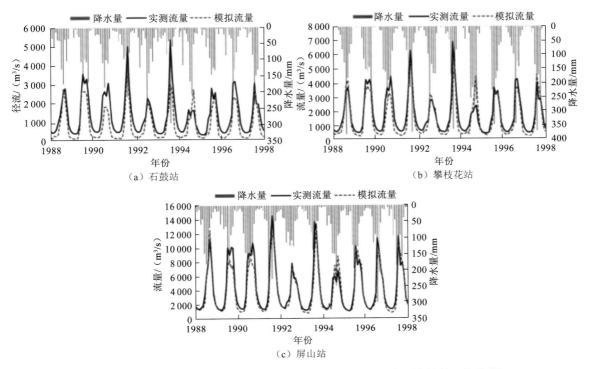

图 4.4.37　石鼓站、攀枝花站和屏山站月平均流量模拟值与实测值比较（检验期）

年模拟流量偏高的少数年份，其余年份每年模拟的最高月流量与实测最高月流量拟合度良好，检验期除 1994 年模拟的洪峰流量比实测值稍大，其余各年无论是峰值还是基流拟合程度良好；率定期出口处屏山水文站除少数年份如 1983 年和 1986 年模拟的流量值偏高外，其余年份无论是峰值还是基流拟合程度非常好，检验期各年模拟的洪峰流量和基流拟合效果也很不错。总的来说，三个水文站的模拟误差都在可接受的范围之内，并且月时间尺度下降雨过程与其流量过程也存在良好的对应关系。率定期和检验期的评价结果如表 4.4.22 所示，率定期：石鼓水文站 R^2=0.84，NSE=0.65；攀枝花水文站 R^2=0.89，NSE=0.85；屏山水文站 R^2=0.93，NSE=0.92；检验期：石鼓水文站 R^2=0.85，NSE=0.64；攀枝花水文站 R^2=0.86，NSE=0.82；屏山水文站 R^2=0.92，NSE=0.90。各指标精度均满足模拟要求，说明 SWAT 模型适用于金沙江流域。

表 4.4.22　SWAT 模型参数在研究区的最终率定值（月尺度）

序号	参数	输入文件	参数变化范围		最适值
			最小值	最大值	
1	R__CN2	*mgt	−0.20	0.20	−0.143 5
2	V__ALPHA_BF	*gw	0.00	1.00	0.631 6
3	V__GW_DELAY	*gw	30.00	450.00	173.305 2
4	V__GWQMN	*gw	0.00	2.00	0.337 3
5	V__GW_REVAP	*gw	0.00	0.20	0.094 3
6	V__ESCO	*hru	0.80	1.00	0.999 7
7	V__CH_N2	*rte	0.00	0.30	0.239 3
8	V__CH_K2	*rte	5.00	130.00	112.583 5
9	V__ALPHA_BNK	*rte	0.00	1.00	0.213 8
10	R__SOL_AWC	*sol	−0.20	0.40	−0.196 3
11	R__SOL_K	*sol	−0.80	0.80	0.778 0
12	R__SOL_BD	*sol	−0.50	0.60	0.173 1
13	V__SFTMP	*bsn	−5.00	5.00	−0.141 7

注：V 代表用新值替换旧值，R 代表已有参数值乘（1+变化值）

表 4.4.21 列出了不同时间尺度下，模型率定期和检验期平均流量模拟值的评价结果，对比发现，在月时间尺度下，三个水文站的模拟效果均比日时间尺度的模拟效果好，其评价指标判定系数 R^2 和 NSE 均比日时间尺度下的高很多，说明模型在月时间尺度的参数范围下模拟更贴近实际情况，因此本研究选取月时间尺度下率定检验后的参数范围作为变化气候下径流及气象要素变化趋势模拟的参数最终值，表 4.4.22 给出了 SWAT 模型参数在研究区的最终率定值。

3. 不同气候变化情景设置

相互作用、影响和集成方法是评价气候变化影响的 3 种方法。研究根据增量情景方法即通过改变研究区实测气象资料中的降水、气温和太阳辐射的量来建立研究区不同气候变化情景，应用率定好的 SWAT 模型探明金沙江流域水文过程对气候变化的响应规律。

选取气温、降水量、太阳辐射、风速、相对湿度这 5 种气象要素 1973～2002 年共 30 年各项的平均值作为基准期,在此基础上根据全球及长江流域降水、气温和太阳辐射的变化趋势的研究[68-70]和金沙江流域 1973～2005 年气候变化规律,设定不同的气候变化情景。即在基准期的基础上,假定降水 P 分别变化±20%、0、±10%;气温 T 分别变化 0℃、+1℃、+1.5℃、+2℃;太阳辐射 R_s 分别变化±20%、0、±10%,共 100 种组合方式作为 SWAT 模型的情景输入,具体情况见表 4.4.23。

表 4.4.23　金沙江流域不同气候情景变化设置

情景	P（%）	T/℃	R_s/%	情景	P/%	T/℃	R_s/%
S1	P（1−20%）	T	R_s（1−20%）	S31	P（1−10%）	$T+1.5$℃	R_s（1−20%）
S2	P（1−20%）	T	R_s（1−10%）	S32	P（1−10%）	$T+1.5$℃	R_s（1−10%）
S3	P（1−20%）	T	R_s	S33	P（1−10%）	$T+1.5$℃	R_s
S4	P（1−20%）	T	R_s（1+10%）	S34	P（1−10%）	$T+1.5$℃	R_s（1+10%）
S5	P（1−20%）	T	R_s（1+20%）	S35	P（1−10%）	$T+1.5$℃	R_s（1+20%）
S6	P（1−20%）	$T+1$℃	R_s（1−20%）	S36	P（1−10%）	$T+2$℃	R_s（1−20%）
S7	P（1−20%）	$T+1$℃	R_s（1−10%）	S37	P（1−10%）	$T+2$℃	R_s（1−10%）
S8	P（1−20%）	$T+1$℃	R_s	S38	P（1−10%）	$T+2$℃	R_s
S9	P（1−20%）	$T+1$℃	R_s（1+10%）	S39	P（1−10%）	$T+2$℃	R_s（1+10%）
S10	P（1−20%）	$T+1$℃	R_s（1+20%）	S40	P（1−10%）	$T+2$℃	R_s（1+20%）
S11	P（1−20%）	$T+1.5$℃	R_s（1−20%）	S41	P	T	R_s（1−20%）
S12	P（1−20%）	$T+1.5$℃	R_s（1−10%）	S42	P	T	R_s（1−10%）
S13	P（1−20%）	$T+1.5$℃	R_s	S43	P	T	R_s
S14	P（1−20%）	$T+1.5$℃	R_s（1+10%）	S44	P	T	R_s（1+10%）
S15	P（1−20%）	$T+1.5$℃	R_s（1+20%）	S45	P	T	R_s（1+20%）
S16	P（1−20%）	$T+2$℃	R_s（1−20%）	S46	P	$T+1$℃	R_s（1−20%）
S17	P（1−20%）	$T+2$℃	R_s（1−10%）	S47	P	$T+1$℃	R_s（1−10%）
S18	P（1−20%）	$T+2$℃	R_s	S48	P	$T+1$℃	R_s
S19	P（1−20%）	$T+2$℃	R_s（1+10%）	S49	P	$T+1$℃	R_s（1+10%）
S20	P（1−20%）	$T+2$℃	R_s（1+20%）	S50	P	$T+1$℃	R_s（1+20%）
S21	P（1−10%）	T	R_s（1−20%）	S51	P	$T+1.5$℃	R_s（1−20%）
S22	P（1−10%）	T	R_s（1−10%）	S52	P	$T+1.5$℃	R_s（1−10%）
S23	P（1−10%）	T	R_s	S53	P	$T+1.5$℃	R_s
S24	P（1−10%）	T	R_s（1+10%）	S54	P	$T+1.5$℃	R_s（1+10%）
S25	P（1−10%）	T	R_s（1+20%）	S55	P	$T+1.5$℃	R_s（1+20%）
S26	P（1−10%）	$T+1$℃	R_s（1−20%）	S56	P	$T+2$℃	R_s（1−20%）
S27	P（1−10%）	$T+1$℃	R_s（1−10%）	S57	P	$T+2$℃	R_s（1−10%）
S28	P（1−10%）	$T+1$℃	R_s	S58	P	$T+2$℃	R_s
S29	P（1−10%）	$T+1$℃	R_s（1+10%）	S59	P	$T+2$℃	R_s（1+10%）
S30	P（1−10%）	$T+1$℃	R_s（1+20%）	S60	P	$T+2$℃	R_s（1+20%）

续表

情景	P（%）	T/℃	R_s/%	情景	P/%	T/℃	R_s/%
S61	P（1+10%）	T	R_s（1−20%）	S81	P（1+20%）	T	R_s（1−20%）
S62	P（1+10%）	T	R_s（1−10%）	S82	P（1+20%）	T	R_s（1−10%）
S63	P（1+10%）	T	R_s	S83	P（1+20%）	T	R_s
S64	P（1+10%）	T	R_s（1+10%）	S84	P（1+20%）	T	R_s（1+10%）
S65	P（1+10%）	T	R_s（1+20%）	S85	P（1+20%）	T	R_s（1+20%）
S66	P（1+10%）	T+1℃	R_s（1−20%）	S86	P（1+20%）	T+1℃	R_s（1−20%）
S67	P（1+10%）	T+1℃	R_s（1−10%）	S87	P（1+20%）	T+1℃	R_s（1−10%）
S68	P（1+10%）	T+1℃	R_s	S88	P（1+20%）	T+1℃	R_s
S69	P（1+10%）	T+1℃	R_s（1+10%）	S89	P（1+20%）	T+1℃	R_s（1+10%）
S70	P（1+10%）	T+1℃	R_s（1+20%）	S90	P（1+20%）	T+1℃	R_s（1+20%）
S71	P（1+10%）	T+1.5℃	R_s（1−20%）	S91	P（1+20%）	T+1.5℃	R_s（1−20%）
S72	P（1+10%）	T+1.5℃	R_s（1−10%）	S92	P（1+20%）	T+1.5℃	R_s（1−10%）
S73	P（1+10%）	T+1.5℃	R_s	S93	P（1+20%）	T+1.5℃	R_s
S74	P（1+10%）	T+1.5℃	R_s（1+10%）	S94	P（1+20%）	T+1.5℃	R_s（1+10%）
S75	P（1+10%）	T+1.5℃	R_s（1+20%）	S95	P（1+20%）	T+1.5℃	R_s（1+20%）
S76	P（1+10%）	T+2℃	R_s（1−20%）	S96	P（1+20%）	T+2℃	R_s（1−20%）
S77	P（1+10%）	T+2℃	R_s（1−10%）	S97	P（1+20%）	T+2℃	R_s（1−10%）
S78	P（1+10%）	T+2℃	R_s	S98	P（1+20%）	T+2℃	R_s
S79	P（1+10%）	T+2℃	R_s（1+10%）	S99	P（1+20%）	T+2℃	R_s（1+10%）
S80	P（1+10%）	T+2℃	R_s（1+20%）	S100	P（1+20%）	T+2℃	R_s（1+20%）

注：P、T 和 R_s 分别代表降水量、气温和太阳辐射

4. 径流模拟

图 4.4.38～图 4.4.40 分别给出了不同气候情景下金沙江流域石鼓站、攀枝花站和屏山站年平均流量的模拟结果。从图中可以看出，三个水文控制站的流量对降水的变化最为敏感，年平均径流量随降水的增加而增加；太阳辐射对其影响次之，年平均径流量随太阳辐射的增加而减少；相较于对降水和太阳辐射变化的敏感程度，流量对气温的变化最不敏感，年平均径流量随着气温的升高，其值随之减少，但减少程度不大。这与岑思弦等[71]的降水对金沙江流域径流影响较大的研究结果基本一致。

综合来看，当太阳辐射和气温保持在某一值固定不变，石鼓站年平均径流量随着降水的增加而增加；当太阳辐射和降水保持在某一值固定不变，石鼓站年平均径流量随气温的升高而降低；当降水和气温保持在某一值固定不变，石鼓站年平均径流量随太阳辐射的增加而减少。

图 4.4.39 给出了金沙江流域攀枝花站不同气候情景下模拟的年平均流量变化趋势。综合来看，当太阳辐射和气温保持在某一值固定不变，攀枝花站年平均径流量随着降水的增加而增加；当太阳辐射和降水保持在某一值固定不变，攀枝花站年平均径流量随气温的升高而降低；当降水和气温保持在某一值固定不变，攀枝花站年平均径流量随太阳辐射的增加而减少。

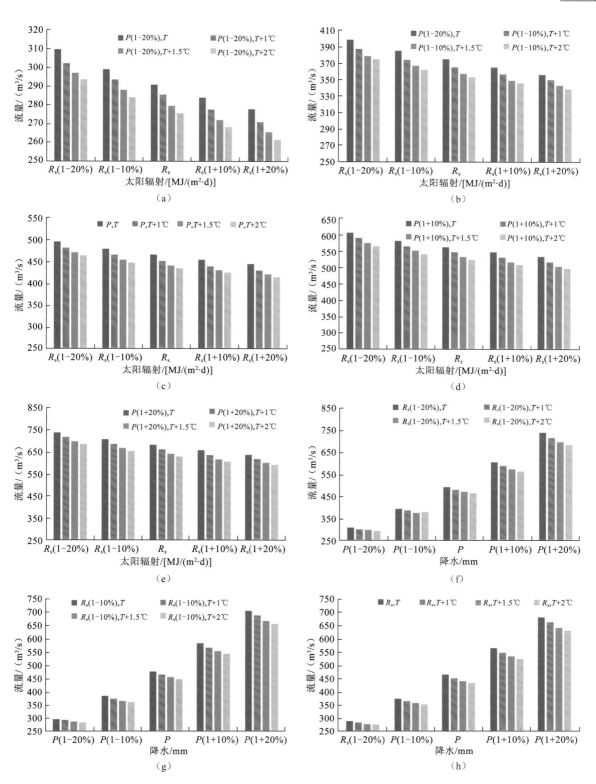

图 4.4.38　金沙江流域石鼓站不同气候情景下模拟流量变化趋势（年平均）

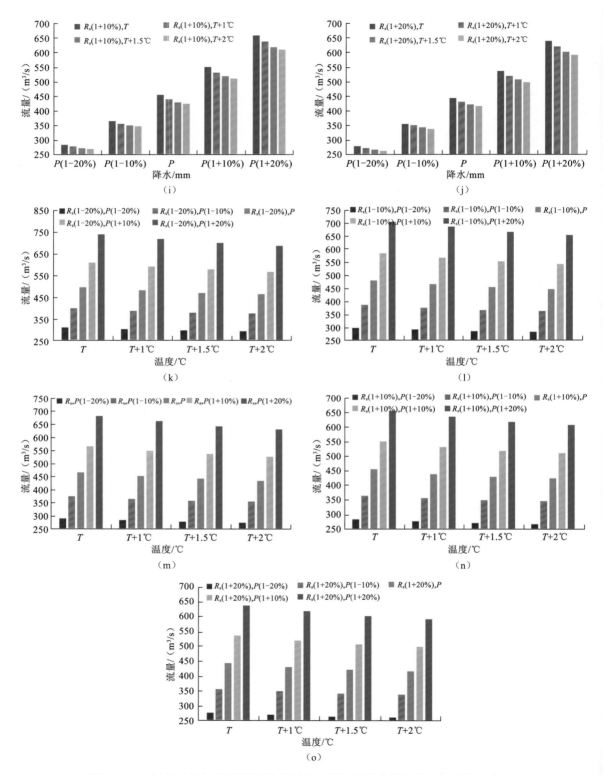

图 4.4.38　金沙江流域石鼓站不同气候情景下模拟流量变化趋势（年平均）（续）

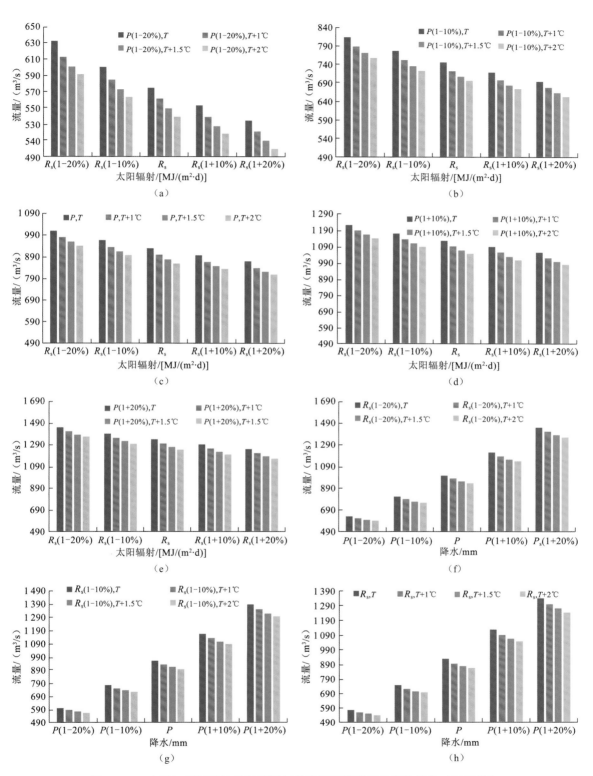

图 4.4.39　金沙江流域攀枝花站不同气候情景下模拟流量变化趋势（年平均）

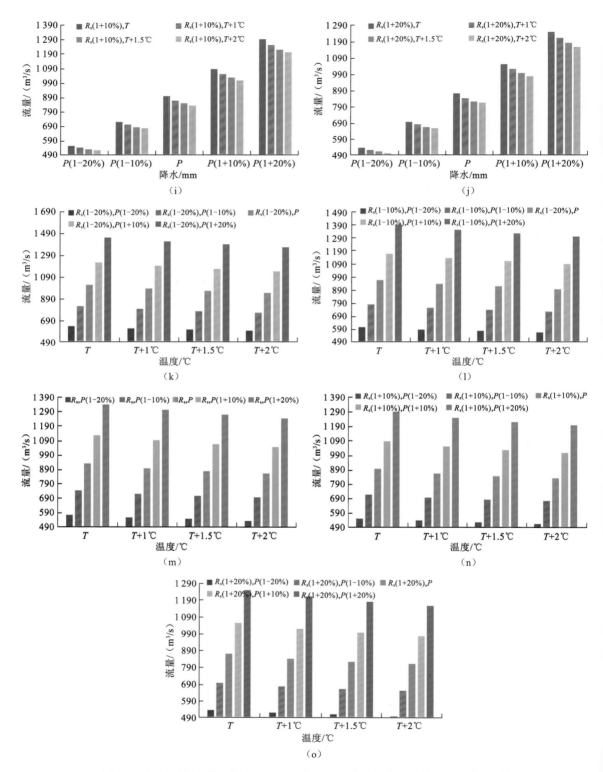

图 4.4.39　金沙江流域攀枝花站不同气候情景下模拟流量变化趋势（年平均）（续）

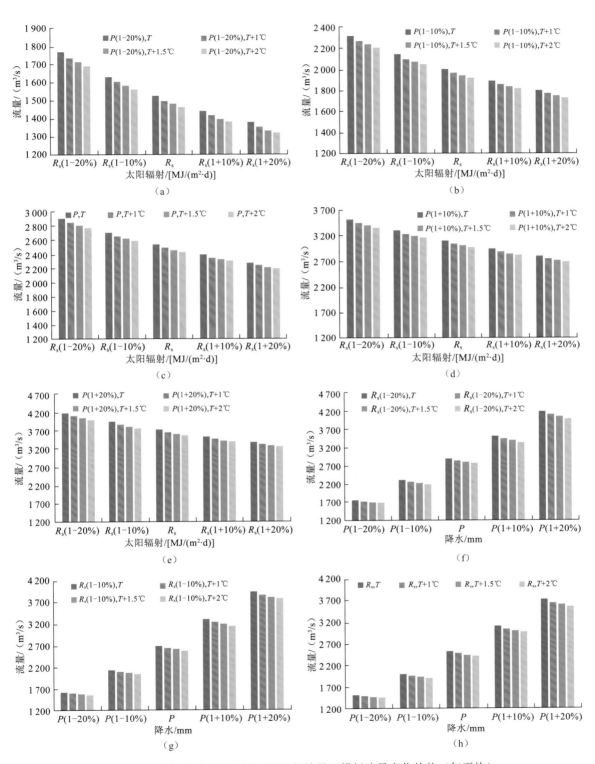

图 4.4.40 金沙江流域屏山站不同气候情景下模拟流量变化趋势（年平均）

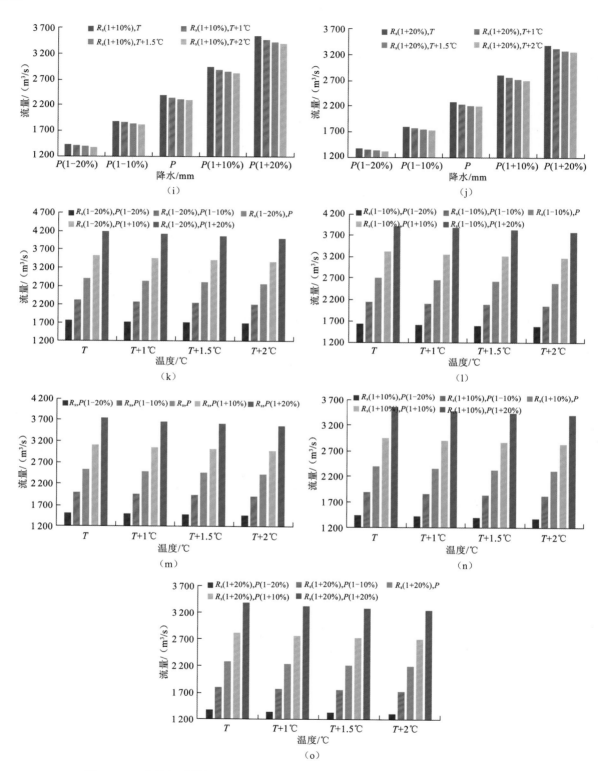

图 4.4.40　金沙江流域屏山站不同气候情景下模拟流量变化趋势（年平均）（续）

图 4.4.40 给出了金沙江流域屏山站不同气候情景下模拟的年平均流量变化趋势。综合来看，当太阳辐射和气温保持在某一值固定不变，屏山站年平均径流量随着降水的增加而增加；当太阳辐射和降水保持在某一值固定不变，屏山站年平均径流量随气温的升高而降低；当降水和气温保持在某一值固定不变，屏山站年平均径流量随太阳辐射的增加而减少。

5. 径流空间分布特征

图 4.4.41 给出了金沙江流域基准期和极端气候情景下模拟的各子流域年平均径流空间分布情况。整体来看，各气候情景下，流域西北方向的上段区域流量最小，流域中段区域的流量次之，南部和东北方向的下段地区流量最大。

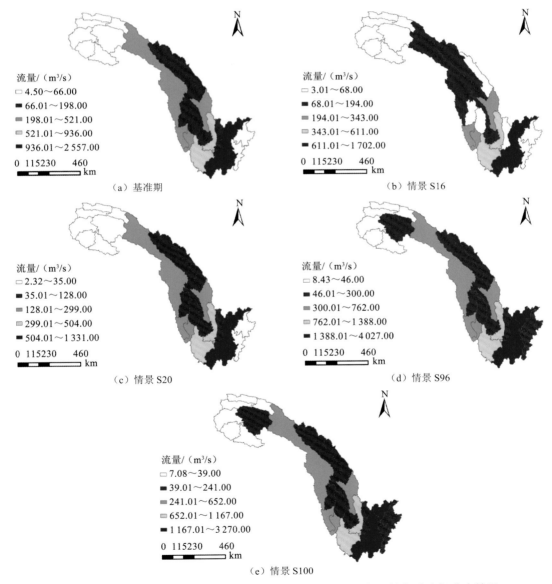

图 4.4.41　金沙江流域基准期和极端气候情景下各子流域年平均径流空间分布情况

具体来看,基准期流域南部及东北部的下段区域流量较大,以攀枝花站到屏山站区间流域最为突出,11 号子流域的径流最大,为 2 557 m³/s,流量较小的区域主要集中在流域的上段、中段和下段横江流域,2 号子流域的径流量最小,仅为 4.51 m³/s,由此可见,流域流量的空间分布差异较大。对比不同极端气候情景下径流与基准期径流的空间分布可知,4 种不同极端气候变化情景下流域年平均径流的空间分布趋势与基准期基本保持一致,其中情景 S96 的 11 号子流域的径流最大,为 4 027 m³/s,位于流域下段出口处,情景 S20 的 2 号子流域的径流最小,为 2.32 m³/s,位于流域西北方向的上段。

极端气候情景 S16 下,19 号子流域径流受到的影响最大,径流为 25.93 m³/s,相比基准期 19 号子流域的流量,变化了 56%;极端气候情景 S20 下,19 号子流域径流受到的影响最大,径流为 15.26 m³/s,相比基准期 19 号子流域的流量,变化了 74%;极端气候情景 S96 下,14 号子流域径流受到的影响最大,径流为 116.10 m³/s,相比基准期 14 号子流域的流量,变化了 146%;极端气候情景 S100 下,14 号子流域径流受到的影响最大,径流为 74.82 m³/s,相比基准期 14 号子流域的流量,变化了 58%。19 号和 14 号子流域都位于流域下段,由此可见,当发生上述极端天气组合时,流域下段径流受影响比较严重的可能性较大。

参 考 文 献

[1] 张兰影, 庞博, 徐宗学, 等. 基于支持向量机的石羊河流域径流模拟适用性评价[J]. 干旱区资源与环境, 2013, 27(7): 113-118.

[2] 杨龙, 田富强, 胡和平. 结合大气环流和遥相关信息的集合径流预报方法及其应用[J]. 清华大学学报(自然科学版), 2013(5): 606-612.

[3] 赵铜铁钢, 杨大文, 蔡喜明, 等. 基于随机森林模型的长江上游枯水期径流预报研究[J]. 水力发电学报, 2012, 31(3): 18-24.

[4] 徐海明. 华南夏季降水与全球海温的关系[J]. 大气科学学报, 1997(3): 392-399.

[5] 李忠贤, 孙照渤. 1 月份黑潮区域海温异常与我国夏季降水的关系[J]. 大气科学学报, 2004, 27(3): 374-380.

[6] 吕炯. 西北太平洋及其在东亚气候上的问题[J]. 地理学报, 1951(Z1): 71-90.

[7] 汤成友, 官学文, 张世明. 现代中长期水文预报方法及其应用[M]. 北京: 中国水利水电出版社, 2008.

[8] GALELLI S, CASTELLETTI A. Tree-based iterative input variable selection for hydrological modeling [J]. Water resources research, 2013, 49(7): 4295-310.

[9] SHARMA A. Seasonal to interannual rainfall probabilistic forecasts for improved water supply management: Part 1: a strategy for system predictor identification[J]. Journal of hydrology, 2000, 239 (1): 232-239.

[10] 秦英. 基于随机森林的 WebShell 检测方法[J]. 计算机系统应用, 2019, 28(2): 240-245.

[11] 孙永, 刘楠, 李智慧, 等. 电子鼻和随机森林算法快速鉴别野生与养殖日本真鲈[J]. 食品安全质量检测学报, 2019, 10: 551-556.

[12] 梁智, 孙国强, 卫志农, 等. 基于变量选择与高斯过程回归的短期负荷预测[J]. 电力建设, 2017, 38: 122-128.

[13] 吴潇雨, 和敬涵, 张沛, 等. 基于灰色投影改进随机森林算法的电力系统短期负荷预测[J]. 电力系统自动化, 2015, 39: 50-55.

[14] 冯盼峰, 温永仙. 基于随机森林算法的两阶段变量选择研究[J]. 系统科学与数学, 2018, 38(1): 119-130.

[15] 姚登举, 杨静, 詹晓娟. 基于随机森林的特征选择算法[J]. 吉林大学学报(工学版), 2014, 44(1): 137-141.

[16] BREIMAN L. Random forests [J]. Machine learning, 2001, 45(1): 5-32.

[17] 黎燚隆, 章新平, 尚程鹏. 洞庭湖流域夏季降水特征及旱涝年份大气环流分析[J]. 气象研究与应用, 2018, 39(1): 1-5.

[18] WANG L, WU Z F, HE H S, et al. Changes in summer extreme precipitation in Northeast Asia and their relationships with the East Asian summer monsoon during 1961-2009[J]. International journal of climatology, 2017, 37(1): 25-35.

[19] 符芳兵, 薛联青, 任磊. 淮河流域夏季旱涝前兆信号及预测[J]. 水资源与水工程学报, 2019, 30(1): 13-20.

[20] FERNANDO T, MAIER H, DANDY G, et al. Efficient selection of inputs for artificial neural network models[C]. In Proceeding of MODSIM 2005 International Congress on Modelling and Simulation: Modelling and Simulation Society of Australia and New Zealand, New Iealand: 2005.

[21] RUMELHART D, HINTON G, WILLIAMS R. Learning internal representations by error backpropagation in parallel distributed processing[J]. Exploration of microstructure of cognition, 1986(1): 96-154.

[22] KOHONEN T. Self-organized formation of topologically correct feature maps[J]. Biological cybernetics, 1982, 43(1): 59-69.

[23] HOPFIELD J J. Learning algorithms and probability distributions in feed-forward and feed-back networks[J]. Proceedings of the national academy of sciences, 1987, 84(23): 8429-8433.

[24] POWELL M J. Radial basis functions for multivariable interpolation: a review[J]. In algorithms for approximation, 1987: 143-167.

[25] SPECHT D F. A general regression neural network[J]. IEEE transactions on neural networks, 1991, 2(6): 568-576.

[26] ELMAN J L. Finding structure in time[J]. Cognitive science, 1990, 14(2): 179-211.

[27] LEKKAS D, ONOF C, LEE M, et al. Application of artificial neural networks for flood forecasting[J]. Global Nest Journal, 2004, 6(3): 205-211.

[28] BOWDEN G J, DANDY G C, MAIER H R. Input determination for neural network models in water resources applications. Part 1: background and methodology[J]. Journal of hydrology, 2005, 301(1): 75-92.

[29] 于国荣, 夏自强. 混沌时间序列支持向量机模型及其在径流预测中应用[J]. 水科学进展, 2008, 19(1): 116-122.

[30] WU C. Hydrological predictions using data-driven models coupled with data preprocessing techniques[D]. Hong Kong: The Hong Kong Polytechnic University, 2010.

[31] BOWDEN G J, MAIER H R, DANDY G C. Input determination for neural network models in water resources applications. Part 2. Case study: forecasting salinity in a river[J]. Journal of hydrology, 2005, 301(1): 93-107.

[32] MALLAT S, HWANG W L. Singularity detection and processing with wavelets[J]. IEEE transactions on information theory, 1992, 38(2): 617-643.

[33] HELTON J C, DAVIS F J. Latin hypercube sampling and the propagation of uncertainty in analyses of complex systems[J]. Reliability engineering & system safety, 2003, 81(1): 23-69.

[34] SALTELLI A, MARIVOET J. Non-parametric statistics in sensitivity analysis for model output: a comparison of selected techniques[J]. Reliability engineering & system safety, 1990, 28(2): 229-253.

[35] CHUN M H, HAN S J, Tak N I. An uncertainty importance measure using a distance metric for the change in a cumulative distribution function[J]. Reliability engineering & system safety, 2000, 70(3): 313-321.

[36] LIU H, CHEN W, SUDJIANTO A. Relative entropy based method for probabilistic sensitivity analysis in engineering design[J]. Journal of mechanical design, 2005, 128(2): 326-336.

[37] CUI L J, LÜ Z Z, ZHAO X P. Moment-independent importance measure of basic random variable and its probability density evolution solution[J]. 中国科学: 技术科学, 2010, 53(4): 1138-1145.

[38] SOBOLÁ I M. Global sensitivity indices for nonlinear mathematical models and their Monte Carlo estimates[J]. Mathematics & computers in simulation, 2001, 55(1-3): 271-280.

[39] SALTELLI A, ANNONI P, AZZINI I, et al. Variance based sensitivity analysis of model output, Design and estimator for the total sensitivity index[J]. Computer physics communications, 2010, 181(2): 259-270.

[40] 李其江. 长江源径流演变及原因分析 [J]. 长江科学院院报, 2018, 35(8): 1-5.

[41] 唐见, 曹慧群, 陈进. 长江源区水文气象要素变化及其与大尺度环流因子关系研究[J]. 自然资源学报, 2018, 33(5): 840-52.

[42] 李夫星, 陈东, 汤秋鸿, 等. 东亚和南亚夏季风对中国季风区径流深影响[J]. 水科学进展, 2016, 27: 349-56.

[43] BREIMAN L. Random forests[J]. Machine learning, 2001, 45(1): 5-32.

[44] 吕少宁, 文军, 刘蓉. 中国大陆地区不同降水资料的适用性及其应用潜力[J]. 高原气象, 2011, 30(3): 628-640.

[45] 宋春风, 陶和平, 刘斌涛, 等. 长江上游地区土壤可蚀性空间分异特征[J]. 长江流域资源与环境, 2012, 21(9): 1123-1130.

[46] 张武龙, 张井勇, 范广洲. CMIP5 模式对我国西南地区干湿季降水的模拟和预估[J]. 大气科学, 2015, 39(3): 559-570.

[47] 陈晓晨, 徐影, 许崇海, 等. CMIP5 全球气候模式对中国地区降水模拟能力的评估[J]. 气候变化研究进展, 2014, 10(3): 217-225.

[48] WESTMACOTT J R, BURN D H. Climate change effects on the hydrologic regime within the Churchill-Nelson River Basin[J]. Journal of hydrology, 1997, 202(1-4): 263-279.

[49] GONZALEZ P, NEILSON R P, LENIHAN J M, et al. Global patterns in the vulnerability of ecosystems to vegetation shifts due to climate change[J]. Global ecology & biogeography, 2010, 19(6): 756-768.

[50] MEINSHAUSEN M, SMITH S J, CALVIN K, et al. The RCP greenhouse gas concentrations and their extensions from 1765 to 2300[J]. Climatic change, 2011, 109(1): 213.

[51] TAYLOR K E, STOUFFER R J, MEEHL G A. An Overview of CMIP5 and the experiment design[J]. Bulletin of the American meteorological society, 2011, 93(4): 486-498.

[52] SIEW J H, TANGANG F T, JUNENG L. Evaluation of CMIP5 coupled atmosphere–ocean general circulation models and projection of the Southeast Asian winter monsoon in the 21st century[J]. International journal of climatology, 2014, 34(9): 2872-2884.

[53] CHANGE I P O C. towards new scenarios for analysis of emissions, climate change, impacts, and response strategies[J]. Environmental policy collection, 2008, 5(5): 399-406.

[54] CLARKE L E, EDMONDS J A, JACOBY H D, et al. Scenarios of greenhouse gas Emissions and atmospheric concentrations[R]. Environmental policy collection, 2007.

[55] RIAHI K, GRÜBLER A, NAKICENOVIC N. Scenarios of long-term socio-economic and environmental development under climate stabilization[J]. Technological forecasting & social change, 2007, 74(7): 887-935.

[56] 刘永和, 郭维栋, 冯锦明, 等. 气象资料的统计降尺度方法综述[J]. 地球科学进展. 2011(8): 47-57.

[57] ZHOU J, HE D, XIE Y, et al. Integrated SWAT model and statistical downscaling for estimating streamflow response to climate change in the Lake Dianchi watershed, China[J]. Stochastic environmental research and risk assessment, 2015, 29(4): 1193-1210.

[58] ZUO D, XU Z, ZHAO J, et al. Response of runoff to climate change in the Wei River basin, China[J]. Hydrological sciences journal/journal des sciences hydrologiques, 2014, 60(3): 1-15.

[59] WILBY R L, DAWSON C W, BARROW E M. Sdsm- a decision support tool for the assessment of regional climate change impacts[J]. Environmental modelling & software, 2002, 17(2): 146-157.

[60] TATSUMI K, OIZUMI T, YAMASHIKI Y. Effects of climate change on daily minimum and maximum

temperatures and cloudiness in the Shikoku region: a statistical downscaling model approach[J]. Theoretical and applied climatology, 2015, 120(1): 87-98.

[61] LIANG X, LETTENMAIER D P, WOOD E F, et al. A simple hydrologically based model of land surface water and energy fluxes for general circulation models[J]. Journal of geophysical research atmospheres, 1994, 99: 14416-14428.

[62] BROOKS R H, COREY A T. Hydraulic properties of porous media and their relation to drainage design[J]. Transactions of the ASAE, 1964(7): 26-28.

[63] FRANCHINI M, PACCIANI M. Comparative analysis of several conceptual rainfall-runoff models[J]. Journal of HYDROLogy, 1991, 122(1-4): 161-219.

[64] LUO X, LIANG X, MCCARTHY H R. VIC+ for water-limited conditions: a study of biological and hydrological processes and their interactions in soil-plant-atmosphere continuum[J]. Water resources research, 2013, 49(49): 7711-7732.

[65] LOHMANN D, RASCHKE E, NIJSSEN B, et al. Regional scale hydrology: I. Formulation of the VIC-2L model coupled to a routing model[J]. Hydrological sciences journal/journal des sciences hydrologiques, 1998, 43(1): 131-141.

[66] SURHONE L M, TENNOE M T, HENSSONOW S F. Soil and Water Conservation Society[M]. [s.l.]: Betascript Publishing, 2010.

[67] FERGUSON C R, WOOD E F, VINUKOLLU R K. A global intercomparison of modeled and observed land-atmosphere coupling[J]. Journal of hydrometeorology, 2012, 13(3): 749-784.

[68] 秦大河, THOMAS STOCKER T. IPCC 第五次评估报告第一工作组报告的亮点结论[J]. 气候变化变化研究进展, 2014, 10(1): 1-6.

[69] 刘长坤, 王艳君, 郭媛. 1960 年以来长江流域太阳总辐射的时空变化[J]. 南京信息工程大学学报(自然科学版), 2012, 4(3): 233-240.

[70] 杨霞. 基于 SWAT 模型的乌伦古河流域气候变化对径流影响研究[J]. 新疆环境保护, 2015, 37(1): 45-50.

[71] 岑思弦, 秦宁生, 李媛媛. 金沙江流域汛期径流量变化的气候特征分析[J]. 资源科学, 2012, 34(8): 1538-1545.

长江上游水资源耦合系统供需特性分析及水资源承载力评估

长江上游是我国气候变化的敏感区域,气候变化对流域的生态过程、水文循环和水资源利用影响显著。此外,随着长江上游人类活动的不断加剧,社会经济发展的巨大用水需求对流域生态环境的胁迫作用凸显。为此,预估气候变化和人类活动影响下长江上游水资源耦合系统供需矛盾及水资源承载力的演化特性,对长江上游径流适应性利用研究具有重要的理论意义和应用价值。

围绕长江上游流域水资源耦合系统供需特性问题,本章首先以水资源可利用量和供水能力为切入点,考虑不同生态环境状况对水资源可利用量的影响,提出生境保护模式和生境恢复模式条件下水资源可利用量计算公式,进而分析长江上游水资源耦合系统的可供水量;然后,综合考虑用水机制及宏观调控对未来长期用水需求的影响,运用宏观控制下分类用水指标法构建长期需水预测模型,并基于宏观调控将预测时期分段以增强预测结果的可靠性;进一步,根据流域供需水预测成果,从供水能力和生境条件限制两方面开展供需矛盾分析,并从不同角度探讨缓解水资源供需矛盾的对策,揭示流域供需格局和供需矛盾演化规律;最后,引入水资源承载力的概念,基于模糊分析法评估水资源耦合系统水安全演变情势。

5.1 长江上游关键控制断面供水能力及水资源可利用量预测

可供水量受供水能力与水资源可利用量两者共同影响。水资源可利用量应包括地表水可利用量、浅层地下水可利用量和其他水源（中水回用、海水淡化等）可利用量。针对不同研究区域，供水分析应当首先确定当地供水结构，具体包括主要水源与不同水源供水的比例与次序，然后依据各水源的供水机制分别确定其供水能力及水资源可利用水量。

5.1.1 长江上游供水结构分析

长江上游地区位于我国西南部，气候湿润多雨，水资源蕴藏量较为丰富。地区供水主要以地表水源为主，同时有少部分地下水源供水和其他水源供水。长江上游历年水资源量及供水结构如表 5.1.1 和表 5.1.2 所示，所有数据来源于 2000～2017 年《长江流域及西南诸河水资源公报》。

表 5.1.1 长江上游历年水资源量

年份	地表水资源量 /（亿 m³）	地下水资源量 /（亿 m³）	不重复计算量 /（亿 m³）	水资源总量 /（亿 m³）	不重复计算量 占比/%
2000	4 727.90	1 188.15	5.23	4 733.13	0.11
2001	4 249.74	1 174.45	5.08	4 254.82	0.12
2002	3 976.30	1 096.49	4.92	3 981.22	0.12
2003	4 418.17	1 104.63	1.60	4 419.77	0.04
2004	4 190.97	1 087.21	2.59	4 193.56	0.06
2005	4 697.23	1 136.96	1.60	4 698.83	0.03
2006	3 183.44	953.74	1.68	3 185.12	0.05
2007	4 258.77	1 090.32	1.67	4 260.44	0.04
2008	4 433.98	1 145.84	2.23	4 436.21	0.05
2009	4 009.49	1 098.34	1.81	4 011.30	0.05
2010	4 279.82	1 113.87	1.82	4 281.64	0.04
2011	3 681.21	1 038.32	1.81	3 683.02	0.05
2012	4 580.78	1 129.10	1.36	4 582.14	0.03
2013	4 029.72	1 089.15	1.36	4 031.08	0.03
2014	4 541.52	1 161.65	1.36	4 542.88	0.03
2015	3 824.63	1 065.88	1.36	3 825.99	0.04
2016	4 801.22	1 110.90	1.33	4 802.55	0.03
2017	4 205.00	1 186.09	1.34	4 206.34	0.03
多年平均	4 227.22	1 109.51	2.23	4 229.45	0.05

表 5.1.2　长江上游历年供水结构

年份	地表水供水量/（亿 m³）	地下水供水量/（亿 m³）	其他水源供水量/（亿 m³）	地表地下供水量占比/%	地表供水占比/%	地下供水占比/%	其他供水占比/%
2000	376.8	25.3	3.1	99.25	92.99	6.25	0.75
2001	376.9	25.4	2.5	99.38	93.09	6.28	0.62
2002	375.5	25.9	8.7	97.89	91.58	6.31	2.11
2003	389.1	25.3	2.6	99.38	93.32	6.06	0.62
2004	395.1	25.2	3.7	99.12	93.18	5.94	0.88
2005	397.5	28.2	5.5	98.71	92.17	6.55	1.29
2006	406.3	28.6	3.9	99.11	92.59	6.51	0.89
2007	408.7	26.3	4.2	99.04	93.05	5.98	0.96
2008	409.3	25.3	6.2	98.60	92.86	5.74	1.40
2009	403.9	25.7	5.4	98.77	92.86	5.91	1.23
2010	426.1	27.6	7.5	98.38	92.39	5.99	1.62
2011	429.3	25.3	6.2	98.66	93.18	5.49	1.34
2012	434.6	25.3	7.8	98.34	92.92	5.42	1.66
2013	433.8	23.4	7.9	98.31	93.28	5.03	1.69
2014	429.9	25.4	4.0	99.14	93.61	5.53	0.86
2015	464.5	20.4	4.8	99.02	94.85	4.17	0.98
2016	467.7	18.7	3.4	99.31	95.49	3.82	0.69
2017	472.5	17.8	4.8	99.04	95.44	3.60	0.96
多年平均	416.5	24.7	5.1	98.86	93.32	5.54	1.14

5.1.2　长江上游可供水量预测原理

地表可供水量预测可采用倒算法或正算法进行计算。倒算法是用多年平均水资源量减去不可被利用水量（河道内最小生态需水量）和不能被利用水量（汛期弃水的多年平均值），得出多年平均水资源可利用量。正算法是根据工程最大供水能力或最大用水需求分析成果，以用水消耗系数为依据，折算出相应可供河道外一次性利用的水量。这两种计算方法都与参照年的工程供水能力有关，如预测了各规划水平年工程供水能力，就可通过倒算法或正算法预测各规划水平年的地表水可供水量。地下水可供水量预测以补给量和可开采量为依据，分别计算地下水多年平均可利用量。并根据现状开采量、地下水埋深等实际变化情况，估算各规划水平年的多年平均地下水可开采量。

长江上游地区地表供水量占比 90%以上，因此主要考虑地表水可供水量。以下涉及供水和水资源利用的表述均指地表水的供水和水资源利用。

地表水可利用水资源量是指流域水资源在合理最大开发比例下的可利用量。目前国内大多专家比较认同的观点是：在保证流域环境生态需水情况下，水资源最大合理开发比例不应超过水资源总量的 40%[1]。以上述观点为基础，引入地表水利用阈值系数的概念，用 β 表示。则

地表水资源可利用量的阈值可表示为

$$W_A = W_R \times \beta \qquad (5.1.1)$$

式中：W_A 为地表水可利用量；W_R 为地表径流量；β 为地表水利用阈值系数。

欧盟国家把水资源开发系数大于 40%的地区称为水资源严重稀缺地区，系数介于 20%～40%的地区称为缺水地区，系数低于 20%的地区称为非压力地区。借鉴国外经验，设定地表水利用压力阈值系数（以下简称压力阈值系数）β_1 和地表水可利用破坏阈值系数（以下简称破坏阈值系数）β_2。结合研究区域生态环境特点，考虑供水对当地生态环境的响应和反馈作用，本小节提出生境修正系数的概念来反映当地生态环境状况。

设生境修正系数为 α，$\alpha=1$ 表示当地生态环境处于平均状态，α 值越高则当地生态环境越好。以 20%和 40%为原始压力和破坏系数阈值，分两个模式反映可利用水量对环境的响应：对环境较好的地区维持这样的生态环境需要较多的水资源量留在河道内，称为生境保护模式；对生态环境较差的地区，需要留更多的河道内生态用水量来改善当地生态环境，称为生境恢复模式。这样通过生境修正系数的概念，来反映生态环境对水资源可利用量的影响。

在生境保护模式下：

$$\beta_1 = 20\% / \alpha \qquad (5.1.2)$$
$$\beta_2 = 40\% / \alpha \qquad (5.1.3)$$

在生境恢复模式下：

$$\beta_1 = 20\% \times \alpha \qquad (5.1.4)$$
$$\beta_2 = 40\% \times \alpha \qquad (5.1.5)$$

当 $\alpha>1$ 时，采用生境保护模式；当 $\alpha<1$ 时，采用生境恢复模式，β 与 α 的关系如图 5.1.1 所示。

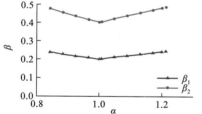

图 5.1.1 地表水资源可利用阈值系数与生境修正系数关系示意图

本小节采用第 2 章介绍的植被覆盖指数 NDVI 来表征 α。定义全国平均 NDVI 指数值为基准值，并假定 NDVI 与 α 为线性关系。且当计算区域 NDVI 值等于全国平均值时，α 取 1；当计算区域 NDVI 值等于全国平均值的 2 倍时，α 取 1.2，即

当 $NDVI_S = NDVI_{CN}$ 时，$\alpha=1$
当 $NDVI_S = 2NDVI_{CN}$ 时，$\alpha=1.2$

式中：$NDVI_S$ 为计算区域 NDVI 值；$NDVI_{CN}$ 为全国 NDVI 值。

1998～2017 年全国平均 $NDVI_{CN}=0.485$，参照上式，则生境修正系数 α 和 NDVI 指数形成的线性关系过点（0.485，1）和点（0.970，2），如图 5.1.2 所示。线性关系表达式为

$$\alpha = 0.412NDVI_S + 0.8 \qquad (5.1.6)$$

当区域需水量超出可供水量上限时，供水、需水与当地生态环境将产生矛盾。此矛盾可通过兴建中水回用或其他水源供水工程分担供水压力或改进节水技术、增强节水

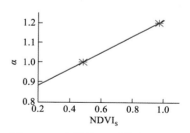

图 5.1.2 生境修正系数与 NDVI 指数关系示意图

意识等方式缓解。

可供水量的确定除可利用水量外,还与流域内供水工程的供水能力有关。地表水资源供水工程是以水库、塘坝、河道、湖泊等地表水体作为水源的供水工程,又分为蓄水、引水和提水工程。蓄水工程指水库和塘坝,不包括非灌溉用的鱼池、涝池等;从河道、湖泊等地表水体自流引水的为引水工程;利用扬水泵站从河道、湖泊等地表水提水的为提水工程。由供水工程引起的供需矛盾可以通过修建供水设施等工程途径和优化调度等非工程措施缓解或解决。

5.1.3　长江上游地表水供水能力分析

依据 2008 年编制的《全国水资源综合规划》和 2000 年的《长江流域及西南诸河水资源公报》的数据显示,2000 年长江流域的供水能力和实际供水量如表 5.1.3 所示。

表 5.1.3　长江流域 2000 年供水能力与 2000 年供水量对比表

| 水系 | 大中型水库供水能力 | | 其他设施现状供水能力 | | | | 总计 /亿 m³ | 地表供水 量/亿 m³ | 供水量占 供水能力 比/% |
	座数	供水能力 /亿 m³	小型水库 /亿 m³	塘堰 /亿 m³	引水 /亿 m³	提水 /亿 m³			
金沙江	63	12.3	13.7	3.1	38.5	17.3	84.9	60.6	71
岷沱江	39	8.7	9.1	7.4	70.0	17.4	114.7	114.7	100
嘉陵江	61	15.4	11.0	13.1	14.2	28.1	81.8	66.4	81
乌江	26	12.2	10.2	1.3	9.6	11.3	44.6	39.2	88
宜宾—宜昌	30	3.2	10.8	8.7	9.5	37.9	70.1	61.7	88
洞庭湖水系	284	76.2	61.6	51.6	72.5	123.2	385.1	335.4	87
汉江	144	51.1	7.6	13.7	46.9	41.1	160.4	111.2	69
宜昌—湖口	153	50.5	15.5	19.0	44.9	69.5	199.4	164.7	83
鄱阳湖水系	210	46.5	41.6	16.1	50.6	70.7	225.5	192.2	85
太湖水系	20	5.1	1.6	2.4	104.7	262.1	375.9	346.6	92
湖口以下	76	27.8	11.2	34.5	106.2	90.0	269.7	148.1	55
长江上游	219	51.8	54.8	33.6	141.8	112.0	396.1	342.7	87
长江中下游	887	257.2	139.1	137.3	425.8	656.6	1616	1 298.2	80
长江流域	1 106	309	193.9	170.9	567.6	768.6	2 012.1	1 640.9	82

注:供水能力小于实际供水量的按照实际供水量填写供水能力

由表 5.1.3 可知,2000 年长江流域地表供水工程利用率(即实际地表供水量与地表供水能力比)为 55%~100%,平均值为 82%。其中供水工程利用率较低的区域集中于中下游,长江上游的平均水利工程利用率为 87%,且各支流流域利用率普遍在 80%以上,只有金沙江流域为 71%。由于 2000~2015 年长江上游流域新建供水工程统计资料缺失,本小节以 2015 年长江上游实际供水量推算 2015 年长江上游供水能力。1980 年长江流域地表供水能力为 1 340 亿 m³,其中长江上游地表水供水能力 262 亿 m³。与 1980 年相比,2000 年长江流域和长江上游供水能力分别增加 672 亿 m³ 和 134 亿 m³,增加值约占 1980 年的 50%。2001~2015 年是水利行业高速发展的 15 年，期间长江上游多个大中型水利工程开始建设和逐步投运，供水能力提升显著。同时社会经济飞速发展，上游需水量也快速攀升。综上所述，2015 年地表工程利用率比 2000 年略有提升，上游综合供水工程利用率达到 88%。

考虑长江上游水资源供需矛盾的空间分布，根据流域内的水资源分布和工程水文断面情况，自上游而下选取石鼓、攀枝花、溪洛渡、向家坝、李庄、朱沱、寸滩和宜昌 8 个主要控制断面将长江上游划分为 8 个供水子流域，如图 5.1.3 所示。8 个子流域分布在金沙江、雅砻江、岷沱江、嘉陵江、乌江及上游干流等水系，共涉及四川、重庆、青海、贵州、云南、甘肃、湖北 7 个省（区、市）的 38 个地级市或直辖市，具体见表 5.1.4。

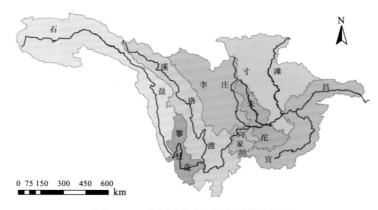

图 5.1.3　长江上游子流域分区示意图

表 5.1.4　长江上游子流域所属行政区划及水系

流域控制断面	涉及省、市行政区	涉及水系
石鼓	青海：海西、玉树 四川：甘孜 云南：迪庆	金沙江石鼓以上干流
攀枝花	云南：丽江、楚雄、迪庆 四川：甘孜	金沙江石鼓以下部分干流
溪洛渡	四川：攀枝花 云南：昆明、楚雄、昭通	雅砻江和金沙江石鼓以下部分干流
向家坝	云南：昭通	金沙江石鼓以下部分干流
李庄	四川：阿坝、雅安、乐山、眉山、成都、宜宾	岷沱江水系及部分干流
朱沱	四川：德阳、资阳、内江、自贡、泸州、宜宾、成都	岷沱江水系及部分干流
寸滩	甘肃：陇南、甘南 四川：绵阳、广元、巴中、南充、达州、广安、遂宁 重庆	嘉陵江水系及部分干流
宜昌	重庆 贵州：毕节、贵阳、遵义、铜仁 湖北：宜昌	乌江和宜宾至宜昌段干流

为与径流模拟分区相匹配,将李庄与朱沱断面控制流域叠加构成新朱沱断面,新朱沱断面控制流域为原李庄断面与朱沱断面控制流域之和。以各子流域 2015 年实际供水量为基础,推算长江上游地表供水工程的供水能力,如表 5.1.5 所示。

表 5.1.5　长江上游各断面控制区域 2015 年供水能力推算表

断面	地表供水工程利用率/%	实际供水量/(亿 m³)	供水能力/(亿 m³)	断面累积供水能力/(亿 m³)
石鼓	80	5.37	6.71	6.71
攀枝花	80	8.32	10.41	17.12
溪洛渡	80	27.67	34.58	51.70
向家坝	80	2.39	2.99	54.69
新朱沱	90	137.62	152.91	207.60
寸滩	85	73.40	86.35	293.95
宜昌	90	173.40	192.67	486.62
长江上游	88	428.17	486.62	486.62

5.1.4　长江上游地表水可利用水资源量预测

依据式(5.1.2)~式(5.1.6),通过各断面控制区域多年平均 NDVI 值,计算各断面压力阈值系数和破坏阈值系数,求得各断面压力阈值系数和破坏阈值系数见表 5.1.6。

表 5.1.6　长江上游各断面控制区域压力及破坏阈值系数

断面	多年平均 NDVI	生境修正系数 α	压力阈值系数 β_1	破坏阈值系数 β_2
石鼓	0.454	0.987	0.196	0.392
攀枝花	0.662	1.075	0.188	0.376
溪洛渡	0.671	1.078	0.188	0.375
向家坝	0.759	1.120	0.182	0.363
新朱沱	0.713	1.095	0.184	0.368
寸滩	0.737	1.102	0.182	0.364
宜昌	0.751	1.111	0.182	0.363
长江上游	0.758	1.113	0.196	0.392

结合第 4 章气候变化情境下长江上游各断面径流量预测成果,以 RCP4.5 排放情景为例,依据式(5.1.1)计算各断面以上地表水可利用阈值,如图 5.1.4 所示。

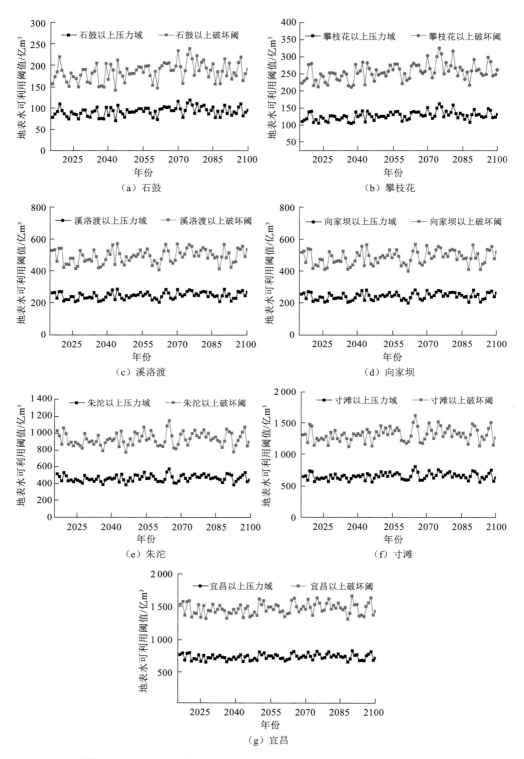

图 5.1.4 长江上游各断面以上压力阈和破坏阈地表水资源可利用量

5.2　长江上游水资源耦合系统需水预测

取用水是人类活动与自然界水循环的交互,是人类活动影响水资源系统的重要方式之一。因此,在进行需水预测工作时,须充分考虑用水地区人类活动强度及其演变规律。长江上游水资源耦合系统需水预测的预测期为 2016~2100 年,但用水数据仅有 2001~2015 共 15 年,属于长期需水预测。在进行长期需水预测时,应更注重考虑用水机制及宏观调控对用水需求量的影响。为此,本节针对长江上游水资源耦合系统长期需水预测问题,提出宏观控制下的分类指标需水预测方法,综合考虑用水机制及宏观调控对未来用水变化的影响,并基于宏观调控将预测时期分段增强了预测结果的可靠性。

5.2.1　需水预测原理与方法

定量需水预测的方法较多,归纳起来主要有趋势分析法、分类用水定额法、数学模型推算法等。趋势分析法主要应用于工业需水量预测中,以库兹涅茨曲线法为主[2-3]。分类用水定额法以各项用水定额及社会经济因子预测为基础,通过乘积运算得到各项用水类型的需水量,是水资源规划中常用方法。数学模型法是依据过去若干年统计资料建立模型,找出影响用水量变化的因素、时间因子与用水量之间的关系,进而预测用水量;常用数学模型方法有传统回归分析模型[4-6]、灰色预测模型[7-9]、智能数学模型（如人工神经网络模型）[10-12]、模糊数学[13]和系统动力学模型[14-15]等。趋势分析方法无法反映用水机制,数学模型方法受限于我国用水量数据时间序列短,现阶段仅适用于短期需水预测,而定额法存在定额高于平均用水量偏差导致计算结果偏大的缺陷。因此,为全面反映用水机制和宏观调控对未来用水变化的影响,研究采用宏观控制下的分类用水指标法进行长江上游长期需水预测。具体的说,以分类用水定额为基础,采用分类用水指标代替用水定额,以降低需水预测偏高的误差;基于宏观调控设置控制年份和指标,将预测时期分段以增强预测结果的可靠性。

运用宏观控制下的分类用水指标方法进行需水预测,主要步骤分为宏观控制下的社会经济因子变化分析,宏观控制下的用水指标变化分析,最后通过前两者的乘积运算得到需水量,如图 5.2.1 所示。针对不同类型用水户,用水类型一般分为生活用水、农业用水、工业用水和环境用水四类。

1. 生活用水

依据农村和城镇生活环境不同,当前进行需水预测时主要涉及城镇居民生活用水、城镇公共生活用水、农村居民生活用水和农村大小牲畜生活用水。居民/牲畜生活用水包括食用、清洁等维持居民/牲畜正常生活的用水量;城镇公共用水指维护城镇公共设施及公共环境的用水量。随着我国新农村建设和城乡一体化进程的发展和初步成效,在进行新一轮生活需水预测时应当考虑农村公共类需水量。生活需水量的预测涉及的主要社会经济因子有城镇和农村人口、农村大小牲畜数量;涉及的用水指标有城镇居民生活用水指标、城镇公共生活用水指标、

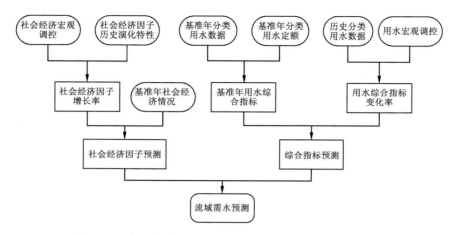

图 5.2.1　宏观控制下分类用水指标法需水预测流程示意图

农村居民生活用水指标、大小牲畜生活用水指标、农村公共生活用水指标等。城镇及农村生活需水量与用水指标的关系为

$$W_{\text{ul},i}=0.365\times P_{\text{ul},i}\times m_{\text{ul},i} \tag{5.2.1}$$

$$W_{\text{rl},i}=0.365(P_{\text{rl},i}\times m_{\text{rl},i}+\text{QM}_i\times m_{\text{rl},i}+\text{QN}_i\times m_{\text{qm},i}) \tag{5.2.2}$$

式中：$W_{\text{ul},i}$、$W_{\text{rl},i}$ 分别为第 i 年城镇生活、农村生活需水量；$P_{\text{ul},i}$ 和 $P_{\text{rl},i}$ 分别为第 i 年城镇及农村人口；QM_i 和 QN_i 分别为第 i 年大、小牲畜数量；$m_{\text{ul},i}$、$m_{\text{rl},i}$ 和 $m_{\text{qm},i}$ 分别为城镇、农村居民综合生活用水指标（包括居民生活用水指标和公共生活用水指标）和大、小牲畜生活用水指标。

2. 农业用水

农业用水主要为农田、林果地、草地灌溉和鱼塘补水。农业用水的特点为用水量大，且因大部分地区应用传统漫灌等灌溉方式，灌溉水利用率底下，灌后水携带田地中含有氮磷的肥料回流至河道，引起水体富营养化风险。因此，农业用水一直是节水工作的重点，在农业需水预测中涉及主要社会经济因子有：耕地面积、农田有效灌溉面积、林果地有效灌溉面积、草地有效灌溉面积和鱼塘面积；用水指标有各类灌溉需水净定额、灌溉水有效利用系数和鱼塘补水定额。农业各项需水量与用水指标的关系为

$$W_{\text{LI},i}=\frac{A_{\text{LI},i}\times m_{\text{LI},i}}{\eta_i} \tag{5.2.3}$$

$$W_{\text{FI},i}=\frac{A_{\text{FI},i}\times m_{\text{FI},i}}{\eta_i} \tag{5.2.4}$$

$$W_{\text{GI},i}=\frac{A_{\text{GI},i}\times m_{\text{GI},i}}{\eta_i} \tag{5.2.5}$$

$$W_{\text{FP},i}=A_{\text{FP},i}\times m_{\text{FP},i} \tag{5.2.6}$$

式中：$W_{\text{LI},i}$、$W_{\text{FI},i}$、$W_{\text{GI},i}$ 和 $W_{\text{FP},i}$ 依次为第 i 年农田灌溉、林果地灌溉、草地灌溉和鱼塘补水需水量；$A_{\text{LI},i}$、$A_{\text{FI},i}$、$A_{\text{GI},i}$ 和 $A_{\text{FP},i}$ 分别为第 i 年农田、林果地、草地有效灌溉面积及鱼塘补水面积；$m_{\text{LI},i}$、$m_{\text{FI},i}$、$m_{\text{GI},i}$ 和 $m_{\text{FP},i}$ 分别为对应的用水指标或定额；η_i 为灌溉水有效利用系数。

3. 工业用水

因大小工业种类杂多且各地工业种类统计标准不一,导致数据复杂,难以获得。故需水量计算中无法实现从用水机制分类考虑工业需水,但工业用水重复利用率高,可以通过工业增加值和万元工业增加值用水量变化来反映其需水量的变化,需水量与用水指标关系为

$$W_{F,i} = G_i \times m_{F,i} \times (1 - c_i) \tag{5.2.7}$$

式中: $W_{F,i}$ 为第 i 年工业增加值需水量; G_i 为第 i 年工业增加值; $m_{F,i}$ 分别万元工业增加值用水指标; c_i 为工业用水重复利用率。

4. 环境用水

环境用水量分为河道内环境用水和河道外环境用水,其中河道外环境用水主要包括维持城市清洁及绿化用水、河湖湿地补水等需将水取出河道的用水量,这类用水量与生活用水部分的公共生活用水量重复不再进行计算。分析可供水量时已经包含了河道内环境用水量,故不重复计算。

5.2.2　长江上游水资源耦合系统需水预测分析

1. 社会经济因子演化分析

假定子流域社会经济指标遵从流域总体变化规律,由于各地区社会经济发展水平不平衡,导致社会经济指标变化出现时间提前或滞后。基于长江流域上游地区总体社会经济预测成果,依据各子流域当前社会经济指标变化状态预测未来指标值,所有社会经济数据来源于国家及地方统计局和地方国民经济和社会发展统计公报。

1) 人口及牲畜数量变化预测

人口预测通常是以历年人口普查结果为依据,分析人口变化趋势,对未来一定年份某地人口数量做出大致估算。为此,采用自然增长率法预测人口,并以预测区域基准年人口统计数据为依据,分析预测生育率和死亡率变化情况,确定人口自然增长率。通过宏观规划和调控控制,参考流域历史人口变化情况制定 2016～2100 年上游流域总体人口变化控制指标如表 5.2.1 所示。人口预测结果如图 5.2.2 所示。

表 5.2.1　2016～2100 年上游流域总体人口变化控制指标

控制指标	2016 年	2020 年	2030 年	2050 年	2100 年
人口增长率/%	0.5	0.43	0	−0.43	−0.537
城镇化率/%	43	48	58	75	95

牲畜总体上分为大牲畜和小牲畜,据各省市年鉴和公报的统计结果综合计算,长江流域上游区域以其各自年基准年末存栏数量为基础,不考虑人均肉制品需求变化和牲畜供给对象变化,大小牲畜数量应随人口变化而变化。未来牲畜数量变化如图 5.2.3 所示。

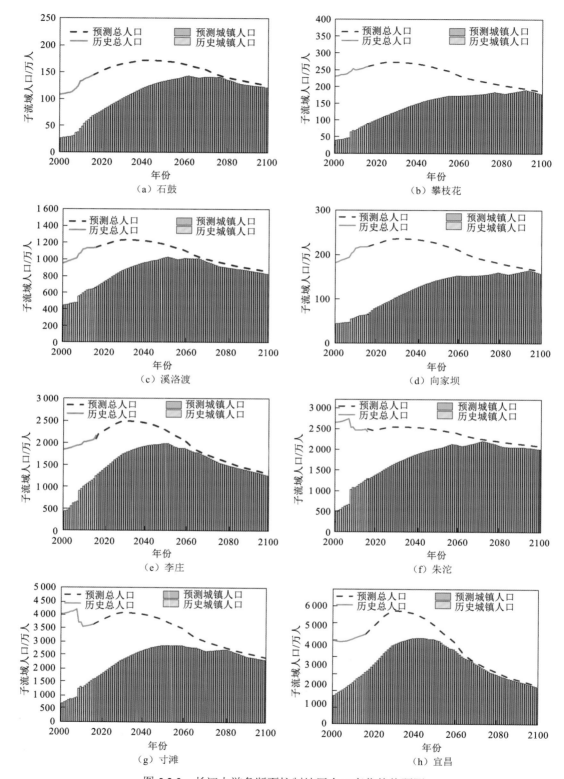

图 5.2.2 长江上游各断面控制地区人口变化趋势预测

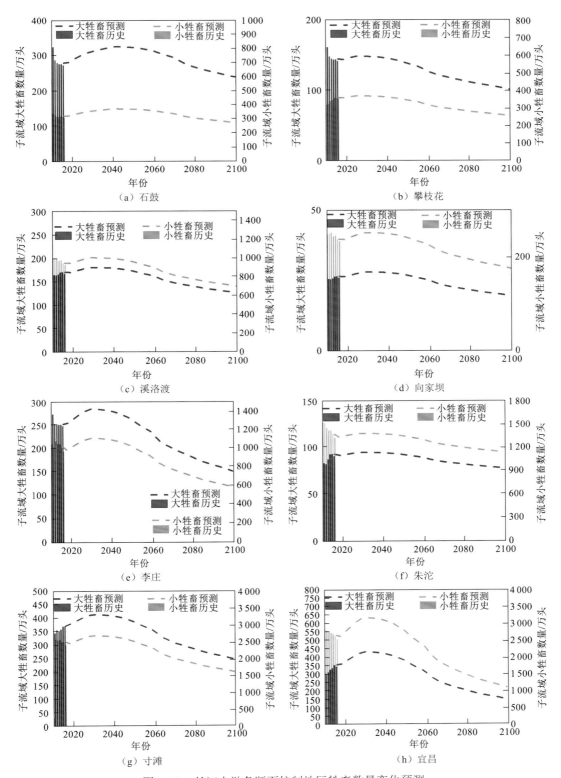

图 5.2.3　长江上游各断面控制地区牲畜数量变化预测

2）耕地面积及有效灌溉面积

农田有效灌溉面积是指有一定水源且灌溉设施配套在一般年景下能进行正常灌溉的农田面积。长江上游流域有效灌溉面积比例较低,主要是由于研究区域内包含了大量的山地丘陵等无法配套灌溉设施的耕地。由于流域总面积的限制,耕地面积的增加会缓慢地到达一个稳定状态后保持不变。因此在预测耕地面积时,总体考虑流域内耕地面积不产生变化,即零增长预测。随着渠系等灌溉工程逐步建设,农田有效灌溉率是逐步增加的,但受耕地总面积限制最终趋于平稳。农田有效灌溉面积预测结果如图5.2.4所示,预测的宏观控制指标如表5.2.2所示。

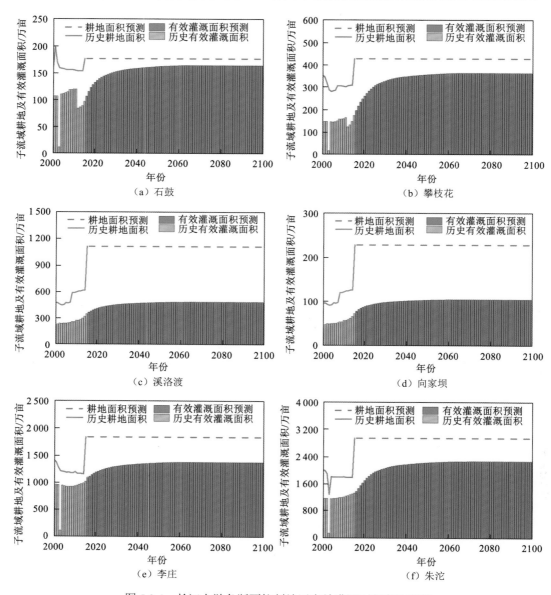

图5.2.4　长江上游各断面控制地区有效灌溉面积变化预测

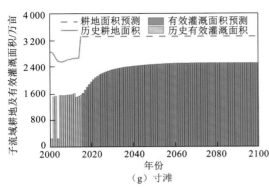
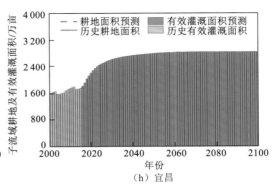

图 5.2.4 长江上游各断面控制地区有效灌溉面积变化预测（续）

表 5.2.2 2006～2100 年有效灌溉面积变化控制指标

控制年份	有效灌溉面积比	控制年份	有效灌溉面积比
2015 年	0.35	2050 年	0.55
2030 年	0.45	2100 年	0.55

3）林牧渔业灌溉规模

近年来我国林业和渔业的增长比较平缓，故认为林果地面积、灌溉牧草面积及补水鱼塘面积均受土地总面积限制保持不变。

4）工业增加值

就国家经济发展的一般规律而言，对发展中国家，工业快速发展能推动经济快速增长，这个时期工业增加值增长速度可达到 GDP 增长速度的 1.5～2.0 倍，经济增长至一定程度，增长速度逐渐减小，经济趋于平稳和多元化发展，工业在经济中占比降低，这个时期工业增加值的增长速度低于 GDP 增长速度。根据国家"十三五"规划，未来一段时间内我国工业发展依然保持平稳增长态势。据此，以当前国家经济发展目标为宏观控制指标，同时遵循经济增长的一般规律，预测未来长期工业增加值变化。

中国经济增长的一个"百年目标"是到 21 世纪中叶，把我国建设成为"富强、民主、文明、和谐美丽的社会主义现代化强国"。分阶段而言，如果中国经济能在 2017～2025 年保持年均 6%的增速、2026～2035 年保持年均 4%的增速、2036～2050 年保持 3%的增速，那么到 21 世纪中叶的人均收入水平将基本达到世界银行"高收入国家"中位数的水平[16]。中国西部经济发展滞后于平均发展水平，依据历史 GDP 增长率的变化情况，认为长江上游经济发展滞后于全国平均水平两年，且将在 2050 年赶上全国平均发展速度。工业增加值预测的宏观控制指标如表 5.2.3 所示，遵循国内经济增长由快至缓的发展规律，预测各子流域工业增加值变化，结果如图 5.2.5 所示。

表 5.2.3 2016～2100 年工业增加值变化控制指标

控制指标	2016 年	2015～2020 年	2020～2030 年	2030～2050 年	2050～2100 年
全国 GDP 增长速度/%	9.0	6.0	4.0	3.0	1.5
流域内 GDP 增长速度/%	10.0	7.0	5.0	4.0	1.5
流域内工业增加值增长速度/%	5.0	3.5	2.5	2.0	0.5

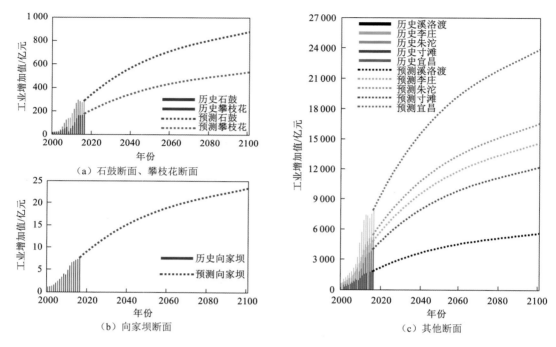

图 5.2.5 长江上游各断面控制地区工业增加值变化预测

2. 用水指标变化趋势预测

由于地级市用水指标数据可获取性差,假定子流域用水指标遵从流域总体值及其变化规律。

1)生活需水指标

随着经济发展和人民生活水平日益提高,人均生活用水量逐步提高,加强节约用水虽能降低一部分生活用水,但总体来看生活用水定额将有较大增长。生活用水指标在总体上分为城镇生活用水指标和农村生活用水指标。其中城镇生活用水涵盖了城市居民用水、公共服务用水等城镇内用水。农村生活用水包括农村居民生活用水、牲畜用水等用水。同时,随着城镇化加速,供水条件将有较大改善,城镇居民生活用水指标增长速度大于农村居民生活用水指标增长速度。

生活用水指标参考流域内各省的用水定额标准和实际人均生活用水量确定基础值,用水指标增长与用水定额增长同步。用水定额增长以大型城市(人口 50～100 万)居民每十年增加 30 L/(天·人),中等城市(人口 20～50 万)居民每 10 年增加 25 L/(天·人),小城市(人口 20 万以下)居民每十年增加 15 L/(天·人),农村居民每 10 年增加 10 L/(天·人),大小牲畜定额不变为标准。对于长江上游流域,生活用水指标变化采用短期内城镇每 10 年 25 L,农村每 10 年 10 L 的幅度,长期增长低于短期增长幅度。生活用水指标预测的宏观控制值如表 5.2.4 所示,预测结果如图 5.2.6 所示。

表 5.2.4　2016～2100 年生活用水变化控制指标

控制指标	2016～2050 年	2050～2100 年
城镇生活用水每年增长幅度/L	2.5	1.5
农村居民生活用水增长幅度/L	1.0	1.0

2）农林牧渔灌溉用水指标

长江流域上游农作物灌溉指标采用长江上游各地区的灌溉定额综合计算后除以灌溉有效利用系数获得。对于净灌溉定额，分 50%、75%、90%不同灌溉保证率分别考虑。灌溉指标的变化源自灌溉用水有效利用系数的变化。随着渠系改造工程的实施和节水灌溉技术，如滴灌、喷灌等技术的推广和应用，灌溉水利用系数逐年提高，农业毛灌溉指标总的变化逐年降低。国家当前灌

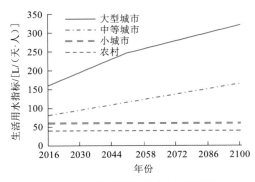

图 5.2.6　生活用水指标变化预测

溉水有效利用系数约为 0.53[17]，而长江流域仅有 0.48[18]。在过去的 10 年内，长江上游流域及全国的农田灌溉水有效利用系数维持在每年 0.006 的幅度增长[17]，灌溉水有效利用系数越高，则节水灌溉技术的发展空间越小、增长速率越低。

由于林牧渔业用水定额资料少，用水指标采用现有用水定额值，且假设林果地和草地灌溉的有效利用系数与农田灌溉一致。灌溉用水指标预测结果如图 5.2.7 所示，预测的宏观控制值如表 5.2.5 所示。

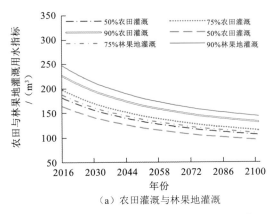

（a）农田灌溉与林果地灌溉

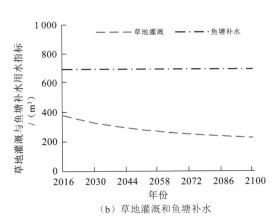

（b）草地灌溉和鱼塘补水

图 5.2.7　农林牧渔灌溉（补水）用水指标变化预测

表 5.2.5　2016～2100 年灌溉用水变化控制指标

控制指标	灌溉水有效利用系数	控制指标	灌溉水有效利用系数
2016 年	0.500	2050 年	0.700
2020 年	0.540	2100 年	0.875
2030 年	0.600		

3）工业用水指标

工业用水重复利用率作为重要的用水和节水指标，各地市流域的节水规划和水资源利用规划中均有对该指标的调控。随着工业技术和节水意识的提高，工业用水指标逐步降低。依据调查成果，1980～2004 年流域内工业用水指标历年呈下降趋势。在逐步发展过程中，国家高耗水产业市场准入标准愈加规范化，因此工业用水指标仍将有较大幅度降低。国家有关部门要求，工业用水重复利用率在 50%以下的城市，近几年内应每年提高 6%～10%；重复利用率在 50%以上的城市，应每年提高 2%～5%。据有关资料，发达国家工业用水重复利用率一般为 75%～85%，我国目前的工业用水重复利用率约为 50%～60%，长江流域上游更是低于全国水平，加大工业节水势在必行。工业用水指标预测的宏观控制值如表 5.2.6 所示。考虑长江上游工业用水指标较高，近期用水指标下降速度较快，遵循指标越低、下降速度越慢的自然变化规律，预测万元工业增加值用水指标结果如图 5.2.8 所示。

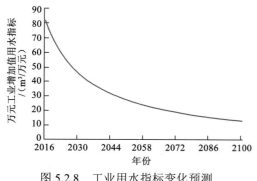

图 5.2.8　工业用水指标变化预测

表 5.2.6　2016～2100 年万元增加值用水量变化控制指标

控制指标	2016 年	2030 年	2050 年	2100 年
万元工业增加值用水/m³	—	56	—	—
工业用水重复利用率/%	72	86	90	95

3. 需水量预测

基于上述对经济社会因子及用水指标变化趋势的预测，依据式（5.2.1）～式（5.2.7）计算 2016～2100 年在 50%、75%、95%来水频率情况下的需水量。各断面控制地区生活需水及不同来水频率下的需水总量如图 5.2.9 和图 5.2.10 所示。

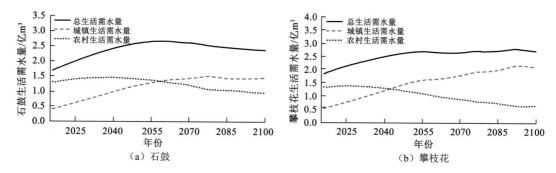

（a）石鼓　　　　　　　　　　　　　　（b）攀枝花

图 5.2.9　长江上游子流域生活需水预测成果

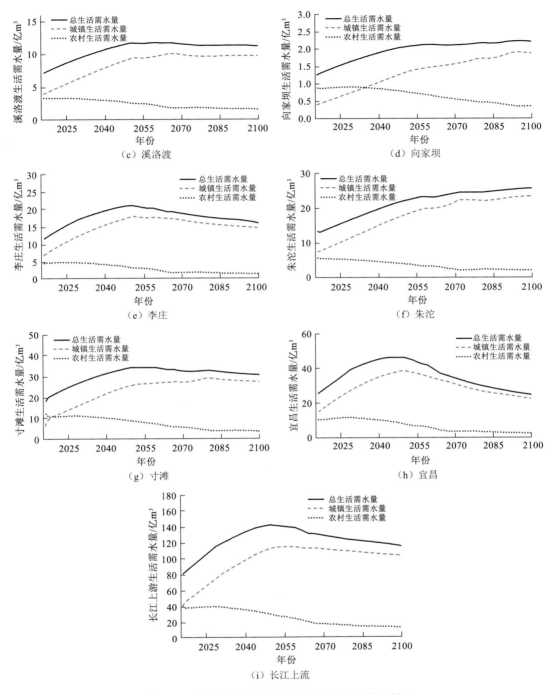

图 5.2.9　长江上游子流域生活需水预测成果（续）

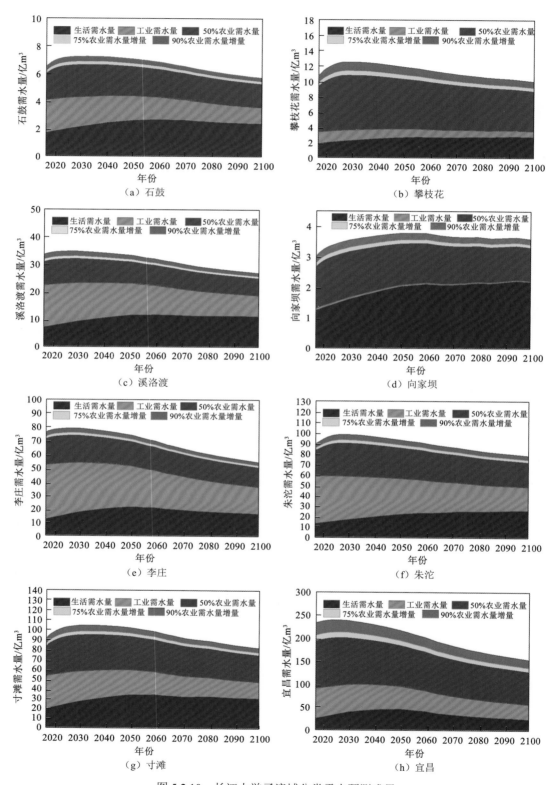

图 5.2.10　长江上游子流域分类需水预测成果

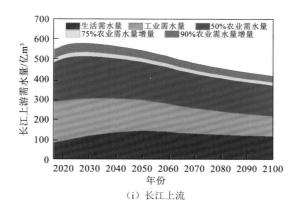

（i）长江上流

图 5.2.10　长江上游子流域分类需水预测成果（续）

从需水结构来看，2016～2100 年长江上游农业需水比例降低，生活需水比例上升，需水结构逐渐优化。

长江上游各断面生活需水量在 2016～2100 年主要呈现先升后降和上升两种演变趋势。其中，石鼓、溪洛渡、李庄、寸滩和宜昌断面为先升后降趋势，生活需水量峰值出现在 2050 年附近；而攀枝花、向家坝和朱沱断面呈现上升趋势，且在 2050 年后趋势减缓。各断面人口在未来长期内先增后降的变化引起了生活需水量先增后降的变化，而人们对生活品质追求的不断提高导致人均生活需水量升高，两个驱动因子相互作用形成了各断面生活需水量在 2016～2100 年间或先升后降或持续上升的变化趋势。各断面生活需水构成中，城镇生活需水比例逐步上升，反映了农村人口向城镇人口转移的社会现象和国家城镇化政策的推行成果。

长江上游各断面工业需水量 2016～2100 年呈逐步降低的演变趋势。在工业增加值持续上升的同时，生产需水量降低反映了工业用水重复率不断提高，工业技术逐步提高的科技发展趋势。而农业需水量呈现先升后降的变化趋势，在 2025～2035 年达到峰值，属于有效灌溉面积增加和灌溉水有效利用系数提高的综合作用结果。随着滴灌等新型灌溉技术逐步应用，需水量大、环境成本高的漫灌灌溉方式逐渐替代，灌溉水有效利用系数持续提升，而因受土地面积限制，有效灌溉面积最终会稳定在固定水平，农业灌溉用水最终将降低至一定值后保持稳定。

从需水总量来看，除向家坝断面外的 7 个断面均呈现先升后降的变化趋势，在 2030 年前后达到需水峰值。向家坝断面生活需水量较高，需水结构稳定，需水总量在 2050 年左右达到峰值，之后缓慢下降。各断面需水总量峰值如表 5.2.7 所示。

表 5.2.7　2016～2100 年长江上游各子流域峰值需水量

控制指标	50%来水频率		75%来水频率		90%来水频率	
	峰值需水量/亿 m³	年份	峰值需水量/亿 m³	年份	峰值需水量/亿 m³	年份
石鼓	6.66	2033	6.86	2032	7.24	2032
攀枝花	10.81	2028	11.37	2028	12.51	2027
溪洛渡	32.03	2029	32.89	2029	34.68	2027
向家坝	3.45	2059	3.65	2059	3.77	2050
李庄	73.65	2028	75.42	2027	78.77	2027

控制指标	50%来水频率		75%来水频率		90%来水频率	
	峰值需水量/亿 m³	年份	峰值需水量/亿 m³	年份	峰值需水量/亿 m³	年份
朱沱	89.99	2027	92.77	2027	98.00	2027
寸滩	94.75	2034	97.96	2034	104.07	2034
宜昌	200.90	2025	212.38	2025	238.98	2024
长江上游	511.35	2029	532.06	2029	576.22	2028

5.3 长江上游水资源供需平衡格局和作用机制

长江上游水资源开发利用方式主要为供水（包括生活、工业和农业灌溉等）和水力发电等。其中，供水或灌溉工程将径流从河道中引至河道外利用，利用后部分废水（灌溉后含化肥的农业废水及工业生产后含化工污染物的废水）携带污染物返回河道中。可供水量与需水量之间的不平衡产生供需矛盾，供需矛盾按照引发原因可分为受供水工程限制的供需矛盾和受生境条件限制的供需矛盾两类。前者反映了水利基础设施与社会经济发展下的用水需求之间的矛盾，可通过增建供水设施来缓解甚至解决。而后者实质是反映生态环境与人类活动的用水需求之间的矛盾，只能通过非工程措施缓解。

5.3.1 长江上游水资源供需平衡机制和格局

供用水过程涉及水源和用水户两个对象，供需平衡关系是可供水量与需水量之间的平衡关系。水源可供水量与用水户需水量之间的不对等导致了供需矛盾。其中可供水量受供水工程和生态环境两方面制约，而需水量受社会经济发展程度的驱动。因此，水资源供需矛盾的实质是水利基础设施不足与人类社会经济发展的矛盾和生态环境与社会经济发展程度的矛盾关系在水资源系统中的映射。供水工程供水能力与用水户用水需求之间的差额，引发受供水能力限制的供需矛盾，该矛盾可通过修建供水工程等工程措施缓解或消除。但供水过程中引起的河道内径流量减少、水位降低及水质恶化，在面对不断增长的用水需求时，引发受生境条件限制的供需矛盾，这一矛盾实际上是环境与供水的矛盾，只能通过加强水资源管理、优化水资源配置等非工程性措施缓解。

长江上游多年平均水资源量为 4 280 亿 m³，约占全长江流域的一半。1880～2011 年长江上游出口断面宜昌断面年径流变化如图 5.3.1 所示。由 5.3.1 图可知，长江上游出口断面径流从 1880～2010 年一直呈现下降趋势。从近 20 年（1998～2017 年）来看[18]，长江水资源总量也呈下降趋势；人均水资源量主要呈现持平后下降趋势，在 2001～2009 年基本保持稳定，而在 2010 年后持续下降，到 2017 年约为 2 715 m³，比 2010 年降低了 107 m³，如图 5.3.2 所示。

2001～2017 年，长江上游人口从 1.52 亿增加到 1.57 亿，用水总量从 405 亿 m³ 增加到 495 亿 m³，年均增长率为 1.2%，相比同时期全长江流域用水量从 1 746 亿 m³ 增长至 2 059 亿 m³，年均增长率为 1.0%[19]，上游用水总量增长速度偏高。从近 10 年（2008～2017 年）来看，长江

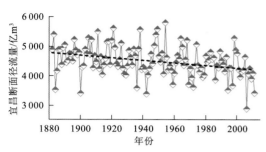

图 5.3.1　长江上游宜昌断面年径流变化趋势

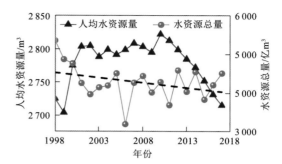

图 5.3.2　长江上游用水量变化

上游用水总量从 441 亿 m³ 增长至 495 亿 m³，年均增长速度为 1.1%，上游用水总量仍保持较高速增长趋势。而长江全流域用水总量年均增长速度仅为 0.6%，用水总量已趋于稳定。相比 2000年长江上游供水工程总供水能力约为 394 亿 m³，2017 年上游实际供水能力已不低于 495 亿 m³，可见近年来长江上游通过完善和增设供水工程基本满足了区域社会经济发展对水资源的需求。

与 2001 年相比，2017 年长江上游用水总量增加 90 亿 m³，增幅 22%，其中工业用水量增加 12 亿 m³，增幅 11%；生活用水增加 37 亿 m³，增幅 59%；农业用水量增加 41 亿 m³，增幅18%，如图 5.3.3 所示。从图 5.3.3 中可知，2001～2017 年长江上游总用水量持续攀升；2009年之前生活用水量与农业用水量保持平稳，工业用水量逐步增加；2009 年后，生活用水量与农业用水量持续提升，而工业用水量显现下降趋势。农业用水量变化既与社会经济变化有关也与区域降水量相关，枯水年农业用水量相对增大，如 2001 年、2009 年等年，而丰水年农业用水量相对减小，如 2002 年、2010 年等年，如图 5.3.3 所示。2009 年前后，长江上游生活用水量逐步增加与城镇化进程加快，居民生活水平大幅提高有关；农业用水量增加与上游灌溉设施配套，有效灌溉面积大幅提升有关；而受国家“十五”“十一五”西部大开发重点工作和后期严格执行环评制度的影响，工业用水量呈现增加后降低趋势。2001～2017 年上游农业和生活用水量增加最为明显，引起了用水总量的增加。

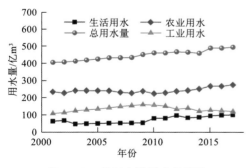

图 5.3.3　长江上游用水量变化

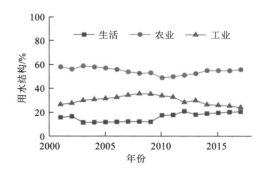

图 5.3.4　长江上游用水结构变化

从 2001～2017 年用水结构变化来看，如图 5.3.4 所示，生活用水占比以 2009 年为转折点呈现持平后上升的趋势。2009～2017 年生活用水占比从 12% 上升至 20.4%，农业用水占比从2001 年 57.7% 下降至 2010 年 48.7%，而后在 2010～2017 年逐步攀升至 55.5%。而工业用水占比显现出先升后降的变化趋势，从 2001 年 26.6% 上升至 2008 年 35.4% 后，快速下降至 2017

年的24.1%。以2009年为分割点,2001~2009年长江上游生活、农业和工业用水结构从16:58:26变化为 12:53:35,期间工业用水占比快速升高;2009~2017 年用水结构从 12:53:35 变化为20:55:24,生活用水占比快速上升,用水结构逐步优化。虽然2009~2017年农业用水比例依然有所升高,但由于土地面积的限制,有效灌溉面积扩大到一定程度即会停止,而后在农业节水灌溉技术和设施的逐步推广下农业用水量和农业用水比例将会逐步下降,用水结构将会进一步优化。

近 20 年（1998～2017 年）长江上游用水指标变化如图 5.3.5 所示。从单类用水指标来看,居民综合用水指标不断上升,从 2001 年每人 114 L/天上升至 2017 年每人 175 L/天,上升幅度为53.5%,年平均升幅 2.6%。万元工业增加值用水量从 2001 年 294 m^3 降低至 2017 年 52 m^3,降幅 82.3%,年平均降幅 9.7%。农业灌溉亩均用水量从 2001 年的 522.7 m^3 缩减为 2015 年414.2 m^3,降幅为 20.7%,年平均降幅 1.5%。从综合用水指标来看,人均综合用水量从 1998年 291 m^3 上升至 2017 年 314 m^3,增长了 7.9%,年平均涨幅为 0.4%。万元 GDP 用水量从 1998年的 491 m^3 持续降低至 2017 年 68 m^3,降幅为 86.2%,年平均降幅9.4%。其中万元 GDP 用水和万元工业增加值用水两项指标下降十分显著。同时期,长江全流域居民综合用水指标基本保持平稳,为每人 150 L/天;万元工业增加值用水从 2004 年的 288 m^3 降低至 2016 年 71 m^3,年均降幅 7.9%;农业灌溉亩均用水量从 2001 年 490 m^3 降低至 2016 年 411 m^3,年均降幅 1.0%;人均综合用水量从 2001 年 413 m^3 增加至 2016 年 446 m^3,年均增幅 0.5%;万元 GDP 用水量从 550 m^3 降低至 76 m^3,年均降幅 10.2%。综上所述,长江流域用水指标的变化主要由上游带动,上游用水指标从 2000 年左右劣于全流域平均值,到 2017 年前后追平甚至优于全流域平均,长江上游在全流域提升用水效率工作中做出了重要的贡献。

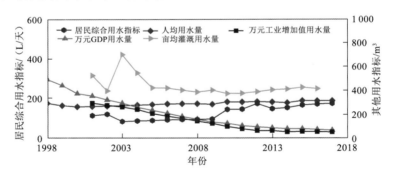

图 5.3.5　长江上游用水指标变化

虽然长江上游用水结构和指标在近 20 年内不断优化,但相比国内外先进地区仍存在明显不足,需进一步控制用水总量和提高用水效率,以降低用水量和废污水排放量,从而优化径流适应性利用。

5.3.2　受供水能力限制的供需矛盾分析

依据径流模拟结果及需水预测结果获得 2016～2100 年各断面需水序列,与各断面当前供水能力做出比较,如图 5.3.6 所示。

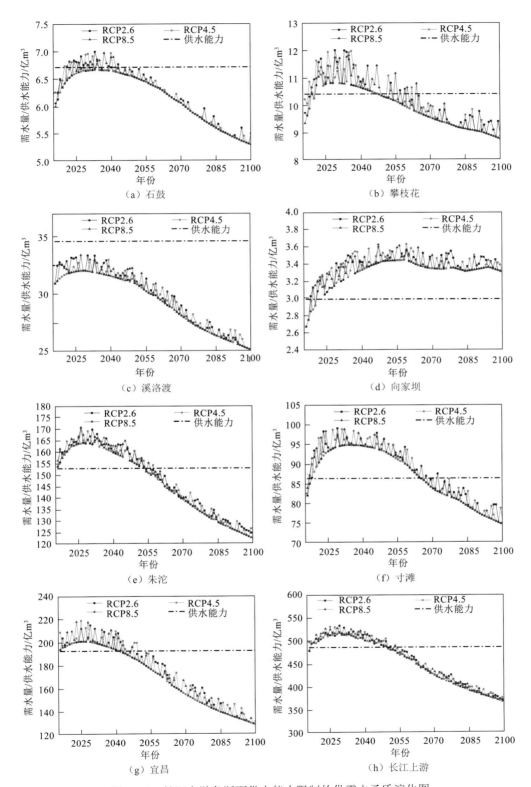

图 5.3.6　长江上游各断面供水能力限制的供需水矛盾演化图

由图 5.3.6 可见,若保持现状水平年供水能力不变,长江上游将在 2020～2050 年面临供水能力低于需水量的供需矛盾。分断面来看,溪洛渡断面控制流域现有供水能力高于其预测需水量,不存在由供水能力引起的供需水矛盾。石鼓断面 2020～2040 年,攀枝花、朱沱、宜昌断面 2018～2050 年,寸滩断面 2020～2065 年,向家坝断面 2020 年后将面临不同程度的由于供水能力不足引起的供需矛盾。此类供需矛盾主要发生在 2020～2050 年,且在 2050 年后逐渐消减,可通过新增供水工程或增强供水工程供水能力缓解。

5.3.3 受生境条件限制的供需矛盾分析

为与模拟径流值相对应,将需水预测数据叠加,计算各个断面需水值占径流量的比例(以下简称需水比)与压力阈值系数和破坏阈值系数相比,反应需水与地表水资源可利用量之间的矛盾,同时也是供水与生境条件的矛盾。A 以上表示流域 A 断面至长江上游边界区域。叠加断面全年需水比如图 5.3.7。

由图 5.3.7 和表 5.1.6 可知,从叠加断面全年来看,各断面叠加需水比均不高于压力阈值系数,且保持从上游到下游逐渐增加的趋势。从全年计算结果来看,长江上游从上至下用水压力逐渐增加,但在未来百年内不会产生由河道外需水引起的压力用水区域。

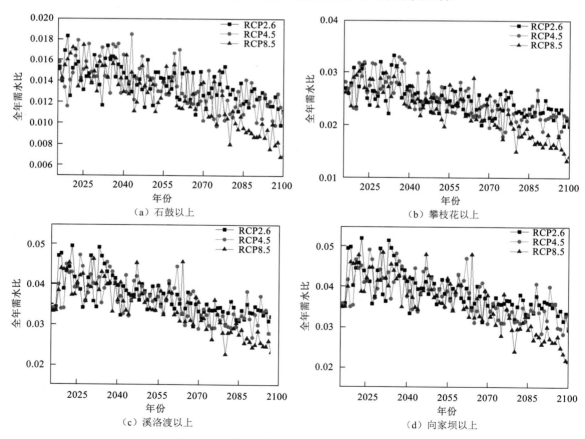

图 5.3.7　长江上游各叠加断面需水比演化图

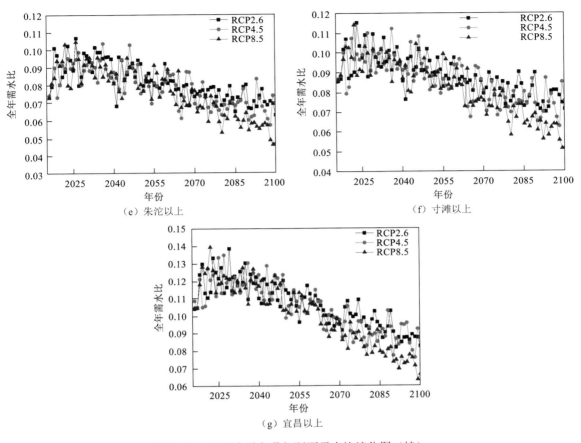

（e）朱沱以上　（f）寸滩以上

（g）宜昌以上

图 5.3.7　长江上游各叠加断面需水比演化图（续）

但由于径流与需水的年内不平均分布，月际供需矛盾可能较全年更突出。以 RCP4.5 排放情景为例，计算叠加断面各月需水比与阈值系数的关系如图 5.3.8 所示。

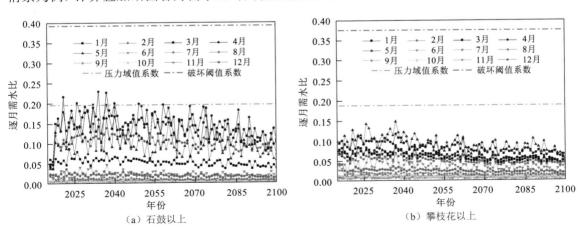

（a）石鼓以上　（b）攀枝花以上

图 5.3.8　长江上游各叠加断面逐月需水比演化图

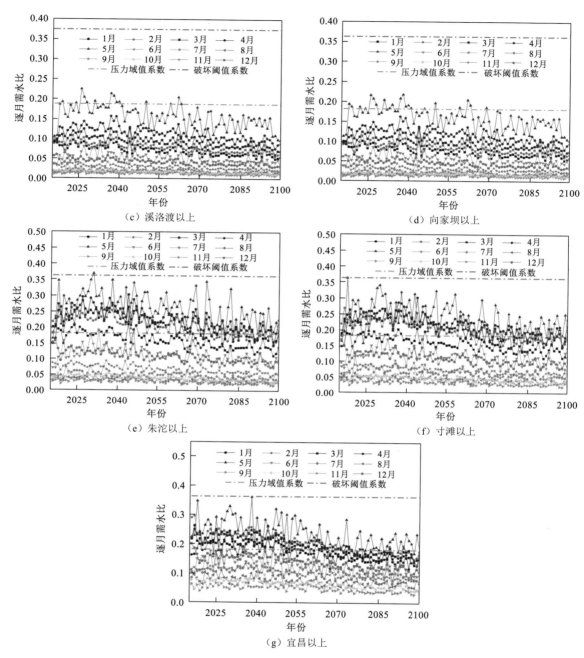

图 5.3.8　长江上游各叠加断面逐月需水比演化图（续）

　　由分析计算结果和图 5.3.8 可知，各子流域均有月需水比超过压力阈值系数，且在朱沱以上、寸滩以上和宜昌以上流域出现超过破坏阈值系数的月份。长江上游以向家坝断面为界，石鼓以上、攀枝花以上、溪洛渡以上和向家坝以上流域需水比超过压力阈值系数的主要月为3月、4月、5月，需水比最高值出现在 2040 年左右，2050 年后由于需水量的下降较少出现需水比超出压力阈值系数的情况。朱沱以上、寸滩以上和宜昌以上流域主要为1月、2月、3月、

4 月、5 月需水比较高，超出压力阈值系数且持续时间较长。其中朱沱以上 2030 年、寸滩以上 2020 年以及宜昌以上 2040 年左右，5 月需水量将达到破坏阈值系数。

5.4　长江上游水资源耦合互馈系统水资源承载力动态建模及其演化规律

长江上游水资源耦合互馈系统涉及社会、经济、环境多种因素，具有模糊、随机、不确定性的特点。为分析长江上游供水、发电、环境互馈关系，定量评估长江上游水资源开发状况，引入水资源承载力的概念评价流域的水安全现状、利用程度及未来的演化趋势。针对长江上游复杂的水资源利用情势，通过多种分析方法性能的比较，采用模糊分析法对长江上游的水资源承载力进行综合评估，以揭示水资源承载力的历史演变规律，预测水资源承载力的动态发展态势，辨识影响水资源承载力的关键社会经济指标，阐明水力发电–植被覆盖–水资源承载力的相互耦合关系，从而为保障水资源的科学合理配置和可持续开发利用奠定理论和实践基础。

5.4.1　长江上游水资源承载力概述

水资源是保障人类生存和社会发展的一种宝贵资源，水资源承载力评估是衡量水资源可持续利用的重要问题，它与水文循环、社会经济、生态环境密切相关。通常涉及水资源的数量、质量及开发利用程度、社会生产力水平、人口与劳动力等多个因素[20]。水资源的合理利用、有序开发是保证水安全的有效途径。水资源承载力是一个具有极高模糊性和不确定性的概念，因其与社会经济、生态环境相关联，很难通过简单方式量化分析。目前常用的评价方法有主成分分析法、专家评价法、系统动力学方法等。考虑水资源承载力评价是一类多属性模糊决策问题，其等级的划分具有不确定性和模糊性，为此，采用模糊数学方法评价长江上游水资源承载力的变化规律。

5.4.2　水资源承载力计算原理

水资源承载力模糊评价的建模步骤为：①构建模糊综合评价指标；②采用层次分析法或者专家经验法构建权重向量；③选择合适的隶属度函数构建评价矩阵；④将评价矩阵和权重向量结合，获得模糊隶属度集合；⑤最后选用合适的评价准则进行综合评估。以下主要从可变模糊集理论、权重确定方法、模糊评价准则三个方面分别进行论述。

1. 可变模糊集理论

设论域 U 上的对立模糊概念（事物、现象），对 U 中的任意元素 u，$u \in U$，在相对隶属度函数的连续数轴上一点，u 对表示吸引性质 $\tilde{A}$ 的相对隶属度为 $\mu_{\tilde{A}}(u)$，对表示排斥性 $\tilde{A}_c$ 的相对隶属度为 $\mu_{\tilde{A}_c}(u)$，$\mu_{\tilde{A}}(u) \in [0,1]$，$\mu_{\tilde{A}_c}(u) \in [0,1]$。设

$$D_{\tilde{A}}(u) = \mu_{\tilde{A}}(u) - \mu_{\tilde{A}_c}(u) \tag{5.4.1}$$

$D_{\tilde{A}}(u)$ 称为 u 对 $\tilde{A}$ 的相对差异度，其中：

$$\mu_{\tilde{A}}(u) + \mu_{\tilde{A}_c}(u) = 1 \qquad (5.4.2)$$

设 $X_0 = [a, b]$ 为实轴上模糊可变集合 $\tilde{V}$ 的吸引域，$X = [c, d]$ 为包含 X_0 的某一上、下界范围区间（排斥域）。

模糊集理论根据权重综合考虑多重相关因子的贡献率，并采用隶属度函数减少模糊性。基于此，采用区间值代替分类标准的点值，提出了可变模糊集理论。假设水资源承载力有 m 个指标

$$X = \{x_1, x_2, \cdots, x_m\} \qquad (5.4.3)$$

A 为一个模糊子集，对任意元素 $u(u \in U)$，$u_A(u)$ 为 u 到 A 相对隶属函数。

包含 m 指标和 c 个分类层的标准区间矩阵为

$$\boldsymbol{I}_{ab} = \begin{bmatrix} [a_{11}, b_{11}] & [a_{12}, b_{12}] & \cdots & [a_{1c}, b_{1c}] \\ [a_{21}, b_{21}] & [a_{22}, b_{22}] & \cdots & [a_{2c}, b_{2c}] \\ \vdots & \vdots & & \vdots \\ [a_{m1}, b_{m1}] & [a_{m2}, b_{m2}] & \cdots & [a_{mc}, b_{mc}] \end{bmatrix} \qquad (5.4.4)$$

若指标越大越好，则 $a_{ij} > b_{ij}$；否则 $a_{ij} < b_{ij}$，$1 \leqslant i \leqslant m$，$1 \leqslant j \leqslant c$。

$$\boldsymbol{I}_{cd} = \begin{bmatrix} [c_{11}, d_{11}] & [c_{12}, d_{12}] & \cdots & [c_{1c}, d_{1c}] \\ [c_{21}, d_{21}] & [c_{22}, d_{22}] & \cdots & [c_{2c}, d_{2c}] \\ \vdots & \vdots & & \vdots \\ [c_{m1}, d_{m1}] & [c_{m2}, d_{m2}] & \cdots & [c_{mc}, d_{mc}] \end{bmatrix} \qquad (5.4.5)$$

假设 M 是集合 $[a, b]$ 中 $\mu_A(u) = 1$ 的点值，M 可以由实际问题取值或取为 $[a, b]$ 中值。如果 x 在 M 左侧，相对差异度函数模型为

$$D_A(u) = \left(\frac{x-a}{M-a}\right)^{\beta}, \quad x \in [a, M]$$

$$D_A(u) = \left(\frac{x-a}{c-a}\right)^{\beta}, \quad x \in [c, a] \qquad (5.4.6)$$

若 x 在 M 右侧，相对差异度相对差异度函数模型为

$$D_A(u) = \left(\frac{x-b}{M-b}\right)^{\beta}, \quad x \in [M, b]$$

$$D_A(u) = -\left(\frac{x-b}{d-b}\right)^{\beta}, \quad x \in [b, d] \qquad (5.4.7)$$

式中：β 为非负指数，一般取 $\beta = 1$。

综合相对隶属度为

$$\mu_A(u)_{ij} = [1 + D_A(u)] / 2 \qquad (5.4.8)$$

相对隶属矩阵为

$$\mu_A(u) = \mu_A(u)_{ij} \qquad (5.4.9)$$

则可变模糊集评价模型为

$$v_A(u)_j = \cfrac{1}{1 + \left(\cfrac{\displaystyle\sum_{i=1}^{m}\left\{w_i\left[1-\mu_A(u)_{ij}\right]\right\}^p}{\displaystyle\sum_{i=1}^{m}\left[w_i\mu_A(u)_{ij}\right]^p} \right)^{\frac{a}{p}}} \qquad (5.4.10)$$

式中：w_i 为第 i 个评价指标的权重；a 为优化准则参数，通常取 $a=1$ 或 $a=2$；p 为距离参数，$p=1$ 时为线性模型，$p=2$ 时为非线性模型。

对综合相对隶属度向量 $v_A(u)_j$ 进行归一化处理，得到最终的归一化综合相对隶属度向量 $v'_A(u)_j$ 为

$$v'_A(u)_j = \cfrac{v_A(u)_j}{\displaystyle\sum_{j=1}^{c} v_A(u)_j} \qquad (5.4.11)$$

2. 权重确定方法

1）专家评判方法

同行专家评判法已广泛应用于科技项目和科研成果的综合评价工作。作为评价的主体，专家以知识、经验为基础，运用直觉思维方法进行判断，该方法集合了各方面专家的智慧和意见，并运用数理统计的方法进行检验和修正。

2）指标权重法

层次分析法（analytic hierarchy process，AHP）利用判断矩阵确定各指标的相对权重，根据具体问题，将其各评判指标分类组合成一种层次结构；构造两两比较评判矩阵，在层次结构中用上一层的每一个指标作为对下一层指标的判断准则，分别对下一层的指标进行两两比较，比较其对准则的相对重要度，建立判断矩阵；通过建立判断矩阵 A，求解判断矩阵的最大特征与所对应的特征向量，计算出在某一准则下各指标的相对权重值。

作为信息学重要部分，信息熵可用于信息量和不确定性的度量，一个系统越有序，信息熵越低，系统越无序则信息熵越高。信息熵被广泛应用于数论、控制论、概率论等方面，并取得了较多的研究成果。在模糊综合评价中，指标的权重大小可依据指标所包含的信息量大小确定，当指标包含的信息量大时，赋以较大权重，反之，赋以较小的权重。在这种前提下，可引入信息熵来衡量指标信息大小从而确定指标权重。因此近年来信息熵作为一种有效评价评价指标属性相对重要程度的方法，越来越多的用于研究中。

基于层次分析法和信息熵的主客观权重法计算步骤如下。

步骤 1：根据简化的模糊层次分析确定权重公式确定各指标权重

$$w_i = \cfrac{\displaystyle\sum_{j=1}^{n} a_{ij}\left(\cfrac{n}{2}-1\right)}{n(n-1)} \qquad (5.4.12)$$

步骤 2：原始数据标准化；

步骤 3：根据熵的定义，可以确定第 j 个评价指标的熵值

$$h_j = k \cdot \sum_{i=1}^{n} (f_{i,j} \cdot \ln f_{i,j}) \quad （5.4.13）$$

式中：$f_{i,j} = \dfrac{d_{i,j}}{\sum\limits_{i=1}^{n} d_{i,j}}$，$k = \dfrac{1}{\ln n}$。当 $f_{i,j}=0$ 时，令 $f_{i,j} \cdot \ln f_{i,j}=0$。

步骤4：根据第 j 个评价指标的熵值计算其熵权

$$\theta_j = \frac{1-h_j}{m - \sum\limits_{j=1}^{m} h_j} \quad （5.4.14）$$

式中：$\theta_j \in [0,1]$，且 $\sum\limits_{j=1}^{m} \theta_j = 1$。

步骤5：利用熵权修正指标权重系数矩阵 $\omega'_{i,j}$

$$\omega'_{i,j} = \frac{\theta_j \cdot \omega_{i,j}}{\sum\limits_{j=1}^{m} (\theta_j \cdot \omega_{i,j})} \quad （5.4.15）$$

3. 模糊评价准则

1）最大隶属度原则

模糊综合评价关键环节是根据计算得到的模糊评价集合，并确定评价准则进行综合评定。对于多等级多指标的评价问题，通常依据最大隶属原则从各等级中选取隶属度最大的一个等级作为评价结果。

2）级别特征公式

级别特征公式是为改进最大隶属度原则在模糊概念分级条件下的不适用性问题而提出来的，级别特征公式综合了各等级的隶属度信息和各级别特征，计算公式为

$$H = \sum_{j=1}^{c} v'_A(j) \cdot j \quad （5.4.16）$$

式中：j 为待评价单元的等级特征值；$v'_A(j)$ 为归一化相对隶属度。

3）集对分析

集对分析（set pair analysis，SPA）是一种研究不确定性问题的新颖的系统分析方法，由我国学者赵克勤于1989年首次提出，是一门研究客观事物的确定与不确定性相互作用的数学理论。集对分析从同、异、反三方面对客观事物之间的联系与转化进行研究，在对两个集合做特性分析时，首先选取合适的特征集，再对比两个集合同一特性、对立特性和既不同一也不对立的差异特性，建立联系度方程来描述两个集合的不确定性。

假设上文中的两个集合 A 和 B 可组成一个集对 $H(A, B)$，则2个集合的联系度公式为设集对具有 N 个特性，对集对 H 的特性展开分析，建立2个集合的联系度表达式为

$$\lambda = \frac{S}{N} + \frac{F}{N}i + \frac{P}{N}j \quad （5.4.17）$$

式中：N 为集合 A 和 B 所具有的特征总数；S 为集对中同时具有的特性数；P 为相互对立矛盾的特性数；F 为差异性的特性数。同一性系数为 1，差异度系数 i 取值范围为 $[-1,1]$，j 为对立度系数，其值取 $j=-1$。

令 $a=S/N$、$b=F/N$、$c=P/N$，其满足 $a+b+c=1$，则 2 个集合的联系度表达式为

$$\lambda=a+bi+cj \tag{5.4.18}$$

式（5.4.18）体现了三元联系度。a、b、c 分别为同一度，差异度和对立度。

对集合特性分析可确定同一度、差异度、对立度取值，因此联系度大小与差异度系数 i 有关，在具体问题中，可根据差异性程度不同将原有三元联系度方程扩展为多元联系度。

$$\lambda=a+\sum_{l=1}^{L-2}b_l i_l+cj \tag{5.4.19}$$

式中：b_l 为不同程度差异度；i_l 为相应的差异度系数，满足 $a+\sum_{l=1}^{L-2}b_l+c=1$。

改进的五元联系度为

$$\lambda=a+b_1 i_1+b_2 i_2+b_3 i_3+cj \tag{5.4.20}$$

若评价标准被分为 5 个等级，假设 $v_A(u)=[v_A(u)_1,v_A(u)_2,v_A(u)_3,v_A(u)_4,v_A(u)_5]$ 是某个集合对 5 个等级的相对隶属度，则对 5 个等级联系度为

$$
\begin{cases}
\lambda_{A\text{-I}}=v_A(u)_1+v_A(u)_2 i_1+v_A(u)_3 i_2+v_A(u)_4 i_3+v_A(u)_5 j \\
\lambda_{A\text{-II}}=v_A(u)_2+[v_A(u)_1+v_A(u)_3]i_1+v_A(u)_4 i_2+v_A(u)_5 i_3+0j \\
\lambda_{A\text{-III}}=v_A(u)_3+[v_A(u)_2+v_A(u)_4]i_1+[v_A(u)_1+v_A(u)_5]i_2+0i_3+0j \\
\lambda_{A\text{-IV}}=v_A(u)_4+[v_A(u)_3+v_A(u)_5]i_1+v_A(u)_2 i_2+v_A(u)_1 i_3+0j \\
\lambda_{A\text{-V}}=v_A(u)_5+v_A(u)_4 i_1+v_A(u)_3 i_2+v_A(u)_2 i_3+v_A(u)_1 j
\end{cases} \tag{5.4.21}
$$

式中：i_1、i_2、i_3 分别是相差 1 个等级、2 个等级、3 个等级的差异度系数，取 $i_1=0.5$、$i_2=0$、$i_3=-0.5$；j 为对立度系数，取 $j=-1$。

5.4.3　可变模糊集与集对分析的水资源承载力评价方法

云南与长江上游的水资源系统息息相关，以云南作为代表区域研究长江上游周边地区的水资源承载力状况。

以云南 16 个市、自治州为研究对象，进行水资源承载力评价。原始数据资料表 5.4.1 来自文献[21]。包括昆明、曲靖、玉溪、保山、昭通、丽江、普洱、临沧、楚雄、红河、文山、西双版纳、大理、德宏、怒江、迪庆的水资源开发利用率、人口密度、生活用水定额、水资源总量、万元工业增加值用水量、生态环境用水率、农业灌溉亩均用水量。杨鑫等[21]将水资源承载力分为 3 个等级，I 级表示水资源承载力较强，还有很大开发潜力；II 级表示水资源承载力一般，开发利用已有相当规模，但仍有一定的开发潜力；III 级表示水资源承载力脆弱，开发利用已接近饱和值。为对云南省水资源承载力作出更全面地评价，本研究在上述文献基础上将水资源承载力划分为 5 个等级，重新划分的等级见表 5.4.2。

表 5.4.1　云南省 16 地区各指标统计值

	行政区域	水资源总量/（×10⁸ m³）	人口密度/（人/km）	水资源开发利用率/%	生活用水定额/[m³/（天·人）]	万元工业增加值用水/（m³/万元）	生态环境用水率/%	农业灌溉亩均用水量/（m³/亩）
1	昆明	35.43	307.89	29.96	1.260	86.8	2.725	367.6
2	曲靖	71.77	203.88	9.12	0.837	59.8	0.198	263.4
3	玉溪	27.85	155.15	18.90	0.998	51.8	0.580	386.0
4	保山	134.08	132.18	6.78	0.884	190.2	0.018	459.2
5	昭通	94.60	235.80	6.60	0.692	89.2	0.052	345.8
6	丽江	59.08	60.91	7.38	0.994	105.6	0.081	450.8
7	普洱	248.84	57.94	3.84	1.038	161.2	0.041	619.0
8	临沧	123.74	103.42	5.92	0.839	94.4	0.041	625.4
9	楚雄	32.42	95.15	14.44	0.882	52.0	0.182	452.0
10	红河	156.18	140.59	7.44	0.928	62.4	0.104	441.2
11	文山	120.38	112.44	4.60	0.792	73.0	0.037	377.8
12	西双版纳	89.25	59.50	6.68	1.128	111.6	0.034	822.6
13	大理	71.14	123.22	13.02	1.037	94.4	0.134	454.2
14	德宏	116.30	109.18	5.24	1.179	137.2	0.021	523.6
15	怒江	188.26	36.77	0.90	0.683	99.0	0.004	645.2
16	迪庆	109.71	17.16	1.30	1.141	113.2	0.005	364.6

表 5.4.2　7 项指标五类分级情况

级别	水资源总量/（×10⁸ m³）	人口密度/（人/km²）	水资源开发利用率/%	生活用水定额/[m³/（天·人）]	万元工业增加值用水/（m³/万元）	生态环境用水率/%	农业灌溉亩均用水量/（m³/亩）
I	>100	<100	<20	>1.000	>100.0	<0.10	<472
II	85～100	100～130	20～30	0.708～1.000	81.2～100	0.10～0.13	472～515
III	65～85	130～170	30～40	0.417～0.708	62.9～81.2	0.13～0.17	515～558
IV	50～65	170～200	40～50	0.126～0.417	44.4～62.9	0.17～0.20	558～600
V	<50	>200	>50	<0.126	<44.4	>0.20	>600

根据表 5.4.2 的分级指标给出标准值矩阵 Y

$$Y = \begin{bmatrix} 100 & 100\sim85 & 85\sim65 & 65\sim50 & 50 \\ 100 & 100\sim130 & 130\sim170 & 170\sim200 & 200 \\ 20 & 20\sim30 & 30\sim40 & 40\sim50 & 50 \\ 1 & 1.000\sim0.708 & 0.708\sim0.417 & 0.417\sim0.126 & 0.126 \\ 100 & 100.0\sim81.2 & 81.2\sim62.9 & 62.9\sim44.4 & 44.4 \\ 0.1 & 0.10\sim0.13 & 0.13\sim0.17 & 0.17\sim0.20 & 0.20 \\ 472 & 472\sim515 & 515\sim558 & 558\sim600 & 600 \end{bmatrix}$$

本小节结合指标的物理意义，给出了各指标的下限及上限，确定水资源承载力评价的可变集合的吸引域矩 I_{ab} 与范围域矩阵 I_{cd} 及点值 M 的矩阵分别为

$$I_{ab} = \begin{bmatrix} [1000,100] & [100,85] & [85,65] & [65,50] & [50,10] \\ [0,100] & [100,130] & [130,170] & [170,200] & [200,700] \\ [0,20] & [20,30] & [30,40] & [40,50] & [50,70] \\ [1.292,1.000] & [1.000,0.708] & [0.708,0.417] & [0.417,0.126] & [0.126,0.000] \\ [200,100] & [100.0,81.2] & [81.2,62.9] & [62.9,44.4] & [44.4,25.9] \\ [0.00,0.10] & [0.10,0.13] & [0.13,0.17] & [0.17,0.20] & [0.20,5.00] \\ [200,472] & [472,515] & [515,558] & [558,600] & [600,1000] \end{bmatrix}$$

$$I_{cd} = \begin{bmatrix} [1000,85] & [1000,65] & [100,50] & [85,10] & [65,0] \\ [0,130] & [0,170] & [100,200] & [130,700] & [170,1000] \\ [0,30] & [0,40] & [20,50] & [30,70] & [40,100] \\ [1.292,0.708] & [1.292,0.417] & [1.000,0.126] & [0.708,0.000] & [0.417,0.000] \\ [200.0,81.2] & [200.0,62.9] & [100.0,44.4] & [81.2,25.9] & [62.9,0.0] \\ [0.00,0.13] & [0.00,0.17] & [0.1,0.2] & [0.13,5.00] & [0.17,10.00] \\ [200,515] & [200,558] & [472,600] & [515,1000] & [558,1000] \end{bmatrix}$$

$$M = \begin{bmatrix} 1000 & 100 & 75 & 50 & 10 \\ 0 & 100 & 150 & 200 & 700 \\ 0 & 20 & 35 & 50 & 70 \\ 1.292 & 1 & 0.563 & 0.126 & 0 \\ 200 & 100 & 72.05 & 44.4 & 25.9 \\ 0 & 0.1 & 0.15 & 0.2 & 5 \\ 200 & 472 & 536.5 & 600 & 1000 \end{bmatrix}$$

水利部"十三五"规划要求未来五年内农业灌溉水有效利用系数较 2015 年提高到 0.55 以上、万元工业增加值用水量降低 20%。本小节将万元工业增加值用水、农业灌溉亩均用水量和水资源开发利用率在水资源承载力评价中具有同等较高等级，基于简化的模糊层次分析法计算得到权重计算方式为

通过上述方法可得
$$w = [0.192, 0.196, 0.164, 0.240, 0.189, 0.096, 0.204]$$

熵权客观权重为
$$\theta = [0.097, 0.082, 0.112, 0.072, 0.109, 0.458, 0.069]$$

熵权修正的层次分析权重为
$$w' = [0.125, 0.108, 0.123, 0.116, 0.138, 0.295, 0.095]$$

以昆明指标集为例进行计算，其相对隶属矩阵为

$$\boldsymbol{\mu}_A = \begin{bmatrix} 0 & 0 & 0 & 0.32 & 0.68 \\ 0 & 0 & 0 & 0.39 & 0.61 \\ 0 & 0.50 & 0.50 & 0 & 0 \\ 0.95 & 0.05 & 0 & 0 & 0 \\ 0.15 & 0.65 & 0.35 & 0 & 0 \\ 0 & 0 & 0 & 0.24 & 0.76 \\ 0.69 & 0.31 & 0 & 0 & 0 \end{bmatrix}$$

综合相对隶属度向量以及归一化后的综合相对隶属度向量如下表 5.4.3 所示。

表 5.4.3 综合相对隶属度向量以及归一化后的综合相对隶属度向量

参数	$v_A(u)$					$v_A^o(u)$				
$p=1\ a=1$	0.196	0.187	0.110	0.152	0.376	0.192	0.183	0.107	0.149	0.368
$p=1\ a=2$	0.056	0.050	0.015	0.031	0.266	0.134	0.120	0.036	0.074	0.636
$p=2\ a=1$	0.254	0.234	0.168	0.209	0.495	0.187	0.172	0.124	0.153	0.364
$p=2\ a=2$	0.104	0.085	0.039	0.065	0.490	0.133	0.109	0.050	0.083	0.625

根据以上计算过程得到各市区归一化的综合相对隶属度向量，采用最大隶属度原则评定水资源承载能力如表 5.4.4 所示。

表 5.4.4 云南 16 地区水资源承载力最大隶属度评价结果

地区	隶属度-I	隶属度-II	隶属度-III	隶属度-IV	隶属度-V	等级
昆明	0.162	0.146	0.079	0.115	0.498	V
曲靖	0.130	0.083	0.130	0.498	0.159	IV
玉溪	0.126	0.171	0.088	0.307	0.308	V
保山	0.721	0.216	0.060	0.002	0.000	I
昭通	0.508	0.329	0.080	0.039	0.044	I
丽江	0.538	0.346	0.028	0.070	0.018	I
普洱	0.762	0.160	0.000	0.037	0.041	I
临沧	0.539	0.358	0.033	0.032	0.037	I
楚雄	0.157	0.171	0.106	0.422	0.145	IV
红河	0.307	0.526	0.110	0.055	0.001	II
文山	0.563	0.269	0.145	0.023	0.000	I
西双版纳	0.689	0.199	0.035	0.016	0.061	I
大理	0.175	0.457	0.331	0.038	0.000	II
德宏	0.721	0.211	0.061	0.007	0.000	I
怒江	0.678	0.198	0.053	0.032	0.039	I
迪庆	0.865	0.135	0.000	0.000	0.000	I

采用级别特征公式（5.4.16），计算得到水资源承载能力如表 5.4.5 所示。

表 5.4.5　云南省水资源承载力级别特征评价结果

地区	$p=1$ $a=1$	$p=1$ $a=2$	$p=2$ $a=1$	$p=2$ $a=2$	平均	等级
昆明	3.32	3.96	3.34	3.96	3.64	IV
曲靖	3.26	3.62	3.32	3.69	3.47	III
玉溪	3.27	3.63	3.33	3.77	3.50	IV
保山	1.46	1.19	1.53	1.20	1.34	I
昭通	1.95	1.47	2.18	1.53	1.78	II
丽江	1.77	1.38	2.06	1.52	1.68	II
普洱	1.57	1.11	1.86	1.20	1.44	I
临沧	1.80	1.44	2.02	1.43	1.67	II
楚雄	3.05	3.21	3.18	3.47	3.23	III
红河	1.97	1.76	2.10	1.84	1.92	II
文山	1.76	1.42	1.87	1.47	1.63	II
西双版纳	1.71	1.19	2.02	1.32	1.56	II
大理	2.17	2.14	2.30	2.31	2.23	II
德宏	1.47	1.18	1.57	1.20	1.35	I
怒江	1.71	1.18	2.02	1.32	1.56	II
迪庆	1.20	1.06	1.21	1.07	1.14	I

　　基于式（5.4.21），采用最大联系度原则，计算水资源承载能力如表 5.4.6 所示。

表 5.4.6　云南省水资源承载力最大联系度评价结果

地区	联系度-I	联系度-II	联系度-III	联系度-IV	联系度-V	等级
昆明	−0.321	0.017	0.210	0.323	0.321	IV
曲靖	−0.236	0.134	0.421	0.577	0.236	IV
玉溪	−0.250	0.124	0.327	0.442	0.250	IV
保山	0.828	0.607	0.169	−0.328	−0.828	I
昭通	0.609	0.601	0.264	−0.153	−0.609	I
丽江	0.658	0.620	0.236	−0.176	−0.658	I
普洱	0.782	0.520	0.098	−0.323	−0.782	I
临沧	0.665	0.626	0.229	−0.202	−0.665	I
楚雄	−0.113	0.230	0.402	0.468	0.113	IV
红河	0.542	0.734	0.401	−0.043	−0.542	II
文山	0.686	0.623	0.291	−0.186	−0.686	I
西双版纳	0.720	0.531	0.143	−0.280	−0.720	I
大理	0.384	0.709	0.578	0.116	−0.384	II

地区	联系度-I	联系度-II	联系度-III	联系度-IV	联系度-V	等级
德宏	0.823	0.602	0.170	−0.323	−0.823	I
怒江	0.721	0.543	0.168	−0.261	−0.721	I
迪庆	0.932	0.568	0.068	−0.432	−0.932	I

表 5.4.4 最大隶属度原则评价结果中保山、昭通、丽江、普洱、临沧、文山、西双版纳、德宏、怒江、迪庆水资源承载力为 I 级，红河、大理为 II 级，曲靖、楚雄为 IV 级，昆明、玉溪为 V 级。表 5.4.5 级别特征评价结果保山、普洱、德宏、迪庆为 I 级，昭通、丽江、临沧、红河、文山、西双版纳、大理、怒江为 II 级，曲靖、楚雄为 III 级，昆明、玉溪为 IV 级。表 5.4.6 基于集对分析的最大联系度评价结果中保山、昭通、丽江、普洱、临沧、文山、西双版纳、德宏、怒江、迪庆为 I 级，红河、大理为 II 级，昆明、曲靖、玉溪、楚雄为 IV 级。基于可变模糊集的评价结果均表明云南省水资源情况较好，绝大多数地区为好或一般较好，只有昆明、曲靖、楚雄、玉溪等地根据评价准则的不同被评价为一般、一般较差和差。

比较表 5.4.4～表 5.4.6 发现，基于级别特征公式原则的评价方案中，多数地区等水资源承载力等级为 II 级和 III 级，评价结果倾向于中间等级，分析原因为级别特征公式的原理导致。基于集对分析的最大联系度原则的评价结果与最大隶属度原则评价结果较为符合，不同之处在于最大联系度原则的评价结果中昆明、曲靖、玉溪、楚雄均为 IV 级，而最大隶属度原则评价结果中曲靖、楚雄为 IV 级，昆明、玉溪为 V 级。分析昆明玉溪两地的各级别隶属度值，昆明为 0.162、0.146、0.079、0.115、0.498，玉溪为 0.126、0.171、0.088、0.307、0.308，昆明级别 I、II 和 IV 均有相对较高的隶属度，而玉溪级别 I、II 和 IV 的隶属度也很高，尤其级别 IV 的隶属度 0.307 与级别 V 非常接近。基于集对分析的最大联系度原则综合利用各隶属度值，结合集对分析计算得到联系度，昆明：−0.321、0.017、0.210、0.323、0.321；玉溪：−0.250、0.124、0.327、0.442、0.250；昆明联系度 IV 和 V 较接近，评价结果为等级 IV，玉溪评价结果为等级 IV。

5.4.4 长江上游水资源承载力计算及敏感性分析

首先，采用可变模糊集理论对长江上游区域的水资源承载力进行计算分析，取两组有限论域 $U=\{u_1, u_2, \cdots, u_m\}$，$V=\{v_1, v_2, \cdots, v_m\}$，$U$ 为综合评价因素组成的因素集，V 为评语组成的模糊评判集，将评价等级 V_1、V_2 的临界值定为 k_1，V_2 和 V_3 等级的临界值定位 k_3，其中 k_2 为 V_2 区间的中点值。对于相对差异度函数模型中式（5.4.6）和式（5.4.7）的 β 值取 1，a 取不同的值 k_1、k_2 和 k_3，根据式（5.4.6）和式（5.4.7）可得对于指标越小越优采用下述公式计算相对隶属度

$$U_{V_1}(u_i) = \begin{cases} 0.5\left(1+\dfrac{u_i-k_1}{u_i-k_2}\right), & u_i > k_1 \\ 0.5\left(1-\dfrac{k_1-u_i}{k_1-k_2}\right), & k_2 \leqslant u_i < k_1 \\ 0, & u_i < k_2 \end{cases} \tag{5.4.22}$$

$$U_{V_2}(u_i)=\begin{cases}0.5\left(1-\dfrac{k_1-u_i}{k_2-u_i}\right), & u_i<k_1\\[2mm]0.5\left(1+\dfrac{u_i-k_1}{k_2-k_1}\right), & k_1<u_i\leqslant k_2\\[2mm]0.5\left(1+\dfrac{k_3-u_i}{k_3-k_2}\right), & k_2\leqslant u_i\leqslant k_3\\[2mm]0.5\left(1+\dfrac{u_i-k_3}{u_i-k_2}\right), & u_i>k_3\end{cases}\qquad(5.4.23)$$

$$U_{V_3}(u_i)=\begin{cases}0.5\left(1-\dfrac{u_i-k_3}{k_2-k_3}\right), & k_2\leqslant u_i<k_3\\[2mm]0.5\left(1+\dfrac{k_3-u_i}{k_2-u_i}\right), & u_i>k_3\\[2mm]0, & u_i\leqslant k_2\end{cases}\qquad(5.4.24)$$

对于越大越优的指标，根据式（5.4.6）和式（5.4.7）可得

$$U_{V_1}(u_i)=\begin{cases}0.5\left(1+\dfrac{u_i-k_1}{u_i-k_2}\right), & u_i>k_1\\[2mm]0.5\left(1-\dfrac{k_1-u_i}{k_1-k_2}\right), & k_2<u_i\leqslant k_1\\[2mm]0, & u_i\leqslant k_2\end{cases}\qquad(5.4.25)$$

$$U_{V_2}(u_i)=\begin{cases}0.5\left(1-\dfrac{u_i-k_1}{u_i-k_2}\right), & u_i>k_1\\[2mm]0.5\left(1+\dfrac{k_1-u_i}{k_1-k_2}\right), & k_2<u_i\leqslant k_1\\[2mm]0.5\left(1+\dfrac{u_i-k_3}{k_2-k_3}\right), & k_3<u_i\leqslant k_2\\[2mm]0.5\left(1+\dfrac{k_3-u_i}{k_2-u_i}\right), & u_i\leqslant k_3\end{cases}\qquad(5.4.26)$$

$$U_{V_3}(u_i)=\begin{cases}0.5\left(1-\dfrac{u_i-k_3}{k_2-k_3}\right), & k_3\leqslant u_i<k_2\\[2mm]0.5\left(1+\dfrac{k_3-u_i}{k_2-u_i}\right), & u_i\leqslant k_3\\[2mm]0, & k_2\leqslant u_i\end{cases}\qquad(5.4.27)$$

通过上述公式即可计算出评判因子对应各等级的隶属度 r_{ij}：

$$r_{i1}=U_{V_1}(u_i)\qquad r_{i2}=U_{V_2}(u_i)\qquad r_{i3}=U_{V_3}(u_i)\qquad(5.4.28)$$

式中：$i=1,2,\cdots,6$，r_{ij} 为 u_i 对 v_j 的隶属度，表示某一因子对应 j 等级的隶属程度。

依据上述公式计算各指标的隶属度，得到隶属度矩阵为

$$R = \begin{bmatrix} r_{11} & r_{12} & \cdots & r_{1m} \\ r_{21} & r_{22} & \cdots & r_{2m} \\ \vdots & \vdots & & \vdots \\ r_{n1} & r_{n2} & \cdots & r_{nm} \end{bmatrix} \qquad (5.4.29)$$

式中：$R_i = (r_{i1}, r_{i2}, \cdots, r_{im})$ 为对第 i 个因素 u_i 的单因素评判结果。

基于各评价因子对水资源承载力影响的程度，分别赋予其权重，并令权重矩阵 $A = (a_1, a_2, \cdots, a_m)$，其中 a_i 分别对应 v_i 的权重系数，为得到各个指标的综合评价结果，并充分考虑指标权重，引入矩阵 B

$$B = A \times R \qquad (5.4.30)$$

式中：B 为对各因素的综合评判矩阵，式（5.4.30）实际上是对式（5.4.10）的一种特例应用，此时在式（5.4.10）中取 $a=1$，$p=1$ 即可得到其特例下的简化形式。根据式（5.4.30）可将水资源承载力的每一个评价指标对整体承载力的影响具体量化，并最终得到综合评分值。

长江上游流域水资源系统复杂多变，为了探讨长江上游流域在供水–发电–环境互馈作用影响下的水资源承载力变化情况。选取了水资源承载力常用评价体系中的水资源利用率、人均生活用水、万元工业增加值，万元 GDP 用水、人口密度、农业用水、人均水资源量和生态用水率[22]，并且收集了长江上游 2005～2017 年以来的水力发电量、植被覆盖率数据作为"供水–发电–环境"耦合关系中的发电以及环境的代表性数据。

根据选取的评价指标，分析了长江上游水资源承载力变化情况，见表 5.4.7。

表 5.4.7　评价指标分级表

评价因素集合 U	含义	单位	V_1	V_2	V_3
u_1	水资源利用率	%	<30	30～80	>80
u_2	人均生活用水量	m³	<30	30～100	>100
u_3	万元工业增加值用水	m³/万元	<180	180～500	>500
u_4	万元 GDP 用水	m³	<80	80～200	>200
u_5	人口密度	人/km²	<550	550～700	>700
u_6	农业用水率	亿 m³	<40	40～55	>55
u_7	人均水资源量	m³/人	>600	300～600	<300
u_8	生态用水率	%	>4.5	1～4.5	<1

依据选定的评价因子，将长江上游水资源承载力的影响强弱程度划分为三等，为较好 V_1，一般 V_2 和较差 V_3。令 $V_3=0.05$ 表示其处于较差状况，水资源承载力接近极限值，再恶化下去水资源供给平衡将被破坏，$V_1=0.95$ 则表示其情况较好，地区的水资源能得到一定的保障，具有进一步开发的潜力，$V_2=0.5$ 介于前面两者间，说明地区水资源开发利用具有相当规模，但依旧有开发潜力。根据有关研究报告和专家评判原则[23-24]，权重值定为 $A=[0.08, 0.17, 0.17, 0.17, 0.13, 0.13, 0.08, 0.08]$。评价指标的临界值如表 5.4.8 所示。

表 5.4.8　评价指标的临界值

临界值	u_1	u_2	u_3	u_4	u_5	u_6	u_7	u_8
k_1	30	30	180	80	550	40	600	4.5
k_2	55	65	340	140	625	47.5	150	2.75
k_3	80	100	500	200	700	55	300	1

采用模糊分析法计算得到 2005～2017 年水资源承载力的变化情况，如表 5.4.9 和图 5.4.1 所示。

表 5.4.9　2005～2017 年水资源承载力综合评分表

年份	V_1	V_2	V_3	综合评分
2005	0.373 3	0.403 9	0.232 8	0.448 8
2006	0.403 2	0.403 7	0.203 1	0.425 0
2007	0.415 3	0.447 8	0.146 9	0.397 7
2008	0.417 4	0.491 3	0.101 3	0.378 6
2009	0.408 9	0.558 2	0.042 8	0.358 6
2010	0.483 1	0.468 3	0.048 6	0.326 2
2011	0.440 5	0.506 7	0.062 9	0.354 0
2012	0.434 6	0.503 7	0.071 7	0.359 9
2013	0.466 4	0.472 8	0.070 8	0.346 7
2014	0.476 8	0.440 3	0.092 9	0.351 5
2015	0.463 3	0.457 9	0.088 8	0.355 2
2016	0.467 0	0.460 9	0.082 1	0.351 0
2017	0.472 0	0.448 3	0.089 7	0.352 1

由图 5.4.1 和表 5.4.9 可见，长江上游水资源承载力在 2010 年之前急剧恶化，2010 后恶化态势得到了极大缓解，并维持了近十年的平稳状态。在理想情况下，未来一段时间，长江上游水资源承载力将处于比较稳定且稳步向好发展的态势。原因在于 2010 年起国家颁布了一系列水资源严格管理工作纲领性文件，表明政策导向是调整和控制水资源发展状况的重要因素之一。

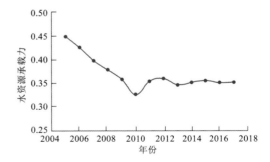

图 5.4.1　水资源承载力变化情况

为探讨长江上游流域水资源承载力的发展变化过程，评估影响水资源承载力的关键指标，揭示各项指标对流域整体水资源承载力的阻碍程度和敏感性，引入了障碍度的相关概念来进行分析探讨[25-26]。障碍度表示单项指标对水资源承载力的影响值，该指标是水资源承载能力诊断的目的和结果，障碍度 D_{ij} 越大则该因素的制约作用越显著，计算公式为

$$D_{ij} = \frac{w_i \times (1 - x'_{ij})}{\sum_{i=1}^{n}(1 - x'_{ij}) \times w_i} \times 100\% \qquad (5.4.31)$$

$$x'_{ij} = \frac{x_{ij} + x_{\min}}{x_{\min} + x_{\max}} \qquad (5.4.32)$$

式中：w_i 为各因子的权重；x'_{ij} 为原始数据归一化之后的数据；$x_{\min}$、$x_{\max}$ 分别为原始数据最小值和最大值。按照上述公式计算结果如图 5.4.2 所示，由此找出影响地区水资源承载力最为显著的因子，以此更好地为地区的水资源承载力的发展提供理论依据。

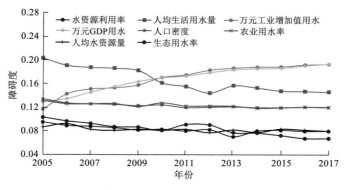

图 5.4.2　障碍度计算结果

研究结果表明，人均生活用水量、万元工业增加值用水、万元 GDP 用水、人口密度、农业用水率对研究区域水资源承载力阻碍程度相对较高。对于人均水资源量和农业用水率而言，在进入 21 世纪后由于节水意识的增强和节水技术的提升，两个因素对水资源承载力的制约作用逐年减少。但由于长江上游经济的不断发展，特别是工业的发展，万元工业增加值用水量与万元 GDP 用水量对水资源承载力的抑制作用凸显，而人口密度和农业用水量在 2005～2017 年对水资源承载力的阻碍作用处于较为稳定状态。

5.4.5　长江上游水力发电–植被覆盖–水资源承载力演化规律解析

为在宏观尺度上探究长江上游供水–发电–环境三者的互馈关系，以植被覆盖率表征流域整体的环境变化情况，将水力发电量和植被覆盖率与水资源承载力归一化后获得三者的相互变化趋势，如图 5.4.3 所示。

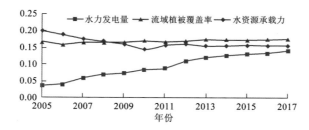

图 5.4.3　水力发电–植被覆盖–水资源承载力互馈作用变化图

图 5.4.3 表明在水力发电量逐年增加的过程中,水资源承载力的总体评分处于逐渐减少过程,植被覆盖率随着水力发电量的增加而增加。说明水力发电量、植被覆盖率和水资源承载力之间呈负相关关系,植被覆盖率与水力发电量之间呈正相关关系,其原因可能与流域用水结构变化有关。水力发电量的增加也反映出长江上游流域社会进步、工农业发展以及城镇化加速势必会对水资源承载力造成负面影响,但同时人们对于生态环境的保护意识也会随着社会共同进步,植被覆盖率的提升也是多年实行退耕还林等水土保持和生态保护措施的表现。

5.4.6　未来水力发电–环境–水资源承载力演化趋势

为探明未来水力发电–环境–水资源承载力演化趋势,本小节采用非线性自回归(nonlinear auto-regressive modes,NAR)神经网络动态神经网络对关键指标因子进行趋势预测,NAR 神经网络是一种用来预测时间序列发展演变态势的神经网络,其能与全回归网络相互转化,故更多的作为非线性动态体系被采用。NAR 神经网络主要由输入层、隐含层和输出层及输入和输出延时构成,网络的输出取决于当前的输入和过去的输出,NAR 神经网络模型方程为

$$y(t)=f\left[y(t-1),\cdots,y(t-d)\right] \tag{5.4.33}$$

式中:$y(t)$ 为神经网输出;d 为延时阶数;f 为用神经网络实现的非线性函数。

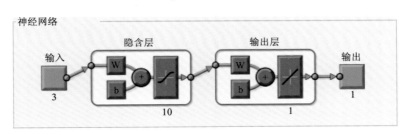

图 5.4.4　NAR 神经网络示意图

以目前水资源发展现状为基础,理想发展情况下各因素的预测结果如图 5.4.5 所示。

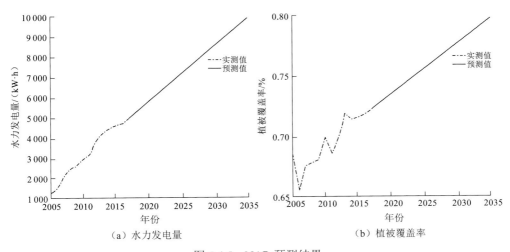

（a）水力发电量　　　（b）植被覆盖率

图 5.4.5　NAR 预测结果

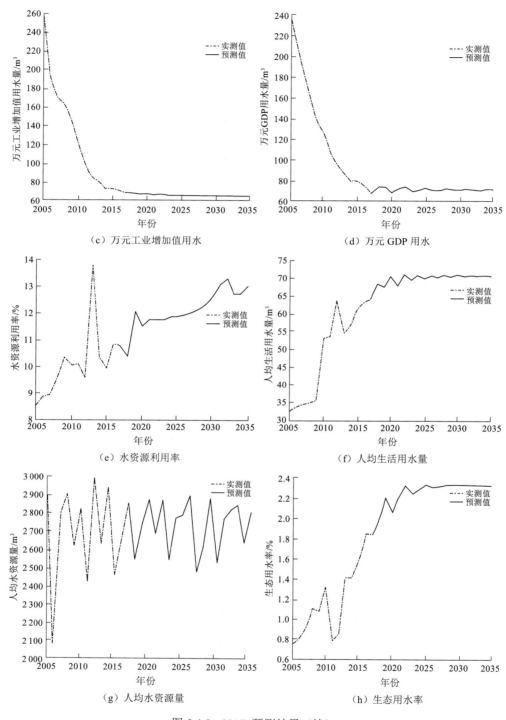

图 5.4.5　NAR 预测结果（续）

　　根据各指标预测值按照前文所述模糊分析法计算未来水资源承载力如表 5.4.10 所示。

表 5.4.10　预测年份水资源承载力计算结果

年份	V_1	V_2	V_3	综合评分
2018	0.461 6	0.447 4	0.101 0	0.360 7
2019	0.455 6	0.453 8	0.100 5	0.363 0
2020	0.446 1	0.451 3	0.112 6	0.371 6
2021	0.432 4	0.470 1	0.107 5	0.375 1
2022	0.416 0	0.482 3	0.111 7	0.383 3
2023	0.395 2	0.501 3	0.113 5	0.392 3
2024	0.372 3	0.525 2	0.112 5	0.401 1
2025	0.369 8	0.502 7	0.137 5	0.412 1
2026	0.370 0	0.472 3	0.167 7	0.424 1
2027	0.368 9	0.439 3	0.201 9	0.438 2
2028	0.369 3	0.414 3	0.226 4	0.447 8
2029	0.369 9	0.399 9	0.240 2	0.453 1
2030	0.368 8	0.391 3	0.249 9	0.457 4
2031	0.369 2	0.385 0	0.255 8	0.459 6
2032	0.369 3	0.379 9	0.260 8	0.461 6
2033	0.369 7	0.376 3	0.264 0	0.462 7
2034	0.369 1	0.373 9	0.267 0	0.464 2
2035	0.369 5	0.371 6	0.269 0	0.464 8

将 2005～2017 年计算得到的水资源承载力与 2018～2035 年预测计算得到的水资源承载力进行对比分析,结果如图 5.4.6 所示。

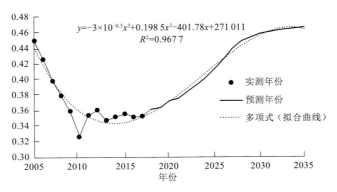

图 5.4.6　水资源承载力多年变迁

通过水资源承载力预测指标可以看出,经过 2010～2020 年平稳发展,长江上游水资源承载力开始向好发展,在 2030 年全面达到小康的社会进程中,水资源承载力也逐渐发展到平稳阶段。总之,政策导向仍是影响水资源发展状况的主要因素之一,长江上游水资源承载力的发展与社会发展阶段密不可分。

在此基础上，为讨论水资源系统发电–供水–环境相互耦合作用，将水力发电量、流域植被覆盖率、水资源承载力进行对比分析，归一化结果如图 5.4.7 所示。

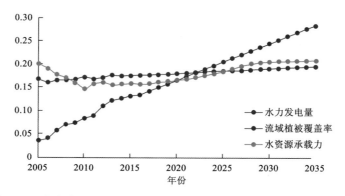

图 5.4.7　水力发电–植被覆盖–水资源承载力未来多年互馈作用变化图

由图 5.4.7 可得，长江上游流域发电、供水、环境各指标（水资源承载力表征长江流域上游的供水特性，植被覆盖率表征上游流域的生态环境）呈现出比较理想的协同发展趋势，表明在社会与科技的共同进步之下，三者相互间的制约作用得到了有力的改善，长江上游水资源系统将会更加稳定安全。

进一步来说，通过对水资源承载力的预测结果进行障碍度分析，可为长江上游水资源承载力发展趋势提供决策依据，分析结果如表 5.4.11 所示。

表 5.4.11　预测年份各指标障碍度分析

年份	u_1	u_2	u_3	u_4	u_5	u_6	u_7	u_8
2018	0.083 2	0.160 4	0.157 1	0.194 0	0.120 2	0.121 2	0.081 3	0.082 6
2019	0.080 4	0.162 3	0.159 4	0.194 6	0.120 9	0.121 4	0.080 1	0.080 9
2020	0.081 8	0.160 6	0.159 5	0.193 8	0.120 9	0.121 6	0.079 2	0.082 8
2021	0.081 4	0.162 5	0.160 4	0.192 1	0.120 8	0.120 8	0.080 9	0.081 1
2022	0.081 9	0.161 6	0.161 1	0.191 2	0.121 9	0.121 9	0.079 8	0.080 5
2023	0.081 8	0.162 3	0.161 7	0.188 0	0.121 4	0.121 0	0.082 6	0.081 3
2024	0.082 1	0.162 4	0.163 0	0.185 9	0.122 1	0.122 3	0.081 0	0.081 2
2025	0.082 4	0.163 7	0.163 5	0.183 0	0.122 7	0.122 2	0.081 3	0.081 1
2026	0.082 7	0.164 2	0.164 6	0.179 8	0.123 1	0.123 2	0.080 7	0.081 8
2027	0.082 6	0.164 5	0.164 8	0.175 2	0.123 4	0.123 0	0.084 6	0.081 8
2028	0.083 0	0.165 2	0.166 2	0.171 2	0.124 1	0.124 0	0.083 9	0.082 3
2029	0.083 2	0.166 9	0.167 7	0.166 9	0.125 1	0.125 0	0.082 1	0.083 0
2030	0.082 9	0.167 2	0.168 4	0.161 2	0.125 6	0.125 5	0.085 8	0.083 3
2031	0.082 8	0.169 1	0.170 2	0.156 0	0.126 8	0.126 7	0.084 4	0.084 1
2032	0.083 0	0.170 3	0.171 7	0.150 0	0.127 9	0.127 8	0.084 6	0.084 8
2033	0.084 8	0.171 6	0.172 9	0.143 1	0.128 7	0.128 6	0.084 9	0.085 4

续表

年份	u_1	u_2	u_3	u_4	u_5	u_6	u_7	u_8
2034	0.085 3	0.172 6	0.174 1	0.135 6	0.129 5	0.129 4	0.087 5	0.085 9
2035	0.085 6	0.174 6	0.176 1	0.128 1	0.131 0	0.130 9	0.086 7	0.086 9

注：u_1：水资源利用率，u_2：人均生活用水量，u_3：万元工业增加值用水，u_4：万元 GDP 用水，u_5：人口密度，u_6：农业用水率，u_7：人均水资源量，u_8：生态用水率

上述研究表明，万元工业增加值用水指标 u_3 障碍度增量最大，万元 GDP 用水 u_4 指标障碍度显著减少，人均生活用水量 u_2、人口密度 u_5、农业用水率 u_6 对水资源承载力的阻碍作用有所增加，其余因素多年处于相对平稳状态。万元 GDP 用水指标的快速减小说明了长江上游经济结构的改善降低了 GDP 增长对水资源系统的破坏作用，同时也印证了政策导向对水资源系统良性发展具有显著的主导作用。

参 考 文 献

[1] 刘淋淋，曹升乐，于翠松，等. 用水总量控制指标的确定方法研究[J]. 南水北调与水利科技，2013(5)：163-167.

[2] 程亮，胡霞，王宗志，刘克琳. 工业用水 N 型环境库兹涅茨曲线及其形成机制：以山东省为例[J]. 水科学进展，2019, 30(5): 673-681.

[3] 贾绍凤，张士锋，杨红，夏军，等. 工业用水与经济发展的关系：用水库兹涅茨曲线[J]. 自然资源学报，2004(3): 279-284.

[4] 郭磊，黄本胜，邱静，等. 基于趋势及回归分析的珠三角城市群需水预测[J]. 水利水电技术，2017, 48(1): 23-28.

[5] 张少杰，游洋. 基于主成分回归分析的需水预测研究[J]. 海河水利，2016(3): 43-45.

[6] ABDULKADIR YASAR, MEHMET BILGILI, ERDOGAN SIMSEK. Water demand forecasting based on stepwise multiple nonlinear regression analysis[J]. Arabian journal for science and engineering, 2012, 37(8): 2333-2341.

[7] 佟长福. 基于小波分析的灰色系统理论在需水量预测中的应用[C]. 现代节水高效农业与生态灌区建设(下)，2010.

[8] 刘二敏，杨侃. 灰色系统理论改进技术在城市生活需水预测中的应用[J]. 黑龙江水专学报，2007(1): 19-21.

[9] 王煜. 灰色系统理论在需水预测中的应用[J]. 系统工程，1996(1): 60-64.

[10] 张薇薇，赵平伟，王景成. 基于长短时神经网络的城市需水量预测应用[J]. 净水技术，2019, 38(S1): 257-260.

[11] 刘洪波，郑博一，蒋博龄. 基于人工鱼群神经网络的城市时用水量预测方法[J]. 天津大学学报(自然科学与工程技术版)，2015, 48(4): 373-378.

[12] 杨雪菲，粟晓玲，马黎华. 基于人工神经网络模型的关中地区用水量的预测[J]. 节水灌溉，2009(8): 4-6.

[13] XU T Y, QIN X S. A sequential fuzzy model with general-shaped parameters for water supply－demand analysis[J]. Water resources management, 2015, 29(5): 1431-1446.

[14] 李晶晶，李俊，黄晓荣，等. 系统动力学模型在青白江区需水预测中的应用[J]. 环境科学与技术，2017, 40(4): 200-205.

[15] 黄国如, 李彤彤, 王欣, 等. 基于系统动力学的海口市需水预测分析[J]. 水电能源科学, 2016, 34(12): 1-5.

[16] 清华大学中国与世界经济研究中心, 2017-2018 中国宏观经济分析与预测: 十九大后的中国经济 2018、2035、2050[R], 2017

[17] 中华人民共和国水利部. 中国水资源公报 2015[M]. 北京: 中国水利水电出版社, 2016.

[18] 水利部长江水利委员会. 长江流域及西南诸河水资源公报 1998~2017[M]. 武汉: 长江出版社, 2018.

[19] 陈进, 黄薇. 长江 江流域水资源配置的思考[J]. 水利发展研究, 2005(12): 14-17.

[20] 刘佳骏, 董锁成, 李泽红. 中国水资源承载力综合评价研究[J]. 自然资源学报, 2011, 26(2): 258-269.

[21] 杨鑫, 王莹, 王龙, 等. 基于集对分析理论的云南省水资源承载力评估模型[J]. 水资源与水工程学报, 2016, 27(4): 98-102.

[22] 惠泱河, 蒋晓辉, 黄强, 等. 水资源承载力评价指标体系研究[J]. 水土保持通报, 2001, 21(1): 30-34.

[23] 袁艳梅, 沙晓军, 刘煜晴. 改进的模糊综合评价法在水资源承载力评价中的应用[J]. 水资源保护, 2017, 33(1): 52-56.

[24] 王建华, 姜大川, 肖伟华, 等. 水资源承载力理论基础探析: 定义内涵与科学问题[J]. 水利学报, 2017, 48(12): 1399-1409.

[25] 徐志青, 刘雪瑜, 肖书虎. 珠江三角洲地区水环境承载力评价及障碍因素研究[J]. 环境工程技术学报, 2019, 9(1): 47-55.

[26] 秦钟, 王建武, 章家恩. 广东省循环经济发展的评价与实证研究[J]. 生态经济(中文版), 2009(8): 43-48.

第 6 章

长江上游发电现状及发电能力演变态势分析

伴随国民经济的高速发展，能源供应需求十分迫切。水电在我国能源发展战略中占有重要地位，积极开发水电是保障我国能源供应、促进低碳减排的重要手段。长江上游水资源丰富，经过过去多年快速发展，已形成世界上规模最大的梯级水库群。为此，探明长江上游总用电量和水力发电能力及其演化态势，评估长江上游发电现状并预估其未来的发电规模和格局，全面认识区域水电能源系统结构和功能关系，从而为优化配置流域水能资源、构建合理的区域供水–发电–环境互馈关系提供理论基础和数据支撑，对实现长江上游耦合水资源系统径流适应性利用研究具有重要意义。

本章首先梳理了长江上游流域水电站规划建设情况，搜集并整理了 1998～2015 年长江上游流域逐年电力生产总发电量、水力发电量的历史统计数据，分析长江上游流域水力发电量占比变化趋势；在此基础上，分别以长江上游未来用电量及水力发电量为切入点展开研究，首先建立用电量多元线性回归分析预测模型，辨识流域用电量的主要影响因子，预测长江上游未来人口数量与 GDP 发展趋势，揭示长江上游未来用电量演变态势；同时，引入开放复杂系统建模方法，模拟大规模复杂水力发电系统长系列运行过程，定量评估长江上游流域水力发电能力及其演化态势；进一步考虑未来金沙江上游水力发电格局，建立金沙江上游 13 级电站调度模型，并以历史径流为输入进行模拟调度，获得经过电站调蓄后的站点径流过程，进而将调蓄后的径流过程与天然径流过程进行对比，定量分析电站兴建运行对流域供水和环境的影响，为长江上游供水–发电–环境水资源耦合互馈系统风险评估与适应性调控奠定基础。

6.1 长江上游发电现状分析

长江流域气候温暖，雨水充足，水资源丰富，多年平均径流量约 9 600 亿 m³，占我国河川径流总量的 36%。此外，长江流域水系发达，支流众多，且河道天然落差大，水能资源丰富，理论蕴藏量达 2.68 亿 kW，可开发量达 1.97 亿 kW。其中，长江上游水能资源尤其突出，其理论蕴藏量和可开发量分别占全流域总量的 80% 和 87%。长江上游共有 5 大子流域，分别是金沙江流域、雅砻江流域、岷江流域、嘉陵江流域、乌江流域，各子流域水电开发建设情况见表 6.1.1。

（1）金沙江流域水电开发。金沙江为长江上游干流河段，河道落差大，水能资源丰富，理论蕴藏量超过 1.1 亿 kW，多年平均发电量超过 5 000 亿 kW·h，居十三大水电基地之首。金沙江上游玉树至迪庆河段规划按"一库十三级"方案开发，梯级总装机容量 1 424 万 kW，多年平均发电量 655 亿 kW·h。金沙江中游按照"一库八级"方案开发，梯级总装机容量 2 058 万 kW，多年平均发电量 883 亿 kW·h。金沙江下游按照 4 梯级开发方案，分别为乌东德、白鹤滩、溪洛渡和向家坝，梯级总装机容量达 4 646 万 kW，多年平均发电量约 1 900 亿 kW·h。目前，金沙江上游还在规划设计阶段，金沙江中游除龙盘、两家人外均已建成投运，金沙江下游 4 梯级预计 2020 年前后全部建成投运。

（2）雅砻江流域水电开发。雅砻江为金沙江的最大支流，流域水能资源丰富，干支流理论蕴藏量约 3 400 万 kW，可开发水能资源达 3 000 万 kW。雅砻江干流呷衣寺至江口河段规划21 级开发方案，梯级总装机容量约 3 000 万 kW，多年平均发电量约 1 500 亿 kW·h。其中，上游规划有 10 梯级电站，总装机容量 325 万 kW；中游按照两河口、牙根（一级和二级）、楞古、孟底沟、杨房沟和卡拉共 6 级开发，总装机容量 1 177 万 kW；下游则按 5 个梯级，总装机容量1 470 万 kW。目前，雅砻江下游 5 梯级已全部建成投运，中游梯级电站正在开发建设中。

（3）岷江流域水电开发。大渡河是长江上游岷江的最大支流，水能资源丰富，流域理论蕴藏量达 3 132 万 kW，可开发装机容量达 2 348 万 kW。其中，干流双江口至铜街子河段水能蕴藏量达 1 748 万 kW，超过全流域水能蕴藏量的一半。根据成都勘测设计研究院编制的《大渡河干流水电规划调整报告》，下尔呷至铜街子河段按照 3 库 22 级开发，装机容量 2 340 万 kW，多年平均发电量超过 1 100 亿 kW·h。其中，下尔呷至猴子岩、大岗山、老鹰岩至铜街子共 17

表 6.1.1　长江上游流域水电站及其建设情况

流域名称		电站及其装机容量	建设情况
上游干流		葛洲坝 (271.5万kW)、三峡 (2 240万kW)、小南海 (176.4万kW)、朱杨溪 (300万kW)、石硼 (213万kW) 5梯级	石硼2020年前竣工；小南海涉及特有珍稀鱼类保护，至今搁置；三峡、葛洲坝早已竣工
金沙江	上游	西绒 (32万kW)、晒拉 (38万kW)、果通 (14万kW)、岗托 (110万kW)、岩比 (30万kW)、波罗 (96万kW)、叶巴滩 (198万kW)、拉哇 (168万kW)、巴塘 (74万kW)、苏洼龙 (116万kW)、昌波 (106万kW)、旭龙 (222万kW) 13梯级	各梯级电站在进行预可研
	中游	上虎跳峡 (420万kW)、两家人 (300万kW)、梨园 (240万kW)、阿海 (200万kW)、龙开口 (180万kW)、金安桥 (240万kW)、鲁地拉 (216万kW)、观音岩 (360万kW) 8梯级	
	下游	向家坝 (600万kW)、溪洛渡 (1 260万kW)、白鹤滩 (1 200万kW)、乌东德 (370万kW) 4级开发	
	支流	白水江等56梯级	
雅砻江	上游	温波寺 (15万kW)、仁青岭 (30万kW)、热巴 (25万kW)、阿达 (25万kW)、格尼 (20万kW)、通哈 (20万kW)、英达 (50万kW)、新龙 (50万kW)、共科 (40万kW)、龚坝沟 (50万kW) 10个梯级	二滩1999年底建成。锦屏一级至桐子林各梯级均已建成投运
	中游	卡拉 (106万kW)、杨房沟 (220万kW)、孟底沟 (170万kW)、楞古 (230万kW)、牙根 (150万kW)、两河口 (300万kW) 6梯级	
	下游	桐子林 (60万kW)、二滩 (330万kW)、锦屏二级 (480万kW)、锦屏一级 (360万kW) 5梯级	
	支流	九龙河、木里河等6梯级	
岷江	上游	观音岩 (14.8万kW)、天龙湖 (18万kW)、金龙潭 (18万kW)、吉鱼 (10.2万kW)、铜钟 (5.7万kW)、姜射坝 (12.8万kW)、福堂 (36万kW)、太平驿 (26万kW)、映秀湾 (13.5万kW)、紫坪铺 (76万kW) 10梯级	9座梯级电站竣工，总计装机容量216.2万kW，观音岩竣工后达230万kW。岷江上游水力资源几乎开发殆尽
	中下游	板桥溪 (3万kW)、沙嘴 (25万kW)、龙溪口 (46万kW)、犍为 (25万kW)、东风岩、老末孔、偏窗子 (74万kW) 7梯级	
	大渡河干流	下尔呷 (54万kW)、巴拉 (70万kW)、达维 (27万kW)、卜寺沟 (36万kW)、双江口 (200万kW)、金川 (86万kW)、巴底 (78万kW)、丹巴 (200万kW)、猴子岩 (85万kW)、长河坝 (85万kW)、黄金坪 (85万kW)、泸定 (92万kW)、硬梁包 (120万kW)、大岗山 (260万kW)、龙头石 (70万kW)、老鹰岩 (64万kW)、瀑布沟 (330万kW)、深溪沟 (66万kW)、枕头坝 (66万kW)、沙坪 (62.5万kW)、龚嘴 (70万kW)、铜街子 (60万kW) 24梯级	大渡河规划56座电站，装机1779万kW，龙头石、深溪沟、瀑布沟、铜街子、龚嘴已建成；其他在开展可研和前期准备
	大渡河支流	小金川17梯级、梭磨河8梯级，瓦斯沟7梯级等	

流域名称		电站及其装机容量	建设情况
岷江	青衣江宝兴河	灵关河（36 MW）、铜头（80 MW）、小关子（160 MW）、宝兴（54 MW）、宝兴（160 MW）、民治（105 MW）、硗碛电站（176 MW）、穿洞子（45 MW）8梯级	已建和正建中型电站4座，装机290 MW
	青衣江槽渔滩以下河段	水津关等11级中型电站和5座引水式小电站，总装机820.6 MW	已建成雨城（60 MW）、槽鱼滩（75 MW）、高凤山（75 MW）等、龟都府（62 MW）、城东（75 MW），水津关在建等
	支流	草坡河沙坪、草坡2电站；杂谷脑河8梯级，马边河9梯级；黑水河5梯级；鱼子溪一、二梯级	
沱江	干流	24梯级，总装机310.5 MW已建	已建成九龙滩、养马河等14梯级，2020年前新建盘龙寺、幺滩梯级，其余适时开发
	金堂至泸州	共23梯级，总装机24.83万kW	已建及在建8座：九龙滩（15 MW）、石桥（7.5 MW）、猫猫寺（8.15 MW）、南津驿（10.8 MW）、王二溪（10 MW）、五里店（12 MW）、石盘滩（3 MW）、黄葛沱电站（14 MW）
	支流	清流河等支流在查勘，濑溪河8梯级，总装机12.7 MW	
嘉陵江	汉中段	白水江等16个梯级，总装机273 MW	在建水电站4座，计划2020年完成开发
	广元至重庆段	亭子口等16个梯级，总装机278万kW	均已建成投产
	支流	白龙江8梯级，装机80.2万kW；涪江上游31梯级，装机120万kW；虎牙河3梯级、火溪河4梯级，通口河1库6级；渠江上游巴河5梯级、南江河11梯级、渠江干流5梯级	均已基本建成
乌江	干流	北源六冲河洪家渡（60万kW）、南源三岔河普定（7.5万kW）、引子渡（36万kW）、干流上的东风（51万kW）、索风营（60万kW）、乌江渡（105万kW）、构皮滩（300万kW）、思林（84万kW）、沙沱（80万kW）、彭水（120万kW）、大溪口（120万kW）11梯级	彭水、大溪口已取消，贵州境内修9个梯级，装机655.5万kW，已建成投产
	支流	小河口等10个梯级，装机82.4万kW；猫跳河6梯级	均已建成

级电站由国电大渡河流域水电开发有限公司负责开发,其他电站则分别由大唐、华电、华能和中旭投资等公司负责开发。

（4）嘉陵江流域水电开发。嘉陵江干流全长 1 120 km,落差 2 300 m,平均比降为 2.05‰,全流域面积 15.98 万 km^2。流域内多年平均降水量约 935.2 mm,多年平均径流量为 698.8 亿 m^3,占长江流域总量的 7.5%,嘉陵江水力资源较丰富,水力资源理论蕴藏量 1 613.66 万 kW,干流理论蕴含量为 351.2 万 kW,可开发装机容量 1 091.47 万 kW。已建、在建及规划建设的梯级电站共有 24 座,其中 6 座拟开发的径流式电站位于嘉陵江干流略阳—广元段;另 18 座电站位于嘉陵江中下游段,已建成的梯级枢纽有 13 座,即苍溪、沙溪场、金银台、红岩子、新政、金溪场、马回、凤仪场、小龙门、青居、东西关、桐子壕、草街水利枢纽。

（5）乌江流域水电开发。乌江为长江南岸最大的支流,全长 1 037 km,落差 2 124 m,控制流域面积 8.79 万 km^2,多年平均径流量 534 亿 m^3。乌江流域水能资源丰富,为我国十三大水电基地之一,干支流理论蕴藏量 1 043 万 kW,可开发装机容量 846 万 kW,干流可开发装机容量 580 万 kW。根据乌江干流开发规划,乌江干流开发以发电为主,兼顾航运和防洪等综合效益,流域梯级按照 11 级方案开发,总装机容量 1 143.5 万 kW。目前,整个乌江干流梯级除白马航电正在建设外,其他电站均已建成投运。

（6）长江干流水电开发。长江上游宜宾—宜昌河段称之为川江,全长 1 040 km,落差约 220 m,控制流域面积超过 50 万 km^2,宜昌断面多年平均径流量 4 510 亿 m^3。川江河段汇入支流众多,径流量大,水能资源丰富,理论蕴藏量约 2 400 万 kW。根据《长江流域综合利用规划简要报告》,川江河段按照石硼（213 万 kW）、朱杨溪（300 万 kW）、小南海（200 万 kW）、三峡（2 240 万 kW）和葛洲坝（271.5 万 kW）5 级开发,梯级总装机容量 3 224.5 万 kW,由中国长江三峡集团公司（以下简称三峡集团）负责开发和运营。目前,三峡和葛洲坝两座电站均已建成投运。

为掌握近年来流域总发电量和水力发电量的现状和发展趋势,从国家统计局官网搜集并整理了 1998～2015 年流域逐年总发电量、水力发电量、总用电量的历史统计数据,据此计算了水力发电量在总发电量中的占比,详见表 6.1.2 和图 6.1.1。由表 6.1.2 和图 6.1.1 可知,伴随我国经济快速增长和长江上游水电站开发规模不断扩大,总发电量和水力发电量逐年增加,1998～2015 年总发电量增长了 6.4 倍,水力发电量增长了 8.7 倍,且随着三峡、溪洛渡、向家坝等大型水库的建成投运,水电占比由 1998 年的 56%增长至 2015 年的 76%。

表 6.1.2　1998～2015 年长江上游流域总发电量、水电发电量、总用电量统计

年份	总发电量/（亿 kW·h）	水力发电量/（亿 kW·h）	水力发电占比/%	总用电量/（亿 kW·h）
1998	1 017.16	566.29	56	932.35
1999	1 020.32	583.89	57	981.90
2000	1 120.39	672.26	60	1 042.67
2001	1 321.58	799.91	61	1 066.49
2002	1 421.04	780.52	55	1 189.44
2003	1 662.74	8 64.89	52	1 442.14
2004	2 271.44	1 468.98	65	1 597.08
2005	2 508.10	1 590.62	63	1 695.65
2006	2 870.22	1 711.20	60	1 942.59

续表

年份	总发电量/（亿 kW·h）	水力发电量/（亿 kW·h）	水力发电占比/%	总用电量/（亿 kW·h）
2007	3 254.19	1 973.43	61	2 181.09
2008	3 730.18	2 507.86	67	2 283.92
2009	4 048.34	2 593.18	64	2 497.69
2010	4 402.00	2 856.04	65	2 905.95
2011	4 686.05	3 004.61	64	3 321.43
2012	4 939.29	3 322.28	67	3 498.78
2013	5 732.07	3 884.86	68	3 795.15
2014	6 502.09	4 786.40	74	3 961.75
2015	6 481.52	4 913.30	76	3 908.38

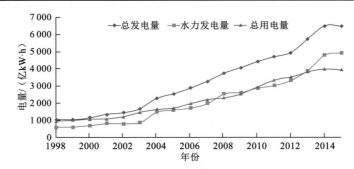

图 6.1.1 长江上游电力生产总发电量、水力发电量、总用电量演化趋势

6.2 长江上游未来用电量演变态势分析

长江水能资源丰富，且主要集中在上游河段。长江上游流域水能资源理论蕴藏量约占整个长江流域的 90%，现已成为我国主要的水电能源开发基地。经过过去多年快速发展，随着 2012 年和 2013 年金沙江下游向家坝和溪洛渡两座电站相继投入运行，长江上游已形成世界上规模最大的梯级电站群，具有装机规模大、水头高、机组容量大等诸多特性。但由于我国处于社会经济快速发展时期，能源需求十分迫切。未来水电能源开发能否适应社会经济发展、满足国家战略需求对我国经济社会的可持续发展具有重要影响。如何充分发挥水电能源优势，实现资源的优化配置，合理规划及优化未来长江上游流域水电开发已成为亟须解决的重要问题，具有重大的社会经济价值。

随着社会经济发展和人民生活水平的不断提高，长江上游生产、生活用电量逐年增加，且呈持续增长的趋势。中长期电力需求预测已成为水电能源规划建设的重要依据，其准确预测不仅影响未来水电开发建设规模，而且对保障国民经济可持续发展也有举足轻重的作用。因此，推求未来长江上游用电量，并分析其演化态势，对优化配置我国水能资源，合理安排流域水电外送电量，探明流域水电经济开发模式，实现水资源适应性利用具有重要指导意义。为此，首先通过辨识流域用电量的主要影响因子，建立用电量多元线性回归分析预测模型，并预测长江上游未来用电量，以揭示长江上游未来用电量演变态势。

6.2.1　多元线性回归分析用电量演化趋势预测模型

为准确预测区域用电量演变态势,近年来许多学者发展了用电量及电力负荷的预测方法,包括灰色预测法、线性回归分析预测法、偏最小二乘回归预测法和神经网络预测法等[1]。在社会经济活动中,某一要素的发展和变化取决于多个影响因素,即一个因变量和几个自变量存在相互依存关系。区域用电量与该地区的经济、社会、人口和生态环境之间都存在着密切关系。一般而言,社会经济发展、人口增多、生态环境改善都会使一个地区用电量增加。多元线性回归分析预测是指通过对两个或两个以上自变量与一个因变量的相关分析,建立预测模型进行预测的建模方法。设 y 为因变量,$x_1,x_2,\cdots,x_k$ 为自变量,且自变量与因变量之间为线性关系时,则多元线性回归模型为

$$y=\theta_0+\theta_1 x_1+\theta_2 x_2+\cdots+\theta_k x_k+\varepsilon \qquad (6.2.1)$$

式中:θ_0 为常数项,$\theta_1,\theta_2,\cdots,\theta_k$ 为回归系数,θ_1 为 $x_2,x_3,\cdots,x_k$ 固定时 x_1 每增加一个单位对 y 的效应,即 x_1 对 y 的偏回归系数;同理 θ_2 为 $x_1,x_3,\cdots,x_k$ 固定时 x_2 每增加一个单位对 y 的效应,即 x_2 对 y 的偏回归系数,以此类推;ε 为误差项。如果仅有两个自变量 x_1、x_2 与一个因变量 y 呈线性关系时,可用二元线性回归模型描述为

$$y=\theta_0+\theta_1 x_1+\theta_2 x_2+\varepsilon \qquad (6.2.2)$$

在多元线性回归模型的实际应用中,通常以历史实测数据为依据采用最小二乘法率定其参数。在得到模型参数后,进一步对模型进行拟合优度检验。与一元线性回归中判定系数 R^2 相对应,多元线性回归中也有多重判定系数 R^2,方程的判定系数 R^2 是多元线性回归直线拟合优度的重要评价指标。R^2 越接近于 1 表明拟合点对样本数据点拟合程度越强,计算公式为

$$R^2=\frac{\sum(\hat{y}-\overline{y})^2}{\sum(y-\overline{y})^2}=1-\frac{\sum(y-\hat{y})^2}{\sum(y-\overline{y})^2} \qquad (6.2.3)$$

式中:$\hat{y}$ 为多元线性回归模型拟合值;$\overline{y}$ 为因变量实测数据的平均值。

6.2.2　影响用电量的主要因子辨识

区域用电量包括区域各行业用电量和城乡居民生活用电量,其反映了一定时期特定区域用电总规模和总水平,从总体上反映电力需求的情况和变化规律[1]。随着国民经济的快速发展,我国能源消费快速增长,全社会用电量及各产业用电量持续增长,电力供应处于十分紧张的局面。

社会用电量受到诸多因素影响,例如流域人口数量、气温变化、国家宏观政策调控、地区经济发展水平、人均收入、电力价格及产业结构等。在众多影响因素中,地区经济发展水平是最重要的影响因素。通常情况下,GDP 增长表明一个地区经济发展良好,生产、生活用电量也将随之增长,同时用电量增长也会反过来促进地区经济发展,拉动 GDP 增长。当 GDP 减少时,社会经济发展缓慢、停止甚至倒退,生产、生活用电量也会随之下降,表明 GDP 与用电量之间存在一定的正相关关系。此外,人口是社会系统中最基本的因素,能源是人类赖以生存的基础,人口总量对电力消费总量有直接影响,较大的人口基数和较高的人口增长率都会导致电力消

费较快增长。随着居民收入水平和生活水平的不断提高,伴随着人口增长、工业化和城市化进程的加快,生活电力消费也在稳定增长。因此,将区域 GDP 和人口数量作为用电量主要影响因子,并以此建立多元回归分析预测模型,进而预测长江上游流域未来用电量的演化趋势。

6.2.3　长江上游人口与 GDP 预测

对长江上游流域四川、云南、重庆、贵州、青海和甘肃 6 省(市)开展实例研究。通过查询中国国家统计局网站的相关数据库,收集 1998～2016 年长江上游流域 6 省(市)的总人口和 GDP 数据,如图 6.2.1 所示。

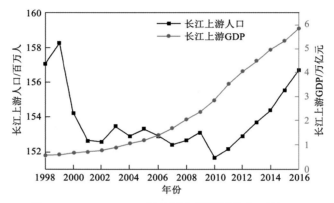

图 6.2.1　1998～2016 年长江上游流域总人口和 GDP

由图 6.2.1 可知,1998～2002 年长江上游人口呈显著下降趋势,其可能受国家推行计划生育政策和社会人口结构变化的影响,之后持续到 2010 年长江上游人口稳定在一定数量上下波动。2011 年 11 月,随着计划生育政策的放开,长江上游人口逐渐回升并呈现稳定增长态势。虽然 1998～2016 年长江上游人口出现短暂下降和持续平稳波动现象,但在 1978 年改革开放大背景下,经济体制改革的深入和市场机制作用的不断加强,经济持续快速发展,GDP 也在逐年持续增长。

(1)人口预测:人口预测是根据现有人口状况并考虑影响人口发展的各种因素,测算在未来某个时间的人口规模、水平和趋势。人口预测为社会经济发展规划提供重要信息。黄小青[2]用 Logistic 模型预测了 2020 年、2025 年、2030 年、2035 年、2040 年、2045 年、2050 年、2060 年、2070 年、2080 年、2090 年、2100 年的全国人口。在此研究基础上,结合 1998～2016 年历年长江上游流域人口占全国人口的比例,预测了 2017～2100 年长江上游流域人口,结果如图 6.2.2 所示。

(2)GDP 预测:根据清华大学中国与世界研究中心发布的中国宏观经济分析与预测报告,中国经济依旧具有较高的中长期增长潜力[3]。报告给出中国经济能够在 2017～2025 年保持年均约 6%的增速、2026～2035 年保持年均约 4%的增速、2036～2050 年保持约 3%的增速。此外,报告指出发达国家经济增速一般在 2%左右,到 2050 年中国将成为全世界发达的国家之一。届时中国经济增速将与发达国家增速保持一致,2050～2100 年长江上游流域经济增速将保持 2%左右。据此预测 2017～2100 年未来长江上游流域 GDP 发展演化趋势,如图 6.2.3 所示。

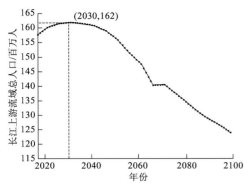

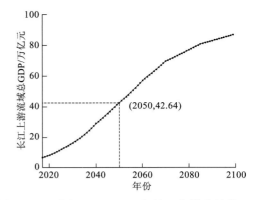

图 6.2.2　预测 2017～2100 年长江上游流域总人口　　图 6.2.3　预测 2017～2100 年长江上游流域总 GDP

对 2017～2100 年长江上游人口数量和 GDP 预测做如下分析。2015 年 10 月,国家全面放开二孩政策,人口出现短时间增长,但随着中国逐渐进入老龄化社会,老年人口占总人口的比重逐年增加,2030 年后人口呈不断下降的趋势。2016 年 9 月,《长江经济带发展规划纲要》正式印发,推动长江经济带发展正式上升为国家重大战略,长江上游流域经济发展也得到显著提升,2050 年后中国全面建成社会主义现代化强国,整体经济迈入发达国家水平行列,经济增速开始放缓。

6.2.4　长江上游未来用电量预测

通过查询中国国家统计局网站相关数据库获取 1998～2016 年长江上游总用电量,结合同时期历年人口数量和 GDP,根据式（6.2.2）确定多元线性回归分析预测模型参数,并以此分析长江上游未来用电量演化趋势,结果如图 6.2.4 所示。模型拟合判定系数 R^2 为 0.97,表明拟合优度较好,所建模型能较好地拟合实测用电量数据。

将未来预测的区域人口和 GDP 作为自变量代入多元线性回归预测模型预测 2017～2100 年长江上游总用电量,结果如图 6.2.5 所示。从图 6.2.5 可以看出,长江上游流域总用电量逐年增加,但从 2050 年后用电量增长逐渐变缓,这主要是受国家经济增速减慢和人口趋于稳定的影响,至 2100 年长江上游总用电量将达到 6 397.76 亿 kW·h。

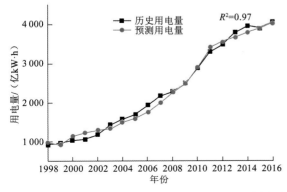

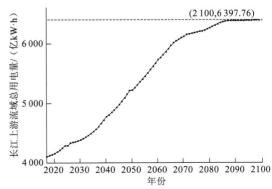

图 6.2.4　1998～2016 年历史用电量与预测用电量对比　　图 6.2.5　2017～2100 年长江上游预测用电量

本节对长江上游流域未来用电量演变态势展开分析,辨识了影响长江上游用电量的主要影响因子,建立预测长江上游用电量演化趋势的多元线性回归分析预测模型,预测了长江上游2017～2100 年人口数量和 GDP 发展演化趋势,并根据未来人口和 GDP 推求了长江上游未来用电量发展演化态势。主要研究结论如下:①长江上游人口 2030 年后逐渐进入老龄化社会,人口下降明显,长江上游 GDP 逐渐增长,但在 2050 年后增速逐渐放缓;②未来长江上游用电总量逐年增加,至 2100 年将达到 6 397.76 亿 kW·h。通过以上研究预测了未来长江上游用电量发展演化态势及 2100 年长江上游用电总量,对流域水电能源合理经济开发及水资源科学规划具有重要指导意义。

6.3　长江上游未来水力发电能力演变态势分析

伴随国民经济的高速发展,我国电力需求迅速增长。长江上游水资源丰富,水能开发及规划逐步推进。此外,气候变化与人类活动已对长江上游流域水资源特性、总量形成影响。探明气候变化下长江上游水力发电能力演化态势,明确水能开发规模和格局,协调供水、发电、环境互馈效益,从而达到社会、经济和环境可持续发展的目的。

为此,以长江上游流域水文气象长期观测资料和径流情势分析成果为基础,引入开放复杂系统建模方法,模拟大规模复杂水力发电系统长系列运行过程,定量评估长江上游流域水力发电能力。以长江上游干支流已建、在建和拟建的混联水库群为研究对象,预测不同 RCP 情景下流域长系列(2018～2100 年)径流,综合考虑水库自身安全、泄流能力等约束,建立以发电量最大为目标,覆盖长江上游 64 个水库的库群联合发电调度模型,采用大系统分解协调优化–离散微分动态规划优化(LSSDC-DDDP)混合优化算法对模型进行求解,并结合调度结果推演未来发电能力及其演化态势,探明发电能力对径流变化的响应规律,从而预见长江上游流域水资源系统发电规模的演化趋势。

6.3.1　长江上游未来年径流预测

采用第 4 章的相关成果,运用 SDSM 模型预测长江上游流域未来日降雨、日最高气温和日最低气温数据并输入至流域 VIC 水文模型,获取了 2018～2100 年流域石鼓、攀枝花、溪洛渡、向家坝、朱沱、寸滩及宜昌断面的径流过程,其中宜昌未来年平均流量如表 6.3.1 所示,其断面月尺度流量过程如图 6.3.1 所示,断面年平均流量变化过程如图 6.3.2～图 6.3.4 所示。由图可知,在各种情景下,长江上游流域年径流量均呈现逐年波动上升趋势,且随着 RCP 值的增大,趋势逐渐明显,多年平均流量也逐步增加。

表 6.3.1　长江上游未来年平均流量

排放情景	RCP2.6	RCP4.5	RCP8.5
多年平均流量/(m^3/s)	12 400	12 700	13 300

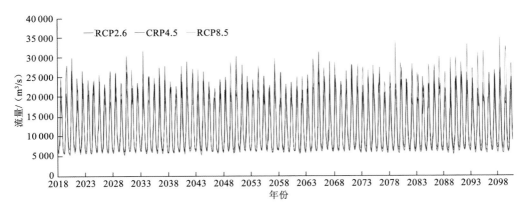

图 6.3.1　宜昌断面月尺度径流过程

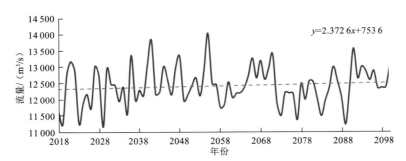

图 6.3.2　RCP2.6 宜昌断面年平均径流变化过程

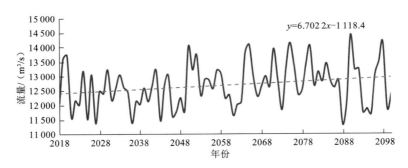

图 6.3.3　RCP4.5 宜昌断面年平均径流变化过程

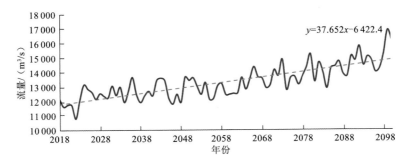

图 6.3.4　RCP8.5 宜昌断面年平均径流变化过程

6.3.2　长江上游未来水力发电能力预测

根据长江上游水库建设情况,选取最新的水库设计运行参数和特性曲线,以雅砻江、金沙江、大渡河、乌江和长江干流五大水电基地共 64 个水库作为研究对象(图 2.3.1),建立大规模水库群联合发电优化调度模型,考虑水库运行水位、流量、出力和水量平衡等约束,优化大规模水库群的运行过程,充分发挥水文补偿和库容补偿作用,实现整个调度期内水库群的总发电效益最大,进而推求长江上游流域未来水力发电能力。相应的目标函数和约束条件如下。

1. 目标函数

以水库群总发电量最大为优化目标,其数学描述为

$$\max F = \sum_{i=1}^{M}\sum_{j=1}^{T} N_{ij}\Delta t = \sum_{i=1}^{M}\sum_{j=1}^{T} A_i H_{ij} q_{ij}\Delta t \tag{6.3.1}$$

式中:F 为优化调度目标,即整个调度期内所有水库群的总发电量;M 为水库水量;T 为调度期时段数量;A_i 为第 i 个水库的发电出力系数;Δt 为时段间隔;N_{ij}、H_{ij} 和 q_{ij} 分别为第 i 个水库第 j 个时段的出力、水头和发电流量。

2. 约束条件

大规模水库群联合发电优化调度需满足大量等式和不等式约束,归纳如下。

（1）运行水位约束

$$Z_{ij,\min} \leqslant Z_{ij} \leqslant Z_{ij,\max} \tag{6.3.2}$$

式中:Z_{ij} 为第 i 个水库第 j 个时段运行水位;$Z_{ij,\min}$ 和 $Z_{ij,\max}$ 分别为第 i 个水库第 j 个时段运行水位的下边界和上边界。

（2）下泄流量约束

$$Q_{ij,\min} \leqslant Q_{ij} \leqslant Q_{ij,\max} \tag{6.3.3}$$

式中:Q_i 为第 i 个水库第 j 个时段下泄流量;$Q_{ij,\min}$ 和 $Q_{ij,\max}$ 分别为第 i 个水库第 j 个时段下泄流量的最小值和最大值。

（3）时段出力约束

$$N_{ij,\min} \leqslant N_{ij} \leqslant N_{ij,\max} \tag{6.3.4}$$

式中:N_{ij} 为第 i 个水库第 j 个时段出力;$N_{ij,\min}$ 和 $N_{ij,\max}$ 分别为第 i 个水库第 j 个时段出力的最小值和最大值。

（4）水力联系方程

$$I_{ij} = \sum_{l\in\Omega_i} Q_{lj} + B_{ij} \tag{6.3.5}$$

式中:I_{ij} 和 B_{ij} 分别为第 i 个水库第 j 个时段入库径流和区间径流;Q_{lj} 为第 l 个水库第 j 个时段下泄流量;Ω_i 为第 i 个水库的所有直接上游水库集合。

（5）水量平衡方程

$$V_{ij+1} = V_{ij} + (I_{ij} - Q_{ij})\Delta t \tag{6.3.6}$$

式中：V_{ij} 为第 i 个水库第 j 个时段蓄水库容；I_{ij} 和 Q_{ij} 分别为第 i 个水库第 j 个时段入库流量和下泄流量；Δt 为时段间隔。

（6）水头计算方程

$$H_{ij} = (Z_{ij} + Z_{ij+1})/2 - f_{i,zd}(Q_{ij}) \qquad (6.3.7)$$

式中：$f_{i,zd}$ 为第 i 个水库的下泄流量–下游水位关系；按照式（6.3.7），根据水库上游水位和下游水位，可以计算得到时段发电水头。

（7）弃水流量方程

$$q_{ij} + S_{ij} = Q_{ij} \qquad (6.3.8)$$

式中：S_{ij} 为第 i 个水库第 j 个时段弃水流量；当下泄流量 Q_{ij} 小于电站满发流量时，发电流量等于下泄流量，水库无弃水；否则，发电流量为电站满发流量，下泄流量减去发电流量的剩余部分则为弃水流量。

（8）水库初、末水位

$$Z_{i0} = Z_{ibegin}, \quad Z_{iT} = Z_{iend} \qquad (6.3.9)$$

式中：Z_{ibegin} 和 Z_{iend} 分别为第 i 个水库的初水位和末水位。

将大系统分解协调优化（large system decomposition and coordination，LSDC）和离散微分动态规划（discrete differential dynamic programming，DDDP）方法相结合，并针对这两种方法存在的缺点提出相应的改进措施，从而获得改进的 LSDC-DDDP 混合优化方法，进行大规模水库群联合发电优化调度模型的求解。首先，采用 LSDC 方法将复杂水库群系统分解成一系列相互独立的子系统，以最大发电能力的相对水头系数为协调因子，并采用随机策略生成初始解，以减少优化时间并增加种群多样性，然后利用 DDDP 方法对各子系统逐个进行优化，并提出自适应廊道和偏廊道技术提高算法的收敛速度；最后，通过协调因子对各子系统的优化结果和进化方向进行调整，循环迭代实现大规模水库群系统的整体优化。

6.3.3　长江上游水力发电能力演变态势分析

为分析长江上游水力发电能力演变趋势，分别将 RCP2.6、RCP4.5 和 RCP8.5 情景下流域长系列（2018～2100 年）径流输入大规模水库群联合发电优化调度模型，采用 LSDC-DDDP 混合优化方法对联合发电调度模型进行求解，图 6.3.5～图 6.3.7 为不同情景下 2018～2100 年长江上游水库群年发电量变化过程图，表 6.3.2 为长江上游水库群未来年均发电量。

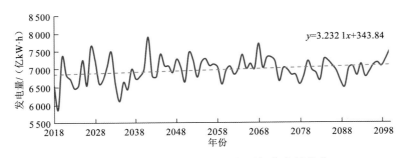

图 6.3.5　RCP2.6 长江上游水库群年发电量趋势

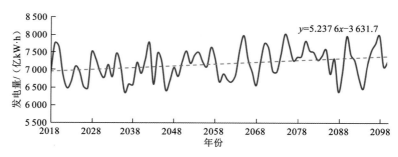

图 6.3.6 RCP4.5 长江上游水库群年发电量趋势

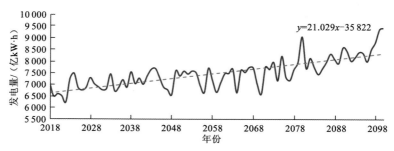

图 6.3.7 RCP8.5 长江上游水库群年发电量趋势

表 6.3.2 长江上游水库群未来年均发电量

排放情景	RCP2.6	RCP4.5	RCP8.5
年均发电量/（亿 kW·h）	6 998.74	7 152.61	7 476.68

研究结果表明，长江上游水库群年发电量与年径流量变化趋势一致，呈现逐年波动上升趋势，且随着 RCP 值的增大，上升趋势更加显著。RCP 由 2.6 增加到 8.5 时，多年平均流量增大近 900 m³/s，增长率为 7.3%；而发电量由 6 998.74 亿 kW·h 增加至 7 476.68 亿 kW·h，增长率约 6.8%。

6.4 长江上游未来水力发电格局及其对流域供水、环境的影响

金沙江上游规划修建一库十三级水利枢纽工程，电站运行后将极大地改变流域水文态势。目前该大型水利枢纽工程还处在规划阶段，水位库容曲线、泄流能力曲线等水库特征参数尚不能完全掌握。为分析长江上游未来水力发电规模和格局对流域供水、环境的影响，建立一库十三级水库群发电调度模拟模型，并以历史实测径流为输入进行模拟调度，获得经过梯级电站调蓄后金沙江上游出口断面石鼓站点的径流过程，进而将调蓄后的径流过程与天然径流过程进行对比，以此定量分析水电站建成投运对流域供水和环境的影响。

6.4.1 长江上游未来水力发电格局

金沙江上游河段源于玉树巴塘，止于石鼓，长约 965 km，落差 1 720 m，平均坡降 1.78‰。

金沙江上游将建一库十三级电站，总装机容量 1 424 万 kW，梯级多年平均发电量 655.48 亿 kW·h，各电站规划参数如表 6.4.1 所示。

表 6.4.1　金沙江上游水库规划

梯级	流域面积/（万 km²）	平均流量/（m³/s）	正常蓄水位/m	装机容量/MW	平均发电量/（亿 kW·h）
西绒	14.2	440	3 515	320	14.71
晒拉	14.2	444	3 447	380	17.74
果通	14.3	448	3 366	140	6.61
岗托	14.7	503	3 215	1 100	53.91
岩比	15.0	527	3 030	300	13.46
波罗	16.1	659	2 989	960	43.60
叶巴滩	17.3	815	2 889	1 980	90.88
拉哇	17.6	845	2 698	1 680	76.34
巴塘	17.6	850	2 545	740	33.35
苏洼龙	18.4	928	2 475	1 160	55.20
昌波	18.4	934	2 385	1 060	48.47
旭龙	19.0	984	2 302	2 220	102.05
奔子栏	—	—	2 150	2 200	99.16
合计	—	—	—	14 240	655.48

为分析金沙江上游水电开发水平和潜能，采用河段水能理论蕴藏量计算公式（6.4.1），估算金沙江上游河段水能理论分布情势，计算结果如表 6.4.2 所示。

$$P = gQH \times 10^{-4} \tag{6.4.1}$$

式中：P 为水能蕴藏量；g 为重力加速度，取 9.81；Q 为年平均径流；H 为水头。

表 6.4.2　金沙江上游水电理论蕴藏量

控制断面	年平均流量/（m³/s）	高程/m	至上游控制断面水电蕴藏量/（万 kW）
直门达	590	3 587.87	—
岗拖	768	3 021.94	376.96
巴塘	1 150	2 477.47	512.23
奔子栏	1 340	1 998.83	584.59
石鼓	1 450	1 817.93	246.83
总计	—	—	1 720.61

研究结果表明，金沙江上游水能理论蕴藏量总计 1 700 余万 kW，一库十三级水利枢纽工程建成后，年平均出力约为 748 万 kW，达到理论蕴藏量的 44%，基本达可开发上限。

6.4.2 长江上游未来水力发电格局对流域供水影响

目前金沙江上游水库处于前期规划阶段,缺少入库径流、水库调度图、水位库容曲线、电站出力曲线等基础数据,为分析上游电站对下游供水、生态的影响,将金沙江上游规划的梯级水库群概化为一个虚拟水库,并以 1998~2005 年历史径流资料为输入进行模拟调度,具体步骤为:①将上游梯级水库群概化为一个虚拟水库,虚拟水库调节库容等于梯级水库调节库容之和,并对每年的实测来水模拟调度;②汛期(6~8 月)水库水位维持在汛限水位,因此保持出入库平衡;③蓄水期(9~10 月)水库均匀蓄水直至蓄满;④高水位运行期(11~12 月)水库保持出入库平衡;⑤消落期(1~5 月)水库均匀消落直至腾空调节库容。

其中 2015 年经过上游电站调蓄后石鼓站流量过程如图 6.4.1 所示,表 6.4.3 为经过水库调蓄后石鼓站月径流变化。

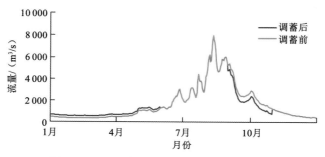

图 6.4.1　2005 年石鼓站调蓄前后流量过程

表 6.4.3　石鼓站调蓄前后月流量均值对比　　　　　　　(单位：m^3/s)

月	天然流量	调蓄后流量	流量变化值
1	480.03	537.05	205.16
2	432.64	484.03	205.16
3	491.00	549.32	205.16
4	620.60	694.32	205.16
5	1 113.65	1 245.93	205.16
6	1 912.00	2 139.11	0
7	2 833.23	2 590.05	0
8	5 708.06	5 218.15	0
9	3 410.67	3 117.93	−512.91
10	1 994.84	2 231.79	−512.91
11	981.30	1 097.86	0
12	592.84	663.26	0

经梯级水库调蓄后,一方面消落期(1~5 月)流量显著增加,将给流域带来较大的供水效益,另一方面蓄水期(9~10 月)流量显著减少,但因蓄水期来水较大,上游水库蓄水平衡后不存在供水不足问题,所以梯级电站的运行整体上有助于流域供水。

6.4.3　长江上游未来水力发电格局对流域环境影响

为反映水库兴建运行对生态环境的影响，以水利工程生态径流胁迫系数定量分析，其定义为

$$\varepsilon = \sum_{n=1}^{N} \frac{\left|Q_n - Q_n^{\text{origin}}\right|}{Q_n^{\text{origin}}} \tag{6.4.2}$$

式中：Q_n 为调度后生态断面的每月月均流量值；Q_n^{origin} 为自然情况下生态断面的每月月均流量值；N 为调度期间的时段总数；ε 为水利工程生态胁迫系数。

在上述梯级调度模型对 1998～2005 年实测径流模拟调度的基础上，计算石鼓断面相关年份生态胁迫系数，结果如图 6.4.2 所示。结合年径流量过程分析，枯水年对生态影响较大，2002 年生态胁迫系数达 21.24%，水库运行对天然径流过程造成了较大改变，而丰水年对生态影响较小，1999 年生态胁迫系数仅为 6.17%，与相同库容条件下来水越小水库调蓄越强的实际情况相符合，但水库调蓄可在枯水期对河道进行补水，将产生较大的生态效益。

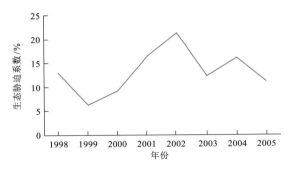

图 6.4.2　1998～2005 年生态胁迫系数变化

参 考 文 献

[1]　王鹏飞. 多元线性回归方法在中国用电量预测中的应用研究[J]. 东北电力技术, 2005, 26(8): 16-18.

[2]　黄小青. 中国人口增长和城市化进程[J]. 广西社会科学, 2002(6): 198-201.

[3]　JING C, HO M S, JORGENSON D W. The Local and Global Benefits of Green Tax Policies in China[C]. 清华大学中国与世界经济研究中心研究报告汇编, 2009.

第 7 章

长江上游水利工程影响下流域环境响应及
演化规律

　　水利工程运行对流域环境的影响是人们普遍关注的问题，尽管不少学者对水利工程胁迫下流域环境响应及演化规律开展了研究，但流域局地气象水文要素和周边环境是否受水库蓄水及调蓄作用的影响尚不明晰。受气候变化和人类活动的双重影响，长江上游流域水文循环、生态过程发生显著变化，使得区域水资源系统的时空变异规律异常复杂，对流域环境演化特性的研究和探索极其困难。亟待发展新的分析方法，探明长江上游水利工程影响下流域环境响应及时空演化规律，为进一步研究长江上游复杂水系统的供水–发电–环境互馈关系提供域边界条件。

为此，本章概述水利工程对流域环境的影响，研究并分析长江上游沿岸不同缓冲区 NDVI 逐年变化特性，探明长江上游干流沿岸生态环境对气候变化和人类活动的响应规律；构建基于极限学习机的植被指数预测模型，并以此探讨变化环境下流域植被覆盖的演变规律；结合流域控制性水库周边历史植被指数，探究长江上游周边环境对控制性水库蓄水的响应规律；全面分析三峡水库一定缓冲区内各气候要素年尺度及月尺度的演变特征，并解析其空间分布规律；采用偏相关方法辨识 NDVI 的气候驱动因子，并探明三峡水库蓄水前后该区域 NDVI 对气候变化的响应机制；引入因果推理生成式神经网络和相关性分析方法，探明不同时期水位变化对植被生长的驱动因子和影响程度，解析水库调蓄–气象水文要素–流域环境互馈耦合关系及其临界阈值。

7.1　水利工程胁迫下环境响应概述

水利工程建成投运不仅造成流域天然径流破碎化，而且还导致流域自然水文节律变化。同时，水库蓄水导致流域水域面积增大，有可能引起局地气象水文要素变化，进而不同程度影响流域生态环境。此外，水库蓄水还导致水温分层、气体过饱和、库区淤积与富营养化等问题。

7.1.1　对局地气象水文要素的影响

大型水利工程建设使局地气候环境条件有所改变，尤其是水库蓄水后对其局部气候存在影响，通过影响降雨、气温、蒸发等气象要素，并间接对径流量产生影响。

（1）对蒸发的影响。水库建成后，形成人工湖泊，使建库前的部分陆地变为水面，蒸发由陆面蒸发变为水面蒸发[1]。由于一般陆面蒸发小于水面蒸发，水库蓄水后增加了蒸发量。

（2）对降雨的影响。大型水库蓄水后使库区蒸发量增加，库区相对湿度也会有所增加[2]，对局部水文循环产生作用，从而影响降水。许多学者以三峡水库为对象，探究其蓄水对降水的影响，陈鲜艳等[3]利用三峡库区及其周边 33 个气象观测站 1961~2006 年降水观测资料进行统计分析，尚未发现三峡水库蓄水后周边地区降水量的明显变化，还有待更长时间的观测分析及更多研究方法及模式结果的验证；Wu 等[4]使用 MM5 模式对降水进行模拟，结果表明三峡水库蓄水造成三峡大坝附近降水略微减少，大坝以北和以西地区的降水量增加，其作用不仅在局地，而且可达区域级尺度；马占山等[2]认为春季降水变化主要位于库区沿线的南部山区，增雨带和减雨带相间分布，夏季降水量在三峡库区中上游地区和附近的山区呈增加趋势，冬季降水量减少，主要集中在大坝附近地区到巫山段。三峡水库对降水影响的研究结果不尽相同，目前尚未有明确的结论，仍需对三峡水库蓄水后降水变化趋势及降水对水库蓄水的响应机制进行更深一步探索。

（3）对气温的影响。水库的建成对当地气温具有湖泊效应，由于水体的热容量远大于陆地，蓄水后受水域面积扩大影响，水库附近的平均气温升高，因而库区周围气温日较差和年较差变小，且水域对夏冬季节的气温影响较为明显。有关研究表明，三峡水库蓄水后，近库地区表现出夏季降温、冬季增温的效应[2-3,5]。

（4）对径流的影响。水库一方面通过影响蒸发而间接改变年径流量的大小，另一方面通过对流域蓄水量的调节而影响年径流量的变化。水库增加了流域的水面面积，由于一般陆面蒸发小于水面蒸发，水库的存在增加了蒸发量，根据水量平衡方程可以得出年径流量减少，此时年径流量的减少量约为年蒸发量的增加量。另外，大型水库增大了流域的调节作用。水库在汛期可以多储蓄部分水量，使径流量减小，在枯水期可以多放出部分水量，使径流量增加，因而水库改变了水资源的时空格局。

7.1.2 对流域环境的影响

水作为河流中物质及能量的载体，是联系水库与生态系统的关键纽带。鱼类处于水生态系统的顶级群落，对水生态环境的变化最为敏感，同时它还影响着其他类群的存在和丰度，是水生态系统健康的最佳指示物种，也是河流生境保护和研究的重点[6-7]。水利工程的建设和运行不仅阻隔了鱼类的洄游通道，还改变了天然径流过程，使得水温、水深和流速等水力学要素也随之发生变化，鱼类各生命阶段的栖息地受到了严重威胁。因此，如何定量分析、评价人类活动对水生生物栖息地的影响一直备受国内外学者关注。同时，由于河道内生态需水量的合理确定是制定科学有效生态调度方案的依据和前提，其评估方法一直是生态调度研究领域的重点及热点问题。此外，水库蓄水可改善库区周边的植被生长条件，促进植被生长。以二滩水库为例，水库蓄水后，库区周边植被覆盖状况逐年变好，距离水库越近的区域植被变好趋势越为明显，表明水库蓄水有助于库区小范围内环境的改善[8]。

7.2 长江上游干流沿岸生态环境演化规律

为探明气候变化和人类活动对长江上游干流沿岸生态环境的影响，选取应用较为广泛的NDVI表征生态环境的演变情势，通过分析 1998～2015 年长江上流沿岸不同缓冲区 NDVI 值逐年演化特性，揭示河流沿岸生态环境对气候变化和人类活动的响应规律。

研究区域分为两个部分：①长江上游直门达—石鼓段，该段接近长江源区，径流主要受融雪影响，对气候变化较为敏感；②长江上游梨园—宜昌段，该段包括金沙江中游一库八级和下游溪洛渡、向家坝水库与三峡、葛洲坝等大型水利枢纽工程，受人类活动影响较大。本节选取以上两个具有不同气候特征和经济发展的区域为研究对象进行深入分析。

7.2.1 直门达—石鼓段沿岸生态环境演化规律

首先选取直门达—石鼓断面为研究对象，以河流为中心线，构建 30 km、60 km、100 km、200 km 和 300 km 缓冲区，研究区域如图 7.2.1 所示，分析长江上游两岸周边植被变化情况。

计算各缓冲区内 1998～2015 年 NDVI 年平均值和多年平均值，结果如图 7.2.2 和图 7.2.3所示。

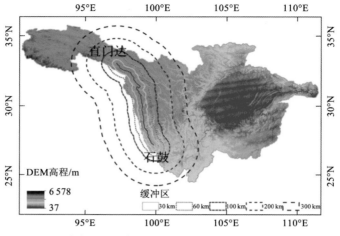

图 7.2.1　直门达—石鼓段研究区域图

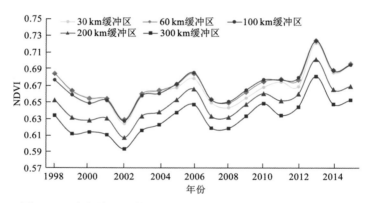

图 7.2.2　直门达—石鼓段不同缓冲区 NDVI 年平均值分析结果

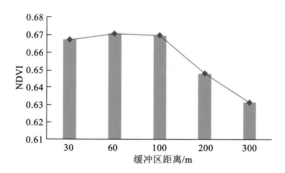

图 7.2.3　直门达—石鼓段 NDVI 多年平均值随距离变化情况

分析图 7.2.2~图 7.2.3 可获得以下结论。

（1）随时间推移，长江上游直门达—石鼓河段周边同一缓冲区内 NDVI 值呈波动且小幅上升趋势。

（2）从 1998~2015 年各缓冲区多年平均 NDVI 值可以看出，30 km、60 km 和 100 km 缓冲区的 NDVI 值差异较小，除 30 km 缓冲区 NDVI 值略小于 60 km 缓冲区外，整体呈现随着缓冲区范围的增大 NDVI 值减小的趋势。初步推断可能是由于直门达—石鼓段为干热河谷地段，气候炎热少雨，下游河道两岸岩石峭壁居多，上游河道两岸地貌呈高原景观，生态脆弱，越接近河道越不适宜植被生长，故 30 km 缓冲区 NDVI 值小于 60 km 缓冲区。而此河段整体属高寒地带，由图 7.2.1 可知，研究区域整体海拔偏高，冰缘地貌极为发育，对植被生长不利，因此区域内植被稀疏，除最接近河道的 30 km 缓冲区的干热河谷效应较为明显外，其余区域越接近河道，水源越丰富，植被越茂盛，故从 60 km 开始随着缓冲区范围增大 NDVI 值整体呈现下降的趋势。

7.2.2　梨园—宜昌河段沿岸生态环境演化规律

　　长江上游梨园—宜昌段研究区域如图 7.2.4 所示，同样河道两岸分别设置 30 km、60 km、100 km、200 km 及 300 km 缓冲区，研究流域两岸不同空间植被覆盖指数平均值的变化趋势。

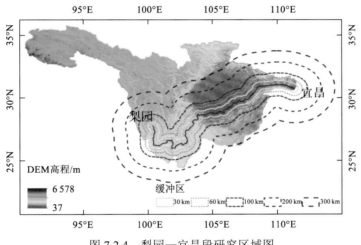

图 7.2.4　梨园—宜昌段研究区域图

　　计算梨园—宜昌段各缓冲区内 1998~2015 年 NDVI 年平均值和多年平均值，结果如图 7.2.5 和图 7.2.6 所示。

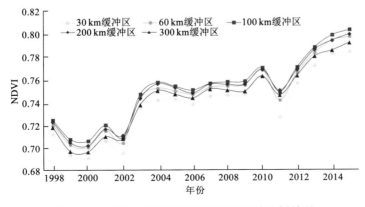

图 7.2.5　梨园—宜昌段 NDVI 年平均值分析结果

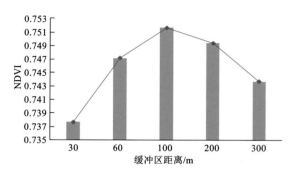

图 7.2.6　梨园—宜昌段 NDVI 多年平均值随缓冲区距离的变化趋势

分析图 7.2.5 和图 7.2.6，获得以下结论。

（1）随着时间推移，长江上游梨园—宜昌段周边同一缓冲区内 NDVI 年平均值呈波动且上升趋势，如 30 km 范围内 NDVI 值从 0.71 上升至 0.78，其他缓冲区也呈现同样的趋势。其中 2011 年出现谷值，这与当年长江上游发生较为严重的干旱事件有关，影响了研究区域内的植被生长情势。

（2）从 1998～2015 年各缓冲区多年平均 NDVI 值可以看出，NDVI 值随缓冲区距离由近及远呈先增后减趋势，可能是该河段中梨园—宜宾段的干热河谷现象导致气候炎热少雨，河谷坡面植被系统脆弱，越接近河道植被覆盖率越低。梨园—宜昌段中宜宾—宜昌段不存在干热河谷问题，植被生长呈自然状态，越接近河道植被指数越高，但相关数据表明，梨园—宜宾段及宜宾—宜昌段两个河段的各缓冲区 NDVI 值差别不大，且梨园—宜宾段 30 km 与 60 km 缓冲区 NDVI 值差值绝对值大于宜宾—宜昌段，是由于梨园—宜宾段的干热河谷现象严重，对 NDVI 值影响更大，综合平均后梨园—宜昌段整体呈现随着缓冲区范围的增大 NDVI 值呈现先增加的趋势。又由于下游水库的修建，水面面积增大，部分土地和植被淹没。但同时蓄水后，由于上游涵养了水源，水位的抬高，补给了地下水层，对植被生长有利，NDVI 值总体呈现随范围增大先增后减的趋势。

7.3　变化环境下长江上游植被覆盖情势的演变规律分析

围绕变化环境下长江上游植被覆盖情势的动态演变问题，研究以 CMIP5 在 RCP2.6（低排放）、RCP4.5（中等稳定排放）和 RCP8.5（高排放）三种不同排放情景下的降水、最大气温和最小气温及 1998～2015 年长江上游年平均 NDVI 为数据支撑，构建气候变化条件下基于极限学习机的植被指数预测模型，进而解析未来不同气候排放情景下长江上游植被覆盖率演化趋势。

7.3.1　研究区域概况与数据

1. 研究区域植被分布基本概况

长江上游源区处于青藏高原高寒植被区，主要植被为高原草甸，海拔数千米；东部主要为四川盆地的平原丘陵地带，海拔仅为几百米，处于亚热带常绿阔叶林区，主要植被类型为阔叶林、农作物等。关于长江上游生态环境状况，参见 2.5 节。

2. 研究数据

研究涉及长江上游 NDVI 数据和气象数据。以 1998～2015 年长江上游年平均 NDVI 为数据支撑，构建并训练 NDVI 预测模型，从而解析长江上游植被覆盖率的演变规律。研究采用的气象数据主要包括两类：历史实测气象数据和未来模拟气象数据。

（1）历史实测气象数据。历史实测气象数据主要包括长江上游 85 个站点 1998～2015 年的月降水量、月最高气温和月最低气温。其中，28 个气象站点的数据来源于中国气象数据共享网，57 个气象站点的数据来源于湖北省气象局。

（2）未来模拟气象数据。各种气候模式中，CanESM2 模式可较好地模拟中国气候变化情况[9]，因此，选择由加拿大大气模拟中心研发的 CanESM2 气候模式对长江上游流域进行未来气候模拟。基于 CanESM2 模式，研究模拟低排放（RCP2.6）、中排放（RCP4.5）、高排放（RCP8.5）三种排放情景下流域 2015～2100 年的未来气候要素。但由于大气环流模型预估的未来气候结果尺度较大、分辨率较低，无法直接应用于尺度较小的流域，采用 SDSM 统计降尺度模型对 CanESM2 模式预估的未来气候数据进行降尺度处理，获取了长江上游流域 85 个站点未来 2015～2100 年的日最高气温、日最低气温和日均降水量等气象信息。未来降水、气温等气候要素的预测方法及数据结果，详见第 4 章。

7.3.2　基于极限学习机的植被指数预测模型

极限学习机（extreme learning machine，ELM）是一种单隐层前馈神经网络。在极限学习机网络的训练过程中，由于不需要调整输入权值及隐层偏置，其训练速度显著优于传统神经网络模型。给定一组训练样本 (x_t, y_t)，$t = 1, 2, \cdots, N$，其中 $\boldsymbol{x}_t = [x_{t1}, x_{t2}, \cdots, x_{tm}]^{\mathrm{T}} \in R^n$ 为输入变量，$\boldsymbol{y}_t = [y_{t1}, y_{t2}, \cdots, y_{tm}]^{\mathrm{T}} \in R^m$ 为输出变量，激励函数为 g，隐层结点数为 L 的极限学习机网络模型的输出表达式为

$$o_k = \sum_{i=1}^{L} \beta_i g(a_i \cdot x_k + b_i), \quad k = 1, 2, \cdots, N \tag{7.3.1}$$

式中：o_k 为模型在输入为 x_k 条件下的预测输出；a_i、β_i 和 b_i 分别表示输入权值、输出权值和隐元阈值。

随机生成输入权值 a_i 和隐元阈值 b_i 后，极限学习机通过 MP（moore-penrose）广义逆求取隐元结点和输出层结点的连接权值 β_i，使得 $\sum\limits_{k=1}^{N} \|o_k - y_k\| = 0$，即

$$\sum_{i=1}^{N} \beta_i g(a_i \cdot x_k + b_i) = y_k, \quad k = 1, 2, \cdots, N \tag{7.3.2}$$

将式（7.3.2）简化为矩阵形式

$$\boldsymbol{H\beta} = \boldsymbol{Y} \tag{7.3.3}$$

$$H = \begin{bmatrix} h(x_1) \\ \vdots \\ h(x_N) \end{bmatrix} = \begin{bmatrix} g(a_1 \cdot x_1 + b_1) & \cdots & g(a_L \cdot x_1 + b_L) \\ \vdots & & \vdots \\ g(a_1 \cdot x_N + b_1) & \cdots & g(a_L \cdot x_N + b_L) \end{bmatrix}_{N \times L} \tag{7.3.4}$$

$$\boldsymbol{\beta} = \begin{bmatrix} \beta_1^T \\ \vdots \\ \beta_L^T \end{bmatrix}_{L \times m}, \quad \boldsymbol{Y} = \begin{bmatrix} y_1^T \\ \vdots \\ y_N^T \end{bmatrix}_{N \times m} \tag{7.3.5}$$

式中：$\boldsymbol{H}$ 为隐元结点输出矩阵；$\boldsymbol{\beta}$ 为隐元结点和输出层结点的连接权值矩阵。将 $\boldsymbol{\beta}$ 的求解转化为如式（7.3.6）所示的最小化问题

$$\|\boldsymbol{H}\hat{\boldsymbol{\beta}} - \boldsymbol{Y}\| = \|\boldsymbol{H}\boldsymbol{H}^+ \boldsymbol{Y} - \boldsymbol{Y}\| = \min_{\boldsymbol{\beta}} \|\boldsymbol{H}\boldsymbol{\beta} - \boldsymbol{Y}\| \tag{7.3.6}$$

根据最小二乘和 MP 广义逆原理，隐元结点输出权值可以表示为

$$\hat{\boldsymbol{\beta}} = \boldsymbol{H}^+ \boldsymbol{Y} = (\boldsymbol{H}^T \boldsymbol{H})^{-1} \boldsymbol{H}^T \boldsymbol{Y} \tag{7.3.7}$$

基于极限学习机的未来植被指数预测模型构建步骤为：

步骤 1：利用偏相关系数筛选预报因子；

步骤 2：利用历史年平均面降水，面最高、最低气温及年平均植被指数构建并训练 ELM 模型；

步骤 3：利用未来面降水、面最高和最低气温驱动最优 ELM 模型进行预报。

7.3.3 未来气候模式下长江上游植被覆盖率演化趋势分析

以历史前期面平均年降水、最高气温和最低气温作为模型输入，以流域年平均 NDVI 作为模型输出，构建气候变化条件下基于极限学习机的植被指数预测模型，并采用 1998～2015 年历史统计数据对其进行训练，最终将其用于预报未来 RCP2.6、RCP4.5、RCP8.5 情景下流域平均植被指数变化趋势，预测结果如图 7.3.1～图 7.3.6 所示。

由图 7.3.1～图 7.3.2 可知，模型预测结果与流域 NDVI 历史统计值基本一致。进一步分析可知，在 RCP2.6 情景下，长江上游流域 NDVI 动态波动，保持基本稳定。其原因可归结为：低排放（RCP2.6）情景下，流域面平均降水演化趋势斜率较小，即面平均降水上升趋势微弱；

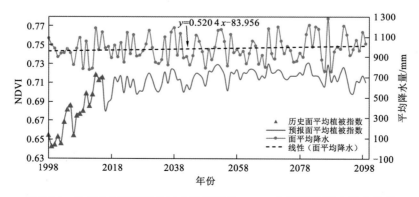

图 7.3.1 RCP2.6 情景下长江上游面平均 NDVI 与面平均降水演化趋势

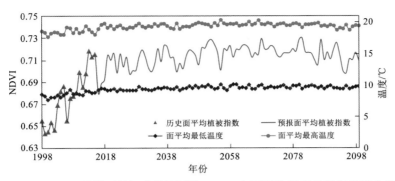

图 7.3.2　RCP2.6 情景下长江上游面平均 NDVI 与面平均最高最低气温演化趋势

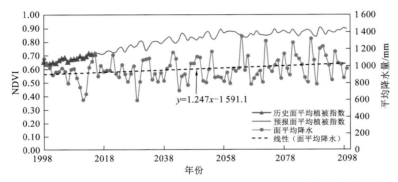

图 7.3.3　RCP4.5 情景下长江上游面平均 NDVI 与面平均降水演化趋势

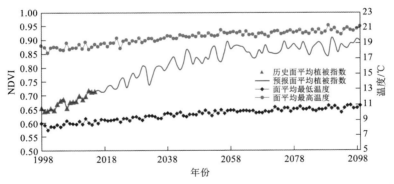

图 7.3.4　RCP4.5 情景下长江上游面平均 NDVI 与面平均最高最低气温演化趋势

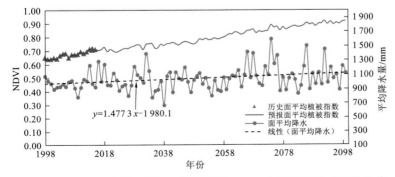

图 7.3.5　RCP8.5 情景下长江上游面平均 NDVI 与面平均降水演化趋势

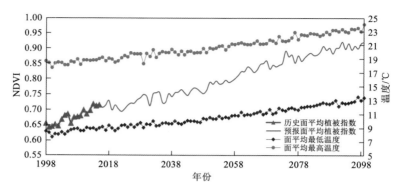

图 7.3.6　RCP8.5 情景下长江上游面平均 NDVI 与面平均最高最低气温演化趋势

此外,流域面平均最低温度和面平均最高温度同样也保持基本稳定,其上升趋势不显著;而降水和温度又是流域植被覆盖的主要影响因素,故流域面平均 NDVI 保持基本稳定。

由图 7.3.3~图 7.3.4 可知,在 RCP4.5 情景下,流域面平均 NDVI 预测结果与历史统计值基本一致。进一步分析可知,约在 2070 年以前,长江上游流域 NDVI 上升趋势较大;约在 2070 年以后,NDVI 上升趋势相对减弱;总体上流域 NDVI 呈明显上升趋势。其原因可归结为:①作为驱动因素之一的面平均降水上升趋势显著;②同样作为驱动因素的面平均最低最高气温上升趋势也比较显著。此外,在 RCP2.6 和 RCP4.5 两种情景下,流域 NDVI 的演化趋势明显不同。其原因为:①由图 7.3.1 和图 7.3.3 可知,在 RCP2.6 情景下,流域面平均降水上升趋势的斜率为 0.520,而在 RCP4.5 情景下,该斜率为 1.247,明显大于 0.520,从而导致两种情景下 NDVI 演化趋势呈明显差异;②由图 7.3.2 和图 7.3.4 可知,两种情景下,面平均最低最高温度的差异也是导致该现象的因素之一。

由图 7.3.5~图 7.3.6 结果分析可知,在 RCP8.5 情景下,基于极限学习机的植被指数预测模型能够有效模拟历史植被覆盖情况,可用于该情景下未来 NDVI 演化规律分析。在 RCP4.5 和 RCP8.5 两种情景下,流域 NDVI 的演化趋势基本一致,都呈显著上升趋势。

综上所述,在未来三种气候情景条件下,长江上游流域 NDVI 呈现保持基本稳定或逐步上升的趋势,且其对温度和降水两种重要驱动因素的响应表现为连续非线性正相关关系。

7.4　长江上游周边环境对控制性水库蓄水的响应规律

长江上游大型控制性水库蓄水对周边环境产生一定影响,本节以三峡水库为例,研究长江上游周边环境对控制性水库蓄水的响应规律。三峡水库蓄水形成了长达 600 km、面积近 100 km^2 的巨型水域。为此,以植被覆盖指数作为表征环境的指示器,以水库周边一定缓冲区内植被随水库蓄水变化情势为切入点,解析水库蓄水对周边环境的影响规律。

7.4.1　三峡库区周边历史 NDVI 演化规律

首先为探明三峡库区周边历史 NDVI 演化规律,以三峡库区为中心,设置 30 km、60 km、

100 km、200 km 及 300 km 研究缓冲区,计算 1998～2015 年各缓冲区面平均 NDVI 值,结果如图 7.4.1～图 7.4.2 所示。

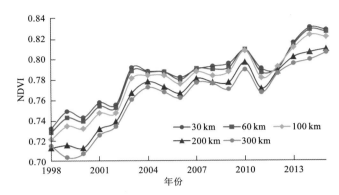

图 7.4.1　三峡库区周边各缓冲区年平均 NDVI 时间分布

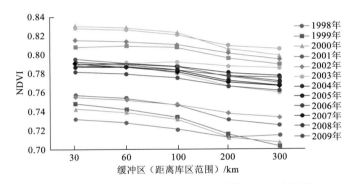

图 7.4.2　三峡库区周边各缓冲区年平均 NDVI 空间分布

通过分析图 7.4.1～图 7.4.2 获得以下结论。

(1)随时间推移,三峡库区周边同一缓冲区内 NDVI 值整体呈波动上升趋势,如 30 km 缓冲区范围内 NDVI 值从 0.73 波动上升至 0.82,其他缓冲区结果类似。主要得益于 1988 年以后三峡库区相继开展的"长江防护林工程""天然林保护"和"退耕还林"等生态改善措施[10]。

(2)对同一年份三峡库区周边不同缓冲区内 NDVI 进行对比,发现除 2007 年与 2010 年 30 km 缓冲区的 NDVI 小于 60 km,2012 年 30 km 缓冲区的 NDVI 小于 60 km 且 60 km 缓冲区的 NDVI 小于 100 km 外,其余所有年份中,距离库区范围越大,相对的 NDVI 就越小。整体来看,NDVI 与距离库区范围大小呈现负相关关系。究其原因,由于三峡库区大量蓄水,涵养了水源,库区水量可通过下渗补给地下水,从而为周边植被生长提供有利条件。而这种有利条件随着与三峡库区距离的增加而逐渐减弱。因此,所取的库区缓冲区范围扩大,区域 NDVI 就会逐渐减小。

7.4.2　周边环境对三峡水库蓄水的响应规律

三峡水库蓄水后,水位上升,水面面积增大,部分土地和植被淹没,沿河两岸植被覆盖率会相对减小。然而，水库蓄水后，水位抬升，流域上游整体涵养了水源，补给了地下水层。因此，需研究不同年份和三峡水库不同蓄水位下，三峡水库及其周边区域植被覆盖率的变化趋势，以进一步揭示库区周边环境对三峡水库蓄水的响应规律。根据1998~2015年的植被覆盖指数数据，计算以库区为中心周围300 km范围内植被覆盖指数的平均值，并与不同年份水库蓄水位建立相关关系，如图7.4.3所示。

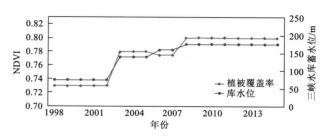

图7.4.3　不同年份植被覆盖率与三峡水库蓄水位关系图

分析图7.4.3可获得以下结论。

（1）随着蓄水位的抬升，植被覆盖率总体呈增长趋势。

（2）植被覆盖率的变化经历了三个阶段，与水库蓄水位的变化趋势一致。因此，可认为水位抬升对NDVI增长有促进作用。因NDVI已作为环境评价的主要指标之一，可认为三峡水库蓄水对周边自然环境有一定的改善作用。

（3）为进一步从微观上分析一定区域和范围内NDVI的分布和演化情势，计算了两个蓄水阶段临界年份NDVI相对误差值，结果如图7.4.4所示。其中图7.4.4（a）显示了三峡水库由66 m（2002年）抬升至135 m时（2003年）NDVI的变化情况，由图可知，黄色区域所占面积较大，NDVI有明显的增长现象。图7.4.4（b）显示了三峡水库的正常蓄水位由150 m（2008年）抬升至175 m（2009年）时NDVI的变化情况，由图可知，黄色区域占比依然较大，但相比图7.4.4（a）有所减小，总体来看区域内NDVI仍有明显的增长趋势，与第一次水位抬升相比，水位改变值较小，且NDVI增长趋势较第一阶段缓慢。据此，可以认为NDVI的变化与水库水位变化有较大关系且呈正相关关系。经计算，2002年、2003年、2008年及2009年还原后宜昌站的年平均径流分别为12 400 m³/s、12 900 m³/s、12 700 m³/s及13 200 m³/s，都属于正常年份，未有明显的枯水或者干旱发生，排除异常气候对NDVI变化趋势的影响。

（a）2002~2003年　　　　　　　　（b）2008~2009年

图7.4.4　NDVI临近年份相对误差空间分布情况

7.5　水库蓄水前后局地气象水文要素响应及其演变规律

气候变化是当今世界普遍关注的核心问题。IPCC 第五次评估报告指出,气候系统的变暖毋庸置疑。全球海陆表面平均温度呈线性上升趋势,全球陆地冰川加速消融,海平面上升的速度加快。在全球气候系统变暖的大背景下,气候变化也存在较明显的地域性差异[11-15]。本节以三峡水库为例,对三峡水库蓄水前后局地气象水文要素的响应规律进行探究。

三峡水库形成带来的局地气候效应尚不清楚,需要进一步开展相关研究。由于影响气候系统因素众多、动力机制复杂,气候会呈现出年代际差异,短期的气候变化趋势对起始年和终止年的选择很敏感,一般不能反映长期的气候变化趋势,所以气候变化研究一般要基于 30 年及以上的变化趋势。为此,本节利用 1962~2017 年三峡水库及其周边区域 24 个站点的气象数据,全面分析三峡水库一定缓冲区内各气候要素年尺度及月尺度的演变特征,解析其空间分布规律,结合 Mann-Kendall 非参数检验法、累积距平方法分析三峡水库局地气候变化趋势,并辨识时间序列的突变年份,以探明水库蓄水对库区及周边区域气候的影响程度和范围。

7.5.1　研究区域概况与数据

三峡水库汇流流域面积 58 278 km², 年降水量 1 000~1 800 mm,分布均匀。根据 Wu 等[4]的研究,以三峡长江上游干流区间寸滩—宜昌段(简称寸滩宜昌段)外围 100 km 缓冲区为研究区域,划定范围如图 7.5.1 所示。研究区域属中亚热带湿润气候区,且冬、夏季风交替,气温与降水季节变化明显。库区四季分明,冬季温和,夏季炎热。

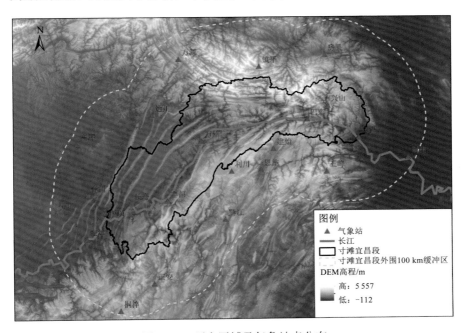

图 7.5.1　研究区域及气象站点分布

7.5.2　数据来源与研究方法

1. 数据来源

研究数据来源于中国气象数据共享网,研究区域内包括 28 个气象站点。因建站时间早晚等因素,各站点观测的数据序列长度不完全相同。为此,从中筛选出观测数据时间范围一致且长度较长的 24 个站点,并对其数据进行处理和计算,从而得到可用以分析的年及月尺度数据。站点分布如图 7.5.1 所示。

2. 研究方法

1)累积距平检验法

累积距平检验法是一种根据累积曲线直观判断离散数据点的趋势发生突变的一种非线性统计方法。累积距平曲线又称差积曲线,根据绘制出的曲线变化情形判断显著的持续性变化及趋向,可以大致判断出序列突变的时间[16-17]。对于气候要素序列 X,其某一时刻 t 的累积距平表示为

$$\widehat{X}_t = \sum_{i=1}^{t}(x_i - \overline{x}), \quad t=1,2,\cdots,n \tag{7.5.1}$$

$$\overline{X} = \frac{1}{n}\sum_{i=1}^{n}x_i \tag{7.5.2}$$

根据距平有正有负的特点,当累积距平值持续增加时,表明该时段内变量距平持续为正,即离散点大于均值;当累积距平值持续减小时,表明该时段内变量距平持续为负,即离散点小于均值。据此可确定突变点,将 n 个时刻的累积距平值全部算出,绘出累积距平曲线进行趋势分析[18]。

2)Mann-Kendall 检验法

对于长时间序列的趋势与突变分析,Mann-Kendall(MK)检验法是世界气象组织(World Meteorological Organisation,WMO)推荐并已广泛使用的非参数检验方法,最初是 Mann 和 Kendall 提出用于分析降水量、径流量等环境要素时间序列的趋势变化[19],该方法描述如下。

设某随机变量为 $X_1, X_2, \cdots, X_n$,那么 MK 检验构造统计量 S,定义为

$$S = \sum_{i=1}^{n-1}\sum_{j=i+1}^{n}\mathrm{sgn}(X_j - X_i) \tag{7.5.3}$$

式中:X_i 和 X_j 为相应年份的实测数据;n 为时间序列长度;sgn() 为阶跃函数,定义为

$$\mathrm{sgn}(\theta)=\begin{cases}1, & \theta>0 \\ 0, & \theta=0 \\ -1, & \theta<0\end{cases} \tag{7.5.4}$$

Mann 和 Kendall 证明了 S 服从渐进正态分布,其期望和方差为

$$E(S)=0 \tag{7.5.5}$$

$$\mathrm{Var}(S)=n(n-1)(2n+5)/18 \tag{7.5.6}$$

同时,按照下式构造统计量 Z 为

$$Z = \begin{cases} \dfrac{S-1}{\sqrt{\operatorname{Var}(S)}}, & S>0 \\ 0, & S=0 \\ \dfrac{S+1}{\sqrt{\operatorname{Var}(S)}}, & S<0 \end{cases} \tag{7.5.7}$$

Z 服从标准正态分布，若 Z 大于 0，表明序列呈现上升趋势，若 Z 小于 0，则表明序列呈下降趋势。在双边趋势检验中，给定显著性水平 α，若 $|Z| \geqslant Z_{1-\alpha/2}$，表明时间序列存在显著的变化趋势，本小节给定显著性水平 $\alpha = 0.05$，单变量趋势分析的阈值为 1.96。

7.5.3　三峡水库蓄水前后局地气象要素的时空响应规律

三峡水库 2003 年开始蓄水，水位从 66 m 抬升至 135 m，从 2009～2018 年连续 10 年汛末蓄水至正常蓄水位 175 m，可能对库区及其周边的气象要素产生一定影响。为此，研究基于 1962～2017 年月尺度气象数据，以三峡水库蓄水时间 2003 年为分界，1962～2002 年为蓄水前的时间序列，2003～2017 年为蓄水后时间序列，研究三峡水库蓄水前后局地气象要素的时空响应规律。

1. 气温演化规律分析

1）蓄水前后气温趋势检验

对三峡水库库区及周边 24 个站点的气温数据蓄水前和蓄水后时间序列进行 MK 趋势检验，检验结果见表 7.5.1。选取显著性水平 $\alpha = 0.05$，当 $|Z| > 1.96$ 时，认为变化趋势显著，且 Z 为正时为显著上升，Z 为负时为显著下降。

表 7.5.1　各站点气温 MK 趋势检验结果

区站号	地区	站名	蓄水前 MK 检验		蓄水后 MK 检验	
			Z	显著性	Z	显著性
57237	四川	万源	1.437 688	—	0.643 333	—
57259	湖北	房县	2.515 954	√	1.138 205	—
57328	四川	达川	−0.651 450	—	1.831 025	—
57343	陕西	镇平	1.639 863	—	0.643 333	—
57355	湖北	巴东	0.561 597	—	0.742 307	—
57359	湖北	兴山	−0.370 650	—	−0.049 490	—
57411	四川	高坪	−1.078 270	—	0.445 384	—
57432	重庆	万州	0.651 452	—	0.445 384	—
57439	湖北	利川	0.898 555	—	0.841 282	—
57445	湖北	建始	0.539 133	—	1.138 205	—
57447	湖北	恩施	0.381 886	—	0.346 410	—
57458	湖北	五峰	2.313 779	√	0.940 256	—

区站号	地区	站名	蓄水前 MK 检验		蓄水后 MK 检验	
			Z	显著性	Z	显著性
57461	湖北	宜昌	2.246 388	√	−1.930 000	—
57476	湖北	荆州	4.504 007	√	1.534 102	—
57502	重庆	大足	−1.505 080	—	0.445 384	—
57512	重庆	合川	−2.111 600	√	0.049 487	—
57516	重庆	沙坪坝	0.381 886	—	0.841 282	—
57517	重庆	江津	−0.876 090	—	0.643 333	—
57520	重庆	长寿	−0.741 310	—	0.346 410	—
57523	重庆	丰都	−0.584 060	—	0.247 436	—
57536	重庆	黔江	1.909 429	—	−2.375 380	√
57606	贵州	桐梓	0.336 958	—	1.435 128	—
57612	重庆	綦江	−0.965 950	—	−2.870 260	√
57625	贵州	正安	1.123 194	—	−0.049 490	—

注:"√"表示变化趋势显著,"—"表示变化趋势不显著

由表 7.5.1 可知,蓄水前,有 5 个站点的气温具有显著的变化趋势,其中 4 个呈上升趋势,1 个呈下降趋势。剩余 19 个站点气温变化趋势均不显著,其中 11 个站点呈现不显著上升趋势,8 个站点呈现不显著下降趋势。蓄水后,仅有黔江和綦江 2 个站点呈现显著变化趋势,且均为下降趋势。其余 22 个无显著变化趋势的站点中,19 个呈现不显著上升趋势,3 个呈现不显著下降趋势。综上所述,蓄水前后气温变化趋势主要呈上升趋势,且大多数变化趋势不显著。观察变化趋势显著的站点可知,蓄水前主要呈上升趋势,而蓄水后均呈下降趋势,且蓄水后具有显著变化趋势的站点数量减少为 2 个,表明三峡水库蓄水后周边气温变化趋势不显著。

2)气温突变检验

采用累积距平检验法分析三峡水库及周边 24 个站点 1962～2017 年气温时间序列的突变值,分析结果见表 7.5.2。由表可知,除綦江站气温突变年份为 2011 年,其余站点气温突变年份均为三峡水库蓄水前年份。由结果可知,大多站点的气温突变年份在三峡水库开始蓄水年份附近,表明三峡水库蓄水可能对周边区域气温的突变有一定程度的影响。

表 7.5.2　1962～2017 年各站点气温突变分析

区站号	地区	站名	T	突变年份
57237	四川	万源	6.03	1997 年
57259	湖北	房县	6.48	1994 年
57328	四川	达川	−4.90	1998 年
57343	陕西	镇平	5.40	1997 年
57355	湖北	巴东	−2.36	1997 年
57359	湖北	兴山	−3.31	1997 年

区站号	地区	站名	T	突变年份
57411	四川	高坪	-4.16	1997 年
57432	重庆	万州	8.08	1997 年
57439	湖北	利川	6.15	1998 年
57445	湖北	建始	-4.72	1997 年
57447	湖北	恩施	-4.39	1998 年
57458	湖北	五峰	15.39	1994 年
57461	湖北	宜昌	-4.50	1997 年
57476	湖北	荆州	8.03	1994 年
57502	重庆	大足	-1.71	1998 年
57512	重庆	合川	-2.60	2001 年
57516	重庆	沙坪坝	-5.87	1997 年
57517	重庆	江津	-4.62	1998 年
57520	重庆	长寿	-5.14	1998 年
57523	重庆	丰都	-5.23	1998 年
57536	重庆	黔江	5.00	1997 年
57606	贵州	桐梓	5.03	1998 年
57612	重庆	綦江	-4.79	2011 年
57625	贵州	正安	-3.25	1998 年

3）蓄水前后气温变化

分析三峡水库蓄水前多年平均气温与蓄水后多年平均气温变化情况，如图 7.5.2 所示。除綦江站蓄水后多年平均气温降低外，其余站点蓄水后气温均高于蓄水前，增幅在 0.18～1.71℃。

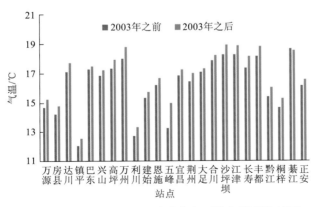

图 7.5.2　蓄水前后不同站点多年年平均气温变化情况

为明晰三峡水库蓄水前后气温变化幅度，揭示蓄水前多年气温变化规律，研究以蓄水前 1962～2002 年平均气温增长率模拟蓄水后的气温变化，将模拟的 2003～2017 年气温多年平均值与实际多年平均值进行对比，结果如图 7.5.3 所示。

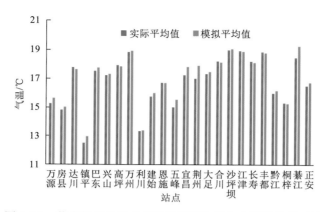

图 7.5.3　蓄水前后各站点气温模拟平均值与实际平均值对比

由图 7.5.3 可知，24 个站点中有 8 个站点的实际值高于模拟值，其中 6 个站点分布在四川盆地，剩余 2 个站点是恩施站和桐梓站。其余 16 个站点实际值低于模拟值，主要分布于秦岭—大巴山一带、三峡大坝下游区域和寸滩宜昌段右岸。站点分布如图 7.5.4 所示。分析地形地貌及当地土地利用情况可知，由于三峡水库蓄水，水面面积增加，蒸发增强，引起了湖泊效应，气温上升幅度较蓄水前降低。但四川盆地人口密度大，城镇化率高，人类活动强度大，导致周边热岛效应显著，且盆地距离水库较远，湖泊效应较弱，因此显示出气温上升幅度增高的现象。气温增长幅度较蓄水前增高的站点除四川盆地内的 6 个站点外，还包括热岛效应显著的恩施站和远离河道未受到湖泊效应影响的桐梓站。

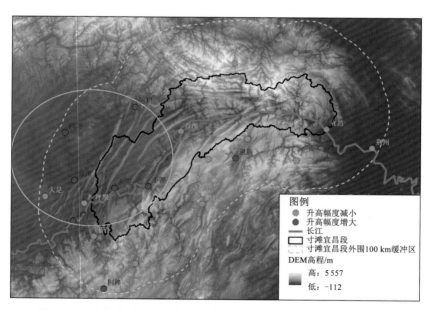

图 7.5.4　蓄水前后各站点气温变化幅度区域分布降水演化规律分析

综上所述，三峡水库蓄水对水库及周边区域气温的变化趋势具有一定程度的影响。蓄水对气温增长幅度的影响具有地理分布规律，是水库蓄水引起的湖泊效应与城镇化引发的热岛效应综合作用的结果。

2. 降水演化规律分析

1）蓄水前后降水趋势检验

分别对三峡水库及周边 24 个站点降水数据的蓄水前及蓄水后时间序列进行 MK 趋势检验，检验结果见表 7.5.3。选取显著性水平 $\alpha=0.05$，当 $|Z|>1.96$ 时，认为变化趋势显著，且 Z 为正时为显著上升，Z 为负时为显著下降。

表 7.5.3　各站点降水 MK 趋势检验结果

区站号	地区	站名	蓄水前 MK 检验		蓄水后 MK 检验	
			Z	显著性	Z	显著性
57237	四川	万源	−1.033 338	—	−1.435 128	—
57259	湖北	房县	−0.292 030	—	0.148 462	—
57328	四川	达川	−1.527 544	—	−0.346 410	—
57343	陕西	镇平	0.067 392	—	0.148 462	—
57355	湖北	巴东	−0.831 163	—	1.138 205	—
57359	湖北	兴山	−0.651 452	—	0.742 308	—
57411	四川	高坪	−1.033 338	—	0.445 385	—
57432	重庆	万州	−1.257 977	—	0.247 436	—
57439	湖北	利川	0.786 236	—	0.148 462	—
57445	湖北	建始	0	—	1.435 128	—
57447	湖北	恩施	−1.123 194	—	1.336 154	—
57458	湖北	五峰	0.022 464	—	0.445 385	—
57461	湖北	宜昌	0.426 814	—	0.742 308	—
57476	湖北	荆州	1.100 730	—	1.732 051	—
57502	重庆	大足	−0.718 844	—	0.841 282	—
57512	重庆	合川	−0.224 639	—	0.841 282	—
57516	重庆	沙坪坝	−0.292 030	—	1.534 102	—
57517	重庆	江津	−1.415 224	—	1.633 077	—
57520	重庆	长寿	−0.179 711	—	0.148 462	—
57523	重庆	丰都	−1.302 905	—	0.940 257	—
57536	重庆	黔江	−0.943 483	—	0.643 333	—
57606	贵州	桐梓	−0.628 989	—	−0.148 461	—
57612	重庆	綦江	−1.370 296	—	1.831 025	—
57625	贵州	正安	0.269 567	—	−0.247 436	—

注："√"表示变化趋势显著，"—"表示变化趋势不显著

由表 7.5.3 可知，蓄水前与蓄水后的降水均无具有显著变化趋势的站点。蓄水前有 6 个站点呈不显著上升趋势，17 个站点呈现不显著下降趋势，建始站变化趋势平稳。蓄水后有 20 个站点呈现不显著上升趋势，其余 4 个站点呈现不显著下降趋势。总的来看，蓄水前后趋势变化

均不明显,但蓄水前降水变化趋势主要为不显著下降趋势,而蓄水后降水变化趋势主要为不显著上升趋势。表明三峡水库蓄水对水库及周边区域的降水有微弱的影响,且影响效果主要表现为增强降水。

2)降水突变检验

采用累积距平检验法分析三峡水库及周边 24 个站点 1962~2017 年降水时间序列的突变值,结果见表 7.5.4。由表 7.5.4 可知,除达川站降水突变年份为 2003 年,沙坪坝站点降水突变年份为 2014 年,其余站点降水均无突变年份。达川站位于四川盆地与秦岭—大巴山交界,距离主河道及水库较远,地理位置特殊,且其余站点无降水突变年份或突变年份不在 2003 年及附近,因此不能断定达川站降水突变与三峡水库蓄水有关。总体来看,三峡水库的蓄水并未造成周边区域降水的突变。

表 7.5.4　1962~2017 年各站点降水突变分析

区站号	地区	站名	T	突变年份
57237	四川	万源	1.06	—
57259	湖北	房县	0.79	—
57328	四川	达川	2.07	2003
57343	陕西	镇平	1.54	—
57355	湖北	巴东	0.68	—
57359	湖北	兴山	0.40	—
57411	四川	高坪	1.02	—
57432	重庆	万州	1.43	—
57439	湖北	利川	1.00	—
57445	湖北	建始	0.91	—
57447	湖北	恩施	1.11	—
57458	湖北	五峰	0.80	—
57461	湖北	宜昌	1.44	—
57476	湖北	荆州	1.50	—
57502	重庆	大足	0.28	—
57512	重庆	合川	0.61	—
57516	重庆	沙坪坝	2.50	2014
57517	重庆	江津	1.18	—
57520	重庆	长寿	1.56	—
57523	重庆	丰都	1.13	—
57536	重庆	黔江	1.61	—
57606	贵州	桐梓	1.61	—
57612	重庆	綦江	0.81	—
57625	贵州	正安	0.78	—

3）蓄水前后降水变化

以 2003 年为分界,分析蓄水前后多年平均年降水变化情况,如图 7.5.5 所示。由图 7.5.5 可知,蓄水后,24 个站点中 12 个站点多年平均年降水量增加,其余 12 个站点多年平均年降水量减少。站点变化地理分布情况如图 7.5.6 所示,由图 7.5.6 可知,蓄水后降水量增加的站点中,降水增加量较多的万源、镇平及房县 3 个站点位于秦岭—大巴山一带,其余站点位于三峡水库附近及四川盆地。蓄水后降水量减少的站点主要分布在寸滩宜昌段沿河区域及右岸区域。这种现象形成的原因是三峡工程造成的土地利用改变及周边复杂的地域山势,导致研究区域的水汽垂直运动不协调,改变了区域降水。

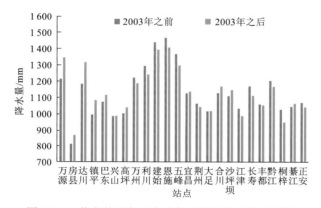

图 7.5.5　蓄水前后各站点多年平均年降水变化情况

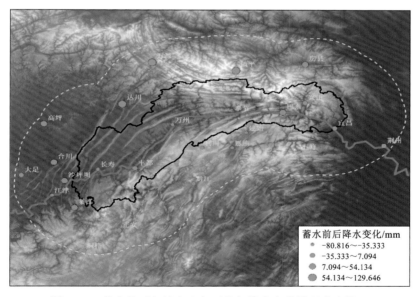

图 7.5.6　蓄水前后各站点多年平均年降水变化地理分布情况

综上所述,三峡水库蓄水对水库及周边区域降水有微弱的增强影响,但并未造成周边区域降水的突变。蓄水前降水变化主要呈不显著下降趋势,而蓄水后主要呈不显著上升趋势,蓄水前后库区及周边降水变化趋势不显著。

7.5.4 月平均气温对三峡水库水面面积变化的响应

为分析年内月均气温对三峡水库蓄水水面面积变化的响应关系，采用蓄水前多年逐月气温平均值对蓄水后月均气温进行去平均化，结果如图 7.5.7 所示。由图 7.5.7 可知，去平均化后的各站点月均气温呈现波动变化趋势，对水面面积变化没有明显的响应关系。

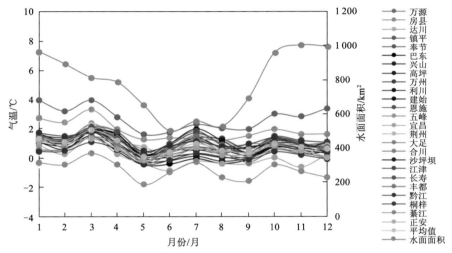

图 7.5.7　蓄水后各站点月均气温去平均化后与月均水面面积关系

对比分析蓄水前 1998～2002 年各站点月均气温的平均值与蓄水后 2013～2017 年月均气温平均值，结果如图 7.5.8 所示。由图 7.5.8 可知，蓄水后 8 月月均气温较蓄水前有明显升高，其他月月均气温差异不大。根据 7.5.3 小节分析结论可知，三峡水库蓄水产生湖泊效应对局地气温的上升具有抑制作用。考虑 6～8 月三峡水库全年水位最低，水面面积最小，湖泊效应减弱，故出现蓄水后相比蓄水前 8 月气温升高的现象。

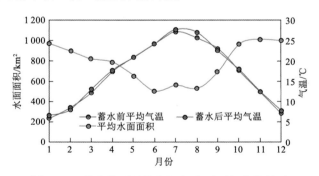

图 7.5.8　蓄水前后月均气温与水面面积变化关系

为分析各站点对三峡水库蓄水水面面积响应的差异性，将蓄水前后月均气温变化较为一致的站点划分为一组，取每组站点蓄水前 1998～2002 年和蓄水后 2013～2017 年的月均气温平均值对应蓄水后月均水面面积分析每组站点月均气温受水面面积变化影响的规律。站点分组情况如表 7.5.5 所示。

表 7.5.5　月均气温对水面面积变化响应分组

分组	包括站点	地理位置
1 区	万源、达川、高坪、大足、丰都、万州、合川、长寿、桐梓、江津、恩施、沙坪坝	主要位于四川盆地
2 区	房县、镇平、建始、五峰、正安、利川、巴东、兴山、荆州、黔江	主要位于三峡两岸山地
宜昌站	宜昌	三峡坝址
綦江站	綦江	四川盆地与云贵高原交界

蓄水前后各组平均月气温变化如图 7.5.9 所示。蓄水后 1 区 8 月气温变化较 2 区更为显著，其他月份基本与蓄水前保持一致。从地理位置分析，1 区站点位于四川盆地，距水库距离较远，6～8 月水库水面面积减小对其影响较大，湖泊效应衰减幅度大，且盆地内人口密度大，热岛效应显著，因此 1 区 8 月气温较蓄水前变化最大。2 区站点主要位于三峡两岸山地，对短时性水面面积变化响应迟钝，月均气温相对稳定。綦江站位于四川盆地与云贵高原交界，气候系统特异，蓄水后月均气温低于蓄水前，不受水库水面面积变化的影响。宜昌站地处三峡坝址，距离水库最近，水面面积变化对其影响最小，且其湖泊效应最为显著，蓄水后月均气温明显低于蓄水前，但对水面面积变化响应不显著。

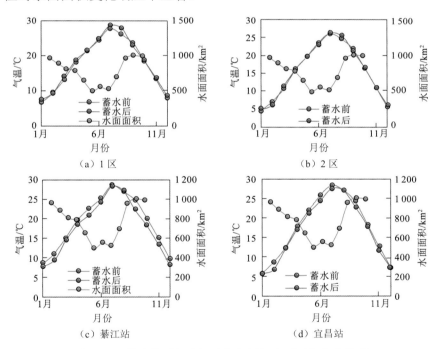

图 7.5.9　蓄水前后各分组月均气温与水面面积变化关系

7.6　水库蓄水前后植被对气象水文过程的响应

位于长江上游末端的三峡水利枢纽工程举世瞩目，其建成运行对局地气候、生态环境和生态系统是否产生影响的研究具有学术价值，成为学者们的研究热点。三峡领域区域气候差异明显,气候的空间分布复杂,山区气候垂直差异显著。三峡库区受气候变化和人类活动的双重影响,植被覆盖发生了显著变化,同时水库蓄水产生的局地气候效应对三峡周边植被覆盖产生深远影响。因此有必要探究三峡周边植被覆盖对气候变化的响应机制及三峡蓄水对此影响。目前关于三峡区域的植被覆盖对气候响应的研究多集中于单一动态变化的角度,通常将整个研究区视为一个统一体,并没有考虑植被覆盖对气候响应规律的空间异质性及三峡蓄水对响应规律的影响,且植被覆盖对气候变化的响应是动态的、非线性的,仅研究植被覆盖与气候要素之间的线性关系无法深入探究它们之间的真实规律。

本节采用偏相关方法分析三峡水库周围以 NDVI 为表征的环境因子的气候驱动要素,加深理解三峡水库蓄水前后该区域 NDVI 对气候变化的响应机制,为进一步探明气候变化下流域水资源适应性利用及水库负面效应缓解提供科学依据。

7.6.1　数据来源与研究方法

1. 数据来源与处理

以三峡长江上游干流区间寸滩—宜昌段(简称寸滩宜昌段)外围 100 km 缓冲区为研究区域,采用 82 个气象站的月尺度降水、气温数据。研究区域及气象站点分布如图 7.6.1 所示。

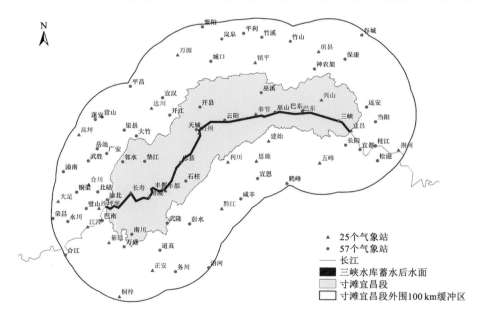

图 7.6.1　寸滩宜昌段研究区域及气象站点分布

1) NDVI

NDVI 可以准确反映地表植被覆盖状况。基于连续时间序列的 SPOT/VEGETATION NDVI 卫星遥感数据,该数据集空间分辨率为 1 km,采用最大值合成法(maximum value composite,MVC)对其进行处理得到 1998 年 4 月~2017 年 12 月各月植被指数数据集[20],最大合成法具有可以降低大气效应、减少云污染,提高数据的准确性的优点。

2）气象数据

1998～2017 年月降水量和平均气温的栅格数据,由中国气象数据共享网下载的 25 个气象站点日观测数据及湖北省气象局获得 57 个气象站点的月尺度数据通过数据预处理和反距离权重空间插值计算得到。

2. 偏相关系数法

多因素系统中,偏相关系数用来研究某一个要素对另一个要素的影响或相关程度,在此过程中剔除其他因素的影响。为此,采用该方法分析每个格网 NDVI 与月均温度或月降水量间的相关关系。根据定义可知,保持 z 的影响不变的情况下,变量 x 与变量 y 之间的偏相关系数计算式为

$$r_z^{xy} = \frac{r_{xy} - r_{xz}r_{yz}}{\sqrt{(1-r_{xz}^2)+(1-r_{yz}^2)}} \tag{7.6.1}$$

式中：r_{xy}、r_{xz} 和 r_{yz} 分别为三个变量 x,y,z 两两之间的皮尔逊（Pearson）相关系数,x 与 y 的皮尔逊相关系数计算公式为

$$r_{xy} = \frac{\mathrm{Cov}(x,y)}{\sqrt{\mathrm{Var}(x)\mathrm{Var}(y)}} = \frac{\sum\limits_{t=1}^{N}(x_t-\overline{x})(y_t-\overline{y})}{\sqrt{\left[\sum\limits_{t=1}^{N}(x_t-\overline{x})^2\right]\left[\sum\limits_{t=1}^{N}(y_t-\overline{y})^2\right]}} \tag{7.6.2}$$

3. 网格分析法

研究区域面积约为 $22\times10^4\ \mathrm{km}^2$,NDVI 分辨率为 $1\ \mathrm{km}\times1\ \mathrm{km}$,以此栅格作为基准分析单元进行统计分析时,数量过多且计算量巨大。为有效避免上述问题,在权衡计算代价与计算精度的基础上,本小节采用 $5\ \mathrm{km}\times5\ \mathrm{km}$ 网格为基准分析单元。对于边界网格处理,如若其质心在研究区域内即作为一个基准分析单元纳入统计,由此研究区域最终划分为 8 933 个基准统计分析单元。

7.6.2　三峡水库蓄水前后植被演化的气候驱动因子分析

1998～2017 年蓄水前后研究区域月均 NDVI 和月均气温、月降水之间的偏相关系数如图 7.6.2 所示。由图 7.6.2（a）、（c）可知,剔除降水影响后,蓄水前 NDVI 与月均气温的偏相关系数介于 0.080～0.913,偏相关系数 $|r|\geq0.4$ 阈值的地区占研究区域的 99.41%,相关性显著。其中,中度相关（$0.4\leq|r|<0.6$）的区域占 4.33%,高度相关（$0.6\leq|r|<0.8$）的区域占 71.95%,极高相关（$|r|\geq0.8$）的区域占 23.12%；蓄水后 NDVI 与月均气温的偏相关系数介于 0.005～0.840,偏相关系数 $|r|\geq0.4$ 阈值的区域占 97.41%。其中,中度相关（$0.4\leq|r|<0.6$）的区域占 22.50%,高度相关（$0.6\leq|r|<0.8$）的区域占 74.61%,极高相关（$|r|\geq0.8$）的区域占 0.30%。气温与 NDVI 的偏相关系数低于 0.4 的区域主要位于三峡大坝下游的平原丘陵地带,主要用地类型为城镇用地或灌溉农田,由于人类活动干扰,植被覆盖与气温的相关性较弱；偏相关系数

高的地区大多位于山区，水汽充足，温度适宜，人类活动干扰较少，因而植被覆盖与气温的相关性较好。

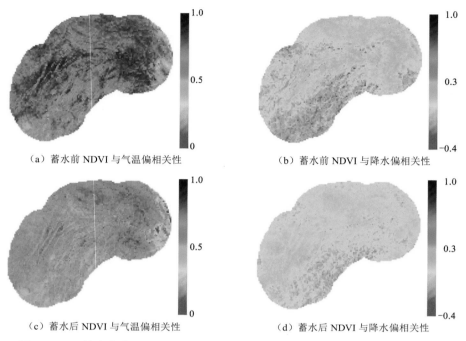

（a）蓄水前 NDVI 与气温偏相关性　　　　　　（b）蓄水前 NDVI 与降水偏相关性

（c）蓄水后 NDVI 与气温偏相关性　　　　　　（d）蓄水后 NDVI 与降水偏相关性

图 7.6.2　三峡水库蓄水前后月均 NDVI 与月均气温、降水的偏相关系数空间分布

由图 7.6.2（b）、（d）可知，剔除气温影响后，蓄水前 NDVI 与月降水的偏相关系数介于 $-0.390\sim0.427$，偏相关系数 $|r|\geqslant0.4$ 阈值的区域仅占 0.02%；蓄水后 NDVI 与月降水的偏相关系数介于 $-0.225\sim0.312$，未发现偏相关系数高于 0.4 的区域。

研究表明，蓄水后，气温、降水的偏相关系数普遍降低。植被对气温变化的响应，中度相关区域的占比升高了 18.17%，高度相关区域的占比升高了 2.66%，但极高相关区域的占比降低 22.82%；而植被对降水变化的响应，相关区域占比变化不大。观察 NDVI 与气温、降水的偏相关系数的数值大小及相关区域占比，发现气温与植被的相关关系强于降水，气温可作为植被覆盖变化的主要驱动因子，且在不同区域的偏相关程度不同，植被覆盖对温度和降水变化的动态响应具有较强的空间异质性，不同地区间动态响应关系存在一定差异。

综上所述，在长江上游干流区间寸滩—宜昌段及外围 100 km 的区域内，蓄水后气温、降水的偏相关系数普遍降低，植被覆盖对温度和降水变化的动态响应规律具有较强的空间异质性，并且气温是植被覆盖变化的主要驱动因素。

7.6.3　三峡水库蓄水前后植被对气温的响应规律

在人类活动及气候变化双重影响下，植被总是在不断地去适应外界条件的改变使其自身活动更为有利，该过程是动态、非线性的[21]，因此有必要更进一步研究这种非线性的响应关系。前述研究表明气温与 NDVI 的相关性强于降水，且降水的偏相关系数普遍很低，因此在研究其非线性响应关系时，重点考虑气温驱动因子。而植被覆盖对气温变化的动态响应具有较强的空间异质性，不同地区间的动态响应关系存在一定的差异，因此也有必要进行分区研究。

以三峡水库蓄水后的水陆分界线为基准，沿径向每 10 km 划分一个分区，将 1998 年 4 月～2017 年 12 月各分区逐月气温、NDVI 数据提取并进行面平均处理，并以 2003 年 6 月为三峡水库蓄水前后时间界限，绘制各分区的气温–NDVI 散点图如图 7.6.3 所示。由图可知，蓄水后的散点多位于蓄水前散点的上方，即在同一气温条件下蓄水后的 NDVI 较大，且蓄水前后差异明显。进一步分析散点的整体趋势可知，蓄水前后 NDVI 与气温均呈非线性关系，且逼近二阶非线性结构。为此，可采用二阶非线性映射描述水库蓄水前后 NDVI 与气温的非线性响应关系为

$$y = ax^2 + bx + c \qquad (7.6.3)$$

式中：y 为 NDVI；x 为气温；a、b、c 为回归系数。

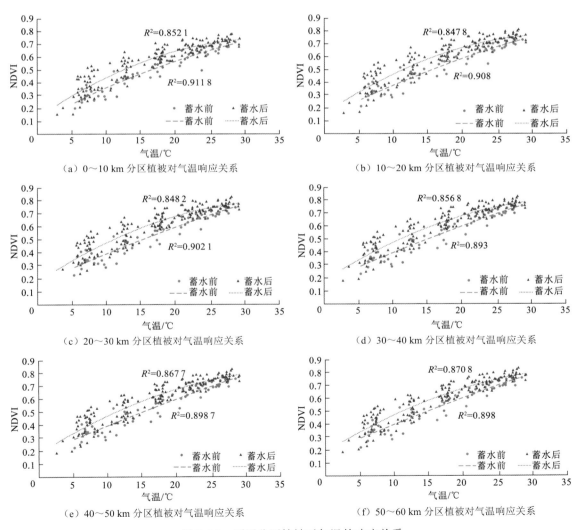

图 7.6.3 不同分区植被对气温的响应关系

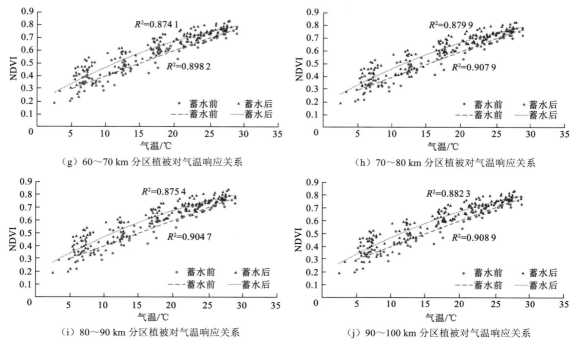

（g）60～70 km 分区植被对气温响应关系　　　（h）70～80 km 分区植被对气温响应关系

（i）80～90 km 分区植被对气温响应关系　　　（j）90～100 km 分区植被对气温响应关系

图 7.6.3　不同分区植被对气温的响应关系（续）

进一步采用最小二乘法拟合得到非线性回归系数 a、b、c，如表 7.6.1 所示。此外，相应的二阶非线性映射曲线如图 7.6.3 所示，且由判定系数 R^2 可知拟合效果较好。

表 7.6.1　NDVI 与气温的二阶非线性映射关系拟合结果

分区/km	蓄水前			蓄水后		
	a	b	c	a	b	c
0～10	−0.000 20	0.028 1	0.106 0	−0.000 6	0.037 2	0.125 7
10～20	−0.000 20	0.027 5	0.128 1	−0.000 5	0.036 9	0.151 9
20～30	−0.000 10	0.024 2	0.164 0	−0.000 5	0.035 1	0.175 6
30～40	−0.000 10	0.023 6	0.173 2	−0.000 4	0.033 9	0.184 2
40～50	−0.000 08	0.022 8	0.174 7	−0.000 4	0.033 5	0.176 3
50～60	−0.000 08	0.022 9	0.177 0	−0.000 4	0.033 0	0.180 8
60～70	−0.000 06	0.021 9	0.187 4	−0.000 4	0.032 5	0.186 5
70～80	−0.000 02	0.021 1	0.183 3	−0.000 4	0.031 7	0.181 5
80～90	−0.000 01	0.020 3	0.199 8	−0.000 4	0.031 4	0.194 9
90～100	−0.000 03	0.021 0	0.189 7	−0.000 4	0.031 8	0.186 0

由图 7.6.3 可知，当气温高于 25℃时，斜率低于 0.02，此时，NDVI 随气温的变化趋于平缓，即气温升高对植被生长的促进作用逐渐减弱而抑制作用增强。结合研究区域月均气温处于−2.7～33.7℃，且植被生长适宜温度为 23.31℃[22]可知，二阶非线性映射刻画的植被–气温响应

关系与实际情况较为吻合，可以较好地解释植被-气温响应关系中的物理机制。

为探明三峡水库蓄水前后 NDVI 对气温响应关系的演化规律，对式（7.6.3）求导，以此作为敏感性指标进行刻画，同时取蓄水前后敏感性指标差值的绝对值作为敏感性变异指标，观察蓄水前后 NDVI 对气温的敏感性变化。不同分区 NDVI 对气温的敏感性变化如图 7.6.4 所示。

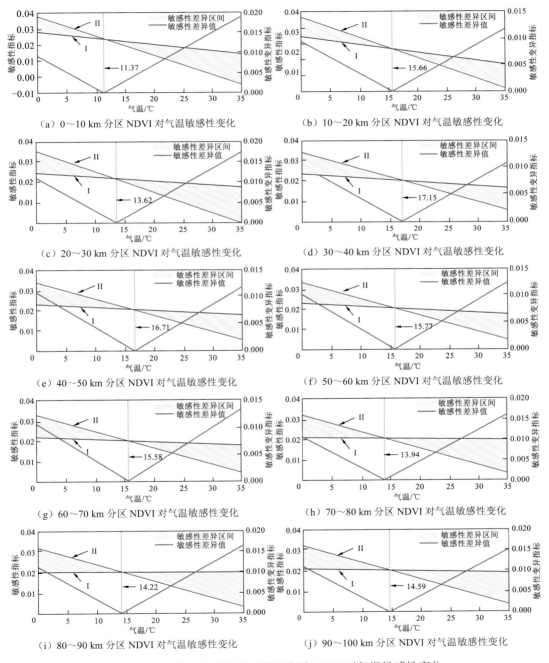

图 7.6.4　三峡水库蓄水前后不同分区 NDVI 对气温敏感性变化

图 7.6.4 中，I 和 II 分别表示蓄水前后敏感性指标值。研究发现，气温存在一个阈值 T_c（图中以虚线标出）。当气温 $T < T_c$ 时，蓄水后 NDVI 对气温的敏感性高于蓄水前，且蓄水前后敏感性变异随着气温的升高而减小；当 $T > T_c$ 时，蓄水后 NDVI 对气温的敏感性低于蓄水前，且蓄水前后敏感性变异随着气温的升高而增大；且分区不同，气温阈值也不相同。上述结论表明蓄水前后 NDVI 对气温的敏感性存在变异，即三峡水库蓄水在一定程度上影响了植被对气温的敏感性，且敏感性变异方向与气温阈值有关。

为表征蓄水前后 NDVI 对气温响应规律的差异，定义了差异指标 D，即

$$D = \frac{|f_2(\beta) - f_1(\beta)|}{f_1(\beta)} \tag{7.6.4}$$

$$\beta = \arg\max_x |f_2(x) - f_1(x)| \tag{7.6.5}$$

式中：$f_1(x)$ 和 $f_2(x)$ 分别为蓄水前后拟合得到 NDVI 对气温的响应规律；β 为蓄水后与蓄水前的差函数绝对值最大时 x 的取值。

由图 7.6.5 可知，差异性指标整体呈现减小的趋势，表明蓄水前后植被对气温响应规律的差异性随着观测区与三峡水库的距离增加而减小，即植被对气温的响应规律受蓄水影响大小程度随着分区与三峡水库距离不同而变化，且距离增大而影响程度减小。

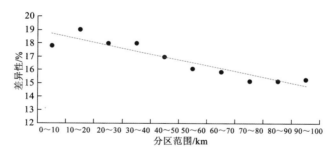

图 7.6.5　三峡水库蓄水前后不同分区植被对气温响应规律的差异指标变化

综上所述，研究方法提出的二阶非线性映射可以有效刻画蓄水前后植被对气温的响应规律，且能够有效解释植被-气温响应关系中的物理机制。气温对植被具有促进和抑制的双重作用，当气温超过阈值时，气温升高对植被生长的促进作用逐渐减弱而抑制作用增强。植被对气温的响应规律在一定程度上受三峡水库蓄水影响，且随着分区与三峡水库距离的增加，植被对气温的响应规律受蓄水影响程度递减。蓄水前后 NDVI 对气温的敏感性存在变异，且这种敏感性变异方向与气温阈值相关，当气温低于阈值时，蓄水后敏感性向升高方向变异，而当气温高于阈值时，蓄水后敏感性向降低方向变异。

7.7　长江上游多维时空气象水文要素与环境对三峡水库蓄水的动力响应规律

受大型水利工程、跨流域调水工程等人类活动的影响，长江上游水文循环、生态过程和水

资源利用发生显著变化。长江上游关键控制性三峡水利枢纽工程举世瞩目，其调蓄和运行对流域自然、局地气象要素和生态环境的影响备受关注，而传统统计原理与方法难以揭示人类活动和气候变化对植被的耦合互馈关系。为此，引入因果推理生成式神经网络方法，研究三峡水库水位调节对局地气候要素的影响及区域植被动态响应之间的因果联系，探明不同时期水位变化对植被生长的驱动因子和影响程度；此外，采用线性相关分析法分析三峡水库枯水期、消落期、汛期和蓄水期 4 个运行期内平均水位–平均降水、平均水位–平均气温、平均气温–NDVI、平均降水–NDVI 两两要素之间的相关关系，定量评价平均水位–降水/气温–植被互馈耦合关系；进一步，分析三峡水库 4 个运行期水位逐日变化对库区逐日平均气温、降水和 NDVI 的驱动机制，确定适宜库区植被生长的三峡水库水位阈值，为探明三峡水库调蓄和运行对长江上游水文气象要素与环境的作用和影响提供科学依据。

7.7.1　研究区域概况和数据

1. 研究区域

依据《长江三峡工程生态与环境监测公报》（1997～2017 年）[23]，将三峡水库与周围实测站点以 25 km、50 km、75 km 和 100 km 划分成 4 级缓冲区，研究三峡水库水位调节对植被生长的影响规律。如图 7.7.1 所示，从最里层三峡库区（紫色）、每隔 25 km 向外延伸至 100 km 缓冲区。

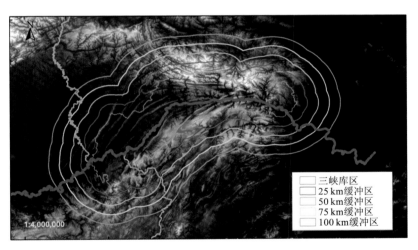

图 7.7.1　三峡库区及 4 级缓冲区

2. 水位数据

研究工作共收集到 2003 年三峡水库蓄水以来至 2018 年 12 月 31 日实测的三峡水库逐日水位数据，根据正常调蓄后 2013～2018 年三峡水库实测逐日水位，如表 7.7.1 所示，将三峡水库调度周期分为：枯水期（补水和通航）、消落期（汛前腾空库容）、汛期（蓄洪调蓄）、蓄水期（汛后蓄水），每年 11 月下旬～12 月底，三峡库水位从正常蓄水位 175 m 缓慢下降至171～173 m。

表 7.7.1 三峡水库周期性调节对应水位（年份、时期、最低/高水位以及趋势）

年份	枯水期补水（↓）/m	枯水期通航、生态（↘）/m	消落期汛前腾库（↓）/m	汛期削峰（∽）/m	汛后蓄水（↑）/m	缓慢下降（↘）/m
2013 年	1.1～4.8，161.66	4.9～5.15，155.27	4.21～6.12，145.22	7.3～8.11～9.1，145	9.2～11.13，174.98	11.14～12.31，173
2014 年	1.1～3.30，160.88	3.31～5.14，155.65	4.15～6.17，145.2	6.18～8.15，145～150	8.16～12.01，174.94	12.2～12.31，171
2015 年	1.1～4.1，164.47	4.2～5.19，155.39	4.20～6.24，145.16	6.25～8.18，145.93	8.19～10.30，174.99	11.1～12.31，172
2016 年	1.1～3.24，166.39	3.25～5.12，155.42	4.13～6.12，145.11	6.13～7.8～8.23，145～149.35	8.24～12.1，174.78	12.1～12.31，172.26
2017 年	1.1～4.9，161.77	4.10～5.19，155.2	4.20～6.15，145.22	6.16～8.23，146.51	8.24～11.26，174.75	11.27～12.31，173
2018 年	1.1～4.2，162.14	4.3～5.14，155.18	4.11～6.12，145.26	6.13～8.25，149.59	8.26～11.1，174.99	11.2～12.31，173.3

注：↓表示水位降低，↑表示水位升高，∽表示波段，↘表示水位缓慢下降

由表 7.7.1 可知，并结合三峡水库调度方案、运行实录和运行规程[24-26]，为研究方便，将水库运行的水位调节周期划分为四个阶段：

（1）枯水期：1.1～5.14 m；

（2）消落期：5.15～6.10 m；

（3）汛期：6.11～9.10 m；

（4）蓄水期：9.11～12.31 m。

3. 遥感数据

1）MODIS 逐日地表反射率数据（MOD09GA）

（1）下载地址：https://e4ftl01.cr.usgs.gov/MOLT/MOD09GA.006/

（2）日期范围：2006 年 1 月 1 日～2015 年 12 月 31 日

（3）空间分辨率：500 m

（4）时间分辨率：1 天

对 MOD09GA 数据进行预处理和质量控制，提取出红光和近红外波段的地表反射率，然后计算 NDVI。如图 7.7.2 所示。

2）预处理

首先使用 MODIS 投影转换工具（MODIS reprojection tool，MRT）将 MOD09GA 数据进行重投影、影像镶嵌和裁剪，获得覆盖三峡库区 100 km 缓冲区以内的数据集，包括红光波段和近红光波段的地表反射率、太阳天顶角、质量控制数据图层。

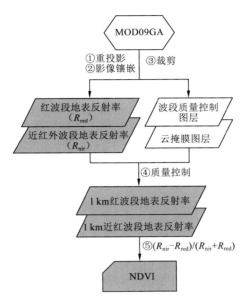

图 7.7.2　MOD09GA 数据处理和 NDVI 计算流程

3）质量控制

对于每一个像元，用质量控制图层对应值进行筛选。使用陆地卫星数据产品评测工具集（the land data operational products evaluation，LDOPE）中的 unpack_sds_bits 工具将控制质量的位值从十进制转换为二进制，如表 7.7.2 所示。根据像元值的质量高低从 0 到 10 进行打分，依次是填充值、错误的 MODIS L1B 数据源、太阳天顶角、云覆盖、气溶胶和理想质量产品，对每一个像元打分后，筛选有效像元的原则为总分数大于等于 5 分的像元。

表 7.7.2　MOD09GA 各个像元质量评价

分数	位数值	质量描述	类别
0	1101	像元值超出有效范围，取极值代替	填充值
1	1011	像元值为空	填充值
2	1110	L1B 输入数据错误	错误 L1B 源
3	1000	CCD 阵列相机探头损坏，通过插值还原输入的 L1B 数据	错误 L1B 源
4	0111	CCD 阵列相机探头有噪声	错误 L1B 源
5	1010	太阳天顶角大于等于 85° 并且小于 86°	太阳天顶角
6	1001	太阳天顶角大于等于 86°	太阳天顶角
7	1111	厚云覆盖未做处理	云覆盖
8	1100	用气象模型估算	气溶胶
9	0000	理想的质量	理想状态

4）NDVI 计算

NDVI 计算公式如下：

$$\mathrm{NDVI} = (R_{\mathrm{nir}} - R_{\mathrm{red}}) / (R_{\mathrm{nir}} + R_{\mathrm{red}}) \qquad (7.7.1)$$

式中：R_{nir} 为近红外波段地表反射率；R_{ren} 为红波段地表反射率。

4. 气象数据

研究工作共收集三峡库区 100 km 缓冲区内 82 个气象站点的逐日降水和逐日气温数据。其中，三峡库区内 21 个气象站、库区 25 km 缓冲区内 19 个气象站、50 km 缓冲区内 16 个气象站、75 km 缓冲区内 14 个气象站、100 km 缓冲区内 12 个气象站，其空间分布如图 7.7.3 所示。三峡库区内 21 个气象站名称和高程信息如表 7.7.3 所示。

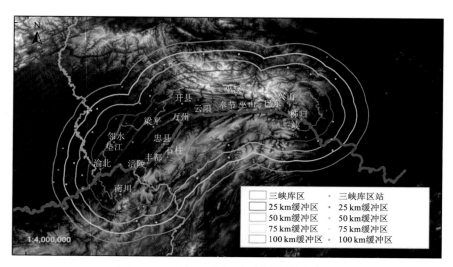

图 7.7.3　三峡库区及 4 级缓冲区的气象站

表 7.7.3　三峡库区内 21 个实测站点的高程信息

站点	高程/m	站点	高程/m	站点	高程/m	站点	高程/m	站点	高程/m
万州	174	巴东	171	涪陵	255	南川	586	渝北	430
巫山	232	垫江	430	开县	228	三峡	213	云阳	221
巫溪	294	丰都	305	梁平	470	石柱	571	长寿	318
兴山	199	奉节	604	邻水	357	天城	208	忠县	254

7.7.2　研究方法

三峡水利枢纽工程在产生经济社会效益的同时，其蓄水对生态环境的影响备受关注，探明局地气候及生态环境对三峡水库调蓄的动力响应规律具有挑战性。

因果推理框架的目的在于发现和量化复杂系统中的因果依赖关系[27]。传统统计原理与方法难以揭示人类活动和气候变化对植被的耦合互馈关系，而非线性因果关系推理框架考虑了这种非线性系统的相互作用和影响[28]。

为此，引入因果推理生成式神经网络方法[29-30]，研究三峡水库水位调节对局地气候要素的影响及区域植被动态响应之间的因果联系。已有文献研究了水库调节对长江径流影响[31]，但水库调节对周边植被是否具有驱动机制的研究鲜见报道，核心问题在于量化水位调节对植被变化的影响,探明不同时期水位变化对植被生长的驱动因子和影响程度。

采用线性相关分析法分析三峡水库枯水期、消落期、汛期和蓄水期 4 个运行期内平均水位–平均降水、平均水位–平均气温、平均气温–NDVI、平均降水–NDVI 两两要素之间的相关关系,定量评价平均水位–降水/气温–植被互馈耦合关系。

进一步,分析三峡水库 4 个运行期水位逐日变化对库区逐日平均气温、降水和 NDVI 的驱动机制,进而确定适宜库区植被生长的三峡水库水位阈值。

1. 非线性因果推理

对于 x、y 和 w 三种时序变量,使用线性矢量自回归(vector auto regressive,VAR)模型

$$\begin{bmatrix} y_t \\ x_t \\ w_t \end{bmatrix} = \begin{bmatrix} \beta_{01} \\ \beta_{02} \\ \beta_{03} \end{bmatrix} + \sum_{p=1}^{p} \begin{bmatrix} \beta_{11p} & \beta_{12p} & \beta_{13p} \\ \beta_{21p} & \beta_{22p} & \beta_{23p} \\ \beta_{31p} & \beta_{32p} & \beta_{33p} \end{bmatrix} \begin{bmatrix} y_{t-p} \\ x_{t-p} \\ w_{t-p} \end{bmatrix} + \begin{bmatrix} \varepsilon_1 \\ \varepsilon_2 \\ \varepsilon_3 \end{bmatrix} \tag{7.7.2}$$

确定 X 是 Y 的驱动因素与 Y 是随 X 变化的结果关系要满足的条件是:至少有一个 β_{12p} 的值大于 0。其中,β 和 ε 分别代表需要估计的参数值和白噪声误差。线性因果推理,采用岭回归,通过优化公式(7.7.3),得

$$\min_{\beta} \sum_{P+1}^{N} \left(y_t - \hat{y}_t \right)^2 + \gamma \|\beta\|^2 \tag{7.7.3}$$

式中:γ 为正则化参数;$\hat{y}_t$ 为从指定模型中预测时序变量;P 为滞后时间。使用非线性回归方法替换前述 VAR 模型,通过判别决定系数 R^2 是否大于 0,小于 1,越接近 1 表示 X 对 Y 的驱动作用越大。

$$R^2(y, \hat{y}) = 1 - \frac{\text{RSS}}{\text{TSS}} = 1 - \frac{\sum_{i=P+1}^{N} (y_i - \hat{y}_i)^2}{\sum_{i=P+1}^{N} (y_i - \bar{y})^2} \tag{7.7.4}$$

式中:$\bar{y}$ 为 W、X 或 Y 时序数据的均值;$\hat{y}$ 为一个给定预测模型的预测值。

在考虑 W(降水/气温)条件的情况下,量化时序数据 X(水位)和 Y(植被)之间的因果关系,包含两个步骤:首先,确定共用的非线性回归模型及预测 Y 时所要包含的滞后时间窗口大小 P,然后用时间序列的平均水位变量 $X_{t-1}, X_{t-2}, \cdots, X_{t-P}$ 预测 Y_t 模型的决定系数,同时计算仅用 t 时刻之前 P 天的降水/气温要素 $W_{t-1}, W_{t-2}, \cdots, W_{t-P}$ 和植被 $Y_{t-1}, Y_{t-2}, \cdots, Y_{t-P}$ 预测 Y_t 模型的决定系数。前者的模型确定系数减去后者,得到 P 天平均水位影响同时期植被生长状况的程度。用于衡量 X 对 Y 的驱动作用大小。

2. 线性相关分析

线性相关分析方法能直观衡量某一个要素对另一个要素影响的趋势和程度。采用该方法分析不同运行期平均水位–平均降水、平均水位–平均气温、平均气温–NDVI、平均降水–NDVI 之间的相关关系。变量 x 与变量 y 之间的皮尔逊相关系数计算公式见式(7.6.2)。

7.7.3 基于因果关系的气象/水文/植被要素的互馈关系推断

1. 单站点的气象/水文/植被要素的因果关系推断

结合三峡库区及研究区域内的两个代表性水文站北培和富顺,收集了从 2006 年 1 月 1 号至 2011 年 12 月 31 号逐日河道断面的日径流量、日降水、日 NDVI、日平均气温、三峡水库水位 10 天累积变化 7 个变量的时间序列数据,使用面向因果关系的生成神经网络(causality generative neural network,CGNN)对这些数据进行训练,生成因果关系图。为了解析通过 CGNN 获取变量特征之间的可解释因果关系,包括骨架生成、成对变量特征的独立性检测、有向因果关系图构建三个步骤。富顺站点的因果关系图如图 7.7.4 所示。

逐日 NDVI 驱动富顺站点日降水变化的可解释程度为 0.44,逐日平均空气温度对日降水的驱动程度为 0.35,结果表明:在三峡库区富顺站所处的下游区域,NDVI 增大对降水增强作用程度明显,空气温度驱动降水和降水对植被的因果关系与热力学理论中的 Clausius-Clapyeron 等式一致。更高的大气温度有能力存储更多的水分。10 天累积水位变化对日径流的影响大小为 0.07,日径流对日 NDVI 的驱动大小为 0.09。三峡水库累积 10 天水位与富顺站点的日径流之间存在相对较弱的因果关联关系,这一发现对分布式水文模型模拟河道断面径流也是一种有益补充。NDVI 对水库 10 天水位累加值的反馈效应较低的原因在于植被生长对于水位调节的动态响应具有一定的迟滞性。三峡库区累积 10 天的水位变化能够引起富顺站的日径流变化,且日径流增加对富顺站植被生长有一定促进作用,进而对局地气候降雨过程有较为明显的驱动作用。通过 CGNN 得到的北培站点因果关系图如图 7.7.5 所示。

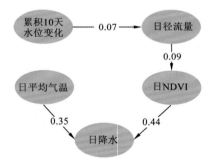

图 7.7.4 富顺站的因果关系图

有向图边的数值表示驱动因子对响应因子的作用大小

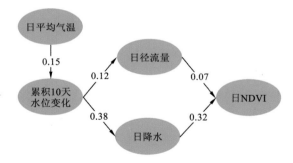

图 7.7.5 北碚站的因果关系图

有向图边的数值表示驱动因子对响应因子的作用大小

由图 7.7.5 可知,三峡水库累积 10 天水位变化在水库运行期对北培站点日降水量的变化具有一定的反馈效应,且由水位变化解释日降水的反馈作用程度为 0.38。每日降水引起北培站点日 NDVI 变化是一个确定系数为 0.32 的无量纲数值,逐日 NDVI 和逐日降水之间存在较强的互馈耦合关系。这表明三峡水库的调节作用对北培站点降水特征变化有一定贡献,进而促进了三峡库区植被绿度的增长。

2. 多站点气象/水文/植被要素的因果关系推断

为探明水库水位波动是否与不同时空尺度逐日气象要素和植被生长存在耦合互馈关系,

以 10 天为步长，仍采用上述非线性因果关系推理方法设计 3 组对比实验，分别检验三峡库区及其 25 km、50 km、75 km、100 km 缓冲区内气象站点的 10 天/20 天/30 天平均水位、平均降水、平均温度及 NDVI 的因果关系。结果如表 7.7.4～表 7.7.6 所示。

表 7.7.4　10 天累积水位波动与植被生长的因果关系

空间范围	10 天水位波动、降水和气温对植被生长的影响程度（R^2）	10 天降水和气温对植被生长的影响程度（R^2）	10 天水位波动与植被生长的因果关系/%
库区	0.702 858	0.575 021	12.783 7
25 km	0.701 979	0.565 018	13.696 1
50 km	0.702 905	0.497 140	20.576 5
75 km	0.706 019	0.537 685	16.833 3
100 km	0.691 547	0.545 436	14.611 1

表 7.7.5　20 天累积水位波动与植被生长的因果关系

空间范围	20 天水位波动、降水和气温对植被生长的影响程度（R^2）	20 天降水和气温对植被生长的影响程度（R^2）	20 天水位波动与植被生长的因果关系/%
库区	0.789 654	0.645 908	14.374 7
25 km	0.792 521	0.627 326	16.519 5
50 km	0.792 165	0.591 232	20.093 3
75 km	0.802 529	0.606 566	19.596 3
100 km	0.815 064	0.547 413	26.765 1

表 7.7.6　30 天累积水位波动与植被生长的因果关系

空间范围	30 天水位波动、降水和气温对植被生长的影响程度（R^2）	30 天降水和气温对植被生长的影响程度（R^2）	30 天水位波动与植被生长的因果关系/%
库区	0.852 767	0.596 702	25.606 5
25 km	0.819 027	0.527 860	29.116 7
50 km	0.801 098	0.460 513	34.058 5
75 km	0.807 986	0.468 050	33.993 6
100 km	0.788 940	0.441 236	34.770 4

结果表明，10 天、20 天和 30 天水位波动对植被生长促进作用的大小随三峡水库的区域由远及近逐步降低，50 km 范围作用最为显著，且 30 天水位波动对植被生长的促进作用高于 10 天和 20 天水位波动产生的影响，这一方面因为长序列水位数据水位波动值相对平稳，提高因果生成网络模型计算的鲁棒性，另一方面表明植被生长对水位变化的响应具有一定的滞后性。

7.7.4 三峡水库不同运行期 30 天平均水位–降水/气温–植被 耦合互馈关系

本小节对三峡库区及其缓冲区内全年 4 个运行期 30 天平均水位–30 天平均气温、30 天平均水位–30 天平均降水、30 天平均降水–30 天平均 NDVI 以及 30 天平均气温–30 天平均 NDVI 这 4 个方面分别进行耦合互馈关系分析,以期更直观地反映和佐证上述因果关系推断出的 30 天平均水位–降水/气温–植被相互作用关系。

1. 水位–气温

(1)2009～2015 年 30 天平均水位和 30 天平均气温关系如图 7.7.6 所示。由图 7.7.6 可以看出,30 天平均水位和 30 天平均气温的负相关性较强($p<0.001$,$R^2>0.682$)。

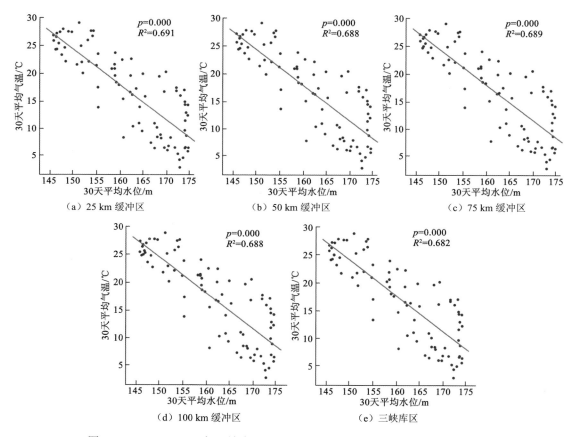

图 7.7.6 2009～2015 年三峡库区及 4 级缓冲区 30 天平均气温和水位关系图

(2)2009～2015 年枯水期 30 天平均水位和 30 天平均气温关系如图 7.7.7 所示。由图 7.7.7 可知,枯水期三峡库区、25 km、50 km、75 km 和 100 km 缓冲区内气象站点的 30 天平均水位和平均温度均具有强负相关性($p<0.001$,$R^2>0.863$)。

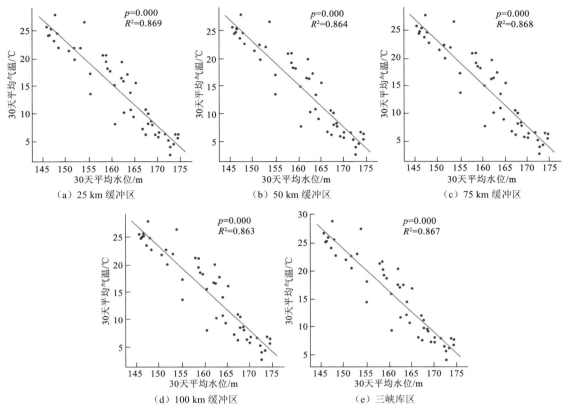

图 7.7.7　2009～2015 年枯水期三峡库区及 4 级缓冲区 30 天平均气温和水位关系图

（3）2009～2015 年消落期 30 天平均水位和 30 天平均气温关系如图 7.7.8 所示。由图 7.7.8 所示，消落期三峡库区、25 km、50 km、75 km 和 100 km 缓冲区内气象站点的 30 天平均水位和平均温度均具有较强负相关性（$p < 0.001$，$R^2 > 0.571$）。

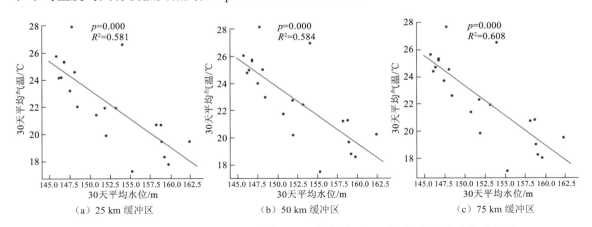

图 7.7.8　2009～2015 年消落期三峡库区及 4 级缓冲区 30 天平均气温和水位关系图

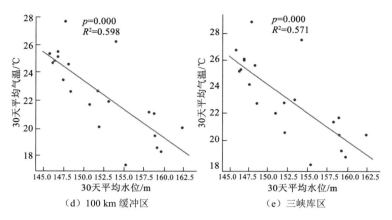

图 7.7.8　2009～2015 年消落期三峡库区及 4 级缓冲区 30 天平均气温和水位关系图（续）

（4）2009～2015 年汛期 30 天平均水位和 30 天平均气温关系如图 7.7.9 所示。由图 7.7.9 可知，汛期三峡库区、25 km、50 km、75 km 和 100 km 缓冲区内气象站点的 30 天平均水位和平均温度均具有强负相关性（$p<0.001$，$R^2>0.772$）。

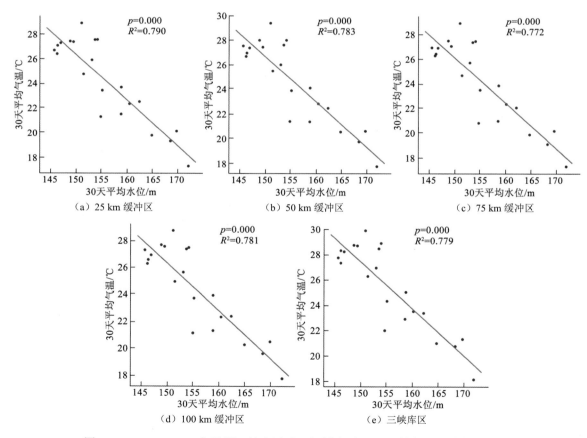

图 7.7.9　2009～2015 年汛期三峡库区及 4 级缓冲区 30 天平均气温和水位关系图

（5）2009～2015 年蓄水期 30 天平均水位和 30 天平均温度关系如图 7.7.10 所示。由图 7.7.10 可以看出，30 天平均水位和平均温度在蓄水期无直接关联。

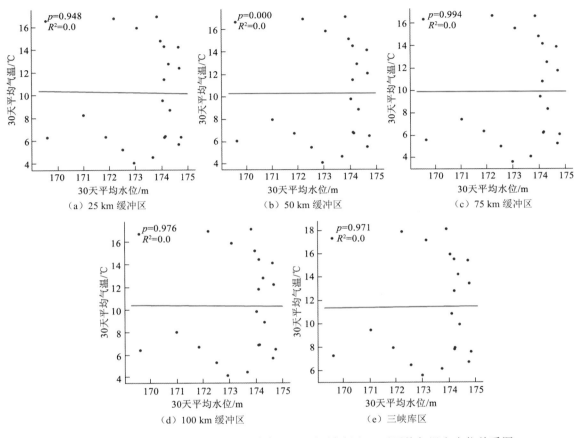

图 7.7.10　2009～2015 年蓄水期三峡库区及 4 级缓冲区 30 天平均气温和水位关系图

枯水期、消落期和汛期 30 天平均水位和平均温度均呈现较强负相关关系。结果表明，除年内自然季节气候变化因素外，枯水期和消落期随着平均水位的降低，对 100 km 范围内平均气温的升高也有一定的驱动作用。原因在于水域面积减小，水分蒸发量小，水域上空云层水汽含量减少，降水减少，植被生长减缓，气候调节功能降低，气候趋于干热。汛期水位波动，但受夏季气候因素主导气温显著升高。蓄水期 11 月之后一直高水位运行，变幅较小，因此温度变化响应微弱。

2. 水位-降水

（1）2009～2015 年 30 天平均水位和 30 天累积降水量关系如图 7.7.11 所示。由图 7.7.11 可知，全年 30 天平均水位和 30 天累积降水量具有较弱负相关性（$p < 0.001$，$0.479 < R^2 < 0.545$）。

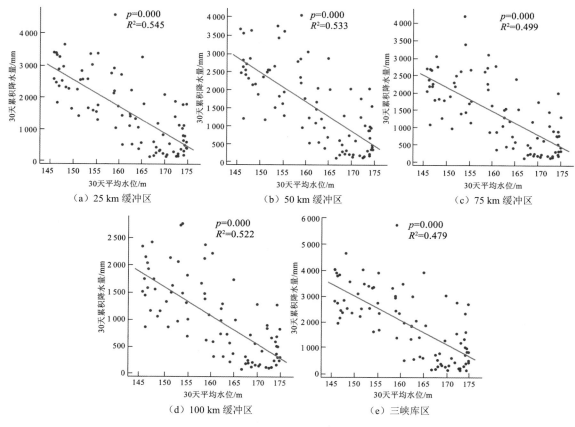

图 7.7.11　2009～2015 年三峡库区及 4 级缓冲区平均水位和 30 天累积降水量关系图

（2）2009～2015 年枯水期 30 天平均水位和 30 天累积降水量关系如图 7.7.12 所示。由图 7.7.12 可以看出，30 天平均水位和 30 天累积降水在枯水期的负相关性较强（$p<0.001$，$0.523<R^2<0.573$）。

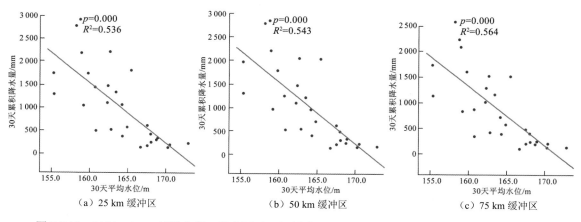

图 7.7.12　2009～2015 年枯水期三峡库区及 4 级缓冲区 30 天平均水位和 30 天累积降水量关系图

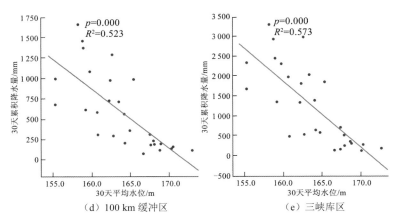

图 7.7.12　2009～2015 年枯水期三峡库区及 4 级缓冲区 30 天平均水位和 30 天累积降水量关系图（续）

（3）2009～2015 年消落期 30 天平均水位和 30 天累积降水量关系如图 7.7.13 所示。由图 7.7.13 可知，消落期三峡库区、25 km、50 km、75 km 和 100 km 缓冲区内气象站点的 30 天平均水位和 30 天累积降水量无明显关联。

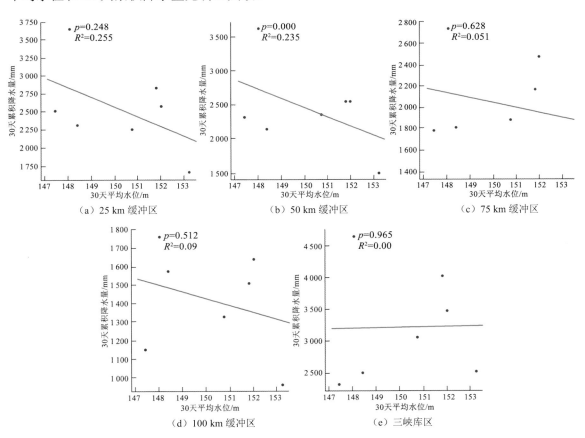

图 7.7.13　2009～2015 年消落期三峡库区及 4 级缓冲区 30 天平均水位和 30 天累积降水量关系图

（4）2009～2015 年汛期 30 天平均水位和 30 天累积降水量关系如图 7.7.14 所示。由图

7.7.14 可以看出，汛期三峡库区、25 km、50 km、75 km 和 100 km 缓冲区内气象站点的 30 天平均水位和 30 天累积降水均无明显关联关系。

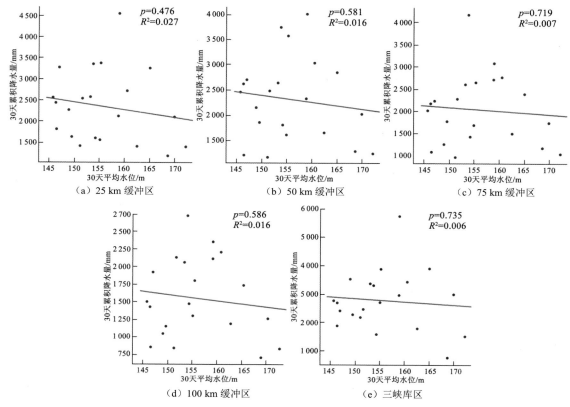

图 7.7.14　2009～2015 年汛期三峡库区及 4 级缓冲区 30 天平均水位和 30 天累积降水量关系图

（5）2009～2015 年蓄水期 30 天平均水位和 30 天累积降水量关系如图 7.7.15 所示。由图 7.7.15 可以看出，30 天平均水位和 30 天累积降水在蓄水期无明显关联关系。结果表明，30 天平均水位对 30 天累积降水在全年及各运行期均无明显影响。

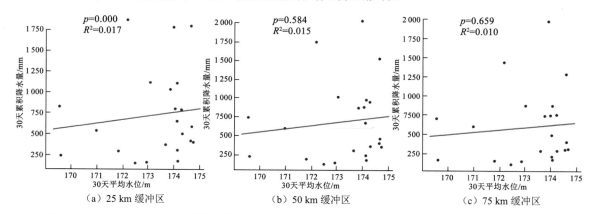

图 7.7.15　2009～2015 年蓄水期三峡库区及 4 级缓冲区 30 天平均水位和 30 天累积降水量关系图

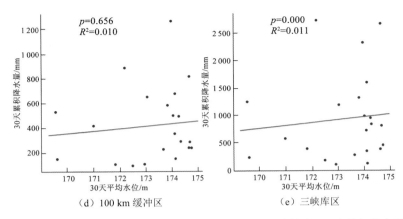

（d）100 km 缓冲区　　　　　　　（e）三峡库区

图 7.7.15　2009～2015 年蓄水期三峡库区及 4 级缓冲区 30 天平均水位和 30 天累积降水量关系图（续）

3. 降水-植被

（1）2009～2015 年多年 30 天累积降水量和 30 天平均 NDVI 关系如图 7.7.16 所示。由图 7.7.16 可知，全年 30 天累积降水量和 30 天平均 NDVI 具有较强的正相关性（$p<0.001$，$0.466<R^2<0.503$）。

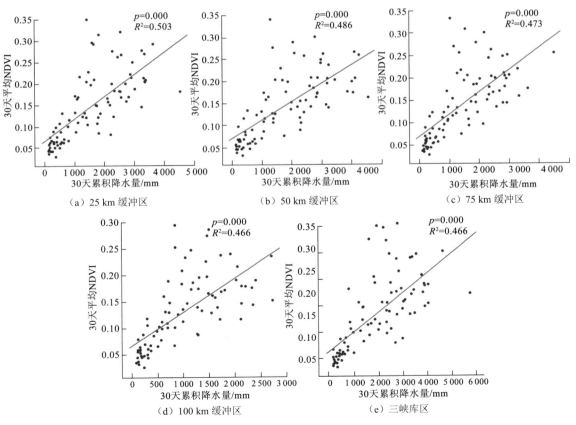

（a）25 km 缓冲区　　　　　　（b）50 km 缓冲区　　　　　　（c）75 km 缓冲区

（d）100 km 缓冲区　　　　　　　（e）三峡库区

图 7.7.16　2009～2015 年三峡库区及 4 级缓冲 30 天累积降水量和 30 天平均 NDVI 关系图

（2）2009～2015 年枯水期 30 天平均 NDVI 和 30 天累积降水量关系如图 7.7.17 所示。由图 7.7.17 可知，枯水期 30 天累积降水量和 30 天平均 NDVI 的正相关性强（$p < 0.001$，$0.589 < R^2 < 0.644$）。研究表明，枯水期三峡库区累积降雨量对三峡库区、25 km、50 km、75 km 和 100 km 缓冲区范围内植被生长也有明显促进作用。

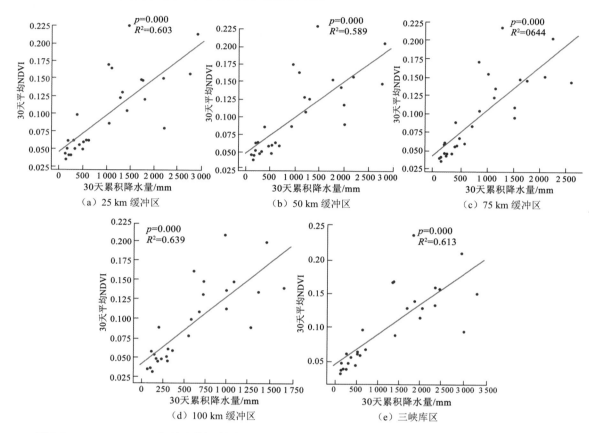

图 7.7.17　2009～2015 年枯水期三峡库区及 4 级缓冲区 30 天累积降水量和 30 天平均 NDVI 关系图

4. 温度–植被

（1）2009～2015 年 30 天平均气温和 30 天平均 NDVI 关系如图 7.7.18 所示。由图 7.7.18 可知，全年 30 天平均气温和 30 天平均 NDVI 值具有强正相关性（$p < 0.001$，$0.833 < R^2 < 0.854$）。

（2）2009～2015 年枯水期 30 天平均气温和 30 天平均 NDVI 关系如图 7.7.19 所示。由图 7.7.19 所示，30 天平均气温和平均 NDVI 在枯水期具有强正相关性（$p < 0.001$，$0.828 < R^2 < 0.855$）。

（3）2009～2015 年汛期 30 天平均水位和 30 天平均 NDVI 关系如图 7.7.20 所示。从图 7.7.20 可以看出，30 天平均气温和 30 天平均 NDVI 在汛期具有强正相关性（$p < 0.001$，$0.744 < R^2 < 0.822$）。

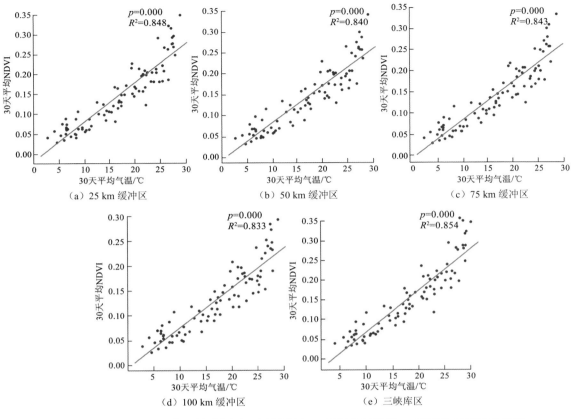

图 7.7.18　2009～2015 年三峡库区及 4 级缓冲区 30 天平均气温和 30 天平均 NDVI 关系图

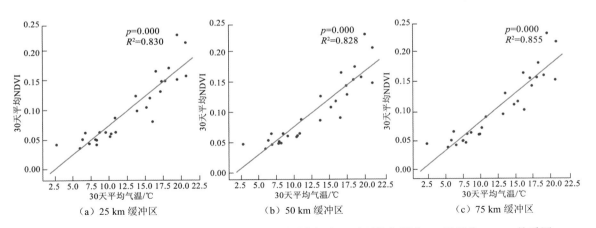

图 7.7.19　2009～2015 年枯水期三峡库区及 4 级缓冲区 30 天平均气温和 30 天平均 NDVI 关系图

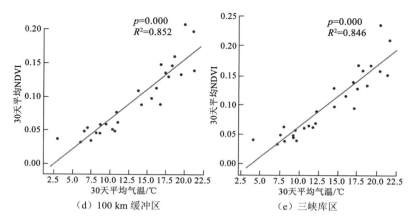

图 7.7.19　2009～2015 年枯水期三峡库区及 4 级缓冲区 30 天平均气温和 30 天平均 NDVI 关系图（续）

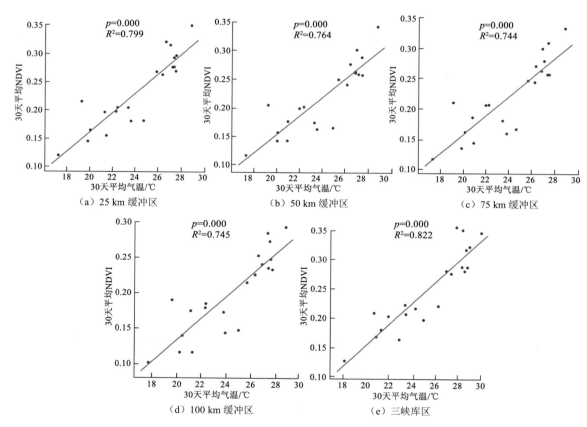

图 7.7.20　2009～2015 年汛期三峡库区及 4 级缓冲区 30 天平均水位和 30 天平均 NDVI 关系图

　　研究发现，除自然季节气候变化因素外，枯水期随水库平均水位的不断下降，也能驱动三峡库区及 25 km、50 km、75 km 和 100 km 缓冲区范围内平均温度升高，进而显著促进植被生长。汛期的调蓄（水位升高/下降）也直接促使气温发生变化（降低/升高），进而影响植被长势。

7.7.5　适宜库区植物生长的三峡水库水位阈值

以上研究表明,三峡库区水位波动对库区及其周边缓冲区植被生长产生一定影响,为此,本小节对库区水位波动下 NDVI 变化趋势开展深入研究,以期探明适宜库区植物生长的水位阈值。

2003 年,三峡工程实现蓄水 135 m;2006 年,三峡工程实现蓄水 156 m;2008 年 9 月 28 日 0 时三峡水库开始蓄水,11 月 5 日 8 时成功蓄水至 172.41 m;2009 年三峡水库试验性蓄水继续进行,9 月 15 日启动,三峡水库水位在 11 月 1 日达到 171 m,但因需加大水库下泄流量支持长江中下游抗旱,库水位此后迅速回落至 170 m 左右;2010 年 10 月 26 日,三峡水库首次蓄水至正常蓄水位 175 m(图 7.7.21)。

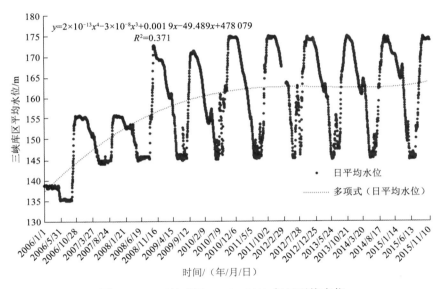

图 7.7.21　三峡库区 2006～2015 年日平均水位

从图 7.7.21 可以看出,三峡水位从 2006 年到 2010 年有逐年增加的趋势。2010 年三峡水库正式蓄水到 175 m 后(2011～2015 年)日平均水位变化呈平稳趋势,并根据前述相关性分析得知汛期(6 月 11 日～9 月 10 日)三峡水库日平均水位波动对气温、降水、NDVI 的影响较小。因此,考虑枯水期(1 月 1 日～5 月 14 日)和消落期(5 月 15 日～6 月 10 日)三峡水库水位降幅大,枯水期高水位下降至枯水期消落水位 155 m,消落期继续由 155 m 消落至防洪限制水位 145 m,将枯水期和消落期作为一个时段,推求并分析期间三峡库区逐年日平均气温、降水、NDVI 随水位消落的变化率,以探明其是否存在突变点(阈值)。

采用多项式拟合方法揭示三峡库区逐日平均气温、降水、NDVI 随水位变化趋势。

1. 枯水期-消落期

枯水期-消落期三峡库区日平均 NDVI 随水位变化如图 7.7.22 所示,黄线表示 NDVI 最大值时对应的水位为 W_t,多项式拟合方程为 $y=2.3\times10^{-5}x^3-0.0116x^2+1.9009x-103$,对其求导得 $W_t=152$。由图可知,枯水期-消落期 NDVI 随水位降低呈先增后降的变化趋势。水位从 175 m

下降至 W_t，NDVI 逐渐增大；水位从 W_t 继续下降至 145 m，NDVI 逐渐下降。结果表明，枯水期–消落期水位从高水位下降对植被生长有潜在的影响，且综合气温、降水等气象因素的响应和影响，枯水期–消落期（1 月 1 日～6 月 10 日）库水位为 152 时库区 NDVI 最大，植被长势较好。

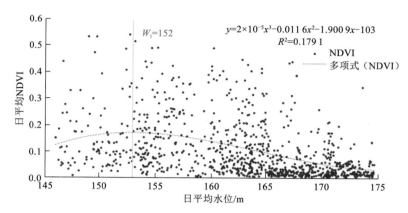

图 7.7.22　三峡库区枯水–消落期日平均水位–NDVI 关系图

为此，进一步分别分析三峡水库枯水期–消落期水位逐日变化对库区气温、降水和 NDVI 的驱动机制，如图 7.7.23～图 7.7.28 所示。从图 7.7.23 和图 7.7.24 可以看出，虽然枯水期库水

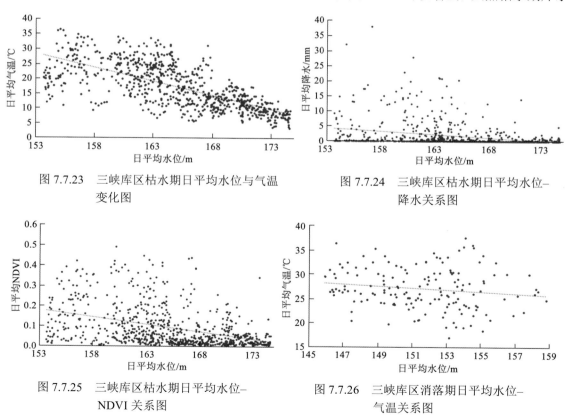

图 7.7.23　三峡库区枯水期日平均水位与气温
变化图

图 7.7.24　三峡库区枯水期日平均水位–
降水关系图

图 7.7.25　三峡库区枯水期日平均水位–
NDVI 关系图

图 7.7.26　三峡库区消落期日平均水位–
气温关系图

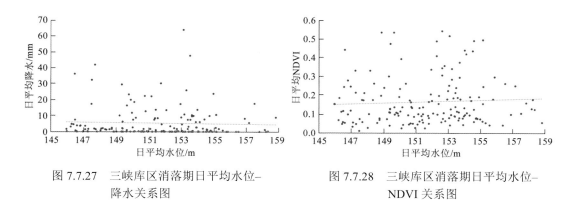

图 7.7.27　三峡库区消落期日平均水位– 降水关系图

图 7.7.28　三峡库区消落期日平均水位– NDVI 关系图

位不断下降,但受季节和气候影响气温显著升高,降水逐渐增多,对植被涵养和生长起主导促进作用,因此枯水期随着库区水位下降 NDVI 仍呈上升趋势,如图 7.7.25 所示。消落期从 5 月 15 日～6 月 10 日持续时间较短,从图 7.7.26 和图 7.7.27 可以看出气温和降水变化微弱,此时期库水位下降带来库区周边地下水供给不足,受到水位消落影响,NDVI 随水位下降逐渐降低,如图 7.7.28 所示。

2. 汛期–蓄水期

汛期–蓄水期三峡库区日平均 NDVI 随日平均水位变化如图 7.7.29 所示,多项式拟合方程为 $y = -0.00034x^2 + 0.1036x - 7.6321$,对其求导得 $W_t = 152$,库水位从 145 m 上升至 W_t,NDVI 微弱上升,库水位从 W_t 上升至 175 m,NDVI 逐渐下降。结果表明,汛期和蓄水期由于大坝拦蓄库水位升高对植被生长也存在一定的动力作用,且综合气温、降水因素的影响,汛期和消落期 NDVI 随库水位升高呈先微弱上升后下降的变化趋势。

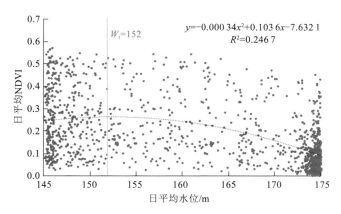

$$y = -0.00034x^2 + 0.1036x - 7.6321$$
$$R^2 = 0.2467$$

图 7.7.29　三峡库区汛期–蓄水期日平均水位与 NDVI 关系图

为此,进一步分别分析库区逐日平均气温、降水和 NDVI 对三峡水库汛期和蓄水期水位逐日变化的响应关系,如图 7.7.30～图 7.7.35 所示。从图 7.7.30 和图 7.7.31 可以看出,汛期气温和降水随库水位变化较小。汛期 NDVI 主要受到库区水位影响,库水位升高使库区水面面积增加,水面蒸发量加大,上空云层水汽含量增加,导致局地降水增强,从而有利于库区植被生长，NDVI 随库水位升高微弱增大，如图 7.7.32 所示。此外，蓄水期持续时间为 9 月 11 日～12 月 31 日，随着水库开始蓄水，库区水位逐渐升高，受入冬后季节影响库区气温显著降低，降水也逐渐减少，如图 7.7.33 和图 7.7.34 所示。此期间受主导因素气温下降的影响，气候趋向干燥寒冷，导致植物生理生化反应减慢，具体表现为植物光合作用、呼吸作用、蒸腾作用减弱，CO_2、O_2 在植物细胞内的溶解度减小，根吸收水分和养分的能力降低，植被逐渐枯萎进而导致库区 NDVI 逐渐下降，如图 7.7.35 所示。

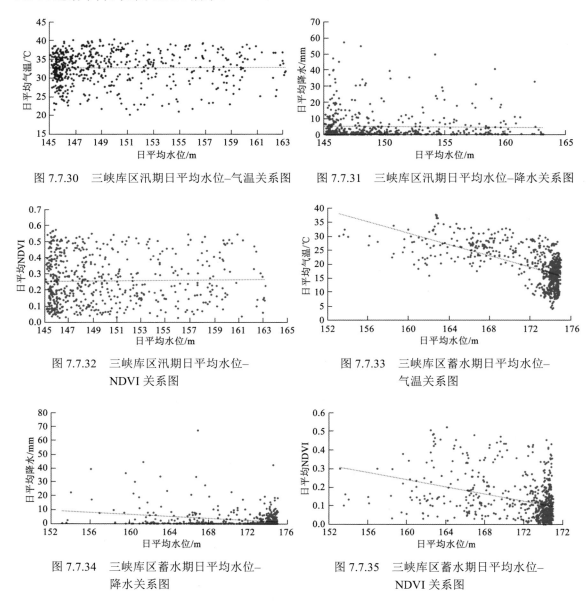

图 7.7.30　三峡库区汛期日平均水位–气温关系图　　　图 7.7.31　三峡库区汛期日平均水位–降水关系图

图 7.7.32　三峡库区汛期日平均水位–
NDVI 关系图　　　图 7.7.33　三峡库区蓄水期日平均水位–
气温关系图

图 7.7.34　三峡库区蓄水期日平均水位–
降水关系图　　　图 7.7.35　三峡库区蓄水期日平均水位–
NDVI 关系图

3. 消落期–汛期

从图 7.7.36 可以看出，消落期–汛期库区水位变化对 NDVI 基本没有影响。原因是消落期持续较短,三峡库区逐日平均 NDVI 主要受到汛期库水位波动影响。同时,从图 7.7.36 可以看出,汛期随库水位升高 NDVI 变化微弱。因此,消落期–汛期库水位与 NDVI 相关性较弱。

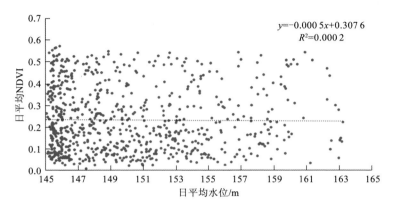

图 7.7.36　三峡库区消落期–汛期日平均水位–NDVI 关系图

参 考 文 献

[1] 田景环, 崔庆, 徐建华, 等. 黄河流域大中型水库水面蒸发对水资源量的影响[J]. 山东农业大学学报(自然科学版), 2005, 36(3): 391-394.

[2] 马占山, 张强, 秦琰琰. 三峡水库对区域气候影响的数值模拟分析[J]. 长江流域资源与环境, 2010, 19(9): 1044.

[3] 陈鲜艳, 张强, 叶殿秀, 等. 三峡库区局地气候变化[J]. 长江流域资源与环境, 2009, 18(1): 47-51.

[4] WU L, ZHANG Q, JIANG Z. Three Gorges Dam affects regional precipitation[J]. Geophysical research letters, 2006, 33(13): L13806.

[5] 张天宇, 范莉, 孙杰, 等. 1961~2008 年三峡库区气候变化特征分析[J]. 长江流域资源与环境, 2010(S1): 52-61.

[6] 高学平, 赵世新, 张晨, 等. 河流系统健康状况评价体系及评价方法[J]. 水利学报, 2009, 40(8): 962-968.

[7] 徐志侠, 王浩, 唐克旺, 等. 吞吐型湖泊最小生态需水研究[J]. 资源科学, 2005, 27(3): 140-144.

[8] 卢鑫, 赵红莉, 杨树文, 等. 雅砻江流域二滩水库周边植被变化[J]. 水土保持通报, 2016, 36(3): 148-151.

[9] 初祁, 徐宗学, 刘文丰, 等. 24 个 CMIP5 模式对长江流域模拟能力评估[J]. 长江流域资源与环境, 2015, 24(1): 81-89.

[10] 张兰, 沈敬伟, 刘晓璐, 等. 2001—2016 年三峡库区植被变化及其气候驱动因子分析[J]. 地理与地理信息科学, 2019, 35(2): 44-52.

[11] WANG F, GE Q S, WANG S W, et al. Certainty and uncertainty in understanding global warming[J]. Chinese journal of population resources & environment, 2014, 12(1): 6-12.

[12] DANIEL M. The changing ethics of climate change[J]. Ethics & international affairs, 2014, 28(3): 351-358.

[13] SHI P J, SUN S, WANG M, et al. Climate change regionalization in China (1961–2010)[J]. Science China earth sciences, 2014, (11): 2676-2689.

[14] REN G, DING Y, ZHAO Z, et al. Recent progress in studies of climate change in China[J]. Advances in atmospheric sciences, 2014, 29(5): 958-977.

[15] XU W, LIU X. Response of vegetation in the Qinghai-Tibet Plateau to global warming[J]. Chinese geographical science, 2007, 17(2): 151-159.

[16] 陈中平, 徐强, Mann-Kenda 检验法分析降水量时程变化特征[J]. 科技通报, 2016, 32(6): 47-50.

[17] 刘敬伟, 李富祥, 刘月, 等. 鸭绿江下游径流时序变化特征研究[J]. 人民黄河, 2011, 33(10): 34-36

[18] 张建英, 陈杰. 乌兰察布市四子王旗降水变化的气候特征[J]. 现代经济信息, 2013(19): 481.

[19] 符传博, 唐家翔, 丹利, 等. 1960–2013 年我国霾污染的时空变化[J]. 环境科学, 2016, 37(9): 3237-3248.

[20] 徐新良. 中国月度植被指数（NDVI）空间分布数据集[DB]. 中国科学院资源环境科学数据中心数据注册与出版系统, 2018.

[21] 韩继冲, 喻舒琳, 杨青林, 等. 1999—2015 年长江流域上游植被覆盖特征及其对气候和地形的响应[J]. 长江科学院院报, 2019(9): 51-57.

[22] 崔耀平, 刘纪远, 胡云锋, 等. 中国植被生长的最适温度估算与分析[J]. 自然资源学报, 2012(2): 281-292.

[23] 中国环保监测总站. 长江三峡工程生态与环境监测公报[R]. 2009~2017.

[24] 三峡集团. 三峡水库优化调度方案[R]. 2009.

[25] 三峡集团. 长江三峡工程运行实录 2003~2012 年[R]. 2012.

[26] 三峡集团. 三峡梯级水库调度运行规程[R]. 2015.

[27] RUNGE J, BATHIANY S, BOLLT E, et al. Inferring causation from time series in earth system sciences[J]. Nature communications, 2019, 10(1): 2553.

[28] PAPAGIANNOPOULOU C, GONZALEZ M D, DECUBBER S, et al. A non-linear Granger-causality framework to investigate climate-vegetation dynamics[J]. Geoscientific model development, 2017, 10(5): 1945-1960.

[29] HAN Z C, CHENG H P. Two-dimensional sediment mathematical model of Hangzhou Bay. Proc. 3rd Intern. Symp. on River Sedimentation[R]. The University of Mississippi, USA, 1986, 463-471.

[30] CHIEN N, WAN Z H. Mechanics of sediment transport[M]. American Society of Civil Engineers, Virginia: ASCE Press, 1999.

[31] CHAI Y, LI Y, YANG Y, et al. Influence of climate variability and reservoir operation on streamflow in the Yangtze River[J]. Scientific reports, 2019, 9(1): 5060.

第 8 章

长江上游供水–发电–环境水资源系统
互馈关系解析

　　长江上游供水–发电–环境耦合互馈系统的水资源适应性开发和利用是水利科学与复杂性科学交叉发展的前沿问题之一。然而，水资源耦合互馈系统中供水、发电、环境竞争用水且相互作用和影响，导致供需水时空冲突下物质流、能量流、信息流映射关系的精确描述十分困难，尤其是供水、发电、环境子系统间相互影响的形式、途径、范围和程度尚不明晰，且多维目标协同优化研究的难点又在于耦合系统互馈关系的动力学建模，致使供水–发电–环境耦合系统互馈协变关系的定量解析成为变化环境下径流适应性利用的理论瓶颈。因此，阐明长江上游供水–发电–环境耦合系统互馈关系及演化规律是实现长江上游径流适应性利用的理论基础，同时也是水资源适应性利用领域亟待解决的关键科学问题。

为此,围绕长江上游供水–发电–环境耦合互馈系统的径流适应性利用问题,本章以长江上游复合水资源系统结构功能的复杂性为研究对象展开研究与分析。首先,以供水、发电、环境的数据表征为依据,解析长江上游供水–发电–环境互馈系统的历史演变特性,考虑供水–发电和发电–环境两两耦合互馈关系,构建供水–发电和发电–环境水库模拟调度模型,以探明来水影响下供水–发电互馈关系及考虑生态需水条件下发电–环境互馈关系。进一步,建立长江上游梯级水库群供水–发电–环境多目标优化调度模型,并结合梯度分析方法解析供水–发电–环境互馈关系。最后,应用系统动力学方法,构建供水–发电–环境互馈的水资源耦合系统协同演化模型,以探明水资源耦合系统的协同演化趋势和动力学机制,辨识耦合互馈系统关键状态变量临界阈值,并结合耗散结构理论有序度熵方法,对长江上游供水–发电–环境耦合互馈系统进行稳态分析,从而指导变化环境下流域水资源适应性利用和管理,支撑流域社会经济可持续和健康绿色发展。

8.1 供水–发电–环境历史数据的互馈关系解析

8.1.1 长江上游供水、发电和环境的数据表征

本节采用流域年供水量、流域年水力发电量及流域年平均 NDVI 分别表征供水、发电和环境三个子系统的状态。流域年供水量、水力发电量和流域水资源总量数据主要来源于《长江流域及西南诸河水资源公报》及《中国水利年鉴》等,NDVI 由《中国科学院资源环境科学数据中心》统计的长江上游各地区 NDVI 平均后得到。宜昌站流量原始数据为历史实测数据。同步数据序列包含 1998~2017 年时间段,共计 20 年,如表 8.1.1 所示。

表 8.1.1 供水–发电–环境相关指标原始数据

年份	流域年供水量/亿 m³	流域年水力发电量/（亿 kW·h）	NDVI	宜昌站流量/（m³/s）	流域水资源总量/亿 m³
1998	457.64	443.07	0.65	16 460.39	5 354.09
1999	431.15	456.76	0.64	15 200.26	4 869.52
2000	425.50	553.10	0.64	14 858.41	4 761.86
2001	404.82	688.78	0.65	13 141.53	4 254.82
2002	410.00	663.93	0.65	12 391.81	3 964.39
2003	416.94	761.51	0.67	12 933.96	4 143.14
2004	424.00	1 000.98	0.68	13 081.13	4 190.74
2005	431.34	1 040.11	0.69	14 483.94	4 506.34
2006	438.84	1 174.26	0.66	8 998.22	3 185.12
2007	439.24	1 324.01	0.68	12 709.30	4 260.51
2008	440.83	1 692.69	0.68	13 266.84	4 436.21
2009	434.93	1 782.93	0.68	12 195.01	4 011.30
2010	461.17	2 022.02	0.70	12 770.14	4 281.64
2011	460.75	2 202.48	0.68	10 670.72	3 683.02

续表

年份	流域年供水量/亿 m³	流域年水力发电量/(亿 kW·h)	NDVI	宜昌站流量/(m³/s)	流域水资源总量/亿 m³
2012	467.71	2 362.79	0.70	14 202.30	4 582.14
2013	465.08	3 095.89	0.72	11 664.43	4 031.08
2014	459.24	3 873.60	0.71	13 890.14	4 542.88
2015	489.71	4 102.99	0.72	11 970.74	3 825.99
2016	489.77	4 297.38	0.74	13 381.10	4 202.55
2017	495.11	4 554.07	0.74	13 807.22	4 506.34

8.1.2　供水–发电–环境相关性分析

为探明供水–发电–环境互馈影响机理,分析 1998～2017 年长江上游流域年供水量、流域年水力发电量、NDVI 两两之间的相关关系,并推求流域年供水量与水力发电量、流域年供水量与 NDVI、水力发电量与 NDVI 的相关系数,如图 8.1.1 和图 8.1.2 所示。由图 8.1.1 和图 8.1.2 可知,流域年供水量与流域年水力发电量、流域年供水量与 NDVI、流域年水力发电量与 NDVI 均呈现较强的正相关关系,且相关系数分别为 0.87、0.84、0.94。分析结果表明,长江上游流域的年供水量、流域年水力发电量与 NDVI 共同呈现出随时间协同上升的规律。

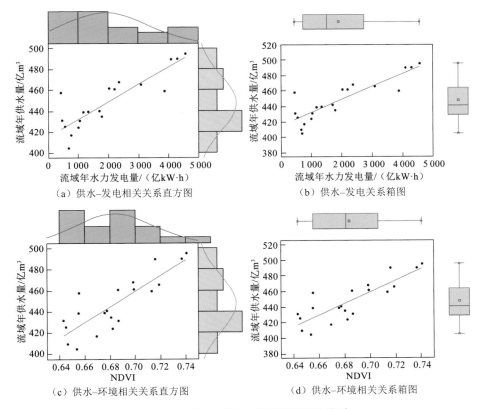

图 8.1.1　供水–发电–环境两两相关关系

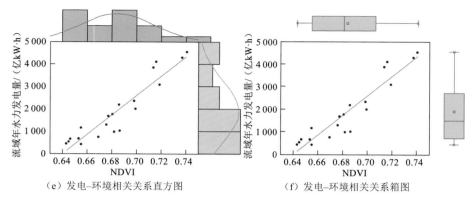

（e）发电–环境相关关系直方图　　　　　（f）发电–环境相关关系箱图

图 8.1.1　供水–发电–环境两两相关关系（续）

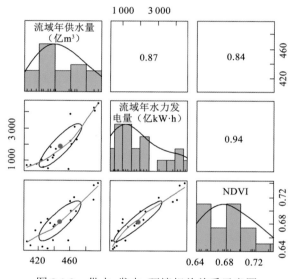

图 8.1.2　供水–发电–环境相关关系示意图

8.1.3　供水–发电–环境演化的动力学机制及其协同竞争动态平衡分析

由 8.1.1 小节和 8.1.2 小节的分析结果可知，供水、发电和环境之间呈较强的正相关关系，即任何一个状态变量增大，其他状态变量也增大，如供水量增大，水力发电量就随之增大，同时环境状态也相应改善。然而，普遍的直观认知是供水量加大必然影响流域发电，大量供用水对流域环境也存在一定的胁迫作用。为揭示以上矛盾，选取长江上游水资源总量为供水–发电–环境水资源系统的关键联结变量，分析其与长江上游流域年度平均植被指数的动态演化关系，从而进一步阐明长江上游流域年度平均 NVDI 逐年改善的主要原因。

长江上游水资源总量和流域内供水量及长江上游流域年平均 NVDI 的演化关系如图 8.1.3 和图 8.1.4 所示。

由图 8.1.3 和图 8.1.4 可知，2002 年以前流域水资源总量下降趋势明显，受其影响，流域供

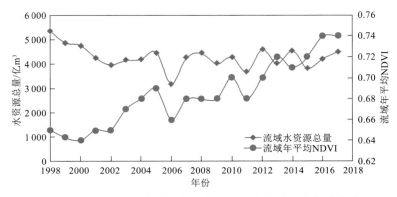

图 8.1.3　1998～2018 年流域年平均 NVDI 与水资源总量演化趋势

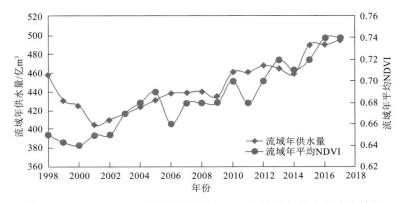

图 8.1.4　1998～2018 年流域年平均 NVDI 与流域年供水量演化过程

水量和流域年平均 NVDI 也同样急剧下降。2002 年以后，流域水资源总量保持基本稳定，而流域年供水量和年平均 NVDI 总体呈上升趋势。根据这个现象，可推断在 1998～2017 年这一历史区间，由于水资源总量基本稳定且充足，流域供水–发电–环境互馈关系保持基本稳定且呈正相关关系。结合流域在水利、生态、能源等工程建设方面的历史发展轨迹，辨识供水、发电和环境子系统的动态驱动力，包括：①流域年供水量的增加主要有两方面的动力驱动，分别是社会经济发展的用水需求的驱动及水利工程的逐步规划建设投运的驱动；②流域水力发电量的不断上升也主要包含两种驱动力，分别是社会经济发展的用电需求驱动力及水利工程的持续规划建设投运的驱动；③流域环境子系统的持续改善主要包含两类驱动力，分别是流域水资源的涵养及流域生态保护和恢复工程的驱动，其中生态保护和恢复工程主要有水土保持、植树造林、水库修建等。显然，在历史发展阶段，供水、发电和环境子系统的动态变化驱动力都包括水利工程，即在水利工程的作用下，供水–发电–环境水资源复杂系统呈协同演化趋势。这一结论清晰地揭示了在水资源充足且基本稳定时供水–发电–环境呈协同演化的动力学机制，为促进长江上游流域水资源适应性利用和可持续发展提供了理论依据。

在 1998～2017 年历史发展阶段，由于流域水资源量较为丰富，供水、发电和环境之间竞争关系较小，主要呈协同关系。未来情境下，随着流域社会经济的持续发展，用水及发电规模将会不断增加，供水、发电和环境间的协同关系可能会削弱。总之，随时间轴推进，供水、发电和环境之间的互馈关系会随着流域水资源的主要供需矛盾而呈现协同竞争动态平衡趋势。

8.2 来水影响下供水–发电互馈关系模拟调度分析

为分析来水影响下供水和发电的互馈关系,对历史来水进行频率分析,获得不同频率来水过程,以各频率来水过程设置不同的供水情境,并通过水库模拟调度确定不同来水和供水条件下的年发电量,最后,对调度结果归类并总结分析,揭示不同来水情景下供水和发电的耦合互馈关系。

8.2.1 水库发电调度模型

水库群发电调度的目的是在满足水库运行约束条件下,充分发挥水库群调度的效用,最大化梯级水库群综合效益。

1. 目标函数

流域梯级水库发电调度模型一般以发电量最大或者发电效益最大为优化目标,为此,本节以发电量最大为调度目标,构建发电调度模型,即

$$\max E = \sum_{t=1}^{T}\sum_{i=1}^{M} N_{i,t}\Delta T_t = \sum_{t=1}^{T}\sum_{i=1}^{M} K_{i,t}Q_{i,t}H_{i,t}\Delta T_t \tag{8.2.1}$$

式中:E 为调度期内梯级水库总发电量;T 为调度期内时段数;M 为梯级水库数量;$N_{i,t}$ 为第 i 个水库在时段 t 的出力;$K_{i,t}$ 为对应的出力系数;$Q_{i,t}$ 则为对应的发电流量;ΔT_t 为 t 时段的时段长度。

2. 约束条件

(1)水量平衡

$$V_{i,t+1} = V_{i,t} + (I_{i,t} - Q_{i,t} - S_{i,t})\Delta T \tag{8.2.2}$$

式中:$V_{i,t}$ 为第 i 个水库在 t 时段初的库容;$I_{i,t}$ 为入库流量;$Q_{i,t}$ 为发电流量;$S_{i,t}$ 为弃水流量。

(2)水力约束

$$Z_{i,t}^{\text{down}} = \begin{cases} Z_1^{\text{down}}(Q_{i,t}+S_{i,t}), & \text{无顶托} \\ Z_2^{\text{down}}(Q_{i,t}+S_{i,t},Z_{i+1,t}), & \text{有顶托} \end{cases} \tag{8.2.3}$$

式中:$Z_{i,t}$ 为水库坝前水位,则 $Z_{i,t}^{\text{down}}$ 为水库尾水位。一般情况下,水库尾水位是其下泄流量的凹函数。但当上游水库坝址位于下游水库回水区,梯级水库出现水头重叠情况(即顶托)时,水库尾水位还与其下游水库的坝前水位有关。

(3)水位约束

$$Z_{i,t}^{\min} \leqslant Z_{i,t} \leqslant Z_{i,t}^{\max} \tag{8.2.4}$$

$$\left| Z_{i,t} - Z_{i,t+1} \right| \leqslant \Delta Z_i \tag{8.2.5}$$

式中:$Z_{i,t}^{\min}$ 与 $Z_{i,t}^{\max}$ 为水库 i 在时段 t 的最小和最大水位限制;ΔZ_i 为时段内的最大允许水位变幅;在枯水期,$Z_{i,t}^{\max}$ 一般为正常蓄水位,$Z_{i,t}^{\min}$ 则为消落期最低水位;在汛期,$Z_{i,t}^{\max}$ 为汛限水位,

$Z_{i,t}^{\min}$ 为死水位。

（4）出力约束

$$N_{i,t}^{G} \leqslant N_{i,t} \leqslant N_{i,t}^{\max}(H_{i,t}) \tag{8.2.6}$$

式中：$N_{i,t}^{\max}$ 为水库 i 在时段 t 的最大出力，最大出力由水库机组动力特性、水库外送电力限制、机组预想出力等综合确定；$N_{i,t}^{G}$ 为保证出力，$N_{i,t}^{G} \leqslant N_{i,t}$ 约束（保证出力约束）为柔性约束，在径流特枯时水库消落至最低水位尚不能满足保证出力需求时，可适当降低保证出力值，或不考虑保证出力约束。

（5）流量约束

$$Q_{i,t}^{\min} \leqslant Q_{i,t} + S_{i,t} \leqslant Q_{i,t}^{\max} \tag{8.2.7}$$

式中：$Q_{i,t}^{\max}$ 为水库 i 在时段 t 的最大下泄流量；$Q_{i,t}^{\min}$ 为最小下泄流量。最大、最小下泄流量一般由大坝泄流能力，河道航运行洪需求和不同时期河道生态、供水等综合用水需求决定。

（6）边界约束

$$Z_{i,1} = Z_i^{\text{begin}}, \quad Z_{i,T} = Z_i^{\text{end}} \tag{8.2.8}$$

式中：Z_i^{begin} 为水库起调水位；Z_i^{end} 为调度期末控制水位。

（7）外送断面限额约束

$$N_{i,t}^{\max} \leqslant N_{i,t}^{\text{limit}} \tag{8.2.9}$$

式中：$N_{i,t}^{\max}$ 为水库 i 在时段 t 的最大出力；$N_{i,t}^{\text{limit}}$ 为水库 i 在时段 t 的外送断面限额。

（8）水头计算公式

$$H_{i,t} = (Z_{i,t} + Z_{i,t+1})/2 - Z_{i,t}^{\text{down}} - H_{i,t}^{\text{loss}} \tag{8.2.10}$$

式中：$H_{i,t}^{\text{loss}}$ 为水头损失。

（9）出力系数计算公式

$$K_{i,t} = K(H_{i,t}, Q_{i,t}) \tag{8.2.11}$$

式中：出力系数 $K_{i,t}$ 为水头和发电流量的函数。

8.2.2　供水–发电互馈关系分析

本小节选取 2005 年和 2014 年为研究年度，将调度来水设置为 4 组，分别为当年实际来水、25%频率来水、50%频率来水和 75%频率来水，供水量设置为 7 组，分别为当年实际供水、供水量增加 5%、10%、15%、20%、25%和 30%。以上述参数为基础，进行模拟调度。

葛洲坝水库调度结果如图 8.2.1 所示。由图 8.2.1 可知，不同来水情景下随着供水量的增加，发电量逐渐下降，下降百分比如图 8.2.2 所示。由图 8.2.2 可知，当供水增加 20%时，发电量减少 1%左右，当供水增加超过 20%时，发电量减少超过 1%。显然，发电量减少与供水量增加呈较强的相关关系，且来水较枯时，发电量受供水量影响较大。

三峡—葛洲坝梯级的调度结果如图 8.2.3 所示。由图 8.2.3 可知，不同来水情景下随着供水量的增加，发电量逐渐下降，下降百分比如图 8.2.4 所示。由图 8.2.4 可知，当供水增加 20%时，发电量减少超过 1%，当供水增加超过 20%时，发电量减少达 1.5%左右。显然，发电量减少与

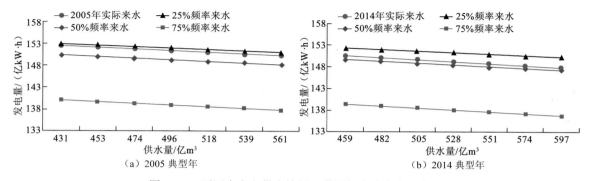

图 8.2.1　不同来水和供水情景下葛洲坝水库发电量变化

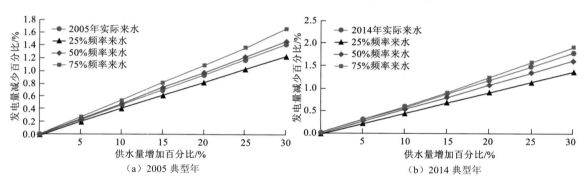

图 8.2.2　不同来水和供水情景下葛洲坝水库发电量变化百分比

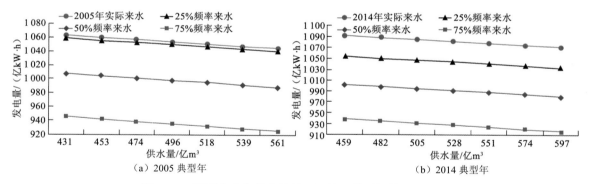

图 8.2.3　不同来水和供水情景下三峡—葛洲坝梯级发电量

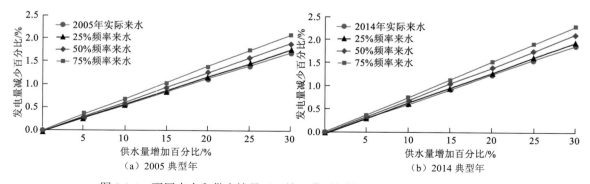

图 8.2.4　不同来水和供水情景下三峡—葛洲坝梯级水库发电量变化百分比

供水量增加呈较强的相关关系。且来水较枯时，发电量受供水量影响较大。此外，从图 8.2.2 和图 8.2.4 还可以看出，装机容量较大时，发电量受供水量影响较大。

综上所述，不同来水情景下，随着供水量的增大发电量逐渐减少，且来水越枯发电量受供水量影响越大，此外，装机容量越大，发电量受供水量影响也越大。

8.3 三峡水库发电–环境互馈关系模拟调度

水利工程修建及运行阻断了天然河道，破坏了流域生态系统完整性，改变了来水过程的时空分布及理化性质，从而对河道水文情势、水生生物、水质等产生不同程度的影响，且现行调度方式大多围绕发电、航运、供水等社会经济效益，往往忽视了水库库区及下游河道生态用水需求，流域生态问题逐渐凸显。如何通过制定合理的水库调度与运行策略，协调发电、生态等各个部门之间竞争关系，降低水电开发对流域生态的负面影响，力求水利工程运行综合效益的最大化，对于当今水电运行具有重要意义[1]。目前，发电–环境互馈关系解析已成为国内外学者研究的热点和前沿，但已有研究主要集中于探讨生态约束对发电目标的影响，并未统筹考虑发电–环境目标的相互关系。为此，以三峡水库为研究对象，推求不同来水频率下生态需水流量阈值，建立考虑多维时空约束的发电、生态多目标调度模型，通过设置不同目标权重，分析发电–生态目标间的转化关系和演化过程，探明长江上游水库群发电–生态耦合互馈关系，为促进流域水能的可持续开发、平衡发电效益与生态效益以及河流的健康管理提供理论依据。

8.3.1 发电–环境互馈关系解析及其模拟调度模型

以生态缺水量之和最小作为评价水库调度对河流生境影响指标，以发电量最大和生态缺水量之和最小为目标，建立三峡水库发电–环境互馈关系模拟调度模型。

（1）经济目标：发电量最大。

$$\text{obj}_1 = \max E = \max \sum_{t=1}^{T} \sum_{i=1}^{N} A_i \cdot Q_{i,t} \cdot H_{i,t} \cdot \Delta t \tag{8.3.1}$$

式中：E 为三峡水库总发电量；T 为年内调度时段，取值为 12；N 为水库个数，单库模型取值为 1；A_i 为第 i 个水库的综合发电系数；$Q_{i,t}$ 和 $H_{i,t}$ 分别为第 i 个水库第 t 个时段发电流量和水库水头；Δt 为一个调度时段的长度。

（2）生态环境目标：生态缺水量之和最小。

$$\text{obj}_2 = \min F = \min \sum_{t=1}^{T} \sum_{i=1}^{N} \text{WV}_{i,t} \tag{8.3.2}$$

$$\text{WV}_{i,t} = \left[\text{EWR}_{i,t}^{\min} - (Q_{i,t} + S_{i,t}) \right] \Delta t, \quad \text{如果} \quad Q_{i,t} + S_{i,t} < \text{EWR}_{i,t}^{\min} \tag{8.3.3}$$

式中：$\text{WV}_{i,t}$ 为第 i 个水库第 t 个时段的生态溢缺水量；$\text{EWR}_{i,t}^{\min}$ 为第 i 个水库下游河道、第 t 个时段的适宜生态流量的下限；$S_{i,t}$ 为第 i 个水库、第 t 个时段的弃水。

（3）综合目标函数：为了方便优化，采用一定的权重将上述两个目标函数转化为一个综合目标进行优化计算。

$$\text{obj}=\omega_1\text{obj}_1-\omega_2\text{obj}_2$$
$$\text{s.t.}\omega_1+\omega_2=1,\quad \omega_j>0,\quad j=1,2 \tag{8.3.4}$$

该多目标优化调度模型同时需满足以下约束条件。

（1）水库水量平衡约束

$$V_{i,t}=V_{i,t-1}+(I_{i,t}-Q_{i,t}-S_{i,t})\Delta t,\quad \forall t\in T \tag{8.3.5}$$

（2）水库出力约束

$$P_{i,t}\leqslant P_{i,t}^{\max},\quad \forall t\in T \tag{8.3.6}$$

（3）水库水位约束

$$Z_{i,t}^{\min}\leqslant Z_{i,t}\leqslant Z_{i,t}^{\max},\quad \forall t\in T \tag{8.3.7}$$

$$Z_{i,\text{start}}=Z_{i,\text{end}} \tag{8.3.8}$$

（4）水库下泄流量约束

$$Q_{i,t}^{\min}\leqslant Q_{i,t}\leqslant Q_{i,t}^{\max},\quad \forall t\in T \tag{8.3.9}$$

式中：$V_{i,t}$ 和 $V_{i,t-1}$ 分别为第 i 个水库第 t 个时段和第 $t-1$ 个时段的库容；$I_{i,t}$、$Q_{i,t}$、$S_{i,t}$ 分别为入库流量、出库流量及弃水；$P_{i,t}^{\max}$ 为第 i 个水库第 t 个时段的水库出力约束；$Z_{i,t}^{\min}$ 和 $Z_{i,t}^{\max}$ 分别为第 i 个水库第 t 个时段的水位下限和上限；$Z_{i,\text{start}}$ 和 $Z_{i,\text{end}}$ 分别为第 i 个水库的初末水位；$Q_{i,t}^{\min}$ 和 $Q_{i,t}^{\max}$ 分别为第 i 个水库第 t 个时段的下泄流量最小值和最大值。

8.3.2　三峡水库发电–生态互馈关系解析

1. 三峡水库下游河道生态需水量阈值确定

采用逐月频率法和变动范围法（range of variability approach，RVA）计算三峡水库下游河道生态需水量阈值。根据逐月频率法将历史资料划分为丰水、平水、枯水 3 个时期，分别计算各时期在不同频率下的径流量作为适宜生态径流过程，并将 RVA 框架引入逐月频率法中，以每月 25% 频率的流量作为适宜生态流量的下限，并认为当河道内流量低于适宜下限时，将会对河流生态系统造成影响。对 1882～2011 年三峡月平均径流数据入库历史观测流量分丰水年、平水年、枯水年进行排频计算，得到不同频率来水（25%、50%、75%）对应的河道逐月生态需水流量阈值，如图 8.3.1 所示。

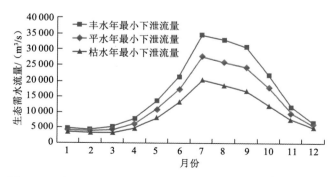

图 8.3.1　丰水年、平水年、枯水年河道逐月生态需水流量阈值

2. 基于模拟调度的发电–环境互馈关系解析

以丰水年 2005 年月平均径流作为三峡水库的来水过程,以式(8.3.4)为目标函数,依次设置不同的权重向量(0.9,0.1)、(0.8,0.2)、···、(0.1,0.9),获得该年份总发电量和河道生态缺水量关系如图 8.3.2 所示。由图可知,当权重设置偏向经济效益时,必然损失一部分生态效益,这两个目标之间存在明显的竞争关系。

定义发电–生态胁迫性指标表征发电与生态目标间的竞争性,具体含义为生态缺水增量与增发电量之比。当发电目标权重在 [0.1,0.6] 时(图 8.3.2 区 1),发电–生态胁迫性指标为 2.9,即三峡水库发电量在 [949.35,969.4] 亿 kW·h,每增发 1 亿 kW·h 电量,生态缺水量将增加约 2.9

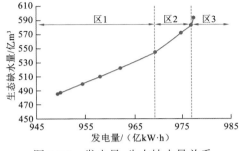

图 8.3.2 发电量–生态缺水量关系

亿 m^3;当发电目标权重在 [0.6,0.8] 时(图 8.3.2 区 2),发电–生态胁迫性指标为 5.2;当发电目标权重在 0.8 以上时(图 8.3.2 区 3),发电–生态胁迫性指标为 19。由此可见,年发电总量与生态缺水量互馈关系整体呈凹函数关系,即随着发电量的增加对生态的胁迫性逐渐加剧。区 1 两者胁迫关系平稳,区 2 两者胁迫关系增强,区 3 两者胁迫关系剧烈。综上所述,该指标可指导决策者如何权衡发电和生态效益,确定兼顾发电与生态目标的科学合理的调度方案。

8.4 长江上游水库群发电–环境多目标调度互馈关系解析

面向生态环境保护与修复的长江中上游梯级水库群水电联合优化调度必须综合考虑生态修复、环境保护、防洪、抗旱、发电、供水、航运和电网安全等相互竞争、不可公度的调度目标,是一类多因素、多层次、多阶段的复杂多目标优化问题。针对三峡梯级发电–环境调度所面临的复杂关系,建立三峡梯级发电–环境多目标调度模型,提出基于 ε 支配的自适应 MODE 算法对模型进行高效求解,分析水库群调度中发电效益与生态环境效益之间的演化规律,为流域水资源合理分配和经济效益–生态环境效益均衡发展决策提供重要支撑。

8.4.1 水库群发电–生态多目标调度模型

传统的水库调度主要考虑社会经济目标,很少考虑生态环境的要求,导致水库及下游河道生态环境恶化。以水库库区及下游河道生态环境需水缺水量最小为目标进行水库调度,则能够反映对库区和河道下游生态环境保护的需求,对促进水资源可持续利用有重要作用。

考虑生态的多目标水库调度优化目标包括梯级水库发电量最大和水库库区及下游河道生态溢缺水量之和最小。

1. 发电效益目标

保证出力和发电量对于梯级水库调度至关重要,提高保证出力是保障电力系统稳定对发电企业的基本要求,增大发电量则是发电公司效益的保障。根据电力系统对水库保证出力要

求和发电企业追求最大发电效益的双重目标，以梯级水库总发电量最大为发电效益目标

$$\text{obj}_2 = \max E_{\text{total}} = \max \sum_{i=1}^{M} \sum_{t=1}^{T} N_t^i \tau_t \tag{8.4.1}$$

$$N_t^i = 9.18 \eta^i q_t^i H_t^i \tag{8.4.2}$$

式中：τ_t 为时段长。

约束条件如下：

水量平衡约束

$$V_{t+1} = V_t + q_t - Q_t - S_t$$

水库蓄水量约束

$$\underline{V} \leqslant V_t \leqslant \overline{V}$$

水库下泄流量约束

$$\underline{Q} \leqslant Q_t \leqslant \overline{Q}, \quad S_t \geqslant 0$$

水库出力约束

$$\underline{N} \leqslant N_t \leqslant \overline{N}$$

期末库容约束

$$V_T = V_{\text{end}}$$

式中：V_{t+1}、V_t 分别为水库在 t 时段和 $t+1$ 的初蓄水量；q_t 为水库 t 时段平均入库流量；S_t 为 t 时段水库的弃水量；$\underline{V}$ 和 $\overline{V}$、$\underline{Q}$ 和 $\overline{Q}$、$\underline{N}$ 和 $\overline{N}$ 分别为水库 t 时段的库容、下泄流量及出力限制，V_{end} 为水库调度期末的库容限制。

2. 生态效益目标

已有研究较少考虑实际工程调度中较为关键的生态–经济效益冲突问题。为此，多目标生态调度需要考虑生态效益目标。目前，生态环境需水研究的有关定义尚未统一，但有学者提出基于 RVA 框架的逐月频率法，用以确定最小生态环境需水流量及其适宜范围。研究采用上述 RVA 计算方法确定断面最小生态环境需水适宜流量区间，将河道流量相对生态需水适宜流量区间溢缺水量之和最小作为生态效益目标：

$$\text{obj}_1 = \max \left[-(V_{\text{low}} + V_{\text{over}}) \right] \tag{8.4.3}$$

式中：V_{over} 为河道流量相对生态需水适宜流量区间溢出水量之和；V_{low} 为河道流量相对生态需水适宜流量区间缺少水量之和。

8.4.2　基于 ε 支配的自适应多目标差分进化优化算法

1. 多目标优化问题基本概念

在多目标优化中，由于是对多个子目标的同时优化，而这些被同时优化的子目标之间往往又是互相冲突的，考虑一个子目标的利益，必然导致其他至少一个子目标利益受损。因此，针对多目标优化问题，没有绝对的唯一最优解。在多目标优化问题的研究过程中，传统的基于加权和的单目标转化法和基于传统数学规划原理的多目标优化方法在解决实际多目标优化问题

显得无能为力,而基于 Pareto 最优的进化算法逐步成为较为公认的解决目标冲突的有效方法。基于 Pareto 最优的进化算法具有较强的并行性,在求解多目标优化问题时,一次运行即可获得一组 Pareto 最优非劣解集,具有单目标优化方法无法比拟的优势。

多目标优化问题的本质在于同时优化多个子目标,因为最小目标和最大目标之间存在转化关系,这样不同形式的多目标优化问题都可以转换成统一的表达形式,以最小化问题为例,假定某多目标优化问题包含 r 个目标 q 个约束条件,描述为

$$\min F(x)=\min\left\{f_1(X),f_2(X),\cdots,f_r(X)\right\}$$
$$\text{s.t.}\quad X\in S=\left\{X\,\middle|\,g_i(X)\leqslant 0,\quad i=1,2,\cdots,q\right\}$$

（8.4.4）

式中: $f_i(X)$ 为目标函数; $F(x)$ 为目标向量; $F_r(x)$ 为决策向量; $g_i(X)$ 为约束条件。

多目标优化问题具有以下几个基本概念[2]。

定义 1　Pareto 支配: 设 u 和 v 是进化群体 Pop 中的任意两个不同的个体,若多所有的子目标, $f_i(u)\leqslant f_i(v)$, $\forall(i=1,2,\cdots,n)$,且至少存在一个子目标,使得 $f_i(u)<f_i(v)$ 成立,则称 u 支配 v ,表示为 $u\succ v$ 。

定义 2　Pareto 最优解: 给定一个多目标优化问题 $\min f(X)$,若 $X^*\in S$,且不存在其他的 $X\in S$,使得 $f_i(X)\leqslant f_i(X^*)$, $(i=1,2,\cdots,n)$ 成立,且其中至少一个是严格不等式,则称 X^* 为 $\min f(X)$ 的 Pareto 最优解。

定义 3　Pareto 最优解集: 给定一个多目标优化问题 $\min f(X)$,其最优解集定义如下: $P^*=\{X^*\in S\,|\,\neg\exists X\in S,\,X\succ X^*\}$ 。

定义 4　Pareto 前端: 多给定一个多目标优化问题 $\min f(X)$ 和它的最优解集 P^* ,它的 Pareto 前端定义为: $PF^*=\{F(X)\,|\,X\in P^*\}$ 。

在目标空间中,最优解是目标函数的切点,它总是落在搜索区域的边界线（面）上,如图 8.4.1 所示。黑色实心圆点所对应的目标向量表示两个优化目标的 Pareto 前端。在图 8.4.1 中,黑色实心圆点均为 Pareto 最优解,是非支配的,空心点是处于搜索区内的非最优解,被 Pareto 前端上的最优解所支配。

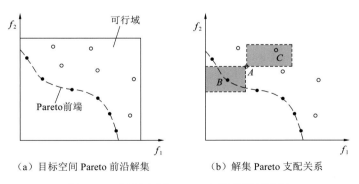

（a）目标空间 Pareto 前沿解集　　　　（b）解集 Pareto 支配关系

图 8.4.1　目标空间 Pareto 支配关系示意图

2. 差分进化算法原理

差分进化算法（differential evolution,DE）是进化算法的一种,由 Price K 和 Storn R 于

1996 年提出。DE 是一种很容易应用的最优化搜寻技术，它拥有强健、简单、快速等进化特性，与其他进化算法类似。差分进化法允许其函数参数表示成浮点变量，把连续最优化的问题加以简化。

1）变异算子

变异是差分进化法中的核心步骤，其本质是通过差分向量产生一扰动量，去搜寻较佳的解。变异算子的描述为

$$v_i^{t+1} = x_{r3}^t + F(x_{r1}^t - x_{r2}^t) \tag{8.4.5}$$

式中：x_{r1}^t、x_{r2}^t、x_{r3}^t 为三个不同的父代个体，r_1、r_2 和 r_3 多代表的索引号不同于目标矢量索引；F 为种群缩放因子，通常取其范围为[0, 2]，可以用其差向量引起的缩放范围。

2）交叉算子

差分进化法对目标函数最优值的搜寻，是靠着交叉机制来进行每一代的演进。交叉操作在种群中目标矢量 x_i^t 和变异矢量 v_i^{t+1} 之间进行，从而生成实验个体 u_i^{t+1}。交叉机制中为了确保种群个体的不断进化，在 u_i^{t+1} 中至少有一位是通过随机的方式由 v_i^{t+1} 来贡献，其他位则由 v_i^{t+1} 和 x_i^t 一起贡献，这取决于交叉概率因子 CR。交叉算子的描述为

$$u_{i,j}^{t+1} = \begin{cases} v_{i,j}^{t+1}, & \text{如果 } (\text{random}() \leqslant \text{CR}) \quad \text{或} \quad j = \text{randomRange}(1, n) \\ x_{i,j}^t, & \text{其他} \end{cases} \tag{8.4.6}$$

式中：CR 为交叉概率因子，通常取其范围为[0, 1]，$\text{randomRange}(1, n) \in [1, 2, \cdots, n]$ 为随机的变量索引，可以确保实验个体中至少有一位是通过变异矢量来贡献。

3）选择算子

经过交叉后，可分别求出父个体 x_i^t 与其交叉后产生的试验个体 u_i^{t+1} 之间的适应度值，在一个求最小值的问题中，若实验个体 u_i^{t+1} 的适应度值比 x_i^t 还小，则其被选为子代，否则 x_i^t 仍然是种群中的成员，并沿用至下一代。如此从 1 到 n 将整个种群中每一个父个体逐一的完成变异、交叉及选择，这就是差分进化法中所谓的一代。选择算子的描述为

$$x_i^{t+1} = \begin{cases} u_i^{t+1}, & \text{如果 } u_i^{t+1} \text{ 优于 } x_i^t \\ x_i^t, & \text{其他} \end{cases} \tag{8.4.7}$$

3. 基于 ε 支配的自适应多目标差分进化算法

基本 DE 算法的搜索空间相对固定，不可避免存在着搜索结果的盲目性，如果搜索空间太大，则减缓了收敛速度从而导致容易陷入局部最优；如果搜索空间太小，所获得的可能不是全局最优。因此，当用于高维强非线性优化问题时，基本 DE 算法的收敛精度和速度难以满足应用要求。为此，研究提出一种基于 ε 支配的自适应多目标差分进化算法，采用 ε 支配关系以较小的时空代价得到均匀合理分布的非劣解集，并引入自适应变异算子和混沌迁移算子以改善算法性能，从而提高算法的收敛精度和速度。

1）外部档案集更新：ε 支配

为了设计一种能快速得到均匀分布的非劣解集的多目标进化优化，采用一种宽松的 Pareto 比较方法（ε 占优）来比较个体的优劣[3]，并利用第 2 个群体 Archive 来保存非劣解。

首先，将整个搜索空间分成一些网格，每个非劣解属于一个特定的网格，网格划分为

$$b_i = \left\lfloor \frac{\ln f_i}{\ln(1+\varepsilon)} \right\rfloor \tag{8.4.8}$$

在每个网格内运用 Pareto 比较，这样必然导致算法可以维持一套非劣解网格。在每个网格内，非劣解仅可以被一个 Pareto 优于它的解所代替，故有

$$|A| \leqslant \left(\frac{\ln f_i}{\ln(1+\varepsilon)} \right)^{m-1} \tag{8.4.9}$$

可以确保非劣解在指定的范围之内，此外，计算外部档案集中非劣解的拥挤距离，即随机选择 2 个粒子，拥挤距离大的可作为学习样本。

许多文献已经证实 ε 支配方法可以在较短的时间内得到均匀合理分布的非劣解集，因此外部档案集的更新可以运用 ε 支配来进行。外部档案集初始化为空，伴随着迭代，每一代生成的非劣解集都用来与外部档案集原有的非劣解进行比较，从而更新档案集。用于生成 ε-Pareto 解集的算法构成如图 8.4.2 所示。

2）种群更新方法

比较新个体与种群中的现有个体，若新个体 Pareto 支配现有种群中的某个或某些个体（可行解支配非可行解，非可行解中约束违反度低的支配约束违反度高的解），则这些被支配的个体重随机选取其一被新个体所替代；若新个体被现有种群中所有个体支配则其不被接受；若新个体与现有种群中的个体存在非支配关系，则用新个体随机替换种群中的某一个体，维持种群的规模大小不变。

3）自适应策略

研究的差分进化操作采用 DE/best/1/bin，变异操作描述为

$$v_i^{t+1} = x_{r3}^t + F(x_{r1}^t - x_{r2}^t) \tag{8.4.10}$$

式中：x_{r3}^t 称为基点，x_{r1}^t 和 x_{r2}^t 为从进化群体的两个随机个体，着眼于提高算法的收敛性，本小节的 x_{r1}^t 和 x_{r2}^t 从当前种群中随机选择，而基点 x_{r3}^t 则从外部档案中随机选取，这样既利用了种群个体的信息，也较好地利用了 Archive 中个体的信息。此外，本算法还对已有的差分进化过程添加两项自适应策略以示改进。

（1）自适应变异算子。多目标差分进化算法中，缩放因子 F 用来对差分向量进行缩放控制，其不易确定，本小节引入自适应变异算子来确定缩放因子 F。该算子可以根据算法的进化状态，动态地改变缩放因子的大小，具体而言，即在算法进化初期保持较大的缩放值从而增强种群的多样性，避免陷入局部最优；在后期逐渐降低缩放值以保留优良个体，提高算法搜索效

```
Procedure 生成 ε-Pareto 解集的更新算法
1: Input: X, x
//如果存在 x'Pareto 支配 x，则拒绝接受 x
2: if ∃x'∈X such that x'≼x' then
3:          X'=X
4:          Output: X'; //算法中止
//接受 x，并从档案中删除被 x-Pareto 支配的解
5: else
6:          D={x'∈X | x≼x' }
7:          X'=X \ D
8: end if
//如果存在 x''ε 支配 x，则拒绝 x
9: if ∃x''∈X' such that x'' pε x then
10:         X'':=X'
11:else          //接受 x
12:         X'':=X'∪{x}
13:end if
14:Output: X''//算法中止
```

图 8.4.2　生成 ε-Pareto 解集的算法流程

率。在 ε-ADEMO 中，缩放因子 F 的确立为

$$F = F_0 \times 2^{\frac{G}{G-G_{\max}}}$$ （8.4.11）

式中：F_0 为变异常数；$G_{\max}$ 为最大进化代数；G 为当前进化代数（$G = 0, 1, \cdots, G_{\max} - 1$）。

（2）混沌迁移算子。混沌是由确定性方程得到的具有随机性的运动状态，混沌运动的遍历特性使混沌变量能在一定范围内按自身"规律"不重复地遍历所有状态。本小节将混沌迁移的思想引入差分进化算法，拓展了差分进化算法的思路。这里混沌迁移过程采用常用的一维 Logistic 映射混沌模型，即

$$r_k + 1 = \mu r_k (1 - r_k)$$ （8.4.12）

式中：μ 为控制参数，当 $\mu \in (3.56, 4.0)$ 时，式（8.4.13）进入混沌状态，具备混沌系统的基本特性，r_k 在（0，1）间遍历。

混沌迁移过程中，先随机生成一个 m 维、每个分量都在（0，1）上的向量 $r_1 = (r_{11}, r_{21}, \cdots, r_{m1})$，并按式（8.4.14）确定 $r_{i+1} = (r_{1,i+1}, r_{2,i+1}, \cdots, r_{m,i+1})$ 的各个分量 $r_{j,i+1}$，即

$$r_{j,i+1} = \mu r_{ji}(1 - r_{ji})$$ （8.4.13）

式中：$j = 1, 2, \cdots, m$，$i = 1, 2, \cdots, N_P - 1$，取 $\mu = 3.6$，这样即可将混沌序列映射到区间（–1，1），即

$$l_{ji} = 2r_{ji} - 1$$ （8.4.14）

通过产生的混沌序列进行迁移操作，即保留当前种群内优劣等级为 1 的个体，并在排名最优的个体 $X_1^G = (X_{11}^G, X_{21}^G, \cdots, X_{m1}^G)$ 的基础上进行迁移操作，可以得到新个体用以替换种群中优劣等级大于 1 的个体，有

$$x_{ji} = \begin{cases} x_{j1} + l_{ji}(x_{j\max} - x_{j1}), & 0 < l_{ji} < 1 \\ x_{j1} + l_{ji}(x_{j1} - x_{j\min}), & -1 < l_{ji} \leq 0 \end{cases}$$ （8.4.15）

式中：$j = 1, 2, \cdots, m$，$i = N_{\mathrm{rank2}}, \cdots, N_P$，$N_P$ 为种群规模，N_{rank2} 为优劣等级为 2 的个体的起始序号。需要强调的是，混沌迁移操作只适用于算法进化初期（本节取 $G \leq G_{\max/3}$ 时）且种群多样性不高的情况，故在选择操作之后，混沌迁移操作之前，需要判断种群是否满足上述条件，不满足则取消迁移。

4）算法流程描述

多目标优化的核心问题在于获取可行空间覆盖度高、分布性好、真实 Pareto 前端逼近性好的非劣解集，解决此问题的关键在于最优解的搜索方式、非劣解的多样性保持手段及非劣解集的传递机制等。本小节所提出的基于 ε 支配的自适应多目标差分进化算法（ε-ADEMO），采用 ε 支配关系在较短的时间内得到均匀合理分布的非劣解集，并引入自适应变异算子和混沌迁移算子以改善算法性能。算法的计算步骤如图 8.4.3 所示。

```
Procedure生成ε-Pareto解集的更新算法
Input: popsize, ε, M, η etc
1: t:=0
2: X^(0):=∅
3: while terminate(X^(t),t)=false do
4:    t:=t+1
5:    x^(t):=generate();
      //利用包含自适应变异算子的差分进化
      //判断是否需要混沌迁移，并更新种群
6:    X^(t):=update(X^(t-1),t)
      //利用ε占有策略更新外部档案集
7: end while
8: Output: X^(t)
```

图 8.4.3 ε-ADEMO 的算法流程

8.4.3　三峡梯级水库发电–生态多目标调度互馈关系分析

三峡梯级水库发电–生态多目标调度是针对如何均衡经济效益和生态效益的问题,以梯级年发电量最大为经济效益目标,以生态溢缺水量最小为生态效益目标,取来水频率为 30%、50%和 70%的典型来水过程,采用前述基于 ε 支配的自适应多目标差分进化算法对模型进行求解,获得丰、平、枯各典型年份的发电–生态效益均衡调度的非劣方案集。

$$\begin{cases} obj_1 = \max \sum_t N \times \Delta t \\ obj_2 = \max \left[-(V_{ecoOver} + V_{ecoLack}) \right] \end{cases} \tag{8.4.16}$$

式中:obj_1 即梯级年发电量最大目标;obj_2 即生态溢缺水量最小目标;$V_{ecoOver}$ 为生态溢水量;$V_{ecoLack}$ 为生态缺水量。

1. 枯水年

三峡梯级入库流量选择 70%来水频率,生态径流过程约束选取基于 RVA 框架的逐月频率法的枯水年过程,从而对发电–生态效益均衡的多目标生态调度模拟仿真,结果如图 8.4.4 和表 8.4.1 所示。

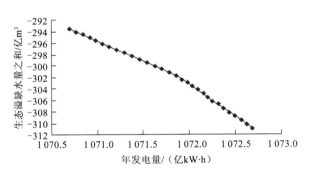

图 8.4.4　枯水年多目标生态调度结果

表 8.4.1　枯水年多目标生态调度结果表

方案	梯级总发电量 /(亿 kW·h)	梯级最小出力 /万 kW	生态溢缺水量 之和/亿 m³	三峡发电量 /(亿 kW·h)	葛洲坝发电量 /(亿 kW·h)	三峡最小出力 /万 kW	葛洲坝最小出力/万 kW
1	1 070.69	770.5	293.54	833	238	499	271.5
2	1 072.09	770.5	304.22	834	238	499	271.5
3	1 072.03	770.5	303.60	834	238	499	271.5
4	1 071.98	770.5	302.95	834	238	499	271.5
5	1 071.70	770.5	300.59	834	238	499	271.5
6	1 071.92	770.5	302.36	834	238	499	271.5
7	1 071.78	770.5	301.14	834	238	499	271.5
8	1 071.06	770.5	296.08	833	238	499	271.5
9	1 071.30	770.6	297.74	833	238	499	271.5

续表

方案	梯级总发电量 /（亿 kW·h）	梯级最小出力 /万 kW	生态溢缺水量 之和/亿 m³	三峡发电量 /（亿 kW·h）	葛洲坝发电量 /（亿 kW·h）	三峡最小出力 /万 kW	葛洲坝最小出 力/万 kW
10	1071.54	770.5	299.45	834	238	499	271.5
11	1 071.86	770.5	301.71	834	238	499	271.5
12	1 072.56	770.5	309.43	835	238	499	271.5
13	1 070.84	770.5	294.53	833	238	499	271.5
14	1 071.62	770.5	300.02	834	238	499	271.5
15	1 071.21	770.5	297.17	833	238	499	271.5
16	1 072.25	770.5	306.12	834	238	499	271.5
17	1 071.13	770.5	296.63	833	238	499	271.5
18	1 072.31	770.5	306.71	834	238	499	271.5
19	1 072.2	770.5	305.49	834	238	499	271.5
20	1 072.37	770.5	307.41	835	238	499	271.5
21	1 071.38	770.5	298.29	834	238	499	271.5
22	1 072.43	770.5	308.06	835	238	499	271.5
23	1 070.98	770.5	295.57	833	238	499	271.5
24	1 072.62	770.5	310.18	835	238	499	271.5
25	1 070.77	770.5	294.06	833	238	499	271.5
26	1 072.49	770.5	308.73	835	238	499	271.5
27	1 071.46	770.5	298.88	834	238	499	271.5
28	1 070.92	770.5	295.05	833	238	499	271.5
29	1 072.15	770.5	304.87	834	238	499	271.5
30	1 072.68	770.5	310.91	835	238	499	271.5

2. 平水年

三峡梯级入库流量选择 50%来水频率，生态径流过程约束选取基于 RVA 框架的逐月频率法的平水年过程，从而对发电–生态效益均衡的多目标生态调度模拟仿真，结果如图 8.4.5 和表 8.4.2 所示。

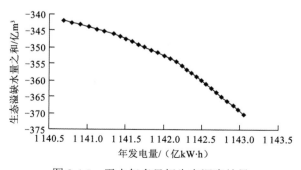

图 8.4.5　平水年多目标生态调度结果

表 8.4.2　平水年多目标生态调度结果表

方案	梯级总发电量 / （亿 kW·h）	梯级最小出力 /万 kW	生态溢缺水量 之和/亿 m³	三峡发电量 / （亿 kW·h）	葛洲坝发电量 / （亿 kW·h）	三峡最小出力 /万 kW	葛洲坝最小出 力/万 kW
1	1 140.69	770.5	341.81	903	238	499	271.5
2	1 141.13	770.5	344.53	903	238	499	271.5
3	1 140.80	770.5	342.43	903	238	499	271.5
4	1 142.24	770.5	355.42	904	238	499	271.5
5	1 141.43	770.5	346.55	904	238	499	271.5
6	1 142.43	770.5	358.71	905	238	499	271.5
7	1 143.05	770.5	370.19	905	238	499	271.5
8	1 142.17	770.5	354.27	904	238	499	271.5
9	1 142.76	770.5	364.77	905	238	499	271.5
10	1 142.09	770.5	353.32	904	238	499	271.5
11	1 141.67	770.5	349.04	904	238	499	271.5
12	1 142.98	770.5	368.76	905	238	499	271.5
13	1 140.91	770.5	343.10	903	238	499	271.5
14	1 141.84	770.5	350.75	904	238	499	271.5
15	1 142.83	770.5	366.07	905	238	499	271.5
16	1 141.59	770.5	348.18	904	238	499	271.5
17	1 141.51	770.5	347.41	904	238	499	271.5
18	1 142.70	770.5	363.50	905	238	499	271.5
19	1 142.63	770.5	362.28	905	238	499	271.5
20	1 142.56	770.5	361.07	905	238	499	271.5
21	1 142.01	770.5	352.43	904	238	499	271.5
22	1 142.37	770.5	357.64	905	238	499	271.5
23	1 142.30	770.5	356.56	904	238	499	271.5
24	1 142.91	770.5	367.42	905	238	499	271.5
25	1 141.93	770.5	351.60	904	238	499	271.5
26	1 142.50	770.5	359.87	905	238	499	271.5
27	1 141.23	770.5	345.2	903	238	499	271.5
28	1 141.34	770.5	345.85	904	238	499	271.5
29	1 141.75	770.5	349.87	904	238	499	271.5
30	1 141.02	770.5	343.83	903	238	499	271.5

3. 丰水年

三峡梯级入库流量选择 30%来水频率,生态径流过程约束选取基于 RVA 框架的逐月频率法的平水年过程,从而对发电-生态效益均衡的多目标生态调度模拟仿真,结果如图 8.4.6 和表 8.4.3 所示。

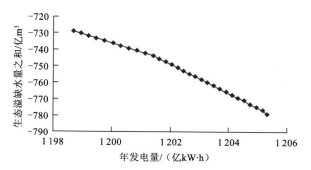

图 8.4.6 丰水年多目标生态调度结果

表 8.4.3 丰水年多目标生态调度结果表

方案	梯级总发电量 /（亿 kW·h）	梯级最小出力 /万 kW	生态溢缺水量 之和/亿 m³	三峡发电量 /（亿 kW·h）	葛洲坝发电量 /（亿 kW·h）	三峡最小出力 /万 kW	葛洲坝最小出 力/万 kW
1	1 198.72	770.5	728.59	961	238	499	271.5
2	1 202.67	770.5	754.27	965	238	499	271.5
3	1 205.34	770.5	778.97	968	238	499	271.5
4	1 200.88	770.5	740.48	963	238	499	271.5
5	1 199.76	770.5	734.31	962	238	499	271.5
6	1 200.60	770.5	738.88	963	238	499	271.5
7	1 202.87	770.5	756.09	965	238	499	271.5
8	1 200.31	770.5	737.32	962	238	499	271.5
9	1 201.44	770.5	743.59	964	238	499	271.5
10	1 204.97	770.5	774.70	967	238	499	271.5
11	1 201.17	770.5	742.04	963	238	499	271.5
12	1 203.29	770.5	759.74	965	238	499	271.5
13	1 202.46	770.5	752.46	965	238	499	271.5
14	1 202.05	770.5	748.83	964	238	499	271.5
15	1 202.26	770.5	750.64	964	238	499	271.5
16	1 203.50	770.5	761.58	966	238	499	271.5
17	1 201.64	770.5	745.33	964	238	499	271.5
18	1 204.34	770.5	769.02	967	238	499	271.5
19	1 204.13	770.5	767.15	966	238	499	271.5
20	1 204.54	770.5	770.86	967	238	499	271.5
21	1 203.71	770.5	763.47	966	238	499	271.5
22	1 203.08	770.5	757.90	965	238	499	271.5
23	1 203.92	770.5	765.31	966	238	499	271.5
24	1 199.23	770.5	731.38	961	238	499	271.5
25	1 198.97	770.5	729.98	961	238	499	271.5

续表

方案	梯级总发电量/（亿 kW·h）	梯级最小出力/万 kW	生态溢缺水量之和/亿 m³	三峡发电量/（亿 kW·h）	葛洲坝发电量/（亿 kW·h）	三峡最小出力/万 kW	葛洲坝最小出力/万 kW
26	1 204.76	770.5	772.80	967	238	499	271.5
27	1 199.49	770.5	732.84	962	238	499	271.5
28	1 200.04	770.5	735.82	962	238	499	271.5
29	1 205.18	770.5	776.62	967	238	499	271.5
30	1 201.85	770.5	747.07	964	238	499	271.5

研究结果表明，基于 ε 支配的自适应多目标差分进化算法求得生态调度方案在非劣前沿分布均匀，且在两目标上的分布范围都较宽，可为决策者根据偏好从非劣调度方案集中选取综合效益最大的调度方案。且三峡发电量和生态需水溢缺水量呈负相关关系，两者相互冲突和相互制约，同时提高发电量必须以增加生态溢缺水量为代价，反之亦然。且随着来水频率的增加，梯级在两目标的范围也逐渐变宽，表明当来水较丰时，梯级水库有更大的空间协调发电量与生态溢缺水量间的关系。在进行实际调度方案制定时，调度决策者需根据梯级水库自身利益需要及生态环境需求，从求得非劣调度方案集中选择兼顾多种利益的调度方案作为最终调度方案。

8.5 长江上游水库群供水–发电–环境多目标调度互馈协变关系

随着长江上游大型水库群规划设计和陆续建成与投运，如何调度世界上最大规模的长江上游水库群，协调社会、经济和生态环境效益，成为国内外关注和研究的热点。当前水利枢纽工程在防洪、发电、供水和环境等方面仍具有不可替代的作用，研究水库群供水–发电–环境多维目标效应转换理论与方法，用于指导和调整传统调度规程和运行方式，具有理论实践意义。

目前，已有研究多侧重于构建多目标决策模型，研究模型高效求解方法，而对应用模型剖析不同决策情景下目标间互馈协变关系的成果较少。为此，结合多目标优化理论和梯度分析方法，提出多目标互馈协变关系梯度分析方法。以溪洛渡、向家坝、三峡组成的三库梯级水库群及朱沱、寸滩、宜昌关键控制断面为研究对象，针对水库群发电量最大、流域各主要控制断面总供水缺额最小和各关键断面生态需水缺额最小为目标，建立供水–发电–环境联合优化调度模型。通过 ε-约束法，以生态需水总缺额为主体目标，控制不同供水缺额和发电量水平，对主体目标进行寻优，最终获取多目标优化解集，进一步，对上述非支配解集在目标空间进行插值，获得供水–发电–环境互馈函数在目标域的空间分布，推求供水–发电互馈关系下受供水制约的发电量阈值，探明供水–环境互馈关系下协同关系的时空分布。采用梯度分析方法，推求环境–供水和环境–发电在归一化目标空间的偏导函数，从而量化供水发电环境两两目标之间的互馈协变关系。

8.5.1　供水-发电-环境联合优化调度模型

1. 供水–发电–环境联合优化调度

在保证梯级水库群上下游防洪安全、满足水库运行边界条件和主要控制断面水资源控制指标的前提下，以长江上游水库群发电量最大、流域各主要控制断面总供水缺额最小和各关键断面生态需水缺额最小为目标，建立长江上游水库群供水–发电–环境联合优化调度模型。

目标 1：主要控制断面供水总缺额最小

$$\begin{cases} \mathrm{obj}_1\ \min W = \sum_{m=1}^{M}\sum_{t=1}^{T}\mathrm{lack}_{m,t}^{\mathrm{water\_supply}}\Delta T_t \\ \mathrm{lack}_{m,t}^{\mathrm{water\_supply}} = \min(0, S_{m,t} - S_{m,t}^{\mathrm{water\_supply}}) \end{cases} \tag{8.5.1}$$

式中：W 为考虑不同控制断面的供水总缺额；M 为长江上游供水主要控制断面的数量，其中也包括水库；T 为调度时期的总时段数；ΔT 为第 t 时段的时段长度；$\mathrm{lack}_{m,t}^{\mathrm{water\_supply}}$ 为第 nw 个供水控制断面 t 时段内的供水缺额；$S_{m,t}$ 和 $S_{m,t}^{\mathrm{water\_supply}}$ 分别为第 m 个供水控制断面 t 时段内的总供水流量和总供水需求流量，其中供水需求流量是指流域内上游区间沿程河道外生产生活用水的需求流量。断面总供水流量 $S_{m,t} = \sum_{ns=1}^{NS} S_{m,t}^{ns}$，NS=4 即供水分四类供水，ns=1，2，3，4 时 $S_{m,t}^{ns}$ 分别表示城镇生活、农村生活、城镇工业、农业灌溉供水流量。

目标 2：水库群发电量最大

$$\begin{cases} \mathrm{obj}_2\ \max P = \max \sum_{m=1}^{M}\left[\delta(m)\sum_{t=1}^{T}N_{m,t}\Delta T_t\right] \\ N_{m,t} = A_m H_{m,t} Q_{m,t}\Delta T_t \end{cases} \tag{8.5.2}$$

$$\delta(m) = \begin{cases} 1, & \text{第 } m \text{ 个断面为水电站} \\ 0, & \text{第 } m \text{ 个断面为控制断面} \end{cases} \tag{8.5.3}$$

式中：P 为长江上游水库群发电量；$\delta(m)$ 为 0-1 变量，当断面为水库时计算其发电量或生态需水缺额，否则不计算控制断面相关数值；M 为水库的数量；$N_{m,t}$ 为第 m 个水库 t 时段的平均出力；A_m 为第 m 个水库的出力系数；$H_{m,t}$ 和 $Q_{m,t}$ 分别为第 i 个水库 t 时段的平均水头和发电流量。

目标 3：主要控制断面生态需水总缺额最小

$$\begin{cases} \mathrm{obj}_3\ \min E = \sum_{m=1}^{M}\sum_{t=1}^{T}\mathrm{lack}_{m,t}^{\mathrm{water\_ecology}}\Delta T_t \\ \mathrm{lack}_{m,t}^{\mathrm{water\_ecology}} = \min(0, O_{m,t} - Q_{m,t}^{\mathrm{water\_ecology}}) \end{cases} \tag{8.5.4}$$

式中：E 为长江上游主要控制断面生态需水总缺额；$\mathrm{lack}_{m,t}^{\mathrm{water\_ecology}}$ 为第 m 个断面在第 t 个时段的生态需水缺额；$O_{m,t}$ 和 $Q_{m,t}^{\mathrm{water\_ecology}}$ 分别为第 m 个断面在第 t 个时段的流量和最小生态需水适宜流量，其中最小生态需水适宜流量是断面对下游河道生态环境的最小生态需水流量。水库群供水–发电–环境联合优化调度模型中主要控制断面的控制指标以约束的形式，结合不同时期库群运行应满足的水文、水力等约束条件，模型约束条件如下。

（1）断面之间的水力联系

$$I_{m,t} = O_{m-1,t} + R_{m,t} - \sum_{\text{ns}=1}^{\text{NS}} (1-\alpha_m^{\text{ns}}) \cdot S_{m,t}^{\text{ns}} \qquad (8.5.5)$$

$$O_{m,t} = \begin{cases} Q_{m,t} + D_{m,t}, & \delta(m)=1 \\ I_{m,t}, & \delta(m)=0 \end{cases} \qquad (8.5.6)$$

（2）水库水量平衡约束

$$V_{m,t} = V_{m,t-1} + (I_{m,t} - O_{m,t})\Delta T \qquad (8.5.7)$$

（3）库容约束

$$V_{m,t}^{\min} \leqslant V_{m,t} \leqslant V_{m,t}^{\max} \qquad (8.5.8)$$

（4）流量约束

$$O_{m,t}^{\min} \leqslant O_{m,t} \leqslant O_{m,t}^{\max} \qquad (8.5.9)$$

（5）出力约束

$$N_{m,t}^{\min} \leqslant N_{m,t} \leqslant N_{m,t}^{\max} \qquad (8.5.10)$$

式中：$O_{m,t}$、$Q_{m,t}$、$D_{m,t}$ 和 $I_{m,t}$ 分别为第 m 个断面第 t 个时段的总下泄流量、发电流量、弃水流量和入库流量；$R_{m,t}$ 为第 m 个断面与上游断面间的区间入流；$V_{m,t}$、$V_{m,t}^{\min}$ 和 $V_{m,t}^{\max}$ 分别为第 m 个水库第 t 个时段内的蓄水量、蓄水容量的最小值和最大值；$O_{m,t}^{\min}$ 和 $O_{m,t}^{\max}$ 分别为第 m 个水库 t 时段内下泄流量的下限和上限，该约束包括水库本身具有的最小、最大下泄流量约束及调度期内对控制断面的最小下泄流量限制；$N_{m,t}^{\min}$ 和 $N_{m,t}^{\max}$ 分别为 t 时段第 m 个水库的出力下限和上限。

2. 模型求解

长江上游水库群供水–发电–环境优化调度模型是一类典型的多目标约束优化问题。ε-约束法原理是，根据决策者的主观偏好，将主要目标作为优化目标，而把其他目标处理为约束的方法来求解多目标优化问题，即把多目标问题转化为单目标问题，具体模型如下。

$$\begin{cases} \min f_{k^*}(x) \\ f_k(x) \leqslant \varepsilon_k, & k=1,2,\cdots,n; k \neq k^* \\ \text{s.t. } x \in \boldsymbol{X} \end{cases} \qquad (8.5.11)$$

式中：参数 $\{\varepsilon_k\}$，$k=1,2,\cdots,n$ 是由决策者事先给定的，ε_k 表示第 k 个目标函数的可以接受的最大值，$k=1,2,\cdots,n$。优化过程中，对上界 $\varepsilon_k (k=1,2,\cdots,n)$ 取不同的值，对于每一个不同的 ε_k 都可以搜索到一个满足其他目标约束条件下的最优解。这种方法在保证第 k^* 个目标效益的同时，又考虑了其他目标，这使得它在许多实践工程问题中得到广泛运用。

8.5.2　供水–发电–环境互馈梯度分析方法

1. 梯度分析方法

如上文所述，供水、发电和环境目标变量分别由 W、P 和 E 表示。在以水库群调度为核心的调蓄过程表示为

$$\mathbf{MV}^i = \left\{ V_t^i \middle| V_t^i = \left[V_{1,t}^i, \cdots, V_{m,t}^i, \cdots, V_{M,t}^i \right]^{\text{T}} \right\} \qquad (8.5.12)$$

式中：$V_{m,t}^i$ 表示第 i 套调蓄过程 $\mathbf{MV}^i$ 中第 m 个水库在 t 时段的蓄水量。研究弱化水库群调蓄作用的影响，着重考虑供水–发电–环境在水资源调控过程中在目标空间的互馈协变关系。则对任意满足安全运行约束的水库群调蓄过程 $\mathbf{MV}^i$ 有

$$\begin{cases} \mathbf{F}(\mathbf{MV}^i) = \begin{bmatrix} W(\mathbf{MV}^i) \\ P(\mathbf{MV}^i) \\ E(\mathbf{MV}^i) \end{bmatrix} = \begin{bmatrix} w \\ p \\ e \end{bmatrix} \\ W(\mathbf{MV}^i) = w \\ P(\mathbf{MV}^i) = p \\ E(\mathbf{MV}^i) = e \end{cases} \tag{8.5.13}$$

式中：$W()$、$P()$、$E()$ 分别为供水、发电、环境效益目标评价函数；$\mathbf{F}()$ 为综合效益目标评价函数向量。在决策可行域空间内，所有满足安全运行约束的水库群调蓄过程 $\mathbf{MV}^i$ 对应的综合效益目标评价函数向量在供水–发电–环境效益目标空间呈现不规则散布，从而得到 WPE 目标评价向量集合，记为 $\mathbf{F} = \{[w_i \quad p_i \quad e_i]^\mathrm{T}\}$，$\mathbf{F}$ 相对应的水库群调蓄过程记为 $\mathbf{MV} = \{\mathbf{MV}^i\}$。$\mathbf{F}$ 在 WPE 目标空间的分布往往呈现为不规则的曲面，其空间曲面可由如下公式表达，以 E 为因变量，W 和 P 为自变量。

$$E = E(W, P) \tag{8.5.14}$$

考虑供水、发电、环境效益之间无法公度，这里采用 0-1 标准化对供水、发电、环境效益进行归一化。对于成本型和效益型属性 f 分别采取式（8.5.15）和式（8.5.16）进行处理[2]。

$$\mathrm{nf} = (f - f_{\min}) / (f_{\max} - f_{\min}) \tag{8.5.15}$$

$$\mathrm{nf} = (f_{\min} - f) / (f_{\max} - f_{\min}) \tag{8.5.16}$$

为了进一步分析 WPE 多维目标互馈关系，研究引入梯度的数学描述方法。梯度 $\nabla f(\mathbf{X})$ 表示函数 $f(\mathbf{X})$ 在 $\mathbf{X}$ 处变化速率最快的方向[4]。设 R 是 n 维欧式空间 E^n 上的某一开集，$f(X)$ 在 R 上有一阶连续偏导数（$\mathbf{X} = [x_1, x_2, \cdots, x_n]^\mathrm{T}$），则有梯度 $\nabla f(\mathbf{X})$ 如下：

$$\nabla f(\mathbf{X}) = \left[\frac{\partial f(\mathbf{X})}{\partial x_1}, \frac{\partial f(\mathbf{X})}{\partial x_2}, \cdots, \frac{\partial f(\mathbf{X})}{\partial x_n} \right]^\mathrm{T} \tag{8.5.17}$$

定义归一化 WPE 目标空间单位向量为 $\boldsymbol{i}, \boldsymbol{j}, \boldsymbol{k}$（描述清楚），归一化后的供水、发电、环境效益分别定义为 nW、nP、nE，假设 nE(nW,nP) 在目标空间内有一阶连续偏导函数的前提下，则 nE 对 nP 和 nW 的梯度可表示为

$$\nabla\mathrm{nE} = \left[\frac{\partial\mathrm{nE(nW,nP)}}{\partial\mathrm{nW}}, \frac{\partial\mathrm{nE(nW,nP)}}{\partial\mathrm{nP}} \right]^\mathrm{T} = \frac{\partial\mathrm{nE(nW,nP)}}{\partial\mathrm{nW}}\boldsymbol{i} + \frac{\partial\mathrm{nE(nW,nP)}}{\partial\mathrm{nP}}\boldsymbol{j} \tag{8.5.18}$$

2. 一阶差分

式（8.5.18）中 $\nabla\mathrm{nE}$ 表示在目标空间 (w, p, e) 处，沿着方向 $\left[\frac{\partial\mathrm{nE(nW,nP)}}{\partial\mathrm{nW}}, \frac{\partial\mathrm{nE(nW,nP)}}{\partial\mathrm{nP}} \right]^\mathrm{T}$，nE 的变化速率最快。由于 nE(nW,nP) 的数学形式难以显式表达，研究采用一阶差分近似计算其导函数值。假定函数 nE(nW,nP) 左或者右连续，则可采用前向或者后向差分，其余连续处的差分可采用中心差分，则其一阶偏导函数值可由下列差分形式计算得

$$\begin{cases} \dfrac{\partial f(x)}{\partial x} = \lim_{\Delta x \to 0} \dfrac{f(x-\Delta x)-f(x)}{-\Delta x}, & \text{前向差分} \\[3mm] \dfrac{\partial f(x)}{\partial x} = \lim_{\Delta x \to 0} \dfrac{f(x+\Delta x)-f(x-\Delta x)}{2\Delta x}, & \text{中心差分} \\[3mm] \dfrac{\partial f(x)}{\partial x} = \lim_{\Delta x \to 0} \dfrac{f(x+\Delta x)-f(x)}{\Delta x}, & \text{后向差分} \end{cases} \qquad (8.5.19)$$

式中：前向差分和后向差分主要用于边界处的偏导函数值计算，非边缘空间域的偏导可用中心差分计算。以 $\dfrac{\partial nE(nW,nP)}{\partial nP}$ 为例，nE 对 nP 求偏导函数值的中心差分示意图，如图 8.5.1 所示。

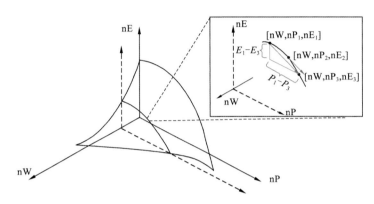

图 8.5.1　nE 对发电 nP 求偏导的函数值 $\partial nE(nW,nP)/\partial nP$ 的中心差分示意图

进一步，在获得归一化 WPE 目标空间函数 nE(nW, nP)的基础上，通过上述梯度分析方法，即可推求得到对应的梯度 ∇nE 的两个偏导分量，其物理意义是：在归一化 WPE 目标空间某一发电量 np、供水缺额 nw 和生态需水缺额 ne 水平下，当增加单位 ∇nW 或者 ∇nP 时，环境指示器生态需水缺额的改变量 ∇nE。

$$\begin{cases} nE_{nW}(nW \mid nP=np) = \dfrac{\partial nE(nW,nP)}{\partial nW} \\[3mm] nE_{nP}(nP \mid nW=nw) = \dfrac{\partial nE(nW,nP)}{\partial nP} \end{cases} \qquad (8.5.20)$$

8.5.3　长江上游金沙江下游—三峡梯级水库群供水–发电–环境互馈关系分析

以溪洛渡、向家坝和三峡水库 3 个骨干性水库作为研究对象，为便于分析，干支流其他水库按水量平衡关系考虑对溪洛渡、向家坝和三峡水库的影响。水库的基础数据如表 8.5.1 所示。

此外，《全国水资源综合规划（2010—2030 年）》和《长江流域及西南诸河水资源综合规划》对长江中上游各主要控制断面上游用水总量进行了规划配置。根据《长江流域水资源总量控制指标方案》，规划 2020 年长江上游 3 个主要控制断面用水总量控制指标及最小下泄流量指标见表 8.5.2 所示。

表 8.5.1　水库基本特征参数

水库	兴利库容/亿 m³	装机容量/万 kW	保证出力/万 kW	调节性能	最小生态需水流量/（m³/s）
溪洛渡	64.60	1 386	379.5	不完全年	1 200
向家坝	9.03	640	200.9	不完全季	1 200
三峡	249.00	2 240	499.0	季	5 830

表 8.5.2　规划 2020 年长江上游主要控制断面用水总量控制及最小生态需水流量指标

河流	控制断面名称	用水总量控制指标/亿 m³	最小生态需水流量/（m³/s）
长江干流	朱沱	307.21	2 485
长江干流	寸滩	468.63	3 306
长江干流	宜昌	583.48	6 000

在流域两个断面区间河道上设置取水点和退水点。图 8.5.2 为流域整体拓扑结构及河道取水和回归水概化图。区域用水类别包含城镇生活、农村生活、城镇工业、农业灌溉及河道内生态 5 类用水。首先应满足城镇生活和农村生活用水，故将城镇生活和农村生活用水赋予最高优先等级（设定为等级 1）；其次需要考虑流域生态环境，满足河道内生态需水（河道内最小生态下泄流量），将其定为次高优先级（设定为等级 2）；再次考虑满足城镇工业用水，为 5 类用水中第 3 优先级（设定为等级 3）；最后满足农业灌溉用水（设定为等级 4）。

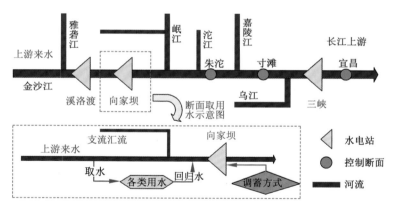

图 8.5.2　流域整体拓扑结构及河道取水和回归水概化图

在用水过程中，部分水量通过不同形式回归到地表水体或地下含水层，回归水量与用水总量的比值即为用水回归系数；用水总量与回归水量之差定义为耗水量，其与用水总量的比值为耗水率。通常回归系数由 1 减去耗水率求得，根据《长江流域不同行业耗水率初步研究报告》研究成果，分别按城镇生活、农村生活、城镇工业、农业灌溉及河道内生态 5 种用水类型设置回归系数。其中河道内生态环境需水全部回归于河道中，其回归系数为 1。

1. 实例研究及其结果分析

依据历史径流数据和需水数据，以丰水年、平水年、枯水年三种典型水平年为代表，应用梯度分析法开展长江上游水库群供水–发电–环境互馈协变关系研究。

以平水年来水及需水数据为模型输入,针对长江上游溪洛渡、向家坝、三峡水库及关键控制断面朱沱、寸滩和宜昌,建立供水–发电–环境联合优化调度模型。通过 ε-约束法,以生态需水总缺额 E 为主体目标,控制不同供水缺额 W 和发电量 P 水平,对主体目标 E 进行寻优,最终获取 WPE 多目标优化解集,对上述非支配解集在目标空间进行插值,获得目标空间曲面 $E=E(W,P)$ 曲面及其等值线图,如图 8.5.3 所示,。

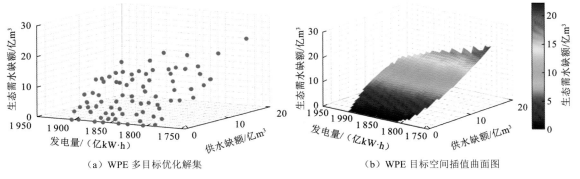

（a）WPE 多目标优化解集　　　　　　　　（b）WPE 目标空间插值曲面图

图 8.5.3　平水年 WPE 多目标优化计算结果 $E=E(W,P)$ 函数空间曲面图

观察图 8.5.4 上边缘发现,在不考虑 E 的情形下,随着 P 增大时,W 最小值相对左上边缘明显增大。即 P 增大会使得 W 也增大,P 与 W 呈现明显的竞争关系。这主要是由于:①梯级水库群在追求发电效益时,为获得水头优势会导致集中消落和集中蓄水,在一定程度上减少了供水期和蓄水期河道径流量,使得取水条件恶化,难以保障所有的生活生产需水,从而加剧供水不足现象;②从上游河道取水用于供水,削减了河道径流量,在一定程度上减少了下游梯级水库群用于发电的用水量,从而减少了梯级水库群发电量。此外,W 和 P 竞争关系的 WP 拐点出现在（0.0,1 902.0）处,即当 $P<1\,902.0$ 亿 kW·h,适当增加 P、W 呈缓慢增加趋势;而当 $P>1\,902.0$ 亿 kW·h 时,增加 P 将导致 W 急剧增加。分析 WP 拐点（0.0,1 902.0）到最右上角 W 和 P 都呈现最大值的 WP 极大值点（5.7,1 920.5）两个效益目标评价向量的转换过程如图 8.5.4 所示:P 增加了 18.5 亿 kW·h,增幅约为 1.0%,而供水缺额从 0 增加到5.7 亿 m³,这种发电和供水效益间的转换显然是不符合决策者意愿的。当 P 大于 WP 拐点所

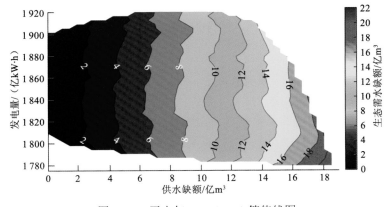

图 8.5.4　平水年 $E=E(W,P)$ 等值线图

对应的 1 902.0 亿 kW·h 时，再增加 P 会使得 W 急剧增加，表明在典型平水年来水和需水条件下，针对供水缺额 W 的发电量 P 的发电阈值为 1 902.0 亿 kW·h。

进一步，对表征环境指示器的生态需水缺额 E 进行分析。E 的最大值出现在 P 最小，且 W 最大的区域中，即图 8.5.4 的右下角；而 E 的最小值出现在 W 较小的区域中。E 的最快增长趋势方向和 W 的增长方向相同，与 P 变化趋势相关性较小。

为深入分析目标空间中最优条件下供水–发电–环境间互馈关系，采用梯度分析方法，在进行归一化处理后，求解 ∇nE 的两个偏导分量 $nE_{nW}(nW|nP=np)$ 和 $nE_{nP}(nP|nW=nw)$。图 8.5.5 和图 8.5.6 分别展示了 $nE_{nW}(nW|nP=np)$ 和 $nE_{nP}(nP|nW=nw)$ 在目标空间上的等值线图。

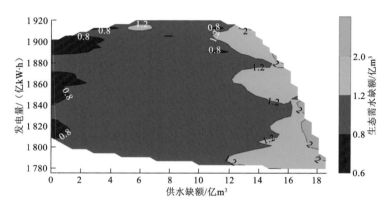

图 8.5.5 平水年来水和需水条件下 $nE_{nW}(nW|nP=np)$ 等值线图

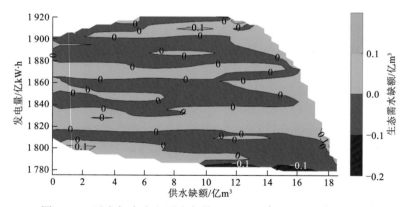

图 8.5.6 平水年来水和需水条件下 $nE_{nP}(nP|nW=nw)$ 等值线图

由图 8.5.5 可知，E 对 W 的偏导函数值 $E_W>0$，其取值范围主要包括四部分：①绿色取值范围为 [0.6，0.8]；②青色取值范围为 [0.8，1.2]；③浅蓝色取值范围为 [1.2，2.0]；④深蓝色取值大于 2.0。上述情况表明，当增加供水缺额 W 时，都会引起生态需水缺额 E 的增加，即供水和环境总体上呈现明显协同关系。而在图 8.5.6 中，E 对 P 的偏导函数值 E_P 其取值范围主要包括四部分：①绿色取值大于 0.1；②青色取值范围为 [0.0，0.1]；③浅蓝色取值范围为 [-0.1，0.1]；④深蓝色取值范围为 [-0.2，-0.1]。上述结果表明：生态需水缺额 E 受发电量 P 改变的影响较小，两者不呈明显的互馈协变关系。一方面是由于水电站发电用水并无耗水行为，仅仅是改变了水资源在时间尺度上的分布，而用于生活生产和环境生态的用水总量在流域总体是守恒的；另一方面是由于水电站依据最小下泄流量运行调度，其最小下泄流量已经考虑了下游河道生态需水需求，使得水电站发电调蓄运行不会造成较大的下游生态需水缺额。

图 8.5.7（a）为溪洛渡、向家坝、朱沱、寸滩、三峡和宜昌各关键控制断面到上一断面区间的生活生产需水流量。图 8.5.7（b）～（d）分别为溪洛渡、向家坝和三峡断面最小下泄流量、天然流量和对应的需水流量占天然流量的百分比。从图中发现，溪洛渡、向家坝和三峡断面对应的需水流量占天然流量百分比的最大值分别为 3.43%，0.65% 和 4.73%。分析需水流量在河道天然流量的占比总体较小的现象可知，W 的确会影响 E，但其影响作用较小。这一结论与图 8.5.5 中 $nE_{nW}(nW|nP=np)$ 的供水和环境总体上呈现明显协同关系结论相悖。

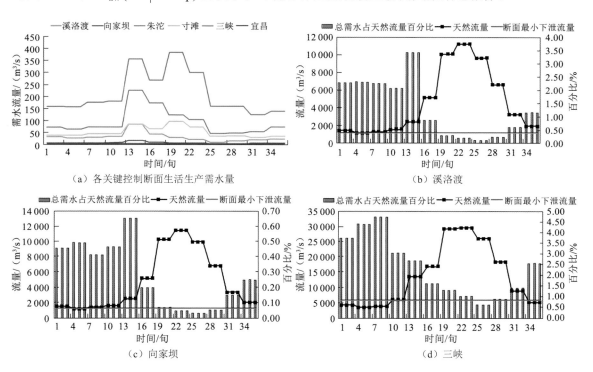

图 8.5.7　平水年来水和需水条件下关键控制断面需水量、天然流量及最小下泄流量图

进一步，分析图 8.5.7（b）～（d）中红线代表的断面最小生态需水流量和黑线代表的天然流量曲线关系，发现在不考虑水库调蓄的河道天然径流过程中，除供水期 1～6 月，天然流量都能满足各断面的最小生态需水流量。而考虑区域供水需要考虑用水类别的优先级：①城镇生活和农村生活用水＞②河道内生态需水（河道内最小生态需水流量）＞③城镇工业用水＞④农业灌溉用水。表明供水–发电–环境多目标联合优化调度过程中，生态需水缺额和供水缺额主要出现在供水期 1～6 月。而当出现生态需水缺额时，考虑用水类别优先级的水库群调度情形下，必然会出现城镇工业用水和农业灌溉用水缺额。这使得生态需水缺额和供水缺额的时空分布呈现高度的一致性，表现出图 8.5.4 中环境和供水之间较为明显的协同关系。

此外，为检验研究结论，给出枯水和丰水年来水和需水条件下 $E=E(W,P)$ 等值线图，

$nE_{nW}(nW|nP=np)$ 等值线图和 $nE_{nP}(nP|nW=nw)$ 等值线图。由于其形式和结论与平水年较为一致，不展开具体分析。

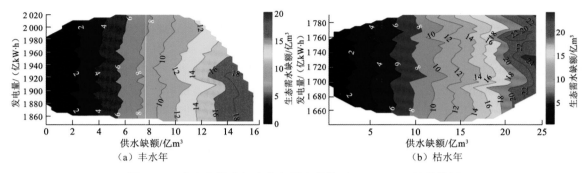

图 8.5.8　丰水和枯水年来水和需水条件下 $E=E(W,P)$ 等值线图

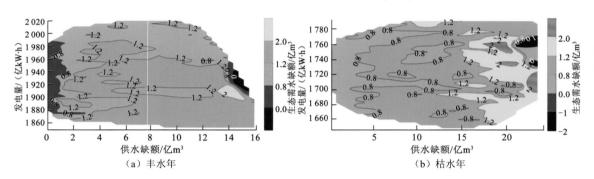

图 8.5.9　丰水和枯水年来水和需水条件下 $nE_{nW}(nW|nP=np)$ 等值线图

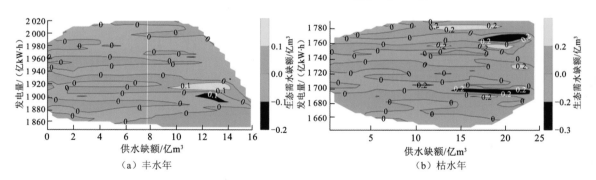

图 8.5.10　丰水和枯水年来水和需水条件下 $nE_{nP}(nP|nW=nw)$ 等值线图

8.6　长江上游供水–发电–环境水资源耦合互馈系统协同演化规律

近年来，随着人类活动的加剧，流域水循环系统由单一的受自然主导的自然水循环转变为受自然影响和社会驱动的二元水循环系统[5]，人类活动对水资源的影响比历史任何一个时期

更加深刻与复杂。此外,受全球气候的影响,水资源耦合系统,特别是供水–发电–环境互馈的水资源耦合系统呈现典型的开放动态复杂性。变化环境下,对水资源复杂系统协同演化特性及动力学机制的研究是流域水资源适应性利用的前提与基础[6]。针对与社会经济相关的供水系统、发电系统和与自然相关的生态环境系统,采用简单孤立研究方法难以揭示供水–发电–环境水资源耦合互馈系统的协同演化机制,无法有效指导解决长江流域可持续发展问题。

为此,引入系统动力学(system dynamics,SD)建模方法,对供水–发电–环境互馈水资源耦合系统协同演化模型建模方法进行研究,并应用情景分析方法探讨水资源耦合系统的协同演化趋势和动力学机制。同时,针对不同情景下水资源耦合系统的演化轨迹,采用耗散结构理论有序度熵方法,对长江上游供水–发电–环境耦合互馈系统进行稳态分析,从而支撑流域社会经济可持续和健康绿色发展。

8.6.1　供水–发电–环境互馈水资源耦合系统动力学建模

供水–发电–环境互馈的水资源耦合系统协同演化模型构建涉及社会经济、水力发电、生态环境、环保意识等自然和社会要素,是一类典型的信息反馈系统建模问题。而 SD 是一门分析研究信息反馈系统的学科,1956 年由福瑞斯特教授始创于美国麻省理工学院。定性与定量相结合的系统分析方法是 SD 建模方法的典型特征。

系统动力学建模包含几个主要步骤。第一步,用 SD 的理论、原理和方法对研究对象进行系统分析,包括数据收集、明确建模目的、识别系统关键反馈结构等内容。第二步,进行系统结构分析,包括主要变量的确定、因果关系图的绘制及存量流量图的构建等内容。第三步,建立规范的 SD 模型,即建立数学方程组。第四步,模型模拟与结果分析[7]。

针对 SD 建模问题,目前存在丰富的 SD 建模、仿真平台。其中 Vensim 是受到广泛使用的 SD 建模软件之一。为此,以 Vensim 为建模平台对供水–发电–环境互馈的水资源耦合系统展开动力学建模研究。

8.6.2　水资源耦合互馈系统协同演化模型

采用 SD 建模方法逐步完成供水–发电–环境互馈的水资源耦合系统协同演化模型的构建。首先,通过系统分析识别供水–发电–环境互馈的水资源耦合系统的关键互馈结构,并构建系统动力学因果关系概化模型;然后,根据概化模型确定主要变量,构建供水–发电–环境互馈的水资源耦合系统存量流量图;最后,依据长江上游流域 1998～2017 年的水文、社会、经济、水利、电力等历史统计数据,结合变量间因果关系假设,采用数据拟合等方法完成 SD 规范模型的建立。

1. 供水–发电–环境互馈的水资源耦合系统因果关系概化模型

长江上游流域供水–发电–环境互馈水资源耦合系统由供水、发电、环境三个子系统耦合而成。流域内供水、用水、耗水等水资源开发利用活动促进了社会经济发展和人口持续增长。反过来,经济规模的不断扩张也激励更高强度的水资源开发利用活动。显然,水资源开发强度与社会经济发展相互促进，存在正反馈关系。此外，电力能源也是社会经济发展的激励源之一，两者之间同样存在正反馈关系。然而，随着人类活动的加剧，流域生态环境逐渐恶化并反作用于人类社会，增强人类的生态保护意识，进而对流域生产活动产生一定的抑制作用，以促进生态环境的改善与修复和抑制对生态环境的过度开发。根据以上定性描述，构建供水–发电–环境互馈水资源耦合系统因果关系概化模型（图8.6.1），模型反映了水资源耦合系统中供水、发电、环境子系统之间的主要因果反馈关系。在图8.6.1所示的概化模型中，带箭头的曲线是因果链，其表示首尾两端的变量存在因果关系。因果链首端是原因，末端是结果，如因果链"社会经济状况→电力能源和水资源需求"表示社会经济发展状况将直接影响电力能源和水资源需求量的大小，其他因果链类似。

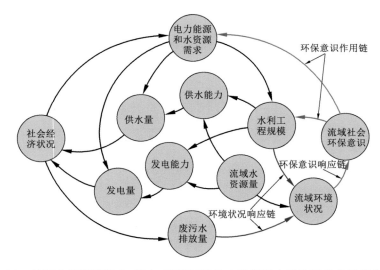

图 8.6.1　长江上游流域供水–发电–环境互馈的水资源耦合系统因果关系概化模型

如图 8.6.1 所示，供水–发电–环境互馈水资源耦合系统涉及两类主要反馈回路。第一类是由供水与发电驱动的社会经济发展正反馈回路，例如"水利工程规模→供水能力（发电能力）→供水量（发电量）→社会经济状况→电力能源和水资源需求→水利工程规模"和"社会经济状况→电力能源和水资源需求→供水量（发电量）→社会经济状况"四条正反馈回路。这一类反馈回路描述了流域社会经济发展与水资源开发利用之间的反馈关系。第二类是由环保意识联结的负反馈回路，例如"水利工程规模→流域环境状况→流域社会环保意识→电力能源和水资源需求→水利工程规模""水利工程规模→流域环境状况→流域社会环保意识→水利工程规模"和"电力能源和水资源需求→供水量（发电量）→社会经济状况→废污水排放量→流域环境状况→流域社会环保意识→电力能源和水资源需求"四条负反馈回路。这一类反馈回路主要由三类关键因果链耦合社会经济发展与流域生态环境而形成，其描述了社会经济发展、社会环保意识和流域生态环境之间的互馈关系。

图 8.6.1 还给出了三类因果链，分别是环境状况响应链、环保意识响应链和环保意识作用链。环境状况响应链描述了流域环境对供水与发电等人类活动的响应；环保意识响应链表征了流域社会环保意识对流域环境状况的响应，即环境状况对环保意识累积与衰减的影响；环保

意识作用链则反映了流域人类活动对环保意识的响应,即环保意识作用于人类活动,影响其强度。显然,正是由于这三类因果链的作用,供水–发电–环境互馈水资源耦合系统才表现出协同演化特性或复杂适应性特性,对这三类因果链的合理解析有助于对供水–发电–环境互馈水资源耦合系统协同演化特性规律的认识。

2. 供水–发电–环境互馈水资源耦合系统流量存量图模型

根据因果关系概化模型反映的关键互馈结构,结合历史统计数据的可用性,辨识主要变量并划分其类型,进而构建供水–发电–环境互馈的水资源耦合系统流量存量图模型。

系统识别了 7 个状态变量:流域水资源量、流域人口、流域 GDP、水库综合有效水头、科学技术水平、环境状况和环保意识。其中流域水资源量、流域人口、流域 GDP、科学技术水平属于供水子系统,水库综合有效水头属于发电子系统,环境状况和环保意识属于环境子系统。针对 7 个状态变量,进一步识别与其相关的速率变量、辅助变量、常量和外生变量。模型中所有变量及其物理意义如表 8.6.1 所示。

表 8.6.1　流量存量图模型中变量的符号化

变量	物理意义	单位	变量	物理意义	单位
	流域水资源模块		$A1_N$	政策影响因子	—
S	流域水资源量	亿 m^3	$A2_N$	人口自然增长率	—
R_S^+	水资源年补给量	亿 m^3/年	$A3_N$	水资源承载力	万人
R_S^-	水资源年消耗量	亿 m^3/年	$A4_N$	人均综合用水量	m^3/人
$C1_S$	水资源可开发利用比	—	$A5_N$	人均 GDP	万元/人
$C2_S$	流域产流系数	—	$A6_N$	环保意识作用因子 1	—
$E1_S$	流域年降水量	亿 m^3	$A7_N$	人均生活需水量	m^3/人
$A1_S$	流域水资源未开发量	亿 m^3	$A8_N$	流域生活年需水量	亿 m^3
$A2_S$	流域供水能力	亿 m^3	$A9_N$	流域生活总用水量	亿 m^3
$A3_S$	流域年出流量	亿 m^3	$A10_N$	老龄化因子	—
	科学技术水平模块			流域 GDP 模块	
T	科学技术水平		G	流域 GDP	亿元
R_T	科学技术年增量	1/年	R_G	流域 GDP 年增量	亿元/年
$C1_T$	经费投入–技术产出转换指数	—	$C1_G$	最小万元 GDP 用水量	m^3/万元
$A1_T$	科学技术投资比重	—	$C2_G$	最小万元 GDP 耗电量	kW·h/万元
$A2_T$	环保意识作用因子 2	—	$C3_G$	非水电装机容量	亿 kW
	流域人口模块		$E1_G$	GDP 规划年增长率	—
N	流域人口	万人	$A1_G$	规划 GDP	亿元
R_N	人口年增量	万人/年	$A2_G$	流域生产年需水量	亿 m^3
$C1_N$	最低人均生活需水量	m^3/人	$A3_G$	流域生产年需电量	亿 kW·h
$C2_N$	最高人均生活需水量	m^3/人	$A4_G$	流域生产总用水量	亿 m^3

变量	物理意义	单位	变量	物理意义	单位
	流域 GDP 模块		$A2_H$	流域水力发电能力	亿 kW·h
			$A3_H$	流域河网渠化指数	—
$A5_G$	非水力发电量	亿 kW·h	$A4_H$	环保意识作用因子 3	—
$A6_G$	万元 GDP 用水量	m³/万元	$A5_H$	流域可开发水头	m
$A7_G$	万元 GDP 耗电量	kW·h/万元	$A6_H$	科学技术促进因子	—
$A8_G$	流域实际 GDP	亿元		环保意识模块	
$A9_G$	水力发电量	亿 kW·h	E	环保意识	—
$A10_G$	非水力发电能力	亿 kW·h	R_E^+	环保意识年增量	1/年
$A11_G$	流域综合产污率	—	R_E^-	环保意识年衰减量	1/年
$A12_G$	流域废污水排放量	亿 m³	$C1_E$	环保意识增长指数	—
$A13_G$	流域总用水量	亿 m³	$C2_E$	环保意识衰减指数	—
$A14_G$	流域总耗水量	亿 m³	$C3_E$	环境状况临界阈值	—
$A15_G$	流域综合耗水率	—	$A1_E$	环保意识增长系数	—
$A16_G$	流域年发电量	亿 kW·h	$A2_E$	环保意识衰减系数	—
	水库综合有效水头模块			环境状况模块	
H	水库综合有效水头	m	B	环境状况	—
R_H	综合有效水头年增量	m/年	R_B^+	环境年改善度	1/年
$C1_H$	流域综合总水头	m	R_B^-	环境年恶化度	1/年
$C2_H$	水能发电系数	—	$A1_B$	水环境生态承载力	—
$C3_H$	综合发电效率系数	—	$A2_B$	环境改善系数	—
$C4_H$	流域水头可开发系数	—	$A3_B$	环境恶化系数	—
$A1_H$	流域发电用水量	亿 m³			

变量命名规则:状态变量直接命名,无规律。速率变量以 R 带上下标表示,下标表示该速率变量所属模块,上标"+"表示该变量为输入速率变量,"–"表示该变量为输出速率变量,无上标则表示该速率变量为净速率变量。其他变量一律以其类型加序号,再将所属模块作为下标表示。C 表示该变量是常量,E 表示该变量是外生变量,A 表示该变量是辅助变量。如表示这个变量属于流域水资源量 S 这个模块,序号为1,是常量

  依据上述 7 个状态变量,构建图 8.6.2~图 8.6.8 所示的 7 个流量存量图。在图 8.6.2~图 8.6.8 中,包括 5 种变量:①状态变量:被矩形黑线框包围的变量;②速率变量:漏斗状图形下方的变量;③常量:只有箭头指出没有箭头指入的变量;④外生变量:在图 8.6.2~图 8.6.8 中,只有流域年降水量和 GDP 规划年增长率是外生变量;⑤辅助变量:除以上变量外,其余都是辅助变量。此外,在图 8.6.2~图 8.6.8 中,带尖括号的变量表示该变量来源于其他模块。

  流量存量图反映了系统中变量间因果关系和反馈回路,同时还区分了变量的类型,有利于进一步建立变量间数学关系。与图 8.6.1 概化模型相对应,图 8.6.3~图 8.6.4 和图 8.6.6~图 8.6.8 流量存量图中也包含了环境状况响应链、环保意识响应链和环保意识作用链三类因果链。最后,将 7 个模块组合即可构成完整的供水–发电–环境互馈的水资源耦合系统流量存量图模型。

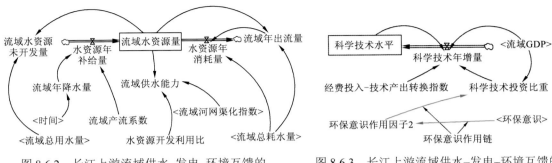

图 8.6.2　长江上游流域供水–发电–环境互馈的
水资源耦合系统流量存量图模型
（流域水资源量模块）

图 8.6.3　长江上游流域供水–发电–环境互馈的
水资源耦合系统流量存量图模型
（科学技术水平模块）

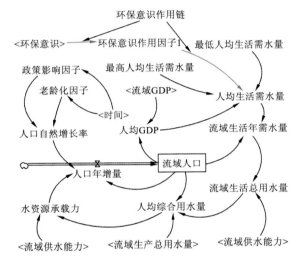

图 8.6.4　长江上游流域供水–发电–环境互馈的水资源耦合系统流量存量图模型（流域人口模块）

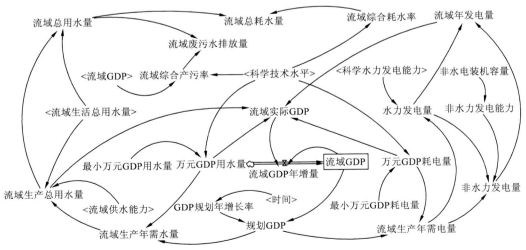

图 8.6.5　长江上游流域供水–发电–环境互馈的水资源耦合系统流量存量图模型（流域 GDP 模块）

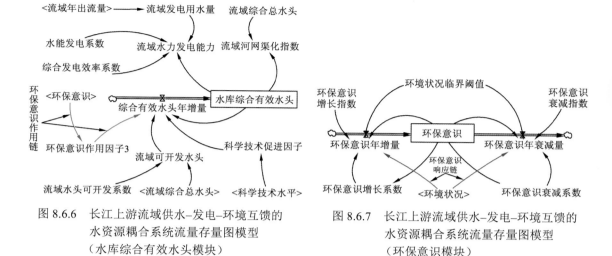

图 8.6.6　长江上游流域供水–发电–环境互馈的
水资源耦合系统流量存量图模型
（水库综合有效水头模块）

图 8.6.7　长江上游流域供水–发电–环境互馈的
水资源耦合系统流量存量图模型
（环保意识模块）

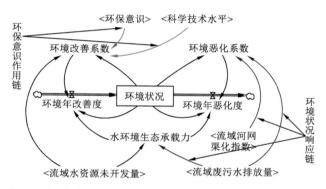

图 8.6.8　长江上游流域供水–发电–环境互馈的水资源耦合系统流量存量图模型（环境状况模块）

3. 供水–发电–环境互馈水资源耦合系统动力学模型

根据上述概化模型与流量存量图模型所描述的系统内部元素之间的逻辑结构与互馈关系，本小节对供水–发电–环境互馈水资源耦合系统的数学模型进行讨论，并构建供水–发电–环境互馈水资源耦合系统协同演化模型。

图 8.6.2～图 8.6.8 给出的流量存量图模型包括各类变量 76 个，对应数学方程也有 76 个，包括状态变量方程、速率变量方程、辅助变量方程、常量方程和外生变量方程五类方程。SD 建模方法原理上是一种状态空间建模法，即系统的状态完全由状态变量表征，而其他变量仅是状态变量的函数。辅助变量只是一种中间变量，其主要目的是为简化状态变量之间互馈关系的解析，常量的作用也与辅助变量类似。而外生变量则用于刻画系统环境的作用，即表征系统输入，其对系统结构没有影响。为此，以下仅讨论状态变量方程、速率方程和一些比较关键的辅助变量方程。在下述方程中，state 表示方程为状态变量方程，rate 表示方程为速率变量方程，auxiliary 表示方程为辅助变量方程。

1）流域水资源模块

$$\text{state} \quad \frac{\Delta S}{\Delta t} = R_S^+ - R_S^- \tag{8.6.1}$$

$$\text{rate} \quad R_S^+ = C2_S \times E1_S \tag{8.6.2}$$

$$\text{rate} \quad R_S^- = A3_S + A14_G \tag{8.6.3}$$

差分方程（8.6.1）是表征水量平衡的状态方程；速率方程（8.6.2）描述了长江上游流域水资源年补给量 R_S^+ 等于流域年降水量 $E1_S$ 乘以流域产流系数 $C2_S$；速率方程（8.6.3）表示水资源年消耗量 R_S^- 等于流域年出流量 $A3_S$ 与流域总耗水量 $A14_G$ 之和。流域总耗水量 $A14_G$ 指流域生产生活消耗的总水量。流域年出流量 $A3_S$ 指一年中通过长江上游流域出口断面的总水量。

2）科学技术水平模块

$$\text{state} \quad \frac{\Delta T}{\Delta t} = R_T \tag{8.6.4}$$

$$\text{rate} \quad R_T = 1.469 \times 10^{-4} (G \cdot A1_T)^{C1_T} \cdot (1 - T) \tag{8.6.5}$$

$$\text{auxiliary} \quad A1_T = \left[0.5 + \frac{0.5}{1 + \exp(-2.155 \times 10^{-4} G)} \right] A2_T \tag{8.6.6}$$

差分方程（8.6.4）表征了科学技术水平 T 的累积过程。速率方程（8.6.5）具体刻画了科学技术水平 T 的"S"型发展规律，其中 $(G \cdot A1_T)^{C1_T}$ 表征了科技投资对科学技术水平 T 的促进作用，而 $(1 - T)$ 表征了科技发展的瓶颈效应。$(G \cdot A1_T)^{C1_T}$ 中，$A1_T$ 为科学技术投资比重，G 为流域 GDP，$C1_T$ 为经费投入–技术产出转换指数。假定科学技术投资比重 $A1_T$ 的演化趋势主要受环保意识作用因子 $2 A2_T$ 的影响，而流域 GDP 主要对科学技术投资比重 $A1_T$ 产生支撑作用。基于该假设，构建辅助变量方程（8.6.6）。以上方程综合反映了图 8.6.3 科学技术水平模块所示的环保意识作用链。

3）流域人口模块

$$\text{state} \quad \frac{\Delta N}{\Delta t} = R_N \tag{8.6.7}$$

$$\text{rate} \quad R_N = A2_N \cdot N \cdot \left(1 - \frac{N}{A3_N} \right) \tag{8.6.8}$$

$$\text{auxiliary} \quad A3_N = \frac{A2_S}{A4_N} \times 10^4 \tag{8.6.9}$$

$$\text{auxiliary} \quad A2_N = A1_N - A10_N \tag{8.6.10}$$

状态方程（8.6.7）描述了流域人口 N 的动态变化。应用逻辑斯蒂模型表征流域人口变化，如速率方程（8.6.8）所示。式中，R_N 为人口年增量，$A2_N$ 为人口自然增长率，$A3_N$ 为流域水资源承载力。通过分析历史统计数据可知，流域人口变化轨迹与人口政策导向一致，即人口自然增长率 $A2_N$ 受政策影响较大。此外，老龄化对人口自然增长率 $A2_N$ 的影响也应考虑。为此，构建辅助变量方程（8.6.10），其中 $A1_N$ 是政策影响因子，$A10_N$ 是老龄化因子。针对水资源承载力 $A3_N$，参考已有研究成果[8]，建立了辅助变量方程（8.6.9），其中 $A2_S$ 是流域供水能力，$A4_N$ 是人均综合用水量。

4）流域 GDP 模块

$$\text{state} \quad \frac{\Delta G}{\Delta t} = R_G \tag{8.6.11}$$

$$\text{rate} \quad R_G = A8_G - G \tag{8.6.12}$$

$$\text{auxiliary} \quad A8_G = \min\left(\frac{A16_G}{A7_G} \times 10^4, \frac{A4_G}{A6_G} \times 10^4\right) \tag{8.6.13}$$

$$\text{auxiliary} \quad A6_G = \begin{cases} \dfrac{10}{\exp(0.426T+1)-2.718}, & A6_G > C1_G \\ C1_G, & A6_G \leqslant C1_G \end{cases} \tag{8.6.14}$$

$$\text{auxiliary} \quad A7_G = \begin{cases} \dfrac{1.966 \times 10^{15}}{\exp(4.211T+27.788)+1}, & A7_G > C2_G \\ C2_G, & A7_G \leqslant C2_G \end{cases} \tag{8.6.15}$$

式（8.6.11）表征流域 GDP G 动态变化。社会经济发展过程中，电力能源与水资源是驱动经济发展的关键资源。一定时期内，电力能源与水资源的消耗量及用电效率与用水效率是决定流域 GDP 规模的决定性因素。据此构建方程（8.6.12）和方程（8.6.13）。其中 R_G 是流域 GDP 年增量，$A8_G$ 是流域实际 GDP，$A16_G$ 是流域年发电量，$A4_G$ 是流域生产总用水量。此外，流域生产用电效率和用水效率与科学技术水平直接相关，且呈正相关关系，即随着科技的发展，用电效率与用水效率也随之提高。为此采用"S"型曲线刻画万元 GDP 用水量 $A6_G$ 和科学技术水平 T 及万元 GDP 耗电量 $A7_G$ 和科学技术水平 T 之间的关系，如方程（8.6.14）和方程（8.6.15）所示，其中万元 GDP 用水量 $A6_G$ 和万元 GDP 耗电量 $A7_G$ 应分别有下限最小万元 GDP 用水量 $C1_G$ 和最小万元 GDP 耗电量 $C2_G$ 的限制。

5）水库综合有效水头模块

$$\text{state} \quad \frac{\Delta H}{\Delta t} = R_H \tag{8.6.16}$$

$$\text{rate} \quad R_H = \begin{cases} 495.04A4_H + 766.39A4_H \cdot A6_H - 274, & R_H < A5_H - H \\ A5_H - H, & R_H \geqslant A5_H - H \end{cases} \tag{8.6.17}$$

$$\text{auxiliary} \quad A4_H = 0.8\exp(-E) \tag{8.6.18}$$

$$\text{auxiliary} \quad A6_H = \frac{\ln(4T+1)}{2} \tag{8.6.19}$$

$$\text{auxiliary} \quad A5_H = C4_H \cdot C1_H \tag{8.6.20}$$

差分方程（8.6.16）表征了流域水库综合有效水头 H 的动态变化特性。水库综合有效水头 H 主要用于刻画长江上游流域水利发电工程的规模。假设水库综合有效水头 H 不会减少，即综合有效水头年增量 $R_H \geqslant 0$，同时认为水库综合有效水头 H 不应超过一定的上限，如不能超过流域可开发水头 $A5_H$。更具体分析，水库综合有效水头 H 不会因环保意识 E 的作用而销毁部分已存的水库，同时也不会因科学技术水平 T 的促进而无限增长。基于以上认知，构建相关方程如上。其中 $A4_H$ 为环保意识作用因子 3，$A5_H$ 为流域可开发水头，$A6_H$ 为科技技术促进因子，$C4_H$ 为流域综合总水头，$C1_H$ 为流域水头可开发系数。方程（8.6.18）反映了环保意识 E 对水利工程建设的抑制作用，而方程（8.6.19）刻画了科学技术水平 T 对水利工程建设的促进作用。此外，速率方程（8.6.17）是在定性分析的基础上，通过历史数据拟合而确定的。方程（8.6.17）和方程（8.6.18）表征了图 8.6.6 水库综合有效水头模块所示的环保意识作用链。

6）环保意识模块

$$\text{state}\quad \frac{\Delta E}{\Delta t}=R_\mathrm{E}^+-R_\mathrm{E}^- \tag{8.6.21}$$

$$\text{rate}\quad R_\mathrm{E}^+=\begin{cases}\mathrm{A1_E}\cdot E^{\mathrm{C1_E}}, & R_\mathrm{E}^+\leqslant1-E\cap E<1\cap B\leqslant\mathrm{C3_E}\\ 1-E, & R_\mathrm{E}^+>1-E\cap E<1\cap B\leqslant\mathrm{C3_E}\\ 0, & \neg(E<1\cap B\leqslant\mathrm{C3_E})\end{cases} \tag{8.6.22}$$

$$\text{rate}\quad R_\mathrm{E}^-=\begin{cases}\mathrm{A2_E}\cdot E^{-\mathrm{C2_E}}, & R_\mathrm{E}^-\leqslant E\cap E>0.1\cap B>\mathrm{C3_E}\\ E, & R_\mathrm{E}^->E\cap E>0.1\cap B>\mathrm{C3_E}\\ 0, & \neg(E>0.1\cap B>\mathrm{C3_E})\end{cases} \tag{8.6.23}$$

$$\text{auxiliary}\quad \mathrm{A1_E}=0.065\big[1-\exp(-E)\big] \tag{8.6.24}$$

$$\text{auxiliary}\quad \mathrm{A2_E}=0.01\exp(-E) \tag{8.6.25}$$

状态方程（8.6.21）表征了环保意识 E 的累积与衰减过程。假定当环境状况 B 低于环境状况临界阈值 $\mathrm{C3_E}$ 时，环保意识开始累积，而高于该阈值时，开始衰减。此外，环保意识 E 越大，累积越快，衰减越慢，而环保意识 E 越小，累积越慢，衰减越快。同时，假设环保意识 E 的最小取值应大于 0，最大值等于 1。最小值假设认为环保意识不可能为 0，具体取值应结合模型模拟结果而定，最大值假设的主要目的是为了控制环保意识 E 的无限制增长。事实上，环保意识 E 在水资源耦合系统建模中已被大量应用[9-11]。结合以上分析，构建环保意识年增量 R_E^+、环保意识年衰减量 R_E^-、环保意识增长系数 $\mathrm{A1_E}$ 和环保意识衰减系数 $\mathrm{A2_E}$ 的方程结构，如方程（8.6.21）～方程（8.6.25）所示。以上方程综合刻画了环保意识响应链。

7）环境状况模块

在复杂水资源耦合互馈系统建模研究中，采用与文献[10]类似的处理方式。不同的是本小节同时考虑了上游生产活动对流域上下游的影响。因此，采用综合性指标环境状况 B 作为环境指标，其物理意义为上下游水环境的综合健康状况。

$$\text{state}\quad \frac{\Delta B}{\Delta t}=R_\mathrm{B}^+-R_\mathrm{B}^- \tag{8.6.26}$$

$$\text{rate}\quad R_\mathrm{B}^+=\mathrm{A2_B}\cdot B\cdot\left(1-\frac{B}{\mathrm{A1_B}}\right) \tag{8.6.27}$$

$$\text{rate}\quad R_\mathrm{B}^-=\mathrm{A3_B}\cdot B\cdot\left(1-\frac{B}{\mathrm{A1_B}}\right) \tag{8.6.28}$$

$$\text{auxiliary}\quad \mathrm{A2_B}=\big[1-\exp(-2.5\times10^{-5}\mathrm{A1_S})\big]\cdot\big[1.1-0.2\exp(-0.05B)\big]\big[1-\exp(-13ET)\big] \tag{8.6.29}$$

$$\text{auxiliary}\quad \mathrm{A3_B}=\begin{cases}\big[1+0.3\exp(0.9\mathrm{A3_H})\big]\cdot\big[1-\exp(-0.001\mathrm{A12_G})\big]\cdot\big[0.8+0.2\exp(-0.05B)\big], & \mathrm{A3_B}<1\\ 1, & \mathrm{A3_B}\geqslant1\end{cases}$$

$$\tag{8.6.30}$$

$$\text{auxiliary}\quad \mathrm{A1_B}=100\exp\left(-0.1\times\frac{\mathrm{A12_G}}{\mathrm{A1_S}+\mathrm{A12_G}}\right) \tag{8.6.31}$$

以此为基础，采用逻辑斯蒂增长模式表征 B 的动态变化，如方程（8.6.26）～方程（8.6.28）所示，其中，R_B^+ 为环境年改善度，R_B^- 为环境年恶化度，$A1_B$ 为水环境生态承载力，$A2_B$ 为环境改善系数，$A3_B$ 为环境恶化系数。水环境生态承载力 $A1_B$ 和环境状况 B 相似，其物理意义为被污染的水环境经一定自然和人工净化作用后能够达到的最佳环境状况。受污水恶化和清水净化双重作用，水环境生态承载力 $A1_B$ 随时间动态变化。假定随着流域废污水排放量 $A12_G$ 增加，水环境生态承载力 $A1_B$ 指数衰减，以方程（8.6.31）表示。此外，环境改善系数 $A2_B$ 和环境恶化系数 $A3_B$ 分别由方程（8.6.29）和方程（8.6.30）确定。方程（8.6.29）考虑了流域水资源未开发量 $A1_S$ 对环境状况 B 的净化作用、环境状况 B 本身具有的恢复力稳定作用和河湖生态治理等人工恢复作用。流域水资源未开发量 $A1_S$ 指流域水资源 S 与流域总用水量 $A13_G$ 之差。方程（8.6.30）考虑了流域废污水排放量 $A12_G$ 对环境状况 B 的恶化作用、环境状况 B 本身具有的抵抗力稳定作用和流域河网渠化对环境状况 B 的影响。其中河网渠化程度采用流域河网渠化指数 $A3_H$ 度量。方程（8.6.26）～方程（8.6.31）综合描述了图 8.6.8 环境状况模块所示的环境状况响应链和环保意识作用链。

最后，通过联立上述数学方程组耦合 7 个模块完成供水–发电–环境互馈水资源耦合系统协同演化模型的构建，并针对供水–发电–环境互馈水资源耦合系统协同演化模型开展模型检验、模型应用等研究工作。

8.6.3　长江上游供水–发电–环境水资源耦合互馈系统演化分析

通过 Vensim 建模平台，首先对供水–发电–环境互馈水资源耦合系统的协同演化模型进行结构一致性检验和行为一致性检验。从供水–发电–环境互馈水资源耦合系统协同演化模型的构建过程可知，模型结构具有一定可信度。为此，以下主要进行行为一致性检验，进而根据一致性检验结果进行水资源耦合系统协同演化趋势情景分析。

1. 历史与模拟数据拟合结果检验

本小节以 1998～2017 年长江上游流域水文、社会、经济等历史统计数据为基础，对供水–发电–环境互馈水资源耦合系统协同演化模型进行一致性检验。模型模拟的初始状态设置为水资源耦合系统 1998 年初的状态（表 8.6.2），而相关模型参数、方程系数则通过数据拟合、参数试错等方法确定，如方程（8.6.1）～方程（8.6.31）及表 8.6.3 所示。图 8.6.9 给出了流域综合耗水率 $A15_G$、科学技术水平 T、流域综合产污率 $A11_G$、水库综合有效水头 H、流域人口 N、流域水资源量 S、万元 GDP 用水量 $A6_G$ 和水力发电量 $A9_G$ 8 个变量的模拟值和观测值。8 个变量的 4 个检验指标包括均方根误差（RMSE）、平均相对误差（MAPE）、纳什效率系数（NSE）和判决系数（R^2），如表 8.6.4 所示。

表 8.6.2　供水–发电–环境互馈的水资源耦合系统协同演化模型初始状态设置

状态变量	物理意义	单位	所属模块（子系统）	所属状态方程	初始值
S	流域水资源量	亿 m³	流域水资源模块	（8.6.1）	5 354.09
T	科学技术水平	—	科学技术水平模块	（8.6.4）	0.018
N	流域人口	万人	流域人口模块	（8.6.7）	15 108.7

状态变量	物理意义	单位	所属模块（子系统）	所属状态方程	初始值
G	流域 GDP	亿元	流域 GDP 模块	(8.6.11)	6 200
H	水库综合有效水头	m	水库综合有效水头模块	(8.6.16)	30
E	环保意识	—	环保意识模块	(8.6.21)	0.4
B	环境状况	—	环境状况模块	(8.6.26)	75

表 8.6.3　供水–发电–环境互馈的水资源耦合系统协同演化模型参数率定

模型参数	物理意义	单位	所属模块（子系统）	率定值
$C1_S$	水资源可开发利用比	—	流域水资源模块	0.4
$C2_S$	流域产流系数	—	流域水资源模块	0.5
$C1_T$	经费投入–技术产出转换指数	—	科学技术模块	0.69
$C1_N$	最低人均生活需水量	m^3	流域人口模块	28.16
$C2_N$	最高人均生活需水量	m^3	流域人口模块	100
$C1_G$	最小万元 GDP 用水量	$m^3/万元$	流域 GDP 模块	10
$C2_G$	最小万元 GDP 耗电量	$kW·h/万元$	流域 GDP 模块	100
$C1_H$	流域综合总水头	m	水库综合有效水头模块	2 194.46
$C2_H$	水能发电系数	—	水库综合有效水头模块	0.002 725
$C3_H$	综合发电效率系数	—	水库综合有效水头模块	0.95
$C4_H$	流域水头可开发系数	—	水库综合有效水头模块	0.55
$C1_E$	环保意识增长指数	—	环保意识模块	2
$C2_E$	环保意识衰减指数	—	环保意识模块	1
$C3_E$	环境状况临界阈值	—	环保意识模块	80

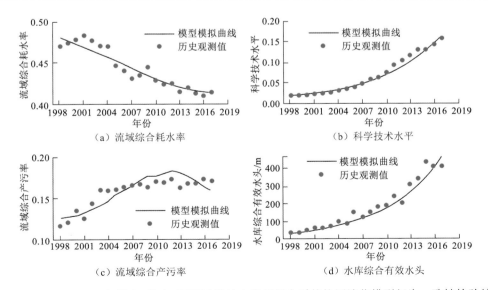

图 8.6.9　1998～2019 年供水–发电–环境互馈的水资源耦合系统协同演化模型行为一致性检验结果

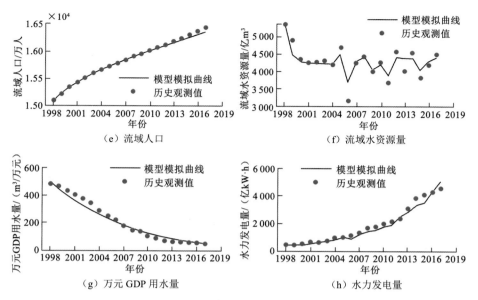

图 8.6.9　1998～2019 年供水–发电–环境互馈的水资源耦合系统协同演化模型行为一致性检验结果（续）

表 8.6.4　供水–发电–环境互馈的水资源耦合系统协同演化模型拟合结果检验指标

检验指标	A15$_G$	T	A11$_G$	H/m	N/（万人）	S/（亿 m³）	A6$_G$/（m³/万元）	A9$_G$/（亿 kW·h）
RMSE	0.007 8	0.007 8	0.009 9	32.608 4	31.942 1	203.991 2	26.114 7	271.692 2
MAPE	0.014 4	0.088 2	0.055 5	0.161 6	0.001 2	0.034 9	0.100 2	0.147 9
NSE	0.872 5	0.968 5	0.744 3	0.934 9	0.991 9	0.563 9	0.961 6	0.959 9
R^2	0.908 1	0.976 2	0.752 7	0.953 1	0.997 7	0.827 9	0.983 6	0.971 8

　　根据表 8.6.4 可知，平均相对误差都在 20%以内，且除个别变量外 NSE 系数和 R^2 都比较接近 1。尽管流域水资源量 S 的 NSE 系数较小，但其平均相对误差仅有 3.49%，且 R^2 也达到 0.8 以上。同时，流域综合产污率的各项检验指标综合情况也比较乐观。如图 8.6.9 所示，模型模拟结果与历史观测值在趋势上基本一致，同时量级差距也较小。由此表明，供水–发电–环境互馈的水资源耦合系统协同演化模型与实际系统基本一致，具有一定的合理性和可信度。

2．供水–发电–环境水资源耦合互馈系统协同演化趋势分析

　　由 8.6.2 小节模型检验结果可知，供水–发电–环境互馈水资源耦合系统协同演化模型基本满足一致性和适用性两个要求，可应用于长江上游流域水资源耦合系统协同演化趋势分析。由于系统环境主要由外生变量流域年降水量 E1$_S$ 和流域 GDP 规划年增长率 E1$_G$ 主导，针对这两个外生变量设计了三组情景。每组情景的时间区间为 1998～2050 年。在 1998～2017 年阶段，即图 8.6.10 和图 8.6.11 中的历史模拟阶段，外生变量直接取历史实测值。而在 2018～2050年阶段，即图 8.6.10 和图 8.6.11 中的未来情境模拟阶段。本小节以第 4 章 SDSM 统计降尺度模型模拟生成的不同碳排放浓度情景下长江上游年降水序列作为流域年降水量 E1$_S$ 的输入，如图 8.6.11 所示。三组情境具体设置如表 8.6.5、图 8.6.10 和图 8.6.11 所示。

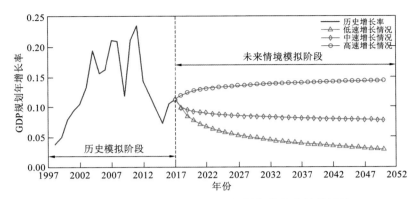

图 8.6.10　长江上游流域 GDP 规划年增长率情境设计

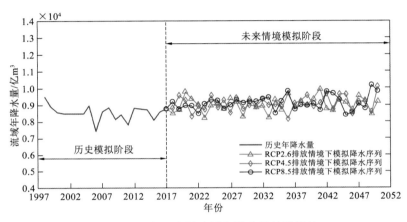

图 8.6.11　长江上游流域年降水量情境设计

表 8.6.5　水资源耦合系统协同演化趋势分析情境设计

阶段	情境 1	情境 2	情境 3
历史模拟阶段	GDP 历史增长率+历史年降水量	GDP 历史增长率+历史年降水量	GDP 历史增长率+历史年降水量
未来情境模拟阶段	低速增长情境+RCP2.6 降水情境	中速增长情境+RCP4.5 降水情境	高速增长情境+RCP8.6 降水情境

通过 Vensim 建模平台，模拟结果如图 8.6.12～图 8.6.14 所示。图中，2017 年刻度处的红色点线是历史模拟阶段和未来情景模拟阶段的分界线。图 8.6.12 展示了三种情景下供水–发电–环境互馈水资源耦合系统 7 个状态变量的协同演化过程。图 8.6.13 展示了科学技术年增量 R_T、流域人口年增量 R_N、环境年改善度 R_B^+、环境年恶化度 R_B^-、环保意识年增量 R_B^+ 和环保意识年衰减量 R_B^- 6 个速率变量的演化轨迹。图 8.6.14 则给出了三种情景下供水–发电–环境互馈水资源耦合系统部分辅助变量的协同演化轨迹。

从图 8.6.12 可知，三种情景下，供水–发电–环境互馈水资源耦合系统的协同演化趋势基本一致。以情景 3 的系统演化过程为例对供水–发电–环境互馈的水资源耦合系统协同演化趋势展开讨论和分析。

图 8.6.12（a）展示了科学技术水平的"S"型发展轨迹，其累积增长速率如图 8.6.13（e）所示。由图 8.6.13（e）可知，随着 GDP 的快速增长和科技投资比重的逐渐上升，科学技术年

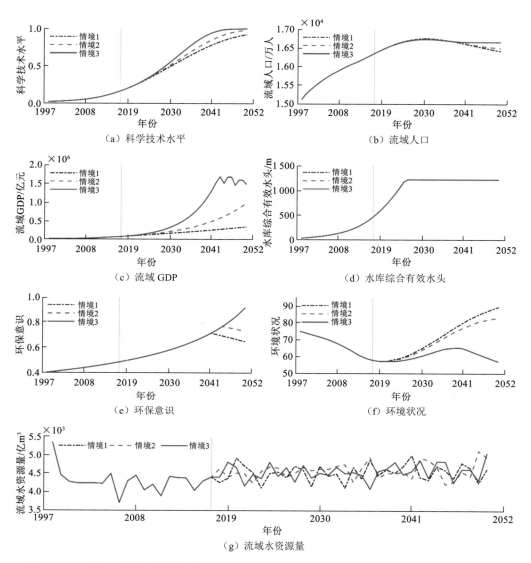

图 8.6.12　长江上游流域供水–发电–环境互馈的水资源耦合系统状态变量的协同演化过程

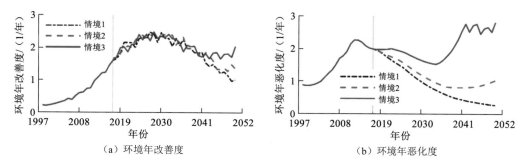

图 8.6.13　供水–发电–环境互馈的水资源耦合系统状态变量 B、E、T 和 N 的年变化速率

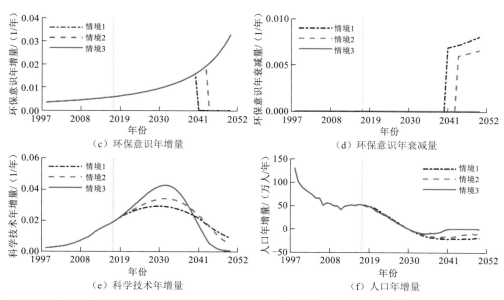

图 8.6.13　供水–发电–环境互馈的水资源耦合系统状态变量 B、E、T 和 N 的年变化速率（续）

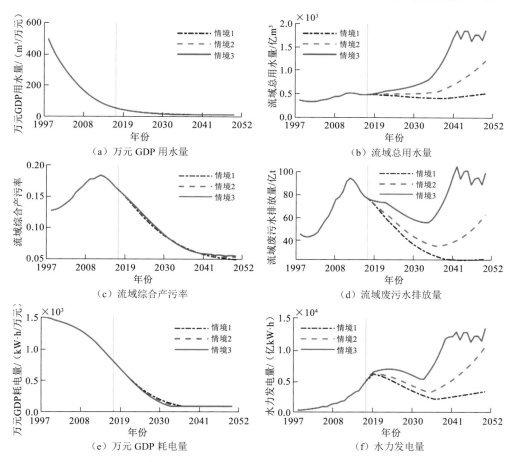

图 8.6.14　供水–发电–环境互馈的水资源耦合系统部分辅助变量的演化过程

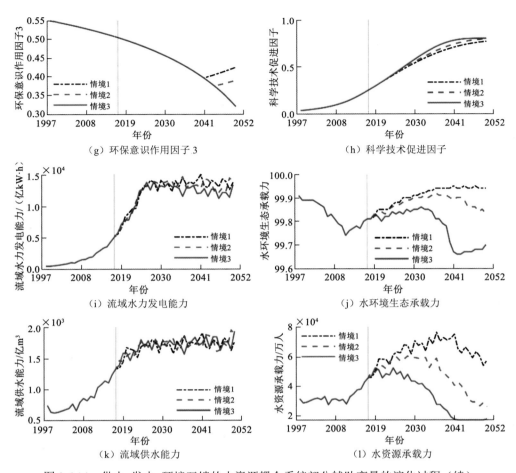

图 8.6.14　供水–发电–环境互馈的水资源耦合系统部分辅助变量的演化过程（续）

增量逐渐增大，但由于科技发展的瓶颈作用，于 2035 年左右开始下降。图 8.6.12（b）描述了流域人口的演化轨迹，其年增长速率如图 8.6.13（f）所示。从图 8.6.12（b）和 8.6.13（f）可以看出，在 2011 年前，由于计划生育政策的作用，人口年增量逐渐下降，流域人口增长变缓；而在 2011 年后，由于生育政策的适时调整，人口年增量呈微弱上升趋势，但由于老龄化程度逐年攀升，2019 年后人口年增量又开始逐渐下降，并于 2030 年左右下降为 0，届时流域人口将达到峰值，此后逐渐下降。图 8.6.12（b）给出的人口模拟结果与国家人口发展规划（2016～2030）中的发展态势基本吻合。

由图 8.6.12（c）可知，流域 GDP 快速增长，在 2050 年达 150 万亿元左右。GDP 的高速增长主要由水资源和电力资源两类资源支撑。在 1998～2050 期间，随着水利工程设施的不断建设 ［图 8.6.12（d）］和科学技术水平的不断提升 ［图 8.6.12（a）］，流域供水能力和水力发电能力快速增长 ［图 8.6.14（i）、（k）］，万元 GDP 用水量 ［图 8.6.14（a）］和万元 GDP 耗电量 ［图 8.6.14（e）］快速下降，为流域经济高速发展提供了有力保障。从图 8.6.12（g）发现，流域水资源量在均值附近波动，并无明显上升或下降趋势。因此，流域供水能力和水力发电能力主要受水利工程规模的影响 ［图 8.6.12（d）、图 8.6.14（i）、（k）］。

从图 8.6.12（d）发现，流域水库综合有效水头呈指数增长趋势，且在 2026 年左右理论上达到可开发上限，模拟结果与水电发展"十三五"规划基本一致。由式（8.6.17）可知，水利工程规模的增长主要受环保意识作用因子和科学技术促进因子两个关键因素的影响。图 8.6.14（g）、（h）展示了这两个因子的演化过程。从演化过程可知，环保意识对水利工程开发的抑制作用逐渐凸显，而科学技术对水利工程建设的促进作用逐渐加强。显然，图 8.6.12（d）是环保意识和科技水平两方面因素的综合作用结果，且该结果与实际情况基本一致。

图 8.6.12（e）显示了环保意识的累积过程，其累积增长速率如图 8.6.13（c）、（d）所示。在情景 3 条件下，流域环境状况较差，且整个模拟期均处于临界阈值以下，从而使环保意识一直处于增长状态，即环保意识年增量逐渐上升 [图 8.6.13（c）]，而环保意识年衰减量始终为 0 [图 8.6.13（d）]。

由图 8.6.12（f）可知，随着 GDP 的高速增长，流域环境状况逐渐恶化，约在 2018 年出现转折，此后逐渐改善，但改善速率逐渐减缓，并于 2040 年左右再一次恶化。流域环境状况演化模式可解释为，在流域发展前期，科学技术相对落后 [图 8.6.12（a）]，万元 GDP 用水量较大 [图 8.6.14（a）]，用水效率较低，流域综合产污率较高 [图 8.6.14（c）]，且 GDP 快速增长，使得流域总用水量逐渐上升 [图 8.6.14（b）] 及流域废污水排放量快速增加 [图 8.6.14（d）]，从而使得环境年恶化度强于环境年改善度 [图 8.6.13（a）、（b）]，进而导致流域环境状况逐渐恶化；在流域发展中期，恶化的生态环境促使环保意识逐渐上升 [图 8.6.12（e）]，促进了科学技术投资持续增长，使得科学技术水平快速提升 [图 8.6.12（a）]，随着科学技术水平的提高，万元 GDP 用水量和流域综合产污率快速下降 [图 8.6.14（a）、（c）]，使得流域总用水量增长减缓和流域废污水排放量逐渐减少 [图 8.6.14（b）、（d）]，进而使得环境年改善度超过环境年恶化度 [图 8.6.13（a）、（b）]，促使流域环境状况在中期阶段得以逐渐改善；在流域发展后期，尽管科学技术已达较高水平，万元 GDP 用水量和流域综合产污率也达到了较低水平，但 GDP 持续高速发展，使得流域总用水量逐渐达到供水能力极限水平 [图 8.6.12（c）和图 8.6.14（k）]，同时流域废污水排放量也急剧增长，水资源的极限开采及废污水的大量排放使水环境生态承载力急剧下降 [图 8.6.14（j）]，同时也使环境年恶化度远远强于环境年改善度，从而导致流域环境再一次恶化。

对三种情景下供水–发电–环境互馈水资源耦合系统的演化轨迹进行对比分析。从图 8.6.12（g）可知，流域水资源量的三种演化结果在趋势上无明显差别。由图 8.6.12（a）、（b）、（d）可知，不同情景下，科学技术水平、流域人口及水库综合有效水头的演化趋势基本相同。由于科学技术水平各演化趋势的差异较小，万元 GDP 用水量、流域综合产污率、万元 GDP 耗电量和科学技术促进因子等要素的三种演化趋势也基本一致 [图 8.6.14（a）、（c）、（e）、（h）]。此外，由于水库综合有效水头的三种演化轨迹基本重合，流域水力发电能力和流域供水能力的三种演化过程也基本相似 [图 8.6.14（i）、（k）]。

由图 8.6.12（c）可知，流域 GDP 的三种演化轨迹存在较大的差异。从图 8.6.14（b）可以看出，对应于 GDP 的三种增速情境，流域总用水量的演化过程存在显著差距。如图 8.6.14（b）所示，在 2017 年以后，当 GDP 高速增长时，流域总用水量首先缓慢增长，然后于 2035 年左右急剧增长至供水能力上限；而当 GDP 中速增长时，流域总用水量在前期基本保持不变，后期于 2035 年左右逐渐加速增长；当 GDP 低速增长时，流域总用水量前期缓慢下降，后期于 2040

年左右缓慢增长。此外，由图 8.6.14（f）可知，不同 GDP 增长情境下，水力发电量的演化轨迹也存在明显差异。

流域废污水排放量的三种演化过程如图 8.6.14（d）所示。从图 8.6.14（b）发现，低速、中速和高速三种 GDP 增长情景对应的流域废污水排放量依次增加。对应于流域总用水量的三种演化轨迹及流域废污水排放量的三种发展趋势，水资源承载力、水环境生态承载力、环境年恶化度和环境年改善度的三种演化过程分别如图 8.6.14（j）、图 8.6.14（l）、图 8.6.13（b）和图 8.6.13（a）所示。最后，对应于环境年恶化度和环境年改善度的演化轨迹，环境状况的三种演化过程如图 8.6.12（f）所示。由图 8.6.12（f）可知，2017 年以后，当 GDP 高速增长时，环境状况最终会急剧恶化；当 GDP 中速增长时，环境状况会逐渐改善，并最终达到一个较好状态；而当 GDP 低速增长时，环境状况改善速率较情境 2 和情境 3 大，且最终达到更好的状态。

8.6.4　基于耗散结构理论有序度熵的水资源耦合互馈系统稳态分析

水资源复杂系统是一类典型的耗散结构系统[12]，与外界广泛存在着物质流、能量流和信息流的交换，其相变演化结果可能由原来的混沌无序状态转换为时间上、空间上或功能上新的有序状态，也可能趋于更无序的状态。为分析评价三种情景下供水–发电–环境互馈水资源耦合系统协同演化的发展状态，引入有序度及有序度熵来度量系统有序或混乱的状态[13]。

子系统有序度的计算方法为

$$u(x) = (x-U)/(T-U) \qquad (8.6.32)$$

式中：x 为子系统的序参量；$u(x)$ 为子系统序参量的有序度；U 和 T 分别为 x 的最小和最大临界阈值。由式（8.6.32）可知，若序参量 x 的有序度值在 0～1，则序参量处于临界阈值区间，且其值越大，所代表的子系统就越有序。反之，如果 x 不在合理阈值区间，则其表征的子系统将破坏整个系统的稳定。

在耗散结构有序熵理论中，通常利用熵减小有序性增强、熵增大有序性减弱的关系对复杂系统演化方向进行定性分析[14]。因此，为刻画水资源复杂系统的有序程度，可集成子系统有序度，建立判别水资源系统演化方向的系统熵

$$S_Y = -\sum_{j=1}^{3} \lambda_i \frac{1-u_j(x_j)}{3} \ln \frac{1-u_j(x_j)}{3} \qquad (8.6.33)$$

式中：$u_1(x_1), u_2(x_2), u_3(x_3)$ 分别为供水、发电和环境子系统的有序度；x_1、x_2 和 x_3 分别为供水子系统、发电子系统和环境子系统的序参量；λ_i 用于表征子系统在水资源耦合系统中的重要程度。此外，为判别系统有序度熵的演变方向，定义熵变值为

$$\Delta S_{Y(t+1)} = S_{Y(t+1)} - S_{Y(t)} \qquad (8.6.34)$$

式中：$S_{Y(t+1)}$ 为系统第 $t+1$ 时刻的熵；$S_{Y(t)}$ 为第 t 时刻的熵；ΔS_Y 为相邻时刻的熵变。根据熵变值 ΔS_Y 的大小，可判断系统在 $t+1$ 时刻的演变方向和内部稳定程度。当 $\Delta S_Y > 0$ 时，表示水资源耦合系统总熵增加，耦合系统中至少有一个子系统未向有序方向转化，水资源系统此时为异常态；当 $\Delta S_Y < 0$ 时，表明系统总熵减小，系统向有序方向演化，水资源系统为正常态；当 $\Delta S_Y = 0$ 时，表示水资源系统处于平稳态。

针对长江上游供水、发电和环境三个子系统，分别选择流域总用水量、水力发电量和环境状况三个指标作为序参量。为简化处理，序参量流域总用水量和水力发电量的临界阈值区间确立为流域 GDP 中速增长情景下相应模拟结果的最小最大值，而序参量环境状况的临界阈值区间确立为流域 GDP 低速增长情景下相应模拟结果的最小最大值。根据以上分析假设，以三种演化情景为背景，分别计算各子系统的有序度，如图 8.6.15～图 8.6.17 所示。

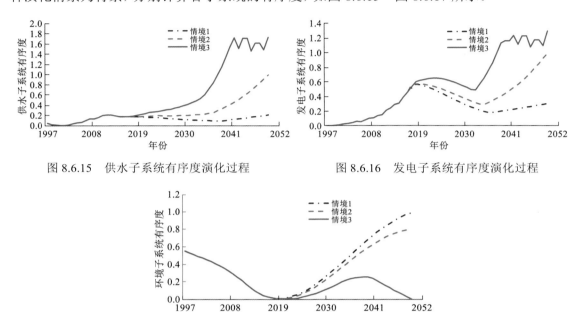

图 8.6.15　供水子系统有序度演化过程　　　　图 8.6.16　发电子系统有序度演化过程

图 8.6.17　环境子系统有序度演化过程

从图 8.6.15～图 8.6.17 可以观察到水资源耦合系统中供水、发电和环境三个子系统有序度的演化过程。在 1998～2017 年，由于三种情景都是历史情景，各子系统有序度演化轨迹相同。而在 2017 年以后，由于模拟情景不同，各子系统演化轨迹也不相同。

由图 8.6.15 可知，情景 3 条件下，系统发展前、中、后期供水子系统的有序度基本处于上升状态，而在情景 1 和情景 2 条件下，供水子系统有序度前期上升，中期下降，而后期又开始增大。尽管情境 3 条件下，供水子系统的有序度较高，但由于其超过阈值，将会破坏整个系统的稳定。

针对发电子系统，由图 8.6.16 可知，不同情景下其有序度演化模式基本一致。即发电子系统在流域水资源系统发展前期有序度上升，中期有序度下降，而在后期有序度又开始上升。与供水子系统相似，在情境 3 条件下，流域发展后期发电子系统的有序度明显大于 1，其序参量水力发电量溢出临界阈值，会导致整个系统的发展失衡。

图 8.6.17 刻画了环境子系统有序度的演化轨迹。三种情景下，环境子系统有序度的发展模式分为两种，分别是情景 1 和情景 2 的先下降再上升和情景 3 的下降上升再下降。由这两种发展模式可知，情景 3 条件下环境子系统受供水子系统和发电子系统的胁迫作用显著，而情景 1 和情景 2 条件下环境子系统与供水和发电子系统的相互作用基本平衡。

此外，综合图 8.6.15～图 8.6.17 可知，从静态和动态两个角度透视，水资源耦合系统中供水–发电–环境互馈关系具有两种不同的表现形式。从时间轴固定截面观察，供水与发电呈协同关系，而供水与环境及发电与环境呈显著竞争关系。从时间轴纵向观察，在流域中小规模发展情景下，供水及发电子系统与环境子系统呈协同增长关系，而在流域大规模高速发展的情景 3 条件下，流域生产生活耗水巨大，供水与发电对环境的胁迫作用显著，即供水及发电子系统与环境子系统呈显著竞争关系。

进一步，为判别耦合系统演变方向，推导水资源耦合系统的有序度熵及熵变，结果如图 8.6.18 所示。

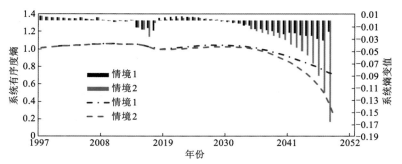

图 8.6.18　供水–发电–环境互馈的水资源耦合系统有序度熵及熵变值演化过程

研究结果表明，GDP 高速发展情景 3 下环境子系统受供水子系统和发电子系统的胁迫作用显著，进而导致水资源耦合系统发展失衡，故图 8.6.18 仅给出了 GDP 低速发展情景 1 和中速发展情景 2 条件下水资源耦合系统的演化结果。

由图 8.6.18 中情景 1 和情景 2 条件下系统有序度熵及熵变可知，在 2030 年以前长江上游水资源耦合系统的熵变绝对值较小，有序度熵保持基本稳定，系统处于平稳态。2030 年以后，熵变值持续为负，有序度熵不断下降，水资源耦合系统向有序方向演化。比较情景 1 和情景 2 条件下系统有序度熵的演化过程可知，在 GDP 中速发展情景 2 条件下水资源耦合系统的有序度熵更低，即系统状态更趋向于有序。

综上所述，可获得结论：①在 2018～2050 年，GDP 高速发展情境 3 是不可持续发展模式，该情境下环境子系统受供水子系统和发电子系统的胁迫作用显著，系统发展失衡，而在情境 2 和情景 3 条件下，水资源耦合系统可向有序方向发展；②比较情景 1 和情景 2 条件下系统有序度熵的演化过程可知，在 GDP 中速发展情景 2 条件下水资源耦合系统的有序度熵更低，水资源耦合系统的状态更加有序；③在 GDP 中速和低速发展情境下，2030 年是长江上游供水–发电–环境耦合互馈系统向有序方向发展的转折点，该时间点以前，系统熵较大，发展较无序，该时间点后，系统熵值逐渐降低，向更有序方向发展。

参 考 文 献

[1]　吴洪石. 澜沧江下游水库生态调度研究[D]. 西安: 西安理工大学, 2018.

[2]　岳超源. 决策理论与方法[M]. 北京: 科学出版社, 2003.

[3]　DEB K, MOHAN M, MISHRA S. Evaluating the ε-domination based multi-objective evolutionary algorithm for a quick computation of Pareto-optimal solutions[J]. Evolutionary computation, 2005, 13(4): 501-525

[4]　胡运权. 运筹学基础及应用(第 4 版)[M]. 北京: 高等教育出版社, 2004.

[5]　王浩, 贾仰文. 变化中的流域 "自然-社会" 二元水循环理论与研究方法[J]. 水利学报, 47(10): 1219-1226.

[6]　SIVAPALAN M, SAVENIJE H H G, BLÖSCHL G. Socio-hydrology: a new science of people and water[J]. Hydrological processess, 2012, 26(8): 1270-1276.

[7]　王其藩, 1994. 系统动力学(修订版)[M]. 北京: 清华大学出版社, 1994.

[8]　赵建世, 王忠静, 秦韬, 等. 海河流域水资源承载能力演变分析[J]. 水利学报, 2008, 39: 647-651.

[9]　ELSHAFEI Y, SIVAPALAN M, TONTS M, et al. A prototype framework for models of socio-hydrology: identification of key feedback loops and parameterisation approach[J]. Hydrological earth system science, 2014, 18: 2141-2166.

[10]　FENG M, LIU P, LI Z, et al. Modeling the nexus across water supply, power generation and environment systems using the system dynamics approach: Hehuang Region[J]. China journal hydrological, 2016, 543: 344-359.

[11]　VAN E, LI Z, SIVAPALAN M, et al. Socio-hydrologic modeling to understand and mediate the competition for water between agriculture development and environmental health: Murrumbidgee River basin, Australia[J]. Hydrological earth system science, 2014, 18(10): 4239-4259.

[12]　CHANG J X, HUANG Q, WANG Y, et al. Water resources evolution direction distinguishing model based on dissipative structure theory and gray relational entropy[J]. Journal of hydraulic engineering, 2002, 33(11): 107-112.

[13]　杨明杰. 玛纳斯河流域水资源多维临界调控技术研究[D]. 石河子: 石河子大学, 2018.

[14]　徐国宾, 杨志达. 基于最小熵产生与耗散结构和混沌理论的河床演变分析[J]. 水利学报, 2012, 43(8): 948-956.

第 *9* 章

长江上游供水–发电–环境水资源耦合系统
互馈协变关系及其风险评估

长江上游已形成世界上规模最大的梯级水库群，水库群调度目标涉及供水、发电和环境保护等多个方面。各种调度目标耦合互馈，相互影响、相互作用、相互竞争、不可公度。各种用水目标间的相互耦合作用显著地增加了流域水资源系统的总体不确定性，由此产生了涉及供水、发电、环境等多重风险，给流域水资源综合利用和适应性调控带来困难。

为此，本章通过建立供水–发电–环境的多属性风险评估模型，解析水资源互馈系统的条件风险和各子系统的条件期望水平，探明长江上游供水–发电–环境互馈协变关系。在辨识水资源互馈系统下供水、发电、环境关键风险因子的基础上，建立水库群供水、发电、环境多时空尺度多重风险评估模型，以评估供水–发电–环境水资源耦合互馈系统多重风险。同时，采用客观赋权法对互馈系统多层次风险进行动态评价，揭示供水、发电、环境综合风险的时空动态演化特征。最后，围绕来水不确定性引发发电风险问题，引入经济学均值–方差理论，构建考虑决策者风险偏好的水库发电效益–风险均衡优化模型，解析不确定来水下长江上游控制性水库效益–风险互馈均衡关系，对流域水资源系统风险评估和水资源综合利用提供一定的科学依据。

9.1 长江上游供水–发电–环境水资源耦合系统互馈协变关系及其多属性风险评估

水资源系统是一个开放的复杂巨系统，涉及供水、发电、环境等多个子系统，水资源配置中往往无法同时满足所有子系统的用水需求，为此，分析流域供水、发电、环境等多属性风险有着重要的意义，可为流域水资源合理配置及综合效益最大化提供理论依据。水资源系统中各子系统运行管理通常不是孤立的，而是相互影响，存在较强的协同或竞争关系，如上游的取水必然导致下游电站发电用水量的减少，忽略这种相关性，孤立评估各子系统风险，会导致低估或者高估水资源系统的总体风险水平。

为从宏观尺度研究水资源系统中供水、发电、环境的多属性风险问题，以长江上游为研究对象，以历史水文年鉴和水资源公报数据为依据，收集摘录长江上游的供水数据（生产、生活）、河道外生态环境用水量数据。分别定义为区域内的供水变量和环境变量，以流域内实际来水为输入条件，推求流域内 5 个梯级 60 多个电站的发电量，并将其定义为发电变量；在此基础上，建立供水–发电–环境水资源耦合互馈系统多属性风险评估模型，推求水资源互馈系统的条件风险和各子系统的条件期望水平。

9.1.1 长江上游供水–发电–环境互馈关系解析

流域水资源分配方案的制定影响流域供水、发电和环境不同指标的保证率，如水力发电量用水较多，必然导致流域供水指标的用水减小，表明流域供水、发电和环境不同指标之间存在竞争协同关系。因此，有必要通过对供水、发电、环境指标间的相关性的分析，解析不同指标之间的竞争协同关系，为构建流域多属性风险分析模型提供物理和数据背景场。

采用皮尔逊线性相关方法[1]分析供水、发电和环境两两之间的相关性，相关系数为正，二者为协同关系，而相关系数为负，二者为竞争关系，而当相关系数为 0，则表明二者相互独立。相关性系数越大，说明相关性越强，相互影响越大。

$$\rho = \frac{\text{cov}(X, Y)}{\sigma_X \sigma_Y} = \frac{E(XY) - E(X)E(Y)}{\sqrt{E(X^2) - E^2(X)}\sqrt{E(Y^2) - E^2(Y)}} \tag{9.1.1}$$

式中：X 和 Y 为流域风险指标；$E()$ 为变量期望值。

进一步采用互信息原理分析三者总相关性，并根据互信息分析三者总相关性的强度。三维互信息解析图如图 9.1.1 所示，其表达式为

$$I(XYZ) = H(XYZ) - H(X) - H(Y) - H(Z) + I(XY) + I(XZ) + I(YZ) \tag{9.1.2}$$

式中：$H(X)$、$H(Y)$ 和 $H(Z)$ 分别为风险变量 X、Y 和 Z 的边缘熵；$H(XYZ)$ 为三者联合熵；$I()$ 为变量间的互信息。其中两变量互信息与熵之间的关系如图 9.1.2 所示，其表达式为

$$I(XY) = H(X) + H(Y) - H(XY) \tag{9.1.3}$$

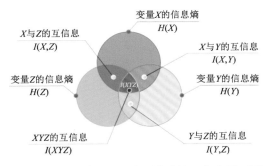

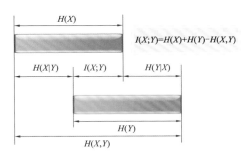

图 9.1.1　供水–发电–环境互馈系统互信息原理图　　图 9.1.2　二维互信息与熵的关系图

9.1.2　长江上游供水–发电–环境互馈系统联合分布建立

以流域内用水量为纽带，采用区域生产、生活用水量表征供水量，水力发电量表征发电量，河道外生态环境用水量表征环境变量。以水文统计年鉴和水资源公报得到的供水量、河道外生态用水量和以实际来水计算的发电量为依据，建立供水、发电和环境多变量边缘分布函数和联合分布函数，以刻画供水、发电、环境相关关系，进而评估供水–发电–环境水资源耦合系统多属性风险。

1. 边缘分布

采用水文领域常用分布函数拟合边缘分布序列，包括指数分布（EXP）、伽马分布（Gam）、广义极值分布（GEV）、广义 Logistic 分布（GLO）、广义 Pareto 分布（GPA）、广义正态分布（GNO）、Gumbel 分布、正态分布、P-III 分布和 Wakeby 分布[2]，采用线性矩法估计各分布的参数，边缘分布的函数形式为

$$u = F(X) = \int f(x)\mathrm{d}x \tag{9.1.4}$$

式中：$f(x)$ 为变量 X 的概率密度函数；u 或 $F(X)$ 为对应的累积分布函数。

采用经验频率公式计算经验频率，并采用均方根误差（RMSE）和 K-S 指标对边缘分布的拟合效果进行评估和假设检验。

2. 联合分布

根据供水指标、发电指标和环境变量之间的相关性特点，采用 Copula 函数构建多维联合分布。在水文水资源领域中，通常采用阿基米德 Copula 函数建立两变量联合分布，由于供水、发电、环境变量间的相关性可能有正有负，Frank Copula 函数既可描述正相关特性，又可描述负相关特性，采用 Frank Copula 函数建立二维联合分布模型，见式（9.1.5）。对于多维变量的联合分布，椭圆 Copula 可描述多种相关性结构，故采用椭圆 Copula 函数中的 Gaussian Copula 函数建立三维联合分布模型为

$$C(u_1, u_2) = -\frac{1}{\theta}\ln\left\{1 + \frac{[\exp(-\theta u_1)-1][\exp(-\theta u_2)-1]}{\exp(-\theta)-1}\right\} \tag{9.1.5}$$

$$C(u_1, u_2, u_3) = \Phi_3\left[\Phi^{-1}(u_1), \Phi^{-1}(u_2), \Phi^{-1}(u_3); \rho\right] \tag{9.1.6}$$

式中：θ 为二维 Frank Copula 函数的参数；$\Phi_3()$ 为 n 维标准正态分布；$\Phi^{-1}()$ 为标准正态分布的反函数；ρ 为 Gaussian Copula 的相关性矩阵。

9.1.3 长江上游供水–发电–环境互馈系统风险阈值及分析模型

为分析供水–发电–环境互馈水资源系统的风险水平，分别采用条件分布和条件期望模型分析不同风险阈值条件下水资源系统供水、发电和环境的多属性风险。

1. 二维风险评估模型

对于由供水、发电和环境构成的水资源互馈系统，设供水、发电、环境任意两个变量分别为 X_1、X_2，构建条件分布函数，计算 $X_2=x_2$ 的条件下，变量 $X_1 \geqslant x_1$ 的概率，其概率大小可表征在满足 X_2 的条件下 X_1 能超过某特征值的概率。其条件概率表达式为

$$
\begin{aligned}
F(X_1 \geqslant x_1 | X_2 = x_2) &= \int_{x_1}^{+\infty} \frac{f(x_1, x_2)}{f(x_2)} \mathrm{d}x_1 \\
&= \int_{x_1}^{+\infty} \frac{c(u_1, u_2) f(x_1) f(x_2)}{f(x_2)} \mathrm{d}x_1 \\
&= \int_{u_1}^{1} c(u_1, u_2) \mathrm{d}u_1
\end{aligned}
\tag{9.1.7}
$$

式中：$f(x_1, x_2)$ 为风险变量 x_1 和 x_2 的联合概率密度函数；$f(x_1)$ 和 $f(x_2)$ 分别为风险变量 x_1 和 x_2 的概率密度函数；u_1 和 u_2 分别为风险变量 x_1 和 x_2 的累积分布函数，同时也作为二维联合分布的边缘分布；$c(u_1, u_2)$ 为二者联合分布的密度函数。

二维风险模型评估了水资源系统中供水、发电、环境两两变量的互馈风险水平，即供水–发电、供水–环境、发电–环境之间的条件风险率。

进一步，为了评估 $X_2=x_2$ 条件下 x_1 的期望取值，研究建立二维条件期望模型

$$
E(x_1 | x_2) = \int_0^{+\infty} x_1 \cdot f(x_1 | x_2) \mathrm{d}x_1 = \int_0^{+\infty} x_1 \cdot f(x_1) \cdot c(u_1, u_2) \mathrm{d}x_1
\tag{9.1.8}
$$

该模型评估了在供水、发电、环境变量 $X_2=x_2$ 条件下，变量 x_1 可能发生的平均水平。如当上游供水量为 $X_2=x_2$ 时，通过考虑供水、发电的互馈关系，建立供水、发电的二维联合分布和条件分布，求得供水量 $X_2=x_2$ 时，发电量取值的可能平均水平。

2. 三维风险评估模型

由于流域水资源分配关系难以定量描述，供水不足、发电不足、生态环境用水欠缺等多重风险三者之间相互作用和影响，需进一步建立三维条件分布和条件期望模型，分析流域水资源互馈系统多属性风险。

三维条件分布模型

$$
F(X_1 \geqslant x_1 | X_2 = x_2, X_3 = x_3) = \int_{x_1}^{+\infty} \frac{f(x_1, x_2, x_3)}{f(x_2, x_3)} \mathrm{d}x_1 = \int_{u_1}^{1} \frac{c(u_1, u_2, u_3)}{c(u_2, u_3)} \mathrm{d}u_1
\tag{9.1.9}
$$

三维条件期望模型

$$E(x_1|x_2, x_3) = \int_0^{+\infty} x_1 \cdot f(x_1|x_2, x_3)\,\mathrm{d}x_1 = \int_0^{+\infty} x_1 \cdot f(x_1) \cdot \frac{c(u_1, u_2, u_3)}{c(u_2, u_3)}\,\mathrm{d}x_1 \qquad (9.1.10)$$

式中：u_1、u_2 和 u_3 分别为风险变量 x_1、x_2 和 x_3 的累积分布函数，同时也作为三维联合分布的边缘分布；$c(u_1, u_2, u_3)$ 为供水、发电、环境三维联合分布的密度函数。

该模型可评估给定两个子系统取值条件下另一子系统的期望取值，该期望值反映了供水–发电–环境互馈耦合系统演化过程各子系统的临界阈值，为合理制定水资源配置方案、提高流域水资源利用效率、减小流域多属性风险提供理论依据。

9.1.4　应用研究及结论

以长江上游为研究区域，收集并整理了区域内供水、发电和环境用水数据。采用研究区域涉及青海、西藏、云南、四川、重庆、贵州、甘肃和湖北 8 个主要地区的生产生活供水总量作为供水指标；采用区域内 60 多个水库（包括金沙江中下游梯级、雅砻江梯级、大渡河梯级、岷江梯级、嘉陵江梯级、乌江梯级及三峡梯级等）水力发电量作为发电指标，由于梯级水库相继建成投运，水力发电量也随之增加，研究采用 2015 年水电开发规模计算发电量；采用研究区域内 8 个主要地区的河道外生态环境供水总量作为生态环境指标。供水数据和河道外生态环境用水数据来源于《长江流域及西南诸河水资源公报》、《水资源公报》及《中国水利年鉴》等，资料序列长度为 1998 年至 2015 年（表 9.1.1），时间尺度为年尺度，数据具有可靠性和代表性；来水资料为月尺度，用于计算发电量，由于统一采用 2015 年作为水平年，保证了发电量数据的一致性。

表 9.1.1　流域供水、发电和环境数据统计表

年份	供水量/亿 m³	对应理论概率	水力发电量/（亿 kW·h）	对应理论概率	生态环境用水量/亿 m³	对应理论概率
1998	457.64	0.71	6 380	0.28	2.58	0.18
1999	431.15	0.37	7 112	0.66	2.63	0.20
2000	425.50	0.29	7 743	0.91	2.59	0.18
2001	404.82	0.01	7 465	0.82	2.59	0.18
2002	410.00	0.07	7 293	0.75	2.62	0.19
2003	416.94	0.17	6 364	0.27	2.66	0.21
2004	424.00	0.27	6 497	0.33	2.68	0.22
2005	431.34	0.37	7 167	0.69	3.26	0.43
2006	438.84	0.47	7 384	0.79	3.50	0.50
2007	439.24	0.48	5 843	0.09	3.97	0.61
2008	440.83	0.50	5 752	0.07	4.88	0.76
2009	434.93	0.42	7 135	0.68	4.67	0.73
2010	461.17	0.75	6 793	0.49	6.11	0.88
2011	460.75	0.75	6 663	0.42	3.62	0.53

年份	供水量/亿 m³	对应理论概率	水力发电量/（亿 kW·h）	对应理论概率	生态环境用水量/亿 m³	对应理论概率
2012	467.71	0.83	6 456	0.31	4.01	0.62
2013	465.08	0.80	8 046	0.97	6.59	0.91
2014	459.24	0.73	6 643	0.41	6.51	0.90
2015	489.71	1.00	5 642	0.05	7.77	0.95

1. 相关性结果分析

采用 Pearson 线性相关系数刻画供水、发电、环境指标间的相关性，结果如表 9.1.2 所示。由表可知，供水和发电呈不显著竞争关系，发电和环境呈不显著竞争关系，供水和生态环境呈协同关系。根据流域供水–发电–环境互馈系统特征分析，流域内径流量是一定的，依据水量平衡原理，当水量被用于上游供水或是上游生态环境用水时，则必然影响发电，即当供水量和环境用水量增加时，发电量会相应减小，因此，二者呈现竞争关系；当上游来水量较枯，生产和生活供水减少时，生态环境用水量也会减少，二者呈协同关系。

表 9.1.2　供水、发电、环境指标间的相关性

指标变量	生产生活用水量	水力发电量	河道外生态用水量
生产生活用水量	1.00	−0.36	0.77
水力发电量	−0.36	1.00	−0.24
河道外生态用水量	0.77	−0.24	1.00

2. 分布拟合结果

采用上述分布函数拟合长江上游供水、发电、环境序列，运用线性矩法估计各分布的参数，引入 RMSE 和 K-S 检验指标优选分布，结果如图 9.1.3 所示。针对供水、发电、环境三个序列，其拟合优选的分布函数分别为 GPA、GEV 和 GPA 分布，其参数见表 9.1.3。

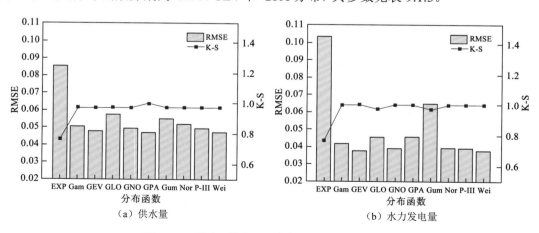

（a）供水量　　　　　　　　　（b）水力发电量

图 9.1.3　供水、发电、环境变量的边缘分布优选

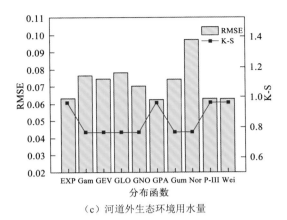

（c）河道外生态环境用水量

图 9.1.3　供水、发电、环境变量的边缘分布优选（续）

表 9.1.3　边缘分布评估的参数

风险指标	分布	参数		
		k	σ	μ
生产生活用水量	GPA	−0.850 2	69.051	404.84
水力发电量	GEV	−0.309 2	707.21	6 561.20
河道外生态用水量	GPA	−0.019 7	1.889 7	2.215 7

　　因供水–发电、供水–环境两组序列呈负相关特性，故采用能模拟负相关特性的 Frank Copula 函数建立供水–发电、供水–环境和发电–环境之间的二维联合分布，采用多维 Gaussian Copula 函数建立供水–发电–环境的联合分布，其参数见表 9.1.4，联合分布拟合结果如图 9.1.4

表 9.1.4　联合分布参数

指标	供水–发电	供水–环境	发电–环境	供水–发电–环境
Copula 类型	Frank	Frank	Frank	Gaussian
参数	−3.149 1	8.387 9	−2.224 0	图 9.1.1 相关性矩阵
RMSE	0.056 0	0.062 0	0.035 7	0.023 4
K-S（P 值）	0.708 8	0.944 8	0.708 8	0.982 0

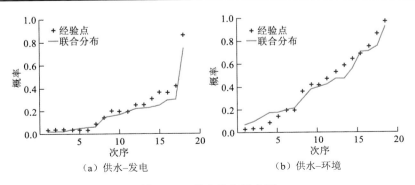

图 9.1.4　联合分布拟合图

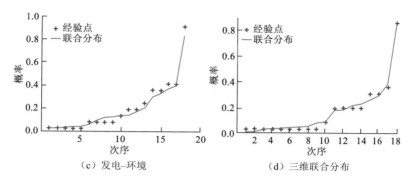

图 9.1.4　联合分布拟合图（续）

所示。从图 9.1.4 可知，所选 Copula 函数较好地拟合了经验频率。同时，引入 RMSE 和 K-S 检验进行联合分布的拟合优度检验，结果见表 9.1.4，由表可知，RMSE 值较小，表明所选 Copula 函数可用于构建联合分布，且 K-S 检验的 P 值显示所选 Copula 函数效果较好。

3. 水资源系统多重风险评估

1）二维条件风险分析

通过二维条件分布计算在发电量一定条件下，供水量超过某一特征值的概率，或在某一供水条件下，发电量超过某一特征值的概率，结果见表 9.1.5。由相关性分析可知，供水–发电之间为竞争关系，当水力发电量增大时，供水量必然减少。由表 9.1.5 可知，在水力发电量为 7 410 亿 kW·h（年发电量理论频率曲线上对应概率为 80%）时，供水量超过 465.39 亿 m^3 的概率为 11.01%，而水力发电量增加至 7 708 亿 kW·h（年发电量理论频率曲线上对应概率为 90%）时，供水量超过 465.39 亿 m^3 的概率为 8.14%，表明在水力发电量增加条件下，供水量超过某一固定特征值概率逐渐减小。同理，当已知发电量时，推求供水量条件风险，可得到同样的结论。因此，为减小流域供水不足、发电不足等风险，流域水资源量用于水力发电和生产生活供水的水量应均衡配置。

表 9.1.5　供水–发电条件风险计算结果

发电条件下供水概率				供水条件下发电概率			
发电量 X_2 /（亿 kW·h）	$P(x_2)$	供水量 X_1 /亿 m^3	$P(x_1\|x_2)$	供水量 X_1 /亿 m^3	$P(x_1)$	发电量 X_2 /（亿 kW·h）	$P(x_1\|x_2)$
7 410	0.8	456.88	0.187 8	465.39	0.8	7 186	0.187 8
7 410	0.8	465.39	0.110 1	465.39	0.8	7 410	0.110 1
7 410	0.8	474.59	0.044 8	465.39	0.8	7 708	0.044 8
7 708	0.9	456.88	0.145 6	474.59	0.9	7 186	0.145 6
7 708	0.9	465.39	0.081 4	474.59	0.9	7 410	0.081 4
7 708	0.9	474.59	0.031 0	474.59	0.9	7 708	0.031 0

注：表中 x_1、x_2 和 x_3 分别表示供水量、水力发电量和河道外生态环境用水量

2）二维条件期望分析

建立供水–发电、供水–环境、发电–环境的二维条件期望模型，推求不同条件下供水、发电、环境变量的期望水平，结果如图 9.1.5 所示。图 9.1.5（a）表征了发电量取不同值条件下供水量的期望水平，表明供水量期望水平随发电量的增加而减小，当发电量超过 90%概率点时，生产生活供水量会急剧下降，此时对应值 7 708 亿 kW·h 为发电子系统的临界阈值，超过该点可能导致水资源分配不合理，流域供水严重不足。图 9.1.5（b）表征了供水量取不同值时流域水力发电量的期望水平，表明当供水量超过 90%概率点时，发电量会急剧下降，供水也不应超过该临界阈值。分析图 9.1.5（c）和（d）可以看出，对于发电–环境之间的关系，在发电量或河道外生态环境用水量超过河道外生态环境频率曲线 90%点对应的取水量时，流域水资源分配不合理，流域风险增大。而对于供水–环境之间的关系，由于二者为协同关系，只要提高环境或供水子系统用水量，供水–环境效益都会提高，这主要是由于一般丰水年生产、生活、生态环境供水量都会增大，枯水年三生用水都会减小。

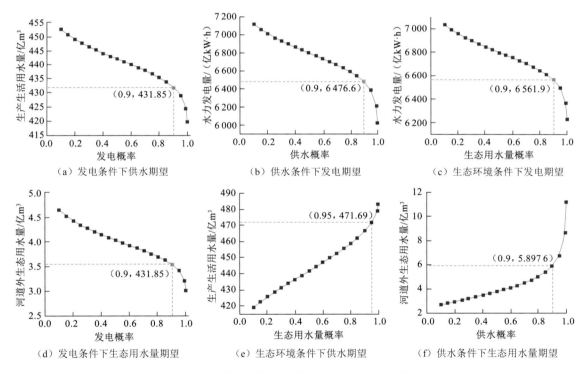

图 9.1.5　供水、发电、环境二维条件期望结果图

3）三维条件风险分析

考虑三维条件互馈系统风险，在水力发电量为 7 410 亿 kW·h（年发电量理论频率曲线上对应概率为 80%）和生态环境用水量为 5.209 4 亿 m³（河道外生态环境用水理论频率曲线上对应概率为 80%）条件下，供水量超过 465.39 亿 m³ 的概率为 27.61%，而超过 474.59 亿 m³ 的概率仅 9.31%（见表 9.1.6）。相比二维条件分布模型的结果（表 9.1.5），在考虑环境变量后，供水超过 465.39 亿 m³ 的概率大于二维条件分布模型的计算结果，即

$$P(x_1 \geq 465.39 | x_2 = 7410, x_3 = 5.209\ 4) = 0.276\ 1 > P(x_1 \geq 465.39 | x_2 = 7\ 410) = 0.110\ 1$$

该结果表明，相较于供水、发电的二维分析，在综合考虑供水、发电和环境的耦合互馈关系后，供水超过某阈值的概率增加，即供水风险有减小趋势。原因在于供水、发电二维互馈关系分析时，仅考虑了供水、发电的竞争关系，水量用于上游供水则不能用于发电。三维互馈分析时，在考虑供水、发电竞争关系的同时，还考虑了上游生态环境用水与供水的协同关系。

表 9.1.6   三维条件风险计算结果

发电量 X_2/（亿 kW·h）	$P(x_2)$	生态环境用水量 X_3/亿 m^3	$P(x_3)$	供水量 X_1/亿 m^3	$P(x_1)$	$P(x_1 | x_2, x_3)$
7 410	0.8	5.209 4	0.8	465.39	0.8	0.276 1
7 410	0.8	5.209 4	0.8	474.59	0.9	0.093 1

发电量 X_1/（亿 kW·h）	$P(x_1)$	生态环境用水量 X_3/亿 m^3	$P(x_3)$	供水量 X_2/亿 m^3	$P(x_2)$	$P(x_2 | x_1, x_3)$
465.39	0.8	5.209 4	0.8	741 0	0.8	0.111 5
465.39	0.8	5.209 4	0.8	770 8	0.9	0.045 5

发电量 X_1/（亿 kW·h）	$P(x_1)$	生态环境用水量 X_2/亿 m^3	$P(x_2)$	供水量 X_3/亿 m^3	$P(x_3)$	$P(x_3 | x_1, x_2)$
465.39	0.8	7 410	0.8	5.209 4	0.8	0.396 4
465.39	0.8	7 410	0.8	6.469 9	0.9	0.166 9

4）三维条件期望分析

采用三维条件期望模型分析长江上游水资源互馈系统多属性风险。通过该模型计算得到某两个变量在给定值条件下，第三个变量期望值，结果如图 9.1.6 所示。由图 9.1.6（a）可知，供水量随水力发电量的增大而减小，随河道外生态环境用水量的增大而增大。因此，在发电为一定值条件下，供水与发电仍为竞争关系，供水与环境为协同关系。为了让供水量期望值达 474.59 亿 m^3，即供水量超过供水频率曲线 90%点对应的值，发电和环境指标存在多种组合。为了发挥水资源最大效益，应选择合适的发电与环境用水量组合，部分组合方案见表 9.1.7。由表 9.1.7 可知，若生态环境用水为 5.617 1（年河道外生态环境用水量曲线上对应概率为 84%），则年发电量频率曲线上只能取 10%点对应的发电量值，才能保证供水的期望值为 465.39 亿 m^3，这种组合将导致发电量较小，从而发生发电不足风险，此情况表明在来水不足的情况下，保证平均的供水量必然会大幅减少发电效益。

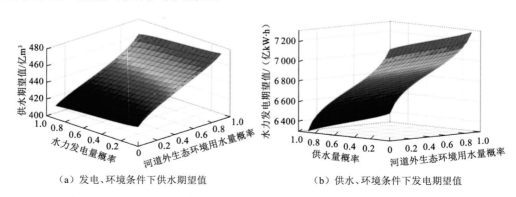

（a）发电、环境条件下供水期望值　　　　（b）供水、环境条件下发电期望值

图 9.1.6   不同风险概率条件下各供水量、发电量、生态环境用水量的期望值

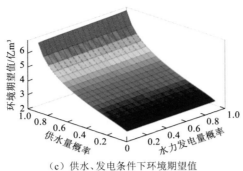

（c）供水、发电条件下环境期望值

图 9.1.6　不同风险概率条件下各供水量、发电量、生态环境用水量的期望值（续）

表 9.1.7　发电与环境联合条件下供水期望值

供水期望值（对应概率）	条件指标			
	发电概率/%	发电量/（亿 kW·h）	生态环境用水量概率/%	生态环境用水量/亿 m³
	1	5 181	78	5.034 8
	5	5 637	82	5.402 1
465.39 亿 m³（80%）	10	5 888	84	5.617 1
	50	6 806	90	6.469 9
	85	7 544	94	7.387 8

注：概率指供水、发电、环境变量频率曲线上对应的概率值

由表 9.1.8 可知，为了使发电量期望值达 7 410 亿 kW·h（对应概率为 80%），生态环境用水量需为 3.114 8 亿 m³（对应概率为 38%），供水量需为 405.53 亿 m³（对应概率为 1%）。该结果说明在供水、环境条件下发电期望值达到 7 410 亿 kW·h 时，可能会导致供水严重不足，供水风险较大。即在来水不足条件下，为了使水资源利用效益最大化，流域多属性风险最小，流域水力发电量不应太大。

表 9.1.8　供水与环境联合条件下发电期望值

发电期望值	条件指标			
	供水概率/%	供水量/亿 m³	生态环境用水量概率/%	生态环境用水量/亿 m³
7 410 亿 kW·h（80%）	1	405.53	38	3.114 8
	2	406.22	99	10.535 8

由表 9.1.9 可知，为了使河道外生态环境用水量期望值达 5.209 4 亿 m³（对应概率为 80%），有多种组合情势，基于供水和发电之间的竞争关系，增大供水量，需减小发电量，由表 9.1.9 的组合可知，在发电量为 8 297 亿 kW·h（对应的概率为 99% 时），供水量为 466.27 亿 m³（对应的概率为 81%），可使生态环境用水期望值达到 5.209 4 亿 m³（表 9.1.9），同时也使供水–发电–环境互馈系统效益最大，风险最小，但实现这种组合，需要考虑当年的来水情势。

表 9.1.9　供水与发电联合条件下环境指标期望值

生态环境用水期望值	条件指标			
	供水概率/%	供水量/亿 m³	发电概率/%	发电量/（亿 kW·h）
5.209 4 亿 m³（80%）	81	466.27	99	8 297
	82	467.16	84	7 516
	83	468.06	24	6 295
	84	468.96	10	5 181

对比二维和三维条件期望模型计算结果，如表 9.1.10 所示，$E(x_1|x_3)$ 表征了上游生态环境用水量一定时，供水量的期望值，$E(x_1|x_2,x_3)$ 表征了发电量和上游生态环境用水量一定时，供水量的期望值。由表 9.1.10 可知，当考虑发电影响时，由于发电和供水呈现竞争关系，供水量期望值会减小，即表第二列的数据小于相同 $P(x_3)$ 的第一列的数据。

表 9.1.10　二维和三维条件期望值对比结果　　　　　（单位：亿 m³）

$P(x_3)$	$E(x_1|x_3)$	$E(x_1|x_2,x_3)$, $P(x_2)=0.8$	$E(x_1|x_2,x_3)$, $P(x_2)=0.9$
0.1	418.93	417.39	416.27
0.2	425.57	423.30	421.86
0.3	431.20	428.37	426.74
0.4	436.45	433.16	431.39
0.5	441.59	437.92	436.05
0.6	446.81	442.84	440.92
0.7	452.36	448.17	446.25
0.8	458.58	454.30	452.43
0.9	466.32	462.22	460.54

5）与实测资料对比分析

为验证所提方法的合理性，将其计算结果与实测资料进行对比分析，以统计年鉴得到的水力发电量与河道外生态环境用水量作为约束条件代入三维条件期望模型计算每年供水量期望值，并将这些期望值与实测值进行对比，结果如图 9.1.7 所示，由图 9.1.7 可知，在实测数据年限范围内，期望值处于实测值范围内，其中有 7 年实测值高于期望值，9 年实测值低于期望值。结果表明模型所计算的期望值能够描述实测供水的平均水平。

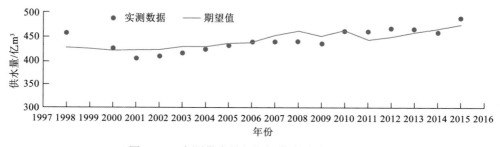

图 9.1.7　实测供水量与期望供水量结果对比图

本小节以径流量为纽带,从宏观尺度定义供水变量为流域内生产和生活用水量、发电变量为流域内水力发电量,环境变量为流域内河道外生态环境取水量,研究了供水、发电、环境之间的互馈协变关系,评估了供水–发电–环境水资源互馈系统的多属性风险。首先,引入 Pearson 相关系数解析了供水、发电、环境的协同竞争关系,构建了基于 Copula 函数的二维和多维联合分布及条件分布,提出了条件期望风险评估模型,解析了水资源互馈系统供水–发电–环境的多属性风险。研究选择长江上游为研究对象,结果表明:流域供水–发电–环境系统之间存在协同竞争关系,依据定义的供水、发电和环境变量,供水与发电、发电与环境变量之间呈竞争关系,供水与环境变量之间呈协同关系。根据条件分布模型评估了不同约束条件下供水、发电和环境的风险水平,探明了不同风险阈值条件下供水、发电和环境的期望值。结果表明供水、发电、环境变量频率曲线上 90%处为一临界阈值,当任意子系统的用水量超过这一临界阈值时,将会造成水资源互馈系统的风险增大,水资源配置的综合效益降低。通过与实测资料的比较分析可知,所建模型具有合理性和可靠性,为流域水资源互馈系统多属性风险分析提供了一种新的途径。

9.2　水库群供水–发电–环境水资源耦合互馈系统多时空尺度多重风险评估

综合考虑供水、发电、环境三个子系统间的相互影响作用,以长江上游为研究对象,以流域梯级水库供水、发电、环境的多目标联合调度模型为基础,辨识和提取供水、发电和环境风险指标,建立联合分布和条件分布的流域水资源供水、发电、环境多重风险模型,探讨流域水资源供水、发电、环境三维互馈协变关系,实现水库群供水–发电–环境水资源耦合互馈系统多重风险评估。

9.2.1　水库群供水–发电–环境多目标联合调度建模

首先,建立考虑多个用水目标的水库群多目标联合优化调度模型,优化调度结果为辨识供水、发电、环境各子系统关键风险指标提供模型分析的域边界。模型以流域关键性控制水库构成的梯级水库供水缺额最小、调度期内发电量最大为兴利目标,以水库下游区间自然径流变异最小为生态目标。

1. 供水目标

以流域取水断面河道外累计供水缺额最小作为供水目标

$$\min L = \sum_{i=1}^{M} \sum_{t=1}^{T} \min(0, D_{i,t} - S_{i,t}) \Delta T_i \tag{9.2.1}$$

式中:L 为梯级水库供水总缺额;M 为流域取水断面个数;$D_{i,t}$、$S_{i,t}$ 分别为第 i 个取水断面 t 时段的需水流量和供水流量;T 为调度时期的时长;ΔT_i 为第 t 时段的时段长度。

2. 发电目标

以流域梯级水库累计发电量最大为发电目标

$$\max E = \max \sum_{i=1}^{N} \sum_{t=1}^{T} K_i H_{i,t} Q_{i,t} \Delta T_t \tag{9.2.2}$$

式中：E 为梯级水库群累计发电量；N 为水电站个数；K 为第 i 个电站的出力系数；$H_{i,t}$、$Q_{i,t}$ 分别为第 i 个水电站 t 时段的平均水头和发电流量。

3. 生态目标

以经水库调蓄后的下泄流量与自然径流变异系数最小为生态目标

$$\min \delta = \frac{1}{N} \sqrt{\sum_{i=1}^{N} \left| \frac{Q_{i,t} - Q_{i,t}^0}{Q_{i,t}^0} \right|^2} \tag{9.2.3}$$

式中：δ 为流域自然径流变异系数；$Q_{i,t}$ 为第 i 个水库 t 时段经水库调蓄后的下泄流量；$Q_{i,t}^0$ 为第 i 个水库下游区间 t 时段的自然流量。该目标表征了水库调蓄后下游区间河道生态状态，该目标值越小说明对调蓄后水库下泄流量越接近于自然流量，水库调蓄对下游区间河道生态的影响越小。

流域梯级水库联合优化调度模型主要考虑了不同断面之间的水力联系、水库的水量平衡约束、库容约束、流量约束、出力约束，在此不再赘述。模型求解采用多目标遗传算法 NSGA-II 方法，该方法目前是公认的求解多目标问题最有效的方法之一。

9.2.2 水库群供水–发电–环境互馈系统风险指标辨识

流域水资源供水、发电、环境多目标优化调度结果包括每个时段各取水断面来水量、蓄水量、供水流量、水库初末水位、水电站发电量、水库下泄流量等。采用优化调度结果中取水断面供水流量、水电站发电量、水库下泄流量及水库下游区间历史自然流量建立风险指标体系。从中提取出水库上游供水流量（W）、水电站发电量（E）、水库下游区间自然径流改变系数（ε）三个关键风险指标，建立供水–发电–环境风险指标体系，用于评估流域水资源系统的供水风险、发电风险和环境风险，流域水资源供水、发电、环境概化模型如图 9.2.1 所示。

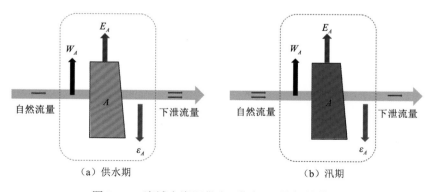

（a）供水期 （b）汛期

图 9.2.1　流域水资源供水、发电、环境概化模型

由于供水期和汛期来水量、供水量特征迥异，由此带来的供水风险、生态风险在物理机制上差异明显。以生态流量为例，枯水期水库供水及消落期水库水位涨落造成水库下泄流量大于自然流量，汛期防洪控泄及蓄水期蓄水造成下泄流量小于自然流量，由式（9.2.6）可知供水期水库下游区间自然径流改变系数为正，汛期则相反。故研究将汛期和供水期分开分析，各关键风险指标计算式分别为

$$W_s = \frac{1}{N} \sum_{i=1}^{N} \sum_{t=1}^{T_s} S_{i,t} \tag{9.2.4}$$

$$E_s = \frac{1}{N} \sum_{i=1}^{N} \sum_{t=1}^{T_s} E_{i,t} \tag{9.2.5}$$

$$\varepsilon_s = \frac{1}{N} \sum_{i=1}^{N} \sum_{t=1}^{T_s} \frac{Q_{i,t} - Q_{i,t}^0}{Q_{i,t}^0} \tag{9.2.6}$$

式中：$s=1$ 时表示供水期，$s=0$ 时表示汛期；W_s 为供水期或汛期某个水库上游供水流量；N 为多目标联合调度求解得到的非劣解个数；E_s 为供水期或汛期某个电站发电量；T_s 为供水期或汛期时段个数；$S_{i,t}$ 为某个取水断面第 i 个非劣解中 t 时段的供水流量；$E_{i,t}$ 为某个电站第 i 个非劣解中 t 时段的发电量；ε_s 为供水期或汛期某个水库下游区间自然径流改变系数；$Q_{i,t}$ 为某个水库第 i 个非劣解中 t 时段的下泄流量；$Q_{i,t}^0$ 为某个水库第 i 个非劣解中 t 时段的自然流量。

9.2.3　水库群供水–发电–环境互馈系统风险评估模型

1. 供水、发电、环境风险指标边缘分布构建

将关键风险指标供水流量 W、水电站发电量 E、自然径流改变系数 ε 看作随机变量，分别建立边缘分布模型以评估供水流量、发电量或自然径流改变系数各风险指标出现的概率。选择水文分析计算中常用的分布函数参与计算，包括指数分布（EXP）、广义极值分布（GEV）、广义逻辑分布（GLO）、广义帕累托分布（GPA）、广义正态分布（GNO）、Gumbel 分布（Gumbel）、正态分布（normal）及皮尔逊 III 型分布（P-III）。采用线性矩法估计边缘分布参数；采用期望公式计算边缘分布的经验频率。通过 K-S 检验评价所选边缘分布与经验分布是否存在显著性差异，以均方根误差（root mean square error，RMSE）和赤池信息量准则（akaike information criterion，AIC）作为拟合优度评价指标，RMSE 和 AIC 值越小表明所选边缘分布值越接近经验分布频率，数据拟合效果越好。

$$\text{RMSE} = \sqrt{\frac{1}{n} \sum_{i=1}^{n} (p_{ei} - p_i)^2} \tag{9.2.7}$$

$$\text{MSE} = \frac{1}{n} \sum_{i=1}^{n} (p_{ei} - p_i)^2 \tag{9.2.8}$$

$$\text{AIC} = n \ln(\text{MSE}) + 2m \tag{9.2.9}$$

式中：p_{ei} 为风险指标单变量经验频率；i 为风险指标数据样本从大到小排列的序号；n 为风险指标样本个数；RMSE 为均方根误差，表示理论频率与经验频率之间的拟合程度；p_i 为风险指标样本对应的理论频率；MSE 为理论频率与经验频率之间的差异程度；m 为模型参数个数。

根据评价指标选取拟合不同控制断面关键风险指标最佳的边缘分布,为进一步进行供水、发电和环境相关性研究及系统风险评估奠定基础。

2. 供水–发电–环境多维联合分布构建

为刻画流域关键控制断面供水、发电、环境之间的多维相关性,采用 Copula 函数建立关键风险指标供水流量(W)、水电站发电量(E)、水库下游区间自然径流改变系数(ε)的多维联合分布,建立的联合分布形式为

$$F(W,E,\varepsilon)=C\big[F(W),F(E),F(\varepsilon)\big]=C(u_1,u_2,u_3) \tag{9.2.10}$$

式中:$F()$为多维风险指标 W、E、ε 的联合分布函数;$C()$为三维 Copula 函数;$u_1=F(W)$、$u_2=F(E)$、$u_3=F(\varepsilon)$分别为多重风险指标的累积分布函数。

目前,常用的 Copula 函数可以分为两类:阿基米德 Copula 函数族和椭圆 Copula 函数族。对于高维的联合分布,椭圆 Copula 函数更有优势[3]。常用的椭圆 Copula 有正态 Copula 和 t-Copula 两种,正态 Copula 密度函数的表达式为式(9.2.11),t-Copula 的表达式为式(9.2.12),利用最大似然估计法估计 Copula 函数的参数,通过 RMSE 和 K-S 拟合检验选择适配风险变量的 Copula 函数。

$$C_{\text{Guass}}(u)=\int_{-\infty}^{\Phi^{-1}(u_1)}\cdots\int_{-\infty}^{\Phi^{-1}(u_d)}\frac{1}{\sqrt{(2\pi)^d\,|\boldsymbol{R}|}}\exp\left(-\frac{1}{2}\boldsymbol{x}^{\mathrm{T}}\boldsymbol{R}^{-1}x\right)\mathrm{d}x \tag{9.2.11}$$

$$C_t(u)=\int_{-\infty}^{t^{-1}(u_1)}\cdots\int_{-\infty}^{t^{-1}(u_d)}\frac{\Gamma\left(\dfrac{v+n}{v}\right)}{\Gamma\left(\dfrac{v}{2}\right)\sqrt{(\pi v)^d\,|\boldsymbol{R}|}}\left(1+\frac{1}{v}\boldsymbol{x}^{\mathrm{T}}\boldsymbol{R}^{-1}x\right)^{\frac{v+n}{2}}\mathrm{d}x \tag{9.2.12}$$

式中:$C_{\text{Guass}}(u)$ 为高斯 Copula 理论值;$C_t(u)$ 为 t-Copula 理论值;R 为风险变量相关性矩阵;d 为多维风险指标联合分布的维数。

3. 供水、发电、环境多重风险评估模型

为探明供水、发电和环境多重子系统间耦合互馈风险的变化机制,建立供水、发电、环境条件风险评估模型,计算其中两个子系统在一定保证率下另一个子系统超过某一保证率的条件概率,分析流域水资源供水、发电、环境互馈协变关系。假设 X_1,X_2,X_3 分别为供水、发电、环境子系统风险指标,则供水风险可根据式(9.2.13)计算

$$\begin{aligned}R_{\mathrm{c}}&=P(U_1\geqslant u_1|U_2=u_2,U_3=u_3)=F(X_1\geqslant x_1|X_2=x_2,X_3=x_3)\\&=\int_{x_1}^{\infty}f(x_1|x_2,x_3)\mathrm{d}x_1\\&=\int_{x_1}^{\infty}\frac{f(x_1,x_2,x_3)}{f_2(x_2,x_3)}\mathrm{d}x_1\\&=\int_{x_1}^{\infty}\frac{c(u_1,u_2,u_3)}{c(u_2,u_3)}f_1(x_1)\mathrm{d}x_1\\&=\int_{u_1}^{1}\frac{c(u_1,u_2,u_3)}{c(u_2,u_3)}\mathrm{d}u_1\end{aligned} \tag{9.2.13}$$

$$c(u_1, u_2, \cdots, u_n) = \frac{\partial C(u_1, u_2, \cdots, u_n)}{\partial u_1 \partial u_2 \cdots \partial u_n} \qquad (9.2.14)$$

式中：$u_i = F(x_i)$，$i = 1, 2, 3$，u_1, u_2, u_3 分别为风险指标 X_1, X_2, X_3 的累积分布函数，表示供水、发电、环境子系统保证率水平；R_c 为当发电和环境保证率分别为 u_1, u_2 时供水系统达到 u_1 以上保证率的条件概率，用以表征供水风险；x_1, x_2, x_3 分别为供水、发电、环境子系统对应的供水流量、发电量和自然径流改变系数；$f()$为单个风险指标边缘分布的概率密度函数；$c()$为多维风险指标 Copula 联合密度函数。同理，发电和环境风险也可通过式（9.2.13）计算得到。

4. 供水–发电–环境多维互馈系统风险评估模型

本小节进一步基于条件熵原理建立供水–发电–环境多维互馈系统风险评估模型。1948年，香农提出了信息熵概念，用以度量随机变量的不确定性。条件熵 $H(X_1 | X_2 = x_2, X_3 = x_3)$ 反映在已知随机变量 X_2, X_3 为某值条件下另一随机变量 X_1 的不确定性，其计算公式为式（9.2.15）。假设 X_1、X_2、X_3 分别为供水、发电、环境子系统风险指标，在已知发电和环境子系统在一定保证率水平条件下，供水子系统的条件熵越小则表明其不确定性越小即风险越小。同时为使流域水资源系统风险 R_s 最大，还应使发电和环境子系统保证率 u_2、u_3 尽可能的大以保证各子系统均衡发展及流域水资源的合理利用。基于此思路，在条件熵基础上建立水资源系统风险模型，其一般表达式为

$$
\begin{aligned}
H(X_1 | X_2 = x_2, X_3 = x_3) &= \int_0^\infty f(x_1 | x_2, x_3) \ln f(x_1, x_2, x_3) \mathrm{d}x_1 \\
&= \int_0^\infty \frac{f(x_1, x_2, x_3)}{f(x_2, x_3)} \ln \frac{f(x_1, x_2, x_3)}{f(x_2, x_3)} \mathrm{d}x \\
&= \int_{u_1(0)}^\infty \frac{c(u_1, u_2, u_3)}{c(u_2, u_3)} \ln \left\{ \frac{c(u_1, u_2, u_3)}{c(u_2, u_3)} f\left[F^{-1}(u_1) \right] \right\} \mathrm{d}u_1 \\
&= E_c(U_1 | U_2 = u_2, U_3 = u_3)
\end{aligned}
\qquad (9.2.15)
$$

$$
\begin{aligned}
R_s &= \min \left[E_c(U_1 | U_2 = u_2, U_3 = u_3) - u_2 - u_3 \right] \\
\text{s.t.} \quad & 0 < u_2 < 1 \\
& 0 < u_3 < 1
\end{aligned}
\qquad (9.2.16)
$$

式中：$H()$为发电和环境保证率分别为 u_1, u_2 下供水系统达到 u_1 以上保证率的条件熵，用以表征供水风险；$u_i = F(x_i)$，$i = 1, 2, 3$，u_1, u_2, u_3 分别为供水、发电、环境风险指标 X_1、X_2、X_3 的累积分布函数，表示供水、发电、环境子系统保证率水平；$F^{-1}()$为供水、发电、环境风险指标累计分布函数的反函数。

9.2.4 长江上游梯级水库群供水–发电–环境互馈系统风险阈值及多重风险评估

1. 研究区域

以长江上游流域干流关键控制性水库为主要研究对象，针对长江上游溪洛渡、向家坝、三峡三个控制性串联梯级水库群开展研究。来水数据采用 1956～2010 年月尺度流量数据，用水

数据依据《全国水资源综合规划（2010—2030 年）》和《长江流域及西南诸河水资源公报》给出的长江上游主要控制断面用水总量数据为依据,设置各断面的用水量。考虑供水期和汛期对下游生态的影响不同,即供水期下游泄量高于自然流量,汛期由于控泄使得下游泄量低于自然流量,研究将供水期与汛期分开建模。溪洛渡水库供水期为 12 月下旬至次年 5 月底,向家坝水库供水期为 12 月下旬至次年 6 月上旬,三峡水库供水期为 12 月至次年 4 月;溪洛渡水库汛期为 6 月至 9 月上旬,向家坝水库汛期为 6 月中旬至 9 月上旬,三峡水库汛期为 6 至 9 月。取各水库时间重叠部分作为研究的供水期和汛期,供水期时段最终为 12 月下旬至次年 4 月,汛期时段为 6 月中旬至 9 月上旬。

2. 长江上游梯级水库群供水−发电−环境耦合互馈系统风险指标

采用 9.2.2 小节所述模型,以 1956～2010 年水数据为输入,采取 NSGA-II 方法获得供水、发电、环境多目标优化非劣解集。根据式（9.2.4）～式（9.2.6）,分别得到供水期和汛期供水流量、发电量和自然径流改变系数,并以此为依据分析流域供水、发电、环境多重互馈协变关系及评估流域水资源耦合互馈系统风险。

3. 梯级水库群供水−发电−环境多维联合分布的建立

采用水文频率计算中常用的边缘分布函数对溪洛渡、向家坝和三峡三个控制断面供水期和汛期的供水流量、发电量和自然径流改变系数三个关键风险指标建立边缘分布函数。运用 L-矩法估计边缘分布参数,通过式（9.2.7）、式（9.2.9）进行边缘分布拟合优度检验,选择 RMSE 和 AIC 值较小的分布为最优分布函数,选取的最优边缘分布拟合结果见表 9.2.1。通过三维正态和 t-Copula 函数建立联合分布,并采用最大似然估计法对 Copula 函数进行参数估计。通过式（9.2.7）进行 Copula 拟合优度检验,结果表明 t-Copula 较好地拟合三维联合分布,其拟合检验结果如表 9.2.2 所示。

表 9.2.1　风险指标最优边缘分布检验结果

水库时期		溪洛渡		向家坝		三峡	
		供水期	汛期	供水期	汛期	供水期	汛期
供水	分布函数	GEV	GEV	GPA	GPA	GEV	GPA
	RMSE	0.033	0.044	0.031	0.038	0.03	0.043
	AIC	−213.63	−179.62	−219.18	−195.19	−220.27	−182.66
	K-S	0.97	0.60	0.99	0.60	0.97	0.76
发电	分布函数	GLO	GPA	GLO	GPA	GLO	GLO
	RMSE	0.028	0.029	0.024	0.032	0.022	0.028
	AIC	−233.14	−227.98	−251.46	−216.80	−266.00	−228.28
	K-S	0.97	0.99	0.99	0.45	0.99	0.99
环境	分布函数	GPA	GLO	GPA	GLO	GPA	GLO
	RMSE	0.038	0.022	0.026	0.023	0.023	0.031
	AIC	−203.04	−258.61	−240.53	−250.29	−250.09	−221.47
	K-S	0.97	1.00	0.99	0.99	0.97	0.99

表 9.2.2 Copula 三维联合分布检验结果

水库	时期	联合 Copula	RMSE	K-S
溪洛渡	供水期	t-Copula	0.021	0.60
	汛期	t-Copula	0.028	0.22
向家坝	供水期	t-Copula	0.031	0.76
	汛期	t-Copula	0.026	0.45
三峡	供水期	t-Copula	0.033	0.76
	汛期	t-Copula	0.036	0.45

4. 供水、发电、环境风险指标相关性解析

采用皮尔逊相关系数分析供水、发电、环境变量之间的两两相关关系,结果如表 9.2.3 所示,由表可知,供水流量与发电量呈现较弱的负相关性,供水流量与自然径流改变系数也呈现较弱的负相关性,而发电量和自然径流改变系数呈现较强的正相关性。原因是上游供水量增大,导致用于发电的流量相应减小,因此,供水和发电在任何时期呈负相关。发电量和自然径流改变系数呈正相关,原因在于无论是供水期还是汛期,通过水轮机的下泄流量增大会带来发电量的增加,即式(9.2.6)中的 $Q_{i,t}$ 增加,故自然径流改变系数增加,因此二者呈现正相关,存在相互促进关系。此外,三峡发电量与自然径流改变系数的相关系数要高于溪洛渡和向家坝,这是由于三峡调蓄能力大于溪洛渡和向家坝,三峡水库调蓄对下游流态的影响也大于溪洛渡和向家坝,故三峡发电与环境间相互影响程度更深。

表 9.2.3 梯级水库供水、发电、环境相关关系

水库	时期	指标	W	E	ε
溪洛渡	供水期	W	1.00	−0.26	−0.22
		E	−0.26	1.00	0.54
		ε	−0.22	0.54	1.00
	汛期	W	1.00	−0.14	−0.22
		E	−0.14	1.00	0.60
		ε	−0.22	0.60	1.00
向家坝	供水期	W	1.00	−0.28	−0.23
		E	−0.28	1.00	0.55
		ε	−0.23	0.55	1.00
	汛期	W	1.00	−0.16	−0.22
		E	−0.16	1.00	0.61
		ε	−0.22	0.61	1.00
三峡	供水期	W	1.00	−0.21	−0.24
		E	−0.21	1.00	0.71
		ε	−0.24	0.71	1.00

水库	时期	指标	W	E	ε
		W	1.00	−0.30	−0.45
三峡	汛期	E	−0.30	1.00	0.95
		ε	−0.45	0.95	1.00

5. 供水、发电、环境多重互馈关系解析及多重风险评估

基于供水、发电、环境多重风险评估模型,深入解析供水、发电、环境多重互馈关系与评估多重风险,以溪洛渡水库为例展开研究。根据式(9.2.13),设置发电保证率 $u_2=0.1,0.2,\cdots,0.9$ 和环境保证率 $u_3=0.05,0.10,\cdots,0.95$,获得供水保证率超过 90% 的条件概率 $P(U_1\geqslant 0.9|U_2=u_2,U_3=u_3)$ 的变化趋势,汛期和非汛期 $P(U_1\geqslant 0.9|U_2=u_2,U_3=u_3)$ 计算结果如图 9.2.2(a)、(c)所示。在枯水期,由图 9.2.2(a)可知,当发电保证率为 $u_2=0.9$ 时,供水的条件概率 $P(U_1\geqslant 0.9|U_2=0.9,U_3=u_3)$ 随环境保证率 u_3 升高缓慢增加,表明供水期发电量一定时,水库上游供水风险随环境保证率升高而减小,原因是枯水期水库下泄流量大于自然流量,上游取水会使下游下泄流量更加接近自然流量,有利于河道内及其周边水生动植物的生存。当环境保证率一定时,

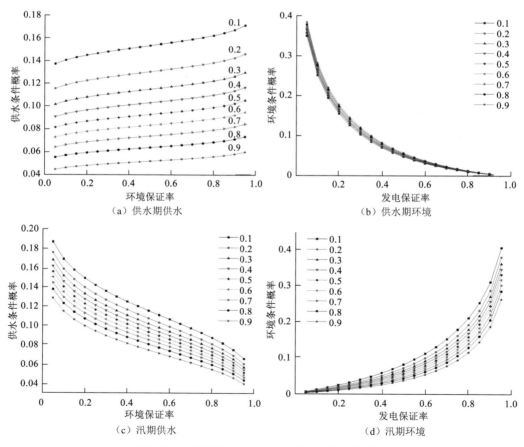

图 9.2.2 溪洛渡供水、发电、环境条件条件概率

以 $u_3 = 0.6$ 为例，供水的条件概率 $P(U_1 \geqslant 0.9 | U_2 = u_2, U_3 = 0.6)$ 随发电保证率 u_2 的升高逐渐降低，表明水库上游供水风险随发电保证率升高而增大，原因在于上游的供水减少了发电用水量，供水和发电存在竞争关系。由图 9.2.2（c）类似分析可知，在汛期 $P(U_1 \geqslant 0.9 | U_2 = 0.9, U_3 = u_3)$ 随环境保证率和发电保证率升高均呈现下降态势，原因在于增大下泄流量将减少水库上游供水量，但发电量随之增加且在汛期使水库下游河道更接近自然流态。

同理，分别计算了汛期和非汛期在某一发电保证率和供水保证率下，生态环境保证率 u_3 超过 90% 的条件概率 $P(U_3 \geqslant 0.9 | U_1 = u_1, U_2 = u_2)$，汛期和非汛期的计算结果分别见图 9.2.2（b）、（d）。结果表明，在非汛期，同一供水情形下，发电保证率增大，下泄流量将会更加偏离自然流量，下游生态环境风险将增加；在汛期，同一供水情形下，发电保证率和环境条件概率呈现同增的趋势，表明发电效益和生态效益呈现统一的态势，原因在于汛期水库下泄流量低于自然流量，而增大下泄流量不仅增加了发电量，而且使水库下游河道流量更接近自然流量。综上所述，发电和环境的互馈关系在汛期和非汛期呈现相反的态势，枯水期为竞争关系，汛期为协同关系。

由此可见，供水期水库上游供水风险受环境风险正反馈作用，发电风险受环境风险负反馈作用，而汛期前者则受环境风险负反馈作用，后者受环境风险正反馈作用。无论供水期还是汛期水库上游供水风险均受发电风险负反馈作用。

6. 供水–发电–环境多维系统风险评估分析

采用供水–发电–环境多维互馈系统风险评估模型分别计算三峡供水期和汛期供水、发电、环境条件熵，结果如图 9.2.3 和表 9.2.4 所示。以优先保障水库上游供水量为例展开研究，其他情况类似。根据式（9.2.15），设置发电保证率 $u_2 = 0.1, 0.2, \cdots, 0.9$ 和环境保证率 $u_3 = 0.05, 0.10, \cdots, 0.95$，推求随环境保证率变化时供水条件熵 $E_c(U_1 | U_2 = u_2, U_3 = u_3)$，熵值越小表明供水风险越小。供水期和汛期结果分别如图 9.2.3 所示。

从图 9.2.3（a）可知，当环境保证率 u_3 在[0.2, 0.8]变化时，可通过水库控泄使发电保证率 u_2 满足 $E_c(U_1 | U_2 = u_2, U_3 = u_3)$ 最小为 0.001 1，意味着水库上游供水风险最小时，电站发电量和下游区间河流自然径流改变系数有多组解，如表 9.2.4 所示。由表 9.2.4 可知，当供水风险最小

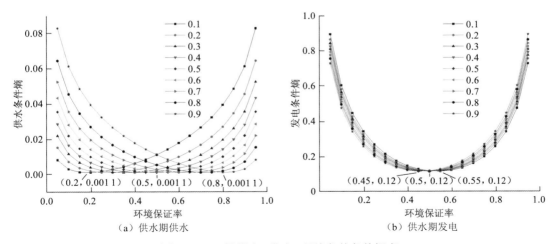

图 9.2.3　三峡供水、发电、环境条件条件概率

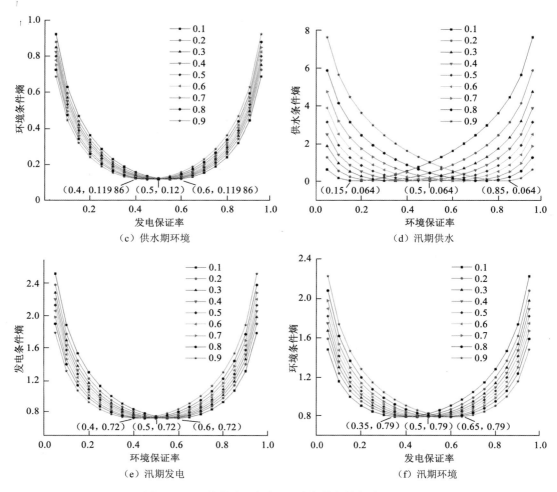

图 9.2.3　三峡供水、发电、环境条件条件概率（续）

表 9.2.4　三峡供水–发电–环境系统条件熵及保证率组合

时期	供水条件熵最小值	发电保证率 u_2	环境保证率 u_3	发电条件熵最小值	供水保证率 u_1	环境保证率 u_3	环境条件熵最小值	供水保证率 u_1	发电保证率 u_2
		0.91	0.80		0.90	0.45		0.90	0.58
		0.74	0.72		0.77	0.55		0.75	0.54
供水期	0.0011	0.59	0.58	0.12	0.54	0.48	0.12	0.50	0.50
		0.38	0.43		0.37	0.50		0.35	0.53
		0.15	0.27		0.12	0.54		0.14	0.45
		0.80	0.75		0.90	0.41		0.86	0.67
		0.75	0.65		0.84	0.50		0.70	0.55
汛期	0.064	0.50	0.50	0.72	0.55	0.52	0.79	0.55	0.50
		0.35	0.40		0.35	0.56		0.35	0.45
		0.20	0.15		0.15	0.51		0.15	0.40

时，环境保证率 u_3 随发电保证率 u_2 降低而降低。为保障水资源系统风险最小，应选取发电保证率和环境保证率都比较大的解（0.91，0.80）。汛期分析方法与供水期类似。如图9.2.3（d）所示，汛期供水风险 $E_c(U_1|U_2=u_2,U_3=u_3)$ 最小时，环境保证率 u_3 变化区间为[0.15,0.85]。表9.2.4给出了发电保证率 u_2 和环境保证率 u_3 多种组合。当 $E_c(U_1|U_2=u_2,U_3=u_3)=0.064$ 时，发电和环境均能维持在较高的保证率水平（0.80，0.75），此时系统水资源利用率较高风险最小。由此可见，无论供水期还是汛期在优先保障供水的情况下，水资源系统均可维持在较低风险水平。

本小节针对长江上游流域水资源复杂大系统，展开供水子系统、发电子系统和环境子系统间相关性分析，重点探究了供水期和汛期子系统间互馈耦合关系及系统风险演变规律。主要研究结论包括：①无论时间上、还是空间上，供水流量与发电量呈现较弱的负反馈特性，供水流量与自然径流改变系数也呈现较弱的负反馈特性，而发电量和自然径流改变系数呈现较强的正反馈特性；②通过供水、发电、环境多重互馈解析和多重风险评估，结果表明供水期水库上游供水增加有利于改善下游河道生态环境，但会减少电站发电量，汛期上游供水增加同样会减少电站发电量，同时不利于水库下游河道区间生态环境保护；③通过系统风险分析发现，优先保障供水情形下，为保障水资源系统风险最小，发电和环境把证率有多种组合形式。分析结果给出了供水期和汛期供水风险最小时，另外两个子系统的保证率水平，为降低流域多维水资源系统风险，流域水资源合理利用和优化配置提供一定的参考和借鉴。

9.3　长江上游供水-发电-环境水资源耦合互馈系统多层次风险评估

我国长江上游地区水资源量丰富，但受人类活动及气候变化的影响，旱涝频发，一方面水资源供需矛盾突出，尤其是供水不足，中小河流生态环境恶化，另一方面水库汛期弃水弃电现象严重。水资源供需矛盾已经成为我国发展过程中不可忽视的问题，开展水资源互馈系统的综合风险评价，是保障社会安全的迫切需要。

根据《中国统计年鉴》《长江流域及西南诸河水资源公报》和《中国电力年鉴》，收集整理长江上游云南、四川、贵州等省份多年供需水数据、环境监测数据和区域内水库运行数据，构建水资源系统风险指标层次拓扑模型，采用多层次系统动态评价方法评价长江上游供水、发电、环境综合风险时空动态演化特征，以期为长江流域水资源系统风险管理提供决策依据。

9.3.1　多层次互馈系统指标拓扑模型构建

风险系统包含风险源与风险受体，以环境风险系统为例，风险源（如重工厂、垃圾焚烧厂等污染源）释放环境风险因子，经过水体、空气等环境介质传播后，作用于社会经济系统、生态系统、人类等风险受体，进而对社会经济发展造成损害。发电子系统与供水子系统风险产生、传递及作用机理与环境子系统类似。系统风险水平取决于多种因素，包括系统内风险源的数量、风险因子的致灾程度、受体的价值、人类社会抵御灾害能力和管理水平等。因此，一个完善的系统风险评估指标体系应综合考虑风险源的危险性以及受体的易损性。

根据系统性与主导性相结合原则、稳定性原则、差异性原则、现实性原则选取系统风险评价指标，如表 9.3.1 所示。其中主要从满足生活、生产、生态的"三生用水"保证情况来表征供水系统风险，选取农田灌溉有效面积、城市供水普及率、农村因干旱饮水困难人口数量三个供水风险指标。环境风险则主要从旱涝灾害损失方面表征，选取洪灾农作物受灾面积、洪灾直接经济损失、干旱受灾面积三个环境风险指标。对于发电风险，则从供电保证率与水电欠发、欠蓄、弃水的严重程度对发电风险进行表征，选取水电站弃水电量、水电机组利用小时、水电欠发率、每户每年停电小时数 4 个供电风险指标。根据上述内容，建立供水–发电–环境系统多层次风险指标拓扑体系，如图 9.3.1 所示。

表 9.3.1 供水–发电–环境系统风险指标

对象	指标数量	指标	指标特性
供水	3	农田灌溉有效面积/千公顷	极小
		城市供水普及率/%	极小
		农村因干旱饮水困难人口数量/万人	极大
发电	4	弃水电量/（亿 kW·h）	极大
		水电欠发率	极小
		水电机组利用小时/h	极大
		每户每年停电小时数/h	极大
环境	3	洪灾农作物受灾面积/千公顷	极大
		洪灾直接经济损失/亿元	极大
		干旱受灾面积/千公顷	极大

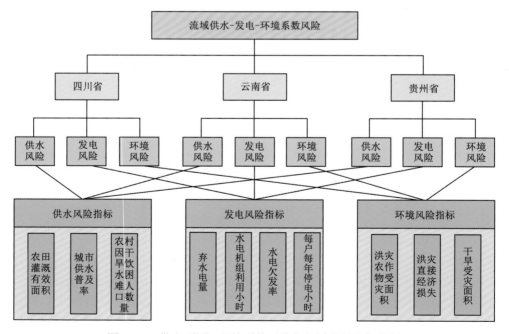

图 9.3.1 供水–发电–环境系统风险指标层次结构拓扑图

依据建立的指标体系，搜集相关数据，由于数据众多，仅将四川省各项风险指标数据列于表 9.3.2。

表 9.3.2　四川省供水–发电–环境系统风险指标值

指标		年份							
		2010 年	2011 年	2012 年	2013 年	2014 年	2015 年	2016 年	2017 年
供水	农田灌溉有效面积/千公顷	2 553.11	2 600.75	2 662.65	2 616.54	2 666.32	2 735.09	2 813.55	2 876.00
	城市供水普及率/%	90.80	91.83	92.04	91.76	91.12	93.05	93.07	94.00
	农村因干旱饮水困难人口数量/万人	161.40	322.41	56.00	172.65	153.00	75.38	54.73	21.68
发电	弃水电量/(亿 kW·h)	0	3	76	26	96.8	102	142	139
	水电欠发率	0.041	0.019	0	−0.006	0.004	−0.062	−0.091	−0.040
	水电机组利用小时/h	4 252	4 173	4 352	4 416	4 528	4 286	4 234	4 236
	每户每年停电小时数/h	6.51	7.17	5.95	4.40	1.69	4.90	5.30	4.40
环境	洪灾农作物受灾面积/千公顷	1 436.61	519.93	811.44	744.91	288.49	224.82	127.94	151.31
	洪灾直接经济损失/亿元	450.83	244.51	351.02	422.29	126.57	111.61	54.23	66.83
	干旱受灾面积/千公顷	494.92	552.80	222.00	505.25	576.80	222.93	113.00	34.80

9.3.2　基于客观赋权法的供水–发电–环境系统风险动态评价

1. 水资源互馈系统风险的定义

水资源系统风险广义定义为，在特定时空环境条件下，水资源系统中非期望事件的发生概率及其所造成的损失程度[4]。从狭义上，风险可归结为所造成的损失程度。由于系统风险主要源于风险受体的易损性及风险源的危险性，可通过设定不同的评价指标来表征这两种要素发生的可能和影响的程度，并通过对各个评价指标进行加权获得系统综合风险水平，系统综合风险可表示为

$$f(s)=\sum_{i=1}^{m}\alpha_i s_i \tag{9.3.1}$$

式中：s_i 为第 i 个评价指标；α_i 为第 i 个评价指标对应的权重；m 为指标个数。

流域水资源互馈系统包括供水子系统、发电子系统和环境子系统，其综合风险可定义为各个子系统风险构成的复合函数

$$f(Y)=af(y_1)+bf(y_2)+cf(y_3) \tag{9.3.2}$$

式中：$f(y_1)$、$f(y_2)$、$f(y_3)$ 分别为供水、发电、环境系统的综合风险值；a、b、c 分别代表各个子系统的权重，$a+b+c=1$；$f(Y)$ 为互馈系统综合风险值。若需进一步考虑时间的影响，来评价互馈系统在一段时间内的综合风险值 $R(Y)$，则在式（9.3.2）中进一步考虑时间维 k

$$R(Y)=\sum_{k=1}^{n}\omega(k)f_k(Y) \tag{9.3.3}$$

式中：$f_k(Y)$ 为互馈系统第 k 个时段的综合风险值；$\omega(k)$ 为时序权重；n 为考虑的时段数。

2. 客观赋权的风险评估方法

水资源系统综合风险水平涉及供水、发电、环境多个子系统，各子系统受多个风险源或指标共同作用，互馈系统风险值的确定是一个多属性决策问题，其计算的关键在于确定风险评价体系中不同层次及不同阶段的各评价指标的权重大小。多属性决策属性权重确定方法可归纳为主观赋权法（如德尔菲法、专家评分法、特征向量法等）和客观赋权法（如粗糙集法、熵权法、主成分分析法等）两类。主观赋权法操作简单，但人为主观因素较强；客观赋权法是指标赋权法中的一种，根据原始数据之间的关系通过一定的数学方法来确定各评价指标的权重，其判断结果不依赖于人的主观判断，有较强的数学理论依据。本小节采用纵横向–拉开档次法[5]和时序加权平均算子法[6]两种客观赋权法对长江上游水资源系统供水、发电、环境风险水平进行动态评价，最大程度从指标维与时间维两个维度体现出各被评价对象之间的差异性。

1）指标维的权重确定

对于时间 t_1 到 t_n 内有 N 个评价对象，每个评价对象均存在 m 个评价指标。首先，对原始指标数据集进行一致化与无量纲化处理，对于第 i 个对象在第 k 个时刻的动态综合评价值 $y_i(k)$ 可表示为

$$y_i(k) = \sum_{j=1}^{n} \omega_j \cdot x_i(k) \tag{9.3.4}$$

式中：$\omega_j(k)$ 为第 j 个指标在 k 时刻对应的权重大小；m 个评价指标对应的权重构成了权重向量 $\boldsymbol{W} = [w_1, w_1, \cdots, w_m]$。该方法本质是通过确定一组权重向量 $\boldsymbol{W}$，来最大可能体现出 k 时刻 N 个评价对象之间的差异。

各对象在整个评价周期内的整体差异性，可通过整个时间段内动态综合评价值的离差平方和（sum of squares deviations，SSD）来表示，其表达式为

$$\text{SSD} = \sum_{k=1}^{n} \sum_{i=1}^{N} [y_i(k) - \bar{y}]^2 \tag{9.3.5}$$

由于原始数据经过了标准化处理，$\bar{y} = 0$，且 SSD 可表示为

$$\text{SSD} = \sum_{k=1}^{n} \sum_{i=1}^{N} [y_i(k)]^2 = \sum_{k=1}^{n} \boldsymbol{W}^{\mathrm{T}} H(k) \boldsymbol{W} = \boldsymbol{W}^{\mathrm{T}} \boldsymbol{H} \boldsymbol{W} \tag{9.3.6}$$

$$\boldsymbol{H} = \sum_{k=1}^{n} H(k) \tag{9.3.7}$$

式中：$H(k) = \boldsymbol{M}^{\mathrm{T}}(k) \boldsymbol{M}(k)$ 为 m 阶对称矩阵，其中 $\boldsymbol{M}(k)$ 表示第 k 个时刻由 n 个评价对象及 m 个评价指标构成的判断矩阵，根据 Frobinius 定理，当 $\boldsymbol{W}$ 为对称矩阵 $\boldsymbol{H}$ 的特征向量时，SSD 取最大值。此法确定的权重向量 $\boldsymbol{W}$ 虽然不显式含有时间 t，但是其推导利用了整个时段所有指标数据，与时间含有隐式关系。

2）时间维的权重确定

进一步，采用时序几何平均（time order weight geometric averaging，TOWGA）算子对各时间维风险评价指标进行加权。定义时序加权平均算子 (u_i, a_i) 为

$$F[(u_1, a_1), (u_2, a_2), \cdots, (u_n, a_n)] = \sum_{j=1}^{n} \boldsymbol{W}_j' b_j \tag{9.3.8}$$

式中：$F()$为n维时序加权平均算子，其实质是将时间诱导分量u_i按时序排列后对数据分量a_i进行加权。加权向量$\boldsymbol{W}'_{ij}=[w_1,w_1,\cdots,w_m]^{\mathrm{T}}$则是与时序几何平均算子关联的加权向量，仅与时间诱导分量u_i的位置有关，且$\sum\limits_{j=1}^{n}\boldsymbol{W}'_j=1$。

通过计算出时序算子的加权向量$\boldsymbol{W}'_j$能突出系统发展过程的功能性，使评价对象各时期的综合评价值形成互补，从而使评价模型更加完善。

3. 风险评价建模步骤

应用上述两种评价方法对长江上游供水、发电、环境系统风险进行评价，具体实施步骤如下。

步骤1：首先将图中的拓扑结构模型划分为供水、发电、环境子系统，各子系统的评价对象为各个省份，评价指标见表9.3.2。首先，将极小型模型转化为极大型模型，具体为

$$x^{*}=L-x \tag{9.3.9}$$

式中：L为指标x的上界，如城市供水率上界为100%；x^{*}为一致化后的极大型指标。

步骤2：考虑风险评价指标之间不可公度，为解决各项指标之间量纲不同而造成的影响，对风险评价指标做无量纲化处理，通过采用极值量纲法将各项指标映射到[0,1]范围内，从而达到无量纲化的目的。

$$x'_{ij}=\frac{x_{ij}-\min\limits_{i}\{x^{*}_{ij}\}}{\max\limits_{i}\{x^{*}_{ij}\}-\min\limits_{i}\{x^{*}_{ij}\}},\quad i=1,2,\cdots,n;\quad j=1,2,\cdots,m \tag{9.3.10}$$

式中：x_{ij}为原始评价指标值；x'_{ij}为无量纲化后的指标；n为评价对象个数；m为指标数。

步骤3：各子系统第k个时段评价指标经一致化与无量纲化处理得到的变量$x'_{ij}(k)$，构建第k个时段的评价矩阵集

$$\boldsymbol{M}(k)=\begin{bmatrix} x'_{11}(k) & x'_{12}(k) & \cdots & x'_{1m}(k) \\ x'_{21}(k) & x'_{22}(k) & \cdots & x'_{2m}(k) \\ \vdots & \vdots & & \vdots \\ x'_{n1}(k) & x'_{n2}(k) & \cdots & x'_{nm}(k) \end{bmatrix},\quad k=1,2,\cdots,N \tag{9.3.11}$$

式中：N为时段数。

以供水子系统的评价矩阵集$\boldsymbol{M}(k)$为例，每一行对应不同省份，即本小节考虑的云南、四川、贵州。每一列则代表供水系统所考虑的风险指标，即农田灌溉有效面积、城市供水普及率以及农村因干旱饮水困难人口数量等。

步骤4：采用纵横向–拉开档次法计算各指标维权重。首先计算k时刻m阶实对称矩阵$\boldsymbol{H}(k)=\boldsymbol{A}(k)^{\mathrm{T}}\cdot\boldsymbol{A}(k)$，累加各个时刻的$m$阶实对称矩阵得$\boldsymbol{H}=\sum\limits_{k=1}^{n}\boldsymbol{H}(k)$，计算其最大特征值所对应的的特征向量，对特征向量归一化得到权重系数向量$\boldsymbol{W}$。

步骤5：计算线性函数

$$y_i(k)=\sum_{j=1}^{m}\omega_j\cdot x_i(k) \tag{9.3.12}$$

若评价对象为各子系统，则式中 $y_i(k)$ 为评价省份 i 在第 k 年的 m 个指标加权后的综合风险评价值。

步骤 6：采用前述 TOWGA 算子对各时间维风险评价指标进行加权。其关键是确定时序权重向量 $\boldsymbol{W}'(k)=[w'(1),w'(2),\cdots,w'(n)]^{\mathrm{T}}$。通过定义时间权向量熵 E 与时间度 λ，优化时间权重向量。时间度 λ 的大小代表决策者对时序的重视程度，λ 值越小代表评价者越重视近期数据，反之亦然。而时间权向量熵 E 代表时间权向量所包含信息量的大小。两者数学表达式为

$$E=-\sum_{k=1}^{n} w(k)\ln w'_j(k) \quad \lambda=\sum_{k=1}^{n}\frac{n-k}{n-1}w'(k) \tag{9.3.13}$$

根据决策者对时序的重视程度不同，可以设置不同的时间度 λ。在给定 λ 条件下，对时间权向量熵 E 进行优化使熵最大。为此，最大化时间权向量的信息熵能使时序权重向量尽量消除主观因素影响，使确定的权重向量尽可能保持客观性。时序权重向量可根据以下非线性动态规划进行计算

$$\max\left[-\sum_{k=1}^{n} w'(k)\cdot\ln w'(k)\right]$$

$$\text{s.t.}\begin{cases}\sum_{k=1}^{n} w'(k)=1 \\ \lambda=\sum_{k=1}^{n}\frac{n-k}{n-1}\cdot w'(k) \\ 0\leqslant w'(k)\leqslant 1, \qquad k=1,2,\cdots,n\end{cases} \tag{9.3.14}$$

根据优化得到的时间权重向量对不同时间段的风险值 $y_i(k)$ 进行二次加权

$$R_i=\sum_{k=1}^{n}\omega(k)\cdot y_i(k), \quad i=1,2,\cdots,N \tag{9.3.15}$$

式中：R_i 为第 i 个评价对象的风险综合评价值。

9.3.3　实例研究及结论

1. 供水、发电、环境子系统风险动态变化结果分析

以长江上游四川、贵州、云南为研究对象，搜集 2010～2017 年各项统计数据，建立评价指标体系，首先将互馈系统划分为供水、发电、环境三个子系统，在各个子系统中，评价对象为不同地区，评价指标见表 9.3.1，供水、发电、环境子系统的权重计算结果如表 9.3.3～表 9.3.5 所示。

表 9.3.3　供水子系统系统风险指标权重

供水子系统指标	农田灌溉有效面积	城市供水普及率	农村因干旱饮水困难人口数量
权重	0.413 3	0.369 4	0.217 3

表 9.3.4　发电子系统系统风险指标权重

发电子系统指标	弃水电量	水电欠发率	水电机组利用小时	每户每年停电小时数
权重	0.102 6	0.373 8	0.277 5	0.246 1

表 9.3.5　环境子系统系统风险指标权重

环境子系统指标	洪灾农作物受灾面积	洪灾直接经济损失	干旱受灾面积
权重	0.340 6	0.446 3	0.213 2

采用上述权重对各子系统的不同指标的风险值进行加权，获得各子系统风险逐年变化情况，其中各地区逐年供水、发电、环境风险结果如图 9.3.2～图 9.3.4 所示。

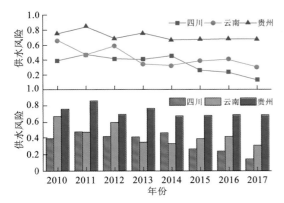

图 9.3.2　三个省供水风险时序变化　　　　图 9.3.3　三个省发电风险时序变化

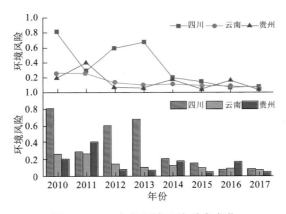

图 9.3.4　三个省环境风险时序变化

图 9.3.2 给出了 2010～2017 年四川、云南、贵州的供水风险的时序变化特征，由图 9.3.2 可知，四川、云南、贵州的供水风险随时间呈明显减小趋势，表明长江流域对这三省的供水保证率逐年提高。但对于云南省 2012 年的供水风险相比 2011 年有明显上升趋势且风险指标值相当大，这是由于 2012 年云南省发生旱情严重，供水不足，城市用水达标率下降。对比省份之间的供水风险，从图 9.3.2 可知，长江上游流域对贵州省供水严重不足，且 2010～2017 年供水风险持续偏大，因此需要采取有效措施对贵州供水情况进行改善。而四川、云南的供水风险相比贵州较小，2014～2017 年四川供水风险持续减小，表明长江上游流域对四川省的供水方案已经改善四川供水情况。

图 9.3.3 给出了 2010～2017 年四川、云南、贵州的发电风险的时序变化特征，由图 9.3.3

可知，2010～2014 年，贵州省发电风险相对较大，主要由于该地区水电处于发展阶段，水电机组利用效率不高，水力发电占总发电量比例相对其装机容量占总装机容量比例偏小，水电欠发严重，主要依靠火力发电满足全省供电需求。随时间推移，贵州水电机组利用效率逐渐提高，风险显著降低，而四川与云南等地 2012 年起弃水问题逐渐凸显，风险逐渐增加。同时可以看出，由于四川省水电机组具有较高的工作效率，且全省供电保证率一直较高，其综合风险相对偏低。云南省基本不存在欠发情况，但弃水情况十分严重，2016 年云南省弃水电量达到 315 亿 kW·h，风险较前几年显著上升。

图 9.3.4 给出了 2010～2017 年四川、云南、贵州的环境风险的时序变化特征，研究表明，各省环境风险随时间呈明显减小趋势，尤其是四川的环境风险，从高风险区降低至低风险区，表明长江上游流域的防洪措施及调度方案有明显改善，汛期通过水库群联合防洪调度方案降低各省发生洪水的风险，非汛期通过水库供给缓解各省干旱情况。但 2011 年贵州环境风险相比 2010 年呈显著增大趋势，这是因为 2011 年贵州旱情严重，农作物受灾面积大幅增加，供水严重不足，人畜饮水困难。从各省整体环境风险分析，环境风险随时间呈下降趋势，说明长江上游流域环境保护措施取得了一定成效。

2. 供水–发电–环境互馈系统风险动态变化结果分析

进一步，将上述加权后的供水风险、发电风险、环境风险评价值作为三种评价指标，评价对象为三个省的综合风险，计算三种评价指标权重为[0.363 7, 0.447 7, 0.188 6]，加权后三个省逐年综合风险动态变化结果如图 9.3.5 所示。整体来看，2010～2017 年三个省综合风险整体呈下降趋势。经过时序算子对三个省每年风险值进行加权，根据参考文献及专家意见，本次评价中时间度 λ 取 0.19，推求出时序权重向量为[0.014, 0.024, 0.044, 0.079, 0, 141, 0.25, 0.446]，计算得到四川动态评价综合风险值为 0.258，云南为 0.387，贵州为 0.478。结果表明，贵州整体风险水平最高，云南次之，四川整体风险水平最低。其主要原因在于贵州发电风险与供水风险相对较大，综合风险水平也最高。

最后，为探明长江上游各种风险的整体时序变化情况，将评价对象替换为流域整体供水风险、发电风险、环境风险，评价指标则为云南、贵州、四川地区的相应风险值。以此计算长江上游地区整体风险水平的变化情况，其中利用纵横向拉开档次法计算三个地区的风险权重为[0.2678, 0.2975, 0.4374]，加权后长江上游地区整体风险变化结果如图 9.3.6 所示，由图 9.3.6 可知，随着时间推移，供水风险与环境风险均呈现降低趋势，环境风险下降比率较大，而发电风险整体存在下降趋势，但在 2015 年、2016 年呈现上升趋势，主要由西南地区弃水问题引起。采用时序权重向量对各种风险不同年份加权，得到供水综合风险量为 0.483，发电综合风险量为 0.371，环境综合风险量为 0.122。由此可见，由于西南地区干旱频发，供水风险相较于其他风险更为突出。

通过多层次系统风险理论分析，建立了水资源系统风险指标层次拓扑模型，采用多层次系统动态评价方法评价了长江上游供水、发电、环境综合风险的时空动态演化特征。时间维度上，2010～2017 年各省份综合风险整体呈下降趋势。环境风险下降比率较大，表明长江上游流域对环境保护措施效果显著，而发电风险整体存在下降趋势，但在 2015 和 2016 年呈现上升趋势，原因在于 2015 和 2016 年西南地区弃水问题严重。空间维度上，长江上游整体风险逐年降低。

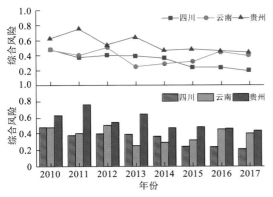

图 9.3.5　三个省供水–发电–环境风险时序变化

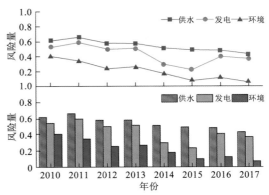

图 9.3.6　西南地区不同风险随时间变化趋势图

其中,贵州整体风险水平最高,云南次之,四川整体风险水平最低,其原因在于贵州发电风险与供水风险相对较大,导致综合风险水平也最高。针对长江上游各地区风险的时空演化特征,应采取相应的风险治理措施,从而有效管理和控制长江上游水资源系统综合风险。

9.4　不确定来水下长江上游控制性水库效益–风险互馈均衡随机优化发电调度

发电量或发电效益期望值最大是水库调度模型常用的优化目标[7],然而期望值模型并未考虑发电风险,在不确定性较大或调度风险较大时,调度决策者往往需要评价和关注发电风险。通常水电站发电量的多少极大地依赖于水库来水,而水电站发电计划执行情况的好坏亦依赖于水库径流预报精度的高低。然而由于当前径流预报方法和技术水平有限,流域信息共享机制还不完善等,水库入库径流预报尚不能达到百分之百精准。尽管已有研究在不确定性发电调度模型及其求解方法上取得了一定进展,但多关注长期年发电调度风险问题,而短期发电风险的研究成果尚不多见。

为此,围绕水电站来水不确定性带来的短期发电调度风险问题,以三峡电站周调度为例,分析发电效益和发电风险间的对立统一关系,引入经济学均值–方差理论,量化不确定性条件下水电站调度发电效益和风险,提出考虑决策者风险偏好的水电站发电效益–风险均衡优化模型;同时,通过对三峡历史日入库径流数据的统计分析,构建随机径流多阶段情景树并发展了径流情景树重构方法以提高模型计算效率,为解决水电站不确定性风险调度问题提供一条可行的途径;最后通过对水电站发电效益和风险的敏感性分析,推导效益–风险关系曲线,为考虑发电效益–风险均衡的发电计划编制提供决策依据。

9.4.1　效益–风险互馈均衡随机优化发电调度建模

在水库发电调度系统中,由于预报径流的不确定性,通常考虑的风险包括发电量和发电效益风险、发电保证率风险、出力不足和弃水风险、供水风险、蓄水（水位）风险等。在水库调度风险研究方面,关于风险量化、风险评估和风险调度方面的研究成果十分丰富[8-9],但由于水库调度是一个极其复杂的系统工程,风险调度理论方法及数学建模依然是本领域的研究热点,大量研究表明,一次二阶矩、均值–方差(M-V)、风险价值(VaR)、条件风险价值(CVaR)等都成为研究风险的有力数学工具。本小节在传统期望发电量最大模型的基础上,引入均值–方差证券组合模型对效益–风险概念的定义和分析方法,提出考虑水库多时段入库径流随机性的发电效益–风险均衡优化模型,为水电站短期发电调度效益–风险互馈均衡随机优化调度提供新的研究思路。

1. 均值–方差证券组合模型

均值–方差模型由美国经济学家 Markowitz[10]于 1952 年提出,对多种证券组合投资问题,预期收益(率)E_p 为未来所有可能收益(率)的期望值,如式(9.4.1)所示;投资组合的预期风险 σ_p 为预期收益的标准差,如式(9.4.3)所示。

$$E_p = \sum_{i=1}^{n} x_i E(r_i) \tag{9.4.1}$$

其中

$$\sum_{i=1}^{n} x_i = 1 \tag{9.4.2}$$

式中:$E(r_i)$ 和 x_i 分别为证券 i 的预期收益(率)和其所占份额;N 为证券的总数。

$$\sigma_p = \sqrt{\sigma_p^2} = \sqrt{\sum_{i=1}^{N} \sum_{j=1}^{N} x_i x_j \sigma_{ij}} \tag{9.4.3}$$

式中:当 $i \neq j$ 时 σ_{ij} 为证券 i 和 j 收益的协方差,当 $i = j$ 时 $\sigma_{ij} = \sigma_i^2$ 为证券 i 的方差;x_i、x_j 分别为组合中证券 i 和 j 所占的比例;σ_p^2 和 σ_{ij} 分别为预期收益的方差和标准差。

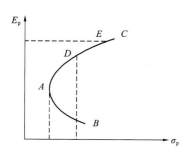

图 9.4.1   有效市场边界示意图

对于预期收益率确定的证券,各证券所占比例不同,最终组合证券的预期收益 E_p 和预期风险 σ_p 也不同。通过对所有可能证券组合形式的计算和分析,获得如图 9.4.1 所示的效益–风险曲线,称之为有效市场边界。图 9.4.1 中,A 点表示风险最小的投资组合;在从 A 点到 B 点的曲线上,预期收益随风险的增加而减少,即高风险低收益的组合方式,因此曲线 AB 上的组合为无效组合;而在从 A 点到 C 点的曲线上,预期收益随风险的增加而增加,投资者可在其中找到符合自己风险偏好的最优组合方式,因此曲线 AC 上的点为有效组合方式,可为投资者提供决策依据:在确定风险下,可提供最大预期收益的组合;在确定预期收益下,可提供最小风险的组合。

2. 水电站效益–风险均衡优化模型

均值–方差模型在金融、工程等领域已得到广泛应用。针对径流不确定性导致水电站发电量偏离预期或计划的问题,将发电量风险定义为实际发电量偏离预期目标的程度。由于方差恰好能表示数据偏离期望值双侧的情况，引入均值–方差表示水电站发电量效益–风险，提出并建立考虑水电站多时段入库径流不确定性的水电站短期发电效益–风险均衡模型（benefit and risk balanced optimization model，BRM），研究发电量波动的风险与发电量的关系，为实现水电站发电效益风险均衡调度提供决策依据。

不同入库径流序列下的水电站期望发电量为

$$E = \sum_{i=1}^{N} p_i E_i \tag{9.4.4}$$

式中：

$$\sum_{i=1}^{N} p_i = 1 \tag{9.4.5}$$

式中：E 为所有可能径流序列下的水电站期望发电量；E_i 和 p_i 分别为第 i 种径流序列的概率和期望发电量；N 为所有可能径流数。

则不同入库径流下的水电站发电量方差可表示为

$$\sigma^2 = \sum_{i=1}^{N} (E_i - E)^2 p_i \tag{9.4.6}$$

$$\sigma = \sqrt{\sum_{i=1}^{N} (E_i - E)^2 p_i} \tag{9.4.7}$$

式中：σ^2 和 σ 分别为不同入库径流下的水电站发电量方差和标准差。

引入风险系数 β 代表决策者的风险偏好，风险系数越大表示决策者对风险容忍度越小，并以发电量标准差衡量发电量波动风险，建立综合效益最大的水电站短期发电效益–风险均衡模型，目标函数为

$$F = \max(E - \beta\sigma) \tag{9.4.8}$$

式中：F 为考虑效益风险均衡的综合效益最大目标。根据式（9.4.4）、式（9.4.7），式（9.4.8）可改写为

$$F = \max\left[\sum_{i=1}^{N} E_i p_i - \beta\sqrt{\sum_{i=1}^{N}\left(E_i - \sum_{i=1}^{N} E_i p_i\right)^2 p_i}\right] \tag{9.4.9}$$

由于径流序列为多时段序列，其概率 p_i 满足

$$p_i = \prod_{j=1}^{T} p_{ij} \tag{9.4.10}$$

式中：p_{ij} 为径流序列 i 在时段 j 的概率。

水电站效益–风险均衡优化模型，本质上为以水定电模型，其考虑的水库水电站运行相关约束如下。

水量平衡约束

$$V_t = V_{t-1} + (I_t - Q_t) \cdot \Delta t \tag{9.4.11}$$

式中：V_t 和 V_{t-1} 分别为水库在 t 和 $t-1$ 时段末的库容；I_t 和 Q_t 分别为水库在 t 时段内的平均入库和出库流量；Δt 为单时段时长。

水位约束

$$Z_t^{\min} \leqslant Z_t \leqslant Z_t^{\max} \tag{9.4.12}$$

式中：$Z_t^{\min}$ 和 $Z_t^{\max}$ 分别为水库在时段 t 的最小、最大水位限制。

流量约束

$$Q_t^{\min} \leqslant Q_t \leqslant Q_t^{\max} \tag{9.4.13}$$

式中：$Q_t^{\min}$ 和 $Q_t^{\max}$ 分别为水库在时段 t 的最小、最大出库流量限制。

出力约束

$$N_t^{\min} \leqslant N_t \leqslant N_t^{\max} \tag{9.4.14}$$

式中：$N_t^{\min}$ 和 $N_t^{\max}$ 分别为电站在时段 t 的最小、最大出力限制。

水位/流量变幅约束

$$\begin{cases} |Z_t - Z_{t-1}| \leqslant \Delta Z \\ |Q_t - Q_{t-1}| \leqslant \Delta Q \end{cases} \tag{9.4.15}$$

式中：ΔZ 和 ΔQ 分别为相邻时段的水位和流量最大变幅约束。

边界值约束

$$\begin{cases} Z_0 = Z_{\text{start}} \\ Z_{\text{T}} = Z_{\text{end}} \end{cases} \tag{9.4.16}$$

式中：Z_{start} 和 Z_{end} 分别为调度期内水库的初、末水位。

9.4.2 效益–风险互馈均衡随机优化发电调度模型求解

针对水电站入库径流序列的时间序列特征，构建反映其历史分布的多阶段随机入库径流情景树，并提出情景树重构方法以减少情景树分支，以提高模型计算效率。

1. 随机入库径流情景树重构方法

情景树（scenero tree）[11]是对随机变量离散分布的表示形式，其在求解随机甚至多阶段随机规划问题上已得到广泛应用，基本模型示意图如图 9.4.2 所示，O 表示根节点，每个节点上的值表示该时段径流值；每个节点有若干个分支，每一个分支代表该时段可能出现的径流情景，每个分支都被分配一个权重值 p_{ni}，代表该径流情景的概率。设随机变量 ξ 的概率分布为 $P(\xi)$，$P(\xi) = \{p_1, p_2, \cdots, p_S\}$，$\{\xi^1, \xi^2, \cdots, \xi^s\}$ 为情景集合，其中 p_i 为情景 ξ^i 的概率，即 $P(\xi = \xi^i) = p_i$，S 为情景数量。

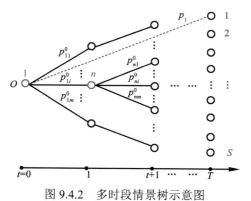

图 9.4.2　多时段情景树示意图

设 p_{nm}^t 表示 t 时段节点 n 处第 m 分支的条件概率，情景 ξ^i 的所有时段路径集合为 $\Phi^i = \{\varphi_{0,1}^i, \varphi_{1,2}^i, \cdots, \varphi_{T-1,T}^i\}$，则情景 ξ^i 的概率 p_i 表示为

$$p_i = \prod_{t \in [1,T]} P(\xi = \varphi_{t-1,t}^i) \quad (i = 1, 2, \cdots, S) \tag{9.4.17}$$

式中

$$\sum_{i=1}^{m} p_{ni}^{t} = 1 \quad (\forall t, n) \tag{9.4.18}$$

径流情景树生成时，其根节点为初始时段的已知径流，随着时间推进，其径流情景沿着根节点不断分支，直到时段末结束。为准确表示径流随时间的变化特征，直接由历史数据生成的情景数量非常庞大，特别是随着时段数的增加，情景树的分支数将呈指数增长，给模型求解造成极大困难。为减少情景数量，提高求解效率，研究工作通过分析历史径流的分布特点，提出针对多时段随机径流的情景树重构方法以减少情景分支。

多时段径流情景树重构过程主要包括两个步骤，如图9.4.3所示。具体步骤如下。

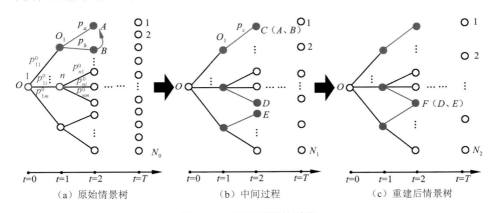

图 9.4.3　情景树重构过程

步骤1：如图9.4.3（a）所示，O_1A 和 O_1B 是 O_1 的两个分支，其概率分别为 p_a、p_b。当 A 和 B 点的值很接近，即这两点的径流值相差不大时，将 A 和 B 合并为点 C [图9.4.3（b）]，则有分支 O_1C 的概率 $p_c = p_a + p_b$，同时 C 点的径流值为 A 和 B 的均值。

步骤2：如图9.4.3（b）所示，D 和 E 点没有相同的根节点，但其值非常接近，则将 D 和 E 点可合并为点 F，如图9.4.3（c）所示。合并后原分支上的概率值没有变化，F 点上的径流值为 D 和 E 的均值。

2. 效益–风险均衡模型求解

以情景树模拟的径流序列为基础，运用随机动态规划方法求解水电站发电效益风险均衡模型的流程图如图9.4.4所示，具体步骤如下。

步骤1：以历史径流数据为基础，分析计算各时段径流情景及其概率，并运用所提随机径流情景树重构方法削减情景分支，重构水电站多阶段随机径流情景树，用于模拟历史径流，为模型提供数据基础。

步骤2：考虑决策者风险偏好，引入风险系数，利用均值–方差证券组合理论，确定效益–风险均衡随机优化调度模型的优化目标式。

步骤3：运用随机动态规划求解思路，计算所有径流情景下的发电量值和发电风险值，寻找使目标函数达到最优的调度决策。

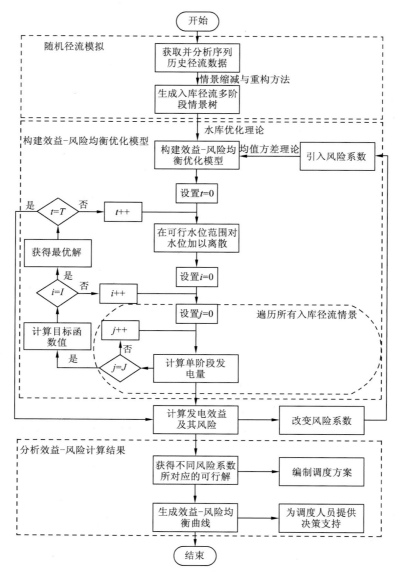

图 9.4.4　水电站效益–风险均衡优化调度模型求解流程图

　　步骤 4：改变风险系数，确定效益–风险均衡调度模型在该风险系数下的优化目标式，进入步骤 3 求解过程。重复本步骤 4，并将不同风险系数下的发电量、发电风险绘制成效益–风险曲线。

9.4.3　三峡水库效益-风险互馈均衡随机优化发电调度

　　以三峡水电站水位消落调度运行时段为例，考虑不确定性径流带来的发电风险问题，引入反映调度决策者风险偏好的风险系数，建立以日为调度时段、周为调度周期的水电站短期发电效益–风险均衡模型，并以三峡 1882～2008 年日径流数据为基础，建立三峡水库多阶段径流情景树作为模型重要的输入数据,通过对比分析均衡模型与确定性动态规划模型、随机动态规划模型解的差异,验证效益–风险均衡模型的合理性和有效性。并进一步研究不同风险偏好下的最优发电量与发电风险间的关系,分析发电量与发电风险均衡解集的存在性及其对风险偏好的敏感性,为调度决策提供理论依据。

1. 研究对象基础资料

三峡水电站发挥着巨大的防洪、发电、航运、供水灌溉、旅游等效益,是迄今世界上综合效益最大的水利枢纽。三峡水库水电站部分参数如表 9.4.1 所示。

表 9.4.1 三峡(TGR)水电站部分参数表

参数	值	参数	值
装机容量/MW	22 400	死水位/m	155
保证出力/MW	4 990	最大水头/m	113
最大下泄/(m³/s)	99 800	最小水头/m	71
最小下泄/(m³/s)	4 500	平均年发电量/(亿 kW·h)	846.8
正常水位/m	175		

根据水利部 2015 年批复的《三峡(正常运行期)—葛洲坝水利枢纽梯级调度规程》,关于三峡水位消落要求为:①1~5 月,三峡水库水位在综合考虑航运、发电和水资源、水生态需求的条件下逐步消落;②一般情况下,4 月末三峡库水位不低于枯水期消落低水位 155.0 m,5 月 25 日不高于 155.0 m;③三峡汛前应逐步消落库水位,6 月 10 日消落到防洪限制水位 145.0 m;④三峡消落期间下泄流量满足:蓄满年份,3~5 月最小下泄流量应满足葛洲坝下游庙嘴水位不低于 39 m;未蓄满年份根据水库蓄水和来水情况合理调配下泄流量;如遇特枯年份,可不受以上流量限制,库水位也可降至 155.0 m 以下进行补偿调度。

2. 三峡入库径流情景树分析

选取三峡消落期中 5 月 1 日~7 日一周为研究时段,分析 1882~2008 年的三峡历史同期入库日平均径流数据。根据历史统计数据,三峡水库 4 月 30 日的平均入库径流为 6 880 m³/s,因此径流情景树的根节点径流大小确定 6 880 m³/s,以此为基础构建 5 月 1~7 日随机径流情景树。根据历史实测数据,当 4 月 30 日径流在 6 880 m³/s 左右(5 940~7 800 m³/s)时,5 月 1 日的日径流在 6 070~9 560 m³/s,并统计 5 月 1 日的径流在不同离散区间的概率分布,如表 9.4.2 所示。

表 9.4.2 三峡 5 月 1 日入库径流离散区间及其概率表

径流值/(m³/s)	概率/%	径流值/(m³/s)	概率/%
(6 070, 6 419]	12.0	(7 117, 7 466]	28.0
(6 419, 6 768]	16.0	(7 466, 7 815]	4.0
(6 768, 7 117]	20.0	(7 815, 8 164]	8.0

径流值/（m³/s）	概率/%	径流值/（m³/s）	概率/%
(8 164, 8 513]	0	(8 862, 9 211]	0
(8 513, 8 862]	4.0	(9 211, 9 560]	8.0

若每日径流均按 10 个区间离散，则一周的情景数量将达到 10^7 之多，为此，运用 9.4.2 小节所提的径流情景树重构方法，根据径流区间的重合度削减树枝，图 9.4.5 为重构后的多时段径流情景树。

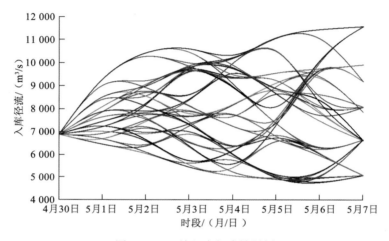

图 9.4.5　三峡入库径流情景树

情景树重构以后，径流情景数减少到 512。为验证该情景树对历史日径流的模拟效果，对比分析模拟值与历史实际值，其统计指标如表 9.4.3 所示，由表可知，情景树模拟值较历史值偏小，这是因为在情景树重构时，部分大径流且小概率的树枝被合并削减了，这可能导致模拟模型最终计算的发电量偏小，这也是后续研究需要改进和解决的问题。从 C_v 值也可以看出，模拟值削减了部分较大径流的树枝，使得模拟径流序列相对平稳。但就研究所关注的电站发电目标而言，总体上径流模拟值与历史值较为接近，可以反映历史径流情况。

表 9.4.3　三峡入库径流的情景树模拟值与历史值对比表　　　　　（单位：m³/s）

对比项	5月1日	5月2日	5月3日	5月4日	5月5日	5月6日	5月7日	均值	C_v
历史值	7 174	7 790	8 065	8 272	8 726	9 007	9 180	8 316	267.43
模拟值	7 117	6 760	7 320	5 940	7 095	10 450	11 600	8 040	195.70
增量/%	−0.79	−13.22	−9.24	−28.19	−18.69	16.02	26.36	−3.32	−26.82

3. 调度结果对比分析

依据三峡水库调度规程，将调度期（5 月 1 日～7 日）初末水位分别设为 162 m、160 m，风险系数 β 初始值设为 0.2。分别以丰水年、平水年、枯水年典型年（10%、50%、90% 频率来水）为例，对比分析确定性动态规划模型（deterministic dynamic programming，DDP）和考虑径流随机性的期望发电量最大随机动态规划模型（stochastic dynamic programming，SDP）、效益–风险均衡模型的计算结果，推导发电量、发电风险的相互关系，并进一步研究不同风险系数下的效益–风险，分析其对风险系数的敏感性。

1）效益–风险分析

针对三峡 5 月 1～7 日一周发电调度计划，采用 BRM、SDP、DDP 分别计算其最优调度过程，其中 DDP 模型需要计算丰、平、枯三种典型年最优调度过程，设 BRM、SDP 和 DDP 三种模型计算的最优调度过程分别为 $\{V_t^{BRM}\}$、$\{V_t^{SDP}\}$、$\{V_t^{DDP-丰}\}$、$\{V_t^{DDP-平}\}$、$\{V_t^{DDP-枯}\}$。所有最优调度过程下的最优发电量和 BRM 模型的发电风险计算结果如表 9.4.4 所示，同时表 9.4.5 给出了 DDP 模型平水年计算的最优调度过程 $\{V_t^{DDP-平}\}$。

表 9.4.4 不同模型方法对三峡周调度的发电量对比　（单位：万 kW·h）

模型	发电量			发电风险
BRM	151 801.57			7 627.21
SDP	156 360.82			—
DDP	丰水年	平水年	枯水年	—
	179 576.92	164 271.21	155 692.80	

表 9.4.5 DDP 模型平水年下三峡详细调度过程 $\{V_t^{DDP-平}\}$

调度过程	4 月 30 日	5 月 1 日	5 月 2 日	5 月 3 日	5 月 4 日	5 月 5 日	5 月 6 日	5 月 7 日
入库径流/（m³/s）	6 880	6 419	7 540	8 170	10 130	8 620	8 760	6 610
末水位/m	162.00	162.26	162.38	162.52	162.38	161.81	160.96	160.00
出力/万 kW	—	502.87	510.75	499.40	1 082.23	1 361.56	1 390.40	1 497.40
发电流量/（m³/s）	—	5 778	5 864	5 720	12 289	15 848	16 301	17 561
弃水/（m³/s）	—	0	0	0	0	0	0	0

由表 9.4.4 可知，在当前风险偏好下，由于 BRM 模型考虑了发电风险，其期望发电量比 SDP 模型少 2.9%（4 559.25 万 kW·h）；三个模型中，DDP 模型的发电量最大，原因在于 DDP 模型使用的是确定性径流序列，是一种理想的模拟情景。

为进一步分析 BRM 模型对发电量和发电风险的均衡效果，表 9.4.6 列出了 BRM 调度模型在不同水平年能获得的发电量，同时表 9.4.7 列出了 $\{V_t^{DDP-丰}\}$、$\{V_t^{DDP-平}\}$、$\{V_t^{DDP-枯}\}$ 在径流情景树模拟的 512 种随机径流情景下的发电风险。此外，图 9.4.6 给出了 $\{V_t^{BRM}\}$ 和 $\{V_t^{DDP-平}\}$ 在所有随机径流情景下发电量对比结果。

表 9.4.6 效益–风险均衡最优调度过程在不同水平年的发电量　（单位：万 kW·h）

调度方案	丰水年	平水年	枯水年
$\{V_t^{BRM}\}$	177 289.40	165 845.47	150 248.50

表 9.4.7   DDP 模型最优调度过程在随机径流下的发电风险 （单位：万 kW·h）

调度方案	发电风险	调度方案	发电风险
$\{V_t^{\text{DDP-丰}}\}$	9 422.95	$\{V_t^{\text{DDP-枯}}\}$	8 727.09
$\{V_t^{\text{DDP-平}}\}$	9 019.48		

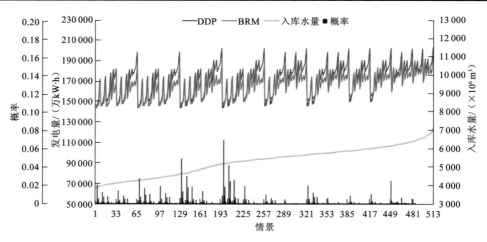

图 9.4.6   512 种径流情景下的 BRM 模型和 DDP 模型平水年发电量

对比 DDP 模型的发电量可知，BRM 模型在丰、平、枯典型年的发电量均小于 DDP 模型的发电量，但相差不大，而对比 BRM 模型的发电风险可知，未考虑风险的 DDP 模型在随机径流下的发电风险远大于 BRM 模型，表明 BRM 模型在均衡发电量和发电风险方面具有明显的效果。

由图 9.4.6 可知，在日平均流量非常接近时，两种模型计算的三峡水库一周的总发电量存在较大差异，表现为发电量曲线有较大波动，表明日间的入库流量分布对总发电量有较大的影响。另一方面，随着情景中径流序列的日平均流量增加，DDP 模型平水年和 BRM 模型总发电量都呈增加趋势，且总发电量的波动幅度也在逐渐减少，表明日平均入库流量较大时，日间的入库流量波动对总发电量的影响较小。此外，图 9.4.6 中 DDP 模型平水年的平均发电量为 152 273 万 kW·h，比 BRM 模型计算的 151 802 万 kW·h 多 0.31%；而 DDP 模型在所有径流情景下的发电量方差即发电风险为 9 419 万 kW·h，比 BRM 模型的 7 627 万 kW·h 大 23.50%。综上，虽然 BRM 模型平均发电量达不到理想值，但其发电风险较小，验证了 BRM 模型能够有效均衡发电效益和发电风险。

2）敏感性分析

为分析风险系数 β 值对发电量-发电风险均衡的影响，计算不同 β 值下 BRM 模型调度结果，如表 9.4.8 和如图 9.4.7 所示。

由表 9.4.8 可知，发电量和发电风险都随风险系数的减小而增大，即高收益与高风险并存。可见若调度决策者要追求较大的发电量就必须承受较大的发电风险，反之亦然。因此，调度决策者应根据自身风险承受能力和预期发电量，设定合理的风险系数进而获得符合决策者偏好的均衡解。

表 9.4.8　不同风险系数 β 值时的 BRM 计算结果　　　（单位：万 kW·h）

风险系数 β	发电量	发电风险	风险系数 β	发电量	发电风险	风险系数 β	发电量	发电风险
0	151 987	7 812	2.0	146 426	5 830	4.5	93 232	3 420
0.1	151 801	7 627	2.5	104 207	3 807	5.0	93 232	3 420
0.5	146 426	5 833	3.0	104 207	3 807	5.5	93 232	3 420
1.0	146 426	5 833	3.5	104 207	3 807	6.0	41 775	1 662
1.5	146 426	5 833	4.0	93 232	3 420	6.5	41 775	1 662

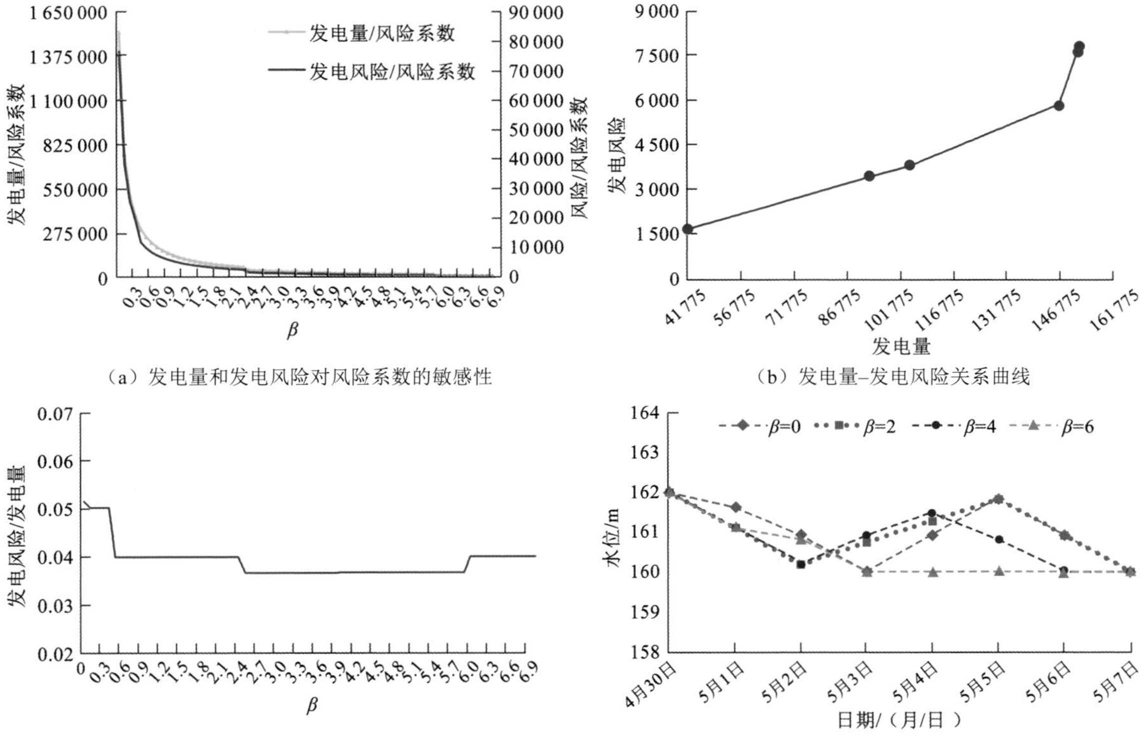

（a）发电量和发电风险对风险系数的敏感性

（b）发电量–发电风险关系曲线

（c）发电量–发电风险曲线的斜率

（d）不同风险系数下的三峡水库水位过程

图 9.4.7　敏感性分析结果

　　图 9.4.7（a）中发电量和发电风险随 β 值的变化过程表明，随着 β 值的增加，发电量和风险值减少趋势相近且其减少的趋势逐渐变缓，约在 $\beta=2.4$ 以后，变化不明显。图 9.4.7（b）中的发电量和发电风险的关系曲线类似于均值–方差模型中的有效市场边界曲线，这里称之为效益–风险均衡曲线，在该曲线上：①每一个发电风险值对应一个最大期望发电值；②每一个发电量值对应一个最小发电风险值；③若决策者追求最大发电量和最小发电风险的理想调度方案，则具有最小正斜率的点即为其理想均衡解。图 9.4.7（c）分析了图 9.4.7（b）中效益–风险均衡曲线的斜率，结果表明 $\beta=2.5\sim5.9$ 时具有最小正斜率，即可得到理想的发电量–发电风险均衡解。图 9.4.7（d）分析了几组 β 值下三峡水库水位变化过程，随着 β 值增加，水库会提前消落，以较低的水位运行以避免不同径流下发电量的较大波动，即减少发电风险。由出力计

算公式 $N=k\cdot Q\cdot H$，当水头较低时，在不同径流情景下虽然能获得较为平稳的发电过程，但其发电量值也会较小。

综上所述，在一定风险偏好下，BRM 模型能有效减少发电风险而维持较高的发电量值；由发电效益–风险均衡曲线可知，当 $\beta=2.5\sim5.9$ 时，可获得发电量较大而发电风险较小的均衡解；同时推求的效益–风险均衡曲线可为水库运行调度依据风险偏好和预期发电量制定满意的发电计划。

为考虑水电站短期来水不确定性带来的发电风险问题，引入经济学均值–方差模型，建立考虑决策者风险偏好的水电站短期发电效益–风险均衡随机优化调度模型，并基于历史入库径流数据构建多阶段径流情景树，提出了随机径流情景树重构方法，在模拟随机径流情景时可适当削减情景数以提高模型计算效率。选取三峡水库 5 月初水库水位消落阶段作为实例研究，建立了以周为调度期、日为调度时段的效益–风险均衡随机优化模型，分析并重构了三峡入库径流情景树，进而通过与确定性动态规划和随机动态规划模型计算结果的对比分析，验证了所提效益–风险模型能有效均衡发电效益和风险；同时通过分析发电量、发电风险对风险偏好的敏感性推导效益–风险关系曲线，为考虑发电效益–风险均衡的发电计划编制提供决策依据。

参 考 文 献

[1] FENG M, LIU P, LI Z, et al. Modeling the nexus across water supply, power generation and environment systems using the system dynamics approach: Hehuang Region, China[J]. Journal of hydrology, 2016, 543: 344-359.

[2] HUANG K, YE L, CHEN L, et al. Risk analysis of flood control reservoir operation considering multiple uncertainties[J]. Journal of hydrology, 2018, 565: 672-684.

[3] GENEST C, FAVRE A C, BÉLIVEAU J, et al. Metaelliptical copulas and their use in frequency analysis of multivariate hydrological data[J]. Water resources research, 2007, 43(9): 1-12.

[4] 刘涛, 邵东国. 水资源系统风险评估方法研究[J]. 武汉大学学报(工学版), 2005, 38(6): 66-71.

[5] 郭亚军. 一种新的动态综合评价方法[J]. 管理科学学报, 2002, 5(2): 49-54.

[6] 郭亚军, 姚远, 易平涛. 一种动态综合评价方法及应用[J]. 系统工程理论与实践, 2007, 27(10): 154-158.

[7] 梅亚东, 熊莹, 陈立华. 梯级水库综合利用调度的动态规划方法研究[J]. 水力发电学报, 2007, 26(2): 1-4.

[8] 李克飞. 水库调度多目标决策与风险分析方法研究[D]. 北京: 华北电力大学, 2013.

[9] 张培, 纪昌明, 张验科, 等. 考虑多风险因子的水库群短期优化调度风险分析模型[J]. 中国农村水利水电, 2017(9): 181-190.

[10] MARKOWITZ H. Portfolio selection[J]. The journal of finance, 1952, 7(1): 77-91.

[11] DUPAOVÁ J, CONSIGLI G, WALLACE S W. Scenarios for multistage stochastic programs[J]. Annals of operations research, 2000, 100(1-4): 25-53.

第 *10* 章

长江上游供水–发电–环境互馈水资源耦合系统适应性调控

随着大型水利工程规划、建设和投运，大坝阻隔效应凸显，导致了河道非连续化、破碎化和片段化，改变了水资源的时空分布规律和河道的自然节律，引发了鱼类栖息地丧失、库区富营养化、生物多样性下降、湿地退化、河口咸潮入侵等一系列水生态问题，因此，分析库群调控影响下水文、生态效应，进而寻求面向生态保护与恢复的水库群优化调度方法，从而实现复杂运行条件下供水–发电–环境的均衡调度和适应性调控是亟待解决的关键科学问题和工程应用难题。

首先,采用耗散结构理论和系统动力学方法,讨论供水–发电–环境互馈水资源耦合系统内涵,并通过水资源耦合系统动力学统一建模,开展水资源耦合系统适应性调控示例研究;在此基础上,引入系统动力学方法,基于水量平衡原理,将水资源耦合互馈系统解析为发电、防洪、供水、航运和生态五大相互制约、动态博弈的子系统,建立水资源耦合互馈系统动力学模型,模拟仿真结果表明,考虑供水反馈和生态反馈的水资源耦合系统调度模型能够均衡多个目标间的竞争关系,以发电量损失较小为代价,显著满足供水和生态需求;此外,针对已有水电站长中短嵌套预报调度过程中没有考虑实时来水建模的问题,提出嵌套预报调度耦合实时来水系统动力学建模方法,有效解决响应随机来水调度建模面临时段和余留期优化的实际工程技术难题,从以极值为目标的确定性静态优化发展为随机动态优化;最后,综合考虑区域生活生产用水需求及优化调控的生态学效应,建立兼顾供水、发电、环境的水库群多维优化调控模型,分析长江中上游未来可能出现的供水紧缺问题,同时面向中华鲟和四大家鱼等物种生态保护、洞庭湖和鄱阳湖两湖生态水位控制及咸潮入侵防治等生态治理需求,协调供水、发电、生态目标间的对立统一关系,并给出相应的可行方案集,为长江上游流域规划及供水–发电–环境水资源耦合互馈系统适应性调控提供理论依据和技术支撑。

10.1　供水–发电–环境互馈的水资源耦合系统内涵和状态解析

10.1.1　水资源耦合系统内涵

受气候循环、水文过程、用水需求、发电控制、电网潮流、峰谷负荷、生态环境等因素影响,水资源耦合系统交织着各种物质流、能量流与信息流的映射关系,使得防洪、发电、供水、航运和生态环境等不可公度调度目标间存在着复杂的互馈协变和协同竞争关系,具有高维、非线性、时变、不确定和强耦合等特性。

定义:水资源耦合系统可定义为由降雨产流、河川汇流、水量利用、水库调节、水能转换、环境消纳等环节所组成的有机整体,具有防洪、发电、供水、航运和生态环境改善功能,是一类呈现多维广义耦合特性的复杂开放巨系统,其结构概化图如图 10.1.1 所示。

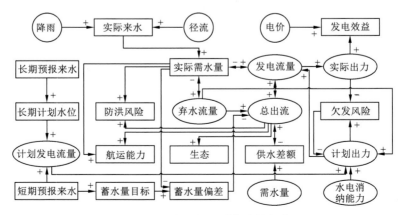

图 10.1.1　水资源耦合系统结构概化图

属性：水资源耦合系统具有多维、广义及耦合互馈的天然属性特征。

多维性：水资源耦合系统的多维性可从时间维、空间维和目标维三个方面进行解析。时间维上包括水库调度的蓄水期、供水期、不蓄不供期和汛期，涉及多时空尺度水文预报、精细化调度、调度期自适应控制和长中短实时嵌套调度等问题；空间维包含流域分区、水资源分区、电网分区、拓扑结构区划、交叉尺度的空间降尺度、分区优化控制和变尺度约束处理等；目标维涵盖发电效益、防洪安全、水能资源利用率、供水保证率、航运和生态需水等调度目标。

广义性：水资源耦合系统并非只涉及水资源，而是涉及防洪安全、发电效益、供水安全、航运效益、生境生态安全、能源安全，并拓展至电力市场，直接和间接的影响社会可持续发展，涵盖了自然资源和社会经济两大领域，呈现多维广义特性。

耦合互馈：水资源耦合系统形成、演变、发展的诸多子系统或因素与系统要素之间相互作用、相互影响和相互演变，防洪、发电、供水、航运和生态环境等多个目标和约束之间相互制约、耦合互馈和协变竞争，使得水资源系统成为一个复杂的耦合互馈系统。

在由多个子系统组成的水资源耦合互馈系统中，影响最为深远和广泛的是供水子系统、发电子系统和生态环境子系统，三者联系最为紧密，对社会经济的发展影响较大，因此本节主要对供水–发电–环境互馈水资源耦合系统开展研究。

10.1.2　供水–发电–环境互馈水资源耦合系统状态解析

1. 供水–发电–环境互馈水资源耦合系统状态节点

设置系统各控制因素，观察输入的控制因素变化时系统的行为和发展，从而实现供水–发电–环境互馈水资源耦合系统的动态仿真。引入系统动力学（system dynamics，SD）原理和方法，对影响水资源耦合动力系统的因素及其重要性进行甄别，分析各因素间的反馈关系，动力系统主要包括以下 7 类结点。

（1）水源结点：该类结点在 SD 模型中以源来表示，结点的入流量在 SD 模型中由流率（速率）确定。

（2）汇流结点：汇流结点在 SD 模型中用状态表达。

（3）水库结点：水库蓄水量在 SD 模型中用状态变量表示，其入流量、出流量及蒸发量用流率变量表示。

（4）灌溉结点：灌溉结点的调控量是灌区的实际分水量 ES。

（5）市政和工业用水结点：该类结点 SD 模块同灌溉结点相同。

（6）分水结点：分水结点的调控原则是首先满足下游最小放水量，其调控量是分水量 ED。

（7）结束结点：末端结点在 SD 模型中也用源表示，而流率 R 表示末端结点处对水的需求量。

根据系统动力学原理，结合大量历史数据，在对系统主要变量的变化特征进行细致分析的基础上，设计系统动力学流图，并建立系统动力学状态方程，状态方程是 SD 模型的核心，它表示系统行为的变化，其他方程则由状态方程导出。状态方程一般表达式为

$$\frac{\mathrm{d}x}{\mathrm{d}y} = f(R_i、A_i、X_i、P_i)R \tag{10.1.1}$$

式中：X 为状态变量；A 为辅助变量；R 为速率变量；P 为参数；t 为仿真时间。

2. 供水–发电–环境互馈水资源耦合系统状态转移特征解析

借鉴耗散结构和协同学理论，综合运用自组织演化的序参量判据和熵判据，构建子系统的协同度和供水–发电–环境互馈的水资源耦合系统有序度来模拟子系统和水资源–社会经济系统整体的演化协同有序性，进而识别系统的演化方向。

供水–发电–环境互馈的水资源耦合系统具有耗散结构，系统的相变结果不一定都走向新的有序，也可能走向无序，因此，为了把握系统协调的程度，促使系统向更加有序的方向转化，有必要在临界状态到来之前，首先计算在某种情景下序参量的协同作用。为此，引入有序度这一概念来衡量协同作用。考虑各子系统 S_j，设其发展过程中的序参量变量为 $e_j=(e_{j1},e_{j2},\cdots,e_{jn})$，其中 $n\geqslant1$。e_{ji} 的取值应在临界阈值区间，如：$\alpha\leqslant e_{ji}\leqslant\beta$，$i\in[1,n]$。$e_{ji}$ 在阈值区间的取值越大，子系统的有序程度越高，其取值越小，子系统的有序程度越低。子系统 S_j 序参量分量 e_{ji} 的有序度为

$$u_j(e_{ji})=\frac{e_{ji}-\beta_{ji}}{\alpha_{ji}-\beta_{ji}} \tag{10.1.2}$$

式中：$u_j(e_{ji})$ 为序参量分量 e_{ji} 的有序度；β_{ji} 和 α_{ji} 分别为 e_{ji} 的最小和最大临界阈值。e_{ji} 对子系统 S_j 有序程度的"总贡献"可通过 $u_j(e_{ji})$ 的集成来实现

$$u_j(e_j)=\sum_{i=1}^{n}\lambda_i u_j(e_{ji}),\quad \lambda_i\geqslant0,\quad \sum_{i=1}^{n}\lambda_i=1 \tag{10.1.3}$$

式中：$u_j(e_j)$ 称为子系统 S_j 序参量 e_j 的有序度；λ_i 为序参量分量 e_{ji} 的权系数，它的确定既应考虑系统的现实实际运行状况，又应能够反映系统在一定时期内的发展目标。

根据协同学理论，由于特定时段内水资源量的有限性，子系统之间存在着竞争，子系统的有序度并不能代表整个系统的有序度。供水、发电、生态子系统的有序度不可能同时增加，某一个子系统有序度的提高，必然会导致其他子系统有序度的降低，但是整个系统的有序度如何变化却无从确定。耗散结构的熵理论为解决这个问题提供了依据，虽然熵并不能对系统演化进行定量计算，而且也不易于用显式函数表示出来，但利用熵与有序度之间的关系，可对系统演化方向进行定性分析，即熵减少，有序性增强，熵增大，有序性减弱。根据信息熵的定义，利用子系统有序度建立判别系统演化方向的有序度熵（协调度熵）函数，即

$$S_Y=-\sum_{j=1}^{3}\frac{1-u_j(e_j)}{3}\lg\frac{1-u_j(e_j)}{3} \tag{10.1.4}$$

式中：$u_1(e_1)$、$u_2(e_2)$、$u_3(e_3)$ 分别代表供水、发电和生态子系统的年有序度。

熵变驱动着水资源耦合系统从无序到低层次或从低层次有序向高层次有序变迁，系统的变迁能否突变为高度有序的耗散结构，需熵变小到某个阈值，尝试通过分析系统的熵变阈值，研究供水–发电–环境互馈的水资源耦合系统临界状态的转移规律。定义以下判别公式

$$\Delta S_Y=\Delta S_{Y(t+1)}-\Delta S_{Y(t)} \tag{10.1.5}$$

式中：$S_{Y(t+1)}$ 为系统第 $t+1$ 时刻的熵；$S_{Y(t)}$ 为第 t 时刻的熵；ΔS_Y 为相邻时刻的熵变。根据熵变值 ΔS_Y 的大小，可判断系统在 $t+1$ 时刻的演变方向和内部稳定程度。当 $\Delta S_Y>0$ 时，表示系统总

熵增加，系统中至少有一个子系统未向有序方向转化，系统此时为异常态；当 $\Delta S_Y < 0$ 时，表明系统总熵减小，系统正向有序方向演化，系统为正常态；当 $\Delta S_Y = 0$ 时，表示系统处于临界态。

10.1.3　水资源耦合系统动力学建模与适应性调控建模

为分析供水–发电–环境互馈水资源耦合系统动力过程，研究系统时空演变特性，从子系统自身特性出发，以系统物理特征和行为表征为切入点，建立系统动力学控制方程，构建耦合复杂适应系统理论的流域水资源耦合系统动力学模型，以揭示系统状态转移规律，从而阐明系统在状态演化过程中的相变机理和动力机制。设研究的典型水资源系统中有 3 座水库，其中水库 I 和 II 有水力及电力耦合关系；水库 III 与水库 I 和 II 仅有电力联系。研究工作就典型水资源耦合系统的发电和防洪调度进行互馈动力系统建模如下。

1. 典型流域水资源耦合系统的发电控制系统动力学模型

1）水库电站 I 发电控制方程

水量方程

$$\frac{\mathrm{d}v_1(t)}{\mathrm{d}t} = q_1(t) - q_{p1}(t) \tag{10.1.6}$$

电量方程

$$0 = p_1(t) - \eta_1 q_{p1}(t)\{z_1[v_1(t)] - z_{w1}[q_{p1}(t)]\} \tag{10.1.7}$$

式中：$z_1[v_1(t)]$ 为水库 I 库容曲线；$q_1(t)$ 为水库 I 入库流量；$q_{p1}(t)$ 为水库 I 发电流量；$p_1(t)$ 为水库 I 出力；η_1 为水库 I 电站发电效率；$z_{w1}[q_{p1}(t)]$ 为水库 I 下游水位流量关系曲线。

定义变量：

状态变量 $x_1(t) = \begin{bmatrix} x_{11}(t) \\ x_{12}(t) \end{bmatrix} = \begin{bmatrix} v_1(t) \\ q_{p1}(t) \end{bmatrix}$；控制变量 $p_1(t)$；输入变量 $q_1(t)$。

水库电站 I 发电控制方程

$$E_1 \dot{x}_1(t) = F_1(x_1, t) + G_1 q_1(t) + B_1 p_1(t) \tag{10.1.8}$$

式中：$E_1 = \begin{bmatrix} 1 & 0 \\ 0 & 0 \end{bmatrix}$；$G_1 = \begin{bmatrix} 1 \\ 0 \end{bmatrix}$；$B_1 = \begin{bmatrix} 0 \\ 1 \end{bmatrix}$；$F_1(x_1, t) = \begin{bmatrix} -x_{12}(t) \\ -\eta_1 x_{12}(t)[z_1(x_{11}, t) - z_{w1}(x_{12}, t)] \end{bmatrix}$。

2）水库电站 II 发电控制方程

水量方程

$$\frac{\mathrm{d}v_2(t)}{\mathrm{d}t} = q_2(t) + q_{d2}(q_{p1}, t - \tau) - q_{p2}(t) \tag{10.1.9}$$

电量方程

$$0 = p_2(t) - \eta_2 q_{p2}(t)\{z_2[v_2(t)] - z_{w2}[q_{p2}(t)]\} \tag{10.1.10}$$

式中：$z_2[v_2(t)]$ 为水库 II 库容曲线；$q_2(t)$ 为水库 II 入库流量；$q_{d2}(q_{p1}, t - \tau)$ 为水库 I~II 的河槽演进方程；τ 为水库 I~II 的流量时滞时间；$q_{p2}(t)$ 为水库 II 发电流量；$p_2(t)$ 为水库 II 出力；η_2 为水库 II 电站发电效率；$z_{w2}[q_{p2}(t)]$ 为水库 II 下游水位流量关系曲线。

定义变量：

状态变量 $\boldsymbol{x}_2(t) = \begin{bmatrix} x_{21}(t) \\ x_{22}(t) \end{bmatrix} = \begin{bmatrix} v_2(t) \\ q_{p2}(t) \end{bmatrix}$；控制变量 $p_2(t)$；输入变量 $q_2(t)$。

水库电站 II 发电控制方程

$$\boldsymbol{E}_2 \dot{\boldsymbol{x}}_2(t) = \boldsymbol{F}_2(x_2,t) + \boldsymbol{G}_2 q_2(t) + \boldsymbol{H}_2 q_{d2}(x_{12},t-\tau) + \boldsymbol{B}_2 p_2(t) \tag{10.1.11}$$

式中：$\boldsymbol{F}_2(x_2,t) = \begin{bmatrix} -x_{22}(t) \\ -\eta_2 x_{22}(t)\left[z_2(x_{21},t)-z_{w2}(x_{22},t)\right] \end{bmatrix}$；$\boldsymbol{E}_2 = \begin{bmatrix} 1 & 0 \\ 0 & 0 \end{bmatrix}$；$\boldsymbol{G}_2 = \begin{bmatrix} 1 \\ 0 \end{bmatrix}$；$\boldsymbol{H}_2 = \begin{bmatrix} 1 \\ 0 \end{bmatrix}$；$\boldsymbol{B}_2 = \begin{bmatrix} 0 \\ 1 \end{bmatrix}$。

3）水库电站 III 发电控制方程

水量方程

$$\frac{dv_3(t)}{dt} = q_3(t) - q_{p3}(t) \tag{10.1.12}$$

电量方程

$$0 = p_3(t) - \eta_3 q_{p3}(t)\left\{z_3\left[v_3(t)\right] - z_{w3}\left[q_{p3}(t)\right]\right\} \tag{10.1.13}$$

式中：$z_3\left[v_3(t)\right]$ 为水库 III 库容曲线；$q_3(t)$ 为水库 III 入库流量；$q_{p3}(t)$ 为水库 III 发电流量；$p_3(t)$ 为水库 III 出力；η_3 为水库 III 电站发电效率；$z_{w3}\left[q_{p3}(t)\right]$ 为水库 III 下游水位流量关系曲线；

定义变量：

状态变量 $\boldsymbol{x}_3(t) = \begin{bmatrix} x_{31}(t) \\ x_{32}(t) \end{bmatrix} = \begin{bmatrix} v_3(t) \\ q_{p3}(t) \end{bmatrix}$；控制变量 $p_3(t)$；输入变量 $q_3(t)$。

水库电站 III 发电控制方程为

$$\boldsymbol{E}_3 \dot{\boldsymbol{x}}_3(t) = \boldsymbol{F}_3(x_3,t) + \boldsymbol{G}_3 q_3(t) + \boldsymbol{B}_3 p_3(t) \tag{10.1.14}$$

式中：$\boldsymbol{E}_3 = \begin{bmatrix} 1 & 0 \\ 0 & 0 \end{bmatrix}$；$\boldsymbol{G}_3 = \begin{bmatrix} 1 \\ 0 \end{bmatrix}$；$\boldsymbol{B}_3 = \begin{bmatrix} 0 \\ 1 \end{bmatrix}$；$\boldsymbol{F}_3(x_3,t) = \begin{bmatrix} -x_{32}(t) \\ -\eta_3 x_{32}(t)\left[z_3(x_{31},t)-z_{w3}(x_{32},t)\right] \end{bmatrix}$。

2. 典型水电能源非线性奇异时滞系统

$$\boldsymbol{E}\dot{\boldsymbol{x}}(t) = \boldsymbol{F}(x,t) + \boldsymbol{q}_d(x,t-\tau) + \boldsymbol{G}q(t) + \boldsymbol{B}p(t) \tag{10.1.15}$$

式中

$$\boldsymbol{x} = \begin{bmatrix} x_1 \\ x_2 \\ x_3 \end{bmatrix}; \quad \boldsymbol{F}(x,t) = \begin{bmatrix} F_1(x_1,t) \\ F_2(x_2,t) \\ F_3(x_3,t) \end{bmatrix}$$

$$\boldsymbol{q}_d(x,t-\tau) = \begin{bmatrix} 0 \\ q_{d2}(x_{12},t-\tau) \\ 0 \end{bmatrix}; \quad \boldsymbol{q}(t) = \begin{bmatrix} q_1(t) \\ q_2(t) \\ q_3(t) \end{bmatrix}; \quad \boldsymbol{p}(t) = \begin{bmatrix} p_1(t) \\ p_2(t) \\ p_3(t) \end{bmatrix}$$

$$\boldsymbol{E} = \begin{bmatrix} E_1 & 0 & 0 \\ 0 & E_2 & 0 \\ 0 & 0 & E_3 \end{bmatrix}; \quad \boldsymbol{H} = \begin{bmatrix} 0 & 0 & 0 \\ 0 & H_2 & 0 \\ 0 & 0 & 0 \end{bmatrix}; \quad \boldsymbol{G} = \begin{bmatrix} G_1 & 0 & 0 \\ 0 & G_2 & 0 \\ 0 & 0 & G_3 \end{bmatrix}; \quad \boldsymbol{B} = \begin{bmatrix} B_1 & 0 & 0 \\ 0 & B_2 & 0 \\ 0 & 0 & B_3 \end{bmatrix}$$

水资源系统动力学系统模型为非线性奇异时滞系统模型。

发电控制系统的性能指标以发电收益为例：设调度期为 T（月、旬或周）；已知来水 $q(t)$，$t \in [0, T]$ 和初始状态 $x(0)$；给定 $v_i(T)$，求 $p(t)$ 使

$$J(t) = \max_{p(t)} \sum_{i=1}^{3} \int_0^T c_i(t) p_i(t) \mathrm{d}t \qquad (10.1.16)$$

根据最优化原理，对上式进行求解，即可获得流域水资源耦合系统发电控制系统动力学特性。

10.2　流域水库群供水–发电–生态多目标适应性调控

随着我国水电能源的持续快速开发,已形成一批流域巨型水库群,水资源耦合系统优化运行和管理日趋复杂,其优化调度研究正由单一时空尺度、单目标最优向着跨流域可变时空尺度下多目标一体化综合效益最优方向发展,同时面临着来自气象水文、人类活动、供需矛盾及流域生态等诸多方面的影响和风险,存在一系列亟待解决的复杂科学问题和技术难题。

综合来看,大型水利枢纽一般承担着防洪、发电、供水等多种任务,各调度目标间往往相互冲突、相互制约,不存在使各调度目标同时达到最优的单个调度方案,且受水文气象、电网负荷等不确定性因素影响,从本质上说,水电能源优化调度问题是一类多重复杂随机约束下的多目标优化调度问题。已有水电能源多目标优化系统一般以预报可信为前提,将未来时段来水当作已知量,多采用确定性的静态模型嵌套迭代计算,产生的模型输出是基于系统稳态优化的平均量,尚未建立优化模型与输入因子随机性间的解析关系,无法描述优化系统输出的动态响应和动力学过程;并且研究关注点是模型的求解,成果多局限于非劣调度方案获取,在处理具有非凸、非连续多目标前沿特性的调度问题时仍存在不足,未将多目标调度的物理机制以数学解析的方式进行描述,无法反映多个目标间的耦合制约关系和相互作用的动力过程,信息量偏少,在实际调度应用中具有一定的困难。

因此,为系统、科学、全面地刻画水资源耦合互馈复杂巨系统,综合考虑防洪、发电、抗旱、供水、航运、生态需水和电网安全等相互竞争、不可公度的调度目标,针对流域一体化水量调控模式下大规模水库群所构成的复杂系统,以径流驱动作为核心,对其动力学特性进行系统研究。

本节引入系统动力学原理构建水资源多维广义耦合系统动力学模型,并运用微分、积分方程组建立各变量之间相互作用、影响和反馈的因果关系图,通过模拟仿真解析系统动力学特性及子系统动态优化的状态变量迁移规律。

10.2.1　水资源耦合系统系统动力学建模

采用系统动力学原理,基于水量平衡方程,将水资源耦合互馈系统解析为发电、防洪、供水、航运和生态五大相互制约、动态博弈的子系统,进行水资源耦合互馈系统系统动力学建模分析,模型框图如图 10.2.1 所示,系统内主要方程定义如下。

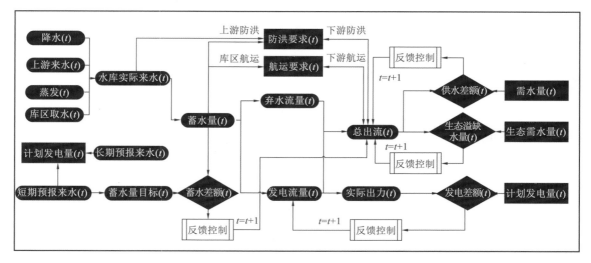

图 10.2.1　水资源耦合互馈系统系统动力学建模示意图

（1）水量平衡方程组

$$\frac{\mathrm{d}\boldsymbol{S}}{\mathrm{d}t}=\boldsymbol{I}+\boldsymbol{P}-\boldsymbol{E}-\boldsymbol{Q}_U-\boldsymbol{Q} \tag{10.2.1}$$

$$\boldsymbol{Q}=\boldsymbol{Q}_{\mathrm{ND}}+\boldsymbol{G}_{\mathrm{S}}+\boldsymbol{G}_{\mathrm{W}}+\boldsymbol{G}_{\mathrm{C}} \tag{10.2.2}$$

式中：$\boldsymbol{S}=[S^1,S^2,\cdots,S^M]^{\mathrm{T}}$ 为水库蓄水量向量；M 为系统中水库的数量；$\boldsymbol{I}=[I^1,I^2,\cdots,I^M]^{\mathrm{T}}$ 为上游来水；$\boldsymbol{P}=[P^1,P^2,\cdots,P^M]^{\mathrm{T}}$ 为区间降雨折算流量；$\boldsymbol{E}=[E^1,E^2,\cdots,E^M]^{\mathrm{T}}$ 为区间蒸发损失折算流量；$\boldsymbol{Q}_U=[Q_U^1,Q_U^2,\cdots,Q_U^M]^{\mathrm{T}}$ 为区间取用水流量；$\boldsymbol{Q}=[Q^1,Q^2,\cdots,Q^M]^{\mathrm{T}}$ 为水库出库流量；$\boldsymbol{Q}_{\mathrm{ND}}$ 为考虑预报信息和水位指导线的发电流量；$\boldsymbol{G}_{\mathrm{S}}$、$\boldsymbol{G}_{\mathrm{W}}$ 和 $\boldsymbol{G}_{\mathrm{C}}$ 分别为蓄水量偏差、供水差额和生态溢缺水量的反馈调节函数，基本定义为

$$\boldsymbol{G}_{\mathrm{Y}}=\begin{bmatrix} K_{Y,P}^1 X_Y^1+K_{Y,I}^1\int_0^t X_Y^1\mathrm{d}t+K_{Y,D}^1\dfrac{\mathrm{d}}{\mathrm{d}t}X_Y^1 \\[2mm] K_{Y,P}^2 X_Y^2+K_{Y,I}^2\int_0^t X_Y^2\mathrm{d}t+K_{Y,D}^2\dfrac{\mathrm{d}}{\mathrm{d}t}X_Y^2 \\[2mm] \vdots \\[2mm] K_{Y,P}^m X_Y^m+K_{Y,I}^m\int_0^t X_Y^m\mathrm{d}t+K_{Y,D}^m\dfrac{\mathrm{d}}{\mathrm{d}t}X_Y^m \\[2mm] \vdots \\[2mm] K_{Y,P}^M X_Y^M+K_{Y,I}^M\int_0^t X_Y^M\mathrm{d}t+K_{Y,D}^M\dfrac{\mathrm{d}}{\mathrm{d}t}X_Y^M \end{bmatrix},\quad Y\in\{S,W,C,Q,N\} \tag{10.2.3}$$

式中：X_Y^m 为第 m 个水库关于 Y 的偏差量，$Y=S$ 为蓄水量偏差，$Y=W$ 为供水偏差，$Y=M$ 为生态溢缺水量，$Y=Q$ 为弃水，$Y=N$ 为出力偏差，$K_{Y,P}^m$、$K_{Y,I}^m$、$K_{Y,D}^m$ 分别为第 m 个水库关于 Y 反馈的比例、积分和微分系数。

（2）发电子系统

$$N=g(\boldsymbol{Q}_{\mathrm{P}},\boldsymbol{H}) \tag{10.2.4}$$

$$Q_S = Q - Q_P \tag{10.2.5}$$

式中：$Q_P = f_N(N) = [f_N^1(N), f_N^2(N), \cdots, f_N^M(N)]^T$ 为水电站发电流量向量；H 为水电站水头向量；Q_S 表示水电站弃水流量向量；$g()$ 为水库出力函数。

（3）防洪子系统

$$Q_F = f[I_{pure}, Z, \Phi(t)] \tag{10.2.6}$$

式中：Q_F 为防洪控制流量向量；I_{pure} 为净入库流量向量；Z 为坝前水位向量；$\Phi(t)$ 为水库汛期各时段防洪调度约束集向量；$f()$ 为水库汛期防洪调度规程向量。

（4）供水子系统

$$W_D = \int_0^t \max\{Q_{Need} - Q, 0\} dt \tag{10.2.7}$$

式中：W_D 为供水累积缺额向量；Q_{Need} 为下游供水需求流量向量；t 为系统运行时间。为比较两个矩阵对应元素值大小，并获取同型矩阵，定义以下运算符

$$\max\{A_{M \times N}, B_{M \times N}\} = \begin{bmatrix} \max\{A_{11}, B_{11}\} & \max\{A_{12}, B_{12}\} & \cdots & \max\{A_{1N}, B_{1N}\} \\ \max\{A_{21}, B_{21}\} & \max\{A_{22}, B_{22}\} & \cdots & \max\{A_{2N}, B_{2N}\} \\ \vdots & \vdots & & \vdots \\ \max\{A_{M1}, B_{M1}\} & \max\{A_{M2}, B_{M2}\} & \cdots & \max\{A_{MN}, B_{MN}\} \end{bmatrix}$$

式中

$$A = (A_{ij})_{M \times N} = \begin{bmatrix} A_{11} & A_{12} & \cdots & A_{1N} \\ A_{21} & A_{22} & \cdots & A_{2N} \\ \vdots & \vdots & & \vdots \\ A_{M1} & A_{M2} & \cdots & A_{MN} \end{bmatrix}, \quad B = (B_{ij})_{M \times N} = \begin{bmatrix} B_{11} & B_{12} & \cdots & B_{1N} \\ B_{21} & B_{22} & \cdots & B_{2N} \\ \vdots & \vdots & & \vdots \\ B_{M1} & B_{M2} & \cdots & B_{MN} \end{bmatrix}$$

（5）供水子系统

$$B^m = \frac{\int_0^t \delta_u^m(Z^m, \Phi_u^m, t) \cdot \delta_d^m(Z_d^m, Q^m, \Phi_d^m, t) dt}{t} \tag{10.2.8}$$

式中：B^m 为第 m 个水库的通航率；Z_d^m 为第 m 个水库的下游水位；Φ_u^m 和 Φ_d^m 分别为上游和下游通航要求；$\delta_u^m()$ 和 $\delta_d^m()$ 分别为水库上游与下游能否通航，如果当前时刻能通航，则为 1，否则为 0。

（6）供水子系统

$$W_B = \int_0^t (\max\{Q - Q_{Upper}, 0\} + \max\{Q_{Lower} - Q, 0\}) dt \tag{10.2.9}$$

式中：W_B 为生态溢缺水累积值向量；Q_{Upper} 和 Q_{Lower} 分别为生态需水的上下边界向量。

10.2.2　长江上游控制性水库多目标适应性调控

通过分析水资源耦合互馈系统结构、各变量的因果关系，提出具有闭环反馈机制的系统动力学模型思路，建立考虑预报信息的随机优化调度系统动力学模型，通过对水资源耦合互馈系统的模拟仿真，揭示系统变量间的反馈关系和多个调度目标之间的制约演变规律。

1. 研究方法与建模思路

1）研究方法

系统动力学模型的模拟与分析需要在分析系统结构、明确因果关系的基础上，通过反复、持续的质疑、测试和精炼，充分利用系统水情预报信息和弃水、供水差额、生态溢缺水量等风险信息，通过优选法选取动力系统合适的反馈参数，寻求能够细致刻画变量间复杂关系的反馈循环，建立具有闭环反馈机制的系统动力学模型，进而分析系统中多个目标的竞争协变关系，为水资源耦合互馈系统的优化运行提供参考。

以水库流量、出力为速率变量，库容、供水累积缺额等积分变量为状态变量，水位、流量、出力等约束为辅助变量，以径流驱动为核心，建立水电能源多维广义耦合系统。从系统的微观结构入手建模，构造系统的基本结构，将水电能源耦合系统涉及的防洪、发电、供水、蓄水、生态等功能耦合关系以图形化的方式展示，同时与这些功能相关的水库防洪要求、出入库流量、供水生态需水量等影响因素用微分方程式等描述，进而模拟与分析系统的动态行为，揭示变量之间的因果关系。

在模型仿真中，将水库入库径流和防洪、供水、蓄水、生态用水需求整理为日尺度数据，开展调度时段为1天、调度周期为1年的模拟演算，观察系统中库水位、发电量等状态变量年内及多年的动力演化过程，并分析发电、供水、生态等多目标之间的协同与竞争关系。

2）建模思路

在全调度周期内系统运行工况与输入条件已知的情况下，确定性优化调度方法无疑是解决水库优化调度的首选。然而受降水影响，水库入流呈现强烈的不确定性，现行预报理论与方法难以满足水库长时期确定性调度对入库径流预报精度和预见期的要求。传统的随机优化调度理论方法一般将径流过程视为马尔可夫链，当时段数目和水库数量过多时，极易引发严重的"维数灾"问题，难以在合理的时间内完成调节计算。因此，基于系统动力学方程，建立随机优化调度系统动力学模型，建模流程如图10.2.2所示。

以三峡—葛洲坝梯级电站为研究对象，引入供水反馈和生态反馈机制，建立刻画供水–发电–环境耦合互馈关系的动力学模型，以揭示水资源耦合系统动力学特性。耦合互馈系统中各子系统存量流量图如图10.2.3所示。

此外，研究工作在分析系统结构、明确互馈因果关系基础上，以系统水情预报信息和弃水、供水差额、生态溢缺水量等风险信息作为数据样本，采用试探法优选动力系统反馈参数，寻求能够准确刻画变量间复杂关系的反馈循环过程，从而建立具有闭环反馈和自适应机制的系统动力学模型，分析系统中多个目标的竞争协变关系，为水资源耦合互馈系统动力学建模奠定基础。

2. 三峡电站模拟结果分析

首先，明确系统动力学模型中的反馈关系，在证明其有效性的基础上，进行水库调度过程解析。

1）典型年调度过程分析

以1920年、1891年和1959年三峡电站历史径流数据为丰、平、枯三种典型年，进行随机

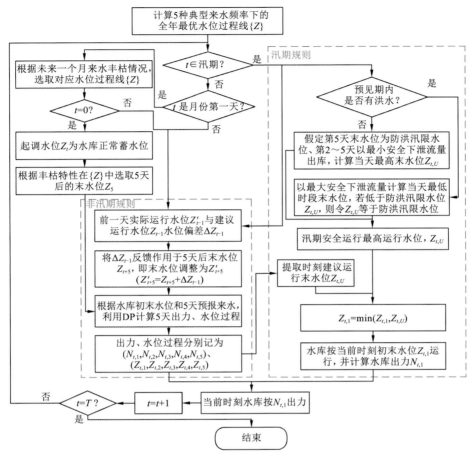

图 10.2.2　随机优化调度系统动力学模型建模流程

注："洪水"可根据调度决策需求定义，如三峡为保证下游防洪安全，可定义为流量是否大于 40 000 m³/s

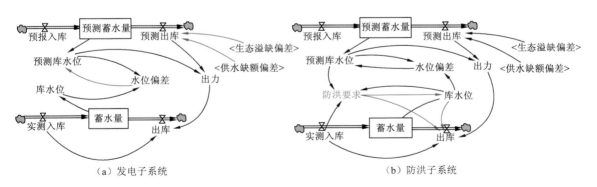

图 10.2.3　耦合互馈系统中各子系统存量流量图

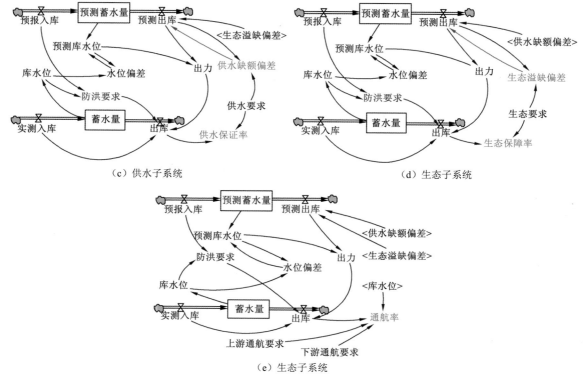

（c）供水子系统　　　　　　　　　　　　　　　（d）生态子系统

（e）生态子系统

图 10.2.3　耦合互馈系统中各子系统存量流量图（续）

来水下不同典型年水电站日发电计划编制过程系统动力学模拟。对比随机来水下 SD 方法和确定来水下 DP 方法，表 10.2.1 给出了有反馈、无反馈 SD 模型和确定来水下 DP 求解模型的年发电量。

表 10.2.1　三种来水下年发电量统计表

年发电量/（亿 kW·h）	丰水年	平水年	枯水年
DP	1 056.0	941.8	791.7
无反馈	1 030.3	916.2	760.6
有反馈	1 037.2	927.1	763.4

　　由表 10.2.1 可知，在电站运行规程及约束条件相同的情况下，三种典型年下 SD 模型获得的年发电量小于 DP 模型求解结果，这是由于 DP 方法针对调度期内确定性来水，进行全时段寻优，获得指定离散精度条件下的全局最优发电过程。而在实际水库调度过程中，决策者往往无法获取调度期内确定性来水，只能获取不准确的中长期与短期预报来水，这表明 SD 方法比 DP 方法在实际水库调度过程中更具可操作性，且 SD 年发电量结果贴近 DP 计算结果，效益差距不大。此外，对比有反馈与无反馈的差异表明，通过加入反馈调节，丰、平、枯三种典型年的年发电量分别增加 7.2 亿 kW·h、10.9 亿 kW·h、2.8 亿 kW·h，表明具有反馈机制的 SD 建模方法不仅能够响应来水的随机性，而且能有效兼顾当前及未来发电效益。

图 10.2.4 给出了针对丰水年来水的调度过程，包含三峡电站有反馈和无反馈调节的入库流量、出库流量、水位和出力过程。

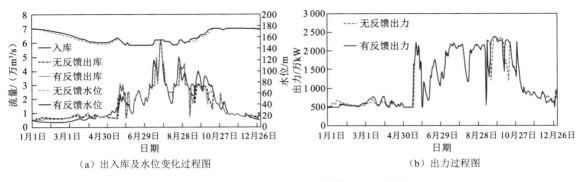

（a）出入库及水位变化过程图　　　　　　　　（b）出力过程图

图 10.2.4　1920 年来水下三峡电站调度过程

从图 10.2.4 中可以看出，水库运行过程有效满足了供水期、汛期、蓄水期等各时段的水位运行要求，保证了水库自身防洪安全。此外，比较无反馈（虚线）与有反馈（实线）的调度过程可以发现，通过引入反馈调节，水库供水期维持高水位运行，虽然在年初有反馈情况下出力小于无反馈出力，但此时较小下泄避免了水位的过快消落，进而提高了整个供水期的发电效益。同样，在蓄水阶段，通过加入反馈环节，保证了库水位的较快抬升，增加了发电水头，提高了发电效益。

2）耦合系统调度过程分析

进一步增加供水反馈和生态反馈，分析供水、发电和生态耦合系统调度过程结果，并与仅考虑发电目标的发电子系统结果进行对比，统计了总发电量、供水保证率和生态保证率等指标，结果如表 10.2.2 所示。

表 10.2.2　水资源耦合系统和单目标模拟结果表

系统	发电量/（亿 kW·h）	供水保证率/%	生态保证率/%	通航率/%
水资源耦合系统	755.7	100.00	70.68	99.45
发电子系统	763.4	65.48	51.51	99.45

由表 10.2.2 可知，考虑供水和生态需求后的耦合系统调度方式年发电量为 755.7 亿 kW·h，相比于将发电作为唯一目标的发电子系统调度结果 763 亿 kW·h，减少了约 0.96%。耦合系统调度方式中，由于平均发电水头降低，发电量有一定损失，但更好地满足了供水和生态需求，且供水保证率和生态保证率分别达到 100% 和 70.68%，明显高于发电子系统调度结果。研究还分析了通航率指标，考虑供水和生态需求后的调度过程对通航并无影响，发电子系统调度方式和耦合系统调度方式均可较好地满足航运需求。

3）系统动态演化过程分析

为揭示水资源耦合系统的演变特性、发展规律，根据历史径流数据，采用蒙特卡罗抽样方法随机生成三峡—葛洲坝梯级水利枢纽 100 年的逐日来水、发电和供水过程作为水资源耦合互馈系统的输入，通过系统动力学模拟，动态捕捉系统中水库水位、发电量等状态变量的变化轨迹，解析水电能源多维广义耦合系统的时空演变规律。

图 10.2.5 给出了三峡—葛洲坝梯级水利枢纽 100 年随机入库流量、库水位和累积发电量的变化过程，其中，入库流量过程作为系统的输入；库水位作为蓄水量的表征指标，反映了水资源耦合系统的当前状态；而累积发电量作为系统的输出，体现了水资源耦合系统的综合效益，因此选用入库流量、库水位和累积发电量作为分析指标。从图 10.2.5（a）中可以看出，水资源耦合系统累积发电量逐渐增大，系统运行良好，图中红线给出了一个典型年的变化过程，年初时水位保持在 175 m，随着入库流量的逐渐增大，水位从 175 m 逐渐消落，为汛期防洪准备，汛期时水位维持在 145～155 m，其间因为汛期洪水调度、下游防洪安全等要求，库水位有所上升，随即迅速消落，最后进入非汛期，水位逐渐上涨到 175 m，回到调度起点，周而复始，进入下一个循环。图 10.2.5（b）的典型年过程显示，175 m 和 145 m 附近的点相对密集，表明一年中水位多集中在正常蓄水位和汛限水位；在正常蓄水位 175 m 时，入库流量多小于 40 000 m³/s；当入库流量大于 40 000 m³/s，三峡库水位基本在 145～155 m 变化，反映了三峡水库汛期运行时的防洪控制要求，进一步验证了提出的系统动力学模型的合理性和有效性。

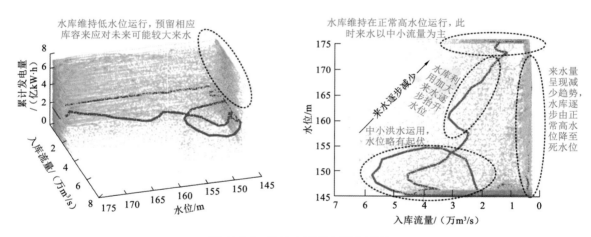

图 10.2.5　三峡水库动态演化过程

针对流域水库群供水–发电–环境多目标水资源耦合系统，综合考虑发电、防洪、供水、航运和生态等相互竞争、不可公度的调度目标，采用系统动力学方法，将系统解析为五大相互制约、动态博弈的子系统，提出相应的微分、积分方程组，构建具有闭环反馈机制的耦合系统动力学模型。三峡—葛洲坝梯级实例研究表明，建立的 SD 模型能够有效模拟考虑水文不确定性和多种反馈关系的梯级水库运行的动态过程。典型年调度模拟结果表明发电反馈环节增加了水库发电效益；考虑供水反馈和生态反馈的水资源耦合系统调度模拟结果表明模型能够均衡多个目标间的竞争关系，以较小发电损失为代价，更好地满足了供水和生态需求；通过系统的多年动态演化分析进一步论证了所建模型的合理性，具有较强的推广应用价值。

10.3　水电站长中短期嵌套预报调度耦合实时来水系统动力学建模方法及应用

10.3.1　水电站长中短期嵌套预报调度

受流域气象、水文等随机因素的影响,水资源耦合系统优化运行与管理日趋复杂。考虑来水不确定因素的影响,从调度信息利用和调度模型构建两个方面着手,相关学者在水电站随机优化调度及预报调度研究领域取得了众多研究成果,主要包含显随机优化调度、隐随机优化调度、分层嵌套优化调度这三类方法。在工程实际调度过程中,制定实时优化调度方案时,既要考虑面临时段的径流变化,顾及近期效益,又要综合径流长期演化规律,提升长期效益。此外,受随机径流、负荷波动等不确定因素及预报不确定性对调度决策的影响,实际水电站调度过程是一个"预报、决策、实施、再预报、再决策、再实施"动态优化、实时调整、循环往复的滚动决策过程。已有显随机、隐随机等随机优化调度理论方法尚不足以满足实际水电站调度运行管理的需求,在实际水电站运行调度应用中受到限制。虽然分层嵌套迭代优化调度技术能够较好地指导水电站实际运行,但其仍以确定性来水建模,且仅考虑了调度决策实施面临时段水电站已有状态的反馈信息,不能感知决策调度过程与实际调度过程之间的预报偏差或水位偏差等启发信息,无法解决随机来水优化建模问题。此外,已有水电站优化调度方法多以运筹学理论为基础,多采用确定性的静态模型进行优化计算,未建立具有信息反馈机制的水电站发电自适应调度模型,且尚不清楚这种自适应调度机制是否存在一种反馈模式,难以有效描述水电站系统优化运行的动力学过程,因此,探讨水电站优化调度模型的自适应动力特性,开展优化调度动力学模型构建理论与方法研究,进一步加强对可用信息的利用,是充分发挥水利工程兴利效益的必然途径。

为此,采用优化调度分层控制原理,并引入系统动力学反馈机制,建立一种水电站长中短期嵌套耦合实时来水系统动力学发电预报调度模型。以三峡水库为应用实例,将研究所提模型与随机动态规划模型和常规调度图模型进行对比分析,检验所提模型在水电站优化调度中的可行性、有效性及优越性。

10.3.2　水电站长中短期嵌套预报调度耦合实时来水系统动力学建模方法

1. 水电站预报发电调度模型

水电站发电调度一般以发电量最大或者发电效益最大为优化目标,当以预报来水作为确定性输入来水,其预报发电优化调度模型等效于确定性发电优化调度模型。在分层耦合嵌套预报调度模型中各层模型均以发电量最大为调度目标,其函数表达式为

$$\max E = \sum_{t=T_0}^{T} N_t \Delta T_t = \sum_{t=T_0}^{T} K_t Q_t H_t \Delta T_t \tag{10.3.1}$$

式中：E 为调度期内电站总发电量；T_0 为调度期初时段，随面临时段的起始时间改变而不断改变；$[T_0, T]$ 为图 10.3.1 中各层次调度模型的余留期，T 为调度期的时段数；N_t 为电站在时段 t 的出力；K_t 为对应的综合出力系数；Q_t 为对应的发电引用流量；H_t 为对应的平均净水头；ΔT_t 为第 t 时段的时段长度。此外，各层优化调度模型均应满足以下约束。

（1）水量平衡约束

$$V_{t+1} = V_t + (I_t - Q_t - S_t)\Delta T_t \tag{10.3.2}$$

$$q_t = Q_t + S_t \tag{10.3.3}$$

式中：V_{t+1} 为 t 时段的初末库容；I_t 为 t 时段的预报入库流量；q_t、Q_t 和 S_t 则分别为总下泄流量、发电流量和弃水流量。

（2）蓄水位约束

$$Z_t^{\min} \leqslant Z_t \leqslant Z_t^{\max} \tag{10.3.4}$$

$$|Z_t - Z_{t+1}| \leqslant \Delta Z \tag{10.3.5}$$

式中：$Z_t^{\min}$ 与 $Z_t^{\max}$ 为电站在时段 t 的最低和最高水位限制；ΔZ 为时段内的最大允许水位变幅。

（3）出力约束

$$N_t^{\min} \leqslant N_t \leqslant N_t^{\max}(H_t) \tag{10.3.6}$$

式中：N_t 为水电站在第 t 时段计算出力；$N_t^{\max}(H_t)$ 为对应时段的最大出力；$N_t^{\min}$ 为对应时段的最小出力。

（4）边界约束

$$Z_0 = Z_i^{\text{begin}}, \quad Z_T = Z_i^{\text{end}} \tag{10.3.7}$$

式中：Z_i^{begin} 为电站起调水位；Z_i^{end} 为调度期末控制水位。

（5）流量约束

$$Q_t^{\min} \leqslant Q_t + S_t \leqslant Q_t^{\max} \tag{10.3.8}$$

式中：$Q_t^{\min}$ 为电站在时段 t 的最大下泄流量；$Q_t^{\max}$ 为最小下泄流量。

2. 水电站长中短期嵌套预报调度模型

水电站长中短期预报嵌套调度模型构建的关键难点在于不同时间尺度调度模型间耦合嵌套结构的设计与信息反馈机制的建立。与单一时间尺度的调度模型相比，分层耦合嵌套调度模型引入了控制和反馈两种动力机制，增加了上层较长时间尺度调度模型对下层较短时间尺度调度模型的控制作用，以及下层调度模型对上层调度模型余留期调度计划更新的反馈作用。上层模型与下层模型之间的控制与反馈过程相互作用，逐层迭代，实现水电站实时滚动修正调度决策。

图 10.3.1 给出了水电站长中短期预报嵌套调度模型结构示意图，三层嵌套模型包括：①以年为调度周期，以月为调度时段的长期调度模型；②以月为调度周期，以日为调度时段的中期调度模型；③以 5 日为调度周期，以日为调度时段的短期调度模型。图 10.3.1 中，f_L, f_M, f_S 分别表示长中短期调度模型效益函数，$\arg \operatorname{opt} f(x)$ 表示效益最优时 x 的取值大小，即 Z_{L_t}, Q_{L_t}、$Z_{M_t}, Q_{M_t}, Z_{S_t}, Q_{S_t}$ 分别表示当前调度期 $(t,0)\sim(t,T)$ 长中短期水电站优化调度最优决策水位和流量过程，如式（10.3.9）～式（10.3.11）所示。

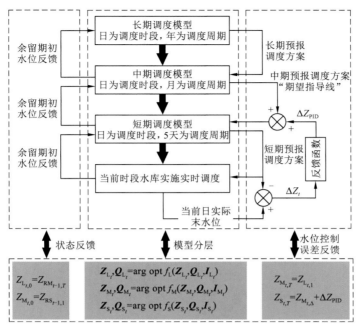

图 10.3.1　水电站长、中、短期嵌套预报调度系统动力学模型结构示意图

$$\begin{cases} \boldsymbol{Z}_{\mathrm{L}_t} = (Z_{\mathrm{L}_{t,0}}, Z_{\mathrm{L}_{t,1}}, \cdots, Z_{\mathrm{L}_{t,T-1}}, Z_{\mathrm{L}_{t,T}}) \\ \boldsymbol{Q}_{\mathrm{L}_t} = (Q_{\mathrm{L}_{t,1}}, Q_{\mathrm{L}_{t,2}}, \cdots, Q_{\mathrm{L}_{t,T-1}}, Q_{\mathrm{L}_{t,T}}) \end{cases} \quad (10.3.9)$$

$$\begin{cases} \boldsymbol{Z}_{\mathrm{M}_t} = (Z_{\mathrm{M}_{t,0}}, Z_{\mathrm{M}_{t,1}}, \cdots, Z_{\mathrm{M}_{t,T-1}}, Z_{\mathrm{M}_{t,T}}) \\ \boldsymbol{Q}_{\mathrm{M}_t} = (Q_{\mathrm{M}_{t,1}}, Q_{\mathrm{M}_{t,2}}, \cdots, Q_{\mathrm{M}_{t,T-1}}, Q_{\mathrm{M}_{t,T}}) \end{cases} \quad (10.3.10)$$

$$\begin{cases} \boldsymbol{Z}_{\mathrm{S}_t} = (Z_{\mathrm{S}_{t,0}}, Z_{\mathrm{S}_{t,1}}, \cdots, Z_{\mathrm{S}_{t,T-1}}, Z_{\mathrm{S}_{t,T}}) \\ \boldsymbol{Q}_{\mathrm{S}_t} = (Q_{\mathrm{S}_{t,1}}, Q_{\mathrm{S}_{t,2}}, \cdots, Q_{\mathrm{S}_{t,T-1}}, Q_{\mathrm{S}_{t,T}}) \end{cases} \quad (10.3.11)$$

从模型结构中看，上一层模型的优化计算结果控制下一层模型优化计算的水位边界，即 $Z_{\mathrm{M}_{t,T}} = Z_{\mathrm{L}_{t,1}}$ 和 $Z_{\mathrm{S}_{t,T}} = Z_{\mathrm{M}_{t,\Delta}} + \Delta Z_{\mathrm{PID}}$；下一层模型的优化计算结果在指导水电站运行后，实际水电站末状态则反馈给上一层模型，并作为上层模型更新余留期调度计划的初始边界，从而滚动刷新修正调度方案。通过上述分层嵌套的设计，即可实现不同尺度的预报调度嵌套，并以短期调度模型制定的计划为指导，水库实行实时日尺度调度从而滚动实行直至整个调度期结束为止。

3. 系统动力学反馈环节及其实现形式

上述分层嵌套思想多以确定来水下水电站发电量最大为目标制定调度方案，往往通过短期方案执行后更新中期方案、中期方案执行后更新长期方案消除预报来水的累计误差，虽然该方法利用了当前时段来水预报成果优化的时段状态信息，但未考虑当前时段实时来水的影响。

具有反馈机制的系统动力学建模形式多为积分和微分方程组所构成的动力学模型，以系统水量平衡为核心的水电站发电调度系统动力学模型可被描述为

$$\frac{\mathrm{d}[f_{Z-V}(Z)]}{\mathrm{d}t} = \frac{\mathrm{d}V}{\mathrm{d}t} = I - Q - S \quad (10.3.12)$$

$$P = AQ\left[Z - f_{q-Z_d}(q)\right] \tag{10.3.13}$$

$$E = \int_{t_0}^{T} P\,\mathrm{d}t = \int_{t_0}^{T} AQ\left[Z - f_{q-Z_d}(q)\right]\mathrm{d}t \tag{10.3.14}$$

式中：$f_{Z-V}(Z)$ 为水电站上游库水位 Z 到库容 V 的映射关系，式（10.3.12）表现了水电站库容变化主要由来水、发电和弃水流量决定；式（10.3.13）中 $f_{q-Z_d}(q)$ 为水电站发电时下泄流量 q 到下游尾水位 Z_d 的映射关系；而面临时段 t_0 到调度期末 T 的发电量 E 作为时刻出力 P 的时间累积量，则取决于水电站运行过程中发电流量 Q、运行水位 Z 和下泄流量 q 的动力过程。水电站调度一般选取水位（库容）作为状态变量，下泄流量作为决策变量，在以发电量最大为目标的水电站调度模型调度期 $[t_0,T]$ 中，取较小的时段 $[t_0,t_0+\Delta t]$，其最优决策下泄流量 q^* 和相应状态变量 Z 可依据下述条件决定。

$$\begin{cases} q^* = \underset{q \in \Omega}{\arg\max}\, E \\ E = \int_{t_0}^{t_0+\Delta t} \left\{ AQ\left[Z - f_{q-Z_d}(q)\right] \right\}\mathrm{d}t + E_{t_0+\Delta t}^{T}(Z, Z_e) \end{cases} \tag{10.3.15}$$

$$f_{Z-V}(Z) = f_{Z-V}(Z_0) + \int_{t_0}^{t_0+\Delta t}(I - q^*)\mathrm{d}t, \quad Z_T = Z_e \tag{10.3.16}$$

式中：$E_{t_0+\Delta t}^{T}(Z, Z_e)$ 为余留期 $[t_0+\Delta t, T]$ 水电站水位从 Z 到 Z_e 的最优决策对应的发电效益；Z_0 和 Z_e 分别为调度期初和末指定的库水位，Z_0 一般指水电站当前运行水位，而 Z_e 在则是由上一层调度计划指定的控制水位。这表明当前阶段的最优效益在追求当前时段最大效益的同时，还需要兼顾余留期的效益。

在确定性来水条件下的最优决策参考式（10.3.13）和式（10.3.14），可采用动态规划等确定性优化方法进行求解。相比之下，水电站随机来水发电优化调度除需要考虑大范围寻优空间和复杂多重约束等问题外，还考虑来水的不确定性。来水的不确定性表示水电站调度模型输入的来水是存在偏差的，即

$$\Delta I = I - I_p \tag{10.3.17}$$

式中：I、I_p 和 ΔI 分别为实时来水、预报来水和预报误差。这种输入信息偏差在决策控制系统演进中，会影响系统中大多数变量。以状态变量 Z 和性能指标 N 为例，结合式（10.3.12）～式（10.3.14）可知，由预报偏差引起的水位偏差 ΔZ_t 和出力偏差 ΔN_t 可表示为

$$\Delta V_t = V_t - V_{t,p} = \int_{t-\Delta t}^{t}(I - I_p)\mathrm{d}t = \int_{t-\Delta t}^{t}(\Delta I)\mathrm{d}t \tag{10.3.18}$$

$$\Delta Z_t = f_{V-Z}(V_t) - f_{V-Z}(V_{t,p}) = f_{V-Z}(V_t) - f_{V-Z}(V_t - \Delta V_t) \tag{10.3.19}$$

$$\Delta N_t = N_t - N_{t,p} = AQ\left[f_{V-Z}(V_t) - f_{V-Z}(V_{t,p})\right] = AQ(\Delta Z_t) \tag{10.3.20}$$

式中：$f_{V-Z}(V)$ 为水电站库容 V 到水位 Z 的映射关系；$V_{t,p}$ 和 $N_{t,p}$ 分别为根据预报信息做出的短期发电计划中面临时段末库容和时段出力。由式（10.3.18）～式（10.3.20）可知，在以下泄流量 q 为决策的水电站发电动力学模型中，出力 N_t 出现偏差 ΔN_t 的直接原因是由于水位产生了偏差 ΔZ_t；而水位偏差 ΔZ_t 则是由于预报调度计划库容存在偏差 ΔV，但其偏差大小还受到当前的库容 V_t 大小影响；库容偏差 ΔV 则是来水预报误差 ΔI 的累积量。综上所述，水电站发电优化调度动力系统难以实现最优运行决策主要是由于存在预报偏差的来水信息输入导致的。

为此，针对短期预报来水不确定性引起的预报偏差导致水电站发电优化调度动力系统运

行偏离最优运行决策的问题，以状态变量水位作为控制对象，构建系统动力学反馈环节。反馈控制环节首先获取面临日由于径流预报和面临日实时来水存在误差而导致的启发信息水位偏差 ΔZ_t，引入控制理论比例–积分–微分（proportional-integer-derivative，PID）经典控制原理，将水位偏差信息反馈作用于下一次短期预报调度的调度期边界，通过反馈控制环节自适应调整未来时段的运行决策。

PID 反馈控制器由比例、积分和微分环节组成，PID 反馈的输出与输入成比例、积分、微分的关系，实现偏差控制的调节、信息积累和稳态控制，以及预测控制。反馈的输入为当前前一日的水位偏差量 $\Delta Z_{t+1} = Z_{t+1} - Z_{t+1}^*$，反馈的输出为作用于 5 日后指导水位的反馈量 ΔZ_{PID}，具体形式如式（10.3.21）所示。

$$\Delta Z_{\text{PID}} = f(\Delta Z_{t+1}) = a\Delta Z_{t+1} + b\frac{\mathrm{d}\Delta Z_{t+1}}{\mathrm{d}t} + c\int_0^t \Delta Z_{t+1}\mathrm{d}t \tag{10.3.21}$$

$$\begin{cases} a = (a_1, a_2, \cdots, a_m, \cdots, a_{12}) \\ b = (b_1, b_2, \cdots, b_m, \cdots, b_{12}) \\ c = (c_1, c_2, \cdots, c_m, \cdots, c_{12}) \end{cases} \tag{10.3.22}$$

式中：a 为比例增益系数；b 为微分增益系数；c 为积分增益系数；t 为面临时段。ΔZ_{PID} 为反馈量，由实际调度过程水位和预报调度期望水位之差输入 PID 反馈函数计算得到。为综合考虑不同月的径流预报水平及实际入流情况，针对不同月设置了一组不同的 a、b、c 反馈参数，全年参数构成一个参数集合 $\{\{a\}, \{b\}, \{c\}\}$。如式（10.3.22）所示，a_m、b_m、c_m 分别为第 m 个月的 PID 参数。

引入系统动力学反馈环节后，与式（10.3.15）描述最优决策下泄流量 q^* 和相应状态变量决策控制方程和状态转移方程相比，反馈机制的作用导致模型控制边界发生了变化，其相应的控制和状态方程为

$$\begin{cases} q^* = \underset{q\in\Omega}{\arg\max}\, E \\ E = \int_{t_0}^{t_0+\Delta t} \left\{ AQ\left[Z - f_{q-Z_d}(q)\right]\mathrm{d}t + E_{t_0+\Delta t}^T(Z, Z_e + \Delta Z_{\text{PID}}) \right\} \end{cases} \tag{10.3.23}$$

$$\begin{cases} f_{Z-V}(Z) = f_{Z-V}(Z_0) + \int_{t_0}^{t_0+\Delta t}(I - q^*)\mathrm{d}t \\ Z_T = Z_e + \Delta Z_{\text{PID}} \end{cases} \tag{10.3.24}$$

接下来，需要确定控制过程的性能指标。根据式（10.3.21）～式（10.3.23），水电站发电效益最大化可通过控制流量 q^*、水位 Z^* 实现。由于预报偏差的存在，简单的水位控制无法消除最优控制水位偏差问题，为此，选定发电量最大化为性能控制指标，而不以水位偏差最小化为控制指标，从而引导反馈控制实现最大化年发电量目标，其性能指标如式（10.3.25）所示。

$$\max E_{\text{mean}} = \frac{1}{N}\sum_{t=1}^{t=N} E_t \tag{10.3.25}$$

式中：E_{mean} 为多年平均发电量；N 为参与全年 PID 参数集合 $\{\{a\}, \{b\}, \{c\}\}$ 整定的来水年份数量。

目前，人工智能算法已广泛用于优化 PID 参数，采用较为成熟的差分进化算法对参数集合 $\{\{a\}, \{b\}, \{c\}\}$ 进行整定，从而获得能适应不同来水情景的反馈控制器参数集合。

4. 水电站长中短期嵌套预报调度耦合系统动力学模型

图 10.3.1 所示模型实现了不同尺度调度模型的耦合嵌套，并根据预报来水和实时来水偏差，通过上下层模型间的信息反馈与控制，实时校正水文预报偏差导致的发电计划偏差。长期预报调度模型计算全年中长期径流预报来水下最优发电过程，以此作为水电站长期安全经济运行的"长期调度期望指导过程线"。中期预报调度模型在长期预报调度方案的基础上进一步细化月内水位过程线，并作为短期预报调度的"中期调度期望指导过程线"，获得短期优化调度运行边界，最后根据预见期为 5 天的日尺度预报径流制定 5 日预报调度计划，同时在实时优化调度过程中，引入耦合实时来水系统动力学反馈环节，其具体实施步骤如下。

步骤 1：采用长期预报模型预报全年月尺度径流过程，并以此为输入，根据水文年的年初、年末水位，以全年发电量最大为目标，进行长期优化调度，获得"长期调度期望指导过程线"。

步骤 2：根据步骤 1 中的"长期调度期望指导过程线"，获取面临月的月初、月末水位，并以长期预报的月平均入库径流作为输入，以日为时段，进行中期优化调度获得最优发电过程，作为短期预报调度的"中期调度期望指导过程线"。

步骤 3：短期预报调度的时间尺度为 5 天，从面临日开始滚动优化调度。以面临时段 t 为例，调度期末水位由步骤 2 中的"中期调度期望指导过程线"推得；并运用短期预报模型，获得预见期为 5 天的日径流预报；然后采用动态规划算法，以发电量最大为目标，得到面临日到未来 5 天内的下泄流量过程 $Q^*(Q_t^*, Q_{t+1}^*, Q_{t+2}^*, Q_{t+3}^*, Q_{t+4}^*)$ 和指导水位过程 $Z^*(Z_t^*, Z_{t+1}^*, Z_{t+2}^*, Z_{t+3}^*, Z_{t+4}^*, Z_{t+5}^*)$。而在面临日水电站按预报调度最优期望值的第一天下泄流量 Q_t^* 控制下泄。

步骤 4：如图 10.3.2 系统动力学反馈控制示意图所示，当前时刻水电站将实时来水作为输入，以调度最优期望值的第一天下泄流量 Q_t^* 控制下泄，从而得到当天实际运行末水位 Z_{t+1}。由于短期径流预报和面临日实际来水存在误差，面临日预报调度末水位 Z_{t+1}^* 与实际调度过程末水位 Z_{t+1} 也会存在偏差 $\Delta Z_{t+1} = Z_{t+1} - Z_{t+1}^*$。在第一个时段，初始化水位偏差 ΔZ_{t+1} 为 0，同时也不启用反馈机制。而在第一个时段以后，将 ΔZ_{t+1} 经过系统动力学反馈作用于下一次短期预报调度的调度期末水位 Z_{t+5}^*，从而实施反馈机制滚动校正短期调度期望末水位。

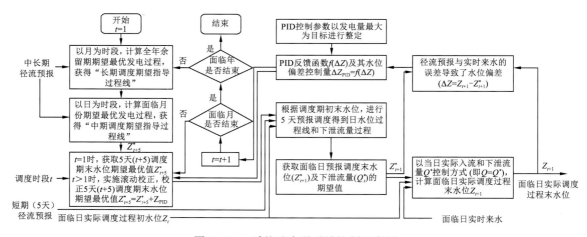

图 10.3.2　系统动力学反馈控制示意图

步骤 5：嵌套预报调度运行到面临月份的最后一个时段，以该时段的末水位作为余留期的初水位，并重新预报全年余留期径流过程，从而滚动更新预报调度方案。然后重复步骤 2～4 步，直到计算完成整个调度周期。

10.3.3　长江上游关键控制性水电站长中短期嵌套预报发电调度系统动力学模型

选取长江干流关键控制性水电站三峡作为研究对象，建立水电站长中短期预报嵌套实时径流耦合实时来水系统动力学发电调度模型。作为世界上规模最大的水电站，开展三峡水电站的长中短期预报嵌套调度相关研究，具有十分重要的工程技术应用和理论研究实践等意义。

1. 三峡水电站入库径流中长期和短期预报

水电站长中短期预报嵌套调度涉及中长期和短期预报，其预报调度全年发电量不仅受径流过程影响，而且受不同尺度径流预报水平制约。中长期预报采用的是自回归小波分解模型，短期预报采用的是新安江模型。

2. 系统动力学反馈参数的率定及其结果分析

为确保系统动力学反馈机制对三峡电站预报调度产生合理有效的调控作用，研究选取 1998～2007 年 10 年来水过程，以反馈作用后多年平均发电量最大为目标，见式（10.3.25），采用经典差分进化算法对式（10.3.22）中参数集合进行参数整定，从而获得一组适用于多种典型来水过程的参数集合。

进一步，为验证所提方法的有效性，分别以常规调度图、随机动态规划、有动力学反馈环节（简称有反馈）和无动力学反馈环节（简称无反馈）的 SD 方法，模拟了 1998～2007 年为期 10 年的三峡水电站发电调度运行过程，四种方法年发电量结果如表 10.3.1 所示。

表 10.3.1　1998～2007 年不同方法发电调度模拟计算结果表

年份	所提方法有反馈	所提方法无反馈		随机动态规划		常规调度图	
	发电量/（亿 kW·h）	发电量/（亿 kW·h）	相比增发/%	发电量/（亿 kW·h）	相比增发*/%	发电量/（亿 kW·h）	相比增发**/%
1998 年	884.76	875.42	1.07	877.55	0.82	874.82	1.14
1999 年	956.21	941.12	1.60	942.77	1.43	938.26	1.91
2000 年	965.31	960.22	0.53	950.78	1.53	946.16	2.02
2001 年	958.89	957.12	0.19	939.86	2.02	941.58	1.84
2002 年	742.59	742.37	0.03	739.45	0.43	731.65	1.50
2003 年	883.96	882.99	0.11	870.18	1.58	868.28	1.81
2004 年	899.36	895.95	0.38	884.05	1.73	882.63	1.90
2005 年	921.09	916.95	0.45	906.56	1.60	905.72	1.70

年份	所提方法有反馈	所提方法无反馈		随机动态规划		常规调度图	
	发电量 /（亿 kW·h）	发电量 /（亿 kW·h）	相比增发/%	发电量 /（亿 kW·h）	相比增发*/%	发电量 /（亿 kW·h）	相比增发** /%
2006 年	606.97	605.48	0.25	601.77	0.86	589.26	3.00
2007 年	854.91	852.49	0.28	843.63	1.34	837.77	2.05

注：相比增发表示所提方法有反馈相比无反馈时增发电量百分比，计算公式为：(发电量$_{有反馈}$−发电量$_{无反馈}$)/发电量$_{无反馈}$×100%；相比增发*表示所提方法相比随机动态规划方法增发电量百分比，计算公式为：(发电量$_{本小节方法}$−发电量$_{随机动态规则}$)/发电量$_{随机动态规则}$×100%；相比增发**表示所提方法相比常规调度图方法增发电量百分比，计算公式为：(发电量$_{本小节方法}$−发电量$_{常规调度图}$)/发电量$_{常规调度图}$×100%

由表 10.3.1 可知，所提有反馈方法年发电量优于无反馈、随机动态规划和常规调度图方法。无反馈方法采用了长中短期嵌套预报调度模型，充分利用预报信息，电站调度结果较优。但由于其缺乏有效的信息反馈机制，其预报调度结果偏离最优决策，如在 1998 年和 1999 年来水下，无反馈调度结果发电量明显少于有反馈和随机动态规划方法结果，而有反馈方法利用过去发生的偏差信息，通过反馈控制环节自适应调整未来时段的运行决策，有效提高了有反馈方法模拟结果的发电量。

与随机动态规划和常规调度图方法相比，在极端枯水年份 2006 年，有反馈方法年发电量分别提高了 0.86%和 3.00%；而在丰水年 1999 年，有反馈方法年发电量分别提高了 1.43%和 1.91%。实例研究结果表明，有反馈方法较其他三种方法增发电量效果显著。

图 10.3.3 给出了丰水年、平水年、枯水年三种典型年不同方法发电调度模拟水位及出力过程。从水位过程可以看出，在 9～10 月蓄水期，有反馈方法模拟调度过程相比随机动态规划方

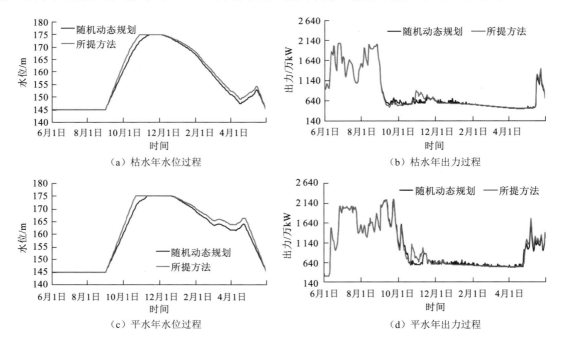

图 10.3.3　丰水年、平水年、枯水年三种典型年不同方法发电调度模拟水位及出力过程

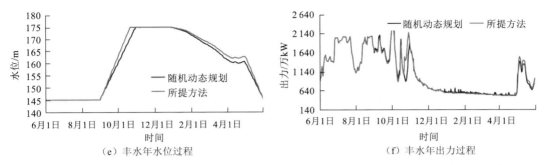

（e）丰水年水位过程　　　　　　　　　（f）丰水年出力过程

图 10.3.3　丰水年、平水年、枯水年三种典型年不同方法发电调度模拟水位及出力过程（续）

法提前蓄满；而在 1～6 月供水和消落期，在满足下游河道最小下泄流量需求的前提下，有反馈方法模拟调度过程相比随机动态规划方法，消落更加缓慢平稳，表明有反馈方法能够充分结合预报信息和来水信息，实现自适应反馈控制，在保障电站安全及下游河道最小下泄流量需求的同时，做出合理的调度决策，使得电站出力过程维持较高的水位（水头），从而实现来水不确定性条件下水电站全年发电量的增加，保障了三峡水电站的安全高效经济运行。

为进一步探讨耦合实时径流系统动力学的物理机制，图 10.3.4 给出了 1999 年 12 月长中短期预报嵌套调度水位及流量过程，包含有反馈和无反馈方法模拟调度结果。

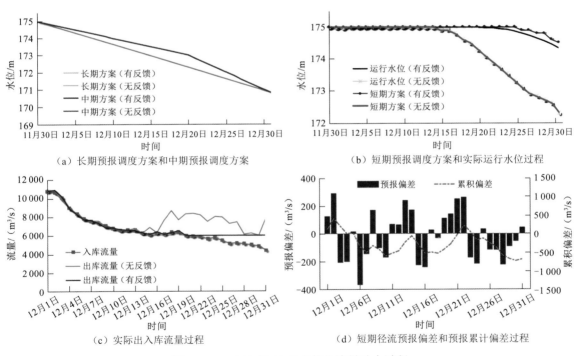

（a）长期预报调度方案和中期预报调度方案　　　（b）短期预报调度方案和实际运行水位过程

（c）实际出入库流量过程　　　　　（d）短期径流预报偏差和预报累计偏差过程

图 10.3.4　1999 年 12 月水位及流量动力过程

图 10.3.4（a）给出了有反馈和无反馈长期和中期预报调度方案 12 月的调度过程，在预报来水输入相同的情况下，有反馈和无反馈方案制定的水位过程相同。图 10.3.4（d）给出了 12 月预报偏差和预报偏差的累计值，其中预报偏差是指短期预报径流值与实时来水径流值之差，

而预报偏差的累计值从 12 月初进行累计。由图可知，在 12 月，短期预报径流值与实时来水的预报偏差存在不确定性。结合图 10.3.4（d）预报偏差信息和图 10.3.4（b）、（c）水位流量过程，无反馈短期预报调度方案在期望指导线（中期预报调度方案）的引导下进行调度，月末制定的水位为 170.8 m，在 12 月实际入库径流大于预报入库径流的条件下，水电站月末控制在 172.2 m。而有反馈动力机制的短期预报调度方案在期望指导线的引导下，通过捕捉径流预报偏差的启发信息自适应修正短期预报调度方案，抬高了月末控制水位，水电站月末控制水位为 174.3 m。研究结果表明，有反馈调度方案在满足三峡水电站最小下泄流量 6 000 m³/s 的同时，相比无反馈方案维持了水电站高水位运行，保障了水电站发电调度的水头优势，从而提高了来水不确定性条件下水电站运行的发电效益。

研究结果表明，水电站长中短期嵌套耦合实时来水系统动力学发电预报调度模型能够充分利用不同预见期预报信息、水电站状态反馈信息和调度决策偏差信息等启发信息，有效解决了水电站优化运行决策过程中长中短期优化调度相互孤立，信息交互缺乏物理机制的实际工程问题，促进了水电站优化调度理论对水电站实时优化运行的决策指导，提高了水电站系统发电兴利效益，能够为水电站优化调度建模理论提供一种新颖有效的思路。

10.4　复杂水库群供水–发电–生态多维适应性优化调控

流域梯级水库群运行调度无可避免地会对上下游一定范围内生态系统造成胁迫。为此，如何在充分发挥梯级枢纽巨大综合效益的同时有效减少对流域生境的不利影响，成为当前亟待研究和解决的难题。目前，已有研究成果在生态效益评价方面，仍然以水文统计方法居多，通常只考虑了统计规律，未能结合流域的生态水文特性及流域固有的特点进行更深入的探索，且较少结合水库调度进行实例验证，导致可行性和实用性难以保障，限制了其工程应用价值的发挥。

为此，以长江三峡水库为研究对象，从三峡水库生态调度现状入手，分析流域长序列历史径流特性，结合逐月频率法和长江中下游典型生态要素，推求符合长江中下游流域的适宜生态流量，并将其作为生态效益的评价标准；在三峡水库 2020 年供水需求条件下，构建均衡考虑梯级发电量、上游供水效益和生态效益三方面需求的生态–供水–发电多维适应性优化调控模型，分析供水、发电、生态目标间的对立统一关系，并给出相应的可行方案集，为长江上游流域规划及供水–发电–环境水资源耦合互馈系统适应性调控提供理论依据和技术支撑。

10.4.1　适宜生态径流量的确定

评价调度方案生态效益的优劣，必须确定相应的评价标准。从三峡水库生态调度现状入手，对流域长序列历史径流特性进行分析，引入逐月频率法，根据长江中下游流域多年实测径流数据，推求基于统计规律的生态径流量。同时，为使生态效益评价标准更具客观性和实用性，结合长江中下游具体生态可持续发展需求对上述计算结果进行修正，获得符合流域特性的宜昌站适宜生态径流量。

1. 三峡水库生态调度现状

三峡库区植物种类丰富、起源古老、植物区系成份复杂，自然环境多样，是古植物区系在渝、黔、湘、鄂交界区的重要避难所。建库对植物种类的影响涉及 120 科、358 属、550 种。三峡库区及以上江段的特有鱼类资源明显减少，如图 10.4.1 所示；三峡工程蓄水后，中华鲟产卵时间推迟，产卵次数减少；四大家鱼初次繁殖时间平均推后约 25 天，四大家鱼早期资源量显著下降，当前四大家鱼产卵规模维持在一个较低的水平；三峡蓄水调度，使得进入洞庭湖的水量呈减少的趋势，导致长江鱼类资源对洞庭湖鱼类资源的补充量减少，另一方面，通江湖泊退水提前，间接缩短了进入湖区育肥鱼类的生长时间，影响鱼类生长。

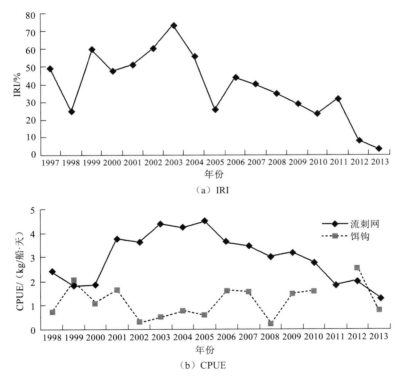

图 10.4.1　长江上游特有鱼类资源明显减少

IRI（index of relative importance，相对重要性指数百分比）；CPUE（catch per unit effort，单位努力捕获量）

近年来，三峡水库针对下游开展了促进四大家鱼自然繁殖的生态调度、枯水期为下游补水调度及改善长江口咸潮入侵的生态调度和汛期沙峰的生态调度。

1）促进四大家鱼自然繁殖的生态调度

为促进四大家鱼自然繁殖，三峡水库自 2011 年以来，多次开展生态调度试验。通过 3～7天持续增加下泄流量的方式，人工创造了适合四大家鱼繁殖所需的洪水过程，取得了一定的生态效益，也为分析研究积累了数据资料。但目前对四大家鱼繁殖的生态需求（如人造洪峰的起涨流量、持续时间和涨水幅度对四大家鱼繁殖规模的影响，涨水过程与家鱼产卵的响应关系等）尚不明晰，在防洪形势和水雨情条件许可的情况下，择机开展生态调度，调度效果存在不确定性。

2）下游补水调度

根据初步设计，三峡水库枯水期主要满足不低于电站保证出力（4 990 MW）和下游 39 m 最低航深对应的流量要求，大约 5 000 m³/s 左右。2009 年，根据《三峡水库优化调度方案》，三峡水库提高了枯水期的下游流量补偿标准，1～2 月三峡水库下泄流量按 6 000 m³/s 左右控制。2003～2014 年，随着不同运行时期正常蓄水位逐步抬高，三峡水库补水能力随之提高。截至 2014 年，三峡水库为下游补水总量达到了 1 147 亿 m³，为满足下游航道畅通及沿江两岸生产生活用水做出了重要贡献（表 10.4.1）。

表 10.4.1　2003～2014 年三峡水库补水情况

时间	补水天数/天	补水总量/亿 m³	日均补水流量/（m³/s）	备注
2004 年	11	8.79	925	135～139 m 围堰发电阶段
2005 年	—	枯期来水较丰，没有实施补偿调度	—	135～139 m 围堰发电阶段
2006 年	—	枯期来水较丰，没有实施补偿调度	—	135～139 m 围堰发电阶段
2007 年	80	35.80	518	156 m 初期运行阶段
2008 年	63	22.50	413	156 m 初期运行阶段
2009 年	101	56.60	649	175 m 试验蓄水期
2010 年	141	139.70	1 147	175 m 试验蓄水期
2011 年	164	215.00	1 517	175 m 试验蓄水期
2012 年	150	215.00	1 659	175 m 试验蓄水期
2013 年	146	210.50	1 669	175 m 试验蓄水期
2014 年	180	243.50	1 566	175 m 试验蓄水期

3）改善长江口咸潮入侵的生态调度

2014 年，受同期降水偏少、长江中下游水位下降和潮汐活动等影响。2 月，上海长江口水源地遭遇历史上持续时间最长的咸潮入侵（超过 22 天,此前最长 2004 年 2 月持续 9 天 19 时），长江口青草沙、陈行等水源地的正常运行和群众生产生活用水受到较大影响。为保障上海市供水安全，应上海市政府要求（增加大通站流量至 15 000～16 000 m³/s），按照长江防总调令要求，三峡水库启动了建成以来首次"压咸潮"调度。自 2 月 21 日长江防总下达 1 号调度令至 3 月 3 日大通流量超过 15 000 m³/s，长江口咸潮不利影响得到缓解，"压咸潮"调度工作结束。在此期间，三峡平均入库流量 5 040 m³/s，平均出库流量 7 060 m³/s；向下游累计补水 17.3 亿 m³，较按 6 000 m³/s 控泄多补水约为 9.6 亿 m³；三峡水库水位下降 2.19 m，较按 6 000 m³/s 控泄下降约 1.2 m（图 10.4.2）。

4）汛期沙峰调度

根据来沙情况，2012 年、2013 年汛期择机开展了沙峰调度，见表 10.4.2。监测结果表明，2012 年 7 月、2013 年 7 月，水库排沙比分别为 28%、27%，达到 175 m 试验性蓄水后同期最高排沙比，排沙效果明显。

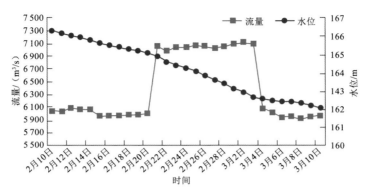

图 10.4.2 2014 年压咸潮调度水位流量变化过程

表 10.4.2 2009～2013 年 7 月三峡入、出库沙量及排沙比与同期对比

时间	入库沙量/万 t	出库沙量/万 t	水库淤积/万 t	坝前水位/m	入库平均流量/（m³/s）	水库排沙比/%
2009 年 7 月	5 540	720	4 820	145.86	21 600	13
2010 年 7 月	11 370	1 930	9 440	151.03	32 100	17
2011 年 7 月	3 500	260	3 240	146.25	18 300	7
2012 年 7 月	10 833	3 024	7 809	155.26	40 100	28
2013 年 7 月	10 313	2 812	7 501	150.08	30 600	27

5）生态调度现状分析

从三峡梯级生态调度现状可以看出，当前针对上游或下游的调度，虽然涉及鱼类繁殖、下游补水、河口压咸、汛期排沙等多方面生态目标，但都只是单独进行，未能综合考虑这些目标；其次，由于三峡电站承担着繁重的发电任务，在进行生态调度的同时，也应进一步研究并分析其对发电的影响，从中找出能够均衡生态和发电两者效益的方式。为此，针对现有三峡梯级生态调度存在的不足，重点分析长江流域的径流特征和中下游流域若干典型生态要素，据此探索出生态效益的评价方法，为综合生态和发电效益的优化调度提供理论指导和数据支撑。

2. 水文学法和适应生态径流

长江是我国第一大河流，对其观测和研究成果也最为丰富，采用水文学法对适宜生态径流进行计算。

1）Tennant 法

Tennant 法是一种基于年平均流量的评价方法，该方法将流域多年平均流量作为标准，以各月份相对于多年平均流量的百分比作为基流，如表 10.4.3 所示。

表 10.4.3 Tennant 法河流流量状况标准

流量状况描述	推荐基流（年平均流量的百分比）	
	10～3 月（一般用水期）	4～9 月（鱼类产卵育幼期）
最大	200	200
最佳范围	60～100	60～100

流量状况描述	推荐基流（年平均流量的百分比）	
	10～3 月（一般用水期）	4～9 月（鱼类产卵育幼期）
极好	40	60
非常好	30	50
好	20	40
中或差	10	30
差或最小	10	10
极差	0～10	0～10

葛洲坝电站于 1981 年开始截流建坝，在 1981 年前，宜昌上下游干流上无大型水利工程，研究将 1882～1980 年的实测径流数据作为天然径流进行统计分析。根据 Tennant 法的流量制定标准，对宜昌站的流量进行统计计算，如表 10.4.4 所示。

表 10.4.4　宜昌站 Tennant 法生态径流标准　（单位：m³/s）

时段	Tennant 法–差	Tennant 法–中	Tennant 法–好	Tennant 法–过量	Tennant 法–上限
1 月	1 426	2 852	5 704	14 260	28 519
2 月	1 426	2 852	5 704	14 260	28 519
3 月	1 426	2 852	5 704	14 260	28 519
4 月	1 426	2 852	5 704	14 260	28 519
5 月	1 426	5 704	8 556	14 260	28 519
6 月	1 426	5 704	8 556	14 260	28 519
7 月	1 426	5 704	8 556	14 260	28 519
8 月	1 426	5 704	8 556	14 260	28 519
9 月	1 426	5 704	8 556	14 260	28 519
10 月	1 426	5 704	8 556	14 260	28 519
11 月	1 426	2 852	5 704	14 260	28 519
12 月	1 426	2 852	5 704	14 260	28 519

由于 Tennant 法忽略了流域水量在年内的分配方式，对长江这种年内水量分配特性明显的流域适用性有限，研究还采用了逐月频率法对生态适宜流量进行统计分析。

2）逐月频率法

逐月频率法的基本思路是根据月历史径流统计结果，将一年中的十二个月划分为平、枯、丰三种不同类型，对各类型取不同的流量保证率，其结果即为该流域的适宜生态径流。

实际中，当流域来水过小或过大时，都会对生物的健康和种群结构造成影响，因此，生物对水量的需求应该存在一个适宜区间，区间内的流量被认为是能够对生物的生存繁殖起到正面作用。下面引入最小生态径流、最大生态径流和适宜生态径流的概念。

（1）最小生态径流：流域生态系统所能容忍的最小流量过程，若小于该流量，则会造成某些物种习性改变、种群消失等灾难性后果。

（2）最大生态径流：流域生态系统对流量过程的容忍上限，超过这个流量将会对流域生态系统造成不可恢复的影响。

（3）适宜生态径流：对流域生态系统最为合适的流量过程，该流量能对物种的多样性、生物活性的保持、流域动植物种群恢复等起到促进作用。由于流域生态系统的构成复杂，不同生物及其所处的水生环境对径流过程的响应方式不同，为了兼顾多种生态因素，适宜生态径流应该尽量采用人为影响因素最小的历史数据进行统计，并应具有一定的变化范围。

应用逐月频率法对宜昌站 1882～1980 年径流进行统计分析。根据宜昌站历史径流数据和三峡水库实际运行状况，将 1～4 月作为枯水期，5 月、10～12 月作为平水期，6～9 月作为丰水期，逐月频率法统计分析结果如表 10.4.5 所示。

表 10.4.5　宜昌站逐月频率适宜生态径流过程

时段	分类	保证率/%	适宜生态流量/（m³/s）	时段	分类	保证率/%	适宜生态流量/（m³/s）
1 月	枯	10	4 989	7 月	丰	90	22 240
2 月	枯	10	4 548	8 月	丰	90	19 845
3 月	枯	10	5 458	9 月	丰	90	18 143
4 月	枯	10	8 613	10 月	平	50	19 593
5 月	平	50	11 884	11 月	平	50	10 382
6 月	丰	90	13 570	12 月	平	50	5 970

同时，考虑长江中下游生态因素，突出长江流域的生态特点，采用了一种水生生物所能容忍的极限逐月频率上下限（10%、50%、90%）进行了统计分析，为后文对逐月频率法计算结果进行修正预留了空间，如表 10.4.6 所示。

表 10.4.6　宜昌站逐月频率生态径流区间　　　　　　（单位：m³/s）

时段	最小（90%）	适宜上限（50%）	最大（10%）	时段	最小（90%）	适宜上限（50%）	最大（10%）
1 月	3 696	4 279	4 989	7 月	22 240	28 912	37 809
2 月	3 395	3 945	4 548	8 月	19 845	28 125	37 338
3 月	3 445	4 298	5 458	9 月	18 143	26 073	35 810
4 月	4 850	6 633	8 613	10 月	14 593	19 593	24 816
5 月	8 567	11 884	15 559	11 月	8 423	10 382	13 117
6 月	13 570	18 596	24 253	12 月	5 048	5 970	7 044

3. 长江中下游典型生态要素

长江中下游生态要素示意图如图 10.4.3 所示。在考虑流域自然因素的基础上，兼顾社会用水需求，根据长江中下游地区生态特点和三峡水库生态调度现状，选取了若干重点研究问题和对象。

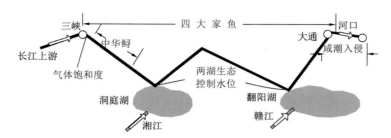

图 10.4.3 长江中下游生态要素示意图

1）中华鲟

中华鲟是国家一级濒危保护动物，自长江截流以来，受截流阻隔、长江水环境恶化和捕捞的影响，中华鲟群体规模持续减小。三峡工程蓄水后，中华鲟产卵时间推迟，产卵次数减少，对中华鲟的不利影响进一步加剧。三峡工程对中华鲟的影响主要集中在亲鱼洄游至繁殖完成这段时间，由于繁殖期与三峡蓄水期重叠，繁殖期流量较蓄水前有所降低，对产卵规模产生影响。中华鲟繁殖期宜昌站流量要求为 10 000～20 000 m³/s，时间为 10～11 月。

2）四大家鱼

四大家鱼包括青鱼、草鱼、鲢鱼和鳙鱼，是长江流域主要的经济鱼类，作为适应长江中下游江湖复合生态系统的典型物种，其资源动态是水生态系统健康状况的重要表征。研究表明，四大家鱼最低繁殖水温为 18℃，适宜水温为 21～24℃，水温低于 18℃不能够促进四大家鱼自然繁殖。通过对四大家鱼的生态调度实践，得到：为了保证四大家鱼有充分的繁殖时间，需将三峡水库对四大家鱼的生态调度时间确定为 4～7 月，并要求宜昌站流量 4～5 月为 12 000～22 000 m³/s，6～7 月为 12 000～19 000 m³/s。

3）咸潮入侵

咸潮入侵是指海洋大陆架高盐水团随潮汐涨潮沿着河口向上游推进，导致内河含盐量过高。长江口盐水入侵是因潮汐活动引发的长期存在的自然现象，一般发生在枯季 11 月至次年 4 月，作为径流与潮流相互消长非常明显的多级分汊潮汐河口，长江河口咸水入侵的长度和强度主要受到长江口入海流量和外滩潮位差的影响，潮汐越大咸水入侵的强度越大，而入海径流量能起到抑制咸水入侵作用。三峡梯级建成蓄水改变了长江口的流量过程，主要集中在水库蓄水期，下泄流量减少使河口咸水入侵时间提前，历时加长，总受感天数增加。研究表明，长江口流量最枯时期一般出现在 2 月，而同年 10 月～次年 4 月受到三峡蓄水的影响较显著。而实际中，保证 12 月到次年 4 月宜昌站流量 5 500 m³/s、10 月 10 500 m³/s、11 月 7 500 m³/s，能有效增大三峡工程在长江枯水期抵御咸潮入侵的作用。

4）溶解气体饱和度

水流通过大坝的表孔、底孔和深孔下泄时，水汽强烈掺混，导致下游水体溶解气体含量增加，甚至产生过饱和现象。大坝下游的溶解气体饱和度与水库上下游水位、坝身下泄流量和机组出流的比值、入库水流溶解气体的浓度等有关。三峡梯级运行至今，下游还未监测到溶解气体过低的情况，故重点考虑溶解气体饱和度过高的影响。当三峡梯级下泄流量在 30 000 m³/s 时，下泄水流的溶解气体为饱和。

5）两湖生态控制水位

洞庭湖和鄱阳湖是大量珍贵鱼类和候鸟的栖息地，有着十分重要的地位和作用。根据现有数据，洞庭湖湿地最低生态水位为 25 m，鄱阳湖湿地湖口生态控制水位为 14.29～14.6 m。根据生态调度现状，1～2 月三峡对下游补水，下泄流量按 6 000 m³/s 左右控制，可以在一定程度上缓解两湖的缺水困难。

4. 综合适宜生态流量

将 Tennant 法、逐月频率法和长江中下游典型生态要素进行综合，即可得到需要的适宜生态流量，将其作为优化调度模型的评价标准。为使提取出的适宜生态流量具备明确区分不同流量过程生态效益优劣的能力，研究以长江中下游典型生态要素为重点，结合 Tennant 法和逐月频率法推荐的生态径流区间，确定了一个固定的流量过程作为适宜生态流量过程，贴合适宜生态流量过程的调度方案生态效益为最优，而偏离这个流量过程越远的方案生态效益越差。

综合考虑上述三种生态径流计算方法，得到宜昌站适宜生态流量过程，如表 10.4.7 所示，这为供水–发电–环境多维适应性优化调控模型提供了生态效益的评价标准。

表 10.4.7　宜昌站适宜生态流量过程　　（单位：m³/s）

时段	Tennant 法–极好	逐月频率法–适宜	河口压咸	中华鲟繁殖	四大家鱼繁殖	针对下游补水	气体饱和控制	综合结果
1 月	5 704	4 279	>5 500	—	—	>6 000	<30 000	6 000
2 月	5 704	3 945	>5 500	—	—	>6 000	<30 000	6 000
3 月	5 704	4 298	>5 500	—	—	—	<30 000	5 704
4 月	8 556	6 633	>5 500	—	12 000	—	<30 000	12 000
5 月	8 556	11 884	—	—	15 500	—	<30 000	15 500
6 月	8 556	18 596	—	—	15 500	—	<30 000	15 500
7 月	8 556	28 912	—	—	15 500	—	<30 000	22 206
8 月	8 556	28 125	—	—	—	—	<30 000	18 340
9 月	8 556	26 073	—	—	—	—	<30 000	17 315
10 月	5 704	19 593	>10 500	15 000	—	—	<30 000	17 297
11 月	5 704	10 382	>7 500	15 000	—	—	<30 000	15 000
12 月	5 704	5 970	>5 500	—	—	—	<30 000	5 970

10.4.2　生产生活供水量的确定

长江流域水资源在时间与地区上分布不均，并且随着城市化进程深入，工业生产和人民生活需水量大幅增加；同时，长江上中游地势起伏变化大，降水不均且蒸发量高，导致农业灌溉需水量大，其已逐渐成为农业缺水地区。长江上游流域的需水组成包括城镇生活用水、农村生活用水、工业用水和农业灌溉用水。根据水利部长江水利委员会水文局（简称长江委水文局）的统计结果，2010 年长江上游需水情况如表 10.4.8 所示。

表 10.4.8　2010 年、2020 年长江上游需水量　　（单位：$\times 10^9$ m^3）

年份	城镇生活	农村生活	城镇工业	农业灌溉	合计
2010 年	31.926	32.652	144.553	318.751	527.882
2020 年	46.779	34.754	167.356	334.583	583.472

长江上游 2010 年未出现供水不足情况，但在局部地区出现了缺水情势，故需要根据目前的供水基本状况以及未来可能的需水量，制订出符合本流域实际情况的供水调度规划，以便对未来可能发生的情况做出应对措施。为此，本小节对 2020 年长江上游需水情况进行计算分析。由于城镇生活用水、农村生活用水和工业用水在年内各时段分布均匀，将三者相加合并为生活和工业需水量，并将其均匀分配到各个月份；针对农业灌溉需水量年内分布不均匀的特点，根据长江委水文局公布的农业需水分配系数将其按比例分配到各月份。2010 年和 2020 年三峡上游具体供水需求如表 10.4.9 和表 10.4.10 所示。由于给出的需水量为估计值，存在一定偏差，为了直观展示所有可能出现的供水情况，将每个月的需水流量的 0.85 和 1.15 作为需水流量的可行范围。

表 10.4.9　2010 年各月份需水情况

月份	农业用水比例/%	农业需水量 /亿 m^3	农业需水流量 /（m^3/s）	生活工业需水量 /亿 m^3	生活工业需水流量/（m^3/s）	总需水流量 /（m^3/s）
1 月	2.65	8.440 5	315.13	17.713 3	661.34	976.47
2 月	3.05	9.706 0	387.37	16.570 5	661.34	1 048.71
3 月	4.80	15.294 5	571.03	17.713 3	661.34	1 232.37
4 月	4.79	15.273 4	589.25	17.141 9	661.34	1 250.59
5 月	12.77	40.708 5	1 519.88	17.713 3	661.34	2 181.22
6 月	14.33	45.665 1	1 761.77	17.141 9	661.34	2 423.11
7 月	20.04	63.892 4	2 385.47	17.713 3	661.34	3 046.81
8 月	18.05	57.525 2	2 147.75	17.713 3	661.34	2 809.08
9 月	7.73	24.647 5	950.91	17.141 9	661.34	1 612.24
10 月	6.58	20.971 6	782.99	17.713 3	661.34	1 444.33
11 月	2.97	9.460 1	364.97	17.141 9	661.34	1 026.31
12 月	2.25	7.166 4	267.56	17.713 3	661.34	928.90

表 10.4.10　2020 年各月份需水情况

月份	农业用水比例/%	农业需水量 /亿 m^3	农业需水流量 /（m^3/s）	生活工业需水量 /亿 m^3	生活工业需水流量/（m^3/s）	总需水流量 /（m^3/s）
1 月	2.65	8.859 7	330.78	21.080 7	787.06	1 117.85
2 月	3.05	10.188 1	406.61	19.720 6	787.06	1 193.68
3 月	4.80	16.054 2	599.39	21.080 7	787.06	1 386.46
4 月	4.79	16.032 1	618.52	20.400 7	787.06	1 405.58
5 月	12.77	42.730 5	1 595.37	21.080 7	787.06	2 382.44

续表

月份	农业用水比例/%	农业需水量/亿 m³	农业需水流量/（m³/s）	生活工业需水量/亿 m³	生活工业需水流量/（m³/s）	总需水流量/（m³/s）
6 月	14.33	47.933 2	1 849.28	20.400 7	787.06	2 636.34
7 月	20.04	67.065 9	2 503.96	21.080 7	787.06	3 291.02
8 月	18.05	60.382 5	2 254.42	21.080 7	787.06	3 041.49
9 月	7.73	25.871 7	998.14	20.400 7	787.06	1 785.20
10 月	6.58	22.013 2	821.88	21.080 7	787.06	1 608.94
11 月	2.97	9.930 0	383.10	20.400 7	787.06	1 170.16
12 月	2.25	7.522 3	280.85	21.080 7	787.06	1 067.91

10.4.3　梯级水库群供水–发电–生态多维优化调控

为实现三峡梯级水库群供水–发电–生态多维优化调控目标,建立以梯级发电量最大、上游供水效益最大和三峡下游河道生态溢水缺水量最小为目标的供水–发电–环境多目标优化调度模型,综合考虑调度规程及其安全运行约束,采用多目标进化算法（multiobjective evolutionary algorithm,MOEA）对生态–供水–发电优化调度模型进行求解,获得关于梯级总发电量、供水保证率和生态溢缺水量的非劣调度方案集,从而分析供水、发电、生态目标间的对立统一关系。

1. 供水–生态–发电优化调度模型构建

1）目标函数

以梯级发电量最大、上游供水效益最大和三峡下游河道生态溢水缺水量最小为目标建立生态–供水–发电多目标发电优化调度模型,其目标函数的数学表达式如下所示。

（1）以梯级电站的总发电量表示梯级电站的发电效益。

$$\max f_1 = \max E = \sum_{i=1}^{\mathrm{Num}} \sum_{t=1}^{T} K_i Q_{i,t}^f H_{i,t}^f \Delta t = \sum_{i=1}^{\mathrm{Num}} \sum_{t=1}^{T} N_{i,t} \Delta t \tag{10.4.1}$$

（2）以三峡电站下游河道生态缺水溢水量来衡量生态效益,溢缺水量越小,生态效益就越好。

$$\min f_2 = \min W^Q = \sum_{t=1}^{T} \left| Q_{s,t}^X - Q_{s,t}^S \right| \Delta t \tag{10.4.2}$$

（3）以三峡电站上游供水保证率衡量梯级电站的供水效益。

$$\max f_3 = \max D^S = \max \frac{W^R}{W^S} \tag{10.4.3}$$

$$W^R = \sum_{t=1}^{T} W_t, \quad W^S = \sum_{t=1}^{T} W_t^S$$

式中:E 为梯级枢纽的总发电量;Num 为梯级枢纽电站总个数;T 为调度时段总数;K_i 为第 i 个电站的出力系数;$Q_{i,t}^f$、$H_{i,t}^f$、$N_{i,t}$ 分别为第 i 个电站本时段的发电引用流量、平均水头和时段平均出力；Δt 为单个时段长度；W^{Q} 为三峡下游河道生态溢水缺水量；$Q^{\mathrm{X}}_{s,t}$ 为三峡电站本时段的下泄流量；$Q^{\mathrm{S}}_{s,t}$ 为本时段三峡电站下游河道的适宜生态流量；W^{R} 和 W^{S} 分别为上游供水量和需水量；W_t 和 W^{S}_t 为本时段的供水量和蓄水量。

2）约束条件

为保证梯级电站安全稳定运行，除参照梯级电站相关调度规范以外，还需要考虑水量平衡约束、电站水位库容出力约束、下泄流量约束和梯级电站水力联系约束等限制条件。

（1）水位（库容）约束

$$Z^{\min}_{i,t} \leqslant Z_{i,t} \leqslant Z^{\max}_{i,t} \tag{10.4.4}$$

式中：$Z^{\min}_{i,t}$、$Z^{\max}_{i,t}$ 分别为第 i 个电站 t 时段水位约束（可通过水位库容曲线将其转化为库容约束）的上下限，其值取调度规程中时段水位（库容）上下限和水库自身水位（库容）上下限的交集。

（2）出力约束

$$N^{\min}_{i,t} \leqslant N_{i,t} \leqslant N^{\max}_{i,t} \tag{10.4.5}$$

式中：$N^{\min}_{i,t}$、$N^{\max}_{i,t}$ 分别为第 i 个电站 t 时段的出力约束上下限，其值取电站自身出力约束、预想出力约束以及调度规程中时段出力约束交集。

（3）流量约束

$$Q^{\min}_{i,t} \leqslant Q^{\mathrm{X}}_{i,t} \leqslant Q^{\max}_{i,t} \tag{10.4.6}$$

式中：$Q^{\min}_{i,t}$、$Q^{\max}_{i,t}$ 分别为第 i 个电站 t 时段的流量约束上下限，其值取电站自身泄流能力约束和调度规程中的时段下泄流量约束的交集。

（4）水量平衡约束

$$V_{i,t+1} = V_{i,t} + (I_{i,t} - Q^{\mathrm{X}}_{i,t})\Delta t \tag{10.4.7}$$

式中：$V_{i,t}$、$V_{i,t+1}$ 分别第 i 个电站本时段和下一时段的库容；$I_{i,t}$ 为第 i 个电站 t 时段的来水。

（5）梯级水量平衡约束

$$I_{G,t} = Q^{\mathrm{X}}_{S,t-\tau} + q_t \tag{10.4.8}$$

式中：τ 为流达时间；$I_{G,t}$ 为葛洲坝电站 t 时段的来水，其值取三峡电站第 $t-\tau$ 时段的下泄流量 $Q^{\mathrm{X}}_{S,t-\tau}$ 和 t 时段三峡至葛洲坝河段区间入流 q_t 之和。

（6）需要额外考虑对需水流量的不等式约束

$$Q^{\min}_{s,t} \leqslant Q_{r,t} \leqslant Q^{\max}_{s,t} \tag{10.4.9}$$

式中：$Q^{\max}_{s,t}$、$Q^{\min}_{s,t}$ 分别为 t 时段的供水流量上下限，本小节中对应着 0.85 和 1.15 倍的供水需求流量；$Q_{r,t}$ 为 t 时段的供水流量。

2. 实例研究

以宜昌站 2010 年供水需求和 40% 来水为计算条件进行求解，还分析了 2020 年供水需求和 40%、60% 来水情况，通过模拟结果尝试分析供水、发电、生态目标间的对立统一关系。

1）宜昌站 2010 年供水需求和 40%来水为计算条件

以宜昌站 2010 年供水需求和 40%来水为计算条件，模拟计算结果如图 10.4.4、图 10.4.5 所示，详细方案集见表 10.4.11。

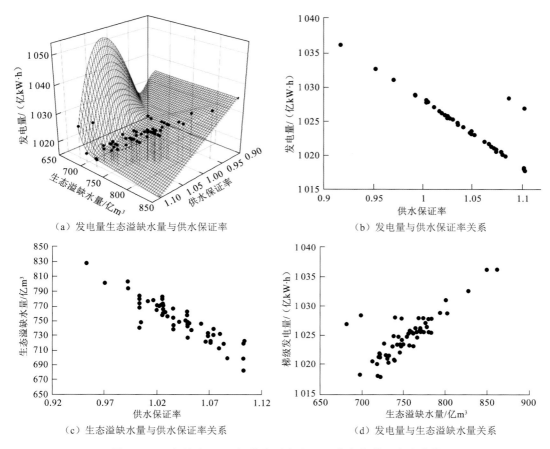

图 10.4.4　宜昌站 2010 年供水需求和 40%来水条件调度方案集

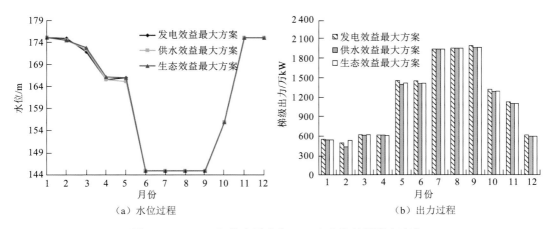

图 10.4.5　2010 年供水需求和 40%来水条件调度方案集

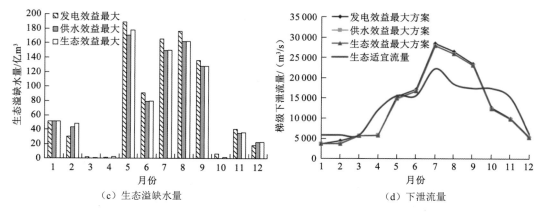

（c）生态溢缺水量　　　　　　　　（d）下泄流量

图 10.4.5　2010 年供水需求和 40%来水条件调度方案集（续）

表 10.4.11　2010 年供水需求和 40%来水条件调度方案集

方案编号	发电量 /（亿 kW·h）	供水保证率	生态溢缺水量 /m³	方案编号	发电量 /（亿 kW·h）	供水保证率	生态溢缺水量 /m³
1	1 017.82	1.104	721.94	24	1 023.35	1.048	749.46
2	1 017.98	1.103	719.25	25	1 023.52	1.049	726.71
3	1 018.16	1.103	697.60	26	1 024.15	1.041	748.31
4	1 019.96	1.084	718.23	27	1 024.55	1.036	765.90
5	1 020.23	1.080	731.66	28	1 024.67	1.036	753.93
6	1 020.47	1.079	712.75	29	1 024.74	1.036	743.61
7	1 020.64	1.074	738.90	30	1 024.83	1.036	738.25
8	1 020.74	1.074	738.41	31	1 025.27	1.030	755.80
9	1 020.93	1.074	730.59	32	1 025.36	1.028	761.36
10	1 021.18	1.071	721.83	33	1 025.43	1.028	760.60
11	1 021.20	1.071	720.04	34	1 025.44	1.025	782.72
12	1 021.40	1.069	732.83	35	1 025.50	1.026	773.66
13	1 021.45	1.069	728.95	36	1 025.53	1.025	779.84
14	1 021.67	1.067	721.87	37	1 025.53	1.026	770.22
15	1 021.82	1.067	721.47	38	1 025.55	1.026	765.72
16	1 021.99	1.062	745.92	39	1 025.58	1.026	759.66
17	1 023.03	1.053	736.88	40	1 025.63	1.025	771.58
18	1 023.14	1.049	762.03	41	1 025.77	1.025	757.40
19	1 023.15	1.050	746.70	42	1 025.93	1.022	769.50
20	1 023.21	1.049	756.96	43	1 026.14	1.020	770.25
21	1 023.27	1.049	747.88	44	1 026.21	1.020	764.23
22	1 023.31	1.049	745.60	45	1 026.42	1.017	777.29
23	1 023.33	1.049	742.01	46	1 026.87	1.103	681.87

续表

方案编号	发电量/（亿 kW·h）	供水保证率	生态溢缺水量/m³	方案编号	发电量/（亿 kW·h）	供水保证率	生态溢缺水量/m³
47	1 027.07	1.011	776.10	54	1 028.36	1.087	699.04
48	1 027.78	1.003	782.78	55	1 028.76	0.992	802.64
49	1 027.81	1.003	779.48	56	1 028.82	0.992	793.54
50	1 027.83	1.005	747.64	57	1 031.05	0.970	801.09
51	1 027.91	1.003	773.64	58	1 032.59	0.952	827.25
52	1 027.95	1.003	768.01	59	1 036.13	0.917	861.73
53	1 028.05	1.003	739.76	60	1 036.18	0.917	850.28

由图 10.4.4 分析可知，发电效益、生态效益和供水效益间呈显著对立关系，尤其是梯级发电量和供水保证率矛盾突出，原因是上游供水会减少发电用水，从而降低梯级的发电效益。从图 10.4.5（d）可以看出，由于上游供水的影响，整个枯水期处于生态缺水的状态。由此可见，为了保障上游供水效益，梯级的发电效益和下游河道的生态效益会受到不同程度损失。

2）宜昌站 2020 年供水需求和 40%、60%来水为计算条件

以宜昌站 2020 年供水需求和 40%、60%来水为计算条件，模拟计算结果如图 10.4.6、图 10.4.7 所示，详细方案集见表 10.4.12、表 10.4.13。

分析图 10.4.6 和图 10.4.4 结果表明，在来水相同情况下，随着上游生产生活需水量增加，梯级发电效益减少；图 10.4.7（b）给出了 2020 年供水需求和 60%来水条件下调度方案集，由图可知，在来水较枯情况下，供水保证率也随之减小到 0.96～1.06，发电和生态多维优化调控可调空间也随之缩小。

通过本小节的模拟计算，分析了未来长江上游供水形势的变化对三峡梯级调度运行的影响，并提供了可行域范围广、分布性良好的优化调度方案集，为考虑生态效益、供水效益和发电效益的梯级电站调度提供了数据支撑。

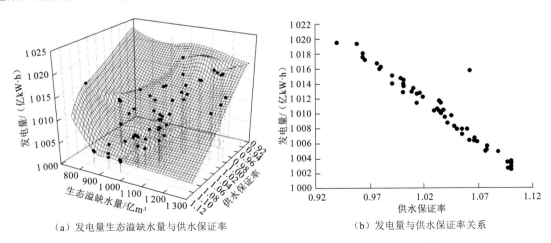

（a）发电量生态溢缺水量与供水保证率　　　　　（b）发电量与供水保证率关系

图 10.4.6　宜昌站 2020 年供水需求和 40%来水条件调度方案集

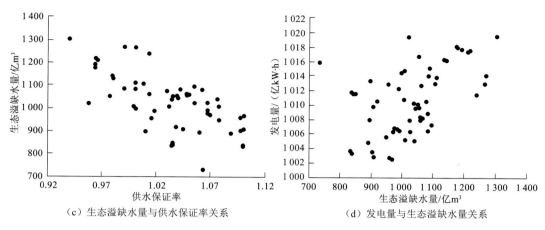

（c）生态溢缺水量与供水保证率关系

（d）发电量与生态溢缺水量关系

图 10.4.6　宜昌站 2020 年供水需求和 40%来水条件调度方案集（续）

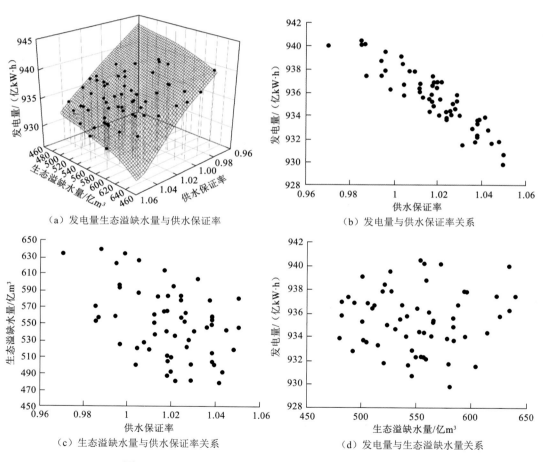

（a）发电量生态溢缺水量与供水保证率

（b）发电量与供水保证率关系

（c）生态溢缺水量与供水保证率关系

（d）发电量与生态溢缺水量关系

图 10.4.7　2020 年供水需求和 60%来水条件调度方案集

各条件下的方案集如表 10.4.12、表 10.4.13 所示。

表 10.4.12　2020 年供水需求和 40%来水条件调度方案集

方案编号	发电量/（亿 kW·h）	供水保证率	生态溢缺水量/m³	方案编号	发电量/（亿 kW·h）	供水保证率	生态溢缺水量/m³
1	1 002.50	1.100	967.56	31	1 010.45	1.030	1 076.45
2	1 002.67	1.098	961.01	32	1 010.48	1.038	917.71
3	1 002.73	1.098	958.86	33	1 010.66	1.032	1 005.40
4	1 002.82	1.100	908.44	34	1 011.43	1.013	1 239.65
5	1 003.28	1.100	838.29	35	1 011.47	1.035	847.24
6	1 003.49	1.098	903.18	36	1 011.48	1.035	841.94
7	1 003.55	1.100	833.23	37	1 011.73	1.034	837.61
8	1 004.86	1.088	889.90	38	1 012.23	1.019	987.48
9	1 004.93	1.076	1 038.85	39	1 012.63	1.014	1 061.56
10	1 005.15	1.077	1 008.44	40	1 012.76	1.016	955.68
11	1 005.59	1.078	948.52	41	1 012.86	1.001	1 265.30
12	1 006.23	1.069	970.58	42	1 012.95	1.009	1 106.24
13	1 006.35	1.067	1 025.27	43	1 013.35	1.010	898.25
14	1 006.37	1.062	1 082.68	44	1 013.76	1.001	1 110.03
15	1 006.41	1.067	990.74	45	1 013.98	1.001	1 083.91
16	1 006.62	1.067	984.72	46	1 014.08	0.991	1 270.87
17	1 006.70	1.067	979.68	47	1 014.47	1.001	997.14
18	1 006.74	1.067	975.65	48	1 014.70	0.999	1 006.33
19	1 007.22	1.055	1 093.87	49	1 015.11	0.991	1 086.95
20	1 007.86	1.055	1 023.63	50	1 015.78	1.063	731.01
21	1 007.88	1.060	892.97	51	1 016.14	0.979	1 142.11
22	1 007.90	1.051	1 058.04	52	1 016.24	0.980	1 134.98
23	1 008.17	1.048	1 061.56	53	1 016.69	0.977	1 051.64
24	1 008.22	1.048	1 056.70	54	1 017.31	0.965	1 210.71
25	1 008.74	1.042	1 082.29	55	1 017.54	0.964	1 218.83
26	1 009.48	1.040	1 043.73	56	1 017.64	0.964	1 191.77
27	1 009.51	1.039	1 052.99	57	1 017.97	0.964	1 176.71
28	1 009.69	1.045	906.76	58	1 018.09	0.964	1 174.92
29	1 010.04	1.035	1 050.65	59	1 019.39	0.958	1 020.34
30	1 010.24	1.034	1 037.14	60	1 019.51	0.940	1 304.07

表 10.4.13 2020 年供水需求和 60%来水条件调度方案集

方案编号	发电量/（亿 kW·h）	供水保证率	生态溢缺水量/m³	方案编号	发电量/（亿 kW·h）	供水保证率	生态溢缺水量/m³
1	929.79	1.050	580.82	31	935.43	1.021	535.18
2	930.66	1.050	545.61	32	935.56	1.013	583.10
3	931.49	1.031	604.06	33	935.72	1.005	626.41
4	931.63	1.045	542.53	34	935.77	1.017	541.47
5	931.71	1.037	579.27	35	935.77	1.029	481.51
6	931.77	1.048	519.64	36	936.04	1.012	561.50
7	932.16	1.038	558.45	37	936.24	0.998	634.99
8	932.26	1.038	556.71	38	936.38	1.012	550.58
9	932.30	1.038	554.63	39	936.42	1.020	509.67
10	932.34	1.038	549.40	40	936.67	1.018	511.44
11	932.80	1.043	492.20	41	936.69	1.005	587.91
12	932.91	1.036	545.67	42	936.74	1.012	536.54
13	933.32	1.038	514.75	43	936.86	1.018	505.24
14	933.60	1.038	504.12	44	936.88	1.020	492.50
15	933.70	1.039	500.86	45	936.92	1.021	481.47
16	933.73	1.024	583.97	46	937.36	1.018	487.46
17	933.85	1.024	578.51	47	937.45	0.995	623.04
18	933.90	1.042	479.05	48	937.46	0.987	640.14
19	934.02	1.030	540.54	49	937.81	1.010	518.64
20	934.03	1.021	594.95	50	937.81	1.007	527.22
21	934.10	1.026	563.46	51	937.82	0.996	595.92
22	934.34	1.016	614.49	52	937.87	0.996	593.48
23	934.38	1.024	556.74	53	938.39	1.004	520.27
24	934.40	1.026	552.21	54	938.74	0.994	558.87
25	934.62	1.028	531.04	55	939.12	1.003	500.40
26	934.82	1.018	583.47	56	939.49	0.996	525.74
27	935.01	1.027	522.73	57	940.00	0.970	634.66
28	935.22	1.018	565.06	58	940.13	0.985	571.66
29	935.27	1.029	500.25	59	940.18	0.987	557.18
30	935.37	1.016	565.23	60	940.46	0.985	553.15

　　本小节分析了长江中上游未来可能出现的供水紧缺问题，同时面向中华鲟和四大家鱼等物种生态保护、洞庭湖和鄱阳湖两湖生态水位控制及咸潮入侵防治等生态治理需求，围绕梯级水电站长期生态调度进行了探讨。从三峡水库生态调度现状入手，结合水文学统计方法，根据实际运行经验制定了三峡梯级的生态适宜流量，为接下来的建模提供生态评价标准；以梯级发

电量最大、上游供水效益最大和三峡下游河道生态溢水缺水量最小为目标，建立生态–供水–发电多目标发电优化调度模型，采用 MOEA 优化算法进行求解，获得关于梯级总发电量、供水保证率和生态溢缺水量的非劣调度方案集，从而分析供水、发电、生态目标间的对立统一关系，为长江上游流域规划及供水–发电–环境水资源耦合互馈系统适应性调控提供了理论依据和技术支撑。

参 考 文 献

[1] 许国志. 系统科学与工程研究[M]. 上海: 上海科技教育出版社, 2000.

[2] ZHOU J, ZHANG Y, ZHANG R, et al. Integrated optimization of hydroelectric energy in the upper and middle Yangtze River[J]. Renewable and sustainable energy reviews, 2015, 45: 481-512.

[3] 刁艳芳, 王本德. 基于不同风险源组合的水库防洪预报调度方式风险分析[J]. 中国科学(技术科学), 2010, 40(10): 1140-1147.

[4] 周惠成, 张改红, 王国利. 基于熵权的水库防洪调度多目标决策方法及应用[J]. 水利学报, 2007, 38(1): 100-106.

[5] 周建中, 李英海, 肖舸, 等. 基于混合粒子群算法的梯级水电站多目标优化调度[J]. 水利学报, 2010, 39(10): 1212-1219.

[6] 中国水利水电科学研究院. 基于生态安全的梯级水电工程补偿技术研究[R]. 2011.